Reiter, Fenzl, Hollinger, Aiglesberger, Paminger

Pflegeassistenz

Monika Reiter
Ruth M. Fenzl
Isabel Hollinger
Michael Aiglesberger
Martina Paminger

Pflegeassistenz

Lehrbuch für die Pflegeassistenz und das 1. Jahr der Pflegefachassistenz

facultas

von l. nach r.: Reiter, Paminger, Fenzl, Hollinger, Aiglesberger

Monika Reiter, MBA
DGKP, Fachschwester für Anästhesiepflege, Lehrerin für Gesundheitsberufe, akad. Gesundheitsbildnerin, Mediatorin, allg. beeidete gerichtlich zertifizierte Sachverständige, stellvertr. Direktorin der Schule für Gesundheits- und Krankenpflege am bfi OÖ.

Ruth M. Fenzl, MA MBA
DGKP, Lehrerin für Gesundheitsberufe, Gerontologin, Sachverständige des BMGF.

Isabel Hollinger, MBA
DGKP, Lehrerin für Gesundheitsberufe, Kommunikationstrainerin, Praxisbegleiterin für Basale Stimulation® in der Pflege.

Mag. Michael Aiglesberger, BScN MBA
Direktor der Schule für Gesundheits- und Krankenpflege am Ordensklinikum Barmherzige Schwestern Linz, Standort-Studiengangsleiter der FH Campus Wien am Ordensklinikum Barmherzige Schwestern Linz, Lehrer für Gesundheitsberufe, Fachpfleger für Intensivpflege.

Martina Paminger
DGKP, Lehrerin für Gesundheitsberufe, Palliativpflegefachkraft.

Bibliografische Information Der Deutschen Nationalbibliothek

Die Deutsche Nationalbibliothek verzeichnet diese Publikation in der Deutschen Nationalbibliografie; detaillierte bibliografische Angaben sind im Internet über http://dnb.d-nb.de abrufbar.

1. Auflage 2018

facultas Universitätsverlag, Wien, Österreich
Umschlagbild: Jacob Wackerhausen, istockphoto.com
Lektorat: Katharina Schindl, Wien
Satz und Abbildungen: Florian Spielauer, Wien
Druck: finidr
Printed in the E.U.
ISBN 978-3-7089-1602-6

Inhalt

Hinweise zum Gebrauch des Buches

Wichtige Worte im Text sind **fett** gedruckt.

Kernaussagen sind orange hinterlegt.

Aufgaben, **Beispiele** ...

... und **Tipps** sind blau hinterlegt.

Am Ende jedes Abschnitts finden Sie eine Übersicht zur Wissensüberprüfung.

Vorwort

Dieses Buch dient als Lerngrundlage für Ausbildungen in Pflegeassistenz- bzw. Pflegefachassistenzberufen (1. Ausbildungsjahr). Inhaltlich sind die Themenbereiche laut GuGK 2016 (BGBl. Nr. 75/2016) abgebildet (Grundsätze der professionellen Pflege I und II, Grundzüge medizinischer Diagnostik und Therapie in der Akut- und Langzeitversorgung einschließlich medizinische Pflegetechnik Teil 1 und 2 (ausgenommen Anatomie, Physiologie sowie ausgewählte praxisrelevante Krankheitsbilder), Pflegeprozess I, Beziehungsgestaltung und Kommunikation, Kooperation, Koordination und Organisation sowie Entwicklung und Sicherung von Qualität I).

Zur Förderung der Vernetzungskompetenz, die für den Umgang mit den multiplen Herausforderungen im Pflegealltag erforderlich ist, wurden die angeführten Themenbereiche in zwölf Lernfeldern bearbeitet. Pflegekräfte müssen in der Praxis ganzheitlich beobachten und adäquat handeln können. Das lernfeldorientierte Konzept unterstützt dies durch den Erwerb und Ausbau von handlungsorientiertem Wissen.

Ziel des Buches ist es, den zukünftigen Pflegenden die Kompetenz zu vermitteln, Menschen in ihrer Ganzheitlichkeit wahrzunehmen, um individuelle, auf deren Bedürfnisse abgestimmte Pflege und Betreuung zu ermöglichen.

Die Autorinnen und Autoren im Sommer 2018

Mit dem vorliegenden Buch soll eine Grundlage für die Lehrinhalte des 1. Jahres geboten werden, es wird jedoch kein Anspruch auf Vollständigkeit erhoben. Je nach Schwerpunkten können und sollen die dargebotenen Lehrinhalte von den jeweiligen Lehrenden erweitert und vertieft werden.

Lernfeld 1
Mein Beruf – Meine Rechte – Meine Pflichten

Rechtliche Grundlagen

Der rechtliche Rahmen regelt das Zusammenleben von Menschen. Egal, ob es sich um einen Einkauf, eine Zugfahrt, ein Bauvorhaben oder um die Ausübung eines Berufs handelt, Gesetze begleiten uns permanent. Deshalb ist ein grundlegendes Verständnis für die Prozesse der österreichischen Gesetzgebung erforderlich.

Die Gesetzgebung

Die Gesetzgebung bildet die Grundlage für das Handeln des Staates. Gesetze werden in den Parlamenten von Bund und Ländern beschlossen. Das sind der National- und der Bundesrat sowie die Landtage in den jeweiligen Bundesländern. In speziellen Fällen (z. B. Angelobung der/des BundespräsidentIn) treten der Nationalrat und der Bundesrat gemeinsam auf. Dann wird von einer Bundesversammlung gesprochen (vgl. Parlament 2017).

Die Parlamente nehmen eine zentrale Stellung im politischen Prozess und in der Organisation des Staates ein. Gerichte können beispielsweise nur das tun, was in den Gesetzen festgelegt ist (vgl. Parlament 2014).

Merke: Der Begriff „Parlament" ist umgangssprachlich weit verbreitet. Hierbei wird im österreichischen Sprachgebrauch meist nur der Nationalrat verstanden.

Der Nationalrat

Der Nationalrat setzt sich aus 183 Abgeordneten zusammen und wird für eine Gesetzgebungsperiode von fünf Jahren gewählt. Neben der Gesetzgebung, die gemeinsam mit dem Bundesrat vollzogen wird, hat er sehr wichtige Kontrollfunktionen inne. Der Nationalrat prüft beispielsweise die Arbeit der Bundesregierung. Die Abgeordneten können aber auch politische Anliegen an die Regierung richtigen. Des Weiteren achtet der Nationalrat auf die Transparenz von politischen Prozessen und Entscheidungen. Aus diesem Grund sind seine Sitzungen in der Regel öffentlich (vgl. Parlament 2016a).

Merke: Die Bundesregierung ist neben dem/der BundespräsidentIn eines der obersten Organe der Bundesverwaltung. Da es sich hierbei um ein sogenanntes Kollegialorgan handelt, bestehen ihre Mitglieder aus dem/der BundeskanzlerIn, dem/der VizekanzlerIn und den BundesministerInnen.

Der Bundesrat

Die primäre Aufgabe des Bundesrates besteht in der Vertretung der Interessen der Länder. Die 61 Mitglieder werden von den neun Landtagen (jedes Bundesland hat einen Landtag) entsandt und spiegeln in etwa die Zusammensetzung des jeweiligen Landtages wider (vgl. Parlament 2016b). Die Anzahl der Mitglieder wird nach jeder allgemeinen Volkszählung nach dem Verhältnis der Einwohnerzahlen der neun Bundesländer zueinander festgelegt. Das einwohnerstärkste Bundesland erhält zwölf Sitze. Mindestens muss ein Bundesland aber drei Sitze erhalten (vgl. BGBl. Nr. 237/2013).

Im Vergleich zum Nationalrat hat der Bundesrat in der politischen Praxis einen sehr geringen Einfluss. Gegenüber dem Nationalrat hat er ein aufschiebendes Vetorecht. Damit ergibt sich im Regelfall nur eine aufschiebende Wirkung bei der Ablehnung eines Gesetzes (vgl. Parlament 2016b).

Ein Gesetz entsteht

In einem ersten Schritt wird ein sogenannter **Antrag** auf ein neues Gesetz gestellt. Dieser kann von der Bundesregierung, dem Bundesrat oder aber auch durch das Volk gestellt werden. In einem nächsten Schritt erfolgt die **erste Lesung** im Nationalrat. Hierbei wird ganz allgemein über den Inhalt des Gesetzestextes und über die Zuweisung an einen Ausschuss beraten. Im **Ausschuss** wird der Antrag konkret ausgearbeitet. ExpertInnen können zu Rate gezogen werden. Bei der **zweiten Lesung** im Nationalrat wird über den Entwurf des Ausschusses diskutiert. Optional werden noch Änderungen vorgenommen. Danach erfolgt die Abstimmung über den Gesetzesantrag. Bei der **dritten Lesung** im Nationalrat wird endgültig über den Gesetzesentwurf angestimmt. Danach hat der **Bundesrat** die Möglichkeit, dem Gesetz zuzustimmen oder ein Veto (= Einspruch) einzulegen. Bei einer Zustimmung des Bundesrats erteilt der/die **BundespräsidentIn** mit seiner/ihrer Unterschrift das ordnungsgemäße Zustandekommen des Gesetzes. In einem letzten Schritt erfolgt die Gegenzeichnung des **Bundeskanzlers** bzw. der **Bundeskanzlerin**. Danach muss diese bzw. dieser den Beschluss im Bundesgesetzblatt veröffentlichen (vgl. Refreshpolitics 2017; vgl. Parlament 2014).

Abb. 1: **Entstehung eines Gesetzes**

Das Gesundheits- und Krankenpflegegesetz

Am 19. August 1997 wurde mit dem Bundesgesetzblatt 108 das alte Krankenpflegegesetz von 1961 durch das **Gesundheits- und Krankenpflegegesetz** ersetzt. Es ist bis zum gegenwärtigen Zeitpunkt die Grundlage für die Gesundheits- und Krankenpflegeberufe in Österreich. Im Laufe der Jahre wurde dieses Gesetz durch weitere Bundesgesetzblätter verändert bzw. novelliert (z. B. BGBl. 75/2016).

Hinweis: Das alte Krankenpflegegesetz von 1961 regelte mehr als nur die pflegerischen Berufe. Neben dem Krankenpflegefachdienst wurden auch die medizinisch-technischen Dienste und die Sanitätshilfsdienste geregelt. Mit dem Gesundheits- und Krankenpflegegesetz haben die Pflegeberufe nun ein eigenständiges Gesetz.

Merke: Eine Novelle ist ein Änderungsgesetz. Hierbei werden bestehende Gesetze in einzelnen Teilen abgeändert.

Aufgabe: Das Rechtsinformationssystem des Bundes (RIS) dient der Kundmachung von Gesetzen. Versuchen Sie über das RIS (https://www.ris.bka.gv.at/) die gesamte und aktuelle Rechtsvorschrift für das Gesundheits- und Krankenpflegegesetz zu finden!

Berufspflichten der Gesundheits- und Krankenpflegeberufe

Das 1997 verabschiedete Gesundheits- und Krankenpflegegesetz regelte, wie bereits erwähnt, ausschließlich die pflegerischen Berufe. Zu diesen Berufen zählte der gehobene Dienst für Gesundheits- und Krankenpflege und die Pflegehilfe. Durch die Gesetzesnovelle im Jahr 2016 kam es zu einer Veränderung. Gesundheits- und Krankenpflegeberufe sind demnach lt. § 1 GuKG 1997:

1. der gehobene Dienst für Gesundheits- und Krankenpflege,
2. die Pflegefachassistenz und
3. die Pflegeassistenz.

Die Berufspflichten der Gesundheits- und Krankenpflegeberufe sind im 1. Hauptstück (2. Abschnitt) des Gesundheits- und Krankenpflegegesetzes geregelt.

Allgemeine Berufspflichten

„§ 4. (1) Angehörige der Gesundheits- und Krankenpflegeberufe haben ihren Beruf ohne Unterschied der Person gewissenhaft auszuüben. Sie haben das Wohl und die Gesundheit der Patienten, Klienten und pflegebedürftigen Menschen unter Einhaltung der hiefür geltenden Vorschriften und nach Maßgabe der fachlichen und wissenschaftlichen Erkenntnisse und Erfahrungen zu wahren. Jede eigenmächtige Heilbehandlung ist zu unterlassen.

(2) Sie haben sich über die neuesten Entwicklungen und Erkenntnisse der Gesundheits- und Krankenpflege sowie der medizinischen und anderer berufsrelevanter Wissenschaften regelmäßig fortzubilden.

(3) Sie dürfen im Falle drohender Gefahr des Todes oder einer beträchtlichen Körperverletzung oder Gesundheitsschädigung eines Menschen ihre fachkundige Hilfe nicht verweigern.“ (§ 4 GuKG 1997)

Aufgabe: Laut dem Strafgesetzbuch (§ 110 (1) StGB) ist eine eigenmächtige Heilbehandlung mit einer Freiheitsstrafe von bis zu sechs Monaten oder mit einer Geldstrafe von bis zu 360 Tagessätzen zu bestrafen. Finden Sie fünf Beispiele für eine eigenmächtige Heilbehandlung in der Gesundheits- und Krankenpflege!

Pflegedokumentation

„§5. (1) Angehörige der Gesundheits- und Krankenpflegeberufe haben bei Ausübung ihres Berufes die von ihnen gesetzten gesundheits- und krankenpflegerischen Maßnahmen zu dokumentieren.

(2) Die Dokumentation hat insbesondere die Pflegeanamnese, die Pflegediagnose, die Pflegeplanung und die Pflegemaßnahmen zu enthalten.

(3) Auf Verlangen ist

1. den betroffenen Patienten, Klienten oder pflegebedürftigen Menschen,
2. deren gesetzlichen Vertretern oder
3. Personen, die von den betroffenen Patienten, Klienten oder pflegebedürftigen Menschen bevollmächtigt wurden, Einsicht in die Pflegedokumentation zu gewähren und gegen Kostenersatz die Herstellung von Kopien zu ermöglichen. [...]“ (§5 GuKG 1997)

Merke: Die Pflegedokumentation ist eine systematische Aufzeichnung von Daten (z.B. in Schriftform, mittels EDV oder als Fotodokumentation). Dadurch werden Informationen zur Therapiesicherung in medizinischer und pflegerischer Hinsicht, der Rechenschaftslegung sowie der Beweissicherung gesammelt (vgl. ÖBIG 2010, S.3).

Verschwiegenheitspflicht

„§6. (1) Angehörige der Gesundheits- und Krankenpflegeberufe sind zur Verschwiegenheit über alle ihnen in Ausübung ihres Berufes anvertrauten oder bekannt gewordenen Geheimnisse verpflichtet.

(2) Die Verschwiegenheitspflicht besteht nicht, wenn

1. die durch die Offenbarung des Geheimnisses betroffene Person den Angehörigen eines Gesundheits- und Krankenpflegeberufes von der Geheimhaltung entbunden hat oder
2. die Offenbarung des Geheimnisses für die nationale Sicherheit, die öffentliche Ruhe und Ordnung, das wirtschaftliche Wohl des Landes, die Verteidigung der Ordnung und zur Verhinderung von strafbaren Handlungen, zum Schutz der Gesundheit und der Moral oder zum Schutz der Rechte und Freiheiten anderer notwendig ist oder
3. Mitteilungen des Angehörigen eines Gesundheits- und Krankenpflegeberufes über den Versicherten an Träger der Sozialversicherung und Krankenfürsorgeanstalten zum Zweck der Honorarabrechnung, auch im automationsunterstützten Verfahren, erforderlich sind.“ (§6 GuKG 1997)

Aufgabe: Sie haben vor fünf Jahren ein Praktikum in einem Alten- und Pflegeheim absolviert. Im Rahmen eines Pausengespräches tauschen Sie sich mit einer Arbeitskollegin über dieses Praktikum aus. Weil es schon viele Jahre zurückliegt, erzählen Sie Geheimnisse von einer Klientin. Besteht hier noch eine Verschwiegenheitspflicht?

Anzeigepflicht

„§7. (1) Angehörige der Gesundheits- und Krankenpflegeberufe sind verpflichtet, der Sicherheitsbehörde unverzüglich Anzeige zu erstatten, wenn sich in Ausübung ihres Berufes der Verdacht ergibt, daß durch eine gerichtlich strafbare Handlung der Tod oder die schwere Körperverletzung eines Menschen herbeigeführt wurde.

(2) Die Anzeigepflicht besteht nicht, wenn die Anzeige in den Fällen schwerer Körperverletzung eine Tätigkeit der Gesundheits- und Krankenpflege beeinträchtigte, deren Wirksamkeit eines persönlichen Vertrauensverhältnisses bedarf. In diesem Fall hat der Angehörige des Gesundheits- und Krankenpflegeberufes die betroffene Person über bestehende anerkannte Opferschutzeinrichtungen zu informieren.“ (§7 GuKG 1997)

Merke: Zu den Opferschutzeinrichtungen werden Frauenberatungsstellen, Kinderschutzzentren, Frauenhäuser oder auch Männerberatungsstellen gezählt.

Meldepflicht

„§8. (1) Angehörige der Gesundheits- und Krankenpflegeberufe sind ermächtigt, persönlich betroffenen Personen, Behörden oder öffentlichen Dienststellen Mitteilung zu machen, wenn sich in Ausübung ihres Berufes der Verdacht ergibt, daß

1. durch eine gerichtlich strafbare Handlung der Tod oder die Körperverletzung eines Menschen herbeigeführt wurde oder
2. ein Minderjähriger oder eine sonstige Person, die ihre Interessen nicht selbst wahrzunehmen vermag, mißhandelt, gequält, vernachlässigt oder sexuell mißbraucht wurde, sofern das Interesse an der Mitteilung das Geheimhaltungsinteresse überwiegt.

(2) Im Falle des Abs. 1 Z 2 sind Angehörige der Gesundheits- und Krankenpflegeberufe verpflichtet,

1. an den zuständigen Jugendwohlfahrtsträger bei Minderjährigen oder
2. an das Pflegschaftsgericht bei sonstigen Personen, die ihre Interessen nicht selbst wahrzunehmen vermögen, Meldung zu erstatten, sofern dies zur Verhinderung einer weiteren erheblichen Gefährdung des Wohls der betroffenen Person erforderlich ist.“ (§8 GuKG 1997)

Aufgabe: Während Ihres Praktikums in der HNO-Abteilung spricht Sie die fünfjährige Anna im Rahmen Ihrer Routinetätigkeit an und erzählt, dass ihre Mama viel zu wenig Zeit für sie hat. Sie muss immer arbeiten. Oft muss Anna nach dem Kindergarten auf ihre Mutter warten. Das findet sie sehr schade. Besteht hier eine Meldepflicht?

Auskunftspflicht

„§9. (1) Angehörige der Gesundheits- und Krankenpflegeberufe haben

1. den betroffenen Patienten, Klienten oder pflegebedürftigen Menschen,
2. deren gesetzlichen Vertretern oder
3. Personen, die von den betroffenen Patienten, Klienten oder pflegebedürftigen Menschen als auskunftsberechtigt benannt wurden, alle Auskünfte über die von ihnen gesetzten gesundheits- und krankenpflegerischen Maßnahmen zu erteilen.

(2) Sie haben anderen Angehörigen der Gesundheitsberufe, die die betroffenen Patienten, Klienten oder pflegebedürftigen Menschen behandeln oder pflegen, die für die Behandlung und Pflege erforderlichen Auskünfte über Maßnahmen gemäß Abs. 1 zu erteilen.“ (§9 GuKG 1997)

Merke: Die Auskunftspflicht ist im Zusammenhang mit der Verschwiegenheitspflicht und der Dokumentationspflicht zu betrachten. Für das notwendige Vertrauensverhältnis zu PatientInnen sind diese drei Pflichten von großer Bedeutung.

Berufsausweis

„**§ 10.** (1) Angehörigen der Gesundheits- und Krankenpflegeberufe, die in Österreich zur Berufsausübung berechtigt sind, ist auf Antrag von der auf Grund

1. des Hauptwohnsitzes,
2. dann des Berufssitzes,
3. dann des Dienstortes und
4. schließlich des in Aussicht genommenen Ortes der beruflichen Tätigkeit zuständigen Bezirksverwaltungsbehörde ein mit einem Lichtbild versehener Berufsausweis auszustellen.

(2) Der Berufsausweis hat insbesondere zu enthalten:

1. Vor- und Zunamen,
2. Geburtsdatum,
3. Staatsangehörigkeit,
4. Berufsbezeichnung,
5. Ausweisnummer.

(3) Der Bundesminister für Arbeit, Gesundheit und Soziales hat nähere Bestimmungen über Form und Inhalt der Berufsausweise durch Verordnung festzulegen.“ (§ 10 GuKG 1997)

Merke: Mit einem offiziellen Berufsausweis können Sie jederzeit Ihre Qualifikation nachweisen.

Tätigkeitsbereiche in der Pflegeassistenz

Im 1. Hauptstück des Gesundheits- und Krankenpflegegesetzes sind die Berufspflichten der Gesundheits- und Krankenpflegeberufe (gehobener Dienst für Gesundheits- und Krankenpflege, Pflegefachassistenz, Pflegeassistenz) festgelegt.

Das 2. Hauptstück beinhaltet den gehobenen Dienst für Gesundheits- und Krankenpflege (z. B. Berufsbild, pflegerische Kernkompetenzen, Intensivpflege, Anästhesiepflege, Pflege bei Nierenersatztherapie).

Im 3. Hauptstück werden die Pflegeassistenzberufe beschrieben. Hier sind noch **weitere Rechte und Pflichten bzw. Tätigkeitsbereiche** für die **Pflegeassistenzberufe** festgelegt.

Pflegeassistenzberufe (die Pflegeassistenz und die Pflegefachassistenz) **unterstützen** ganz allgemein die Angehörigen des gehobenen Dienstes für Gesundheits- und Krankenpflege sowie Ärztinnen und Ärzte (vgl. § 82 GuKG 1997).

Die **Tätigkeitsbereiche der Pflegeassistenz** beziehen sich auf

a) die Mitwirkung und Durchführung von übertragenen Pflegemaßnahmen,
b) das Handeln im Notfall sowie
c) die Mitwirkung bei Diagnostik und Therapie.

Zu den **übertragenen Pflegemaßnahmen** zählen:

- die Mitwirkung beim Pflegeassessment,
- die Beobachtung des Gesundheitszustands,
- die Durchführung der übertragenen Pflegemaßnahmen,
- die Information, Kommunikation und Begleitung sowie
- die Mitwirkung an der praktischen Ausbildung in der Pflegeassistenz.

Merke: Pflegemaßnahmen dürfen nur nach Anordnung und unter Aufsicht von Angehörigen des gehobenen Dienstes für Gesundheits- und Krankenpflege erfolgen.

Handeln im Notfall: In Notfällen bezieht sich der Tätigkeitsbereich auf die eigenverantwortliche Durchführung lebensrettender Sofortmaßnahmen, solange und soweit eine Ärztin oder ein Arzt nicht zur Verfügung steht. Zu diesen Maßnahmen zählen:

- Die Herzdruckmassage und die Beatmung mit einfachen Beatmungshilfen,
- die Durchführung der Defibrillation mit halbautomatischen Geräten oder Geräten im halbautomatischen Modus sowie die
- die Verabreichung von Sauerstoff.

Merke: Die Verständigung eines Arztes/einer Ärztin ist unverzüglich zu veranlassen.

Mitwirkung bei Diagnostik und Therapie: Nach einer schriftlichen ärztlichen Anordnung und unter Aufsicht von Ärztinnen/Ärzten oder Angehörigen des gehobenen Dienstes für Gesundheits- und Krankenpflege bezieht sich die Mitwirkung bei Diagnostik und Therapie auf folgende Bereiche:

- Verabreichung von lokal, transdermal sowie über Gastrointestinal- und/oder Respirationstrakt zu verabreichenden Arzneimitteln,
- Verabreichung von subkutanen Insulininjektionen und subkutanen Injektionen von blutgerinnungshemmenden Arzneimitteln,
- standardisierte Blut-, Harn- und Stuhluntersuchungen sowie Blutentnahme aus der Kapillare,
- Blutentnahme aus der Vene (Kinder sind hierbei ausgenommen),
- Durchführung von Mikro- und Einmalklistieren,
- Durchführung einfacher Wundversorgung, einschließlich Anlegen von Verbänden, Wickeln und Bandagen,
- Durchführung von Sondenernährung bei liegenden Magensonden,
- Absaugen aus den oberen Atemwegen sowie dem Tracheostoma in stabilen Pflegesituationen,
- Erhebung und Überwachung von medizinischen Basisdaten (Puls, Blutdruck, Atmung, Temperatur, Bewusstseinslage, Gewicht, Größe, Ausscheidungen) sowie
- einfache Wärme-, Kälte- und Lichtanwendungen. (vgl. § 83 GuKG 1997)

Aufgabe: Diskutieren Sie in der Kleingruppe, was unter den aufgelisteten Bereichen jeweils zu verstehen ist. Machen Sie sich eine Liste mit bekannten und weniger bekannten Inhalten. Besprechen Sie später Ihre Ergebnisse in der Großgruppe.

Fort- und Weiterbildungen in der Pflegeassistenz

Berufliche Fort- und Weiterbildungen sind gesetzlich definiert. Im privaten Bereich werden die Begriffe oftmals synonym verwendet. Die private Weiterbildung am Computer wird dann oft auch als Fortbildung oder Ausbildung bezeichnet. Handelt es sich jedoch um Bildungsmaßnahmen, die auf beruflicher Ebene stattfinden, erfolgt eine klare Trennung zwischen einer Fortbildung und einer Weiterbildung.

Eine **Fortbildung** bezieht sich auf den derzeit ausgeübten Beruf. Es erfolgt der gezielte Erwerb von Fähigkeiten, die beispielsweise auf die Ausübung bevorstehender Aufgaben ausgerichtet sind. PflegeassistentInnen sind verpflichtet, innerhalb von jeweils fünf Jahren Fortbildungen in der Dauer von mindestens 40 Stunden zu besuchen. Über den Besuch einer Fortbildung muss eine Bestätigung ausgestellt werden. Bei diesen Fortbildungen werden Informationen über die neuesten Entwicklungen und Erkenntnisse der Gesundheits- und Krankenpflege sowie eine Vertiefung der in der Ausbildung erworbenen Kenntnisse und Fertigkeiten vermittelt (vgl. § 104c GuKG 1997).

Eine **Weiterbildung** steht oftmals nicht in direktem Bezug zum bestehenden Beruf. Bei Weiterbildungen wird das persönliche Qualifikationsprofil ausgebaut. Hierbei können auch Zusatzqualifikationen erworben werden. PflegeassistentInnen sind berechtigt, Weiterbildungen zur Erweiterung der in der Ausbildung erworbenen Kenntnisse und Fertigkeiten zu absolvieren. Diese haben mindestens vier Wochen zu umfassen. Weiterbildungen können im Rahmen eines Dienstverhältnisses absolviert werden. Nach Abschluss einer entsprechenden Weiterbildung ist eine Prüfung abzulegen. Über die erfolgreich abgelegte Prüfung wird ein Zeugnis ausgestellt. Mit diesem Zeugnis ist der/die PflegefachassistentIn berechtigt, eine Zusatzbezeichnung zu tragen (vgl. § 104a GuKG 1997).

Merke: Innerhalb von jeweils fünf Jahren müssen Fortbildungen in der Dauer von mindestens 40 Stunden besucht werden. Weiterbildungen haben mindestens vier Wochen zu umfassen und schließen mit einer Prüfung ab.

Das Sozialbetreuungsberufegesetz

Am 29. Juni 2005 wurde das Bundesgesetzblatt Nr. I 55/2005 verabschiedet. In Art. 15a B-VG wurde zwischen dem Bund und den Ländern vereinbart, die Tätigkeit und die Ausbildung der Angehörigen der Sozialbetreuungsberufe nach gleichen Zielsetzungen und Grundsätzen zu regeln. Die Länder verpflichteten sich, die Berufsbilder und Tätigkeitsbereiche der Sozialbetreuungsberufe (z. B. Fach-SozialbetreuerIn Schwerpunkt Altenarbeit) in ihren Rechtsvorschriften zu regeln (vgl. BGBl. Nr. 55/2005).

Das Sozialbetreuungsberufegesetz am Beispiel Oberösterreich

Im oberösterreichischen Landtag wurde daraufhin das Oberösterreichische Sozialberufegesetz (LGBl. Nr. 63/2008) beschlossen, das am 1. August 2008 in Kraft trat. Gleichzeitig wurde das Oberösterreichische Altenfachbetreuungs- und Heimhilfegesetz, in dem die Berufsbilder für die Altenfachbetreuung und die Heimhilfe in Oberösterreich geregelt waren, außer Kraft gesetzt. Vor dem Inkrafttreten des Oberösterreichischen Sozialberufegesetzes wurden im Bereich des pflegerischen Fachpersonals (z. B. in Alten- und Pflegeheimen) im Wesentlichen Personen aus dem Bereich des gehobenen Dienstes für Gesundheits- und Krankenpflege (DGKP), PflegehelferInnen (PH) sowie AltenfachbetreuerInnen (Afb) beschäftigt (vgl. Nöstlinger 2009, S. 72).

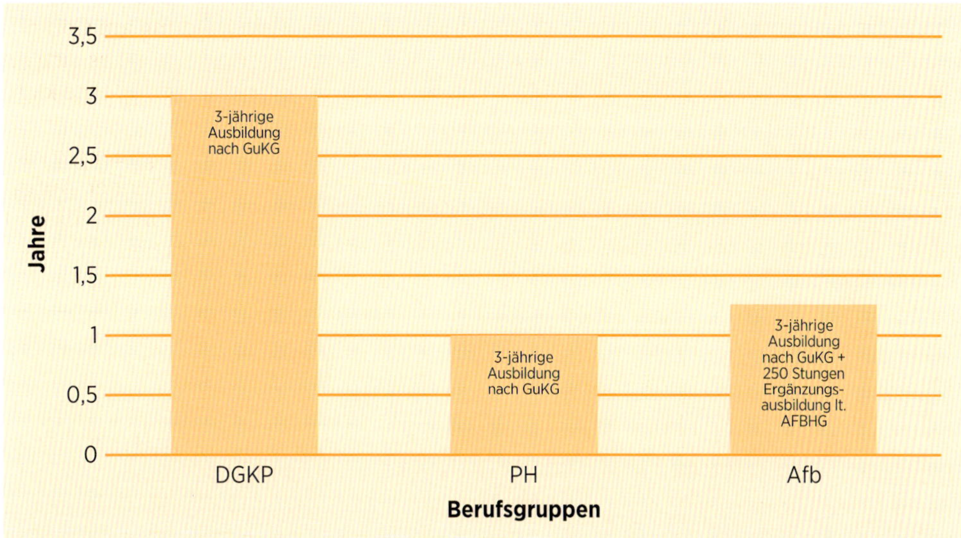

Abb. 2: **Pflegerisches Fachpersonal vor Inkrafttreten des Oberösterreichischen Sozialberufegesetzes**

Die gesetzlichen Grundlagen für die in der Abb. 2 dargestellten Berufsgruppen waren das Gesundheits- und Krankenpflegegesetz (für den gehobenen Dienst für Gesundheits- und Krankenpflege und die Pflegehilfe) sowie das Oberösterreichische Altenfachbetreuungs- und Heimhilfegesetz (AFBHG) (Ergänzungsausbildung für die Pflegehilfe). Diese Ergänzungsausbildung im Umfang von 250 Stunden wurde landesgesetzlich geregelt, da die Ausbildung für die Pflegehilfe im gerontologisch-geriatrischen Bereich nicht besonders umfassend war.

Merke: Personen, die beispielsweise in einem oberösterreichischen Alten- und Pflegeheim als AltenfachbetreuerInnen tätig waren (vor dem 1. August 2008), wurden durch die Grundlage von zwei unterschiedlichen Gesetzen ausgebildet.

Das mit 1. August 2008 in Kraft getretene „neue" Oberösterreichische Sozialbetreuungsberufegesetz regelt nun Ausbildungen und Tätigkeitsbereiche, die die soziale Betreuung von Menschen, welche aufgrund ihres Alters, einer Behinderung oder einer anderen schwierigen Lebenslage Unterstützung benötigen, zum Inhalt haben sowie die Ausbildung im Bereich der Altenarbeit. AltenfachbetreuerInnen, die auf der Grundlage des Oberösterreichischen AFBHG eine Ausbildung absolviert haben, sind auch nach dem neuen Oberösterreichischen Sozialbetreuungsberufegesetz zur Berufsausübung als FachsozialbetreuerInnen im Bereich Altenarbeit berechtigt und dürfen die entsprechende Berufsbezeichnung führen (vgl. Nöstlinger 2009, S. 72–74).

Angehörige der Sozialbetreuungsberufe

Als Angehörige der Sozialbetreuungsberufe gelten Diplom-SozialbetreuerInnen, Fach-SozialbetreuerInnen und HeimhelferInnen.

- **Diplom-SozialbetreuerInnen** (DSB) können ihre Tätigkeiten mit dem Schwerpunkt Altenarbeit (A), Familienarbeit (F), Behindertenarbeit (BA) oder Behindertenbegleitung (BB) ausüben.
- Bei **Fach-SozialbetreuerInnen** (FSB) liegen die Schwerpunkte in der Altenarbeit (A), Behindertenarbeit (BA) und Behindertenbegleitung (BB).
- **HeimhelferInnen** (HH) zählen nur dann als Angehörige von Sozialbetreuungsberufen, wenn eine derartige Ausbildung in den landesrechtlichen Vorschriften vorgesehen ist. Dies ist beispielsweise in Oberösterreich der Fall (vgl. Nöstlinger 2009, S. 77).

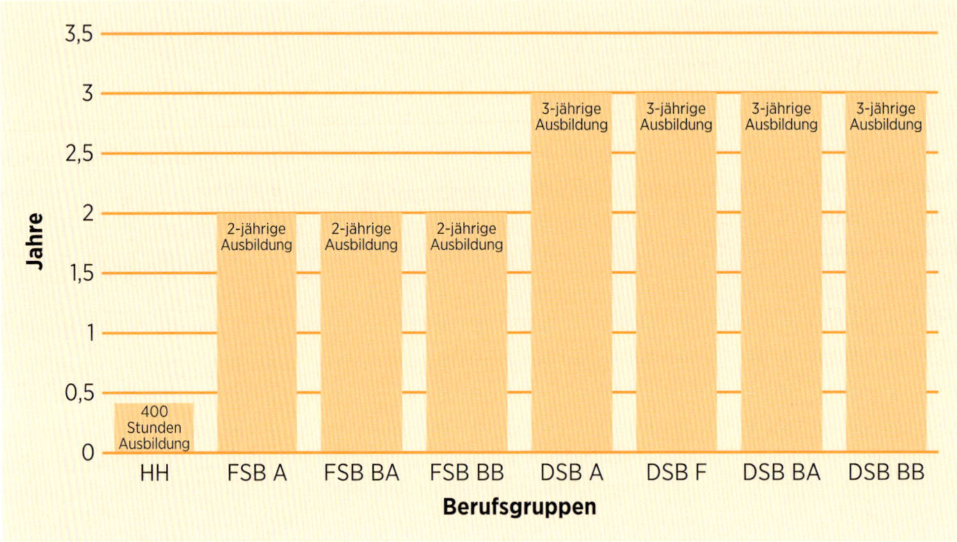

Abb. 3: **Übersicht Sozialbetreuungsberufe**

Fort- und Weiterbildungen für Sozialbetreuungsberufe

Ähnlich wie in der Pflegeassistenz (Regelung durch § 104 GuKG 1997) sind auch für die Sozialbetreuungsberufe die Fort- und Weiterbildungen gesetzlich geregelt (Regelung durch das Sozialbetreuungsberufegesetz, BGBl. Nr. 55/2005).

- HeimhelferInnen sind demnach verpflichtet, im Zeitraum von 2 Jahren mindestens 16 Stunden an Fortbildung zu absolvieren.
- Fach-SozialbetreuerInnen sind verpflichtet, im Zeitraum von 2 Jahren mindestens 32 Stunden an Fortbildung zu absolvieren.
- Diplom-SozialbetreuerInnen müssen ebenfalls im Zeitraum von 2 Jahren mindestens 32 Stunden an Fortbildung absolvieren.

Aufgabe: Vergleichen Sie nun die PflegeassistentInnen sowie die Sozialbetreuungsberufe im Hinblick auf die gesetzlich zu absolvierenden Fortbildungsstunden. Welche Unterschiede zeigen sich? Diskutieren Sie Ihre Ergebnisse in der Gruppe!

Die Berufsbilder der Sozialbetreuung und Gesundheits- und Krankenpflege

In den vorhergehenden Kapiteln wurden u. a. verschiedene Berufsgruppen den jeweiligen Gesetzen zugeordnet. Dadurch konnte eine klare Zuteilung der Berufsgruppen erfolgen. Im Berufsalltag eines Alten- und Pflegeheimes ist so eine Zuteilung dann doch etwas komplexer. Es zeigt sich hierbei eine enge Verbindung zwischen dem Gesundheits- und Krankenpflegegesetz und dem Sozialbetreuungsberufegesetz. Beispielweise gliedert sich der Tätigkeitsbereich von Fach-SozialbetreuerInnen in einen eigenverantwortlichen Bereich lt. Oö. Sozialbetreuungsberufegesetz (z. B. Maßnahmen der Anleitung) und einen Bereich lt. Gesundheits- und Krankenpflegegesetz (z. B. Verabreichung von transdermalen Arzneimitteln im Rahmen der Mitwirkung bei Diagnostik und Therapie).

Merke: PflegeassistentInnen haben lt. Gesundheits- und Krankenpflegegesetz keinen eigenverantwortlichen Bereich (vgl. § 83 GuKG 1997).

Bereits in der Ausbildung zu einem/einer oberösterreichischen Fach-SozialbetreuerIn zeigt sich die enge Verbindung der beiden Berufsgesetze. Die Ausbildung zum/zur Diplom-SozialbetreuerIn bzw. zum/zur Fach-SozialbetreuerIn in den Schwerpunkten „Altenarbeit", „Familienarbeit" (nur auf Diplomniveau möglich) und „Behindertenarbeit" inkludiert auch die Ausbildung zum/zur PflegeassistentIn, dessen/deren Tätigkeitsbereiche im Gesundheits- und Krankenpflegegesetz geregelt werden. Die nachstehende Abbildung zeigt Sozialbetreuungsberufe mit Qualifikation einer/eines PflegeassistentIn.

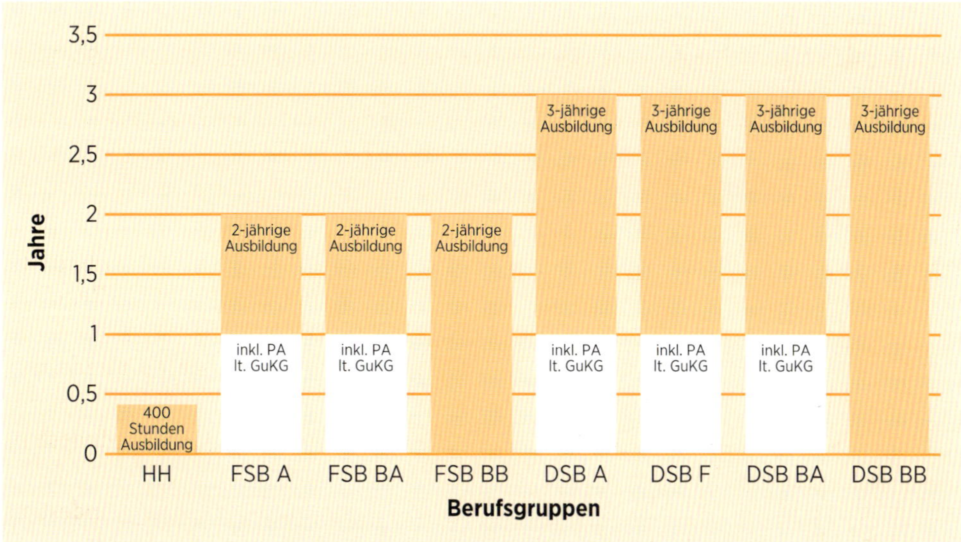

Abb. 4: **Verbindung Sozialbetreuungsberufe und Pflegeassistenz (PA)**

Die gesetzlich definierten Berufsbilder (z. B. für die Pflegeassistenz) umfassen detaillierte Beschreibungen von Tätigkeiten eines spezifischen Berufs. Ein Berufsbild zeigt die für den Beruf geltenden Rechtsnormen und Standards. Es werden Tätigkeiten und

Aufgaben und oftmals auch Ausbildungen (z. B. Dauer) und Qualifikationen (z. B. Fort- und Weiterbildungspflicht) schriftlich festgelegt. Das Vorhandensein eines Berufsbildes trägt zum beruflichen Selbstbewusstsein einer Berufsgruppe bei. Es führt zur Identität einer Gruppe, die dadurch in der Öffentlichkeit leichter wahrgenommen wird.

Am Beispiel der **Gesundheits- und Krankenpflegeberufe** bzw. **Sozialbetreuungsberufe** zeigt sich, dass jeder Beruf in diesen beiden Gruppen ein eigenes Berufsbild hat.

Nachfolgend werden Auszüge folgender Berufsbilder angeführt:

- gehobener Dienst für Gesundheits- und Krankenpflege,
- Pflegefachassistenz,
- Pflegeassistenz sowie
- Heimhilfe,
- Fach-Sozialbetreuung Altenarbeit, Behindertenarbeit, Behindertenbegleitung und
- Diplom-Sozialbetreuung Altenarbeit, Behindertenarbeit, Behindertenbegleitung, Familienarbeit.

Gehobener Dienst für Gesundheits- und Krankenpflege

Laut § 12(1) GuKG 1997 trägt der gehobene Dienst für Gesundheits- und Krankenpflege die **Verantwortung für die unmittelbare und mittelbare Pflege** von Menschen in allen Altersstufen, Familien und Bevölkerungsgruppen in mobilen, ambulanten, teilstationären und stationären Versorgungsformen. Auf der Grundlage wissenschaftlicher Erkenntnisse trägt der gehobene Dienst für Gesundheits- und Krankenpflege durch gesundheitsfördernde, präventive, kurative, rehabilitative sowie palliative Kompetenzen zur **Förderung und Aufrechterhaltung der Gesundheit**, zur **Unterstützung des Heilungsprozesses**, zur **Linderung und Bewältigung von gesundheitlicher Beeinträchtigung** sowie zur **Aufrechterhaltung der höchstmöglichen Lebensqualität** aus pflegerischer Sicht bei (vgl. § 12(2) GuKG 1997).

Der gehobene Dienst für Gesundheits- und Krankenpflege führt im Rahmen der **medizinischen Diagnostik und Therapie** die von Ärztinnen und Ärzten übertragenen Maßnahmen und Tätigkeiten **durch** (vgl. § 12(3) GuKG 1997).

Pflegefachassistenz und Pflegeassistenz

Die Pflegeassistenz und die Pflegefachassistenz **unterstützen** Ärztinnen und Ärzte sowie Angehörige des gehobenen Dienstes für Gesundheits- und Krankenpflege (vgl. § 82(1) GuKG 1997). Beide Berufe umfassen die **Durchführung** der ihnen nach Beurteilung durch Angehörige des gehobenen Dienstes für Gesundheits- und Krankenpflege im Rahmen des Pflegeprozesses übertragenen **Aufgaben und Tätigkeiten in verschiedenen Pflege- und Behandlungssituationen** bei Menschen aller Altersstufen in mobilen, ambulanten, teilstationären und stationären Versorgungsformen sowie auf allen Versorgungsstufen (vgl. § 82(2) GuKG 1997).

Im Rahmen der **medizinischen Diagnostik und Therapie** führen die Pflegeassistenz und die Pflegefachassistenz die ihnen von Ärztinnen und Ärzten übertragenen oder von Angehörigen des gehobenen Dienstes für Gesundheits- und Krankenpflege weiterübertragenen **Maßnahmen durch** (vgl. § 82(3) GuKG 1997).

Merke: Der gehobene Dienst für Gesundheits- und Krankenpflege trägt die Verantwortung für die Pflege. Die Pflegeassistenz und die Pflegefachassistenz unterstützen Angehörige des gehobenen Dienstes für Gesundheits- und Krankenpflege. Im Rahmen der Diagnostik und Therapie führen alle drei Berufe die ihnen von Ärztinnen und Ärzten übertragenen Maßnahmen durch.

Heimhilfe

Das Berufsbild umfasst die Unterstützung **betreuungsbedürftiger Menschen** bei der **Haushaltsführung** und den **Aktivitäten des täglichen Lebens** (z. B. Essen und Trinken) im Sinn der Unterstützung von Eigenaktivitäten und der Hilfe zur Selbsthilfe.

Die Heimhilfe übernimmt eigenverantwortlich die Durchführung hauswirtschaftlicher Tätigkeiten sowie die Unterstützung bei der Basisversorgung (vgl. § 12(1) LGBl. Nr. 63/2008).

Fach-Sozialbetreuung Altenarbeit

Das Berufsbild der Fach-Sozialbetreuung mit dem Ausbildungsschwerpunkt Altenarbeit umfasst die ganzheitliche und auf die individuellen Bedürfnisse älterer Menschen abgestimmte **soziale Betreuung**. Das Berufsbild umfasst auch die **Pflegeassistenz** lt. Gesundheits- und Krankenpflegegesetz (siehe Abb. 4).

Die soziale Betreuung fällt in den **eigenverantwortlichen Tätigkeitsbereich**. Dieser beinhaltet die Setzung von präventiven, unterstützenden, aktivierenden, reaktivierenden, beratenden, organisatorischen und administrativen Maßnahmen zur täglichen Lebensbewältigung. Es wird auf körperliche, seelische, soziale und geistige Bedürfnisse und Ressourcen eingegangen. Auch wird im Rahmen der sozialen Betreuung die Hilfe zur Wiederherstellung, Erhaltung und Förderung von Fähigkeiten und Fertigkeiten für ein möglichst selbstständiges und eigenverantwortliches Leben im Alter angeboten. Darüber hinaus unterstützt die Fach-Sozialbetreuung mit dem Schwerpunkt Altenarbeit bei der psychosozialen Bewältigung von Krisensituationen (vgl. § 15 (1–2) LGBl. Nr. 63/2008).

Aufgabe: Finden Sie praktische Beispiele für präventive, unterstützende, aktivierende, reaktivierende, beratende, organisatorische und administrative Maßnahmen zur täglichen Lebensbewältigung!

Fach-Sozialbetreuung Behindertenarbeit

Das Berufsbild der Fach-Sozialbetreuung mit dem Ausbildungsschwerpunkt Behindertenarbeit umfasst die ganzheitliche und auf die individuellen Bedürfnisse abgestimmte **soziale Betreuung von beeinträchtigten Menschen** in deren zentralen Lebensfeldern, insbesondere Wohnen, Arbeit bzw. Beschäftigung, Freizeit und Bildung. Auch umfasst dieses Berufsbild die **Pflegeassistenz** lt. Gesundheits- und Krankenpflegegesetz (siehe Abbildung 4).

Die **Eigenverantwortlichkeit** bezieht sich insbesondere auf Maßnahmen der Anleitung, der Beratung, der Assistenz oder aber auch der Förderung (vgl. § 21 (1–2) LGBl. Nr. 63/2008).

Fach-Sozialbetreuung Behindertenbegleitung

Das Berufsbild der Fach-Sozialbetreuung mit dem Ausbildungsschwerpunkt Behindertenbegleitung **umfasst ebenfalls** die ganzheitliche und auf die individuellen Bedürfnisse abgestimmte **soziale Betreuung von beeinträchtigten Menschen** in deren zentralen Lebensfeldern, insbesondere Wohnen, Arbeit bzw. Beschäftigung, Freizeit und Bildung. Gleich wie im Berufsbild der Heimhilfe beinhaltet es die Unterstützung bei der Basisversorgung.

Die **Eigenverantwortlichkeit** bezieht sich auch bei diesem Berufsbild auf Maßnahmen der Anleitung, der Beratung, der Assistenz und der Förderung. **Diese Kompetenzen** sind im Vergleich zur Behindertenarbeit etwas vertieft und **verstärkt** (vgl. § 27(1–2) LGBl. Nr. 63/2008).

Aufgabe: Wie unterscheiden sich betreuungsbedürftige von alten bzw. von beeinträchtigten Menschen?

Diplom-Sozialbetreuung Altenarbeit

Dieses Berufsbild entspricht dem Berufsbild der Fach-Sozialbetreuung mit dem Ausbildungsschwerpunkt Altenarbeit. Es umfasst die ganzheitliche und auf die individuellen Bedürfnisse älterer Menschen abgestimmte **soziale Betreuung** sowie konzeptuelle wie auch planerische Aufgaben betreffend die Gestaltung der sozialen Betreuungsarbeit. Diese Berufsgruppe verfügt auch über Kompetenzen der Koordination und der fachlichen Anleitung der Fach-Sozialbetreuung und der Heimhilfe in Fragen der Altenarbeit.

Der **eigenverantwortliche** Tätigkeitsbereich umfasst schwerpunktmäßig die Entwicklung, die Durchführung und die Evaluierung von Konzepten und Projekten auf der Basis wissenschaftlicher Erkenntnisse zur Qualitätsentwicklung sowie zur Weiterentwicklung des sozialen Betreuungsangebots der eigenen Organisation oder Einrichtung (vgl. § 18 (1–2) LGBl. Nr. 63/2008).

Diplom-Sozialbetreuung Behindertenarbeit

Dieses Berufsbild entspricht ebenfalls dem Berufsbild der Fach-Sozialbetreuung mit dem Ausbildungsschwerpunkt Behindertenarbeit. Darüber hinaus umfasst es die ganzheitliche und auf die individuellen Bedürfnisse abgestimmte **soziale Betreuung** von beeinträchtigten Menschen in deren zentralen Lebensfeldern, insbesondere Wohnen, Arbeit bzw. Beschäftigung, Freizeit und Bildung. Diese Berufsgruppe verfügt über Kompetenzen der Koordination und der fachlichen Anleitung der Fach-Sozialbetreuung und der Heimhilfe in Fragen der Behindertenarbeit.

Die **Eigenverantwortlichkeit** bezieht sich wie bei der Fach-Sozialbetreuung Behindertenarbeit auf Maßnahmen der Anleitung, Beratung, Assistenz und Förderung. Gleich wie bei der Diplom-Sozialbetreuung Altenarbeit umfasst der eigenverantwortliche Tätigkeitsbereich die Entwicklung, Durchführung und Evaluierung von Konzepten und Projekten auf der Basis wissenschaftlicher Erkenntnisse zur Qualitätsentwicklung sowie zur Weiterentwicklung des sozialen Betreuungsangebots der eigenen Organisation oder Einrichtung (vgl. § 24 (1–2) LGBl. Nr. 63/2008).

Diplom-Sozialbetreuung Behindertenbegleitung

Auch dieses Berufsbild entspricht dem Berufsbild der Fach-Sozialbetreuung mit dem Ausbildungsschwerpunkt Behindertenbegleitung. Darüber hinaus umfasst es die ganzheitliche und auf die individuellen Bedürfnisse abgestimmte **soziale Betreuung** von beeinträchtigten Menschen in deren zentralen Lebensfeldern, insbesondere Wohnen, Arbeit bzw. Beschäftigung, Freizeit und Bildung. Diese Berufsgruppe verfügt über Kompetenzen der Koordination und der fachlichen Anleitung der Fach-Sozialbetreuung und der Heimhilfe in Fragen der Behindertenbegleitung.

Die **Eigenverantwortlichkeit** bezieht sich wie bei der Fach-Sozialbetreuung Behindertenbegleitung auf Maßnahmen der Anleitung, Beratung, Assistenz und Förderung. Gleich wie bei der Diplom-Sozialbetreuung Altenarbeit oder Behindertenarbeit umfasst der eigenverantwortliche Tätigkeitsbereich die Entwicklung, Durchführung und Evaluierung von Konzepten und Projekten auf der Basis wissenschaftlicher Erkenntnisse zur Qualitätsentwicklung sowie zur Weiterentwicklung des sozialen Betreuungsangebots der eigenen Organisation oder Einrichtung (vgl. §30 (1–2) LGBl. Nr. 63/2008).

Aufgabe: Versuchen Sie nun herauszufinden, wo die genauen Unterschiede zwischen der Fach-Sozialbetreuung Behindertenarbeit, der Fach-Sozialbetreuung Behindertenbegleitung, der Diplom-Sozialbetreuung Behindertenarbeit und der Diplom-Sozialbetreuung Behindertenbegleitung liegen. Gerne können Sie das RIS (https://www.ris.bka.gv.at/) zur Unterstützung heranziehen.

Diplom-Sozialbetreuung Familienarbeit

Das Berufsbild der Diplom-Sozialbetreuung mit dem Ausbildungsschwerpunkt Familienarbeit umfasst neben der **Pflegeassistenz** (siehe Abb. 4) die **soziale Betreuung** von Familien und familienähnlichen Gemeinschaften und unterstützt diese bei der Überwindung schwieriger Lebenssituationen mit dem Ziel, den gewohnten Lebensrhythmus aufrechtzuerhalten. Diese Berufsgruppe verfügt ebenfalls über Kompetenzen der Koordination und der fachlichen Anleitung der Fach-Sozialbetreuung und der Heimhilfe in Fragen der Familienarbeit.

Merke: Schwierige Lebenssituationen sind insbesondere die Erkrankung eines Elternteils, eines Kindes oder eines/einer anderen in der Familie bzw. im familienähnlichen Verband lebenden Angehörigen, aber auch psychische Krisensituationen wie Trennung, Scheidung, Tod von Angehörigen, Überforderung, Überlastung oder Ausfall der Betreuungsperson.

Der **eigenverantwortliche** Tätigkeitsbereich der Diplom-Sozialbetreuung mit dem Ausbildungsschwerpunkt Familienarbeit umfasst beispielsweise die Planung und die Organisation des Alltags, die Haushaltsorganisation und -führung, die altersspezifische Betreuung der Kinder und Jugendlichen, Spiel- und Lernanimation sowie Hausaufgabenbegleitung, die Mitbetreuung von älteren, kranken oder behinderten Familienmitgliedern, die Begleitung und die Unterstützung bei der Bewältigung von Krisensituationen sowie die Beratung, Begleitung und Unterstützung bei der Inanspruchnahme von Sozial- und Gesundheitseinrichtungen sowie öffentlichen Stellen, Ämtern oder Behörden (vgl. §33 (1–3) LGBl. Nr. 63/2008).

Kommunikation

„Man kann nicht nicht kommunizieren!“

Paul Watzlawick (1921–2007; österreichisch-amerikanischer Kommunikationswissenschaftler, Psychotherapeut, Soziologe, Philosoph und Autor)

Das Wort „Kommunikation“ kommt aus dem Lateinischen und bedeutet so viel wie teilen, mitteilen, teilnehmen lassen, verbinden. Vereinfacht zusammengefasst ist Kommunikation der Prozess der Übertragung von Nachrichten zwischen einem Sender und einem oder mehreren Empfängern. Kommunikation ist die Grundlage der menschlichen Gemeinschaft und bestimmt die Aufnahme von zwischenmenschlichen Beziehungen, deren Form und Aufrechterhaltung und geschieht in allen Lebenslagen: beim Einkaufen, in der Straßenbahn, in der Familie, unter Freunden, mit ArbeitskollegInnen.

Bei der Kommunikation werden allerdings nicht nur Informationen ausgetauscht. Sie beinhaltet auch Prozesse der Wahrnehmung, des Denkens und der Motivation und ist stark durch Emotionen bestimmt. Paul Watzlawick beschreibt, dass jedes menschliche Verhalten Mitteilungscharakter hat. Auch wenn sich ein Mensch von seiner Umgebung (z. B. soziales Umfeld) zurückzieht und sich still in eine Ecke setzt, so teilt er seinen Mitmenschen etwas mit (z. B. „Ich brauche kurz Zeit für mich.“).

Wir leben in einer Informationsgesellschaft, deren Kennzeichen der häufige und schnelle Austausch von Informationsmengen zwischen einzelnen Gesellschaftsteilen ist. Der Austausch kann durch Medien der verbalen Kommunikation (= Kommunikationsmedien) erfolgen, z. B. das direkte Gespräch (Face-to-Face), Telefonate, E-Mails, Briefe oder SMS. Informationsmedien sind jene Medien, die der Verbreitung von Informationen dienen. Hierzu gehören z. B. Fernsehen, Radio oder Internet.

Bedeutung im Rahmen der Pflege

Gerade in pflegerischen Berufen ist die Kommunikation Grundlage des alltäglichen Handelns. Beispielsweise ist in einer Notfallsituation (z. B. Reanimation) eine funktionierende Kommunikation – multiprofessionell und fast wortlos – von größter Bedeutung. Bedürfnisse von zu Pflegenden können nur dann erkannt und aufeinander abgestimmt werden, wenn eine gelungene Kommunikation stattfindet. Pflegende kommunizieren aber nicht nur mit Pflegebedürftigen, sondern auch mit vielen weiteren KommunikationspartnerInnen: den Angehörigen von PatientInnen, KollegInnen aus dem Pflegesektor, dem multiprofessionellen Versorgungsteam (z. B. MedizinerInnen, TherapeutInnen, SeelsorgerInnen, ...), MitarbeiterInnen aus der Küche und Verwaltung usw.

Im zwischenmenschlichen Bereich entstehen oft Kommunikationsbeeinträchtigungen, wenn keine gemeinsame Sprache zur Verfügung steht, die Sprachproduktion verhindert oder schwer möglich ist (z. B. durch einen Schlaganfall mit Halbseitenlähmung). Pflegende müssen oft auf eine andere „Sprache“ zurückgreifen, womit keine Fremdsprachen gemeint sind, sondern unterschiedliche Sprachniveaus oder sprachkulturelle Hintergründe. Gerade in der multiprofessionellen Zusammenarbeit (mit unterschiedlichen Professionen) werden von den unterschiedlichen KommunikationspartnerInnen (Ärztinnen/Ärzte, Angehörige, Pflegepersonen, ...) verschiedene Sprachen gesprochen, die für den/die KommunikationspartnerIn eine Fremdsprache darstellen können (z. B. durch Fachausdrücke).

Aufgabe: Pflegepersonen haben ein sehr breites Spektrum an Kommunikationsanlässen zu bewältigen (z. B. geben sie Informationen bzgl. einer anstehenden Untersuchung weiter oder übersetzen nach der Visite Informationen für den/die PatientIn). Überlegen Sie, welche weiteren Kommunikationsanlässe es beispielsweise im Setting Krankenhaus gibt!

Verschwiegenheit bei pflegerischen Tätigkeiten

Eine Berufspflicht von Angehörigen der Gesundheits- und Krankenpflegeberufe ist die Verschwiegenheit. Das Gesundheits- und Krankenpflegegesetz regelt diese im § 6 GuKG (vgl. „Verschwiegenheitspflicht" in Kap. „Berufspflichten der Gesundheits- und Krankenpflegeberufe).

Für viele Pflegebedürftige ist es nicht einfach, über ihre Ängste zu sprechen. Der Aufbau einer Vertrauensbasis zum Pflegepersonal ist daher unabdingbar und die Verschwiegenheit von Pflegepersonen ist eine wesentliche Vertrauensquelle für die zu Pflegenden. So kann leichter über Tabus (z. B. Schmerzen, Ängste, Sexualität) gesprochen werden.

Elemente der Kommunikation

Die sogenannte „Laswell-Formel" aus dem Jahr 1948 besagt, dass Kommunikation mindestens drei Elemente verlangt:

Abb. 5: **Elemente der Kommunikation**

Diese Elemente sind miteinander verkettet, wodurch sich das Verhalten der jeweiligen GesprächspartnerInnen immer gegenseitig beeinflusst und sie ihre Rolle im Gesprächsverlauf ständig wechseln. Dadurch entwickelt sich ein „Regelkreis der Kommunikation".

Dennoch treten häufig Probleme auf, denn Kommunikation besteht nicht allein in der Weitergabe von sachbezogenen Informationen. Rund zwei Drittel eines Gesprächs laufen über den visuellen und akustischen Kanal (z. B. Gesten, Körperhaltung, Mimik, Betonung, Sprachmelodie) ab. Bis zu 90 Prozent des Gesprochenen werden von mehr oder weniger deutlich erkennbaren Gesten begleitet. Manche Informationen können verbal nur sehr schwer kommuniziert werden, daher wird durch ikonische Gesten beim anderen ein Vorstellungsbild erzeugt (z. B. Manuel benutzt seine Arme, um seinem Freund zu erklären, wie groß der von ihm gefangene Fisch war).

Die Aufnahme der Informationen erfolgt über die Sinnesorgane (Haut, Ohren, Augen, ...). Um eine Reizüberflutung durch das Einwirken von Tausenden von Informationen zu verhindern, fungiert der Thalamus wie ein Filter im Gehirn. Er sorgt dafür, dass nur wesentliche Informationen ins Gehirn kommen, um dort verarbeitet und gegebenenfalls gespeichert zu werden. Jede Information, die der Mensch erhält, wird auch gleichzeitig mit einer Vielzahl von Erinnerungen, Erfahrungen, Gefühlen und Werten verbunden. Durch den persönlichen Filter jedes/jeder Einzelnen wird auch bestimmt, ob Informationen aufgenommen werden oder nicht. Dadurch kann es in der Kommunikation immer wieder zu „Fehlinterpretationen“ kommen. Auch können durch das permanente Verschlüsseln und Entschlüsseln Informationen verloren gehen (z. B. Hörfehler oder Lesefehler).

Man unterscheidet zwei Arten der Kommunikation: die verbale (gesprochenes oder geschriebenes Wort) und die nonverbale Kommunikation (Körpersprache, Verhalten, Zeichen). Beide Arten werden – die nonverbale Kommunikation auch oft unbewusst – gemeinsam genutzt!

Verbale Kommunikation

Die verbale Kommunikation wird als sprachgebundene Kommunikation bezeichnet. Sie kann aus Worten, Zeichen oder Informationsträgern bestehen. Um einander zu verstehen, müssen alle KommunikationspartnerInnen eine gemeinsame „Sprache“ sprechen (z. B. Fachtermini). Nur wenn die „Codierungen“ beim Sender und Empfänger übereinstimmen, ist eine effektive Kommunikation möglich. Gerade für Pflegende ist die verbale Kommunikation ein wesentliches Instrument ihrer alltäglichen Arbeit. Ein Großteil der pflegerischen Handlungen wird verbal geführt oder erläutert.

Sprechen oder Schreiben sind sehr komplexe Vorgänge, die sich auf drei Ebenen vollziehen: **Am Beginn** steht der Gedanke von dem, was man sagen möchte (z. B. Ideen entwickeln, planen, an Erfahrungen erinnern). **Im zweiten Schritt** werden die Gedanken in Worte ausformuliert. Dazu wird auf den Wortschatz und auf den Satzbau zurückgegriffen (formulieren, in Sprache umsetzen, Grammatik richtig einsetzen). **Im dritten Schritt** wird gesprochen. Hier bedarf es einer Koordination von Atmung, Kehlkopf, Stimmbändern, Lippen und Zunge. Auch werden in dieser letzten Phase Laute gebildet, Betonungen gesetzt und Sprachmelodien gestaltet.

Das Gesagte wird durch die Wortwahl (durch die Vorbildung), die Formulierung (klar, leicht, verständlich oder komplex), die Sprache (Hochsprache, Dialekt, Fremdsprache, Soziolekt), die Stimmlage (hoch oder tief), die Lautstärke (kaum hörbar bis sehr laut), den Tonfall (von monoton bis theatralisch), die Sprechgeschwindigkeit (von langsam bis schnell) und die Tonart (Bitte oder Befehl) unterstützt (paraverbale Kommunikation). Da der Sprecher sein Gesagtes hört und der Schreiber sein Geschriebenes liest, findet während der Äußerung eine Kontrolle statt (dadurch kann ein „Versprecher“ erkannt und korrigiert werden). Durch Erkrankungen oder Entwicklungsstörungen kann das verbale Sprachvermögen oder Sprachverständnis gestört sein. Beispielsweise ist bei einer Gehörlosigkeit die Sprachentwicklung erschwert. Durch einen Insult (Schlaganfall) kann es zu Sprach- und Sprechstörungen kommen.

Nonverbale Kommunikation

Die nonverbale Kommunikation ist eine nicht an Sprache gebundene Kommunikation. Sie bedient sich der Kommunikation ohne Worte und umfasst Mimik, Gestik, das Verhalten im Raum (Nähe und Distanz bei einem Gespräch) und die Körperhaltung. Daneben empfangen GesprächspartnerInnen Informationen vom Gegenüber durch die Sinnesorgane (durch Tasten, Schmecken, Riechen, ...). Im Vergleich zur verbalen Kommunikation wird die nonverbale Kommunikation nicht ausschließlich erlernt. Sie ist zum Teil angeboren und/oder wird durch Nachahmung erworben (z. B. drücken kleine Kinder ihre Freude durch ein strahlendes Lachen für etwas oder jemanden aus).

Sehr häufig wird die verbale Kommunikation durch die nonverbale Kommunikation unterstützt. So werden in unserer westlichen Kultur häufig ein „Ja“ mit einem „Nicken“

und ein „Nein“ durch ein „Schütteln“ des Kopfes unterstrichen. Je kongruenter eine Pflegeperson kommuniziert (= Übereinstimmen und verbaler und nonverbaler Kommunikation), desto eindeutiger ist die Information für den Empfänger zu verstehen. Viele Menschen sind in der Lage, die Sprache besser zu kontrollieren als die Mimik oder die Gestik. Daher ist es in der täglichen Arbeit mit den PatientInnen vorteilhaft, die Körpersprache bewusst zu beobachten.

Die **Mimik** beschreibt unseren Gesichtsausdruck. Durch ca. 20 verschiedene Gesichtsmuskeln können Menschen viele verschiedene Gefühle ausdrücken. Gerade die Augen spielen in der Mimik eine besondere Bedeutung (z. B. weit aufgerissen oder zusammengezogen).

Aufgabe: Versuchen Sie mit Ihren Gesichtsmuskeln folgende Stimmungen auszudrücken: freundlich, wütend, geschmeichelt, entsetzt, verlegen, schüchtern, traurig.

Bewegungen der Hände, Arme, Beine und Füße werden als **Gestik** verstanden. Wesentlich sind vor allem die Hände, die häufig das Gesagte unterstützen. Ob Gesten von Personen im täglichen Gebrauch Anwendung finden, ist sehr stark von der Persönlichkeit, dem Temperament, dem Selbstbewusstsein, der sozialen Stellung sowie dem jeweiligen Kulturkreis abhängig.

Aufgabe: Versuchen Sie die bereits zuvor ausgedrückten Stimmungen durch eine dementsprechende Gestik zu untermauern: freundlich, wütend, geschmeichelt, entsetzt, verlegen, schüchtern, traurig.

Die Proxemik (von lat. proximus = „der Nächste“) beschäftigt sich mit der situationsabhängigen **räumlichen Nähe und Distanz** der KommunikationspartnerInnen zueinander. Eine Rolle hierbei spielen der Abstand, die Körperhöhe, die Körperausrichtung und die jeweiligen Formen der Berührung. Abhängig ist dieses Nähe- und Distanzverhältnis von kulturspezifischen Normen, dem Geschlecht sowie dem Beruf der KommunikationspartnerInnen. Seit den 1970er-Jahren findet man bei nonverbalen Kommunikationsseminaren folgende Regeln, die jedoch wissenschaftlich noch nicht sicher belegt sind:

- **Intime Zone** (unter ca. 50 cm)
- **Persönliche Zone** (ca. 50 bis 120 cm)
- **Gesellschaftliche Zone** (120 bis 350 cm)
- Öffentliche Zone, auch Flucht-Distanz (> 350 cm)
  (siehe auch Kapitel Körperzonen/Berührungszonen in Lernfeld 3)

Aufgabe: Überlegen Sie für sich, in welchen Situationen bei Ihnen die oben angeführten Zonen Anwendung finden.

Achtet man auf die **Körperhaltung** eines Menschen, so wird dessen Befindlichkeit erkennbar. Die Art und Weise, wie eine Person ihren Körper zeigt, wird als Körperhaltung verstanden. Wesentlich hierbei ist die Differenzierung zwischen der offenen und geschlossenen Körperhaltung. Offene Körperhaltungen zeigen, dass sich das Gegenüber sicher und wohl fühlt (man lehnt sich zurück, der Körper entspannt sich, die Arme werden geöffnet, die Beine stehen locker und breit am Boden). Geschlossene Körperhaltungen signalisieren eher ein gewisses Unwohlsein (der Körper wird gespannt, die Arme bewegen sich zur Körpermitte und werden vor der Brust verschränkt).

Fallbeispiel: Herr Seiwald, ein junger Mann Mitte 30 und im Anzug, betritt die Abteilung zwei der Chirurgie. Eine geplante Blinddarmentfernung (Appendektomie) steht an. Sein Auftreten, seine Wortwahl und seine offene Körperhaltung signalisieren seine Sicherheit. Am Tag der Operation betritt das Pflegepersonal für die OP-Vorbereitung das Zimmer des jungen Mannes. Ein ganz verändertes Bild zeigt sich der Pflegeperson. Herr Seiwald wirkt angespannt, zugedeckt liegt er im Bett, kaum ein Wort geht über seine Lippen. Er hat Angst vor der Operation. Seine geschlossene Körperhaltung drückt dies aus.

Kommunikationsmodelle

„4-Ohren-Modell“ nach Schulz von Thun

Wie bereits erwähnt, kommt es in der Kommunikation immer wieder zu Missverständnissen. Beispielsweise wenn der Sender seine Botschaften unklar formuliert oder durch Umgebungsfaktoren (Unruhe, Lärm, ...) die Botschaft nicht klar beim Empfänger ankommt und dieser die Nachricht falsch versteht oder falsch interpretiert.

Das 4-Ohren-Modell (auch Kommunikationsquadrat) regt an, jede Nachricht mit allen vier Ohren, mit denen sie empfangen werden kann, zu hören. Es werden folgende Ebenen unterschieden (vgl. Wesuls et al. 2011, S. 7–10):

Sachebene: Worüber informiere ich?
Wenn eine Person mit dem „Sachebenen-Ohr“ hört, steht für sie die Wahrnehmung von Sachinformation im Vordergrund. Fakten werden gehört, Emotionen jedoch nicht berücksichtigt. Dadurch entgehen dem Sender möglicherweise wichtige Informationen über den emotionalen Zustand des Empfängers. Beispiel: „Ich habe Ihnen das Frühstück zum Tisch gebracht.“

Beziehungsebene: Was halte ich von meinem Gesprächspartner? Wie stehe ich zu meinem Gesprächspartner?
Das Beziehungsohr hört nicht da „Was“ (Inhalt), sondern bewertet sofort, wie jemand mit ihm spricht. Der Fokus liegt auf dem subjektiven Empfinden, ob das Gegenüber angemessen, höflich, wertschätzend oder unhöflich, beleidigend, aggressiv mit ihm spricht. Menschen, die auf diesem „Ohr“ hören, fühlen sich schnell persönlich angegriffen oder beleidigt und reagieren entsprechend wütend, verletzt oder ängstlich. Selbst berechtigte, sachliche Kritik wird als persönlicher Angriff wahrgenommen. Beispiel: Als Sie ins Zimmer kommen, meint der Patient sichtlich erregt: „Mir wurde gesagt, dass ich um spätestens 8 Uhr fertig sein soll, weil ich in den OP gebracht werde. Nun ist es bereits 8:30 Uhr und ich bin immer noch hier! Habt ihr hier überhaupt keine Organisation?“

Selbstoffenbarungsebene: Was gebe ich von mir preis?
Werden verbale Aggressionen auf diesem Ohr wahrgenommen, fragt sich der Empfänger zuerst selbst, aus welchem Gefühl oder welcher Situation heraus der Sender so reagiert. Sein Verhalten zeigt dem Empfänger, dass er unter Druck steht und seine aggres-

siven Äußerungen nicht gegen den Empfänger persönlich gerichtet sind. Beispiel: Der aufgebrachte Patient, der auf die Abholung in den OP wartet, signalisiert mit seinem Unmut über die fehlende Organisation seine eigene Angst vor der Operation.

Appellebene: Was möchte ich bei meinem/meiner GesprächspartnerIn erreichen? Wer mit dem „Appell-Ohr" hört, versteht jegliche Äußerung des Senders als Aufforderung (Appell) zu einem gewissen Tun, zur Erfüllung eines Bedürfnisses oder Wunsches. Ein ständiges Sich-angesprochen-und-verantwortlich-Fühlen kann auf Dauer zur Überlastung führen. Beispiel: Ein Kollege sagt „Es ist kein Kaffee mehr da". Ein „Appellohr-Hörer" steht auf und kocht neuen Kaffee oder reagiert gereizt: „Mach doch selber welchen".

Aufgabe: Versuchen Sie Formulierungen für die 4 Ohren zu finden! Stellen Sie sich dazu Fragen aus Ihrer beruflichen Praxis, wie: „Können Sie mir zeigen, wo ich die vollen Wäschesäcke abstellen kann?" Wie kann der Empfänger dieser Nachricht Ihre Botschaft hören? Wie können die Reaktionen darauf sein? Können Sie anhand der Reaktion erkennen, mit welchem Ohr Ihre Nachricht gehört wurde?

Gewaltfreie Kommunikation (GFK) nach Marshall B. Rosenberg

Die Gewaltfreie Kommunikation wurde vom US-Amerikaner Marshall B. Rosenberg in den 1970er-Jahren entwickelt. Gewaltfreie Kommunikation fördert die Fähigkeit, Gefühle und Bedürfnisse bei sich und anderen besser wahrzunehmen, sich darüber auszutauschen und gemeinsame Lösungen zu finden.

Drei Säulen der Gewaltfreien Kommunikation
Gewaltfreie Kommunikation ist weniger eine Gesprächstechnik, sondern eher eine persönliche Grundhaltung, die sich entwickelt, wenn man versucht, unter Berücksichtigung der drei Säulen der GFK zu kommunizieren. Jede dieser drei Fähigkeiten ist als gleichwertig anzusehen. Im Zusammenspiel ermöglichen sie ein wertschätzendes Miteinander.

Einfühlsames Zuhören: Zuhören bedeutet, im Moment ganz beim Gegenüber zu sein, um dessen Gefühle und Aussagen logisch einordnen zu können. Zuhören und Verständnis ermöglichen einen berührenden und vertrauensbildenden Kontakt. Verstehen bedeutet aber nicht zwangsläufig, einverstanden zu sein. Wenn wir die Perspektive wechseln, können wir leichter akzeptieren, dass jeder Mensch gute Gründe für sein Handeln hat. Durch gegenseitiges Zuhören erweitern wir den Umfang der Möglichkeiten, die vorhandenen Bedürfnisse in eine gute Lösung zu integrieren.

Selbstempathie: ist der Versuch, die tieferen Bedürfnisse hinter unseren eigenen Gefühlen zu erkennen. Sie ermöglicht ein besseres Verständnis von uns selbst und ist eine wichtige Voraussetzung für innere Ausgeglichenheit und ein authentisches Auftreten nach außen.

Achtsamer und ehrlicher Selbstausdruck: Gewalt bedeutet, dass sich Menschen eigene Bedürfnisse auf Kosten anderer erfüllen. Gewalt erfolgt in Gesprächssituationen durch das Bilden von Urteilen, gegenseitige Schuldzuweisungen, Forderungen, Druck und Zwang. In der Gewaltfreien Kommunikation wird die Verantwortung für die eigenen Gefühle übernommen und so die Spirale gegenseitiger Schuldzuweisungen durchbrochen. Die eigenen Bedürfnisse werden in einer verständlichen Sprache mitgeteilt. In der GFK sprechen wir aus, auf welche Weise wir uns konkrete Unterstützung erhoffen, und erklären, auf welche Beobachtungen sich unsere Reaktionen beziehen. Voraussetzungen für eine erfolgreiche Umsetzung sind Aufrichtigkeit im Selbstausdruck und ein authentisches Auftreten. Wir sprechen von uns selbst, anstatt andere anzugreifen oder zu verurteilen.

Vier Schritte der Gewaltfreien Kommunikation

Durch die Berücksichtigung der vier Schritte und die damit verbundenen Schlüsselunterscheidungen kann die GFK erfolgreich angewandt werden. Laut Rosenberg sind die vier Schritte der GFK die wertfreie Wahrnehmung, die Formulierung der eigenen Gefühle, Bedürfnisse und Bitten. Dazu müssen folgende vier Schlüsselunterscheidungen vorgenommen werden:

1. Wahrnehmung/Beobachtungen und Bewertungen
2. Gefühle und Gedanken
3. Bedürfnisse und Strategien zur Erfüllung eines Bedürfnisses
4. Bitten und Forderungen

Um sich eine Meinung zu bilden und angemessene Entscheidungen zu treffen, ist es notwendig Informationen zu interpretieren und bewerten. Das machen wir meist, ohne es unserem Gegenüber zu kommunizieren. Wenn wir aussprechen, aufgrund welcher Beobachtungen wir welche Schlüsse (Interpretationen) ziehen, bleiben unsere Gedankengänge für unsere/n GesprächspartnerIn nachvollziehbar. Wichtig dabei ist es, Beobachtungen und Interpretationen klar zu trennen und nicht zu vermischen. Um wertfreies Beobachten zu ermöglichen, ist es hilfreich sich folgende Fragen zu stellen: Was ist in der Situation konkret passiert? Was wurde gesagt oder getan? Auf welche Wahrnehmungen beziehen sich meine Schlussfolgerungen?

Die Unterscheidung zwischen Gefühlen und Gedanken ist der zweite Schritt der GFK. Gefühle sind körperlich wahrnehmbare Empfindungen, die durch innere oder äußere Reize ausgelöst werden. Gefühle weisen uns auf erfüllte oder unerfüllte Bedürfnisse hin und drücken aus, wie es uns geht: „Ich fühle mich ..." oder „Ich bin unsicher". Gefühlsäußerungen dürfen nicht mit Pseudogefühlen und Gedanken verwechselt werden. „Ich fühle mich über den Tisch gezogen" drückt keine Gefühle, sondern einen Gedanken in Form einer Schuldzuweisung aus. Das Aussprechen von Gefühlen ermöglicht dem Gegenüber ein besseres Verständnis unserer Stimmung, es erzeugt Sicherheit und Vertrauen.

Die Unterscheidung zwischen Bedürfnissen und Strategien zur Erfüllung eines Bedürfnisses erfolgen im dritten Schritt der GFK. Wenn die Bedürfnisse einer Partei auf Kosten der Bedürfnisse einer anderen befriedigt werden, entstehen Konflikte. Wichtig ist hier die Frage: Welche Gefühle und Bedürfnisse liegen hinter den Forderungen der Beteiligten? Ist das geklärt, kann nach Lösungswegen gesucht werden, die die Bedürfnisse aller Beteiligten erfüllen.

Der vierte und letzte Schritt der GFK ist die Unterscheidung zwischen Bitten und Forderungen. In Bitten drücken wir aus, wie wir uns die Erfüllung unserer Bedürfnisse vorstellen. Die Formulierung von Bitten überlässt dem Gegenüber die Wahlfreiheit, ob er/sie unsere Vorschläge erfüllen will. Forderungen bringen den/die GesprächspartnerIn unter Druck und können zu Abwehr führen. Wenn wir bitten, anstatt zu fordern, erhöhen wir die Wahrscheinlichkeit, dass unser/e GesprächspartnerIn einfühlsam auf unsere Bedürfnisse reagiert.

Zusammenfassend hier noch einmal die vier Schritte der GFK:

Schritt 1	Wahrnehmung	„Wenn ich sehe/höre ..."
Schritt 2	Gefühl	„... bin ich [+ Gefühlswort]"
Schritt 3	Bedürfnis	„weil mir ... [+ Bedürfniswort] wichtig ist."
Schritt 4	Bitte	„Wärst du bereit [+ konkrete Handlung im Jetzt] ...?"

Abb. 6: **Die vier Schritte der GFK**

Marshall B. Rosenberg fasst sein Modell so zusammen: Wenn ich sehe, dass du A tust, fühle ich B, weil ich das Bedürfnis nach C habe. Deshalb bitte ich dich, D zu tun. Wie wäre dies für dich? Ein konkretes Beispiel aus dem Alltag dafür wäre: Eine Mutter sagt zu ihrem Sohn: „In den letzten drei Tagen hast du dein Frühstücksgeschirr auf die Spülmaschine gestellt. Ich bin darüber zornig, weil ich gerne Ordnung vorfinden möchte, wenn ich nach Hause komme. Ich habe daher die Bitte, dass du das Geschirr direkt in die Spülmaschine räumst. Wie wäre das für dich?"

Wolf- und Giraffensprache

Rosenberg benutzt zwei Handpuppen, um das Modell der Gewaltfreien Kommunikation zu veranschaulichen.

Die Giraffe steht für einfühlsame Kommunikation. Sie hat das größte Herz unter den Säugetieren, hat stets den Überblick und die Höcker auf ihrem Kopf sehen wie Antennen aus (so kann sie besser wahrnehmen). Die Giraffe kann mit ihrem Speichel sogar Dornen auflösen, diese Eigenart steht für die Bewältigung schwierig zu hörender Botschaften.

Der Wolf heult sofort los, wenn ihm etwas fehlt oder er Schmerzen hat. Seinen ZuhörerInnen zeigt er dabei sein großes und angsteinflößendes Gebiss. Die scharfen Zähne stehen für die gegenseitigen Abwertungen und Schuldzuweisungen, die unsere Alltagssprache prägen.

Wolf und Giraffe stehen nicht für Gut und Böse, sondern für unterschiedliche Gewohnheiten im Ausdruck und in der Wahrnehmung von Gefühlen und Bedürfnissen. Der Wolf ist ein bedeutender Hinweisgeber, er engagiert sich mit seinem Geheul kraftvoll für die Erfüllung von Bedürfnissen. Doch erst durch die Übersetzungsleistung der Giraffe werden seine Botschaften verständlich. Wer Giraffenohren aufsetzt, kann die Anliegen/Bedürfnisse aus dem Wolfsgeheul herausfiltern. Wer in der Giraffensprache spricht, hat eine achtsame und klare Ausdrucksweise, der andere Menschen leichter zuhören können (vgl. Weckert 2013, S. 30–35).

Aufgabe: Versuchen Sie in einer Partnerübung ein Gespräch unter Berücksichtigung der vier Schritte der GFK zu führen! Analysieren Sie das Gespräch danach gemeinsam: Wie ist es beiden GesprächspartnerInnen ergangen? Wurden alle vier Schritte berücksichtigt? Wenn ja, woran war das zu erkennen? Wenn nein, was waren die Hürden, wie können Sie diese bei zukünftigen Gesprächen meistern? Welche Formulierungen sind Ihnen leichtgefallen, welche nicht?

Professionelle Sprache in Pflegeberufen

Zu Pflegende haben neben ihrer Genesung noch einen deutlich größeren Fundus an Wünschen und Bedürfnissen, die sie an das Pflegepersonal herantragen. Herr Huber möchte sich einfach wieder einmal unterhalten, Frau Döhm sucht Trost nach einer lebensbedrohlichen Diagnose und Herr Mayer trägt eine massive Beschwerde vor. Die sensiblen kommunikativen Anforderungen, die Pflegepersonen bewältigen müssen, sind oft deutlich größer als in anderen Berufen. Durch die unterschiedlichen Anforderungen bedarf es, je nach Situation, einer patientInnenzentrierten Kommunikation, bei der die Gesprächsatmosphäre eine elementare Bedeutung hat.

Ein wesentlicher Aspekt bei der Gesprächsführung mit einem/einer Pflegebedürftigen ist es, eine Beziehung aufzubauen. Die Pflegeperson unternimmt dabei den Versuch, sich in die jeweilige Lebenssituation des/der Pflegebedürftigen zu versetzen. Die Erlebnis- und Bedürfnislagen sowie das soziale Umfeld des/der PatientIn werden hierbei miteinbezogen.

Grundlagen der Gesprächsführung

Eine professionelle Kommunikation kann durch die Zuhilfenahme diverser Gesprächstechniken unterstützt werden. Grundsätzlich sollte aber bei jedem Gespräch Folgendes berücksichtigt werden:

- Jede/n GesprächspartnerIn ernst nehmen,
- zuhören und ausreden lassen,
- beachten, dass jede Kommunikation Sach- und Beziehungsaspekte beinhaltet (siehe „4-Ohren-Modell nach Schulz von Thun"),
- einen dialogisch orientierten Austausch ermöglichen,
- die Bedeutung der Körpersprache kennen und berücksichtigen,
- Fragen stellen, die keine Interpretationen oder Unterstellungen enthalten,
- Kritik- und Konfliktinhalte als Ich-Botschaften formulieren.

Je nach Gesprächssituation kommen zusätzlich nachstehende Gesprächstechniken einzeln oder auch in Kombination zum Einsatz (vgl. Welk 2015, S. 10–13).

Das **aktive Zuhören** kann auch als positive Grundhaltung dem/der GesprächspartnerIn gegenüber verstanden werden. Dazu gehören beispielsweise eine dem/der GesprächspartnerIn zugewandte Körperhaltung, das Ausredenlassen und der Blickkontakt. Zusätzlich wird durch nonverbale Elemente wie Kopfnicken, Kopfschütteln, Mimik oder Gestik das Interesse am/an der GesprächspartnerIn und am Gespräch selbst signalisiert. Zum aktiven Zuhören gehört auch eine Zusammenfassung der Gesprächsinhalte, um das eigene Verständnis des Gehörten transparent zu machen. Dadurch hat der/die GesprächspartnerIn die Möglichkeit, die Aussage zu bestätigen bzw. ggf. zu korrigieren. Folgende Formulierungen können beim aktiven Zuhören angewandt werden: „Ich habe den Eindruck, dass ...!" oder „Habe ich Sie richtig verstanden, dass ...?". Durch aktives Zuhören kann auch bei emotionalen Gesprächsinhalten eine sachliche Gesprächsbasis hergestellt werden.

Durch den Einsatz von **Ich-Botschaften** wird der/die GesprächspartnerIn darüber informiert, was im/in der Gesprächsführenden vorgeht. Unterstrichen wird die Botschaft durch die Körpersprache. Aussagen und Fragen werden in der Ich-Form so formuliert, dass die eigene Sicht deutlich wird, z. B.: „Ich möchte Sie bitten es mir zu sagen, wenn es Ihnen zu anstrengend wird." oder „Ich freue mich sehr zu sehen, dass Sie heute schon ...". Eine konfrontierende Ich-Botschaft kann dabei unterstützen, eine Verhaltensänderung auszulösen, ohne sie zu erzwingen. Sie benennt den Veränderungswunsch und die Grenzen konkret und verweist auf mögliche Konsequenzen, ohne zu verletzen. Beispiel: „Es stört mich, wenn Sie während unseres Gesprächs auf Ihr Handy schauen, weil ich dann den Eindruck habe, dass Sie mir nicht zuhören."

Beim **Spiegeln** wird vom/von der GesprächspartnerIn das zurückspiegelt, was er/sie im Gesprächsverlauf verstanden und beobachtet hat. Das Spiegeln kann durch Bewegungen (Gesichtsausdruck oder Körperhaltung des Gesprächspartners/der Gesprächspartnerin werden eingenommen) oder durch Rückfragen erfolgen. Beispiel: „Verstehe ich das richtig, dass Sie aus Sorge, Ihren Job zu verlieren, nicht ins Krankenhaus gegangen sind?"

Beim **Paraphrasieren** wird das vom/von der GesprächspartnerIn Gesagte in eigenen Worten wiedergegeben. Damit wird überprüft, ob das Gesagte richtig verstanden wurde. So können Missverständnisse sofort ausgeräumt bzw. korrigiert werden.

Beim **Verbalisieren** werden Gedanken oder Gefühle in Worte gefasst. Das signalisiert dem/der GesprächspartnerIn, dass man mit ihm/ihr fühlt. Zum Beispiel: „Danke für Ihre Offenheit. Ich kann verstehen, dass es Ihnen nicht leichtgefallen ist, darüber zu sprechen."

Beim **Konfrontieren** geben sich GesprächspartnerInnen eine direkte, ehrliche Rückmeldung darüber, wie die Aussagen und das Verhalten des/der anderen auf sie wirken. Konfrontieren hilft, Widersprüche in Sicht oder Verhaltensweisen aufzudecken. Beispiel: „Sie lehnen die Einnahme des Schmerzmittels ab, möchten aber, dass Sie beim Aufstehen schmerzfrei sind."

Durch das Einsetzen von **Fragen** lenkt der/die Fragende das Gespräch. Fragen dienen dem Informationsgewinn und dem gegenseitigen Verständnis, sollten jedoch gezielt eingesetzt werden. Zu viele Fragen auf einmal können beim/bei der GesprächspartnerIn den Eindruck erwecken, ausgefragt zu werden.

Die am häufigsten verwendeten Fragen sind die sogenannten **W-Fragen**. Dazu gehören folgende Fragewörter: wer, wie, was, wo, weshalb, wann und wozu.

Offene Fragen können nicht nur mit „Ja" oder „Nein" beantwortet werden und erfordern eine ausführliche Antwort. Daher bieten sie einen idealen Einstieg in ein Gespräch und signalisieren dem/der GesprächspartnerIn Interesse. Sie werden gestellt, wenn man umfassende Informationen, Meinungen, Beweggründe, Einschätzungen, Erwartungen, Erfahrungen etc. erhalten möchte. Beispiele für offene Fragen sind: „Wo haben Sie Schmerzen?" oder „Wer unterstützt Sie zu Hause?".

Bei **geschlossenen Fragen** kann der/die GesprächspartnerIn nur mit „Ja" oder „Nein" antworten. Sie werden auch als Entscheidungsfragen bezeichnet, da sie vom/von der GesprächspartnerIn eine klare Position bzw. Entscheidung fordern. Geschlossene Fragen sind geeignet, um schnell konkrete Informationen einzuholen und über Fakten zu sprechen. Beispiele für geschlossene Fragen: „Hat Frau Mayr heute schon ihr Frühstück gegessen?" oder „Ist Pflegerin Maria noch krankgemeldet?".

Alternativfragen können hilfreich sein, wenn es um Entscheidungsfindung geht. Sie bieten dem/der GesprächspartnerIn mindestens zwei Möglichkeilten, aus denen er/sie wählen kann. Beispiele: „Möchten Sie lieber Kaffee oder Tee zum Frühstück?" oder „Möchten Sie, dass ich Sie am Waschbecken bei der Körperpflege unterstütze, oder wollen Sie lieber duschen?".

Suggestivfragen sind beeinflussend, da sie indirekt bereits die erwartete Antwort enthalten, und sollten daher so weit als möglich vermieden werden. Situationsabhängig können Suggestivfragen eingesetzt werden, um einen Vorschlag bzw. ein Angebot zu machen. Beispiele: „Sie wollen doch nicht schon wieder ins Bett?" oder „Ist es in Ordnung, wenn ich in fünf Minuten komme, um zu sehen, ob es für Sie zu anstrengend, ist weiterhin im Mobilisationsstuhl zu sitzen?".

Personenzentrierte Gesprächsführung

Der amerikanische Psychologe Carl Rogers (1902–1987) entwickelte die personenzentrierte Gesprächsführung, die auch in der Pflege zur Anwendung kommt. Er beschreibt drei wesentliche Säulen in der Gesprächsführung (siehe Abb. 7):

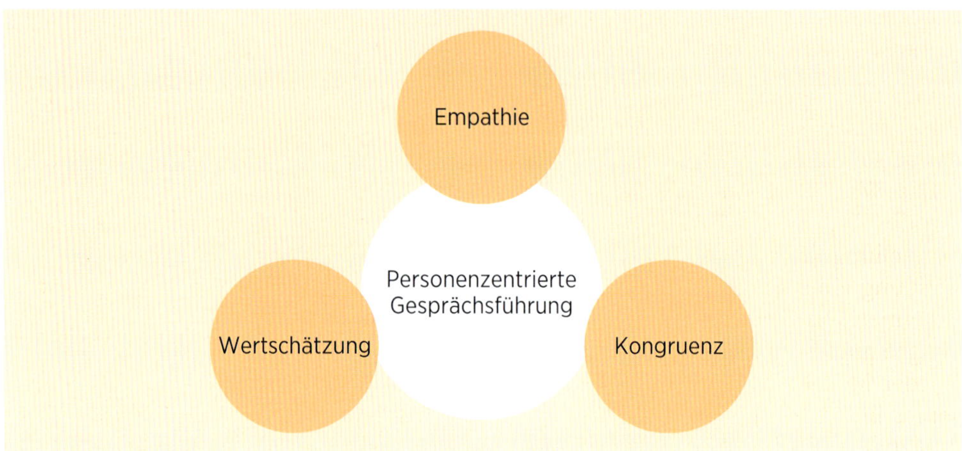

Abb. 7: **Säulen der personenzentrierten Gesprächsführung (modifiziert nach Saft 2013)**

Empathie

- etwas von anderen Menschen wahrnehmen (z. B. Äußerungen, Körperhaltung)
- die innere Welt des/der Pflegebedürftigen wahrnehmen und erfassen
- zuhören können
- eigene private Probleme ausblenden können

Wertschätzung

- bedingungslose Annahme
- den Menschen als vollwertig ansehen
- ihn als ein Ganzes wahrnehmen und akzeptieren
- die Person in ihrem Dasein akzeptieren
- Geduld aufbringen
- Anteilnahme am Schicksal des/der anderen zeigen

Echtheit/Kongruenz

- offen für sich selbst sein
- authentisch sein/sich nicht verstellen
- Gefühle akzeptieren und äußern
- jedem gegenüber neue Offenheit zeigen
- Übereinstimmung mit sich selbst

Werden die Säulen der personenzentrieten Kommunikation bei der Gesprächsführung mit dem/der Pflegebedürftigen berücksichtigt, fühlt er/sie sich verstanden und wertgeschätzt. So kann Vertrauen entstehen, Gefühle und Ängste können geäußert und gemeinsam Lösungen für Probleme gefunden werden (vgl. Saft 2013).

Biografiearbeit

„In jedes Menschen Gesichte steht eine Geschichte,
sein Hassen und Lieben deutlich geschrieben;
Sein innerstes Wesen, es tritt hier ans Licht ...
Doch nicht jeder kanns lesen, verstehn jeder nicht."
Friedrich Martin Bodenstedt (1819–1892, deutscher Schriftsteller)

Zum Aufbau einer professionellen Beziehung zwischen dem/der zu Pflegenden und der Pflegeperson ist neben der Einhaltung der Verschwiegenheitspflicht und der Anwendung der personenzentrierten Gesprächsführung die Biografiearbeit von großer Bedeutung.

Das Wort Biografie stammt aus dem Griechischen. „Bio" steht für „Leben" und „-grafie" bedeutet „schreiben". Eine Biografie ist daher eine Lebensbeschreibung – die Darstellung der äußeren Geschichte sowie der inneren, geistigen und seelischen Entwicklung einer Person (vgl. Opitz 1998). Zur Erfassung der Individualität sowie zum Erkennen von Gewohnheiten und Bedürfnissen der Pflegebedürftigen ist die Biografie ein geeignetes Instrument, das in der Pflege eingesetzt wird.

Jeder Mensch durchläuft in seinem Leben unterschiedliche Situationen, die ihn in seiner Entwicklung beeinflussen und sein Verhalten prägen. Je mehr Pflegende über prägende Erlebnisse eines Menschen wissen, desto eher können sie sein aktuelles Handeln einordnen, verstehen und ihn bestmöglich unterstützen. Biografiearbeit beinhaltet meist alle drei Zeitdimensionen:

- Erinnerung an die **Vergangenheit** („Lebensbilanz")
- Begleitung in der **Gegenwart** („Lebensbewältigung")
- Perspektive für die **Zukunft** („Lebensplanung")

Biografiearbeit erfordert daher drei Schritte (vgl. Vogt 1996, S. 45):

1. Das **Betrachten** des eigenen Lebenslaufes aus der Perspektive eines interessierten, aber distanzierten Beobachters.
2. Das **Erarbeiten** eines Verständnisses für Zusammenhänge, Richtungen und Ziele der persönlichen Entwicklung.
3. Ansätze einer bewussten **Gestaltung** des weiteren Lebensweges.

Des Weiteren basiert biografisches Arbeiten auf drei Ebenen:

1. **Emotionale Ebene**: positive und negative Lebenserinnerungen
2. **Kognitive Ebene**: Stärkung des Erinnerungsvermögens, Erweiterung der Ressourcen
3. **Soziale Ebene**: Erhalt sozialer Kontakte, Vertiefung des Vertrauensverhältnisses (z. B. zwischen Pflegepersonal und Pflegebedürftigen)

Bei der Biografiearbeit werden zwei Formen unterschieden (vgl. Malteser Trägergesellschaft GmbH 2002, Gereben/Kopinitsch-Berger 1998):

- Zur **gesprächsorientierten** Biografiearbeit zählen Einzel- und Gruppengespräche, die zu vorgegebenen Themen wie Familienleben, Schulzeit, Kindheit, Feste und Feiertage usw. angeboten werden.
- Bei der **aktivitätsorientierten** Biografiearbeit werden Tätigkeiten wie Besuche an wichtigen Orten, das Singen von Liedern oder das Ausführen von Alltagshandlungen (z. B. Tisch decken) in die Biografiearbeit integriert.

Ziele der Biografiearbeit können unter anderem sein:

- Aufbau eines Vertrauensverhältnisses auf personaler Ebene
- Erarbeiten von individuellen Angeboten und Orientierungshilfen durch Anknüpfen an Vertrautes
- Eingehen auf Reaktionen durch ein tieferes Verstehen
- Erkennen von Ressourcen und Nutzbarmachung von Vergangenem für die Gegenwart
- Bearbeiten des Lebenskapitels „Krankheit" mithilfe der Arbeit an der Lebensgeschichte

Aufgabe: Versuchen Sie für sich selbst eine Biografie zu erstellen. Berücksichtigen Sie die drei Zeitdimensionen (Vergangenheit, Gegenwart und Zukunft). Dokumentieren Sie Ihre Biografie in schriftlicher Form oder mittels kreativen Techniken (Malen, Collage anfertigen, Lebenslied schreiben, ...)! Stellen Sie sich auch Fragen im Zusammenhang mit Ihrer derzeitigen Lebenssituation, wie: Welchen Einfluss hat Ihre derzeitige Ausbildung auf Ihre Biografie? Welche Veränderungen sind für Sie dabei biografisch relevant?

Störungen in der Kommunikation

In unserem täglichen Tun ist es selbstverständlich, mit anderen Menschen mittels „Sprache" zu kommunizieren. Durch die Sprache können Gefühle, Empfindungen, Meinungen und Wünsche geäußert werden. Ein/e LehrerIn informiert, ein/e PolizistIn belehrt, ein/e Versicherungskaufmann/-frau verhandelt und mit FreundInnen wird diskutiert. Durch die Sprache kann man mit Mitmenschen in Kontakt treten und sich „Gehör" verschaffen.

Bei Pflegebedürftigen in unterschiedlichen Gesundheitseinrichtungen sind oftmals Störungen des Sprechens, des Hörens, des Sehens, der Körpersprache oder der Körperwahrnehmung vorhanden. Dadurch haben Pflegende in ihrem Berufsalltag sehr häufig mit eingeschränkten Kommunikationsmöglichkeiten zu tun. Somit sind fachliche Kompetenz und Professionalität im Umgang damit gefragt.

Sprach- und Sprechstörungen

Erworbene Sprachstörungen des zentralen Nervensystems werden als **Aphasien** bezeichnet. Aphasien treten nach einer abgeschlossenen Sprachentwicklung auf, 80 % der Fälle sind auf eine vaskuläre Ursache (z. B. Schlaganfall) zurückzuführen. Die Sprachwerkzeuge (u. a. die Zunge) sind intakt, die Störungen betreffen unterschiedliche linguistische Ebenen (Wortbildung und -speicherung, Syntax, Semantik, ...), die Sprachproduktion und das Sprachverständnis. Auch Lesen und Schreiben sind in der Regel betroffen.

Die Art und Weise, wie PatientInnen mit dieser Störung umgehen, ist sehr unterschiedlich. Die fehlende verbale Kommunikationsmöglichkeit verursacht bei einigen PatientInnen Zorn, andere schweigen aus Scham. Der Umgang mit dieser PatientInnengruppe ist für Pflegende sehr fordernd. Einerseits kann die Pflegeperson Informationen nur teilweise oder gar nicht verstehen, andererseits verstehen auch die PatientInnen das Pflegepersonal häufig nicht oder falsch. Neben der intensiven logopädischen Therapie sollten Pflegepersonen Menschen mit Aphasien durch den Einsatz von **Hilfsmitteln** unterstützen:

Auf einer **Sprechtafel** sind unterschiedliche Zahlen, Wörter und Symbole abgebildet. Die Tafel kann auf die individuellen Bedürfnisse der Betroffenen angepasst werden und ist für Menschen mit Aphasien gut geeignet. Der/die Betroffene kann auf die entsprechenden Zahlen, Wörter oder Symbole zeigen und damit seinen/ihren Wunsch oder seine/ihre Frage verdeutlichen. Darüber hinaus kann die Pflegeperson die Tafel zur Verdeutlichung ihrer gesprochenen Frage benutzen.

Das **Kommunikationsbuch** ist ähnlich einem Bilderbuch für Kinder aufgebaut. Wörter aus unterschiedlichen semantischen Feldern oder Rubriken (z. B. Essen/Trinken, Badezimmer/Hygiene, Kleidung oder Tätigkeiten im Haus/außer Haus) sind auch als Zeichnungen dargestellt. Durch den Zusammenhang von Bildern und Begriffen wird die Fähigkeit des Lesens gefördert. Ein Kommunikationsbuch sollte den individuellen Bedürfnissen des jeweiligen Menschen angepasst sein.

Das Gefühl, ernst genommen zu werden, ist für Menschen mit Sprachstörungen von elementarer Bedeutung. Darum sollten Pflegepersonen folgende Punkte im Umgang mit Aphasikern berücksichtigen:

- kurze, einfache Sätze verwenden
- langsames Sprechtempo wählen
- nicht schreien (Aphasiker haben in der Regel ein intaktes Gehör)
- Blickkontakt beim Sprechen halten
- Gestik und Mimik verstärkt einsetzen
- Gespräche in einer Gruppe vermeiden (diese können Aphasiker überfordern)
- Aphasiker nicht ständig verbessern
- offene Fragen, Alternativ- oder Suggestivfragen vermeiden
- Ja/Nein-Fragen verwenden
- Aphasiker stets zum Sprechen anregen (beim Gespräch evtl. Hintergrundgeräusche durch Fernsehen oder Radio vermeiden)
- verstärkte Kommunikation mit Bildern (z. B. Sprechtafel) einsetzen

Dysarthrien sind erworbene Sprechstörungen, die aufgrund von Läsionen im zentralen Nervensystem oder infolge neuromuskulärer Erkrankungen auftreten (z. B. Multiple Sklerose). Nervale Strukturen, die zum Sprechen notwendig sind, sind geschädigt. Aber auch psychische Faktoren können die Ursache für eine Dysarthrie sein (z. B. Stottern). Im Allgemeinen sind die drei Faktoren Artikulation, Phonation und Sprechatmung gleichzeitig betroffen. Anders als bei den Aphasien ist das Sprachverständnis dieser Menschen intakt (der/die Betroffene versteht, was die Pflegeperson sagt, kann sich hingegen selber nur schwer ausdrücken). Auch die Schreibfähigkeit dieser Menschen ist weitgehend erhalten. Dadurch sind die Möglichkeiten der Kommunikation verbessert. Sehr häufig kommen elektronische Hilfsmittel zum Einsatz.

Störungen des Hörens

Ohne gutes Hören ist unsere tägliche Verständigung stark eingeschränkt. Die Ursache einer Schwerhörigkeit liegt zumeist im Mittelohr (z. B. Mittelohrentzündung) oder Innenohr (z. B. Hörsturz). Bei der Schallleitungsschwerhörigkeit ist der physiologische Weg der Schallwellen durch krankhafte Prozesse im äußeren Gehörgang, Mittelohr oder am ovalen Fenster gestört. Bei der Schallempfindungsschwerhörigkeit liegt die Ursache hingegen im Bereich des Innenohres oder des Hörnervs.

Der tägliche Umgang mit schwerhörigen oder gehörlosen Menschen in der Pflege ist oft nicht leicht. In fremder Umgebung (z. B. Krankenhaus) fühlen sich diese Menschen unsicher, sind misstrauisch und haben Angst, nicht alles richtig zu verstehen und Fehler zu machen.

Wichtiges im Umgang mit schwerhörigen bzw. gehörlosen Menschen:

- **Information im Team:** Jedes Teammitglied muss über eine Schwerhörigkeit von Pflegebedürftigen informiert werden (Dienstbesprechung).
- **Kontaktaufnahme:** Nähern Sie sich dem schwerhörigen Menschen von vorne und nicht von hinten.
- **Blickkontakt:** Beginnen Sie erst zu sprechen, wenn der/die GesprächspartnerIn Sie ansieht, und halten Sie beim Sprechen immer Blickkontakt.
- **Nebengeräusche:** Stellen Sie Radio oder Fernseher leise oder ganz ab (Nebengeräusche irritieren).
- **Deutliches Mundbild:** Sprechen Sie mit deutlichen Mundbewegungen (nicht übertreiben).
- **Langsam sprechen und nicht schreien:** Sprechen Sie ruhig, nicht zu schnell, artikulieren Sie deutlich.
- **Auf Pausen achten:** Für schwerhörige Menschen ist das Absehen anstrengend.
- **Teilhabe:** Beziehen Sie den schwerhörigen Menschen in einer Gruppe ins Gespräch ein. Informieren Sie ihn über das Gesprächsthema, lassen Sie ihn mitsprechen und mitlachen. So vermeiden Sie das Gefühl von Einsamkeit und Isolation.
- **Aufschreiben:** Schreiben Sie wichtige Informationen auf (Termine, Namen, Adressen).
- **Alles verstanden?** Vergewissern Sie sich immer wieder, ob alles richtig verstanden wurde („W-Fragen“ verwenden!).
- **Angehörige:** Wichtig ist ein enger Kontakt zu den Angehörigen.
- **Hörgeräte**: Gehörlose Menschen können trotz eines Hörgerätes allenfalls nur begrenzte Umweltgeräusche wahrnehmen.
- **Gebärdensprache**: Gehörlose Menschen verständigen sich untereinander meist mit der visuellen Gebärdensprache.

Für Menschen mit Störungen des Hörens gibt es folgende Hilfsmittel:

Das Hinter-dem-Ohr-Gerät (HdO): Dieses Hörgerät gibt es mit den unterschiedlichsten Leistungsstärken (leichter bis schwerer Hörverlust). In seinem Gehäuse befinden sich ein Mikrofon, ein Verstärker sowie ein Hörer und es wird hinter dem Ohr getragen. Der wahrgenommene Schall wird über einen Schallschlauch vom Ohrhaken zum Ohrpassstück und von dort zum Trommelfell geleitet.

Das Im-Ohr-Gerät (IdO): Dieses Hörgerät wird der Ohrmuschel und dem Gehörgang angepasst und in der Hörmuschel (im Ohr) getragen. Das IdO-Gerät ist unauffälliger als das HdO-Gerät. Die Schallaufnahme ist bei diesem Hörgerät etwas besser, weil das Mikrofon direkt am Gehöreingang angebracht ist und Fehlermöglichkeiten durch einen langen Schallschlauch (wie beim HdO-Gerät) entfallen. Da Mikrofon und Schallabgabe (Hörer) sehr dicht beieinanderliegen, kommt es oftmals zu dem bekannten „Pfeifen“.

Kanalhörgeräte (KHG) und Gehörgangsgeräte (CIC = Complete in the Canal): Diese Geräte sind sehr klein und werden je nach Type mehr oder weniger direkt im Gehörgang getragen. Ähnlich wie beim IdO-Gerät liegt der Nachteil bei der Anfälligkeit zum „Pfeifen“ (Rückkoppelung).

Das implantierte Hörgerät: Diese Geräte werden bei einer Innenohrschwerhörigkeit im Mittelohr implantiert. Durch eine Operation werden sämtliche Teile in Kopf und Mittelohr verpflanzt. Die Schallaufnahme erfolgt durch das Ohr. Trotz teilweise guter Erfahrungen sind solche Geräte nur für wenige Arten von Schwerhörigkeit geeignet.

Zur Handhabung von Hörgeräten siehe auch Kap. „Umgang mit Hilfsmitteln und Prothesen“ in Lernfeld 3.

Störungen des Sehens

Die Fähigkeit zu sehen ist ein ganz wesentlicher Sinn des Menschen. Mehr als 40 Prozent aller Nervenbahnen des zentralen Nervensystems arbeiten für das Auge. Die Sehfähigkeit kann bedingt durch vielfältige Schädigungen eingeschränkt sein oder völlig ausfallen. Dadurch kommt es zu Behinderungen der gewohnten Informationsverarbeitung. Die Ursache für Sehstörungen ist häufig eine Schädigung des optischen Apparates (Auge). Aber auch Störungen im zentralen Nervensystem (dort werden Sinneseindrücke über Nervenbahnen weitergeleitet) können Sehbehinderungen hervorrufen.

Merke: Die Augen liegen in den knöchernen Augenhöhlen, eingebettet in einen Fettpolster. Die Bewegungen des Augapfels erfolgen über sechs äußere Augenmuskeln. Die Schutzeinrichtungen des Auges sind: Augenbrauen, Augenlider, Wimpern, Bindehaut und Tränenapparat.

Die in unserer Gesellschaft sehr häufig auftretenden leichten Sehbehinderungen (z. B. Kurz- oder Weitsichtigkeit) finden mehr Akzeptanz als Hörbehinderungen. Durch eine Brille oder Kontaktlinsen sind diese Behinderungen relativ leicht zu beheben. Auch die Betroffenen können im Regelfall sehr gut mit der neuen Situation umgehen.

Anders ist dies bei schwerer Sehbehinderung oder Blindheit. In gewohnter Umgebung (z. B. in der Wohnung) sind die Betroffenen meist völlig selbstständig. Ist für diese Menschen allerdings ein Krankenhausaufenthalt oder ein Umzug in ein Alten- oder Pflegeheim notwendig, so stellt diese Situation die Betroffenen vor neue Herausforderungen. Dadurch sind Pflegepersonen im Umgang mit diesen Personen besonders gefordert. Ihre Aufgabe ist es, den Betroffenen zu einer möglichst großen Selbstständigkeit zu verhelfen.

Wichtiges im Umgang mit sehbehinderten Menschen:

- **Die Pflegeperson betritt den Raum.** Sie stellt sich mit ihrem Namen vor, erklärt den Grund ihres Kommens (auch wenn dieser nichts mit dem/der Sehbehinderten zu tun hat) und teilt mit, wenn der Raum wieder verlassen wird.
- **Wird ein sehbehinderter Mensch angesprochen**, dann möglichst mit seinem Namen, damit er auch weiß, dass er gemeint ist.
- **Wird eine blinde Person geführt**, ist es von Wichtigkeit, dass die sehende Begleitung einen halben Schritt voraus ist. Der/die blinde PartnerIn hakt sich unter oder ergreift den Arm des Begleiters/der Begleiterin (oberhalb des Ellenbogens). Die PatientInnen werden niemals ohne vorherige Anrede angefasst.
- **Wenn eine blinde Person kurzzeitig allein gelassen werden muss**, sollte stets auf eine Wand zum Anlehnen, eine Tischkante oder eine Sitzgelegenheit hingewiesen werden (erleichtert die Orientierung des/der Betroffenen).

- **Blinde Menschen sollen bei der Erklärung des Weges** nicht mit allgemeinen Richtungsangaben (dort vorne, dort hinten, ...) konfrontiert werden. Die Pflegeperson muss klare Anweisungen geben („nach ca. zehn Schritten links einbiegen"), die Angaben müssen sich auf etwas Konkretes beziehen.
- **Das Uhrenmodell** eignet sich, wenn man einen blinden Menschen auf etwas hinweisen möchte („Ihr Glas steht auf 11 Uhr vor Ihnen", „Ihr Stuhl steht, von Ihnen aus gesehen, auf 14 Uhr"). Achtung: Gläser und Tassen werden nicht ganz gefüllt.
- **Der Tisch oder das Nachtkästchen werden nicht umgeräumt.** Alles hat seinen fixen Platz.

Deeskalationsmanagement

Um einen Konflikt nicht eskalieren zu lassen, stehen uns verschiedene Interventionsmöglichkeiten zur Verfügung. Eine professionelle Deeskalation beginnt nicht erst beim akuten Geschehen, sondern setzt weit früher ein. So werden im Professionellen Deeskalationsmanagement (ProDeMa, Konzept zum professionellen Umgang mit Gewalt und Aggression im Gesundheits- und Sozialwesen) sieben aufeinanderfolgende Stufen unterschieden (vgl. Weissenberger, Wesuls et al. 2011, S. 4–27):

- **Deeskalationsstufe I:** Verhinderung bzw. Verminderung aggressionsauslösender Reize zur Verhinderung der Entstehung von Gewalt und Aggression (Primärprävention)
- **Deeskalationsstufe II:** Wahrnehmung, Interpretation und Bewertung von erregten Verhaltensweisen und deren Folgen, um den Bewertungsprozess aggressiver Verhaltensweisen zu verändern
- **Deeskalationsstufe III:** Verständnis der Ursachen und Beweggründe aggressiver Verhaltensweisen
- **Deeskalationsstufe IV:** Verbale Deeskalation durch Anwendung kommunikativer Deeskalationstechniken im direkten Umgang mit hochgespannten Betreuten (Sekundärprävention)
- **Deeskalationsstufe V:** Sicherheitshinweise und Abwehrtechniken bei Angriffen von hochgespannten Betreuten durch Einsatz patientInnenschonender Abwehr- und Fluchttechniken
- **Deeskalationsstufe VI:** Einsatz von patientInnenschonenden Begleit-, Halte-, Immobilisations- und Fixierungstechniken
- **Deeskalationsstufe VII:** Erarbeitung präventiver Möglichkeiten nach aggressiven Vorfällen (Tertiärprävention)

Ad Deeskalationsstufe I:
Pflegebedürftige sind aufgrund ihrer aktuellen Situation (Angst, Schmerzen, Ungewissheit, ...) in einem psychischen Ausnahmezustand. „Kleinigkeiten" wie räumliche oder organisatorische Mängel (Mehrbettzimmer, lange Wartezeiten, kein/e AnsprechpartnerIn, kein/e DolmetscherIn, ...) können das „Fass zum Überlaufen" bringen und zu einem plötzlichen Verlust der Impulskontrolle beitragen. Auch das Verhalten der MitarbeiterInnen vor Ort (ungenügende Erklärungen, mangelnde Geduld oder Empathie, ...) kann Aggressionen auslösen.

Eine Analyse und ggf. Adaptierung der räumlichen und organisatorischen Bedingungen, die Stress, Hilflosigkeit, Wut, Frustration oder Belastung des/der Pflegebedürftigen fördern können, kann hier Abhilfe schaffen. Nicht alle Bedingungen können verändert werden, aber einige Verbesserungen können bereits zu einer entspannenden oder deeskalierenden Wirkung beitragen.

Ad Deeskalationsstufe II:
Durch die Anwendung von Kommunikationstechniken wie der Gewaltfreien Kommunikation (siehe Kap. Gewaltfreie Kommunikation (GFK) nach Marshall B. Rosenberg) oder des 4-Ohren-Modells (siehe „4-Ohren-Modell" nach Schulz von Thun) können die Bedürfnisse des Gegenübers richtig wahrgenommen, interpretiert und bewertet werden.

Ad Deeskalationsstufe III:
In dieser Stufe geht es um die Auseinandersetzung mit möglichen Ursachen und Beweggründen für aggressives Verhalten. Wenn man sich bewusst mit möglichen ursächlichen Faktoren beschäftigt, kann das Verständnis für das Verhalten des/der Pflegebedürftigen erhöht werden. Mögliche Ursachen und Beweggründe für aggressives Verhalten:

- Aggression als Reaktion auf Angst
- Aggression als Reaktion auf Verlust von Selbstwert, Autonomie und Kontrolle
- Aggression als Reaktion auf Machtlosigkeit
- Aggression als Folge von Stress, Überforderung und Frustration
- Aggression durch mangelndes Kommunikations- und Ausdrucksvermögen

Es ist für Sie als Pflegeperson nicht immer klar zu erkennen, welche Ursache das aggressive Verhalten des/der Pflegebedürftigen hat bzw. können Sie nicht immer zur Lösung der Grundproblematik beitragen. Dennoch ist es für ein professionelles Verhalten wesentlich, mögliche Gründe zu erkennen und Verständnis dafür zu haben.

Ad Deeskalationsstufe IV:
Eine verbale Deeskalation ist immer dann nötig, wenn der/die Pflegebedürftige verbale oder nonverbale Ausdrucksmittel einsetzt, um auf seine/ihre Lage aufmerksam zu machen (Schreien, Schimpfen, Beleidigen, Beißen, Kratzen, Umherlaufen, ...). Die verbale Deeskalation besteht aus fünf Phasen, die aufeinander aufbauen. Die zeitliche Spanne einer Deeskalation beträgt 20 Sekunden bis maximal 2 ½ Minuten. Funktioniert eine der ersten vier Phasen nicht, bleibt die gesamt verbale Deeskalation erfolglos. Dann bleibt dann nur ein „Bail-out" (Ausstieg aus der Situation).

Ziel der verbalen Deeskalation ist es, die Erregung und Aggressivität eines Menschen als Ausdruck seiner momentanen inneren Not zu interpretieren und darauf einzugehen. Das kann in Form von konkreten Hilfsangeboten oder durch Zuspruch, Trost oder Mitgefühl erfolgen. Diese Form der verbalen Deeskalation bedarf einiger Übung und Schulung.

1. **Kontaktaufnahme:** Beginnt der/die Pflegebedürftige mit sehr lauter Stimme zu sprechen oder zu schreien, sollten Sie nicht ebenfalls laut werden. Versuchen Sie den lauten Redefluss Ihres Gegenübers zu unterbrechen, indem Sie kurz über dessen Lautstärke vehement rufen: „Hallo, Herr/Frau ...!" oder „Halt, bitte hören Sie mir kurz zu!". Bei starker Erregung des/der Pflegebedürftigen kann ein kurzes Klatschen mit den Händen die Kontaktaufnahme unterstützen. Der Name des/der Pflegebedürftigen und der Ausruf „Hallo" sind wichtige Aufmerksamkeitsbringer. Nimmt Sie Ihr Gegenüber durch seine eigene Erregung nicht wahr, können Sie nicht deeskalierend eingreifen. Nimmt er/sie Sie wahr und unterbricht seinen/ihren Handlungs- bzw. Kommunikationsstrang, senken Sie Ihre Stimme sofort wieder auf normale oder sogar leise Lautstärke herab.

2. **Beziehungsaufbau:** Verbalisieren Sie in ein bis drei Sätzen (länger wird der/die Pflegebedürftige Ihnen nicht zuhören, wenn er/sie sich unverstanden fühlt), dass Sie verstehen, wie es ihm/ihr geht, wie er/sie sich fühlt und was er/sie will. Ziel dieser Phase ist es, dem/der Pflegebedürftigen das Gefühl zu geben, dass Sie für ihn/sie da sind, ihm/ihr erste Unverschämtheiten nicht übelnehmen, sondern bemüht sind, ihn/sie zu verstehen. Das sollte sich auch in einer offenen Körperhaltung und Mimik zeigen. Verzichten Sie in diesem Moment auf Belehrungen, Drohungen („Jetzt mal ganz ruhig, schreien Sie hier nicht so rum, ich lasse mir nicht drohen", ...), das verschlimmert die Situation. Spiegeln Sie nun in eigenen Worten wider, was Sie gehört und verstanden haben (Selbstoffenbarungsohr).
3. **Konkretisierung:** Versuchen Sie ruhig und leise zu sprechen. Sollten Sie die Aufmerksamkeit des/der Pflegebedürftigen wieder verlieren und diese/r zu lautem Schreien zurückkehren, beginnen Sie wieder mit der ersten Phase. Versuchen Sie nun, durch einfache Fragen, die Sie ruhig und leise stellen, herauszuarbeiten, wodurch der/die Pflegebedürftige in diese akute Erregung geraten ist. Hören Sie sich die Kritikpunkte, Wünsche und Bedürfnisse ruhig an, ein aktives Zuhören wie zustimmendes Nicken kann die Situation weiterhin entschärfen und deeskalieren. Stellen Sie Fragen wie „Wovor haben Sie am meisten Angst?" oder „Was war für Sie das Schlimmste an diesem Erlebnis?". Durch diese Art der Fragestellung bringen Sie den/die Pflegebedürftige/n wieder auf die Inhalte seiner/ihrer Erregung zurück. Sie zeigen maximales Interesse und veranlassen gleichzeitig, dass der/die Pflegebedürftige nachdenken muss, um die Frage zu beantworten. Aber bedenken Sie: Ziel einer Deeskalation ist die Verhinderung einer brachialen Eskalation, nicht die sofortige Konfliktlösung!
4. **Bedarfsklärung, Lösungsfindung, Angebote:** Haben sich aus der Konkretisierung Möglichkeiten ergeben, wieder auf die inhaltliche Ebene der Problematik zurückzufinden, sind Fragen wichtig, die das Bedürfnis bzw. die Wünsche des/der Pflegebedürftigen ansprechen und gleichzeitig Lösungen anregen: „Was wäre denn nun Ihrer Meinung nach der nächste Schritt in der Situation?" oder „Was könnte Ihnen nun am besten helfen?". Können die Wünsche bzw. die Bedürfnisse des/der Pflegebedürftigen nicht erfüllt werden, ist es gut, alternative Angebote parat zu haben („Es ist leider nicht möglich, dass Sie heute nach Hause gehen, aber ich kann Ihnen anbieten, Ihre Frau anzurufen, damit Sie sie informieren können, dass Sie wieder fit genug ihren Besuch sind."). Wichtig ist, dass der/die Pflegebedürftige spürt, dass Sie bemüht sind, ihm/ihr weiterzuhelfen, auch wenn das eigentliche Ziel nicht erreichbar ist. Das Ende der Deeskalation ist erreicht, wenn es gelungen ist, aggressive Verhaltensweisen in weniger bedrohliche Emotionen bzw. in ein konstruktives Gespräch zu verwandeln.
5. **„Bail-out" – wenn nichts mehr geht:** Wenn Sie es trotz aller deeskalierenden Maßnahmen nicht geschafft haben, eine Beruhigung des/der Pflegebedürftigen zu erreichen, bleibt Ihnen nichts anderes übrig als die Gesprächssituation zu beenden. Beispiele:
   - „Ich kann das Gespräch mit Ihnen nicht weiterführen, weil mir Ihr Verhalten Angst macht." (Die meisten sehr erregten Menschen merken nicht, wie sie auf andere wirken.)
   - „Ich muss ... anrufen, um Ihre Fragen klären zu können" oder „Ich frage meine Kollegin und komme dann wieder, um Sie über die möglichen Schritte zu informieren". So können beide GesprächspartnerInnen Zeit gewinnen, um in Ruhe die Sachlage zu überdenken und die nächsten Schritte zu überlegen oder KollegInnen/Vorgesetzte zu Hilfe zu holen.
   - Weiterleitung des/der Pflegebedürftigen an Vorgesetzte oder KollegInnen (diese unbedingt informieren).

Ad Deeskalationsstufe V:
Eine verbale Deeskalation ist bei höchster Erregung des/der Pflegebedürftigen auch immer eine Gefahrensituation. Geht die Deeskalation schief, ist der/die Pflegebedürftige in seiner/ihrer Wut nicht mehr erreichbar und verliert die Kontrolle. Dann ist es wichtig, dass Sie auch während einer verbalen Deeskalation schon an die eigene Sicherheit denken und Zeichen für eine Entgleisung des/der Pflegebedürftigen rechtzeitig erkennen und darauf reagieren. Das Training von einfachen Abwehr- und Fluchttechniken bei plötzlichen Angriffen ist hilfreich, um sich ggf. rasch verteidigen zu können. In den meisten Fällen genügt es aber, rechtzeitig aus der Situation zu gehen (siehe „Bail-out"), wenn die gesetzten Deeskalationsmaßnahmen nicht greifen.

Die beiden letzten Stufen (Deeskalationsstufen VI und VII) erfordern organisatorische Strategien und können von der betroffenen Einzelperson nicht allein gelöst werden bzw. nicht durch reine Kommunikationsmethoden bewältigt werden.

Animation und Motivation

„Ohne Begeisterung geschah nichts Großes und Gutes auf der Erde."
Johann Gottfried von Herder (1744–1803, deutscher Dichter, Übersetzer, Theologe)

Als Pflegepersonen sind wir täglich gefordert, die uns anvertrauten Menschen zu animieren, um deren individuelle Ressourcen zu nutzen und zu fördern. Um sich dieser Herausforderung immer wieder aufs Neue stellen zu können, bedarf es auch einiger Begeisterung vonseiten der Pflegeperson.

Der Begriff **Animation** geht auf das lateinische Wort „anima" zurück, das „Lebenshauch", „Geist" oder „Seele" bedeutet. „Animare" heißt „beseelen" oder „Leben einhauchen". Unter „animieren" versteht man daher, jemanden zu etwas anzuregen oder zu ermuntern.

Der Begriff **Motivation** ist aus dem lateinischen Wort „movere" (bewegen) bzw. „motivus" (Bewegung auslösend) abgeleitet. Motivation ist ein Prozess, der Verhalten in Bewegung setzt, bis ein bestimmtes Ziel erreicht ist oder bis ein anderes Motiv vorrangig ist (vgl. Stangl).

Motive sind richtunggebende und antreibende Beweggründe menschlichen Handelns. Sie können aus zwei Perspektiven betrachtet werden:

1. als unbewusste bzw. unreflektierte Prozesse (führen durch physiologische und emotionale Appelle zu Verhaltensimpulsen) und
2. als bewusste, reflektierbare Willensprozesse und konkrete Handlungen.

Forschungen der Biochemie zeigen, dass Menschen stets darauf bedacht sind, ihr Glücksgefühl zu maximieren. Im Vorderhirn liegt das sogenannte Belohnungssystem, der Nucleus accumbens. Durch körpereigene Hormone und Botenstoffe, wie Endorphine und Dopamin, die bei jeder positiven Erfahrung freigesetzt werden, fühlen wir uns wohl. Das Belohnungszentrum reagiert zum Beispiel bei Aktivitäten wie gutem Essen, Trinken, Zärtlichkeit, Sexualität, Lächeln, Musik, Sport oder angenehmen Erinnerungen.

Selbstmotivation wird auch als intrinsische Motivation bezeichnet und beschreibt den Wunsch oder die Absicht, eine Handlung *um ihrer selbst willen* auszuführen. Dabei fungiert die Handlung als eigene Belohnung. Beeinflussende Faktoren sind dabei: Selbstbestimmung, Kompetenz, Neugier, Freude, Interesse, das Aufgehen in der Aufgabe. Die intrinsische Motivation kann bei unerwarteten Misserfolgen stark sinken.

Fremdmotivation oder extrinsische Motivation beschreibt den Wunsch oder die Absicht, eine Handlung *um ihrer Folgen willen* auszuführen. Die Folgen liegen dabei außerhalb der eigentlichen Handlung. Beeinflussende Faktoren sind dabei: die Bewertung, Benotung oder Skalierung des eigenen Handelns, soziale Anerkennung, Wettbewerb, materielle Belohnung (vgl. Hahnzog).

Selbstbestimmung und Fremdbestimmung

Wikipedia beschreibt den Begriff **Selbstbestimmung** als Autonomie (altgriechisch „autonomía“: sich selbst Gesetze gebend, Eigengesetzlichkeit, selbstständig) als Zustand der Selbstständigkeit, Selbstbestimmung, Unabhängigkeit, Selbstverwaltung oder Entscheidungsfreiheit (vgl. Wikipedia). Selbstbestimmung bedeutet, unabhängige Entscheidungen für sein eigenes Leben zu treffen und Verantwortung für sein Handeln zu übernehmen. Selbstbestimmung nimmt einen hohen Stellenwert im menschlichen Leben ein, sie ist die notwendige Voraussetzung für die Entwicklung der eigenen Identität.

Die personale Selbstbestimmung kann in drei Dimensionen eingeteilt werden (vgl. Lob-Hüdepohl/Lesch 2004, S. 5):

- **Situative Autonomie:** beschreibt die konkrete Entscheidungsfreiheit des Menschen in den einzelnen Lebenssituationen. Es kann Situationen geben, in denen wir aufgrund von Rahmenbedingungen nicht so entscheiden können, wie wir es gerne würden (Arbeitsplatz, Arbeitszeit, ...).
- **Habituelle Autonomie:** beschreibt die prinzipielle Selbstbestimmungskompetenz des Menschen und ist dann gegeben, wenn wir geistig und körperlich in der Lage sind, richtige Entscheidungen zu treffen. Auch hier gibt es Situationen, in denen das nicht möglich ist (Erkrankungen, Konsum von Alkohol, ...).
- **Biografische Autonomie:** steht für die Authentizität des Lebensentwurfes und beschreibt Lebensziele, die wir uns stecken. Auch hier kann es zu Abweichungen unserer Pläne kommen (Verlust des Partners/der Partnerin, Verlust des Arbeitsplatzes).

Ein selbstbestimmtes Leben ist charakterisiert durch die Erfüllung der fünf Lebensbereiche (s. Abb. 8).

Abb. 8: **Die fünf Lebensbereiche eines selbstbestimmten Lebens** (Quelle: Stiftung Werkheim Uster 2009, S. 6)

Selbstbestimmung ist nicht mit **Selbstständigkeit** gleichzusetzen. Ein Mensch kann aufgrund einer körperlichen Beeinträchtigung in seiner Selbstständigkeit eingeschränkt und daher bei der Bewältigung des Alltags auf Hilfe angewiesen sein. Das heißt aber nicht, dass er nicht selbst über sein Leben bestimmen kann. Beeinträchtigte Personen können verbal oder nonverbal ihre Wünsche äußern und so selbst entscheiden, wann sie welche Hilfestellung benötigen.

Der Grad der Selbstbestimmung ist einem ständigen Wandel unterworfen und ist auch davon abhängig, mit wie vielen Menschen jemand in Beziehung steht. So kann ein/e BewohnerIn, der/die allein in einem Zimmer liegt, wesentlich selbstbestimmter agieren als eine/r, der/die sich mit drei anderen BewohnerInnen im Zimmer teilt. Er/sie wird nicht nur von den Pflegepersonen fremdbestimmt, sondern muss auch Rücksicht auf seine/ihre MitbewohnerInnen nehmen. Auch Pflegepersonen müssen sich an Regeln halten und sind dadurch nicht nur selbstbestimmt.

Das Recht auf die freie Entfaltung der Persönlichkeit – also das Recht zur Selbstbestimmung – gehört zu den Menschenrechten. Sie ist dann legitim, wenn die Bedürfnisse und Interessen der Mitmenschen berücksichtigt werden, das heißt: Das Recht auf Selbstbestimmung endet dort, wo dadurch die Rechte anderer Menschen beeinträchtigt oder verletzt werden (vgl. Wagner 2001). Im Bereich der Pflege bedeutet Selbstbestimmung, dass PatientInnen immer die Wahlfreiheit haben müssen, einer Pfleghandlung zuzustimmen oder nicht.

Fremdbestimmung oder Heteronomie ist das Gegenteil der Autonomie. Unter Fremdgesetzlichkeit bzw. Fremdbestimmtheit versteht man die Abhängigkeit von fremden Einflüssen bzw. vom Willen anderer.

Durch Fremdbestimmung besteht eine grundlegende Gefährdung des Wohlbefindens, weil:

- die eigene Bedürfnisbefriedigung nicht mehr gewährleistet ist, da die notwendigen Bedürfnisse durch andere festgelegt werden und
- das eigene Wirken durch fremdbestimmte Vorgaben ersetzt wird, die aus eigener Sicht nicht unbedingt als sinnvoll erachtet werden.

Als Pflegepersonen sind wir täglich in der Situation, bewusst oder unbewusst an der Fremdbestimmung unserer PatientInnen mitzuwirken. Pflegende haben folgende Möglichkeiten, um die Fremdbestimmung ihrer PatientInnen so gering wie möglich zu halten (vgl. Wikipedia):

- Informationen über die nächsten Pflegemaßnahmen und deren Notwendigkeit an die KlientInnen weitergeben,
- Ressourcen der PatientInnen nutzen,
- Wahlmöglichkeiten anbieten (Tee oder Kaffee zum Frühstück, Duschen oder Waschen am Waschbecken),
- Wünsche und Bedürfnisse der PatientInnen respektieren.

Bedürfnis- und Motivationsmodelle

„Eine mächtige Flamme entsteht aus einem winzigen Funken."
Dante Alighieri (1265–1321, ital. Dichter)

Unter einem Bedürfnis versteht man den Wunsch oder das Verlangen, einem subjektiv empfundenen oder objektiven, tatsächlichen Mangel Abhilfe zu schaffen.

Aufgabe: Diskutieren Sie in Kleingruppen von maximal 4 Personen folgende Fragestellungen:

- Auf welche Bedürfnisse haben wir durch gezielte Aktivitäten mit PatientInnen Einfluss?
- Worauf müssen Sie bei der Wahl der geeigneten Aktivität achten?
- Welche Vor- und Nachteile sehen Sie in der Berücksichtigung der individuellen Bedürfnisse der PatientInnen?

Fassen Sie Ihre Ergebnisse schriftlich zusammen und präsentieren Sie diese dem Plenum.
Zeitrahmen Bearbeitung: 30 min
Zeitrahmen Präsentation: 5 min
Diskussion im Plenum: 3 min

In der Literatur werden zahlreiche Bedürfnis- und Motivationsmodelle beschrieben. Sie können dazu anregen, sich mit den eigenen Bedürfnissen und Motiven auseinanderzusetzen. Motivieren kann sich aber jede/r nur selbst!

Maslow'sche Bedürfnispyramide

Der amerikanische Psychologe Abraham Maslow (1908–1970) entdeckte, dass die menschlichen Bedürfnisse nach einer bestimmten Rangordnung (Hierarchie) eingeteilt werden können. Er wählte die Darstellung einer Pyramide, um zu veranschaulichen, dass die einzelnen Bedürfnisse aufeinander aufbauen. Jeder Mensch versucht zuerst die Bedürfnisse der niedrigeren Stufen zu befriedigen, bevor er sich den höheren Stufen widmet. Die Maslow´sche Bedürfnispyramide kann dazu verwendet werden, um gezielt zu motivieren und um sich die Beweggründe des menschlichen Handelns bewusst zu machen.

Abb. 9: **Bedürfnispyramide nach Maslow**

Die einzelnen Stufen beinhalten (aufsteigend):

- Grundbedürfnisse: Atmung, Schlaf, Nahrung, Gesundheit, Wohnraum, Sexualität
- Sicherheitsbedürfnisse: Recht und Ordnung, Schutz vor Gefahren, sicherer Arbeitsplatz, Absicherung
- Soziale Bedürfnisse: Zugehörigkeit, Partnerschaft, Familie, Freundeskreis
- Ichbezogene Bedürfnisse: Anerkennung, Karriere, Status, Macht, Stärke, Erfolg, Wohlstand
- Selbstverwirklichung: Entfaltung der Talente, Kreativität, Gerechtigkeit
- Transzendenz (1970 erweitert): Suche nach Gott, einer das individuelle Selbst überschreitenden Dimension

Alderfers ERG-Theorie (vgl. Wällisch 2005, S. 7)

Der amerikanische Psychologie-Professor Clayton P. Alderfer (* 1940) geht davon aus, dass sich die Bedürfnisklassen in der Bedürfnispyramide von Maslow willkürlich überlappen können. Daher reduziert er die Bedürfnishierarchie auf drei Klassen.

Abb. 10: **Bedürfnispyramide nach Alderfer**

Die einzelnen Stufen beinhalten (aufsteigend):

- Existenzbedürfnisse („**E**xistence Needs“): physiologische und materielle Bedürfnisse, Sicherheitsbedürfnisse
- Kontakt-/Beziehungsbedürfnisse („**R**elated Needs“): soziale, zwischenmenschliche Bedürfnisse, Achtung, Wertschätzung
- Wachstumsbedürfnisse („**G**rowth Needs“): Entfaltung, Selbstverwirklichung

Alderfer stellt drei Thesen zur Motivation auf:

1. **Frustrationsthese**: Nicht befriedigte Bedürfnisse bleiben dominant, das heißt, je weniger Bedürfnisse befriedigt werden, desto stärker werden sie (z. B. Hunger).
2. **Frustrations-Regressions-These**: Wird ein Bedürfnis nicht befriedigt, so steigen niedrigere Bedürfnisse auf, das heißt beispielweise: Je weniger Beziehungsbedürfnisse befriedigt werden, desto stärker werden Existenzbedürfnisse (z. B. Kummerspeck).

3. **Befriedigungs-Progressions-These:** Die Befriedigung eines Bedürfnisses aktiviert ein anderes Bedürfnis, das heißt der Mensch ist unersättlich.

Wesentliche Unterschiede zum Modell von Maslow sind:

- Bedürfnisse der unteren Ebene müssen nicht zuerst erfüllt werden.
- Die Bedürfnishierarchie arbeitet auch in umgekehrter Richtung (nach unten).
- Befriedigte Bedürfnisse dienen zusätzlich als Motivatoren.

McClellands Motivationstheorie

Der amerikanische Verhaltens- und Sozialpsychologe David Clarence McClelland (1917–1998) vertritt die These, dass die meisten menschlichen Bedürfnisse erlernt sind. Aufgrund dieses Lernprozesses entwickeln Individuen bestimmte Bedürfniskonfigurationen, die ihr Verhalten und ihre Arbeitsleistung beeinflussen. McClelland unterteilt seine Grundbedürfnisse in drei Gruppen (vgl. WPGS 2017):

- **Leistungsbedürfnis – Leistungs-/Erfolgsstreben**: beschreibt den Antrieb, Erfolg zu haben und Ziele zu verfolgen. Menschen mit hoher Leistungsmotivation bevorzugen Arbeitstätigkeiten mit hoher Eigenverantwortung und persönlichem Einfluss auf das Arbeitsergebnis.
- **Zugehörigkeitsbedürfnis – Streben nach sozialen Kontakten**: beschreibt das Verlangen nach freundschaftlichen Beziehungen. Bei hoher Ausprägung suchen Menschen kooperative Arbeitsbeziehungen, vermeiden Wettbewerb und bevorzugen ein gutes soziales Klima am Arbeitsplatz.
- **Machtbedürfnis/Überlegenheit/Macht** gegenüber anderen: ist das Bedürfnis, Einfluss zu gewinnen und in der Hierarchie aufzusteigen. Personen mit hoher Machtmotivation beschäftigen sich mit Status und Prestige, weniger mit der Arbeitsleistung. Sie orientieren sich an mächtigen Personen im Umfeld und bevorzugen Arbeitsumgebungen mit Einfluss und Kontrolle über andere Menschen.

16 Lebensmotive nach Steven Reiss

Der amerikanische Psychologe Steven Reiss (1947–2016) beschreibt 16 grundlegende Lebensmotive, auf die alles, was wir tun, zurückgeführt werden kann:

Macht	Streben nach Erfolg, Leistung, Führung und Einfluss
Unabhängigkeit	Streben nach Freiheit, Selbstgenügsamkeit und Autarkie
Neugier	Streben nach Wissen, Wahrheit, Erkenntnis
Anerkennung	Streben nach sozialer Akzeptanz, nach Zugehörigkeit und positivem Selbstwert
Ordnung	Streben nach Stabilität, Klarheit und guter Organisation
Sparen	Streben nach Besitz und Anhäufung materieller Güter
Ehre	Streben nach Loyalität und moralischer, charakterlicher Integrität
Idealismus	Streben nach sozialer Gerechtigkeit und Fairness
Beziehungen	Streben nach Freundschaft, Freude an dynamischen Prozessen und Humor

Familie	Streben nach Familienleben und besonders danach, eigene Kinder zu erziehen
Status	Streben nach Prestige, nach Reichtum, Titeln und öffentlicher Aufmerksamkeit
Rache	Streben nach Konkurrenz, Kampf, Aggressivität und Vergeltung
Eros	Streben nach einem erotischen Leben, Ästhetik, Sexualität und Schönheit
Essen	Streben nach Nahrung
Körperliche Aktivität	Streben nach Fitness und Bewegung
Ruhe	Streben nach Entspannung und emotionaler Sicherheit

Abb. 11: **16 Lebensmotive nach Reiss**

Wozu muss man wissen, dass es diese Lebensmotive gibt? Die Antwort darauf liefert uns Reiss selbst: „Wenn man wissen will, was Menschen tun werden, muss man zuerst herausfinden, was sie wirklich wollen – und dann davon ausgehen, dass sie diese Wünsche und Bedürfnisse in ihrem Handeln auch befriedigen werden." Mit anderen Worten: Unsere Lebensmotive beeinflussen unsere Wahrnehmung, unser Denken und Fühlen und damit unser Handeln. Durch gezielte Biografiearbeit kann es uns gelingen, die Wertigkeit der einzelnen Lebensmotive beim betreffenden Menschen zu erkennen und in unserem täglichen Handeln darauf einzugehen.

Aufgabe: Erörtern Sie in einer Paararbeit Ihre Prioritäten in Bezug auf die 16 Lebensmotive nach Reiss.

- Welche Motive stehen bei Ihnen ganz oben und warum?
- Welche Auswirkungen auf Ihr Leben haben die 16 Lebensmotive?
- Beeinflussen Sie die Lebensmotive auch in Ihrem beruflichen Handeln? Wenn ja, wie?

Beantworten Sie die Fragen zuerst für sich selbst und machen Sie dazu Notizen. Diskutieren Sie Ihre Ergebnisse anschließend mit Ihrem/Ihrer GruppenpartnerIn. Die Ergebnisse dieser Übung verbleiben in der Kleingruppe.

Zeitrahmen individuelle Bearbeitung: 30 min
Austausch und Diskussion mit dem/der PartnerIn: 20 min

Team

Die Arbeit in einem Pflegeberuf erfordert die Fähigkeit zur Zusammenarbeit mit anderen. Nicht nur im Umgang mit den Pflegebedürftigen ist die soziale Kompetenz einer Pflegeperson gefragt, auch im Team spielt sie eine große Rolle. Doch was macht ein Team aus? Was ist der Unterschied zwischen einer Gruppe und einem Team? Ist jede Gruppe ein Team?

Unter einer **Gruppe** versteht man eine Anzahl von Personen, die über einen längeren Zeitraum in Interaktion miteinander stehen sowie eine gemeinsame Basis aus Normen und Werten haben (vgl. Scholz 2016, S. 3).

Ein **Team** ist eine Gruppe von Individuen, für die Folgendes charakteristisch ist (vgl. Scholz 2016, S. 3–6):

- Sie haben geteilte Ziele,
- für deren Erreichung sie gemeinsam verantwortlich sind.
- Sie sind wechselseitig abhängig von der Leistung der anderen Teammitglieder.
- Sie beeinflussen ihre Ergebnisse durch Interaktion miteinander.
- Sie haben definierte Rollen (z. B. in einem Operationsteam: die OP-Pflege, der/die ChirurgIn etc.).
- Sie haben innerhalb ihrer Organisation eine klare Identität mit einem klaren Auftrag bzw. einer definierten Funktion (z. B. Verwaltungspersonal, Pflegepersonal etc.).
- Sie haben meist zwischen 3 und 20 Mitglieder.

Teamentwicklung (vgl. softgarden e-recruiting GmbH 2015)

Ein uns allen bekannter Spruch besagt: Ein Unternehmen ist immer nur so gut wie seine MitarbeiterInnen. Das hat auch im Gesundheits- und Sozialbereich Gültigkeit. Damit aus einer Gruppe ein Team wird und eine professionelle Betreuung der Pflegebedürftigen möglich ist, ist eine multiprofessionelle Zusammenarbeit gefragt. Alle am Betreuungs-/Behandlungsprozess beteiligten Berufsgruppen geben als FachexpertInnen ihr Bestes. Durch ein gut organisiertes Team multiplizieren sich die Kompetenzen der einzelnen MitarbeiterInnen, was sich positiv auf die Pflegebedürftigen auswirkt.

Doch wie wird man ein „gutes" Team? Das ist ein dynamischer Prozess, an dem sich alle Beteiligten aktiv beteiligen müssen, um zum Erfolg zu kommen!

Aufgabe: Überlegen Sie, welche Berufsgruppen am Betreuungs-/Behandlungsprozess in den unterschiedlichen Settings (Akutbereich, Langzeitbereich, extramuraler Bereich) direkt und indirekt beteiligt sind. Schreiben Sie Ihr Ergebnis nieder oder visualisieren Sie es in der Grafik.

Stellen Sie sich dazu nun folgende Fragen:

- Welche Rahmenbedingungen unterstützen bzw. hemmen eine gute Zusammenarbeit dieser Menschen?
- Welche Rolle spielen dabei Sie als Pflegeperson?
- Wie können Sie sich aktiv in diesen Prozess einbringen?

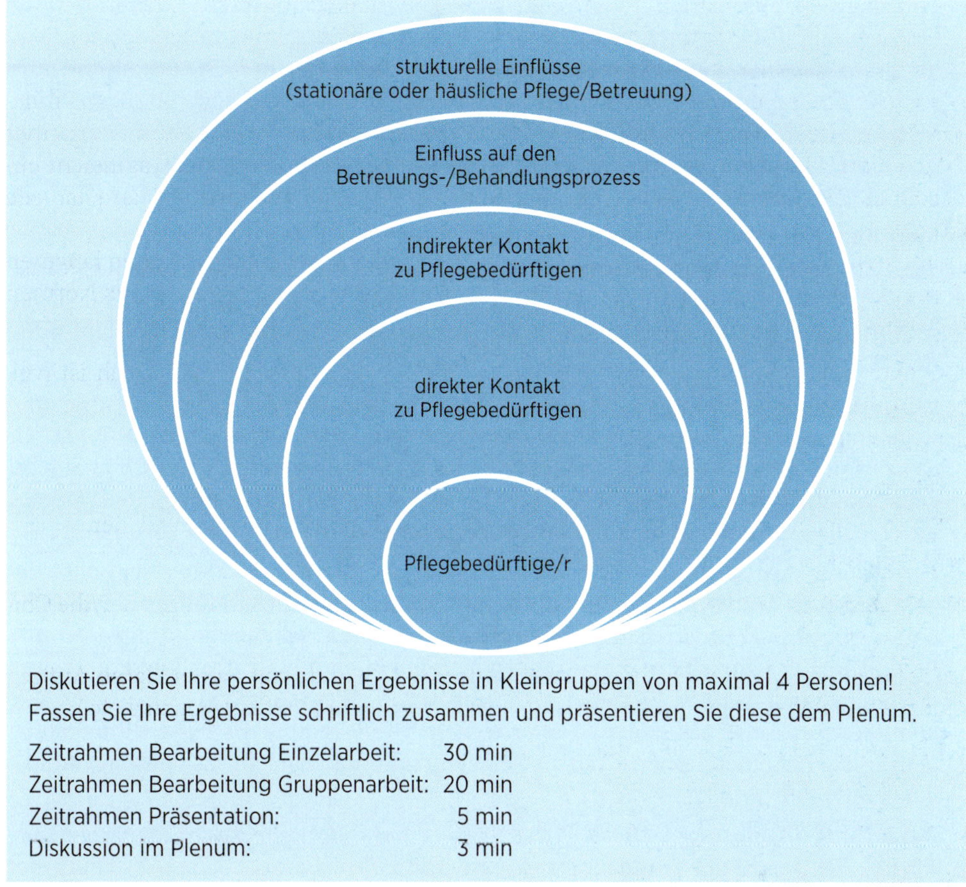

Diskutieren Sie Ihre persönlichen Ergebnisse in Kleingruppen von maximal 4 Personen! Fassen Sie Ihre Ergebnisse schriftlich zusammen und präsentieren Sie diese dem Plenum.

Zeitrahmen Bearbeitung Einzelarbeit: 30 min
Zeitrahmen Bearbeitung Gruppenarbeit: 20 min
Zeitrahmen Präsentation: 5 min
Diskussion im Plenum: 3 min

Das primäre **Ziel** der Teamentwicklung ist die Steigerung der Produktivität des gesamten Teams, um die Leistung des Unternehmens zu erhöhen und den Betreuungs-/Behandlungsprozess für die Pflegebedürftigen zu optimieren. Damit das gelingt, sollten folgende Kriterien berücksichtigt und bearbeitet werden:

1. Stärken und Schwächen der einzelnen Teammitglieder erkennen,
2. Aufgaben und Rollen innerhalb des Teams klar definieren und zuweisen,
3. Kommunikation der Teammitglieder untereinander und nach außen optimieren,
4. Arbeitsabläufe und Prozessketten analysieren und ggf. optimieren,
5. soziale Kompetenzen der Teammitglieder fördern,
6. Probleme auf fachlicher und persönlicher Ebene im Team bewältigen.

Diese Faktoren tragen wesentlich dazu bei, ein positives Arbeitsklima zu schaffen und eine vertrauensvolle Zusammenarbeit innerhalb des Teams zu gewährleisten.

Jedes Team macht nach Bruce Wayne Tuckman (1938–2016, US-amerikanischer Psychologe und Organisationsberater) **vier (bzw. fünf) Phasen** durch. Die Phasen beschreiben den Fortschritt in der Entwicklung der Gruppe auf dem Weg zu einem optimal organisierten Team. Je nach Intensität und Dauer der Zusammenarbeit und der Dynamik in der Gruppe werden eventuell einzelne Phasen wiederholt, bzw. ist die Dauer und Intensität der einzelnen Entwicklungsabschnitte individuell unterschiedlich.

1. **Forming (Formierung):** In dieser ersten Phase (Orientierungsphase) lernen sich die Gruppenmitglieder kennen und eine erste Rollenverteilung wird vorgenommen. Vieles ist noch unklar, die Leistungsfähigkeit eingeschränkt, man ist fixiert auf die Führungskraft. Fragen wie „Was soll ich tun?“ oder „Wo stehe ich?“ prägen diese Phase. Seitens der Führungskräfte ist es in dieser Phase wichtig, Sicherheit, Orientierung und klare Anweisungen zu geben, Aufgaben zu definieren, die Arbeitsergebnisse regelmäßig zu kontrollieren und gegenseitiges Vertrauen aufzubauen.
2. **Storming (Konfrontation)**: Nach der Eingewöhnungszeit treten in der zweiten Phase der Teamentwicklung erste Konflikte oder Probleme auf. In dieser Nahkampfphase werden für die Teammitglieder die Ziele zunehmend klarer. Es gibt unterschiedliche Auffassungen, es können erste Machtkämpfe entstehen. Werden diese Konflikte offen und konstruktiv genutzt, bringen sie das Team in seiner Entwicklung weiter.
3. **Norming (Konsolidierung)**: In dieser Organisationsphase werden klare Strukturen und Regelungen für das Team getroffen. Folgende Fragen sind zu klären: „Wie können wir das Ziel erreichen?“ oder „Wie wollen wir miteinander umgehen?“. Es erfolgt die fixe Zuordnung der Aufgabenbereiche und die Festlegung von Arbeitsmethoden. Bei unterschiedlichen Standpunkten finden die Teammitglieder gemeinsam Lösungen.
4. **Performing (Ausführung)**: In der letzten Phase der Teamentwicklung liegt die Konzentration des Teams auf der tatsächlichen Ausführung der Arbeitsaufgabe. Das Team hat seine optimale Produktivität erreicht. In dieser Phase werden die Fähigkeiten und Fertigkeiten der einzelnen Teammitglieder nach außen hin sichtbar und können optimal eingesetzt werden. Es stellen sich Fragen wie „Wer hat was zu tun?“ oder „Wie können wir das Ziel am effektivsten erreichen?“. Das Team trifft Entscheidungen eigenständig hat einen hohen Grad an Selbstorganisation erreicht. Es bewältigt Aufgaben konstruktiv und kooperativ.
5. **Adjourning (Auflösung)**: Diese Phase betrifft **nur temporär zusammenarbeitende Teams**. Sie beschreibt Auflösungsprozesse, die beispielsweise beim Abschluss der gemeinsamen Arbeit stattfinden. Nach der Erreichung (oder Nichterreichung) des gemeinsamen Ziels wird Bilanz gezogen, bevor die Zusammenarbeit beendet wird.

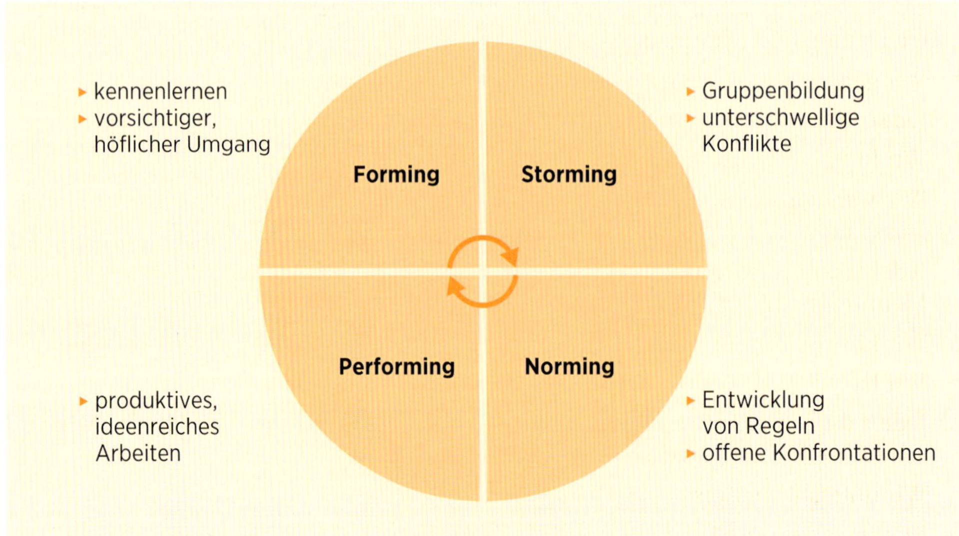

Abb. 12: **Phasenmodell Teamentwicklung** (modifiziert nach Tuckman, vgl. Diepenhorst)

Selbst- und Fremdwahrnehmung

„Die meisten Menschen denken hauptsächlich über das nach, was die anderen Menschen über sie denken.“
Sean Connery (*1930, schottischer Schauspieler)

Wie schon erwähnt, spielt die nonverbale Kommunikation im Umgang miteinander eine wesentliche Rolle. Die Wirkung, die wir dadurch auf andere haben, beeinflusst den Kommunikationsprozess stark. Daher ist es wichtig, sich damit auseinanderzusetzen, wie wir uns selbst wahrnehmen (Selbstwahrnehmung) und wie wir von anderen wahrgenommen werden (Fremdwahrnehmung).

Die **Selbstwahrnehmung** wird stark durch unser Selbstbild geprägt, das wiederum von Erfahrungen und äußeren Einflüssen (Eltern, LehrerInnen, Gleichaltrigen) beeinflusst wird. Zum Selbstbild gehören z. B. Name, Alter, Geschlecht, Ausbildung und Beruf, aber auch Talente, Fähigkeiten, Bedürfnisse, Wünsche, Ziele, Wertevorstellungen sowie die Bewertung des eigenen Körpers und der eigenen Persönlichkeit. Unser Selbstbild prägt auch unser Selbstwertgefühl und beeinflusst unser Verhalten anderen gegenüber.

Das Selbstbild bzw. die Selbstwahrnehmung stimmt nicht immer damit überein, wie andere uns wahrnehmen (**Fremdwahrnehmung**). Denn wir Menschen machen uns von anderen ein Bild, indem wir deren sprachliche Äußerungen, Verhalten und Körpersprache interpretieren. Dieses Bild ist aber meist nicht objektiv, denn unsere Fremdwahrnehmung ist geprägt durch die eigene Sichtweise, unsere Erfahrungen, Erwartungen oder auch unsere aktuelle Stimmung (vgl. Stangl 2017).

Diskussionsregeln

Wenn Menschen miteinander arbeiten, kann es zu Meinungsverschiedenheiten kommen. Jeder möchte seine Arbeit so gut als möglich machen und seine Ideen einbringen. Häufig müssen wesentliche Informationen unter Zeitdruck ausgetauscht werden. Damit Teams möglichst produktiv, effizient und konfliktfrei arbeiten können, ist es hilfreich, Spielregeln für die Zusammenarbeit aufzustellen. Diese könnten so oder so ähnlich lauten (vgl. Thormann 2010):

1. Wir gehen wertschätzend und sachlich miteinander um.
2. Jede/r im Team ist eingeladen Ideen einzubringen.
3. Wir formulieren unsere Wortmeldung klar und präzise.
4. Wir wenden Kommunikationsmethoden (aktives Zuhören, Paraphrasieren, ...) bewusst an.
5. Jeder fasst sich so kurz wie möglich, um auch den anderen Gelegenheit zu geben ihre Meinung zu äußern.
6. Wir hören dem/der anderen zu und konzentrieren uns auf das, was er/sie sagt.
7. Wir halten Blickkontakt, wenn wir miteinander sprechen.
8. Jede/r darf seine/ihre Meinung äußeren. Jede/r spricht für sich und formuliert daher seine/ihre Meinung mit „ich“ und nicht „man“.
9. Wir unterstützen uns gegenseitig.
10. Wir sprechen nacheinander, nicht durcheinander und nicht übereinander.
11. Wir äußern Kritik sachlich und höflich.

12. Unterschiedliche Meinungen oder Ideen im Team sehen wir als wertvolle Ressourcen zur Weiterentwicklung und Verbesserung unserer gemeinsamen Arbeit.
13. Störungen haben immer Vorrang.
14. Gibt es Unklarheiten, werden diese, sobald es die Situation erlaubt, offen angesprochen.
15. Wichtige Erkenntnisse und Teamvereinbarungen halten wir schriftlich fest. So können wir uns unsere Teamregeln jederzeit wieder in Erinnerung rufen!

Werden die im Team vereinbarten Kommunikationsregeln eingehalten, unterstützt das den Arbeitsprozess maßgeblich. Wichtig ist auch, dass die Regeln immer wieder eingefordert bzw., falls notwendig, angepasst werden. Auch neue oder vorübergehende Teammitglieder (SchülerInnen, PraktikantInnen, Zivildiener, ...) müssen die Teamregeln kennen und einhalten.

Feedback

Feedback ist ein Kommunikationsinstrument, das eine direkte und konkrete Rückmeldung über das Verhalten einer Person ermöglicht. Es besteht aus Feedback-Geben und Feedback-Annehmen und spiegelt immer die subjektive Wahrnehmung des Feedback-Gebers/der Feedback-Geberin wider.

Sowohl in der Ausbildung als auch im Arbeitsprozess ist Feedback wichtig zur persönlichen und fachlichen Weiterentwicklung und zur Reflexion des eigenen Handelns. Es zeigt uns, ob die Selbst- und die Fremdeinschätzung nahe beisammen liegen oder nicht. Wie bei jedem Gespräch ist es auch beim Feedback-Geben wichtig, dass es auf wertschätzende Art und zu einem passenden Zeitpunkt stattfindet. Damit das Feedbackgespräch für alle Beteiligten erfolgreich sein kann, sollten **Regeln** vereinbart und auch einhalten werden (vgl. Georg-August-Universität Göttingen).

Das Feedback sollte:

- wertschätzend formuliert sein,
- in der Ich-Form formuliert sein,
- sachlich beschreibend und nützlich sein,
- spezifisch, klar und genau formuliert sein,
- erwünscht sein (vor Gespräch abklären),
- konkret und umsetzbar sein (auf Verhalten bezogen) und neue Informationen geben,
- ausgewogen sein (Positives und Negatives wird angesprochen).

Der/die Feedback-NehmerIn sollte:

- den/die Feedback-GeberIn ausreden lassen,
- sich nicht rechtfertigen, erklären oder verteidigen, sondern das Gesagte so stehen lassen,
- nur nachfragen, wenn es darum geht, Unverstandenes zu klären,
- sich Zeit nehmen, um über die Inhalte des Feedbacks nachzudenken und
- für sich zu bestimmen, was daraus mitgenommen werden kann,
- sich für das Feedback bedanken.

Konstruktives Feedback sollte ein fixer Bestandteil im Umgang mit unseren KollegInnen sein!

Merke: Feedback sollte konstruktiv, beschreibend und konkret sein und immer auch Positives beinhalten.

Im Kapitel Gewaltfreie Kommunikation (GFK) nach Marshall B. Rosenberg wurden die Grundlagen der Gewaltfreien Kommunikation vorgestellt. In der Gewaltfreien Kommunikation wird der Ablauf eines Feedbackgesprächs anhand eines Praktikumsreflexionsgespräches folgendermaßen beschrieben (vgl. Rüther 2008, S. 80):

1. Gesprächsvorbereitung:
   - klare Beobachtungen sammeln,
   - innere Selbstklärung – d. h. es geht um das Lernen, nicht um andere Punkte,
   - sich mit der Intention des GFK-Feedbacks auseinandersetzen,
   - Zeit und Raum so gestalten, dass das Feedback ungestört ablaufen kann.
2. Gesprächseröffnung, beispielsweise durch folgendes Anfangsstatement zum Feedbackgespräch: „Danke, dass Sie hier sind. Heute geht es um Ihren Lernprozess" oder „Ich möchte Ihnen meine Beobachtungen zurückspiegeln".
3. Feedback im engeren Sinne: Wiedergabe der Beobachtungen und Ich-Botschaften des Senders mithilfe der vier GFK-Schritte, evtl. ohne zweiten Schritt (Gefühle).
4. Stellungnahme des Empfängers, wie es ihm mit der Rückmeldung geht und was er daraus mitnimmt. Der Sender zeigt Empathie und versucht zu verstehen.
5. Evtl. kurzes Gespräch über die Rückmeldungen und wie diese auf den Empfänger wirken.
6. Abschlussrunde: „Wie geht es mir jetzt und wie war das Gespräch für mich?"

Die Anwendung der vier Schritte der Gewaltfreien Kommunikation ist in vielen Gesprächssituationen hilfreich. Je öfter die Schritte geübt werden, desto einfacher und selbstverständlicher wird es, nach diesem Schema zu kommunizieren.

Unterstützende Kommunikationsinstrumente

Wie bereits erwähnt, bringt der Pflegeberuf neben seinen vielen schönen Seiten auch belastende Situationen mit sich. Um die uns anvertrauten Menschen professionell zu begleiten, ist es erforderlich, sein eigenes Handeln immer wieder zu reflektieren. Dadurch wird es möglich, sich auf immer neue Ausgangslagen und Rahmenbedingungen einzustellen und die Handlungen aller Beteiligten auszuwerten, zu koordinieren und neu zu bemessen. Dazu stehen uns, neben der Entwicklung von geeigneten individuellen Copingstrategien, auch verschiedene unterstützende Kommunikationsinstrumente zur Verfügung.

Coaching

Unter Coaching versteht man einen interaktiven personenzentrierten Beratungs- und Begleitungsprozess im beruflichen Kontext, der zeitlich begrenzt und zielorientiert ist. Die Beratung kann für einzelne Personen, Gruppen oder Teams erfolgen. Der Prozess orientiert sich an den ressourcen- und lösungsorientierten Kompetenzen der Gecoachten, die gefördert und aktiviert werden. Coaches entwickeln gemeinsam mit den Gecoachten individuelle Lösungen. Coaching ist ergebnis- und lösungsorientiert und braucht evaluierbare Kriterien für das Erreichen konkreter Ziele.

Wesentliche Merkmale:
- Freiwilligkeit,
- gegenseitiges Respektieren und Vertrauen,
- gleichwertige Ebene der Beteiligten.

Die Erreichung folgender Ziele wird durch Coaching unterstützt:
- Förderung von Selbstreflexion und Selbstwahrnehmung,
- Förderung von Bewusstsein und Verantwortung und
- Förderung von Selbsthilfe bzw. Selbstmanagement.

Supervision

Supervision dient dazu, berufliche Anliegen umfassend und prozessorientiert zu reflektieren. Dabei werden fachliche, persönliche, soziale, institutionelle, kulturelle und ethische Aspekte berücksichtigt. Supervision unterstützt die Weiterentwicklung der Fach-, Selbst- und Sozialkompetenz von Einzelpersonen und fördert als Teamsupervision die Entwicklung von Arbeitsgruppen (vgl. Scharfenberger 2017).

Ziele der Supervision sind:
- Förderung der Kommunikation
- Hilfestellung bei der Bewältigung zwischenmenschlicher Probleme
- Entwicklung des persönlichen Potenzials in beruflichen Arbeitsfeldern
- Verbesserung der Teamarbeit
- Erkennen von Schwachstellen in Organisationen
- Förderung effektiver Kooperation
- Gewinn von Selbstsicherheit
- Begleitung bei wichtigen beruflichen Entscheidungen
- Hilfestellung beim Erkennen von Entscheidungsmöglichkeiten
- Vermeidung von „Burn-out-Phänomenen“

In Berufen, die ein hohes Konfliktpotenzial haben (TherapeutInnen, PädagogInnen, ...), ist die regelmäßige Teilnahme an Supervisionen verpflichtend. In Pflegeberufen wird das Instrument der Supervision zur Unterstützung der Psychohygiene bisher nur punktuell genutzt.

Mediation

Mediation bedeutet wörtlich „Vermittlung“ und bezeichnet ein strukturiertes, auf Freiwilligkeit basierendes Verfahren zur außergerichtlichen Konfliktlösung. Mediation ist das Instrument der Wahl, wenn es darum geht, festgefahrene Konflikte aufzulösen. Sie unterbricht die Eskalation, bringt die Kommunikation in Gang und hilft den Konfliktparteien, ihre Interessen zu klären und ihre Streitpunkte konkret und verbindlich zu regeln. In der Mediation versuchen alle am Konflikt Beteiligten gemeinsam und eigenverantwortlich (ohne Fremdeinmischung, z. B. durch ein Gericht) eine für alle Beteiligten annehmbare Lösung bzw. Vereinbarung zu entwickeln. Ein unparteiischer Dritter (Mediator) begleitet die Konfliktparteien bei der Entwicklung einer Lösung.

Die Einhaltung folgender Bedingungen ist für einen Erfolg dieser Methode unabdingbar:

- absolute Freiwilligkeit aller Beteiligten,
- Bereitschaft aller Beteiligten, am Mediationsprozess mitzuwirken,
- Einbeziehung aller Konfliktparteien,
- Interesse an der gemeinsamen Konfliktlösung,
- Wunsch, eine außergerichtliche Lösung für den Konflikt zu erarbeiten.
- Jede/r Beteiligte muss die Chance erhalten, seine/ihre Interessen, Bedürfnisse und Wünsche auszudrücken.

Damit Mediation gelingt, müssen sich die Konfliktparteien bereiterklären, alle relevanten Daten bzw. Fakten zur Verfügung zu stellen, um zu Beginn der Mediation über die gleichen Informationen zu verfügen. Individuelle Positionen, Macht und Einfluss dürfen keinen Einfluss auf das Verfahren haben. Zu den Grundregeln der Mediation zählen Vertraulichkeit, Respekt und Fairness während des Mediationsprozesses. Weiters braucht es ausreichend Zeit (meist mehrere Sitzungen der Konfliktparteien), um eine Lösung des Konflikts zu entwickeln, die für alle Beteiligten akzeptabel ist (vgl. Scharfenberger 2017).

Mentoring

Mentoring ist eine Methode der individuellen Personalentwicklung und wurde als Unterstützung zur Einführung von neuen MitarbeiterInnen in Unternehmen entwickelt. Mentoring beschreibt die persönliche, wohlwollende Beziehung zwischen zwei Menschen in unterschiedlichem Alter und deutlich sichtbarer Diskrepanz in der Lebenserfahrung. Der Grundgedanke einer Mentoringbeziehung ist die persönliche Übergabe von informellen Informationen im Rahmen einer zeitlich befristeten Beziehung zwischen MentorIn und Mentee. Das heißt, NeueinsteigerInnen werden von Berufserfahrenen „unter deren Fittiche genommen".

Auch im Gesundheits- und Sozialbereich kommt die Methode immer häufiger zum Einsatz. Im Ausbildungskontext ist die Rolle des Praxisanleiters/der Praxisanleiterin mit der des Mentors/der Mentorin und die des/der Auszubildenden mit der Rolle des Mentees gleichzusetzen.

Krisenintervention

Der Begriff **Krise** kommt vom griechischen Wort „krísis" und bedeutet „Entscheidung". Eine Krise ist eine schwierige, gefährliche Situation, ein Wendepunkt einer Entwicklung, eine Entscheidungssituation. Krisen entstehen immer dort, wo Menschen miteinander umgehen und dabei Meinungsverschiedenheiten auftreten (vgl. Sonneck 2000). Dabei handelt es sich um einen akuten, zeitlich begrenzten Zustand, der vom/von der Betroffenen als bedrohlich wahrgenommen wird und seine/ihre momentanen Bewältigungsmöglichkeiten überfordert.

Krisen begleiten uns während unseres Lebens. Allerdings ist nicht jede Krise gleich und daher auch nicht immer in der gleichen Art bewältigbar. Die Unterscheidung von Lebensveränderungskrisen und traumatischen Krisen macht deutlich, warum das so ist.

Lebensveränderungskrisen entstehen aus Umständen, mit denen wir Menschen im Lauf unseres Lebens immer wieder konfrontiert sind. Die verschiedenen Lebensabschnitte eines Menschen bringen ständig Veränderungen mit sich. Wenn diese Reifungsschritte (z. B. Ablösung von den Eltern, Sorgen bezüglich des Lebensunterhalts,

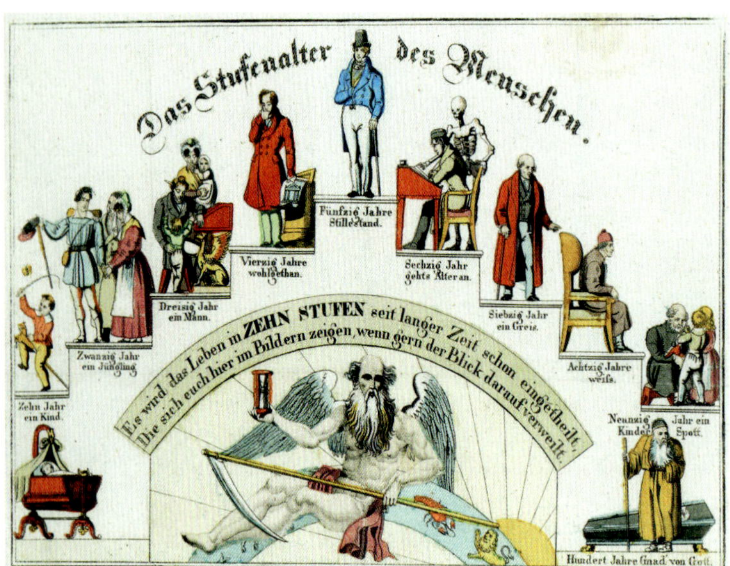

Abb. 13: **„Eine Lebenstreppe aus dem 19. Jahrhundert"**
(Quelle: https://commons.wikimedia.org/wiki/File:Stufenalter_01.jpg, 28.10.2017)

Verlust der vertrauten Umgebung, leistungsmäßige oder soziale Über- oder Unterforderung) durch bestimmte Umstände blockiert sind und es zu keiner Weiterentwicklung kommt, kann das zu einer psychischen Krise führen. Verlaufen die Veränderungen der einzelnen Reifungsschritte möglichst ohne Störungen, werden diese durchaus als positive Herausforderung erlebt. Das Bild „Eine Lebenstreppe aus dem 19. Jahrhundert (siehe Abb. 13) aus dem Westfälischen Landesmuseum für Kunst und Kunstgeschichte in Münster zeigt, welche Veränderungen wir im Laufe unseres Lebens zu bewältigen haben.

Traumatische Krisen entstehen aus einer plötzlich aufkommenden Situation, die die psychische und/oder physische Existenz, die soziale Identität sowie die Sicherheit und/oder andere elementare Grundbedürfnisse bedrohen. Dazu zählen einschneidende Schockerlebnisse wie der Tod eines nahestehenden Menschen, Natur- und Unfallkatastrophen, plötzliche Invalidität, aber auch Trennung, Scheidung, Heirat, Geburt eines Kindes, soziale Kränkung, unerwartetes Versagen oder Ähnliches (vgl. BMWFW 2017).

Der Begriff **Intervention** bezeichnet die Anwendung eines Repertoires von Hilfsmitteln, Methoden und Prozessen. Es handelt sich um Aktionen, die Veränderungen bewirken und Hilfsquellen erschließen.

Krisenintervention ist kurzfristig wirksame professionelle Hilfe für Menschen, die sich in einer akuten psychischen Notlage befinden. Die Intervention muss darauf gerichtet sein, möglichst baldige Entlastung zu bewirken (vgl. Dross 2001, S. 9). Nach Caplan werden sechs Schritte der Krisenintervention unterschieden:

- den Krisenanlass verstehen,
- eine gemeinsame Krisendefinition erarbeiten,
- Gefühle ausdrücken bzw. entlasten,
- gewohnte Bewältigungsstrategien reaktivieren, Konfrontation mit der Realität,
- nach neuen Lösungen suchen,
- abschließender Rückblick und Bilanz.

Jedem/jeder von uns kann es passieren, dass er/sie Menschen in einer akuten Krise begegnet. Hier können folgende zehn Akutinterventionen hilfreich sein: beruhigen, orientieren, Ressourcen aktivieren, Wahrnehmung erklären, Zeiterleben strukturieren, gedankliche Verarbeitung fördern, Gefühle normalisieren, Kontrollierbarkeit fördern, Selbstbild stabilisieren, nächste Schritte vorbereiten. Es ist wichtig, nach der ersten Unterstützung möglichst rasch professionelle Unterstützung hinzuzuziehen (vgl. Göttl 2011).

Stress

Als Stress wird eine durch äußere Reize (Stressoren) hervorgerufene psychische und physische Körperreaktion bei Tieren und Menschen, die zur Bewältigung besonders gesteigerter Anforderungen befähigt, bezeichnet. Stress wird individuell erlebt. Ziel der Stressreaktion ist es, Energie für eine der Situation angemessene Reaktion (Flucht, Verteidigung oder Angriff) bereitzustellen sowie die Aufmerksamkeit auf die Situation zu fokussieren und alle energieverbrauchenden, in der Situation nicht benötigten Prozesse zu drosseln oder zu unterdrücken.

In verschiedenen Stresstheorien wurde versucht, den Zusammenhang zwischen Stressoren und Stressreaktion darzustellen.

Allgemeines Adaptationssyndrom nach Hans Selye

Das Wort Stress (englisch für Druck, Anspannung) stammt ursprünglich aus der Werkstoffkunde – Materialstress kann zur Materialermüdung führen. 1936 verwendete der österreich-kanadische Mediziner Hans Selye (1907–1982) den Begriff, um eine „unspezifische Reaktion des Körpers auf jegliche Anforderung" zu definieren. Selye entwickelte die Lehre vom Stress und wird als „Vater der Stressforschung" bezeichnet.

Selye unterscheidet in seinem Modell die Folgen von punktuellem und chronischem Stress. Mit der Wahrnehmung eines Stressors erfolgt eine Anpassungsreaktion. Auf jede Anspannungsreaktion muss eine Entspannungsphase folgen, da nur bei ausreichender Erholung ein gleichbleibendes Niveau zwischen Ruhe und Erregung gewahrt werden kann. Folgen in kurzen Abständen weitere Stressoren, steigt das Erregungsniveau an. Bei einer länger dauernden Belastung seiner Versuchstiere machte Selye drei Beobachtungen: die Thymusdrüse schrumpfte, die Nebennierenrinde vergrößerte sich und es traten Magen- und Zwölffingerdarmgeschwüre auf. Die damit zusammenhängenden physiologischen Prozesse fasste er unter dem Begriff des allgemeinen Adaptationssyndroms (auch als Selye-Syndrom bekannt) zusammen.

Selye beschreibt ein zeitliches Verlaufsmuster von drei Stufen (siehe Abb. 14):

1. die Alarmreaktionen (Schock- und Gegenschockphase),
2. das Widerstands- oder Resistenzstadium und
3. das Stadium der Erschöpfung.

Die erste Phase folgt auf die akute Einwirkung des Stressors. Es kommt zu körperlichen Veränderungen wie Hypotonie, Körpertemperaturabsenkung, Hypoglykämie, verminderte Diurese, Verringerung der Elektrolyte Chlorid, Natrium und Kalium im Blut sowie zur Vermehrung der Lymphozyten.

Darauf folgt die Widerstandsphase. Während dieser Phase werden andere stressabhängige Hormone, wie Kortisol und Wachstumshormone, freigesetzt. Eine wesentliche Rolle bei der Kortisolfreisetzung spielt die Aktivierung der Achse Hypothalamus-Hypophyse-Nebennierenrinde. Stresshormone bewirken eine Stabilisierung der stressinduzierten Stoffwechselvorgänge, vor allem bei chronischem Stress. Wirken die Stressoren unvermindert stark ein, kommt es irgendwann zur Erschöpfungsphase, die im schlimmsten Fall mit dem Zusammenbruch des Organismus und dem Tod enden kann.

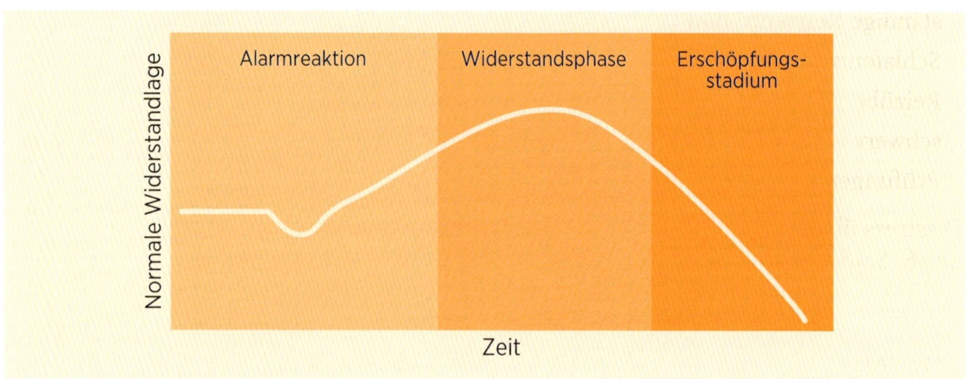

Abb. 14: **Allgemeines Adaptationssyndrom nach Selye**

Die Reaktionen auf die gleichen Außenreize und Situationen mit Stress können von Mensch zu Mensch unterschiedlich sein. Was bei den einen zum Stressor wird und starke Reaktionen auslöst, lässt andere unberührt. Um krankmachenden Stress von normalen, gesunden Herausforderungen abzugrenzen, prägte Selye die Begriffe Disstress und Eustress (vgl. Arakelyan 2006, S. 23–25, Harrer 2013).

Eustress

Ist die positive Form von Stress, der den menschlichen Körper zu Höchstleistungen anspornt. Eustress ist folgendermaßen zu charakterisieren (vgl. Arakelyan 2006, S. 38–42):

- Die Anforderung/Situation wird als Herausforderung erlebt, der man sich gerne stellt.
- Man hält sich für kompetent genug, die Situation zu meistern.
- Man denkt, dass man wahrscheinlich erfolgreich sein wird.

Disstress

Wird auch als negativer Stress bezeichnet. Die lateinische Vorsilbe „dis" steht für „schlecht". Diese Art von Stress wird immer als Belastung wahrgenommen. Disstress ist folgendermaßen zu charakterisieren:

- Die Anforderung/Situation wird als unangenehm/belastend angesehen, man möchte sich ihr entziehen.
- Man glaubt, die Aufgabe nicht erfolgreich meistern zu können.
- Man fühlt sich als Opfer der Situation.
- Gefühle von Hilf- und Hoffnungslosigkeit, Depressionen, übermäßige Müdigkeit und Erschöpfung, Leistungsverlust und Leistungsunlust, unnatürliche Hungergefühle, Gewichtszunahme, besonders als Bauchfett („Rettungsring"), folgen.

Disstress wird vor allem durch den von außen kommenden, aber auch selbst auferlegten Leistungs- und Zeitdruck ausgelöst. Er kann verursacht werden durch:

- Zeitmangel
- Lärm
- mangelndes Interesse am Beruf
- Mobbing am Arbeitsplatz
- Krankheiten und Schmerzen

- ständige Konzentration auf die Arbeit – „nicht abschalten können“
- Schlafentzug
- Reizüberflutung
- schwerwiegende Ereignisse (Operation, Tod eines Angehörigen)
- Prüfungen

Disstress über einen längeren Zeitraum kann zu einem Burn-out führen (vgl. Arakelyan 2006, S. 38–42).

Aufgabe: Verbessern Sie mit dem Smile-Experiment Ihre Laune! Klemmen Sie einen Stift ca. eine Minute lang zwischen Ihre Zähne, ohne damit Ihre Lippen zu berühren. Dabei werden dieselben Gesichtsmuskeln beansprucht, die Sie auch zum Lächeln brauchen. Das führt zu einer Ausschüttung von Glückshormonen, die Ihre Laune tatsächlich verbessert: Ihr Lächeln wird „echt“!

Stressmodell nach Richard S. Lazarus

Das transaktionale Stressmodell nach Lazarus (1966) unterscheidet sich von anderen Modellen durch die Ergänzung um persönliche Bewertungsebenen. Stress wird wesentlich von kognitiven Bewertungsprozessen mitbestimmt. Er ist eine Interaktion zwischen der einzelnen Person und der Umwelt und ist durch subjektive Einstellung und Erfahrung beeinflussbar.

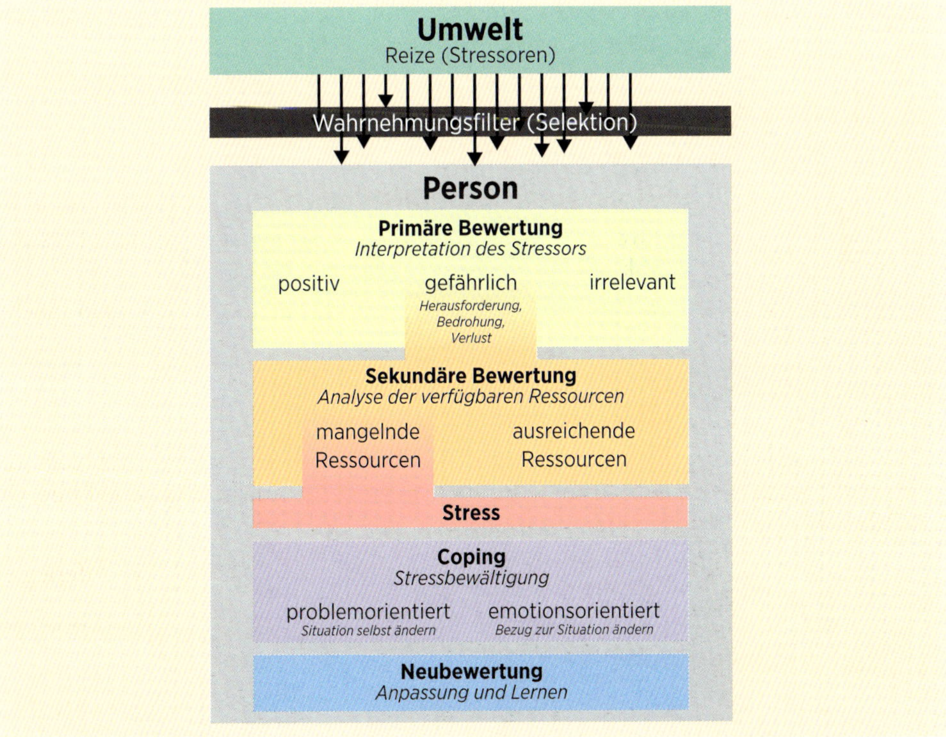

Abb. 15: **Stressmodell nach Lazarus**
(https://de.wikipedia.org)

Für die aktive Auseinandersetzung mit Stress unterscheidet Lazarus zwei Bewertungen. In der **primären Bewertung** schätzt man die Ursache von Stress ein. Ursachen können beispielsweise eine Bedrohung, ein Verlust oder eine Herausforderung sein. Die **sekundäre Bewertung** ist keine Reaktion auf die primäre Bewertung, sondern enthält die Selbsteinschätzung auf die Bewältigungsmöglichkeiten.

Jeder Mensch hat eine eigene Bewältigungsstrategie (Copingstrategie). Lazarus unterscheidet zwischen den emotionsbezogenen und den problembezogenen Strategien.

Emotionsbezogene Strategien können Distanzierung vom Stress, Ablenkung oder Leugnen sein. Beispiele für emotionale Bewältigungsmuster (vgl. Wittke 2012):

- auf körperlicher Ebene
  - tief durchatmen
  - sportliche Betätigung
  - Entspannung, z. B. durch progressive Muskelentspannung oder Qigong, ...
- auf mentaler Ebene
  - intensiv an schöne, entspannte Momente denken
  - sich ablenken
  - die Situation reflektieren und neu bewerten

Bei den **problembezogenen Strategien** wird versucht, die Auslöser des Problems zu analysieren, sachlich zu bewerten und angemessene Lösungsschritte und Reaktionen zu planen und durchzuführen (vgl. Legewie/Ehlers 1992, S. 201–204). Beispiele für problembezogene Bewältigungsmuster:

- Änderung der Arbeitsstrategie – kurze Pausen einlegen und bewusst entspannen
- Erwerb neuer Kompetenzen, um die fordernden Situationen besser bewältigen zu können – Zeitmanagement, Weiterentwicklung sozialer Fähigkeiten
- Aussprache bei Konflikten, eventuell unter Zuhilfenahme eines Mediators/einer Mediatorin oder eines Coaches
- Veränderung der Arbeitsorganisation – Neuverteilung von Aufgaben im Team
- Einfordern von Hilfe – Gespräch mit Vorgesetzten über Arbeitsziele führen (vgl. Felstehausen 2016)

Resilienz

Resilienz ist die Fähigkeit, gestärkt aus widrigen Lebensumständen oder aus negativen Erlebnissen hervorzugehen. Es gibt unterschiedliche Möglichkeiten, um mit Problemen umzugehen: Der eine verdrängt sie und zieht sich zurück, ein anderer wird wütend und wieder ein anderer setzt sich konstruktiv damit auseinander.

Aus einer Krise oder einem Trauma gestärkt hervorzugehen, ist eine große Herausforderung. Mit der richtigen Strategie (siehe Coping) ist es möglich resilient (widerständig) zu werden. Dadurch gewinnen wir an Selbstbestimmung und müssen uns nicht unserem Schicksal fügen. Resilienz bedeutet aber nicht, völlig unverwundbar zu sein. Es geht darum, Strategien zu entwickeln, die uns beim Bewältigen von Krisen unterstützen (vgl. Wild 2014).

Coping

Thomas Städtler definiert im Lexikon der Psychologie Coping als „alle kognitiven, emotionalen und behaviouralen Anstrengungen, die dazu dienen Belastung und Stress zu bewältigen" (Städtler 1998, S. 124). Coping kann auch beschrieben werden als Fähigkeit mit Stress und Angst, die durch schwere oder chronische Krankheit oder krisenhafte Lebensereignisse bzw. durch bedrohliche oder belastende Situationen hervorgerufen werden, umzugehen (vgl. Gudemann 1995, S. 47).

Coping soll ermöglichen

- den Einfluss schädigender Umweltbedingungen zu reduzieren,
- die Aussicht auf Erholung zu verbessern,
- negative Ereignisse oder Umstände ertragbar zu machen bzw. den Organismus an sie anzupassen,
- ein positives Selbstbild aufrechtzuerhalten,
- das emotionale Gleichgewicht zu sichern und
- befriedigende Beziehungen zu anderen Personen fortsetzen zu können.

Diese sogenannten Coping- oder Bewältigungsstrategien entwickeln wir im Laufe unseres Lebens. Dabei spielen die bereits gemachten Erfahrungen eine wesentliche Rolle. Die Bewertung eines Ereignisses hängt daher wesentlich von früheren Erfahrungen mit ähnlichen Situationen ab.

Welche Coping-Reaktionen jemand in einer bestimmten Situation wählt, hängt von folgenden Faktoren ab (vgl. Wirtz 2017):

- allgemeiner Gesundheitszustand
- Grad der psychischen und/oder physischen Belastung
- Bereich, von dem die Anforderungen ausgehen
- Zeitfaktor
- frühere Erfolge/Misserfolge bei ähnlichen Anforderungen
- Grad der subjektiven Bedeutsamkeit – Selbstwertgefühl

Grundsätzlich können zwei Ansätze von Coping unterschieden werden:

Problemorientiertes Coping: Hier werden durch direkte Handlungen oder problemlösende Aktivitäten die Stressauslöser verändert. Das kann beispielsweise erfolgen durch:

- Kampf (Bedrohung zerstören, beseitigen, abbrechen)
- Flucht (sich aus der Krisensituation zurückziehen, Isolation)
- Leugnen
- Verhandeln
- Kompromisse schließen

Problemorientierte Copingstrategien lassen ein Problem oder ein schlimmes Erlebnis nicht verschwinden, sind für eine kurzfristige und rasche „Lösung" der belastenden Situation aber oft hilfreich.

Das **emotionsorientierte Coping** ist die nachhaltigere Alternative, um gestärkt aus einem widrigen Lebensumstand hervorzugehen. Allerdings braucht die Entwicklung dieser Strategie Zeit und viel Geduld, denn es wird das eigene Verhalten verändert, nicht der Stressauslöser. Das kann beispielsweise erfolgen durch (vgl. Wild 2014):

- Aktivitäten, die auf der körperlichen Ebene ansetzen (Entspannungstraining, Atemübungen etc.)
- Handlungen, die auf der psychischen Ebene ansetzen (Ablenkung, Fantasien, sich Gedanken über sich selbst machen) oder
- Psychotherapie – mit Ängsten und Krisen umgehen lernen

Aufgabe: Überlegen Sie, welchen Stressoren Sie persönlich häufig ausgesetzt sind und teilen Sie diese folgenden Gruppen zu:

- Physikalische Stressoren: z. B. Lärm, Hitze, Kälte
- Leistungsstressoren: z. B. Über-, Unterforderung
- Soziale Stressoren: z. B. Konkurrenz, zwischenmenschliche Konflikte
- Körperliche Stressoren: z. B. Schmerz, Hunger, Verletzung

Woran erkennen Sie, ob Stress Sie krankmacht? Welche Bewältigungsstrategien setzen Sie ein?

Diskutieren Sie Ihre Ergebnisse in Kleingruppen von maximal 4 Personen! Fassen Sie Ihre Ergebnisse schriftlich zusammen und präsentieren Sie diese dem Plenum.

Zeitrahmen Bearbeitung Einzelarbeit:	20 min
Zeitrahmen Bearbeitung Gruppenarbeit:	30 min
Zeitrahmen Präsentation:	5 min
Diskussion im Plenum:	3 min

Verantwortung

Verantwortung besteht aus drei Bestandteilen: Aufgabe, Befugnis und Rechenschaftspflicht. Es ist nicht möglich, ohne die entsprechenden Befugnisse für die Durchführung einer Aufgabe verantwortlich zu sein. Verantwortung bedeutet auch, dass aus falschem Handeln oder Nicht-Handeln Konsequenzen, wie Vertragsstrafen oder disziplinarische Strafen, erwachsen.

Verantwortung in der Pflege

Aus rechtlicher Sicht ist die Verantwortung als Gesundheits- und Krankenpflegeperson im Gesundheits- und Krankenpflegegesetz in den drei Tätigkeitsbereichen klar geregelt. Zur rechtlichen Verantwortung kommt auch die moralische Verantwortung einer Pflegeperson. Gesundheits- und Krankenpflegepersonen haben im Sinne der Berufsausübung vier Verantwortungsbereiche:

- Verantwortung dem pflegebedürftigen Menschen gegenüber
- Verantwortung sich selbst in der Ausübung des Berufes gegenüber
- Verantwortung gegenüber der Profession als Pflegeperson
- Verantwortung den KollegInnen gegenüber

Die Herausforderung in der täglichen Arbeit einer Pflegeperson ist es, all diesen Verantwortungen gerecht zu werden, ohne einen der Verantwortungsbereiche zu vernachlässigen (vgl. Hiemetzberger et al. 2007, S. 39–40).

Arten der Verantwortung

In der Pflege kommen vor allem fünf Arten der Verantwortung zum Tragen (vgl. Hiemetzberger et al. 2007, S. 37–38):

- **Handlungsverantwortung**: Als Pflegeperson bin ich für mein Handeln und auch für die daraus resultierenden Folgen verantwortlich. Auch das Unterlassen einer Handlung bzw. die Folgen daraus habe ich zu verantworten.
- **Aufgaben- und Rollenverantwortung**: Gesundheits- und Krankenpflegeperson haben Rechte und Pflichten, zum Beispiel Pflegemaßnahmen in der richtigen Art, zur richtigen Zeit, mit den richtigen Materialien durchzuführen. Im Gesundheits- und Krankenpflegegesetz sind die Tätigkeitsbereiche in eigenverantwortlich, mitverantwortlich und interdisziplinär geteilt. Für die Durchführung von Maßnahmen ist man immer verantwortlich.
- **Rechtsverantwortung**: Die Rechtsverantwortung orientiert sich an den Rechten und Pflichten (Gesetzen). Moralisch vertretbares Handeln muss also nicht unbedingt legal sein.
- **Moralische Verantwortung**: Besteht gegenüber sich selbst und gegenüber anderen. Sie orientiert sich am Wohl und der Würde des Menschen; ist individuell und weder teil- noch delegierbar und kann nicht auf- oder abgeschoben werden.
- **Gruppen- und Mitverantwortung**: Beschreibt die Universalität der moralischen Verantwortung. Auch durch die Mitwirkung an einer Maßnahme ist man verantwortlich, nicht nur für die aktive Ausführung.

Menschenbilder

„Das Menschenbild ist der begriffliche Rahmen, auf dessen Basis menschliches Tun beschrieben wird und der fundamentale Werte definiert. Damit liefert das Menschenbild zugleich ein grundlegendes Erklärungsmodell und einen Rahmen für die Entwicklung konkreter Handlungsstrategien." (König/Volmer 2005, S. 34)

Menschenbilder sind Vorstellungen von dem, was den Menschen ausmacht und ihn von anderen Lebewesen (Pflanzen, Tieren, ...) unterscheidet bzw. mit ihnen verbindet. Das eigene Menschenbild spiegelt wider, welches Bild wir von anderen Menschen haben. Es ist die Grundlage unseres Selbstverständnisses und der bewussten Gestaltung unseres Soziallebens. Menschenbilder werden von folgenden Faktoren beeinflusst: Lebenserfahrung, Alter, Geschlecht, Kultur, Religion, Umwelt, Bildung, Erziehung, Familie und Gesellschaft (vgl. König/Volmer 2005, S. 34, Dupont 2006).

Philosophische Anthropologie

Die Anthropologie ist die Wissenschaft, die sich mit Menschenbildern beschäftigt. Innerhalb der philosophischen Anthropologie gibt es verschiedene Denkweisen. Die vorherrschende Philosophie in der Pflegewissenschaft ist der Humanismus, aber unterschiedliche Menschenbilder lassen unterschiedliche Ansätze verfolgen (vgl. Ertl).

Mechanistisches Menschenbild/Biomedizinisches Modell

Seit Beginn des 19. Jahrhunderts ist unser Krankheitsverständnis stark vom biomedizinischen Modell geprägt, das auf das mechanistische Menschenbild zurückgeht. Descartes unterteilte den Menschen in res extensa (Körper, Ausdehnung im Raum) und res cogitans (Geist) und legte damit den Grundstein für dieses Menschenbild. Es sieht den Körper als eine Maschine, in der alle Teile miteinander verbunden sind, aber voneinander getrennt und separat behandelt werden können. Eine Person gilt als krank, wenn eine Fehlfunktion oder eine Veränderung im Körper vorliegt. Die medizinische Behandlung besteht in der „Reparatur" dieser Defekte.

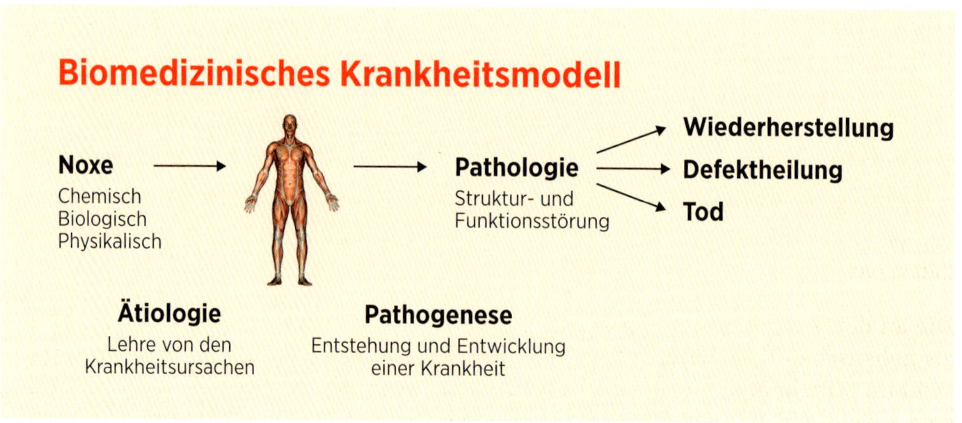

Abb. 16: **Biomedizinisches Krankheitsmodell**
(Quelle: http://flexikon.doccheck.com/de/Biomedizin)

Gesundheit liegt vor, wenn alle Körperteile richtig funktionieren und wird als Abwesenheit von Krankheit verstanden. In der Pflege nach dem mechanistischen Menschenbild steht die defizitorientierte Pflege im Vordergrund. Der Mensch wird versorgt, indem ausgefallene Funktionen übernommen werden. Der/die Pflegebedürftige wird auf das Funktionieren des Organismus reduziert (vgl. Ertl, Dupont 2006).

Holistisches Menschenbild

Der Begriff „holos" kommt aus dem Griechischen und bedeutet „ganz, gänzlich, vollständig". Der Holismus ist eine philosophische Lehre, in der alle Erscheinungen des Lebens einem ganzheitlichen Prinzip zugeordnet werden. Der Mensch wird als Einheit aus Körper, Geist und Seele verstanden. Diese Teile stehen in Beziehung zueinander, sind aufeinander angewiesen und stehen permanent mit der Umwelt bzw. dem Umfeld im Austausch. Das Ganze ist nicht die Summe, sondern das Zusammenwirken, die Einheit der Teile. Diese Einheit und die Einzigartigkeit jedes Menschen wird als „Person" oder „Persönlichkeit" beschrieben.

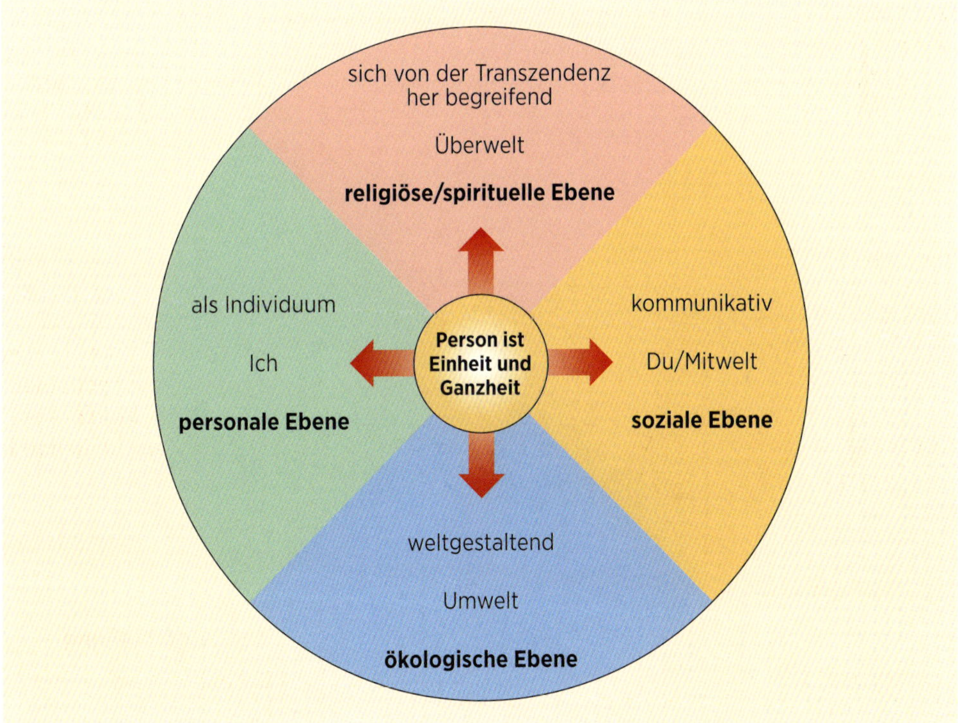

Abb. 17: **Ganzheitlichkeit des Menschen**
(https://upload.wikimedia.org/)

Die an der ganzheitlichen Betrachtungsweise des Menschen orientierte Pflege – auch als holistische Pflege bezeichnet – sieht den Menschen als Einheit. Der ganze Mensch steht im Mittelpunkt, nicht nur seine einzelnen Teile. In der holistischen Pflegehaltung sind sowohl ein mechanistischer als auch ein ressourcenorientierter Ansatz denkbar, das heißt es kann defizitorientiert und ressourcenorientiert gepflegt werden (vgl. Ertl/Dupont 2006).

Humanistisches Menschenbild

Die humanistische Weltanschauung orientiert sich an den Interessen, den Werten und der Würde des einzelnen Menschen. Wichtige Prinzipien menschlichen Zusammenlebens sind Toleranz, Gewaltfreiheit und Gewissensfreiheit. Der Mensch wird als eine Einheit gesehen – er ist mehr als die Summe seiner Teile. Das heißt, der Mensch ist nicht nur Körper, Geist und Seele, sondern wird als einzigartig angesehen.

Fünf Grundannahmen des humanistischen Menschenbildes:

- Der Mensch hat einen konstruktiven Kern.
- Der Mensch strebt danach, sein Leben selbst zu bestimmen, ihm Sinn und Ziel zu geben (Autonomie).
- Alle Menschen sind gleichwertig und gleichberechtigt. Die Würde des Menschen ist unantastbar.
- Der Mensch ist eine ganzheitliche Einheit (Körper – Seele – Geist; Ganzheitlichkeit).
- Der Mensch lebt im Spannungsfeld Autonomie – Interdependenz.

In der Pflege steht die Existenz des/der Gepflegten im Vordergrund, die/der Pflegende ist BegleiterIn. Das humanistische Menschenbild findet sich zum Beispiel in der Pflegetheorie von Carl Rogers wieder (vgl. Humanistischer Verband Deutschlands, Ertl).

Ethik

Ethik kann als kritische Reflexion auf moralisches Handeln beschrieben werden, wobei die praktische Vernunft im Vordergrund steht. Sie beschäftigt sich mit den Sitten, Gebräuchen und Gewohnheiten einer Gesellschaft. Der Philosoph Aristoteles beschäftigte der sich schon in der Antike mit Ethik. Er setzte sich mit den philosophischen Fragen nach dem Erkennen und Sein und mit menschlichen Handlungsweisen auseinander.

Der Begriff Moral kommt aus dem Lateinischen („mos") und wird mit Sitte oder Charakter übersetzt. Moral steht für die gelebte moralische Überzeugung einer Gesellschaft oder Gruppe (Berufsgruppe), die von dieser verbindlich anerkannt wird (vgl. Hiemetzberger et al. 2007, S. 15–17).

Berufsethik/Berufsethos

Berufsethik bezeichnet den Teilbereich moralphilosophischer Theorien, der sich mit jenen Pflichten befasst, die sich aus den spezifischen Aufgaben der verschiedenen Berufe einer Gesellschaft ergeben. Professionelles Ethos ist Bestandteil einer moralisch verantworteten Lebensführung. Die Grundsätze moralisch verantworteter Lebensführung müssen bereichsspezifische Relevanz besitzen (vgl. Lob-Hüdepohl/Lesch 2004, S. 3). Rehbock (2005) beschreibt die Notwendigkeit von Berufsethik folgendermaßen: „Ärzte und Pflegende müssen miteinander wie auch mit dem Patienten und der Gesellschaft eine gemeinsame moralische Sprache sprechen, um ihr Handeln und die ethischen Probleme der medizinischen Praxis moralisch beurteilen und ethisch reflektieren zu können." (zit. nach Hiemetzberger et al. 2007, S. 53)

Die Entwicklung einer eigenen Berufsidentität ist daher auch für Pflegepersonen unerlässlich. Sie müssen in ihrem beruflichen Handeln Entscheidungen selbstständig und unmittelbar treffen können und verantworten. Das erfordert das Wahrnehmen und Einschätzen der jeweiligen Situation.

In Anlehnung an das „Florence-Nightingale-Gelübde" aus dem 19. Jahrhundert wurde der internationale Berufskodex für Pflegende erstellt.

Florence-Nightingale-Gelübde:
„Ich gelobe feierlich vor Gott und in Gegenwart dieser Versammlung, dass ich ein reines Leben führen und meinen Beruf in Treue ausüben werde. Ich werde mich alles Verderblichen und Bösen enthalten und will wissentlich keine schädlichen Arzneien nehmen und verabreichen. Ich will alles tun, was in meiner Macht steht, um den Stand meines Berufes hochzuhalten und zu fördern, und ich will über alle persönlichen Dinge, die mir anvertraut werden, Schweigen bewahren; ebenso über alle Familienangelegenheiten, von denen ich in der Ausübung meines Berufes Kenntnis hatte. In Treue will ich streben, dem Arzte in seiner Arbeit zu helfen, und mich ganz einsetzen für das Wohl derer, die meiner Pflege vertraut sind." (Hiemetzberger et al. 2007, S. 53–55)

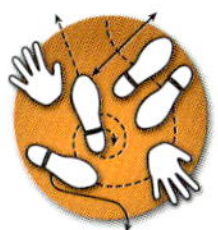

Aufgabe: Formulieren Sie für ich selbst Ihr individuelles, persönliches Gelübde. Was ist Ihnen für die Zukunft wichtig, welche Grundsätze wollen Sie als Pflegeperson leben?

Tipp: Stecken Sie Ihr Gelübde in ein Kuvert und verschließen Sie es sorgfältig. Schreiben Sie ein Datum auf das Kuvert, an dem Sie es öffnen möchten (am Tag des Ausbildungsabschlusses, ein Jahr nach Ihrem Abschluss, ...). So können Sie überprüfen, ob Sie Ihre Grundsätze bis dahin umgesetzt haben oder ob sich Ihre Grundsätze verändert haben.

Deontologie

In der deontologischen Ethik oder Pflichtethik werden Pflichten und Gesetze als Wesen der Moral gesehen. Die Folgen des Handelns werden hier nicht berücksichtigt, da eine inhaltliche Begründung für Pflichten und Regeln fehlt. Der bekannteste Vertreter der Deontologie ist Immanuel Kant. Für ihn bedeutet Deontologie oder Pflichtethik, dass der Mensch selbst fähig ist, freie Entscheidungen zu treffen und zu entscheiden, was moralisch richtig ist (vgl. Hiemetzberger et al. 2007, S. 29–31).

Teleologie/Utilitarismus

Beim teleologischen Ansatz oder der utilitaristischen bzw. konsequentialistischen Ethik spielen die Konsequenzen und Folgen des Handelns eine entscheidende Rolle. Nicht das Wohl des Einzelnen, sondern das Wohl der Mehrheit der Betroffenen steht hier im Vordergrund (Sozialprinzip). Wenn der Nutzen der Mehrheit größer ist als der des/der Einzelnen, wird das Eigeninteresse des/der Einzelnen vernachlässigt. Der Einsatz von „schlechten" Mitteln ist vertretbar, wenn die Folgen des Einsatzes „gut" sind (vgl. Hiemetzberger et al. 2007, S. 31–32).

Tugendethik

Die Eckpfeiler der Tugendethik sind „gut leben" und „gut handeln". Aristoteles, der Begründer der Tugendethik, sieht im Erwerb eines tugendhaften Charakters den Schlüssel zu ethisch richtigem Verhalten. Der Mensch lernt durch Erziehung und Erfahrung tugendhaft zu handeln. In der Pflege bedeutet tugendhaftes Handeln auch, nach dem aktuellen Stand der Wissenschaft zu arbeiten und dies individuell auf den/die einzelne/n PatientIn anzuwenden. Der Schweizer Berufsverband hat vier Tugenden der Pflege festgelegt:

1. **Verantwortungswürdigkeit:** Pflegepersonen setzen sich für die Anliegen und Bedürfnisse der PatientInnen ein. Die Achtung der Würde, die Wahrung der körperlichen, geistigen und sozialen Intimsphäre sowie der vertrauliche Umgang mit persönlichen Daten (Verschwiegenheit) stehen im Vordergrund. Der/die PatientIn hat ein Recht auf adäquate Information.
2. **Treue:** Die Versprechen und Vereinbarungen mit dem/der PatientIn werden von der Pflegeperson eingehalten. Die Treue ist ein wichtiger Wert in der Beziehung zwischen PatientIn und Pflegeperson.
3. **Wahrhaftigkeit:** Ist die Verantwortlichkeit des Handelns sich selbst (seinem eigenen Gewissen) und der beruflichen Profession gegenüber.
4. **Aufrichtigkeit:** Drückt die ethische Professionalität der Pflege aus. Die Erfahrung und das fachliche Wissen einer Gesundheits- und Krankenpflegeperson spielen hier eine wichtige Rolle. Das heißt, das Arbeiten nach aktuellem Pflegewissen bedeutet aufrichtiges Handeln, es setzt die laufende fachliche und persönliche Weiterbildung voraus (vgl. Hiemetzberger et al. 2007, S. 33–35).

Care-Ethik

In der Care- oder Fürsorgeethik spielen Fürsorglichkeit und Anteilnahme eine entscheidende Rolle. Die ganzheitliche Sicht und die Verantwortung füreinander stehen hier im Vordergrund. Diese Form der ethischen Betrachtung kommt in Heilberufen zum Einsatz. Wichtig ist die Berücksichtigung der Prinzipien der Autonomie und Gerechtigkeit, denn das ermöglicht eine professionelle, ganzheitliche Pflege.

Die Gefahr der Überfürsorglichkeit (jemanden „ins Bett pflegen") besteht, wenn die Pflegeperson nicht in der Lage ist, eine ethisch begründete Selbstbegrenzung zu praktizieren. Das Sorgen für und um andere darf nicht zur Selbstaufopferung führen (Burnout-Gefahr) (vgl. Hiemetzberger et al. 2007, S. 40–43).

Prinzipienethik

Die Prinzipienethik spielt in der Medizin eine wichtige Rolle und wird in vier Prinzipien gegliedert:

1. **Respekt vor der Autonomie von Personen (respect for autonomy):** hat die Anerkennung und Förderung der selbstbestimmten Entscheidungen des/der PatientIn zum Ziel. Die Wünsche und Ziele des/der PatientIn haben Vorrang. Zum Beispiel wird er/sie in den Prozess der Pflegeplanung miteinbezogen. Das erfordert aber auch, dass der/die PatientIn die nötigen Informationen über Gefahren und Risiken von Pflegehandlungen oder „Nicht-Handlungen" bekommt, um selbstbestimmt Entscheidungen treffen zu können.
2. **Nicht-Schaden (nonmaleficence):** Es dürfen keine Handlungen gesetzt werden, die dem/der PatientIn schaden. Auch bei ständiger Beobachtung von Veränderungen ist es nie auszuschließen, dass doch ein „Schaden" (z. B. Sturz) entsteht. Gesundheits- und Krankenpflegepersonen sind auch dafür verantwortlich, dass dem/der PatientIn kein Schaden (z. B. Schmerzen beim Verbandwechsel) durch andere Berufsgruppen (Ärztinnen/Ärzte, TherapeutInnen) entsteht und sind daher verpflichtet, vorausschauend zu arbeiten (z. B. rechtzeitige Schmerzmittelgabe vor Verbandwechsel oder Mobilisation).
3. **Wohltun, Fürsorgepflicht (beneficence):** Das Wohlbefinden des/der PatientIn steht im Vordergrund. Pflegepersonen sollen PatientInnen zu deren größtmöglichen Nutzen versorgen und unterstützen. Die Ermittlung des objektiven Pflegebedarfs im Rahmen des Pflegeprozesses unter Einbeziehung des/der PatientIn ist ein geeignetes Instrument dazu.
4. **Gerechtigkeit (justice):** verpflichtet zur gerechten Verteilung der Ressourcen im Gesundheitswesen. Jeder Mensch, unabhängig von Alter, Geschlecht, Nationalität, sozialem Status, Religion oder Beeinträchtigung, hat das Recht, die ihm angemessene Pflege zu erhalten (vgl. Hiemetzberger et al. 2007, S. 45–47).

Anwendung der Ethiktheorien

In der Praxis kommen die erwähnten Ethiktheorien je nach Situation zum Einsatz. Abb. 18 zeigt die Bereiche der angewandten Ethik zur Verdeutlichung der unterschiedlichen Anwendungsbereiche.

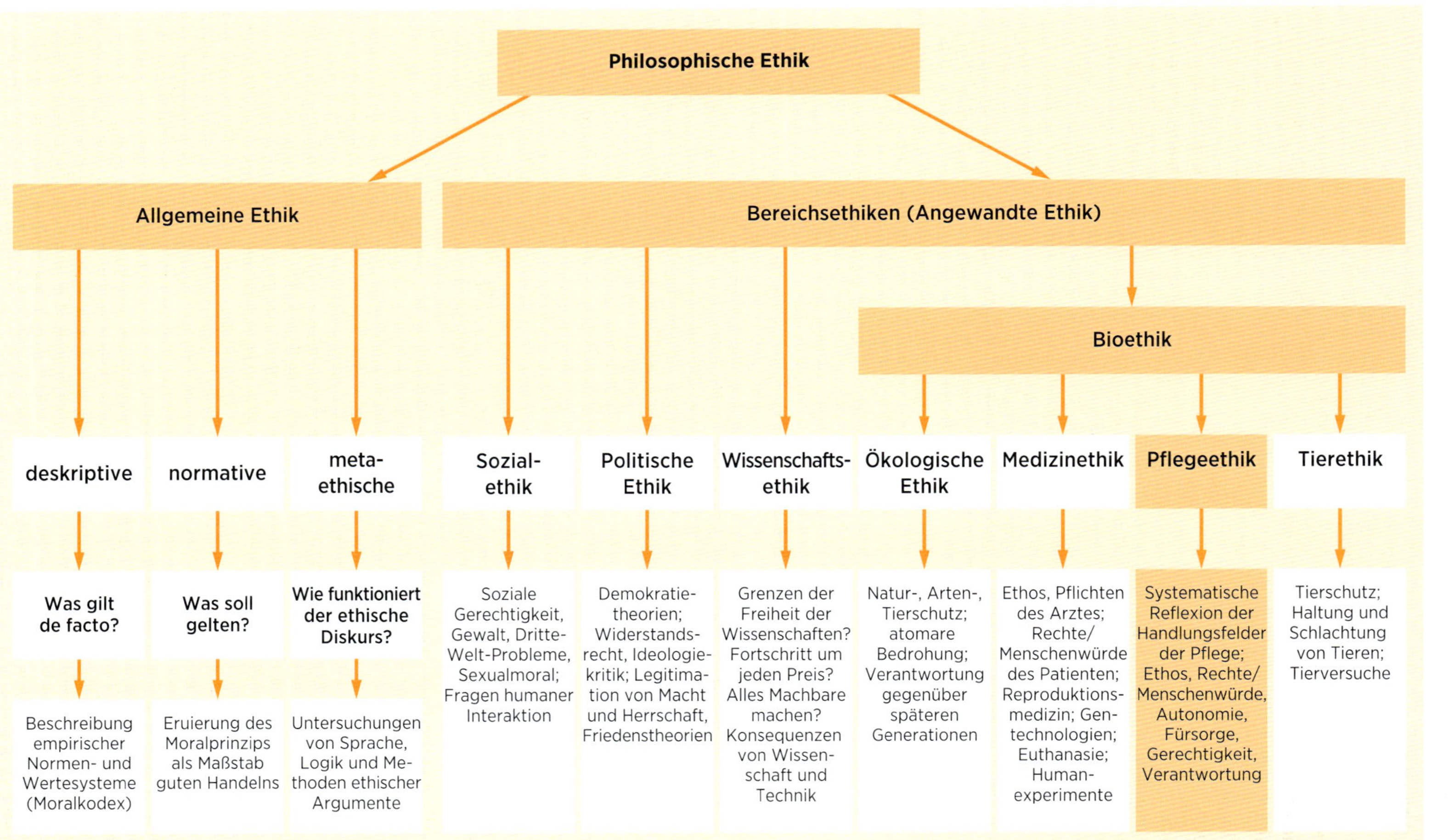

Abb. 18: **Angewandte Ethik** (Quelle: Hiemetzberger et al. 2007, S. 51)

Berufskodizes

„Ein Berufskodex gibt der Gesellschaft gegenüber Auskunft über Werte und Normen, an denen eine Berufsgruppe ihr Handeln ausrichtet.“ (Hiemetzberger et al. 2007, S. 56)

Wie bereits erwähnt, beschrieb Florence Nightingale in ihrem „Florence-Nightingale-Gelübde“ erstmals die ethischen Grundsätze pflegerischen Handelns. Es bildete die Grundlage für die Weiterentwicklung des Berufskodex der Pflege. Die Anerkennung der Pflege als eigenständige Berufsgruppe und der Weg weg vom Ideal der dienenden Pflegerin spiegeln sich in den heutigen Formulierungen des Berufskodex der Pflege wider.

Der **ICN-Kodex** ist der bekannteste international gültige Berufskodex, der eine Richtlinie für die Werte und Normen der Pflege darstellt. Er wurde vom International Council of Nurses (Weltbund der Krankenschwestern und -pfleger, ICN) erstmals 1953 veröffentlicht, zuletzt 2014 überarbeitet und auch auf Deutsch veröffentlicht. Der Kodex beinhaltet die Aufgaben der Pflege, die Verantwortung in der Berufsausübung und in der Profession als Pflegende. Die Grundsätze im Umgang mit den PatientInnen und KollegInnen sind ebenfalls im ICN-Kodex festgelegt.

„ICN-Ethikkodex für Pflegende
Pflegende haben vier grundlegende Aufgaben:

Gesundheit zu fördern, Krankheit zu verhüten, Gesundheit wiederherzustellen, Leiden zu lindern. Es besteht ein universeller Bedarf an Pflege.

Untrennbar mit Pflege ist die Achtung der Menschenrechte, einschließlich kultureller Rechte, des Rechts auf Leben, auf Würde und auf respektvolle Behandlung. Pflege wird mit Respekt und ohne Wertung des Alters, der Hautfarbe, des Glaubens, der Kultur, einer Behinderung oder Krankheit, des Geschlechts, der sexuellen Orientierung, der Nationalität, der politischen Einstellung, der ethnischen Zugehörigkeit oder des sozialen Status ausgeübt.

Die Pflegende übt ihre berufliche Tätigkeit zum Wohle des Einzelnen, der Familie und der sozialen Gemeinschaft aus; sie koordiniert ihre Dienstleistungen mit denen anderer beteiligter Gruppen.

1. Pflegende und ihre Mitmenschen
Die grundlegende berufliche Verantwortung der Pflegenden gilt dem pflegebedürftigen Menschen. Bei ihrer beruflichen Tätigkeit fördert die Pflegende ein Umfeld, in dem die Menschenrechte, die Wertvorstellungen, die Sitten und Gewohnheiten sowie der Glaube des Einzelnen, der Familie und der sozialen Gemeinschaft respektiert werden.

Die Pflegende gewährleistet, dass die pflegebedürftige Person zeitgerecht die richtige und ausreichende Information auf eine kulturell angemessene Weise erhält, auf die sie ihre Zustimmung zu ihrer pflegerischen Versorgung und Behandlung gründen kann.

Die Pflegende behandelt jede persönliche Information vertraulich und geht verantwortungsvoll mit der Weitergabe von Information um.

Die Pflegende teilt mit der Gesellschaft die Verantwortung, Maßnahmen zugunsten der gesundheitlichen und sozialen Bedürfnisse der Bevölkerung, besonders der von benachteiligten Gruppen, zu veranlassen und zu unterstützen.

Die Pflegende setzt sich für Gleichheit und soziale Gerechtigkeit bei der Verteilung von Ressourcen, beim Zugang zur Gesundheitsversorgung und zu anderen sozialen und ökonomischen Dienstleistungen ein.

Die Pflegende zeigt in ihrem Verhalten professionelle Werte wie Respekt, Aufmerksamkeit und Eingehen auf Ansprüche und Bedürfnisse, sowie Mitgefühl, Vertrauenswürdigkeit und Integrität.

2. Pflegende und die Berufsausübung
Die Pflegende ist persönlich verantwortlich und rechenschaftspflichtig für die Ausübung der Pflege sowie für die Wahrung ihrer fachlichen Kompetenz durch kontinuierliche Weiterbildung.

Die Pflegende achtet auf ihre eigene Gesundheit, um ihre Fähigkeit zur Berufsausübung nicht zu beeinträchtigen.

Die Pflegende beurteilt die Fachkompetenzen der Mitarbeitenden, wenn sie Verantwortung delegiert.

Die Pflegende achtet in ihrem persönlichen Verhalten jederzeit darauf, ein positives Bild des Pflegeberufes zu vermitteln und das Ansehen sowie das Vertrauen der Bevölkerung in den Pflegeberuf zu stärken.

Die Pflegende gewährleistet bei der Ausübung ihrer beruflichen Tätigkeit, dass der Einsatz von Technologie und die Anwendung neuer wissenschaftlicher Erkenntnisse vereinbar sind mit der Sicherheit, der Würde und den Rechten der Menschen.

Die Pflegende strebt danach, in der beruflichen Praxis eine Kultur ethischen Verhaltens und offenen Dialoges zu fördern und zu bewahren

3. Pflegende und die Profession
Die Pflegende beteiligt sich an der Entwicklung forschungsbasierter beruflicher Kenntnisse, die eine evidenzbasierte Berufsausübung unterstützt.

Die Pflegende beteiligt sich an der Entwicklung und Aufrechterhaltung von zentralen professionellen Werten.

Über ihren Berufsverband setzt sich die Pflegende für die Schaffung einer positiven Arbeitsumgebung und für den Erhalt von sicheren, sozial gerechten und wirtschaftlichen Arbeitsbedingungen in der Pflege ein. Die Pflegende handelt zur Bewahrung und zum Schutz der natürlichen Umwelt und ist sich deren Bedeutung für die Gesundheit bewusst.

Die Pflegende trägt zu einem ethisch verantwortlichen Arbeitsumfeld bei und engagiert sich gegen unethisches Handeln und unethische Rahmenbedingungen.

4. Pflegende und ihre Kolleginnen
Die Pflegende sorgt für eine gute und respektvolle Zusammenarbeit mit ihren Kolleginnen und mit den Mitarbeitenden anderer Bereiche.

Die Pflegende greift zum Schutz des Einzelnen, der Familie und der sozialen Gemeinschaft ein, wenn deren Wohl durch eine Pflegende oder eine andere Person gefährdet ist.

Die Pflegende ergreift geeignete Schritte, um Mitarbeitende bei der Förderung ethischen Verhaltens zu unterstützen und zu leiten.“ (oegkv 2014)

Das kann ich!

Ich kann den Prozess der österreichischen Gesetzgebung aufzeigen und die Einrichtungen rund um das Parlament richtig zuordnen.	
Ich kann das Gesundheits- und Krankenpflegegesetz als berufliche Grundlage begreifen und die Berufspflichten der Gesundheits- und Krankenpflegeberufe erklären.	
Ich kann das Sozialbetreuungsberufegesetz als weitere berufliche Grundlage begreifen sowie die Verbindungen zum Gesundheits- und Krankenpflegegesetz verstehen.	
Ich kann die Berufsbilder der Gesundheits- und Krankenpflege sowie der Sozialbetreuung differenzieren.	
Ich kann die Bedeutung von Kommunikation erklären.	
Ich kenne die beeinflussenden Faktoren von Kommunikation.	
Ich kann Ressourcen und mögliche Einschränkungen des/der Pflegebedürftigen hinsichtlich der Kommunikation (verbal/nonverbal) erkennen und weiterleiten.	
Ich kann die Prinzipien und Regeln der Gesprächsführung in einfachen Gesprächssituationen zur Förderung einer professionellen Pflegebeziehung anwenden.	
Ich kann zu einer Atmosphäre, die eine offene Kommunikation zwischen Pflegeteam, Pflegebedürftigen und Angehörigen ermöglicht, beitragen.	
Ich kann Kommunikation als Möglichkeit der Vertrauensbindung und Informationssammlung betrachten und zwischen relevanten und nicht relevanten Informationen unterscheiden.	
Ich kenne die Grundlagen der verbalen und nonverbalen Kommunikation.	
Ich kenne das 4-Ohren-Modell nach Schulz von Thun und kann dessen Relevanz für die Praxis ableiten.	
Ich kenne die Grundlagen der Gewaltfreien Kommunikation nach Marshall B. Rosenberg und kann deren Relevanz für die Praxis ableiten.	
Ich kenne die Grundlagen der Biografiearbeit und kann deren Relevanz für die Praxis ableiten.	
Ich kann Störungen in der Kommunikation erkennen und geeignete Interventionsmöglichkeiten anwenden.	
Ich kenne die Grundlagen des Deeskalationsmanagements und kann dessen Relevanz für die Praxis ableiten.	
Ich kann den Begriff „Animation“ definieren und seine Bedeutung für die Praxis erklären.	
Ich kann die Begriffe „Motiv“ und „Motivation“ definieren und deren Bedeutung für die Praxis erklären.	
Ich kann die Begriffe „Selbstbestimmung“ und „Fremdbestimmung“ definieren und deren Bedeutung für die Praxis erklären.	
Ich kann den Begriff „Bedürfnis“ definieren und dessen Bedeutung für die Praxis erklären.	
Ich kenne die verschiedenen Bedürfnis- und Motivationsmodelle und deren Bedeutung für die Praxis.	
Ich kann die Bedürfnispyramide beschreiben und kenne deren Relevanz für die Praxis.	

Ich kann Alderfers ERG-Theorie beschreiben und kenne deren Relevanz für die Praxis.	
Ich kann McClellands Motivationstheorie beschreiben und kenne deren Relevanz für die Praxis.	
Ich kenne den Begriff Lebensmotive und dessen praktische Relevanz.	
Ich kenne die Grundlagen unterstützender Kommunikationsinstrumente und kann diese in der Praxis anwenden.	
Ich weiß, welche Arten von Stress und welche Stressmodelle es gibt.	
Ich kenne die unterschiedlichen Menschenbilder.	
Ich kenne unterschiedliche Ethikarten und kann deren Relevanz für die Praxis ableiten.	
Ich kenne den ICN und den Ethikkodex für Pflegekräfte.	

Lernfeld 2
Das Wunder Mensch

Gesundheit

Die Gesundheit ist eines der wichtigsten und wertvollsten Güter des Menschen. Für die meisten Menschen ist „gesund sein“ Voraussetzung für Zufriedenheit und Glück. Ein Leben ohne Gesundheit ist für die meisten Menschen nicht vorstellbar. Diese Haltung zeigt sich beispielsweise in Sprichwörtern wie „Gesundheit ist nicht alles, aber alles ist nichts ohne Gesundheit“ oder „Es gibt 1000 Krankheiten, aber nur eine Gesundheit“.

Laut der Menschenrechtscharta der Vereinten Nationen ist Gesundheit ein Grundrecht (vgl. Vereinte Nationen 1948). Der primäre Zweck unseres Gesundheitssystems ist Gesundheit zu bewahren, zu verbessern und wiederherzustellen. Gemessen an statistischen Kennzahlen (z. B. Lebenserwartung) waren Menschen in der „westlichen Welt“ noch nie so gesund wie heute. Gesundheit scheint und ist allgegenwärtig.

Jeder Mensch hat eine ganz individuelle Sichtweise auf Gesundheit und Krankheit. Das erklärt, warum es keine allgemeingültige Erklärung für die Bedeutung von Gesundheit und Krankheit geben kann.

Theorie und Geschichte des Begriffes „Gesundheit“

Der Umgang mit Gesundheit ist an die jeweilige Kultur gebunden. Wenn nun von der Geschichte des Begriffes „Gesundheit“ gesprochen wird, muss immer die geschichtliche Entwicklung, Kultur und Gesellschaft betrachtet werden. In der Geschichte Europas stand lange Zeit die Prävention von Krankheiten im Mittelpunkt der Gesundheit.

Merke: Der Begriff „Gesundheit“ kommt vom lateinischen Wort „sanitas“ und bedeutet körperliche, geistige und seelische Unversehrtheit, Leistungsfähigkeit und Wohlbefinden. Das Wort „gesund“ geht zurück auf einen germanischen Ausdruck, der in seinem Ursprung „stark“ oder „kräftig“ bedeutete.

Der Begriff „Gesundheit“ ist geschichtlich untrennbar mit dem Wunsch nach einem langen Leben frei von Krankheiten verbunden. Der Gesundheitsbegriff hat jedoch im Lauf der Geschichte nicht unbedingt eine stetige Verbesserung erfahren. Beispielsweise wurde die Medizin zunächst als Lehre einer gesunden Lebensführung und erst in zweiter Hinsicht als Therapiemöglichkeit aufgefasst. Dementsprechend modern muten die wesentlichen Kriterien ärztlicher Betrachtung im Altertum und Mittelalter an. Vereinfacht stellen nämlich sechs Bereiche die Basis der gesunden Lebensführung dar:

- lebenslanger Kontakt mit unserer äußeren Umwelt
- Ernährung
- Umgang mit Stress und Feierabend, mit Arbeit und Muße sowie Bewegung und Ruhe
- Wechsel zwischen Wachsein und Schlaf
- Absonderung und Ausscheidung (unter Einbeziehung des Geschlechtslebens)
- Auseinandersetzung mit psychischen Emotionen und seelischen Affekten

Der römische Schriftsteller Juvenal wünschte sich „mens sana in corpore sano“ (einen gesunden Geist in einem gesunden Körper). Es gibt also einen Zusammenhang zwischen Körper und Geist sowie weiteren Faktoren (z. B. Familie, Freundschaften, Stellung in der Gesellschaft). Gegenwärtig wird unter Gesundheit nicht nur das Fehlen von Krankheit verstanden, es ist vielmehr ein Wohlbefinden in körperlicher, geistiger und sozialer Hinsicht (vgl. Reiter et al. 2014, S. 19).

Definitionen von Gesundheit

Eine eindeutige, allgemeingültige Definition des Begriffs Gesundheit gibt es nicht. Je nach Sichtweise – **medizinische Sicht**, **soziologische Sicht**, **Sicht der Weltgesundheitsorganisation** (World Health Organization – WHO) und **Sicht der Pflege** – unterscheidet man folgende Definitionen:

Medizinische Sicht

Im medizinischen Wörterbuch Pschyrembel aus dem Jahre 2004 wird Gesundheit folgendermaßen definiert: „Gesundheit ist das subjektive Empfinden des Fehlens körperlicher, geistiger und seelischer Störungen oder Veränderungen bzw. ein Zustand, in dem Erkrankungen und pathologische Veränderungen nicht nachgewiesen werden können" (Pschyrembel 2004, S. 648). Bei dieser Definition wird Gesundheit als Zustand verstanden, in dem das Freisein von Krankheiten vorherrschend ist (vgl. Reiter et al. 2014, S. 19). Eine Definition der Gesundheit aus Sicht der Medizin ist insofern schwierig, da sich die Medizin eher als eine Wissenschaft von der Krankheit versteht (vgl. Hoppe 2004, S. 46).

Soziologische Sicht

Der Medizinsoziologe Talcott Parsons definiert Gesundheit als einen „Zustand optimaler Leistungsfähigkeit eines Individuums, für die wirksame Erfüllung der Rollen und Aufgaben für die es sozialisiert (Sozialisation = Einordnungsprozess in die Gesellschaft, Normen- und Werteübernahme) worden ist" (Bittlingmayer 2016, zit. nach Richter/Hurrelmann 2016).

Merke: Sowohl die medizinische als auch die soziologische Definition von Gesundheit verdeutlichen sehr stark die Prägung der jeweiligen Wissenschaftstheorie. Im medizinischen Ansatz ist der Bezugspunkt das normale Funktionieren des Körpers, im soziologischen Ansatz das normale Funktionieren der Gesellschaft.

Sicht der Weltgesundheitsorganisation

Die Gesundheit mehrdimensional (= verschiedene Definitionen werden in einer Definition zusammengeführt) zu definieren, wurde nach dem 2. Weltkrieg von der Weltgesundheitsorganisation versucht: „Gesundheit ist ein Zustand vollkommenen körperlichen, geistigen und sozialen Wohlbefindens und nicht allein das Fehlen von Krankheit und Gebrechen." ("Health is a state of complete physical, mental and social wellbeing and not merely the absence of disease or infirmity.") (Neuner 2016, S. 118) Mit dieser Definition wurde Gesundheit erstmalig in einem politischen Dokument als eine positive, inhaltlich bestimmbare Größe definiert.

Die Definition der WHO führte trotz oder gerade wegen berechtigter Kritik (z. B. Realitätsferne, ein solcher Idealzustand lässt sich kaum erreichen) zu einer durchaus konstruktiven und sich ständig weiterentwickelnden Diskussion.

So versuchte z. B. Hurrelmann (1990), diese Begriffsbestimmung der WHO in einer erweiterten Definition zu spezifizieren. Danach ist Gesundheit der „Zustand des objektiven und subjektiven Befindens einer Person, der gegeben ist, wenn diese Person sich in den physischen, psychischen und sozialen Bereichen ihrer Entwicklung im Einklang mit den eigenen Möglichkeiten und Zielvorstellungen und den jeweils gegebenen äußeren Lebensbedingungen befindet." (Hurrelmann 1990, S. 62) Gesundheit nach der Definition von Hurrelmann wird nicht als statisch oder passiv beschrieben. Allerdings bleibt offen, wie eine Operationalisierung des objektiven bzw. subjektiven Wohlbefindens aussehen könnte.

Sicht der Pflege

Sowohl die subjektive Sichtweise als auch die medizinische, soziologische und mehrdimensionale Definition sind Beschreibungen, die sich in der Gesundheitsdefinition der Pflege wiederfinden.

Für die Pflege spielen die Begriffe „Ressource" und „Dynamik" eine wesentliche Rolle. Die gesunden Anteile (z. B. der Patient kann sich selbstständig den Oberkörper und das Gesicht waschen) sind als Ressource (siehe „Widerstandsressourcen" in Kap. „Gesundheitsförderung") zu betrachten. Die Dynamik besagt in diesem Kontext, dass Gesundheit und Krankheit nie getrennt voneinander betrachtet werden können. Demnach lautet die Definition: „Krankheit und Gesundheit sind dynamische Prozesse, die für die Pflege als Fähigkeiten (Ressourcen) und Defizite erkennbar sind. Wohlbefinden und Unabhängigkeit sind subjektiv empfundene Teile der Gesundheit. Gesundheit ist die Kraft, mit der Realität zu leben." (Bley et al. 2015, S. 14)

Aufgabe: Analysieren Sie in der Kleingruppe, wie sich die Definitionen der Gesundheit aus medizinischer Sicht, aus soziologischer Sicht, aus Sicht der Weltgesundheitsorganisation und aus Sicht der Pflege unterscheiden.

Die Liste von Definitionen und deren Kritik könnte noch beliebig fortgesetzt werden, ohne dass sie jemals den Anspruch auf Allgemeingültigkeit erheben könnte. Daraus wird die Schwierigkeit der Definition von Gesundheit deutlich. Gesundheit ist ein Konstrukt aus verschiedensten Einflussfaktoren, die immer neu auszuloten sind (vgl. Reiter et al. 2014, S. 20).

Gesundheitsdeterminanten

Gesundheit und Wohlbefinden hängen von einer Vielzahl von Faktoren ab. Abgesehen von Alter, Geschlecht und Erbanlagen sind die meisten dieser Faktoren beeinflussbar. Whitehead und Dahlgren (1991) haben verschiedene Ebenen, die Gesundheit betreffen, in einem Regenbogen-Modell dargestellt.

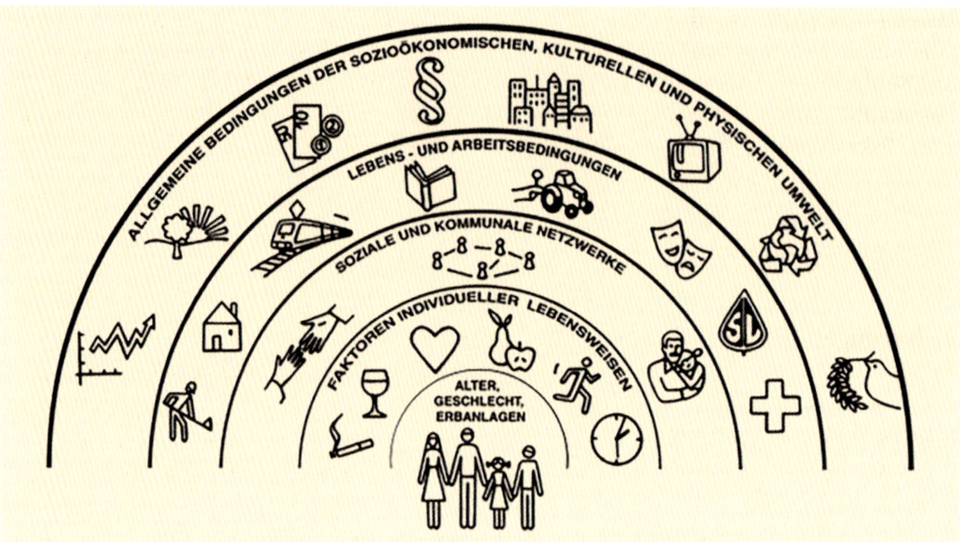

Abb. 19: **Einflussfaktoren auf die Gesundheit: Regenbogen-Modell nach Whitehead und Dahlgren 1991** (Fonds Gesundes Österreich 2013)

In diesem Modell sind von innen nach außen verschiedene Gesundheitsdeterminanten angeführt, die die individuelle Gesundheit definieren:

- **Alter, Geschlecht, Erbanlagen**
- **Faktoren individueller Lebensweisen** (z. B. Umgang mit Alkohol und Nikotin, Sport)
- **Soziale und kommunale Netzwerke** (z. B. Partnerschaften, Freunde, Familie)
- **Lebens- und Arbeitsbedingungen** (z. B. Wohnung, Wasser und Hygiene, Lebensmittel, landwirtschaftliche Produktion, Bildungssystem, Arbeitsumfeld, Erwerbsstatus, Gesundheitssystem)
- **Allgemeine Bedingungen der sozioökonomischen, kulturellen und physischen Umwelt** (z. B. finanzielle Möglichkeiten, politische Unruhen, Krieg)

Alter, Geschlecht, Erbanlagen: Im innersten Kreis stehen die Gesundheitsdeterminanten Alter, Geschlecht und Erbanlagen. Diese Merkmale sind nicht zu verändern.

Faktoren individueller Lebensweisen: Diese Faktoren sind prinzipiell veränderbar. Sie können mehr oder weniger gesundheitsförderlich sein. Beispielsweise kann ein Mensch durch regelmäßiges Lauftraining seine Konditionen und somit in weiterer Folge sein Wohlbefinden fördern. Ein übertriebenes Lauftraining über Jahre kann aber die Gelenke nachhaltig schädigen.

Aufgabe: Finden Sie weitere Beispiele von Faktoren individueller Lebensweisen, die einerseits gesundheitsförderlich sind, andererseits die Gesundheit nachhaltig schädigen können.

Soziale und kommunale Netzwerke: Im dritten Ring des Modells wird davon ausgegangen, dass gute soziale Kontakte die Gesundheit fördern. Ein stabiles Familienkonstrukt, echte Freunde, gute Nachbarschaftsverhältnisse, Engagement in der Gemeinde (z. B. beim Musikverein) oder motivierende ArbeitskollegInnen haben einen positiven Einfluss auf das Wohlbefinden.

Lebens- und Arbeitsbedingungen: Die Lebens- und Arbeitsbedingungen haben ebenfalls einen bedeutsamen Einfluss auf die Gesundheit. Zum Beispiel ist permanenter Straßenlärm ein Stressor, der sich auf die Schlafqualität auswirken kann. Eine hohe Feinstaubbelastung kann die Ursache für eine Atemwegserkrankung sein. Schwerarbeit kann Erkrankungen des Bewegungsapparates zur Folge haben.

Aufgabe: Finden Sie nun Beispiele für Lebens- und Arbeitsbedingungen, die sich positiv auf die Gesundheit auswirken.

Bedingungen der sozioökonomischen, kulturellen und physischen Umwelt: Der äußerste Ring zeigt allgemeine Umweltbedingungen, die sich direkt und/oder indirekt auf unsere Gesundheit auswirken können. Hierzu zählen die Wirtschaftslage eines Landes, die Gesetzgebung (Legislative), die ausführende Gewalt (Exekutive) oder auch das Rechtssystem (Judikative). Außerdem spielt hier die Qualität von Wasser, Luft oder Boden eine zentrale Rolle.

Merke: Das Regenbogenmodell zeigt auf, wo und wie angesetzt werden kann, um allen Menschen mehr Gesundheit zu ermöglichen (vgl. Fonds Gesundes Österreich 2013).

Oft verursachen kleinere Störungen und Abweichungen vom normalen Lebensrhythmus zusätzlichen Energiebedarf und zusätzliche Kraft vom Körper. Diese hat er in der Regel zur Verfügung, um Balancestörungen zu verkraften. Werden allerdings Gesundheitsdeterminanten einer massiven und längeren Störung ausgesetzt (z. B. Langzeitarbeitslosigkeit), reicht die Kraft nicht lange aus, der Mensch wird krank.

Um gesund zu bleiben, muss der Mensch nach alternativen Lebensweisen suchen, die ihm Regelmäßigkeit und lebenserhaltende Ordnung gewährleisten. Der griechische Arzt Hippokrates sprach im Zusammenhang mit einer gesunden Lebensweise vom richtigen Verhältnis des Menschen zu seiner Umwelt (vgl. Reiter et al. 2014, S. 16–18).

Aufgabe: Diskutieren Sie in der Kleingruppe, welche Gesundheitsdeterminanten für Sie und Ihre Gesundheit von elementarer Bedeutung sind!

Gesundheitsförderung

Die Gesundheitsförderung stellt die Gesundheit als etwas Positives in den Mittelpunkt ihrer Bemühungen. Das Verständnis von Gesundheit und Krankheit hat sich in den vergangenen Jahrzehnten stark verändert. Spätestens seit der Einigung auf die Ottawa-Charta ist Gesundheit nicht nur die Abwesenheit von Krankheit, sondern soll positiv definiert werden. Inhaltlich handelt es sich hierbei um ein umfassendes körperliches, seelisches und soziales Wohlbefinden (vgl. Reiter et al. 2014, S. 25). In Zukunft wird die Frage, wie die eigene Gesundheit erhalten werden kann, stärker im Vordergrund stehen als die Frage, wie Erkrankungen vermieden werden können.

Merke: Die Ottawa-Charta (1986) gilt als erste internationale Konferenz über Gesundheitsförderung. Sie ist das Folgedokument der Deklaration von Alma-Ata (1978) über die „Gesundheit für alle"-Strategie der WHO. Die 1997 verabschiedete Jakarta-Deklaration zur Gesundheitsförderung bestätigt die Kernaussagen der Ottawa-Charta und setzt weitere Prioritäten für das 21. Jahrhundert (vgl. BMGF 2017).

Die Gesundheitsförderung sorgt dafür, ganzheitliches Wohlbefinden für alle zu erreichen. Menschen sollen motiviert werden, sich für eine gesunde Lebensführung zu entscheiden. Allerdings kann ein individuelles Gesundheitsverhalten nur dann zum Ziel führen, wenn sich Menschen in dem Umfeld, in dem sie leben, arbeiten, lernen, wohnen und lieben, wohlfühlen und dieses gesundheitsfördernd und nicht krankmachend ist. Hierbei zeigt sich die Verbindung zu den Gesundheitsdeterminanten (siehe Abb. 19: Einflussfaktoren auf die Gesundheit).

Mit der am 21. November 1986 in Ottawa verabschiedeten Charta führte die WHO ein umfassendes Programm zu gesundheitsbezogenen Interventionen ein. Den Mittelpunkt der Charta bildete die Frage, wie und mit welchen Mitteln das Gesundheitspotenzial von Menschen auf politischer, struktureller und persönlicher Ebene gefördert werden kann. **Die WHO definierte „Gesundheitsförderung" 1986 wie folgt:** „Gesundheitsförderung zielt auf einen Prozess, allen Menschen ein höheres Maß an Selbstbestimmung über ihre Gesundheit zu ermöglichen und sie damit zur Stärkung ihrer Gesundheit zu befähigen" (WHO 1986).

Die Gesundheitsförderung muss **ganzheitlich** (d. h. als Teil der gesamten Umwelt des Menschen) und **partizipatorisch** (d. h. der Mensch soll Selbstbestimmung über seine Gesundheit erlangen) gesehen werden. Das Ziel ist, den Menschen beizubringen, wie sie die Bedingungen für eine gesunde Lebensumwelt selber schaffen können. Nicht nur die ExpertInnen (Ärzte und Ärztinnen, Pflegepersonen, PsychologInnen, ...), sondern jede/r Einzelne soll zur Selbstbestimmung über seine eigene Gesundheit befähigt sein. Die Selbstbefähigung sowie die Stärkung von Autonomie und Eigenmacht eines Menschen werden mit dem Begriff **Empowerment** beschrieben. Da Gesundheitsförderung die Befähigung zur Selbstbestimmung betont, nimmt Empowerment hier eine wesentliche Stellung ein (vgl. Reiter et al. 2014, S. 25–26).

Aufgabe: Überlegen Sie, wie es Ihnen in Ihrem derzeitigen Leben möglich ist, eine gesunde oder noch gesündere Lebensumwelt für sich zu schaffen!

Modell der Salutogenese

Dieses Modell bildet die gegenwärtige Grundlage für das Verständnis von Gesundheitsförderung. Es wurde von dem amerikanisch-israelischen Soziologen Aaron Antonovsky in den 1970er-Jahren vorgelegt. Dem Modell folgend, sollen bei der Gesundheitsförderung Widerstandsressourcen gestärkt und gefördert werden (z. B. kognitive Faktoren wie Intelligenz). Schon im Kindes- und Jugendalter soll die Gesundheitsförderung ein Teilgebiet des lebenslangen Lernens sein (vgl. Reiter et al. 2014, S. 22).

Antonovsky betrachtete Forschungsergebnisse einer Studie über die Anpassung von Frauen an die Wechseljahre. Dabei machte er eine unerwartete Entdeckung. In dieser Untersuchung wurden zwei Gruppen von Frauen bezüglich ihrer emotionalen Befindlichkeit verglichen. Die eine Gruppe waren Überlebende von nationalsozialistischen

Konzentrationslagern. Die andere Frauengruppe wies eine „normale" Biografie auf. Antonovsky stelle fest, dass in der Gruppe der KZ-Überlebenden immer noch fast 30 Prozent als physisch und psychisch gesund galten! Angelehnt an diese Studie stellte er sich die Frage, was es diesen Frauen möglich machte, trotz traumatisierenden Erfahrungen „gesund" zu sein. Antonovsky formulierte aus seinen Beobachtungen die zentralen Fragen „Wie entsteht Gesundheit?" und „Warum bleiben Menschen gesund?".

Merke: Der Begriff „Salutogenese" setzt sich aus dem lateinischen Wort „salus" (Unverletztheit, Heil, Glück) und dem griechischen Wort „genesis" (Entstehung) zusammen.

Aaron Antonovsky sieht den Lebensfluss als Strom voller Gefahren, in dem jeder Mensch schwimmt. Die pathogenetische Medizin versucht den Ertrinkenden aus dem Fluss zu retten. Antonovsky hingegen überlegt, wie der Mensch zu einem guten Schwimmer ausgebildet werden kann.

Das Modell der Salutogenese setzt sich aus folgenden Bestandteilen zusammen:

- Gesundheits-Krankheitskontinuum,
- Stressoren,
- Widerstandsressourcen und
- Kohärenzgefühl.

Gesundheits-Krankheitskontinuum: Aus der salutogenetischen Perspektive sind Gesundheit und Krankheit Zustände, die sich gegenseitig nicht ausschließen können. „Völlige Gesundheit" und „völlige Krankheit" kann nicht erreicht werden. Gesundheit muss somit immer wieder neu aufgebaut werden. Der Verlust von Gesundheit ist dahingehend als ein natürliches Geschehen anzuerkennen. Entscheidend in diesem Zusammenhang ist nicht die Frage, ob der Mensch gesund oder krank ist, sondern wie groß seine Entfernung zu den beiden Polen (Gesundheit – Krankheit) jeweils ist. Innerhalb eines Kontinuums haben sowohl soziale als auch persönliche und umweltbedingte Faktoren, die die Gesundheit entweder fördern oder belasten, Einfluss auf den Status eines Menschen.

Stressoren erzeugen nach Antonovsky einen physiologischen Spannungszustand. Es ist eine zentrale Aufgabe des Körpers, diese Spannungszustände zu bewältigen. Gelingt dies, hat es positive Auswirkungen auf den Organismus. Können Spannungszustände nicht bewältigt werden, entsteht eine belastende Situation. Stress bedeutet allerdings keine generalistisch negative Auswirkung auf den Organismus. Erst im Zusammenhang mit Krankheitserregern, Schadstoffen und körperlichen Schwachstellen folgt eine negative Reaktion (z. B. verursachen viele Überstunden und wenig Schlaf vermehrt Migräneattacken). Bei den Stressoren werden **physikalische Stressoren** (z. B. Waffengewalt, Hungersnot), **biochemische Stressoren** (z. B. Krankheitserreger, Gifte) und **psychosoziale Stressoren** unterschieden.

Widerstandsressourcen sind laut Antonovsky Merkmale und Eigenschaften, mit denen gesunde Menschen Problemen, Spannungen und Stresssituationen begegnen (z. B. soziale Strukturen, ausgewogene Ernährung). Diese Ressourcen werden im Kindes- und Jugendalter erworben und sind individuell und kulturell verschieden. Widerstandsressourcen sind nach Antonovsky physische Faktoren (z. B. das Immunsystem), materielle Faktoren (z. B. finanzielles Auskommen), kognitive Faktoren (z. B. Intelligenz), emotionale Faktoren (z. B. Lebenseinstellung), soziale Faktoren (z. B. Einbindung in ein soziales Netzwerk) und makrostrukturelle Faktoren (z. B. Kulturkreis). Diese Faktoren bewirken, dass krankmachende Belastungsfaktoren gar nicht erst auftreten können.

Durch das **Kohärenzgefühl**, das sich über den gesamten Lebenslauf eines Menschen entwickelt (= die Prägungszeit), werden nach Antonovsky alle vorhandenen Ressourcen aktiviert und koordiniert. Drei Komponenten begründen das Kohärenzgefühl: das Gefühl von Verstehbarkeit (die Fähigkeit, Reize zu verarbeiten und einzuordnen), das Gefühl von Bewältigbarkeit (die Fähigkeit, Probleme zu lösen) und das Gefühl von Sinnhaftigkeit (die Fähigkeit, das Leben als sinnvoll und gestaltbar zu empfinden). Der Begriff beschreibt die menschliche Zuversicht, auftretende Belastungen verschiedenster Art bewältigen zu können. Das Kohärenzgefühl stellt ein Gefühl des Vertrauens dar, das sich durch die grundlegende Lebenseinstellung eines Menschen gegenüber der Welt ausdrückt (vgl.Reiter et al. 2014, S. 22–24, Büssers 2009, S. 30).

Merke: Ein Mensch kann im Salutogenese-Modell seine Gesundheit umso besser erhalten, je stärker sein Kohärenzgefühl und seine Widerstandsquellen ausgebildet sind. Jede Maßnahme der Gesundheitsförderung muss das Ziel haben, das Kohärenzgefühl zu stärken und Widerstandsquellen zu unterstützen. Dieses Modell bildet die heutige Grundlage für das Verständnis von Gesundheitsförderung (vgl. Reiter et al. 2014, S. 24).

Krankheit

Als **Krankheit** wird ganz allgemein eine Störung der körperlichen und geistigen Gesundheit durch Veränderung der geordneten Lebensvorgänge verstanden. Eine Krankheit ist die Folge einer für den Organismus ungünstigen Änderung der biologischen Funktionsabläufe. Beachtet werden muss, dass trotz (noch) subjektivem Wohlbefinden bereits eine Erkrankung (unerkannt) vorliegen kann.

Fallbeispiel: Nach einer gynäkologischen Vorsorgeuntersuchung wird bei Frau Müller ein positives Ergebnis des Gebärmutterhalsabstrichs festgestellt. In diesem Fall wird von einer Krankheit gesprochen, obwohl Frau Müller bislang keinerlei Beschwerden verspürt.

Generell wird Krankheit als ein objektiver Zustand definiert, der durch anerkannte Formen des Nachweises belegt werden kann (vgl. Reiter et al. 2014, S. 33). Dabei versucht die Medizin Abweichungen vom „Normalen" zu belegen. Durch die systematische Befragung des Gesundheitszustands (= **Anamnese**) erfährt der/die MedizinerIn Beschwerden des/der PatientIn. Diese Beschwerden (= **Symptome**) können im besten Fall einer Krankheit zugeordnet werden. Durch die Bestimmung oder Feststellung einer Krankheit (= **Diagnose**) kann eine optimale Behandlung (= **Therapie**) beginnen (vgl. Bley et al. 2015, S. 12).

Die Entwicklung und der Ablauf des krankhaften Geschehens wird als **Pathogenese** (Genesis = Entstehung) bezeichnet.

Die eigentliche, eine Krankheit auslösende Ursache wird als Ätiologie („aitia" = Ursache) bezeichnet. Die Ursache für das positive Ergebnis des Gebärmutterhalsabstrichs im Fallbeispiel könnte das humane Papillomvirus (HPV) sein. Ganz allgemein kann eine Krankheit durch eine oder mehrere Ursachen ausgelöst werden. Unterschieden werden folgende Krankheitsursachen:

- **Äußere Krankheitsursachen:** diese werden wiederum differenziert in
  - **belebte Krankheitsursachen** (z. B. Bakterien, Viren, Pilze, Würmer) und
  - **unbelebte Krankheitsursachen** (z. B. Ernährungsstörungen, mechanische Gewalt, chemische Ursachen, thermische Faktoren, Elektrizität, Strahlung, allergische Reaktionen auf Umwelteinflüsse).
- **Innere Krankheitsursachen**
  - **Genetische Störungen** (z. B. Trisomie 21)
  - **Disposition** (= Anfälligkeit für Krankheiten)
  - **Immunologische Reaktionen** (z. B. Allergie auf Katzen)
  - **Endokrine Fehlsteuerung** (z. B. Schilddrüsenüberfunktion)
  - **Psychogene Faktoren** (= aus der Psyche entstanden, seelisch bedingt),
  - „**Alter**" (Altersvorgänge sind keine krankhaften Prozesse, jedoch häufig Wegbegleiter für die Entstehung von Krankheiten)
- **Ungeklärte Krankheitsursachen:** Es gibt auch Krankheiten, deren Ursache (Ätiologie) ungeklärt ist. Krankheiten unbekannter Ursache werden als „idiopathisch" bezeichnet. Diese Bezeichnung ist eigentlich nur das Eingeständnis unseres Nicht-Wissens.

Eine Krankheit kann auch nach dem **zeitlichen Verlauf** beurteilt werden. Hierbei wird zwischen einer **akuten** Erkrankung (= rascher Beginn und kurze Dauer) sowie einer **chronischen** Erkrankung (= oftmals langsam sich entwickelnde und lang andauernde Erkrankungen) unterschieden.

Aufgabe: Finden Sie jeweils drei Beispiele für akute und chronische Erkrankungen. Erklären Sie kurz das jeweilige Krankheitsbild.

Nach dem **Ende von Krankheiten** sind verschiedene Ausgänge möglich (vgl. Reiter et al. 2014, S. 33–34):

- Heilung (vollkommende Wiederherstellung)
- Defektheilung (nicht normaler Dauerzustand, z. B. Harnabflussbehinderung nach einer Nierenoperation)
- Rezidiv (nach einem zeitlichen Intervall tritt die Krankheit neuerlich auf, z. B. ein bösartiger Tumor)
- chronische Erkrankung (die Krankheit bleibt auf Dauer bestehen, z. B. Asthma)
- Leiden (ein dauernder, die Gesundheit beeinträchtigender Defekt, z. B. „SchmerzpatientIn" nach Unterschenkelamputation)
- Tod

Definitionen von Krankheit

Ähnlich wie in der Gesundheit gibt es auch bei Krankheit Definitionen aus **medizinischer** bzw. **sozialrechtlicher Sicht**.

Medizinische Sicht

„Eine Krankheit ist eine Störung der normalen physischen und psychischen Funktionen, die einen Grad erreicht, der die Leistungsfähigkeit und das Wohlbefinden eines Lebewesens subjektiv oder objektiv wahrnehmbar negativ beeinflusst. Die Grenze zwischen Krankheit und Befindlichkeitsstörung ist fließend." (Bley et al. 2015, S. 12)

Bedeutend in der Medizin ist eben der Vergleich mit den als „normal" geltenden Abläufen des menschlichen Körpers. Dabei werden objektiv nachweisbare Befunde erhoben (z. B. Untersuchung des Blutes) (vgl. Bley et al. 2015, S. 12).

Sozialrechtliche Sicht

Im sozialrechtlichen Kontext spielen vor allem Beeinträchtigungen der Leistungs- und Arbeitsfähigkeit bzw. der Selbstständigkeit eines Menschen eine Rolle. Krankheit ist aus dieser Sicht „ein objektiv fassbarer, regelwidriger, anormaler körperlicher oder geistiger Zustand, der eine Heilbehandlung notwendig macht und eine Arbeitsunfähigkeit zur Folge haben kann" (Georg Thieme Verlag 2015, S. 12).

Die soziale Sicherheit wird in Österreich durch die Systeme der Sozialversicherung, der Sozialversorgung und der bedarfsorientierten Mindestsicherung getragen. Diese drei Systeme sehen für verschiedene Situationen (z. B. Arbeitslosigkeit oder Kinderbetreuungsgeld) Hilfestellungen vor, die finanziell von der Gesellschaft getragen werden. Diese Solidarität der Besserverdienenden und Gesunden sichert die Gleichbehandlung finanziell schlechter gestellter bzw. kranker Menschen (= Solidaritätsprinzip).

Aufgabe: Diskutieren Sie in der Gruppe, wie sich die Sozialversicherung, die Sozialversorgung und die bedarfsorientierte Mindestsicherung unterschieden.

Erleben und Bewältigen von Krankheit

Die subjektive Bewertung eines Zustandes als Krankheit im Zusammenhang mit der Lebensführung kann – je nach Schwere der Krankheit – die Betroffenen mit der Frage nach dem Sinn ihres Daseins konfrontieren. Der von PatientInnen beschriebene Kontrollverlust über den eigenen Körper, Teile des Körpers oder über die gesamte Lebenssituation lässt oft ein Gefühl völliger Unsicherheit über die Zukunft entstehen. Die damit verbundene Abhängigkeit wird häufig als Fundamentalerfahrung des Menschen definiert. Diese Unsicherheit, die sich bis hin zur existenziellen Angst entwickeln kann, macht den/die PatientIn unfähig, seine/ihre Situation allein wieder in den Griff zu bekommen.

Der gesunde Mensch kann seine tägliche Arbeit, seine Freizeitaktivitäten, seine gesellschaftlichen Vorhaben mit einer gewissen Beliebigkeit planen. Dies ist dem kranken Menschen nur im eingeschränkten Maß möglich. Besonders dramatische Krankheiten wie z. B. Krebs lassen oft Fragen aufkommen wie „Warum passiert mir das?“ oder „Warum gerade jetzt?“. Die Welt kann plötzlich und ganz unerwartet in sich zusammenfallen. Das ganze Leben eines/einer Erkrankten kann sich durch eine Krankheitserfahrung ändern. Auch kann dies zu einer Änderung der Rangordnung der Lebensziele führen (z. B. wird nach einem Schlaganfall sofort das Rauchen beendet). Besonders chronische Krankheiten müssen über längere Zeiträume (oft bis zum Lebensende) hindurch ertragen werden. Dieser Umstand fordert den/die Einzelne/n in noch stärkerem Maße (vgl. Reiter et al. 2014, S. 35–36).

In unserer modernen Gesellschaft kann eine Krankheit für den/die Einzelne/n aber auch eine Sinnsuche und -findung werden. Auch unterscheiden sich die Lösungsstrategien von Menschen mit gleichen oder ähnlichen Krankheiten sehr stark voneinander (z. B. schöpft ein Querschnittspatient nach der Rehabilitation neuen Lebensmut und möchte unbedingt an den Paralympics teilnehmen, ein anderer Patient – mit der gleichen Diagnose – fällt in Ohnmacht und findet keinen Sinn mehr in seinem Leben). Dies hängt von der Natur einer Krankheit, der individuellen Psyche des/der Kranken und dessen/deren sozialem Umfeld ab.

Merke: Unsere Widerstandsressourcen (z. B. Lebenseinstellung) und das Kohärenzgefühl (z. B. das Gefühl von Bewältigbarkeit) beeinflussen unsere persönlichen Veränderungsmotive.

Vor allem Angst und akuter Stress sind die stärksten Veränderungsmotive. Wie bereits erwähnt, ist die Bereitschaft eines Menschen, seine Lebensgewohnheiten zu verändern, nach einer Krebserkrankung ungleich größer als nach dem Konsum einer Fernsehsendung zur gleichen Thematik. Aus dem allgemeinen Bewusstsein, dass wenig Stress, gesunde Ernährung, regelmäßige Bewegung, kein Alkohol oder Tabak und viel Schlaf gesund sind, entsteht erst nach der erschütternden Krebsdiagnose ein Problembewusstsein (vgl. Hufnagl 2017, S. 178–179).

Merke: Krankheiten wirken sich immer auf die Hierarchie der persönlichen Bedürfnisse aus (vgl. dazu die „Maslow'sche Bedürfnispyramide“ in Lernfeld 1!)

Wie bereits beim Modell der Salutogenese erwähnt, beschreibt der Begriff „**Kohärenz**“, wie ein Mensch die Herausforderungen des Lebens versteht, welche Bedeutung er diesen gibt und wie er damit umgeht (= Kohärenzgefühl). Es sind die individuellen, sozialen und kulturellen Fähigkeiten, mit denen Probleme gelöst werden können. Dazu zählen u. a. der Glaube an sich selbst (Ich-Stärke), ein gutes soziales Netzwerk, die Weltanschauung oder die Intelligenz. Hat eine Person ein **gutes Kohärenzgefühl**, so kann sie flexibel auf Anforderungen reagieren. Unerwartete Ereignisse können durch die Aktivierung von notwendigen Ressourcen bearbeitet werden. Bei einem **geringen Kohärenzgefühl** fühlen sich die Betroffenen häufig dem Leben ausgeliefert. Diese Personen rutschen oftmals in eine Art Opferrolle. Durch das geringe Vorhandensein von Ressourcen zur Lebensbewältigung wird das Leben eher als schwer und sinnlos verstanden.

Bei der Bewältigung von Krankheiten wird auch oftmals von „**Coping**" gesprochen. Dieser Begriff versteht die Art des Umgangs mit einem schwierig empfundenen Lebensereignis, beispielsweise mit einer chronischen Krankheit (vgl. dazu auch Kap. „Coping" in Lernfeld 1).

Merke: Ein gutes Kohärenzgefühl erleichtert Betroffenen, spezifische Bewältigungsstrategien (Coping-Strategien) für den Umgang mit ihrer Erkrankung zu entwickeln (vgl. Kulbe 2017, S. 30–38).

Ein angemessener Umgang mit der Erkrankung und ihren Folgen ist für die Lebensqualität entscheidend. Die Krankheitsbewältigung (Coping) erfolgt aber nicht auf einmal. Es handelt sich vielmehr um ein prozesshaftes Geschehen in fünf Phasen:

1. **Schock:** Die Konfrontation mit einer schweren Erkrankung führt häufig zu einem Schock, zu Unruhe und Angst. Oft folgt dem ersten Schockzustand die Verleugnung. Der Vorteil im „Nicht-wahrhaben-Wollen" liegt in der Tatsache, dass der/die Betroffene nach und nach die Diagnose annehmen kann. Allerdings kann in dieser Phase auch der Glaube an eine Fehldiagnose oder einer Verwechslung auftreten. Der/die Erkrankte braucht in dieser Phase vor allem verlässliche menschliche Beziehungen.

2. **Aggression:** Das Gefühl der Wut, Betroffenheit und Kränkung geht oftmals mit der Frage „Warum gerade ich?" einher. Häufig wird diese Wut nicht offen geäußert, sondern unbewusst an der Familie oder am Pflegepersonal abgeladen. Der/die Kranke benötigt jetzt Geduld, Akzeptanz und ein ständiges Kommunikationsangebot.

3. **Depression:** Begleiterscheinungen von Erkrankungen (z. B. Schmerzen oder eine Veränderung des Körperbildes) führen zu einem Einbruch des Selbstwertgefühls. Verzweiflung und Verletzlichkeit der Betroffenen nehmen zu. Es scheint, dass der/die Kranke ständig Hilfe fordert, aber nicht fähig ist, diese auch anzunehmen. Hier sind zwischenmenschliche Beziehungen von großer Wichtigkeit.

4. **Verhandeln mit dem Schicksal:** Häufig versucht der/die Betroffene in dieser Phase sein/ihr Schicksal durch „Opfer" (z. B. große Geldsummen) hinauszuzögern oder abzuwenden. Beratung ist hier besonders wichtig.

5. **Akzeptanz:** Der/die Betroffene nimmt seine/ihre Erkrankung an. Der „Platz" im Leben wird durch neue Lebensrangordnungen wiedergefunden. Das Erreichen dieser Phase ist nicht selbstverständlich. Entscheidend dafür ist die Persönlichkeit des/der Erkrankten, seine/ihre Erfahrungen im Umgang mit Krisen sowie seine/ihre Erwartungen an das soziale Umfeld (vgl. Reiter et al. 2014, S. 38–39).

Krankheitsprävention

Allgemein bezeichnet **Prävention** das Ergreifen von Maßnahmen zur Verhinderung von Verletzungen beziehungsweise Erkrankungen mit dem Ziel der Gesundheitsförderung. Die **Krankheitsprävention basiert auf der Früherkennung von Krankheiten**. Weiter von Bedeutung ist die Vermeidung von Faktoren, die Krankheiten auslösen. Sämtliche Ziele der Prävention im Zusammenhang mit Krankheit sind auf die Vermeidung und/oder Risikominimierung von Krankheiten ausgelegt.

Aus der Sicht von Aaron Antonovsky (Modell der Salutogenese) stellen Gesundheitsförderung und Krankheitsprävention unterschiedliche Perspektiven eines Prozesses dar. Befindet sich ein Mensch eher auf der Gesundheitsseite im Gesundheits-Krankheitskontinuum, so greift die Gesundheitsförderung. Befindet sich ein Mensch eher auf der Krankheitsseite, so greift die Prävention. Damit eine gesundheitliche Schädigung vermieden, gemildert oder verzögert werden kann, bedarf es der Prävention. Drei Arten der Prävention lassen sich unterscheiden:

- **Primäre Prävention:** ist die Förderung der Gesundheit (z. B. durch ein Programm zur gesunden Ernährung und regelmäßigen körperlichen Bewegung) und die Krankheitsverhütung durch die Beseitigung der ursächlichen Faktoren. Diese soll bereits dann wirksam werden, wenn noch keine Krankheit aufgetreten ist.
- **Sekundäre Prävention:** hat zum Ziel, Krankheiten und Risikofaktoren möglichst früh zu erkennen. Werden „Risikoträger" identifiziert, können dementsprechend Verhaltens- und Lebensstiländerungen zum Abbau der Risikofaktoren eingeleitet werden (z. B. Krebs-Früherkennungsuntersuchungen).
- **Tertiäre Prävention:** dient der Verhütung der Krankheitsverschlechterung und richtet sich an PatientInnen, bei denen bereits eine Krankheit oder ein Leiden vorhanden ist und behandelt wird. Das Ziel dieser Prävention ist die Verhinderung von Folgeerkrankungen bzw. die Verhütung von Rückfällen (z. B. spezielle Fußpflege bei Diabetes mellitus).

Risikofaktorenmodell:
Risikofaktoren sind gesundheitlich bedenkliche Merkmale oder Folgen der Lebensführung. Sie können biologischen, verhaltensbezogenen, psychosozialen Ursprungs sein oder aus der physischen Umwelt stammen (z. B. Bewegungsmangel, falsche Ernährung, Rauchen, Übergewicht). Ein Faktor oder eine Kombination von Faktoren (Risikofaktoren) erhöht das Risiko für das Auftreten einer Krankheit. Dies ist der Grundgedanke des Risikofaktorenmodells.

Das Risikofaktorenmodell basiert auf der „Framingham-Studie", die in den 1950er-Jahren durchgeführt wurde. Es handelte sich hierbei um eine wissenschaftliche Studie, die Einflussfaktoren auf die Entstehung eines Herzinfarktes untersuchte. Seit 1948 wurden 5.000 Bewohner des Ortes Framingham untersucht (medizinische Untersuchung und Befragung zu Lebensgewohnheiten). Bei diesen Untersuchungen zeigten sich Zusammenhänge zwischen Risikofaktoren, wie z. B. hohe Blutfettwerte, Tabakkonsum, Bluthochdruck, Übergewicht, psychische Stressoren, und dem Auftreten von Herzerkrankungen, vor allem in Form von Herzinfarkten. Der Grundgedanke, dass eine Kombination von Faktoren das Risiko für das Auftreten einer Krankheit erhöht, wurde bestätigt. Insbesondere bei Männern war dies deutlich. Je mehr Risikofaktoren vorliegen, desto höher ist die Wahrscheinlichkeit, einen Herzinfarkt zu bekommen.

Die **Risikofaktoren bilden den Ansatz für das Konzept der Krankheitsprävention**. Das Risikofaktorenmodell hat einen pathogenetisch geprägten Forschungsansatz. Die Annahme in diesem Modell besteht darin, dass Krankheiten nicht zwingend eine Ursache haben, sondern durch multiple (= vielfache) Risiken beeinflusst sind.

Das Risikofaktorenmodell ermöglicht aber nur eine Wahrscheinlichkeitsaussage und keine Aussage über eine unmittelbare Ursache (z. B. sind Risikofaktor und Krankheit ursächlich verknüpft? Wenn ja: Wie stark ist der Zusammenhang?). Auch fehlt bei diesem Modell die Erklärung, warum manche Menschen trotz Risikofaktoren nicht erkranken. Weiters hat das Modell eine einseitige Sicht – es ist auf einzelne Krankheiten und deren Entstehung zentriert, nicht auf Gesundheit.

Terminologie als Teil der Pflegefachsprache

Fachsprachen finden sich in unterschiedlichen Fachgebieten bzw. Branchen. Fragt beispielsweise ein Installateur nach einem „Franzosen", so sollte ein verstellbarer Schraubenschlüssel gereicht werden. Fachsprachen unterscheiden sich vor allem durch die verwendeten Fachausdrücke von der allgemeinen Umgangssprache.

In der Pflege bedienen wir uns der **Pflegefachsprache**. Diese Fachsprache richtet sich größtenteils nach der medizinischen Terminologie. Durch die Etablierung der Pflegewissenschaft entsteht aber auch in der Pflege eine eigene Fachsprache. Hierbei ist bspw. an Pflegediagnosen zu denken (z. B. Gefahr der Immobilität).

Merke: Die Terminologie ist die Lehre aller Fachausdrücke (= Termini) eines bestimmten Faches und somit Teil der jeweiligen Fachsprache.

So werden etwa unter medizinischer Terminologie alle Fachausdrücke verstanden, die aus lateinischen, griechischen, aber auch lebenden Fremdsprachen kommen und in allen Wissensgebieten der Medizin verwendet werden (z. B. Anatomie, Pathologie, Hygiene). In den Kapiteln Gesundheit und Krankheit wurden bereits einige Fachausdrücke erwähnt. Die systematische Befragung des Gesundheitszustands wurde bspw. als Anamnese bezeichnet, die Ätiologie beschrieb die Ursache einer Erkrankung und die Disposition sprach von der Anfälligkeit für Krankheiten. Diese Fachausdrücke sind oft im ersten Moment irritierend und werden als „Ärztelatein" umschrieben. Dieses „Ärztelatein" ist jedoch die Fachsprache der MedizinerInnen. **Auch Pflegepersonen bedienen sich dieser Fachwörter**.

Bedeutung der Terminologie im Rahmen der Pflege

Die Kommunikation ist ein wesentlicher Bestandteil des Pflegeberufes. Wie im Kapitel „Kommunikation" in Lernfeld 1 bereits erwähnt wurde, kommunizieren Pflegende in ihrer täglichen Arbeit mit unterschiedlichen Partnern und müssen auf verschiedene „Sprachen" (Fachsprache, Umgangssprache, ...) zurückgreifen.

So werden etwa bei der Visite mit der Ärztin oder dem Arzt verschiedene Termini verwendet (z. B. „die Wunde ist bland"). Bei einem nachfolgenden Gespräch der Pflegeperson mit der Patientin oder dem Patienten wird jedoch eine andere Sprache verwendet (z. B. „Liebe Frau Huber, die Wunde heilt sehr gut, es zeigen sich keine Entzündungszeichen, wir sind sehr zufrieden").

Auch wenn, wie in diesem Beispiel, deutsch gesprochen wird, sind Sprachniveau, Sprachgestaltung und sprachkultureller Hintergrund meist unterschiedlich. Gerade durch die interdisziplinäre Zusammenarbeit ist damit zu rechnen, dass unterschiedliche KommunikationspartnerInnen (Ärztinnen und Ärzte, Angehörige, Pflegepersonen, ...) verschiedene Sprachen verwenden, die für ihr Gegenüber eine Fremdsprache darstellen können.

Es ist ein Zeichen für Kommunikationsqualität, wenn Pflegepersonen im Umgang mit PatientInnen die umgangssprachlichen Ausdrücke für Organe oder Krankheiten kennen und benutzen können (z. B. Blinddarmentzündung). Auf der anderen Seite zeigt es aber auch von Qualität, wenn Pflegepersonen im Umgang mit anderen Pflegepersonen die Pflegefachsprache für Organe oder Krankheiten kennen und benutzen können (z. B. Appendizitis).

Aufgabe: Finden Sie zehn weitere umgangssprachliche Ausdrücke für Organe oder Krankheiten und übersetzen Sie diese in die Pflegefachsprache.

Medizinische Terminologie

Die medizinische Terminologie entstand aus der Notwendigkeit, Untersuchungsergebnisse und Sachverhalte eindeutig beschreiben zu können. Der Umfang der medizinischen Terminologie ist mit ca. 200.000 Wörtern definiert. Ein Studierender der Medizin kennt rund 8.000 Begriffe. Zum Vergleich: In unserer Alltagssprache verwenden wir oft nicht mehr als 1.500 Wörter (vgl. Aiglesberger 2017, S. 3).

Die Grundlagen der medizinischen Terminologie sind sowohl die lateinische als auch die griechische Sprache. Das Wort „Terminologie" kommt aus dem Lateinischen und setzt sich aus den Wörtern „Terminus" (= Begriff) und „Logos" (Lehre) zusammen. Im Gegensatz zur Alltagssprache ist die medizinische Fachsprache präzise und eindeutig.

Tab. 1: **Alltagssprache und Fachsprache**

Alltagssprache	Fachsprache
Befund der Ultraschalluntersuchung der Niere ▸ Feste Raumforderung mit uneinheitlichem Schallmuster im oberen Drittel der rechten Niere mit Entwicklung nach Rückseite. ▸ Unteres Nierenende unauffällig.	Urosonografie-Befund ▸ Solide, echoinhomogene Raumforderung im kranialen Drittel der rechten Ren mit Entwicklung nach dorsal. ▸ Kaudaler Pol unauffällig.

Grundsatzregeln der medizinischen Terminologie

Der Gebrauch einer Fachsprache dient der raschen und eindeutigen Informationsweitergabe. Diese gelingt nur, wenn die Wörter auch korrekt verwendet werden. Für die Schreibweise medizinischer Termini gibt es folgende Grundregeln:

- Oftmals besteht ein **Terminus aus mehreren Attributen** (z. B. Musculus latissimus dorsi = großer Rückenmuskel). Der Anfangsbuchstabe des ersten Terminus wird immer großgeschrieben, alle weiteren Attribute klein (z. B.: Arteria pulmonalis dextra = rechte Lungenarterie).
- Ein **Eponym** ist eine Bezeichnung, die aus einem Eigennamen abgeleitet worden ist (z. B. **Billroth-Operation** = Magenoperation nach dem deutschen Chirurgen Christian Albert Theodor Billroth, **Alzheimer** = Form der Demenz nach dem deutschen Arzt Alois Alzheimer). Eigennamen werden immer großgeschrieben.
- Als **Synonyme** werden sprachliche Ausdrücke bezeichnet, die den gleichen oder einen sehr ähnlichen Bedeutungsumfang haben (z. B. heilen – kurieren, sterben – dahinscheiden).
- **Doppelvokale** werden in deutscher Schreibweise als Umlaute angeführt (z. B. wird Oesophagus zu Ösophagus).
- **Namen von Medikamenten** nach ihrer Wirkungsweise sind meistens sächlichen Geschlechts und haben daher im ersten Fall Einzahl die Endung **-um** und im ersten Fall Mehrzahl die Endung **-a.** In der nachfolgenden Tabelle sind Beispiele angeführt.

Tab. 2: **Medikamente**

1. Fall Einzahl	1. Fall Mehrzahl	Deutsche Bezeichnung
Abortiv**um**	Abortiv**a**	Abtreibungsmittel
Analgetik**um**	Analgetik**a**	Schmerzmittel
Antidepressiv**um**	Antidepressiv**a**	Mittel gegen Depressionen
Diuretik**um**	Diuretik**a**	Harntreibendes Mittel
Mykostatik**um**	Mykostatik**a**	Mittel gegen Pilze
Antibiotik**um**	Antibiotik**a**	Arzneimittel gegen Bakterien

Aussprache medizinischer Termini

Besonders im Gespräch mit KollegInnen oder bei mündlichen Prüfungen müssen die Regeln der Aussprache beachtet werden.

- Der **Buchstabe C** vor einem **A**, einem **O**, einem **U** und vor **Konsonanten** (Mitlauten) wird wie „**K**" gesprochen und kann im Fachwortlaut (deutsch) auch so geschrieben werden. Beispiele (vgl. Aiglesberger 2017, S. I–II):
  - **Ca**taract/Katarakt (= grauer Star),
  - **Co**lon/Kolon (= der Dickdarm),
  - **Cu**ra/Kur (= die Kur),
  - Fra**ct**ura/Fraktur (= der Knochenbruch).
- Der **Buchstabe C** vor einem **E**, einem **I**, einem **AE**, einem **OE** und einem **Y** wird wie „**Z**" gesprochen und kann im Fachwortlaut (deutsch) auch so geschrieben werden. Beispiele:
  - **Ce**llula/Zelle (= kleinste lebende Einheit aller Organismen),
  - Appendi**ci**tis/Appendizitis (= die Wurmfortsatzentzündung),
  - **Cae**cum/Zäkum (= der Blinddarm),
  - **Coe**cum/Zökum (= der Blinddarm) (Anm.: beide Varianten sind zulässig),
  - **Cy**ste/Zyste (= die Blase).
- Lateinische Ausdrücke werden **nie** auf der letzten Silbe betont (z. B. Tremor).
- Alle lateinischen Wörter mit zwei Silben werden auf **der ersten Silbe betont** (z. B. Vena, Colon).
- Die Betonung hängt von der **Länge oder Kürze des Vokals in der vorletzten Silbe ab** (z. B. Tumor, Cauda).
- Der Buchstabe „**V**" **wird als „W"** ausgesprochen (z. B. Vena).

Vorsilben

In der Terminologie werden häufig Vorsilben (= Präfixe) verwendet. Diese werden bei Wortbildungen dem Wortstamm vorangestellt. Es ist wichtig, eine Reihe von Präfixen zu kennen, dies erleichtert das Verständnis von anatomischen und klinischen Begriffen. Nachstehend finden sich einige Präfixe mit deutscher Übersetzung und Beispiel:

Tab. 3: **Präfixe**

Präfix	Bedeutung	Beispiel
a-/ab-	weg, von	**Ab**duktion = Wegführen eines Körperteils von der Körpermitte
a-/an-	ohne, nicht	**A**sphyxie = drohender Erstickungstod des Neugeborenen
ante-	vor, vorher	**Ante**version = das Anheben des Arms nach vorne
anti-	gegen	**Anti**dot = Gegenmittel gegen ein Gift
auto-	selbst	**auto**gen = aus dem Körper entstanden
bi-	zweifach	**Bi**ceps = zweiköpfiger Armmuskel
brady-	langsam, verlangsamt	**Brady**kinesie = Verlangsamung der Bewegungsabläufe
circum-	um, herum, rundherum	**Circum**cision = Beschneidung
de-	von ... weg, ab	**De**pendenz = Abhängigkeit
di-	zweimal, doppelt	**Di**saccharide = Kohlenhydrate aus 2 verbundenen Monosacchariden
dia-	durch, hindurch	**dia**plazentar = plazentadurchgängig
dis-	auseinander, zwischen, hinweg	**Dis**lokation = Lageveränderung
dys-	Störung	**Dys**pnoe = Atemnot
ex-, e-	aus, heraus	**Ex**plantation = Entnahme eines Organs
en-, em-	innen, hinein, hin	**en**dogen = im Körper entstanden
epi-	auf, darauf	**Epi**gastrium = die Oberbauchgegend
eu-	normal, typisch, gut, schön	**Eu**pnoe = normale Atmung
hemi-	halb	**Hemi**parese = Halbseitenlähmung
semi-	halb	**semi**lunaris = halbmondförmig
hetero-	verschieden, anders	**hetero**gene Gruppe = unterschiedliche Gruppe
homo-	gleich, ähnlich	**Homo**sexualität = gleichgeschlechtliche Liebe
hyper-	über, mehr, hinaus	**Hyper**tonie = Bluthochdruck
hypo-	unter, minder, darunter	**Hypo**thyreose = Schilddrüsenunterfunktion
im-, in-	in, ein, darin, hinein	**Im**plantation = Einpflanzung von Fremdteilen in den Körper
inter-	zwischen, unter, zusammen	**Inter**stitium = Zwischenraum zwischen den Organen
intra-	innerhalb, innen	**intra**muskulär = in den Muskel hinein
iso-	gleich	**iso**morph = gleichgestaltig
makro-	lang, groß, weit	**Makro**phagen = große Fresszellen
mega-	vergrößert, groß, weit	**Mega**kalikose = Erweiterung der Nierenkelche
mikro-	klein, kurz	**mikro**skopisch = unter einem Mikroskop sichtbar
neo-	neu	**Neo**logismus = Wortneubildung (pathologisch)
para-	neben, bei	**para**neural = neben den Nerven liegend
per-	durch, hindurch	**per**kutan = durch die Haut

peri-	herum, bei, ringsum	**Peri**arthritis = Entzündung des ein Gelenk umgebenden Gewebes
oligo-	wenig, gering	**Oligo**menorrhoe = zu seltene Regelblutung
poly-	viel	**Poly**urie = vermehrte Harnausscheidung
post-	nach	**post**operativ = nach der Operation
prä-	vor	**prä**operativ = vor der Operation
pro-	für, vor	**Pro**gnose = Vorhersage
pseudo-	falsch, unwahr, vorgetäuscht	**Pseudo**menstruation = menstruationsähnliche Blutung, die durch Östrogenabfall zustande kommt
re-	zurück, wieder	**Re**animation = Wiederbelebung
sub-	unter	**sub**lingual = unter der Zunge
supra-	über, oberhalb von	**supra**renal = über der Niere liegend

Nachsilben

Neben den Vorsilben werden in der Terminologie auch Nachsilben (= Suffixe) verwendet. Diese werden dem Wortstamm nachgestellt. In der nachfolgenden Tabelle sind einige Suffixe, deren Bedeutung und ein Beispiel angeführt (vgl. Aiglesberger 2017, S. 12–18).

Tab. 4: **Suffixe**

Suffix	Bedeutung	Beispiel
-algie	-schmerz	My**algie** = Muskelschmerz
-ektomie	-ausschneiden	Splen**ektomie** = Milzentfernung
-itis	-entzündung	Appendiz**itis** = Wurmfortsatzentzündung
-logie	-lehre, -heilkunde	Pulmo**logie** = Lungenheilkunde
-manie	-trieb, -wahn	Lype**manie** = zwanghafte Traurigkeit
-penie	-armut	Leuko**penie** = Verminderung der weißen Blutkörperchen
-plasie	-bildung	Dys**plasie** = Fehlbildung, Fehlentwicklung
-philie	-freundlichkeit, Neigung zu	Podo**philie** = sexuelle Neigung zu Füßen
-phobie	-furcht	Arachno**phobie** = Spinnenangst
-plegie	-lähmung	Para**plegie** = vollständige Lähmung der Extremitäten
-rhoe	-fluss	Diar**rhoe** = Durchfall
-stenose	-verengung, Enge	Mitral**stenose** = Verengung der Mitralklappe
-stomie	-lochbildung	Tracheo**stomie** = künstliche Verbindung der Luftröhre nach außen
-tomie	-schnitt	Laparo**tomie** = Bauchschnitt
-trophie	-ernährung	A**trophie** = Abmagerung infolge einer Ernährungsstörung
-trop	auf etwas wirkend	neuro**trop** = auf Nerven wirkend
-pathie	-leiden	Hepato**pathie** = Leberleiden
-skopie	-schauen	Gastro**skopie** = In-den-Magen-Schauen

Anatomische Richtungsbezeichnungen

Die Richtungsbezeichnungen dienen in der Anatomie zur Beschreibung einzelner Strukturen. Zu den anatomischen Hauptrichtungen zählen:

kranial = kopfwärts

kaudal = steißbeinwärts

ventral = bauchwärts

dorsal = rückenwärts

dexter = rechts

sinister = links

anterior = vorn

posterior = hinten

proximal = näher zum Rumpf

distal = weiter vom Rumpf entfernt

medial = zur Mittelebene hin

lateral = seitlich

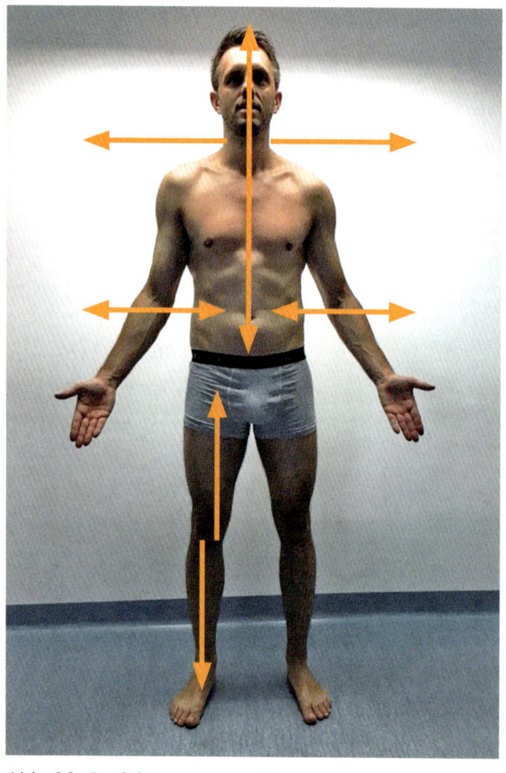

Abb. 20: **Ansicht von vorne (frontal)**

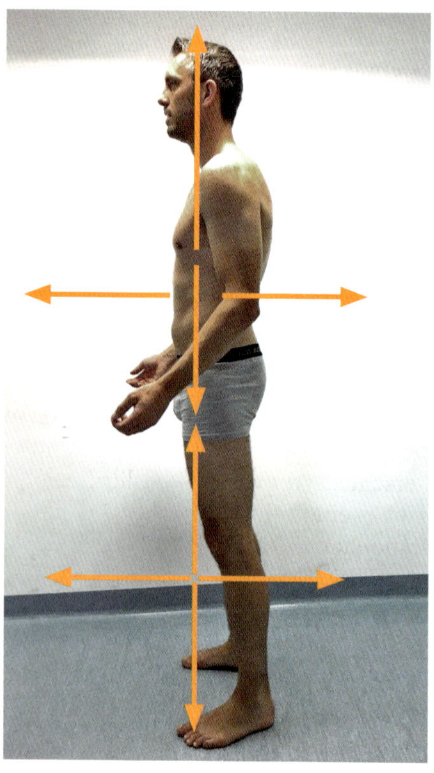

Abb. 21: **Ansicht von der Seite (lateral)**

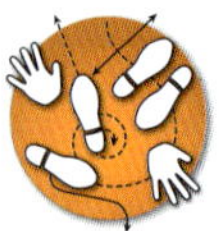

Aufgabe: Auf den beiden Abbildungen sehen Sie die **Ansicht eines Menschen von vorne** (frontal) und **von der Seite** (lateral). Versuchen Sie die Richtungsbezeichnungen korrekt einzutragen (jeweils am Ende des Pfeils).

Grundlagen der Pharmakologie

Allgemeines

Die Lehre von den Arzneimitteln wird in der Fachsprache als Pharmakologie bezeichnet, sie beschäftigt sich mit der Erforschung der Wirkung von Arzneimitteln auf den lebenden Organismus. Ein Arzneimittel wird synonym als Medikament bzw. Pharmakon bezeichnet (vgl. Kogler 2016, S. 13, 2009, S. 11).

Die Pharmakologie unterteilt sich in zwei Bereiche (vgl. Lauster et al. 2014, S. 626):

- Die **Pharmakokinetik** ist die Lehre von der Freisetzung, der Resorption, der Verteilung, der Verstoffwechselung und der Ausscheidung eines Arzneistoffes. Leitfrage: Was macht der Körper mit dem Arzneistoff?
- Die **Pharmakodynamik** ist die Lehre von der Wirkung von Arzneistoffen. Diese Lehre beinhaltet erwünschte wie auch unerwünschte Wirkungen eines Arzneistoffes auf den Organismus. Leitfrage: Was macht die Substanz mit dem Körper?

Arzneimittel bestehen aus einem oder mehreren **Wirkstoffen**. Der Wirkstoff ist jener Inhaltstoff eines Arzneimittels, der die Erkrankung oder die Symptome beeinflusst. Darüber hinaus befinden sich aber auch **Hilfsstoffe** (z. B. Stärke, Zucker, Alkohole, Fette, Öle) in einem Arzneimittel. Diese dienen der Konservierung, der Aromatisierung, der Färbung oder der Steuerung des Wirkungseintritts.

Scheinmedikamente, sogenannte **Placebos**, besitzen keine Wirkstoffe. Sie sehen aber „echten" Arzneimitteln täuschend ähnlich. Interessant ist der Umstand, dass auch Placebos Wirkungen entfalten können. Hier muss zwischen den erwünschten Wirkungen (= Placebo-Effekt) und den unerwünschten Wirkungen (= Nocebo-Effekt) unterscheiden werden (vgl. Lauster et al. 2014, S. 626).

Werden von Pharmaunternehmen Medikamente entwickelt, so unterliegen diese einem Patentschutz, der in der Regel 20 Jahre andauert. Nach dieser Zeit können von anderen Unternehmen Nachfolgeprodukte erzeugt werden. Diese werden als **Generika** bezeichnet. Generika sind wirkstoffgleiche Kopien eines bereits unter einem Markennamen auf dem Markt befindlichen Medikaments. Zu den bekanntesten Generika gehören acetylsalicylsäurehaltige Präparate: Ursprünglich entwickelte die Firma Bayer verschiedene Arzneiformulierungen unter dem Handelsnamen Aspirin®, mittlerweile gibt es eine Vielzahl von Generika, wie beispielsweise ASS-Ratiopharm® von der Firma Ratiopharm. Diese Arzneimittel können preiswerter abgegeben werden, da Forschungs- und Entwicklungskosten entfallen (vgl. Kogler 2016, S. 13, 2009, S. 11).

Generika wie auch Originalpräparate unterliegen in Österreich dem **Arzneimittelgesetz**. Dieses regelt die Herstellung und den Verkehr der Arzneimittel. Im täglichen Gebrauch sind vor allem die Vorschriften zur Verschreibung bzw. Abgabe von Bedeutung. Es gibt folgende Abgabearten:

- Frei verkäufliche Arzneimittel: sind in Apotheken, Drogerien und teilweise auch in Supermärkten erhältlich, z. B. Tees
- Apothekenpflichtige Arzneimittel: dürfen nur in Apotheken verkauft werden, z. B. Abführmittel
- Verschreibungspflichtige Arzneimittel: werden nur mit einer Rezeptvorlage (schriftliche ärztliche Verordnung) abgegeben, z. B. Antibiotika (vgl. Lauster et al. 2014, S. 626)

Die Tätigkeitsbereiche der Pflegeassistenz im Rahmen der Verabreichung von Arzneimitteln sind im GuKG (1997, §83) geregelt. Im Rahmen der Mitwirkung bei Diagnostik und Therapie dürfen nur nach einer schriftlichen ärztlichen Anordnung und unter Aufsicht von Ärztinnen und Ärzten oder Angehörigen des gehobenen Dienstes für Gesundheits- und Krankenpflege folgende Tätigkeiten durchgeführt werden:

- Verabreichung von lokal, transdermal sowie über Gastrointestinal- und/oder Respirationstrakt zu verabreichenden Arzneimitteln,
- Verabreichung von subkutanen Insulininjektionen und subkutanen Injektionen von blutgerinnungshemmenden Arzneimitteln (vgl. §83 GuKG 1997).

Aufbewahrung und Lagerung von Arzneimitteln

Arzneimittel sind teilweise sehr empfindliche Produkte. Feuchtigkeit, falsche Lagertemperaturen, UV-Licht oder eine unsachgemäße Entnahme können ihre Qualität beeinträchtigen. Nur durch eine korrekte und ordnungsgemäße Aufbewahrung können Fehler in der Vorbereitung und der Verabreichung von Medikamenten verhindert werden. Aus diesem Grund müssen die Arzneimittel übersichtlich geordnet aufbewahrt und Lagerungshinweise beachtet werden. Im Krankenhaus oder Alten- und Pflegeheim gibt es bereits vorgegebene Aufbewahrungsorte.

Medikamentenschrank

Oftmals werden im Krankenhaus oder im Alten- und Pflegeheim Medikamente zur oralen Verabreichung, Ampullen zur parenteralen Anwendung und Zäpfchen zur rektalen oder vaginalen Applikation im Medikamentenschrank getrennt gelagert (= Lagerung nach Applikationsart). Innerhalb der jeweiligen Gruppe findet sich dann eine alphabetische Reihung. Neben der Lagerung nach der Applikationsart und der alphabetischen Reihung gibt es noch die Lagerung nach der Indikation. Hierbei werden Medikamente entsprechend ihres Anwendungsgebietes gelagert.

Neben der Ordnung gibt es aber noch weitere Aspekte im Umgang mit dem Medikamentenschrank, die zu beachten sind:

- Die Lagerung der Arzneimittel erfolgt in einem abschließbaren Schrank (nur Befugte haben einen Zutritt).
- Eine monatliche Reinigung sollte angedacht werden. Dabei können die Ablaufdaten kontrolliert werden.
- Die Vorräte an Arzneimitteln sollen zweckgebunden sein.
- Nur eine Packung eines Medikaments darf angebrochen werden (ev. kann die angebrochene Packung gekennzeichnet werden).
- Nasen-, Augen- und Ohrentropfen bzw. Durchstichampullen werden mit einem Anbruchdatum versehen.
- Neu gelieferte Medikamente werden hinter den „alten" einsortiert. Arzneimittel, die keine Verwendung mehr finden oder kurz vor dem Verfallsdatum stehen, werden an die Apotheke zurückgegeben.
- Medikamente dürfen nicht umgefüllt werden (Verwechslungsgefahr). Auch dürfen Packungsinhalte nicht vermischt werden.
- Im Alten- und Pflegeheim werden Medikamente häufig bewohnerInnenbezogen im Medikamentenschrank aufbewahrt.

Medikamentenkühlschrank

Einige Medikamente dürften nur im Kühlschrank gelagert werden. Folgende Aspekte sind dabei zu berücksichtigen:

- Im Medikamentenkühlschrank dürfen ausschließlich Arzneimittel gelagert werden (keine Nahrungsmittel).
- Ein geeichtes Thermometer muss sich im Kühlschrank befinden (2–8° C).
- Die Temperatur muss zweimal täglich kontrolliert und protokolliert werden (EU-Vorschrift).

„Suchtgiftschrank"

Medikamente, die dem Suchtmittelgesetz unterliegen (z. B. Opiate), werden getrennt von den anderen Arzneimitteln verschlossen aufbewahrt. Folgende Spezifika müssen im Umgang mit Suchtmitteln berücksichtigt werden (vgl. Kogler 2009, S. 28–29, 2016, S. 33–36, Lauster et al. 2014, S. 630):

- Der Suchtgiftschrank muss extra verschließbar sein.
- Der Schlüssel wird von einer verantwortlichen Person am Körper getragen.
- Die Übernahme des Schlüssels (z. B. Dienstübergabe) wird mit einer Unterschrift bestätigt. Bei dieser Übernahme wird auch der Bestand kontrolliert.
- Jedes Medikament, das entnommen wird, muss im „Suchtgiftbuch" vermerkt werden (Datum der Verabreichung, Name der Patientin oder des Patienten, Art und Dosierung des Medikaments, Anwendungsform, Name und Unterschrift des anordnenden Arztes bzw. der anordnenden Ärztin, Unterschrift der Pflegeperson).
- Zerbrochene Ampullen müssen ebenfalls vermerkt werden.

Lagerungshinweise

Arzneimittel weisen grundsätzlich eine lange, aber nicht unbegrenzte Haltbarkeit auf. Eine korrekte Lagerung verhindert Verfärbungen, Konsistenzveränderungen, Beimengungen in Flüssigkeiten (z. B. Trübung) oder Geruchsveränderungen. Lagerungshinweise sind in der Packungsbeilage und/oder der Arzneimittelpackung ersichtlich.

Der Großteil der Medikamente kann bei **Zimmertemperatur** (15–25° C) gelagert werden. Wie bereits erwähnt, müssen einige Arzneimittel im **Kühlschrank** gelagert werden (z. B. Impfstoffe). Spezielle Arzneien wie bspw. Fresh Frozen Plasma bedürften der **Tiefkühlung**.

Lichtempfindliche Medikamente weisen auf der Packungsbeilage und/oder der Arzneimittelpackung den Hinweis „Vor Licht schützen" oder „Lichtempfindlich" auf. Daher müssen diese Arzneien in der Originalverpackung aufbewahrt werden. Lichtempfindliche Flüssigkeiten werden meist in Flaschen aus braunem Glas gelagert. Bei Infusionen ist in der Packung eine Lichtschutztüte beigelegt (oftmals auch eine eigene Spritze). Lichtempfindliche Medikamente werden unmittelbar vor der Verabreichung zubereitet.

Alkohol oder Äther zählen zu den **feuergefährlichen Stoffen** (ein Flammensymbol ist auf dem Etikett bzw. auf der Verpackung abgebildet). Die Lagerung unter direkter Sonneneinstrahlung oder in der Nähe von Heizungen ist aufgrund der Explosionsgefahr nicht zulässig. Feuergefährliche Stoffe werden in verschließbaren und bruchsicheren Behältern aufbewahrt (vgl. Kogler 2009, S. 29–31, 2016, S. 34, Lauster et al. 2014, S. 630–631).

Vorbereitung von Medikamenten

Nach der Medikamentenverordnung durch eine Ärztin oder einen Arzt erfolgt das Richten der Arzneimittel bspw. durch Angehörige des gehobenen Dienstes für Gesundheits- und Krankenpflege. Medikamente werden meist einmal täglich für alle PatientInnen einer Station bzw. Abteilung gerichtet. Bei oralen Medikamenten wird ein personifizierter Medikamentendispenser für die Vorbereitung verwendet.

Die Vorbereitung von Medikamenten sollte zu einer ruhigen Zeit bzw. an einem ruhigen Ort durchgeführt werden. Leider ist dies im hektischen Alltag eines Stationsbetriebs nicht immer möglich. Aus diesem Grund gibt es zur Vermeidung von Fehlern die **5-R-Regel**. Diese Regel ist eine Merkhilfe zur Kontrolle der richtigen Ausgabe und Applikation:

- Richtige/r PatientIn
- Richtiges Medikament
- Richtige Dosierung
- Richtiger Zeitpunkt
- Richtige Verabreichung

Eine korrekte Ausgabe funktioniert nicht ohne eine sorgfältige Dokumentation. Aus diesem Grund wird die 5R-Regel zu einer 6R-Regel. Das letzte R steht für die Dokumentation.

Neben der 5- bzw. 6-R-Regel gibt es noch allgemeine Grundregeln für das Vorbereiten von Arzneimitteln (vgl. Lauster et al. 2014, S. 631):

- Eine Händedesinfektion ist vor jedem Umgang notwendig.
- Ältere Arzneimittel müssen zuerst verbraucht werden.
- Arzneimittel müssen auf ihren Zustand (Geruch, Farbe, ...) kontrolliert werden.
- Medikamente sollen nicht mit der Hand berührt werden (Tupfer bzw. Einmalhandschuhe verwenden).
- Arzneimittel müssen immer in die Originalverpackung zurückgestellt werden.

Verabreichung von Medikamenten

Die Ärztin oder der Arzt informiert die PatientInnen bei der Verschreibung über den Wirkungsmechanismus der Medikamente. Trotzdem müssen Pflegepersonen bei der Verabreichung von Medikamenten stets über die Indikation, die Wirkung, die Nebenwirkungen und die richtige Einnahme Bescheid wissen. Häufig kommt es vor, dass PatientInnen Fragen zur Medikation haben. Je besser diese informiert sind, desto besser ist ihre Akzeptanz und Mithilfe. PatientInnen dürfen zur Medikamenteneinnahme niemals gezwungen werden!

Schon beim Austeilen der Medikationen weisen Pflegepersonen auf Besonderheiten der Arzneimitteleinahme (z. B. eine halbe Stunde vor der Mahlzeit) oder auf Umstellungen hin. Eine zuverlässige Einnahme muss immer gewährleistet sein. Ist dies nicht der Fall, bleibt die Pflegeperson bei der Einnahme bei der Patientin oder dem Patienten (vgl. Lauster et al. 2014, S. 630).

Medikamente werden aber nicht ausschließlich oral mit einem Schluck Wasser verabreicht. Neben der oralen Anwendung (z. B. mit Tabletten) gibt es die rektale bzw. vaginale Anwendung (z. B. mit Zäpfchen), die perkutane Anwendung (z. B. mit Salben) und die parenterale Anwendung (z. B. eine intravenöse Injektion). Welche Applikationsform gewählt wird, ist vom Wirkstoff, dem gewünschten Wirkort und dem Zustand bzw. Wunsch der Patientin oder des Patienten abhängig.

Orale Anwendung

Durch die relativ einfache Handhabung zählt die orale Applikation zur häufigsten Art der Verabreichung. Die Aufnahme des Medikamentes erfolgt durch den Mund (peroral). Die Resorption, die Wirkung und die Verträglichkeit können durch den Zeitpunkt der Verabreichung beeinflusst werden.

In der Regel werden orale Arzneimittel zu den Mahlzeiten eingenommen. Eine frühere Einnahme (z. B. eine halbe Stunde vor dem Essen) führt zu einer schnelleren Resorption. Bei manchen Arzneimitteln müssen aufgrund ihrer Wirkung spezielle Verabreichungszeiten eingehalten werden (z. B. bei Antibiotika). Medikamente und Nahrungsmittel können sich gegenseitig hemmen.

Feste Arzneimittel unterliegen zu einem Großteil der oralen Applikation:

- **Tabletten** (z. B. Thyrex®) enthalten eine Einzeldosis eines oder mehrerer Arzneistoffe. Durch Bruchlinien auf der Tablette lässt sich die Dosis leicht teilen. Tabletten werden in aufrechter Körperhaltung mit ausreichend Flüssigkeit verabreicht. Ein Mörser kann zum Zerkleinern eingesetzt werden.
- **Brausetabletten** (z. B. Ascorbisal® Brausetabletten) lösen sich im Wasser vollständig auf. Durch eine rasche Resorption (der Wirkstoff ist im Magen schon gelöst) tritt die Wirkung meist schneller ein.
- **Lutschtabletten** (z. B. Halset® Lutschtabletten) zergehen im Mund langsam. Im Anschluss sollte nicht sofort gegessen oder getrunken werden (die lokale Wirkung soll anhalten).
- **Kautabletten** (z. B. Aspirin® 500 mg Kautabletten) werden zerbissen und dann geschluckt. Der Vorteil liegt in der praktischen Einnahme sowie in der schnellen Wirksamkeit.
- **Quick-solve-Tabletten** (z. B. Imodium® akut 2 mg Schmelztabletten) werden nur in den Mund gelegt. Unter der Einwirkung von Speichel oder Wasser lösen sie sich auf. Wichtig: Diese Art von Tablette darf nur mit trockenen Händen aus der Verpackung genommen werden.
- Bei **Sublingualtabletten** (z. B. Subutex® Sublingualtabletten) wird der Wirkstoff über die Mundschleimhaut aufgenommen. Diese Tabletten werden unter die Zunge gelegt.
- **Depot- oder Retardtabletten** (z. B. Voltaren® 100 mg retard) dürfen niemals zerkleinert oder aufgelöst werden. Diese Art von Tablette setzt den Wirkstoff über eine längere Zeit gleichmäßig frei.
- **Dragees oder Filmtabletten** (z. B. Parkemed® 500 mg Filmtabletten) sind mit einem Überzug versehen. Dadurch kann ein unangenehmer Geruch überdeckt werden. Darüber hinaus ist auch der Wirkstoff besser geschützt (z. B. durch Sauerstoff) und ein magensaftbeständiger Überzug schützt vor Magenreizungen oder einer zu frühen Resorption.
- **Kapseln** (z. B. Lasix® retard Kapseln) dürfen niemals geöffnet werden. Der Wirkstoff ist in einer Hart- oder Weichgelatinekapsel eingebettet. Oftmals ist die Hülle magensaftbeständig.
- Bei **Zerbeißkapseln** (z. B. Nitrolingual® Kapsel) wird der Wirkstoff über die Mundschleimhaut resorbiert (rasche Wirkung). Die Kapseln müssen im Mund zerbissen werden (dadurch kann sich der Inhalt der Kapsel in der Mundhöhle verteilen).

- Ein **Pulver** (z. B. Kalioral Fresenius® Pulver) ist eine sehr fein zerkleinerte feste Substanz. Die Applikation erfolgt meist lokal durch Auftragen auf die Haut (z. B. Puder). Seltener ist die orale Verabreichung.
- **Granulate** (z. B. Magnesium Verla® 300 mg Granulat) sind grobkörnig zerkleinerte feste Substanzen. Eine genaue Dosierung ist daher schwierig.
- **Tees** (z. B. Uropurat-Tee) enthalten getrocknete und zerkleinerte Pflanzenteile.
- Beachte: **Suppositorien bzw. Zäpfchen** werden zur rektalen oder vaginalen Gabe von Medikamenten verwendet, zählen jedoch zu den festen Arzneimitteln.

Flüssige Arzneimittel unterliegen ebenfalls zu einem Großteil einer oralen Applikation:

- Bei **Tropfen** oder Lösungen ist der Arzneistoff in Wasser und/oder Äthanol gelöst. Die gelösten Stoffe werden vom Körper schnell aufgenommen (1 ml wässrige Lösung = 20 Tropfen). Hinweis: Wässrige und nicht konservierte Lösungen haben eine sehr kurze Haltbarkeit und können leicht verderben (z. B. durch Bakterien). Äthanol ist für Kinder und Alkoholkranke nicht geeignet.
- Eine **Oralsuspension** (z. B. Ospamox® Granulat) muss vor der Verwendung sehr gut geschüttelt werden. Dadurch wird ein fester Wirkstoff in einer Flüssigkeit aufgeschwemmt.
- Eine **Tinktur** (z. B. Myzotect® Tinktur) ist ein alkoholischer Auszug aus pflanzlichen oder tierischen Stoffen.
- Bei einem **Sirup** (z. B. Tussamag® Hustensaft) handelt es sich um einen Arzneistoff oder Pflanzenauszug, der mit einer stark zuckerhalten Flüssigkeit vermischt wird.

Beachte: Mischungen zweier nicht ineinander löslicher Flüssigkeiten werden als **Emulsion** bezeichnet. Unterschieden werden Öl-in-Wasser- und Wasser-in-Öl-Emulsionen. Die Applikation erfolgt zu einem großen Teil kutan.

Aerosole zählen zu den **gasförmigen Arzneiformen**. Der Wirkstoff gelangt je nach Größe der Teilchen in die Bronchien bzw. in die Lungenbläschen (Alveolen). Aerosole gelangen durch eine Inhalation an ihren Wirkort. Die gasförmige Arzneiform wird **peroral** verabreicht. Dazu muss die Patientin oder der Patient tief ausatmen, das Mundstück in den Mund führen und mit den Lippen fest umschließen. Während der Einatmung wird Druck auf den Kanister ausgeübt. Dadurch wird das Medikament freigesetzt. Für eine optimale Verteilung muss die Luft ca. 5 Sekunden lang angehalten werden. Danach kann normal weitergeatmet werden.

Rektale bzw. vaginale Anwendung

Suppositorien bzw. Zäpfchen sind Arzneizubereitungen, die zum Einführen in den Enddarm oder in die Scheide bestimmt sind. Durch die Körpertemperatur schmilzt die Trägersubstanz und der Wirkstoff wird frei. Die dabei auftretende Wirkung kann lokal (z. B. Hämorrhoidal-Zäpfchen) oder aber auch systemisch auftreten (z. B. Analgetika). Hinweis: Zäpfchen mit einem niedrigen Schmelzpunkt müssen im Medikamentenkühlschrank gelagert werden.

Rektale Applikationen eignen sich zur Schonung des Magen-Darm-Traktes. Die Anwendung bei PatientInnen mit Schluckstörungen oder Kindern spricht ebenfalls für diese Art der Applikation. Vaginale Applikationen sollen möglichst tief in die Scheide eingeführt werden. Zu empfehlen ist die Applikation vor dem Schlafen, da die Patientin nicht mehr aufstehen soll.

Bestimmte Feste und flüssige Arzneimittel werden rektal bzw. vaginal verabreicht:

- **Suppositorien bzw. Zäpfchen** zählen zu den festen Arzneimitteln (z. B. Dulcolax® Zäpfchen).
- **Klistiere und Rektiolien** (Miniklistiere) sind flüssige Zubereitungen für die Verabreichung im Enddarm (z. B. Stesolid® 10 mg Rektaltuben).

Perkutane Anwendung

Bei einer perkutanen Anwendung gelangt der Wirkstoff über die Haut in den Organismus. Die Anwendung erfolgt großteils lokal, da die enthaltenen Wirkstoffe in der Regel nur die obere Hautschicht erreichen. Zum Selbstschutz sollten beim Auftragen von halbfesten Arzneimitteln Handschuhe getragen werden.

Halbfeste Arzneimittel unterliegen zum Großteil der perkutanen Applikation:

- **Salben** (z. B. Ilon® Wundpflege-Salbe) enthalten eine Fettbasis und weisen im Vergleich zu Cremes einen geringeren Wasseranteil auf (die Streichfähigkeit ist nicht sehr gut).
- **Cremes** (z. B. SebaMed® Creme) enthalten ebenfalls eine Fettbasis. Im Vergleich zu Salben ist aber der Wasseranteil höher, Cremes sind daher streichfähiger. Oftmals gibt es eine Salbe und eine Creme mit demselben Wirkstoff.
- **Lotionen** (z. B. Eucerin® Lotion) sind sehr stark mit Wasser oder anderen Flüssigkeiten verdünnt.
- Eine **Paste** (z. B. Zinkpaste) ist eine relativ feste Salbe, die einen hohen Pulveranteil aufweist.
- **Gele** (z. B. Voltaren® Schmerzgel) enthalten eine Wasserbasis. Nach der Anwendung verdunstet das Wasser und die Haut wird dabei gekühlt. Nach der Trocknung sorgt ein sogenannter Gelbildner für einen Film auf der Haut.

Transdermale therapeutische Systeme (TTS) sind mehrschichtige und wirkstoffhaltige Pflaster, die ihren Wirkstoff gleichmäßig abgeben (z. B. Nitroderm® TTS 10 mg/24 h Depotpflaster). Der Wirkstoff durchdringt die Haut (perkutan) und gelangt dadurch in die Blutbahn. Einige Präparate geben den Wirkstoff in einer Depotform ab. Sofort nach der Entnahme aus der Schutzfolie werden die TTS aufgeklebt (etwa 10 Sekunden mit der Handfläche anpressen). Sie dürfen nur auf intakte Haut geklebt werden. Optional muss die Haut im Vorfeld gereinigt, getrocknet, enthaart bzw. entfettet werden. Eine Hautstelle soll nicht zweimal hintereinander beklebt werden (Hautirritation).

Parenterale Anwendung

Bei der parenteralen Applikation werden Arzneistoffe unter Umgehung des Magen-Darm-Traktes verabreicht. Medikamente, die direkt in die Blutbahn verabreicht werden, zeigen den schnellsten Wirkungseintritt. Zur parenteralen Verabreichung zählen (vgl. Kogler 2016, S. 14–20, 39–44, Lauster et al. 2014, S. 628–629):

- **Intravenöse Injektion (i. v.)**: Der Wirkstoff wird direkt in die Blutbahn befördert. Der Wirkungseintritt ist sehr rasch (z. B. Hypnotika).
- **Intramuskuläre Injektion (i. m.)**: Der Wirkstoff wird direkt in einen Muskel gespritzt (z. B. Impfungen).
- **Subkutane Injektion (s. c.)**: Hierbei wird der Wirkstoff in das Unterhautfettgewebe gespritzt (z. B. Insulin).

- **Intrakutane Injektion:** Bei dieser Art der Injektion werden kleine Mengen von Arzneimittel in die oberste Hautschicht gespritzt (z. B. Lokalanästhetikum).
- **Intravenöse Infusion:** Über das venöse Gefäßsystem gelangt eine spezielle Lösung in die Blutbahn. Diese Infusionslösungen müssen absolut steril sein.

Merke: Bei der enteralen Applikation werden Arzneimittel dem Verdauungstrakt oral, sublingual oder rektal zugeführt.

Häufige Nebenwirkungen

Wie bereits erwähnt, besteht ein Arzneimittel aus einem oder mehreren Wirkstoffen. Diese erzielen die beabsichtigte **Hauptwirkung** (z. B. verhindert der Wirkstoff des Antibiotikums die Vermehrung und das Weiterleben der Bakterien = Hauptwirkung). Oftmals wird die Hauptwirkung aber von einer oder mehreren **Nebenwirkungen** begleitet (z. B. durch die Einnahme von einem Antibiotikum kommt es zu Magen-Darm-Beschwerden). Eine Nebenwirkung ist demnach eine Wirkung, die neben der beabsichtigten Wirkung auftritt.

In jeder Arzneimittelpackung muss sich ein Beipacktext befinden. Darin sind neben dem Wirkstoff, der Zusammensetzung, der Arzneiform, dem Hersteller, der Eigenschaft und Wirksamkeit, dem Anwendungsgebiet, der Art der Anwendung, der Dosierung, den Gegenanzeigen, den Wechselwirkungen, den Gewöhnungseffekten, der Überdosierung und den Warnhinweisen auch die **Nebenwirkungen** und Häufigkeitsangaben von Nebenwirkungen angegeben.

Zu beachten ist, dass ein Arzneimittel individuell sehr verschiedene Nebenwirkungen hervorrufen kann. Nebenwirkungen können sich auch bei richtiger Dosierung zeigen. Häufig zeigen sich Nebenwirkungen (vgl. Kogler 2016, S. 26):

- im **Magen-Darm-Trakt** (z. B. Schädigung der Schleimhaut --> Geschwüre, Schädigung der Darmflora --> Durchfälle, Verstopfung)
- im **Zentralnervensystem** (z. B. sedierende Wirkung, Atemdepression, Zittern, Muskelsteifheit)
- im **Herz- und Kreislaufsystem** (z. B. Bradykardie, Tachykardie, Bigeminus, Hypotonie)
- in **Niere und Leber** (z. B. Erhöhung der Leberenzyme)
- in **Blutbildveränderungen** (z. B. Leukopenie)
- an **Haut** und **Schleimhaut** (z. B. Urtikaria)

Allergische Nebenwirkungen sind unabhängig von der Menge des zugeführten Arzneistoffes. Kleinste Mengen können bspw. zu einer lebensbedrohlichen Situation führen. Der sogenannte anaphylaktische Schock stellt eine allergische Extremreaktion des Organismus dar. Hierbei verursachen Allergene (z. B. das Gift der Wespe) die massive Freisetzung von Histamin (= Botenstoff bei Entzündungsreaktionen). Dies führt zu einer schnellen Erweiterung der Blutgefäße und zu einem Zusammenziehen der glatten Muskulatur (Anm.: diese kommt bspw. in den Bronchien vor). Durch die Erweiterung der Blutgefäße fällt der Blutdruck drastisch ab. Im schlimmsten Fall kann dies ein Kreislaufversagen und den Tod zur Folge haben (vgl. Hofmann 2017).

Neben der Extremreaktion können allergische Reaktionen an unterschiedlichen Stellen im und am Körper auftreten. Betroffen können hier sein (vgl. Kogler 2016, S. 26–27):

- **Nase** (z. B. Verstopfung oder „Laufen" bzw. Jucken der Nase, erhöhter Niesreiz)
- **Augen** (z. B. Tränen und Jucken der Augen)
- **Bronchien** (z. B. asthmatische Beschwerden wie Atemnot oder hartnäckiger Husten)
- **Verdauungstrakt** (z. B. Magenbeschwerden, Völlegefühl, Blähungen, Erbrechen und Durchfall)
- **Haut** (z. B. Rötung, Quaddelbildung, Juckreiz)
- **Herz- und Kreislaufsystem** (z. B. Bradykardie, Tachykardie)

Merke: „Wenn behauptet wird, dass eine Substanz keine Nebenwirkung zeigt, so besteht der dringende Verdacht, dass sie auch keine Hauptwirkung hat." (Gustav Kuschinsky) (zit. nach Mutschler et al. 2008, S. 91)

Arzneimittelgruppen

Arzneimittel können allgemein zur **symptomatischen Therapie** (Symptome einer Erkrankung werden behandelt, nicht die Ursache; z. B. Schwindel, Übelkeit), zur **kausalen Therapie** (hierbei wird die Ursache der Erkrankung behandelt; z. B. Infektion) und zur **Substitutionstherapie** (fehlende körpereigene Substanzen werden zugeführt; z. B. Insulin) eingesetzt werden.

Neben dem therapeutischen Einsatzgebiet werden Medikamente auch nach Anwendungsgebieten oder Stoffgruppen in unterschiedliche Arzneimittelgruppen unterteilt. Zu den häufigsten Arzneimittelgruppen zählen:

- Abführmittel
- Antibakterielle Mittel
- Blutgerinnungshemmende Medikamente
- Magenwirksame Mittel
- Herz-Kreislauf-Medikamente
- Blutdrucksenkende Medikamente
- Blutdrucksteigernde Medikamente
- Harntreibende Mittel
- Psychoaktive Mittel
- Schmerzmittel

Abführmittel (Laxantien)

Abführmittel führen zu einer beschleunigten Stuhlentleerung. Ihre Indikation bezieht sich auf eine Darmentleerung vor einem operativen Eingriff oder einer Darmuntersuchung (z. B. Coloskopie). Auch kommen Laxantien bei Hämorrhoiden und Obstipation (z. B. medikamentenbedingt) zum Einsatz. Folgende Laxantien werden unterschieden:

- **Quellstoffe** (z. B. Leinsamen, Weizenkleie, indischer Flohsamen, Agaffin®) quellen unter der Aufnahme von Wasser auf und verursachen durch die Volumenvergrößerung im Darm den Stuhlentleerungsreiz. Die Einnahme muss mit viel Wasser erfolgen. Die Wirkung tritt nach 4–8 Stunden ein.

Magenwirksame Mittel

Werden im Magen zu viele Verdauungssäfte produziert, kann die Schleimhaut des Magens und des Zwölffingerdarms angegriffen werden. Eine Gastritis, ein Ulcus ventriculi (Magengeschwür), ein Ulcus duodeni (Zwölffingerdarmgeschwür) oder eine Refluxösophagitis (Speiseröhrenentzündung) können die Folge sein. Um die überschießende Säureproduktion einzudämmen, werden Protonenpumpenhemmer, Antazida, schleimhautwirksame Medikamente und Histamin-H2-Antagonisten eingesetzt:

- **Protonenpumpenhemmer** (z. B. Pariet®) blockieren ein spezifisches Enzym (Protonenpumpe) in den Belegzellen des Magens. Dadurch wird die Magensäuresekretion unterdrückt. Diese Tabletten (Dragees bzw. Filmtabletten) haben einen säureresistenten Überzug und dürfen weder zerdrückt noch zerkaut werden. Die Einnahme sollte am Morgen vor dem Essen erfolgen.
- **Antazida** (z. B. Solugastril® Magengel) wirken magensäureneutralisierend. Die Wirkung hält etwa 2 Stunden an. Die Einnahme sollte 1–2 Stunden nach dem Essen erfolgen.
- **Schleimhautwirksame Substanzen** (z. B. Ulcogant®) wirken direkt auf die Ösophagus-, Magen- und Duodenalschleimhaut. Sie schützen die Schleimhäute und erhöhen die Widerstandsfähigkeit gegen schädigende Einflüsse (z. B. Pepsin, Gallensäure, Alkohol). Bei der Einnahme von schleimhautwirksamen Arzneien wird die Resorption von Tetrazyklinen (Antibiotika), Digitalisglykosiden (Steigerung der Herzkraft), Eisen und Cumarinen vermindert. Daher ist ein Einnahmeabstand von 1–2 Stunden notwendig.
- Bei der Anwendung von **Histamin-H2-Antagonisten** (z. B. Zantac®) wird die Histaminwirkung im Magen unterdrückt. Dadurch wird die Magensäureproduktion gehemmt bzw. verhindert. Ähnlich wie bei den schleimhautwirksamen Medikamenten muss ein Einnahmeabstand von 1–2 Stunden eingehalten werden.

Herz-Kreislauf-Medikamente

Zur medikamentösen Therapie von Herz-Kreislauf-Erkrankungen setzen MedizinerInnen unterschiedliche Arzneimittelgruppen ein. Dazu zählen im engeren Sinn Herzglykoside und Nitrate. Zu den Herz-Kreislauf-Medikamenten können aber auch Antihypertensiva, Antihypotensiva und Diuretika gezählt werden.

- Durch den Einsatz von **Herzglykosiden** (z. B. Lanitop®) kommt es zu einer Steigerung der Pumpleistung des Herzens (Schlagkraft wird erhöht) bzw. zu einer Verlangsamung der Herzfrequenz. Diese Arzneimittel kommen bei einer Herzinsuffizienz und Herzrhythmusstörungen zum Einsatz (z. B. Tachykardie). Es handelt es sich um hochwirksame Medikamente, die Dosis muss exakt eingehalten werden. Daher werden regelmäßig Blutuntersuchungen durchgeführt (z. B. Digoxin- und Digitoxinspiegel). Symptome einer Überdosierung können sich in einer Bradykardie, einem Bigeminus, einer Übelkeit mit Erbrechen, einem Farbsehen oder auch einem Herzstillstand zeigen.
- **Nitrate** (z. B. Nitrolingual®-Pumpspray) werden bei Sauerstoffnot des Herzens (Angina pectoris) und bei akutem Bluthochdruck angewendet. Nitroglyzerin führt zu einer Erweiterung der peripheren Blutgefäße (dadurch wird der Blutdruck gesenkt). Bei einem akuten Angina-pectoris-Anfall werden oral Nitrokapseln oder sublingual ein Pumpspray verwendet. Bei der Langzeittherapie kommen Depotpflaster (TTS) oder Tabletten zum Einsatz. Durch die blutgefäßerweiternde Wirkung können sehr starke Kopfschmerzen auftreten. Auch ist ein Blutdruckabfall im Stehen möglich (orthostatische Hypotension). Bei einer ausgeprägten Hypotonie (systolischer Blutdruck < 90 mmHg) darf Nitroglyzerin nicht angewendet werden.

Blutdrucksenkende Medikamente (Antihypertensiva)

Wie bereits erwähnt, zählen Antihypertensiva zu den Herz-Kreislauf-Medikamenten. Sie senken jedoch ausschließlich den Blutdruck. Durch den Einsatz von Diuretika, Betablockern, ACE-Hemmern, Sartanen und Calciumantagonisten kann der Blutdruck auf unterschiedliche Weise gesenkt werden:

- **Diuretika** (z. B. Furosemid®) wirken blutdrucksenkend, da die Wasserausscheidung (Ausscheidung von Harn) gefördert wird. Dadurch nimmt die im Gefäßsystem zirkulierende Blutmenge ab und der Blutdruck sinkt.
- Durch die Einnahme von **Betablockern** (z. B. Beloc®) werden die peripheren Blutgefäße weitgestellt. Durch diese Weitstellung und die Abnahme des Gefäßwiderstands wird die Arbeitsleistung des Herzens reduziert. Der Blutdruck sinkt und der Sauerstoffverbrauch des Herzmuskels nimmt ab. Betablocker können vor allem bei DiabetikerInnen zu schweren Durchblutungsstörungen führen.
- **ACE-Hemmer** (z. B. Lopirin®) hemmen das Angiotensin-Converting-Enzym. Durch diese Enzymhemmung kommt es zu keiner Gefäßengstellung. Dadurch kann sich der Blutdruck nicht erhöhen. Ein hartnäckiger Reizhusten kann bei der Einnahme auftreten.
- Bei **Sartanen** (z. B. Diovan®) handelt es sich um eine Weiterentwicklung der ACE-Hemmer. Bei der Anwendung dieser Angiotensin-Blocker tritt der trockene Reizhusten deutlich seltener auf. Die Therapie ist momentan jedoch noch sehr kostenintensiv.
- **Calciumantagonisten** (z. B. Verapamil®) verringern den Einstrom von Calcium-Ionen ins Innere der Muskelzelle. Dadurch wird die Kontraktilität (Fähigkeit, sich zusammenzuziehen) der glatten Gefäßmuskeln herabgesetzt, die Blutgefäße erweitern sich und der Blutdruck wird gesenkt.

Kommen bei der Patientin oder dem Patienten Antihypertensiva zum Einsatz, ist eine regelmäßige Kontrolle von Blutdruck und Puls notwendig. Die Einnahme dieser Medikamente erfolgt zu oder nach den Mahlzeiten.

Blutdrucksteigernde Medikamente (Antihypotensiva)

Bei Antihypotensiva (z. B. Effortil®) handelt es sich um eine Arzneimittelgruppe, die den Blutdruck ansteigen lässt. Dabei wird der Tonus der arteriellen und venösen Gefäße erhöht sowie die Herzkraft gesteigert. Blutdrucksteigernde Medikamente kommen bei einer Hypotonie mit Symptomen wie Schwindel, Müdigkeit oder auch kalten Händen und Füßen zum Einsatz. Tropfen mit diesem Wirkstoff wirken bei der Einnahme vor dem Esser sehr schnell. Starkes Herzklopfen, Unruhe und Schwitzen zählen zu den möglichen Nebenwirkungen.

Harntreibende Mittel (Diuretika)

Diuretika (z. B. Lasix®) bewirken eine vermehrte Harnausscheidung. Harntreibende Mittel kommen bei der Entwässerung von Ödemen, zur Blutdrucksenkung, bei Herzinsuffizienz und Niereninsuffizienz zum Einsatz. Bei der Therapie mit Diuretika müssen das Körpergewicht und der Blutdruck regelmäßig kontrolliert werden. Eine Flüssigkeitsbilanz ist zu führen und eine Thromboseprophylaxe sollte angedacht werden.

Bei der vermehrten Harnausscheidung werden auch Elektrolyte ausgeschwemmt. Dadurch kann ein gefährlicher Kaliummangel auftreten. Dieser kann zu Herzrhythmusstörungen führen. Weitere Nebenwirkungen sind Muskelschwäche, Krämpfe (oft an der Wade), Erhöhung der Harnsäure, Eindickung des Blutes mit erhöhter Thromboseneigung.

Psychoaktive Mittel (Psychopharmaka)

Psychopharmaka sind Medikamente, mit denen die Stimmungslage des Menschen beeinflusst werden kann. Diese Arzneien werden zur Behandlung von psychischen Störungen eingesetzt. Die Einteilung von psychoaktiven Mitteln kann nach unterschiedlichen Gesichtspunkten vorgenommen werden. Nachfolgend werden Psychopharmaka nach ihrem klinischen Anwendungsbereich unterteilt:

- **Antidepressiva** (z. B. Saroten®) kommen bei Depressionen, bei chronischen Schmerzsyndromen und bei Panikattacken zum Einsatz. Ihre Wirkung ist antriebssteigernd, dämpfend (sedierend), stimmungsausgleichend und angstlösend (anxiolytisch). Mundtrockenheit, Schwindel, leichter Tremor, Blutdrucksenkung und verändertes Harnverhalten sind häufig angezeigte Nebenwirkungen.
- Mit **Neuroleptika** oder **Antipsychotika** (z. B. Zyprexa®) werden schwere psychische Störungen, die zu einer Veränderung der Persönlichkeit und des Erlebens führen (= Psychosen), behandelt. Zu den Symptomen von Psychosen zählen Wahnvorstellungen, Halluzinationen und abnorme Verhaltensmuster (z. B. Erregungs- und Hemmungszustände). Neuroleptika werden meist zur Langzeittherapie eingesetzt und wirken beruhigend, antipsychotisch und psychomotorisch. Zu den Nebenwirkungen zählen Dyskinesien (unwillkürliche Bewegungen), Blutbildveränderungen, Zustände der Sedierung sowie Tachykardien und Hypotonien.
- **Tranquilizer** (z. B. Lexotanil®) finden bei der Behandlung von Angst- und Unruhezuständen, als Notfallmedikation bei epileptischen Krampfanfällen und als Schlafmittel Anwendung. Diese Beruhigungsmittel kommen auch vor Operationen zum Einsatz. Sie wirken angstlösend, beruhigend, schlaffördernd, muskelentspannend und krampflösend. Die Suchtgefahr ist bei diesen Medikamenten sehr hoch. Bereits nach wenigen Wochen tritt häufig eine seelische und körperliche Abhängigkeit auf.
- **Hypnotika** sind Schlaf- und Beruhigungsmittel. Natürliche oder synthetische Schlafmittel rufen Schlaf hervor bzw. verstärken die Schlaftiefe. Pflanzliche Schlafmittel, Antihistaminika, Benzodiazepine, Nicht-Benzodiazepine und Barbiturate können zu den Hypnotika gezählt werden:
  - Bei gelegentlichen Schlafstörungen können **pflanzliche Schlafmittel** wie Baldrian, Hopfen, Johanneskraut oder Lavendel angewendet werden. Oftmals könnte der Schlaf durch eine Änderung der Lebensgewohnheiten herbeigeführt werden.
  - **Antihistaminika** (z. B. Atarax®) werden zur Behandlung von Angst- und Spannungszuständen, Schlafstörungen und allergischen Erkrankungen eingesetzt.
  - **Benzodiazepine** (z. B. Dormicum®) sind die am häufigsten verwendeten Wirkstoffe zur Behandlung von Schlafstörungen. Kurz wirksame Benzodiazepine (z. B. Halcion®) werden bei Einschlafstörungen, lang wirksame Benzodiazepine (z. B. Mogadon®) bei Durchschlafstörungen verwendet.
  - **Nicht-Benzodiazepine** (z. B. Zoldem®) zeigen eine benzodiazepinähnliche Wirkung mit einem geringeren Abhängigkeitspotenzial.
  - **Barbiturate** (z. B. Thiopental®) zählen zu den älteren Hypnotika und werden wegen ihren Nebenwirkungen (z. B. Toxizität) nicht mehr als Schlafmittel eingesetzt.

Schmerzmittel (Analgetika)

Zur Arzneimittelgruppe der Analgetika zählen Medikamente, die die Schmerzempfindung beeinflussen bzw. unterdrücken. Es handelt sich hierbei um eine sehr häufig verwendete Arzneimittelgruppe, die oftmals auch unkontrolliert und missbräuchlich eingenommen wird. Nach dem Wirkort werden zentral bzw. peripher wirkende Analgetika unterschieden:

Zentral wirkende Analgetika setzen direkt im Zentralnervensystem (Gehirn und Rückenmark) an. Sie beeinflussen bestimmte Rezeptoren (z. B. Opiatrezeptoren). Durch ihren Einsatz kommt es zu einer Dämpfung im Zentralnervensystem (Schmerzlosigkeit, Unterdrückung von Schutzreflexen, Reduktion des Atemantriebs, Beruhigung, Euphorie). Zentral wirksame Analgetika sind Morphinabkömmlinge und können Übelkeit und Erbrechen verursachen. Eine Pupillenverengung zeigt sich bei den PatientInnen. Die Suchtgefahr ist sehr hoch! Als Nebenwirkungen zeigen sich Obstipations- und Miktionsstörungen. Eine Atemdepression kann einsetzen.

Peripher wirkende Analgetika wirken in der Körperperipherie und blockieren die Schmerzweiterleitung. Ihre schmerzlindernde, fiebersenkende und entzündungshemmende Wirkung kommt bei Schmerzen, Fieber, Muskelschmerzen, Kopfschmerzen, rheumatischen Beschwerden und Entzündungen zum Einsatz (vgl. Kogler 2016, S. 53–68):

- **Salizylate** (z. B. Aspirin®) werden zur Schmerz- und Fieberbekämpfung eingesetzt. In kleineren Dosen hemmen Salizylate das Zusammenlagern von Blutplättchen.
- **Anilinderivate** (z. B. Mexalen®) wirken schmerzstillend und fiebersenkend.
- **Pyrazolderivate** (z. B. Parkemed®) wirkend fiebersenkend, analgetisch und entzündungshemmend.
- **Spasmolytika** (z. B. Buscopan® Dragees) wirken krampflösend auf die glatte Muskulatur des Magen-Darm-Traktes und der Gallen- und ableitenden Harnwege.

Hygiene

„Wenn der Mensch der Körper wäre, so gäbe es keine andere Moral als die Hygiene“.
Theodore Simon Jouffroy (1796–1842)

Hygiene wird als Gesundheitslehre verstanden (von griech. „hygieina“ = Gesundheit). Sie bezeichnet alle Maßnahmen und Bestrebungen zur Verhütung von Krankheiten, zur Erhaltung der physischen, psychischen und sozialen Gesundheit beim Einzelnen und bei der allgemeinen Bevölkerung. Die Hygiene befasst sich mit verschiedenen Teilgebieten wie Seuchenhygiene, Schulhygiene, öffentliche Gesundheitspflege, Arbeitshygiene, Umwelthygiene u. a. (vgl. Gesundheitsberichterstattung des Bundes).

Einen wesentlichen Beitrag zur Infektionsbekämpfung in Krankenhäusern leistete der Budapester Frauenarzt Ignaz Semmelweis um 1850. Damals war die Sterblichkeit der Gebärenden im Wiener Allgemeinen Krankenhaus sehr hoch. Ignaz Semmelweis erkannte, dass Ärzte schwangere Frauen bei der Untersuchung in der Klinik infizierten, weil sie vorher bei Leichen die Todesursache untersucht hatten, wodurch viele der Frauen zu Tode kamen. Er führte daraufhin die hygienische Händedesinfektion mit einer Chlorkalklösung für Ärzte und Pflegepersonal ein, wodurch die Sterblichkeit deutlich gesenkt werden konnte (vgl. Alfter et al. 2016, S. 104).

Nicht nur Semmelweis, sondern auch eine Reihe anderer Wissenschaftler und Ärzte haben sich große Verdienste bezüglich der Entdeckung von Ursachen sowie der Bekämpfung und Vermeidung der Verbreitung von Krankheiten erworben. Da wären noch anzuführen: der Biologe Louis Pasteur, der durch Erhitzen die Haltbarkeit von Lebensmitteln verlängerte sowie Impfstoffe gegen Milzbrand und Tollwut entwickelte. Sir Joseph Lister war mit Semmelweis ein Begründer der Antisepsis, er ließ während der Operation die Instrumente mit Karbolspray besprühen. Nicht vergessen werden dürfen der Arzt Robert Koch, welcher Bakterien erforschte und das Mykobakterium tuberculosis sowie den Milzbrand- und Choleraerreger entdeckte, und der Bakteriologe Alexander Fleming, dem die Menschheit das Penicillin verdankt (vgl. Handl 2014, S. 31–32).

Grundsätze zur hygienischen Arbeitsweise

Für Pflegende in Krankenanstalten, in der stationären Langzeitpflege, in Ambulanzen und diversen anderen Gesundheits- und Pflegeeinrichtungen ist die Einhaltung der hygienischen Grundprinzipien (Standards) zur Verhinderung einer Keimverschleppung von höchster Wichtigkeit. Sie achten nicht nur auf eine hygienische Arbeitsweise, sondern beraten auch PatientInnen und deren Angehörige über hygienisches Verhalten (vgl. Keller/Menche 2017, S. 139–141).

Allgemeine Grundsätze:

- Das Bett des/der Kranken ist kein Sitzplatz. Ist dies notwendig, sollte vorher ein Handtuch untergelegt werden, um eine Keimübertragung von der Kleidung auf die Bettwäsche zu vermeiden.
- Das Aufwirbeln von Staub, z. B. beim Bettenmachen, oder Luftzug durch Öffnen von Fenstern und Türen z.B. beim Verbandwechsel ist zu vermeiden (Erreger werden durch die Luft gewirbelt).
- Um das Infektionsrisiko zu minimieren, sind Topfpflanzen in Krankenhäusern nicht erlaubt (Keime in der Erde).

- Beim Arbeiten müssen reine und unreine Materialien strikt getrennt werden, z. B. Bettwäsche nicht auf den Boden werfen, sie gehört sofort in den Wäschesack, Bettschüsseln nicht am Boden abstellen und dann ins PatientInnenbett geben.
- PatientInnenbetten sind keine Lagerstätten; Verbandsmaterial, Instrumente und andere Pflegegegenstände werden auf ein Tischchen oder Tablett gestellt.
- Katheterbeutel oder Drainageflaschen dürfen nicht am Boden stehen oder am Boden streifen (Kontaminationsgefahr).
- Alle Beschäftigten sollten das Essen nur im Speisesaal oder Pausenraum einnehmen (vgl. Keller/Menche 2017, S. 139).

Hygienischer Umgang mit Wäsche im stationären Bereich:

- Die reine Wäsche wird in geschlossenen, sauberen Kästen nach Wäschestücken sortiert und vor Kontamination geschützt aufbewahrt (vgl. Kellner/Menche 2017, S. 143).
- Niemals mit benutzten Handschuhen in saubere Wäschewägen oder Schränke greifen (vgl. Sedlmayr 2015, S. 311).
- Nach Kontakt mit der Schmutzwasche müssen die Hände desinfiziert werden.
- Die Schmutzwäsche darf nicht zwischengelagert oder auf den Boden geworfen werden, sondern muss sofort in den Wäschesack gegeben werden.
- Infektiöse Wäsche gehört in spezielle, farblich gekennzeichnete Wäschesäcke.
- Die Schmutzwäsche muss täglich abtransportiert werden (vgl. Keller/Menche 2017, S. 143).

Hygienischer Umgang mit Wäsche in der ambulanten Pflege:

- Kontaminierte Schmutzwäsche soll immer nur mit Handschuhen angegriffen werden.
- Nach dem Kontakt mit der Schmutzwäsche müssen die Hände desinfiziert werden.
- Mit Blut, Stuhl oder anderen Exkrementen verunreinigte Wäsche wird vor dem Waschen in Desinfektionsmittel eingelegt (vgl. Keller/Menche 2017, S. 143).

Hygienischer Umgang mit Pflegeutensilien:

- Zu den Pflegeutensilien gehören z. B. Bettschüssel, Urinflasche, Waschschüssel, Leibstuhl, Blutdruckmessgerät. Diese Gegenstände werden in Krankenhäusern von vielen PatientInnen benutzt und müssen nach Gebrauch bzw. vor Verwendung bei einem/einer anderen PatientIn desinfiziert werden. In der Hauskrankenpflege ist eine Desinfektion nur bei Verschmutzung notwendig (vgl. Keller/Menche 2017, S. 142).
- Das im Hygieneplan vorgegebene Desinfektionsmittel muss verwendet werden. Zu beachten ist, dass die Einwirkzeit nicht unterschritten wird.
- Urinflaschen und Bettschüsseln werden in Schüsselspülern chemisch-thermisch gereinigt und desinfiziert. Auf Isolierabteilungen hat jede/r PatientIn die Pflegemittel und Utensilien im Zimmer (vgl. Sedlmayr 2015, S. 312).

Persönliche Hygiene

Eine wichtige Voraussetzung für Pflegende ist ein gepflegtes Erscheinungsbild, es ist gleichsam eine Visitenkarte. Einen generellen Standard zur Körperpflege gibt es nicht, da dieser von unterschiedlichen Faktoren, z. B. der Hitzeeinwirkung oder Schweißbildung, abhängig ist, jedoch sollte auf eine regelmäßige Reinigung des Körpers geachtet werden (vgl. Alfter et al. 2016, S. 104). Geruchsbildung, sei es durch Schweiß, Rauch, stark riechende Parfüms, Alkohol oder Speisen, welche Körpergeruch verursachen, muss unbedingt vermieden werden (vgl. Keller/Menche 2017, S. 141).

Mund- und Zahnhygiene

Mundpflege trägt wesentlich zum Wohlbefinden bei. Um Mundschleimhaut, Zahnfleisch und Zähne gesund zu erhalten, muss eine regelmäßige Mund- und Zahnhygiene mit Zahnbürste und Zahnseide durchgeführt werden, manche verwenden zusätzlich eine Munddusche. Die Zahnpflege erfolgt dreimal täglich nach den Mahlzeiten. Bei empfindlichem Zahnfleisch wird eine weiche Zahnbürste verwendet. Zur besseren Reinigung und als zusätzlicher Kariesschutz kann Zahnpaste auf die Bürste aufgetragen werden. Zur Reinigung der Zahnzwischenräume ist eine Interdentalzahnbürste oder Zahnseide nützlich. Beläge auf der Zunge werden mit einer Zungenbürste entfernt. Anschließend erfolgt das Ausspülen des Mundes mit Wasser, spezielle Mundspüllösungen mit desinfizierendem Charakter sollten nicht zu oft Verwendung finden (vgl. Keller/Menche 2017, S. 318–319).

Haarhygiene

Zu einem gepflegten Äußeren gehört auch die regelmäßige Haarwäsche. Fettes, ungepflegtes Haar wirkt sich auf das äußere Erscheinungsbild negativ aus (vgl. Alfter et al. 2016, S. 104). Bei der Tätigkeit am/an der PatientIn ist zu beachten, dass lange Haare die Schultern nicht berühren dürfen und am Arbeitsplatz zusammengebunden oder hochgesteckt werden müssen, auch längere Stirnfransen gehören zurückgesteckt. Während der Arbeit ist ein Berühren oder Zurückstreifen der Haare wegen der Kontaminationsgefahr mit Keimen zu unterlassen. Werden Kopftücher getragen, so müssen diese täglich gewechselt und bei mindestens 40° C gewaschen werden (vgl. Keller/Menche 2017, S. 141).

Nagelhygiene

Generell sind Arbeitsbereiche mit sauberen Händen und Fingernägeln zu betreten. Von der Gartenarbeit oder auf anderem Wege verunreinigte Hände und Nägel sind zuhause zu reinigen. Die Nägel sollen kurz geschnitten sein und die Fingerkuppen nicht überragen. Lange Fingernägel können Verletzungen bei PatientInnen verursachen und Handschuhe perforieren. Nagellack sollten im Gesundheitswesen arbeitende Personen nicht verwenden, da dadurch die Sauberkeit der Nägel nicht beurteilt werden kann und die Anzahl der Keime bei längerer Tragedauer steigt. Ebenso ist auf künstliche Fingernägel zu verzichten. Die Bakteriendichte ist auf künstlichen Nägeln höher, außerdem beeinträchtigen sie den Erfolg der Händehygiene (vgl. Bundesgesundheitsblatt – Gesundheitsforschung – Gesundheitsschutz 9/2016, S. 1193).

Schmuck und Piercings

Bei Schmuckstücken an Händen und Unterarmen wie Ringen, Armbändern oder Uhren lässt sich eine sachgerechte Händehygiene nicht vorschriftsmäßig durchführen. Unter den Schmuckstücken können sich vermehrt Erreger ansiedeln, welche durch Desinfektionsmittel nicht erreicht werden (vgl. Bundesgesundheitsblatt – Gesundheitsforschung – Gesundheitsschutz 9/2016, S. 1193). Daher ist das Tragen von derartigem Schmuck bei Tätigkeiten, die eine Händedesinfektion erfordern, verboten (vgl. Krauß-Adelsried/Ruf-Adelsried 2017, S. 6). Des Weiteren führt das Tragen von Ringen zu einer erhöhten Perforationshäufigkeit von Einmalhandschuhen (vgl. Bundesgesundheitsblatt – Gesundheitsforschung – Gesundheitsschutz 9/2016, S. 1193). Es besteht auch ein gewisses Verletzungsrisiko an sich selbst und bei PatientInnen. Werden Piercings getragen, ist darauf zu achten, dass die Einstichstellen gut abgeheilt sind (vgl. Keller/Menche 2017, S. 141).

Berufskleidung

Durch die Kleidung können Mikroorganismen weiterverbreitet werden. Grundsätzlich wird in Gesundheitsbereichen zwischen Privat-, Berufs- und Schutzkleidung unterschieden (vgl. Krauß-Adelsried/Ruf-Adelsried 2017, S. 13). In Kliniken ist es üblich, in gewissen Abteilungen, z. B. im Operationsbereich, Bereichskleidung zu tragen. Diese wird vom/von der DienstgeberIn zur Verfügung gestellt. Die Berufskleidung bietet einen gewissen Schutz vor Keimverschleppung. Im Regelfall wird die Berufskleidung, welche bei der Versorgung der PatientInnen getragen wird, täglich, bei Verschmutzung sofort gewechselt. Vor dem Ankleiden ist eine hygienische Händedesinfektion erforderlich.

Bei der Berufskleidung ist zu beachten:

- Sie soll bequem passen, das heißt weder einengen, noch zu groß sein.
- Sie soll in ausreichender Zahl vorhanden sein, dadurch wird rechtzeitiges Wechseln der Kleidung ermöglicht.
- Sie sollte luftdurchlässig und kurzärmelig sein.
- Es wird keine Privatkleidung über der Berufskleidung getragen (Kontaminationsgefahr).
- Gebrauchte Berufskleidung und Privatkleidung werden getrennt aufbewahrt.
- Sie soll mit hohen Temperaturen zu waschen und gut zu desinfizieren sein. In Krankenhäusern erfolgt die Reinigung durch den/die DienstgeberIn (vgl. Keller/Menche 2017, S. 142).
- Berufskleidung hat keine spezielle Schutzfunktion, daher kann sie, falls eine Kontamination ausgeschlossen werden kann, zuhause gewaschen werden (vgl. Krauß-Adelsried/Ruf-Adelsried 2017, S. 13).

Fallbeispiel: Eva hat ihren ersten Praktikumstag, sie ist sehr nervös. Da ihr kalt ist, zieht sie über die Berufskleidung einen Wollpullover mit langen Ärmeln. Außerdem riecht ihre Kleidung stark nach kaltem Rauch. Was muss Eva im Umgang mit der Berufskleidung beachten?

Bereichskleidung

Die Bereichskleidung ist für bestimmte Bereiche, wie z. B. Intensivstationen oder operative Einheiten, aus hygienischen Gründen vorgesehen. Sie ist mit Bündchen an den Ärmeln und Beinabschlüssen versehen (vgl. Keller/Menche 2017, S. 142). Je nach Bereich gibt es verschiedene Farben, z. B. ist die Bereichskleidung im Operationsbereich meist grün oder blau. Durch die farbliche Kennzeichnung lassen sich die dort arbeitenden Personen leicht zuordnen. Ein täglicher Wechsel ist Pflicht. Das Personal darf mit dieser Kleidung den Bereich nicht verlassen (vgl. Sedlmayr 2015, S. 307).

Dienstschuhe

Schuhe, welche während des Dienstes getragen werden, müssen geschlossen sein, einen guten Halt bieten und eine rutschsichere Sohle aufweisen, um die Verletzungsgefahr zu minimieren. Sie sollen bequem, pflegeleicht, abwaschbar und bei Verschmutzung leicht zu säubern sein. Bei Bedarf werden sie mit einer Wischdesinfektion behandelt. Die Reinigung sollte mindestens einmal wöchentlich erfolgen (vgl. Keller/Menche 2017, S. 142).

Persönliche Schutzausrüstung

Die persönliche Schutzausrüstung dient dem Schutz der Berufskleidung vor Kontamination mit Keimen, wie z. B. bei Kontakt mit Blut, Körpersekreten, kontaminierten Gegenständen, beim Verbandswechsel oder der Intimpflege. Des Weiteren soll sie vor schädlichen Einflüssen, wie z. B. dem Einatmen von Aerosolen oder Chemikalien, schützen. Die Schutzkleidung wird über die Berufskleidung angezogen. Bevor die Schutzkleidung angezogen wird, muss eine hygienische Händedesinfektion erfolgen.

Zur persönlichen Schutzausrüstung gehören (vgl. Keller/Menche 2017, S. 142–143):

- Schürze und Schutzkittel
- Mund-Nasenschutz
- Handschuhe
- Schutzbrillen
- Kopfhaube
- flüssigkeitsdichte Fußbekleidung

Kontaminierte Berufskleidung ist wie Schutzkleidung zu behandeln (vgl. Krauß-Adelsried/Ruf-Adelsried 2017, S. 13). Sie muss thermisch bei 95° C oder chemothermisch bei 60° C bzw. bei 40° C zu reinigen sein. Die Waschtemperatur ist jeweils vom desinfizierenden Waschmittel abhängig. Die Reinigung darf nicht zuhause erfolgen, sondern erfolgt durch den/die ArbeitgeberIn. Einmalartikel wie Mund-Nasenschutz, Einmalhandschuhe oder Einmalschürzen werden sofort nach der Anwendung entsorgt. Auf keinen Fall darf der Arbeitsbereich mit Handschuhen verlassen werden. Es dürfen mit kontaminierten Handschuhen keine Türklinken, Telefone und dergleichen angegriffen oder gar PatientInnen die Hand gegeben werden. Außerhalb des Krankenzimmers oder dem Behandlungsraum darf die Schutzkleidung nicht getragen werden (vgl. Krauß-Adelsried/Ruf-Adelsried 2017, S. 13).

Schutzkittel, Schürze

Schutzkittel und Schürzen gibt es als Mehrweg- und Einmalartikel. Schutzkittel haben an den Ärmeln einen Bund zum Schutz der Unterarme vor Kontamination. Sie werden überall dort angezogen, wo die Gefahr besteht, die Berufskleidung mit erregerhaltigem Material zu verunreinigen. Mehrwegschutzkittel werden mit der Innenseite nach außen aufgehängt und am Ende des Dienstes zum Waschen in den Wäschesack gegeben. Einmalschürzen werden beim Waschen von PatientInnen zum Schutz vor Nässe getragen (vgl. Keller/Menche 2017, S. 143) sowie bei Kontakt mit Ausscheidungen, Sekreten und infektiösen Materialien. Die Einmalschürze ist sofort nach Gebrauch in den Restmüll zu werfen, danach erfolgt eine Händedesinfektion (vgl. Handl 2014, S. 145).

Schutzbrille

Eine Schutzbrille wird im Umgang mit Chemikalien getragen, z. B. bei der Zubereitung von Reinigungs- und Desinfektionslösung. Eine Indikation besteht auch, wenn die Gefahr besteht, sich mit erregerhaltigem Material zu bespritzen, z. B. bei HIV-Infektionen oder Virushepatitis (vgl. Handl 2014, S. 144).

Kopfhaube

Die Kopfhaube wird vorwiegend bei Operationen, beim Verbandswechsel von großen Wunden (z. B. Verbrennungswunden) oder wenn mit dem Verspritzen kontaminierter Flüssigkeiten zu rechnen ist sowie auf Isolierstationen getragen. Sie muss Stirn und Kopf völlig bedecken, es dürfen keine Haare sichtbar sein.

Bereichsschuhe

Es gibt sie als Einmalüberzieher über die Schuhe. Diese werden meist beim Duschen von PatientInnen angezogen (vgl. Keller/Menche 2017, S. 143). Beachtet werden muss, dass es beim Ausziehen zu keiner Kontamination der Hände kommt. Besser sind spezielle Schuhe („Clogs") aus gut zu reinigendem und zu desinfizierendem, flüssigkeitsdichtem Material. Diese Schuhe werden häufig im OP, in der Küche und Sterilisationseinheit zum Schutz vor Nässe oder um das Einschleppen von Erregern zu verhindern getragen (vgl. Handl 2014, S. 145).

Mund-Nasenschutz

Es gibt Masken in verschiedenen Schutzklassen, z. B. Atemschutzmasken mit einer Filterleistung von ca. 92–98 %. Sie werden bei bakteriellen und viralen Erkrankungen mit hoher Ansteckungsgefahr getragen. Des Weiteren sind Kontaminationsschutzmasken im Handel, welche bei der Standard-Versorgung von PatientInnen getragen werden (vgl. Handl 2014, S. 143–144). Dieser Mund-Nasenschutz schützt, vorausgesetzt er ist richtig angelegt, vor größeren Tröpfchen, hat jedoch keine Schutzwirkung vor feinen Aerosolen (vgl. Sedlmayr 2015, S. 307). Er bietet Schutz für PatientInnen und Personal, z. B. vor Erkältungskrankheiten (Schnupfen) oder Infektionskrankheiten, die durch Tröpfcheninfektion verursacht werden.

Der Mund-Nasenschutz wird getragen:

- im Rahmen von Isolierungsmaßnahmen und bei immunsuprimierten PatientInnen,
- wenn mit dem Verspritzen von Material zu rechnen ist, z. B. beim Absaugen, bei Behandlungen im Mund oder bei der Handhabung von Desinfektionsmitteln,
- bei operativen Eingriffen und großem Verbandswechsel.

Bei der Anwendung von Mund-Nasenschutz ist zu beachten:

- Er muss korrekt angelegt werden, d. h. Mund, Nase und Kinn vollständig bedecken.
- Es dürfen seitlich keine Barthaare herausstehen.
- Der versteifte obere Rand muss an die Nase angedrückt werden.
- Die Haltebänder sind so eng zu binden, dass die Schutzmaske dicht an der Haut anliegt.
- Während der Tätigkeit darf die Maske nicht berührt und auch nicht unter die Nase geschoben werden (vgl. Keller/Menche 2017, S. 143–144).

- Der Wechsel erfolgt nach 2–8 Stunden, bei Durchfeuchtung und sichtbarer Kontaminierung ist die Schutzmaske sofort zu wechseln.
- Darf nicht mehrfach benutzt werden und ist nach der Tätigkeit zu entsorgen (vgl. Sedlmayr 2015, S. 307).

Schutzhandschuhe

Schutzhandschuhe sind vorwiegend als Einmalhandschuhe in Gebrauch, bieten den Pflegepersonen Schutz vor Keimübertagung, vor Kontakt mit Blut und anderen Körperflüssigkeiten sowie im Umgang mit kontaminierten Materialien und Instrumenten (vgl. Keller/Menche 2017, S. 143). „Das Tragen von Handschuhen ersetzt nicht die hygienische Händedesinfektion und bietet keinen 100 %igen Schutz vor Keimen auf den Händen. In den meisten Fällen werden Mikroperforationen (kleine Löcher im Handschuh) von Pflegenden nicht wahrgenommen“ (Ohlsen 1993, zit. nach Sedlmayr 2015, S. 306).

Schutzhandschuhe sind zu tragen:

- im Umgang mit Blut und Körpersekreten
- bei Kontakt mit kontaminierten Gegenständen, Pflegeutensilien und Medizinprodukten (MP), z. B. Schmutzwäsche
- bei der Reinigung und Desinfektion von verunreinigten Flächen und Instrumenten
- bei Entsorgung und Transport von infektiösen Materialien (vgl. Sedlmayr 2015, S. 306)
- bei der Herstellung von Desinfektionsmittellösungen
- beim Verbandswechsel
- bei der Intimpflege oder z. B. beim Eincremen im Intimbereich

Beim Tragen von Schutzhandschuhen ist zu beachten:

- Handschuhe sollten nur auf sauberer, trockener Haut getragen werden
- die richtige Größe und das passende Material wählen
- kurz vor der Tätigkeit anziehen, um eine Kontamination zu vermeiden
- so kurz als möglich tragen, da die Haut durch den sich unter den Handschuhen bildenden Schweiß aufgeweicht wird und es dadurch zu Hautirritationen kommt
- mindestens nach der Tätigkeit, für die sie angezogen wurden, bzw. nach dem/der behandelten PatientIn wechseln (vgl. Keller/Menche 2017, S. 143–144)
- zu wechseln sind sie auch, wenn bei der PatientInnenversorgung vom unreinen in einen reinen Bereich gewechselt wird, z. B. wenn während des Verbandswechsels Verbandsmaterial aus dem Verbandswagen geholt oder frische Wäsche vom Wäschekasten benötigt wird (vgl. Sedlmayr 2015, S. 306)
- niemals zwei PatientInnen mit denselben Handschuhen versorgen
- bei sichtbarer Verschmutzung sofort wechseln
- Vorsicht: Durch das Anbehalten der Handschuhe kommt es zur Keimverteilung am Arbeitsplatz, z. B. an Türgriffen, PC-Tastatur, Handy und diversen Gegenständen, aber auch zur Gefährdung aller MitarbeiterInnen, sie werden dadurch zu einem Übertragungsvehikel für Infektionserreger
- eine Desinfektion der Handschuhe ist nur in Ausnahmefällen erlaubt (siehe Herstellerangaben) (vgl. Keller/Menche 2017, S. 143–144).

- Schutzhandschuhe werden beim Ausziehen so abgestreift, dass die Innenseite des Handschuhs nach außen zeigt
- nach dem Ausziehen werden die Hände desinfiziert, da die Handschuhe ev. Mikroverletzungen oder kleine Risse bekommen haben (vgl. Sedlmayr 2015, S. 306–307).

Merke: Handschuhe nur tragen, wenn diese auch erforderlich sind, da durch sie sonst Keime auf andere Gegenstände übertagen werden (vgl. Kliniken Südostbayern, S. 6).

Fallbeispiel: Praktikantin Anna trägt grundsätzlich bei allen Tätigkeiten Handschuhe. In der Mittagspause zeigt sie mir ihre Hände. Da die Haut sehr stark aufgequollen ist, will sie Rat von mir. Was muss Anna im Umgang mit Handschuhen beachten?

Sterile Handschuhe haben den Zweck, PatientInnen vor den Keimen behandelnder oder pflegender Personen zu schützen. Sie werden meist bei chirurgischen Eingriffen oder großflächigem Verbandwechsel bzw. bei allen pflegerischen und therapeutischen Handlungen, bei denen für die PatientInnen die Gefahr einer Kontamination durch die Hände des Pflegepersonals besteht, getragen. Zu beachten ist (vgl. Keller/Menche 2017, S. 147):

- beim Anziehen der Handschuhe darauf achten, dass sie mit der Bekleidung keinen Kontakt haben
- die Außenseite des Handschuhs muss während der Tätigkeit steril bleiben, sie darf mit der unsterilen Umgebung nicht in Kontakt kommen
- eventuell muss, um ein steriles Arbeiten zu ermöglichen, eine zweite Person zur Assistenz herangezogen werden
- es muss ausreichend Platz zum Arbeiten vorhanden sein

Die Haut

Die mit Keimen besiedelte Haut wird als Hautflora bezeichnet. Diese wird in zwei Gruppen eingeteilt:

- Die **residente Hautflora** (auch physiologische, körpereigene oder Standortflora) findet sich bei allen Menschen. Die Keime sind beim gesunden Menschen nicht immer krankmachend, wie z. B. der Staphylokokkus epidermidis. Die Standortflora kann sogar nützlich sein, da sie einen natürlichen Schutz bietet (vgl. Bode Science Center).
- Die transiente Flora siedelt sich vorübergehend auf der Haut an (Anflugkeime). Dazu zählen Bakterien, Pilze und Viren, die z. B. durch direkten Kontakt von Haut zu Haut oder indirekt über Gegenstände übertragen werden können. Bei der hygienischen Händedesinfektion geht es vor allem darum, die Keime der transienten Flora abzutöten (vgl. Bode Science Center).

Unter **Infektionsflora** versteht man Erreger, welche sich in entzündeten Hautarealen und infizierten Läsionen (z. B. Eiterungen, Furunkeln, Abszessen) befinden. Sie können durch Desinfektion nur bedingt abgetötet werden. Offene und infizierte Wunden stellen immer ein Infektionsrisiko dar, daher sollen derartig infizierte Personen bei infektionsgefährdenden Tätigkeiten wie Operationen oder im Umgang mit offenen Wunden, wie beim Verbandswechsel, nicht eingesetzt werden (vgl. Bode Science Center).

Händehygiene

Laut den Richtlinien des Robert-Koch-Instituts sind die Hände des Personals von Krankenhäusern und ähnlichen Einrichtungen das häufigste Übertragungswerkzeug für Infektionskrankheiten. Daher ist die Händehygiene eine wichtige Maßnahme zur Verhütung von Infektionskrankheiten. Zur wirksamen Händehygiene zählen Händewaschen, hygienische Händedesinfektion, chirurgische Händedesinfektion und Hautpflege (vgl. Alfter et al. 2016, S. 104).

Grundvoraussetzungen für die Durchführung der Händehygiene sind (vgl. Bundesgesundheitsblatt – Gesundheitsforschung – Gesundheitsschutz 9/2016, S. 1208):

- Ringe, Uhren und Schmuck, welche sich an Händen und Unterarmen befinden, werden abgenommen
- Fingernägel sind kurz geschnitten und nicht lackiert
- künstliche und Gel-Fingernägel sind unzulässig

Händewaschen

Das Ziel der Händewaschung ist die Reduktion der an den Händen befindlichen Mikroben und die Reinigung der Hände von Schmutz. Sie ist jedoch nicht so effektiv wie die hygienische Händedesinfektion, da die Keime nur weggespült werden (vgl. Keller/Menche 2017, S. 140).

Vorgangsweise beim Händewaschen

Zum Waschen der Hände wird am besten eine Waschlotion aus dem Spender verwendet, Stückseifen dürfen nicht benutzt werden (Seifenstücke könnten kontaminiert sein). Ohne herumzuspritzen werden die Hände aufgeschäumt, dabei ist die ganze Handfläche zu benetzen, der Vorgang dauert ca. 20 Sekunden, danach werden die Hände abgespült. Zum Händetrocknen sind Papierhandtücher zu benutzen, Gemeinschaftshandtücher sind wegen der Keimbelastung nicht erlaubt. Anschließend wird der Wasserhahn mit einem Papierhandtuch abgedreht (vgl. Handl 2014, S. 128).

Herkömmliche Heißlufttrockner sind zum Händetrocknen in Krankenhäusern und Gesundheitseinrichtungen wegen der geringeren Trocknung gegenüber Papierhandtüchern ungeeignet. Ausnahmen sind die „Jet air"-Händetrockner mit Infrarot, diese haben eine gute Trockenleistung (vgl. Bundesgesundheitsblatt – Gesundheitsforschung – Gesundheitsschutz 9/2016, S. 1198).

Die Hände müssen gewaschen werden:

- bei sichtbarer Verschmutzung, z. B. durch Körpersekrete, Blut, Stuhl
- vor Dienstbeginn und nach Dienstende bzw. am Beginn und Ende der Mittagspause
- nach der Toilettenbenutzung
- vor dem Essen, vor dem Zubereiten und Verteilen von Speisen
- nach Kontakt mit Haustieren

Merke: Grundsätzlich ist die hygienische Händedesinfektion der Händewaschung vorzuziehen.

In Ausnahmefällen ist eine Kombination von Waschen und Desinfizieren notwendig, z. B. wenn die Hände stark verschmutzt sind. Dann werden sie mit Wasser abgespült und gewaschen, nach dem sorgfältigen Abtrocknen erfolgt die Desinfektion. Bei punktuellen Verschmutzungen kann die Verunreinigung mit einem in Händedesinfektionsmittel getränktem Tupfer oder Papierhandtuch abgewischt werden (vgl. Keller/Menche 2017, S. 140).

Hautpflege

Hautpflege ist Teil des Arbeitsschutzes und eine wichtige Voraussetzung für eine erfolgreiche Händedesinfektion. Das Auftragen von Hautschutz wird besonders am Ende der Dienstzeit empfohlen. Bei Bedarf ist er jedoch auch vor und während der Arbeit und in den Pausen durchzuführen. So können Hautirritationen und Läsionen weitgehend vermieden werden, denn diese sind Eintrittspforten für Mikroorganismen und werden zu einer Infektionsquelle. Besonders gefährdet sind Personen, die längere Zeit flüssigkeitsdichte Handschuhe tragen.

Auftragen von Hautpflegemitteln (vgl. Bundesgesundheitsblatt – Gesundheitsforschung – Gesundheitsschutz 9/2016, S. 1207–1208):

- Hautpflegemittel werden auf gewaschenen und getrockneten Händen gut verrieben.
- Beim Einsatz des Hautschutzes ist auf eine einwandfreie kontaminationslose Entnahme zu achten, am besten erfolgt die Entnahme aus Spendern.
- Keine Salbentiegel verwenden (Kontaminationsgefahr)!
- Bei Tuben sollte ein Rücksog des ausgedrückten Salbenstranges aufgrund der Kontaminationsgefahr verhindert werden.
- Produkte ohne Duft- und Konservierungsstoffe sowie ohne Harnstoff sind zu bevorzugen.

Hygienische Händedesinfektion

Hygienische Händedesinfektion ist die „Abtötung von Keimen auf den Händen mittels Einreiben der Hände mit spezieller Desinfektionslösung“ (Keller/Menche 2017, S. 140). Durch die Händedesinfektion werden die Keime an der Hautoberfläche (transiente Flora) wirkungsvoll beseitigt und die eigenen Keime (residente Flora) reduziert, dadurch wird eine Keimübertagung auf Gegenstände und Menschen verhindert (vgl. Sedlmayr 2015, S. 305).

Händedesinfektion gilt als die wirksamste vorbeugende Maßnahme zur Vermeidung nosokomialer Infektionen. Um eine effiziente Übertragung von Erregern zu verhindern, ist die korrekt durchgeführte hygienische Händedesinfektion unerlässlich und hat sich beim medizinischen Personal bewährt. Aus diesem Grund hat die WHO für das am/an der PatientIn arbeitende Personal sowie für PatientInnen und deren Angehörige eine situationsbedingte Händedesinfektion als sinnvoll angesehen und fünf „Momente“ für die Händedesinfektion von Personal und Patienten erarbeitet (vgl. Bundesgesundheitsblatt 9/2016, S. 1195–1196).

Fünf Indikationen zur hygienischen Händedesinfektion beim Personal (vgl. ebd.):

- Vor dem unmittelbaren direkten Kontakt mit PatientInnen, z. B. Essensverabreichung, RR- (= Blutdruck) und Pulsmessen, Körperpflege am/an der PatientIn.
- Vor aseptischen Tätigkeiten, z. B. Verbandswechsel, Entnahme von Utensilien aus dem Pflegewagen, vor Verabreichung von Injektionen, vor Vorbereitung von Sondennahrung, vor Kontakt mit nicht intakter Haut und Wunden, vor Kontakt mit Schleimhäuten (z. B. bei der Mundpflege), vor dem Vorbereiten von Medikamenten, beim Wechsel vom kontaminierten unreinen Bereich in den reinen Bereich.

- Nach Kontakt mit potentiell infektiösen Materialien wie z. B. Ausscheidungen oder Blut, nach Kontakt mit Schleimhäuten, nach Entfernung von Verbänden infizierter Wunden, nach Entsorgung kontaminierter Wäsche, beim Wechsel vom kontaminierten unreinen in den reinen Bereich, nach dem Ausziehen der Einmalhandschuhe.
- Nach direktem Kontakt mit PatientInnen, z. B. bei Körperpflege, RR- und Pulsmessen, Wundkontakt, Positionierung, Bewegungsübungen, sowie bei Haut- und Schleimhautkontakt.
- Nach dem Kontakt mit Oberflächen in der unmittelbaren Patientenumgebung, z. B. Nachtkästchen, Bettwäsche, oder persönlichen Gegenständen des/der PatientIn, Beatmungs- und Dialysegeräten.

Die 5 **Indikationsgruppen** hygienischer Händedesinfektion für PatientInnen (vgl. Bundesgesundheitsblatt 9/2016, S. 1195):

- beim Hineingehen in das PatientInnenzimmer
- beim Hinausgehen aus dem PatientInnenzimmer
- vor jedem Essen
- nach dem Toilettenbesuch
- bei Kontakt eigener Wunden und Schleimhäuten
- vor Betreten von Risikobereichen

Entnahme des Desinfektionsmittels: Häufig befinden sich in den Kliniken, Ordinationen und klinischen Ambulanzen fix montierte Spender in PatientInnennähe, welche mit dem Ellenbogen zu bedienen sind, um eine kontaminationsfreie Entnahme zu gewähren. Im ambulanten Pflegebereich, z. B. in der Hauskrankenpflege, sind Desinfektionsmittelflaschen, welche in die Taschen gesteckt und mitgetragen werden, in Gebrauch, deren Außenfläche muss jedoch regelmäßig desinfiziert werden.

Vorgehensweise bei der hygienischen Händedesinfektion: Vorzugsweise werden Desinfektionsmittel auf alkoholischer Basis mit rückfettenden Substanzen verwendet. Die jeweilige Einwirkzeit ist genau zu beachten (vgl. Keller/Menche 2017, S. 140–141).

- Es werden 3–5 ml Desinfektionsmittel mit dem Ellenbogen aus dem Wandspender entnommen und in die trockene hohle Hand gegeben.
- Beide Hände werden so eingerieben, dass die gesamte Oberfläche der Hand, Fingerspitzen, Nagelfalze, Daumen, Fingerzwischenräume, Innen- und Außenflächen für die Dauer von mindestens 30 Sekunden mit dem Desinfektionsmittel benetzt sind. Bei der Einreibezeit ist auf die Herstellerangaben zu achten (vgl. Bundesgesundheitsblatt – Gesundheitsforschung – Gesundheitsschutz 9/2016, S. 1196).
- Während der Einreibezeit müssen die Hände immer feucht sein. Falls die Hände zu früh trocken sind, muss Desinfektionsmittel nachgenommen werden.
- Bei Kontakt mit Tuberkulosekranken muss die Händedesinfektion zweimal erfolgen.
- Bei Noro- oder Rotaviren muss ein spezielles Desinfektionsmittel (viruzide Wirkung) verwendet werden.

Merke: Das Desinfektionsmittel darf nur auf **trockene Hände** gegeben werden, da sonst der Wirkstoff verdünnt wird und die Wirkung nicht mehr gegeben ist. Andererseits wird die feuchte Haut durch das Desinfektionsmittel geschädigt (vgl. Sedlmayr 2015, S. 305).

Chirurgische Händedesinfektion

Ziel der chirurgischen Händedesinfektion ist die Abtötung der transienten und Reduktion der residenten Flora (vgl. Sedlmayr 2015, S. 306). Eine chirurgische Händedesinfektion ist bei allen chirurgischen Eingriffen und bei Kontakt mit offenen Wunden vorzunehmen. Sie verringert die Besiedelung mit hauteigenen Keimen. Diese Händedesinfektion dauert in der Regel länger als die hygienische Händedesinfektion. Nach der chirurgischen Händedesinfektion erfolgt das Anlegen steriler Handschuhe (vgl. Alfter et al. 2016, S. 112).

Vorgehensweise bei der chirurgischen Händedesinfektion (vgl. B. Braun Melsungen AG 2017): Vor dem Eingriff werden zur Reduktion der Sporenlast die Hände gründlich gewaschen und getrocknet. Erst nach 10 Minuten erfolgt dann die Händedesinfektion.

- Das Händedesinfektionsmittel wird in die trockene hohle Hand gegeben.
- Im zweiten Schritt werden beide Hände und anschließend beide Unterarme bis zum Ellenbogen jeweils 10 Sekunden lang benetzt; Hände und Unterarme müssen für die vom Hersteller vorgegebene Einwirkzeit benetzt sein.
- Nun folgt die Händedesinfektion mittels Einreibetechnik wie bei der hygienischen Händedesinfektion bis zum Ende der Einwirkzeit; auch hier ist auf eine lückenlose Benetzung mit dem Desinfektionsmittel zu achten (Herstellerangabe beachten).
- Bevor die sterilen Handschuhe angezogen werden, müssen die Hände völlig lufttrocken sein.

Reinigung und Desinfektion

Unter **Reinigung** versteht man das „Entfernen von Schmutz und Staub. Reinigung führt zu einer Verminderung der Keimbelastung. Es erfolgt jedoch keine Inaktivierung oder Abtötung der Keime" (Keller/Menche 2017, S. 144).

Gereinigt werden:

- Gegenstände wie Geschirr
- verschmutzte oder verstaubte Flächen z. B. Fußböden, Möbeloberflächen

Eine Reinigung kann auf unterschiedliche Arten erfolgen, z. B. durch chemische Verfahren mit verschiedenen Reinigungsmitteln, physikalisch mit Geräten, welche durch Wasser und Hitzeeinwirkung reinigen. Eine Kombination von chemisch-thermischer Reinigung ist ebenfalls möglich. Bei der Reinigung werden die Keime durch Wegwaschen nur reduziert.

Unter **Desinfektion** versteht man die „Reduktion der Keimbelastung von Gegenständen, Flächen, Haut, Schleimhaut und Wunden mit dem Ziel, die Infektionsgefahr zu eliminieren (Antisepsis)" (Keller/Menche 2017, S. 144).

Durch eine gezielte Desinfektion werden Gegenstände oder Flächen nicht keimfrei, es wird jedoch die Keimbelastung so verringert, dass eine Ansteckung mit einer Krankheit weitgehend verhindert wird. Dieser Zustand wird als **Antisepsis** bezeichnet (vgl. Sedlmayr 2015, S. 308).

Fußböden werden nicht routinemäßig desinfiziert, sondern nur in Ausnahmefällen, z. B. in Operationssälen oder bei PatientInnen mit multiresistenten Keimen auf Isolierstationen (vgl. ebd., S. 309).

Merke: Instrumente oder andere Medizinprodukte werden, wenn sie z. B. mit Blut verunreinigt sind, zum Schutz des Personals erst nach der Desinfektion gereinigt (vgl. Keller/Menche 2017, S. 144).

Je nach Desinfektionsmittel gibt es unterschiedliche Wirkungsweisen (vgl. Keller/Menche 2017, S. 144):

- bakterizid: Bakterien abtötend
- fungizid: Pilze abtötend
- viruzid: Viren abtötend

Es muss bei der Verwendung von Desinfektionsmitteln beachtet werden, dass nur solche Mittel zum Einsatz kommen, welche in der Desinfektionsmittelliste des Verbunds für angewandte Hygiene angeführt sind (vgl. Krauß-Adelsried/Ruf-Adelsried 2017, S. 9).

Desinfektionsverfahren

Es wird zwischen thermischen und chemischen Verfahren unterschieden. Auch eine chemisch-thermische Desinfektion ist möglich (vgl. Sedlmayr 2015, S. 308). Durch eine gezielte Flächen- und Instrumentendesinfektion werden die Keime reduziert. Die Desinfektion ist ein wichtiger Beitrag zur Verhinderung von nosokomialen Infektionen (vgl. Keller/Menche 2017, S. 144).

Die **thermisch-chemische Desinfektion** erfolgt mit Reinigungs- und Desinfektionsgeräten (RDG). Diese reinigen und desinfizieren die Medizinprodukte sehr zuverlässig. Zur effektiveren Reinigung gibt es für Hohlkörper eigene Ansatzstücke. Das Wasser wird auf ca. 90–95° C erhitzt, zusätzlich wird ein Desinfektionsmittel beigefügt. Am Ende der Desinfektion erfolgt im Gerät die Trocknung (vgl. Alfter et al. 2016, S. 116).

Chemische Desinfektionsverfahren werden zur Desinfektion von Instrumenten, Flächen, Gegenständen, Händen, Wunden, Schleimhäuten und Räumen eingesetzt. Es können sehr große Gegenstände, z. B. Oberflächen von Böden und andere Materialien, welche keine Hitze vertragen, damit desinfiziert werden (vgl. Alfter et al. 2016, S. 116). Sie werden an schwer zugänglichen Stellen in Form einer Sprühdesinfektion, als Wischdesinfektion (z. B. bei Flächen) oder als Einlegeverfahren für Instrumente und Medizinprodukte eingesetzt (vgl. Keller/Menche 2017, S. 144).

Einlegedesinfektion

Vorgehen beim Einlegen der Medizinprodukte in Desinfektionsmittellösungen:

- Instrumente müssen vollständig bedeckt und luftblasenfrei in die Desinfektionslösung eingelegt werden.
- Gegenstände wie Schläuche oder andere Hohlkörper, welche ein kleines Lumen aufweisen, werden mit Desinfektionsmittellösung gründlich durchgespült.
- Instrumente wie Scheren, Zangen oder Klemmen müssen geöffnet werden (vgl. Alfter et al. 2016, S. 116).
- Die Einwirkzeit des Desinfektionsmittels ist zu beachten.
- Wie lange die Desinfektionsmittellösung zu verwenden ist, richtet sich nach den Herstellerangaben (vgl. Sedlmayr 2015, S. 309).
- Der Desinfektionsmittelbehälter wird mit einem Deckel abgedeckt, da sonst Dämpfe entweichen, welche die Atemwege schädigen können (vgl. ebd., S. 308).
- Auf dem Behälter werden Datum und Uhrzeit vermerkt (vgl. Keller/Menche 2017, S. 144).

Nach der erforderlichen Einwirkzeit:

- mit Handschuhen und Mund-Nasenschutz Instrumentensieb aus der Wanne nehmen
- Instrumente unter fließendem Wasser gut abspülen
- wenn sichtbare Verschmutzungen vorhanden sind, sind diese zu entfernen
- zum Trocknen saubere Tücher verwenden
- Instrumente, welche Hohlräume aufweisen, ev. mit Luftdruckpistole durchblasen (vgl. Eble et al. 2016, S. 97).

Merke: Wird die Einwirkzeit unterschritten, ist die Desinfektion mangelhaft. Je niedriger die Konzentration des Desinfektionsmittels ist, desto länger ist die Einwirkzeit (vgl. Eble et al. 2016, S. 98).

Wischdesinfektion
Flächen wie z. B. Nachtkästchen und Bett oder Hilfsmittel, welche beim/bei der PatientIn stehen (patientennahe Flächen), werden täglich mit einer Wischdesinfektion gereinigt und desinfiziert. Wurde die Umgebung des/der PatientIn mit Blut, Erbrochenem usw. kontaminiert, ist sie sofort zu desinfizieren (vgl. Sedlmayr 2015, S. 309). Eine Routinedesinfektion des gesamten Arbeitsumfeldes bzw. der patientenfernen Flächen erfolgt am Arbeitsende. Vor der Benutzung der Gegenstände ist die Einwirkzeit zu beachten (vgl. Krauß-Adelsried/Ruf-Adelsried 2017, S. 9).

Vorgehensweise bei der Wischdesinfektion:

- ein reines Tuch mit Desinfektionsmittellösung tränken
- mit leichtem Druck so über die Flächen wischen, dass diese völlig benetzt sind
- Flächen vollständig trocknen lassen (Einwirkzeit beachten)
- nicht nachtrocknen (vgl. Keller/Menche 2017, S. 144).

Es gibt auch in Desinfektionsmittel getränkte Tücher, welche zum Einmalgebrauch aus Spendern entnommen werden.

Sprühdesinfektion
Sie wird zur Flächendesinfektion an schwer zu desinfizierenden Stellen verwendet. Das Produkt wird direkt auf die zu desinfizierende Stelle aufgesprüht. Die Wirksamkeit ist eingeschränkt, da durch das Sprühen nicht alle Flächen vollständig bedeckt werden. Die Sprühdesinfektion sollte sich daher auf schwer zugängliche Stellen beschränken. Außerdem entstehen dabei Dämpfe, welche eingeatmet werden (vgl. Alfter et al. 2016, S. 121).

Desinfektionsmittelwirkstoffe

Alkohole (Ethanol) eignen sich für Hände-, Haut- und Flächendesinfektion. Sie haben ein breites Wirkungsspektrum, sind jedoch leicht entflammbar und entfetten die Haut, daher ist eine sorgfältige Hautpflege durchzuführen.

Aldehyde (Formaldehyd) eignen sich zur Flächen- und Instrumentendesinfektion. Sie können Haut- und Schleimhautreizungen verursachen und haben einen starken Geruch, daher muss bei Benützung der Raum gelüftet werden. Aldehyde können Allergien auslösen.

Halogene (Jod und Chlor): Jod wird zur Haut- und Schleimhautdesinfektion, aber auch zur Wunddesinfektion verwendet. Bei verschmutzten Oberflächen, z. B. mit Blut, kommt es zum Wirkstoffverlust. Es können Jodallergien und Schleimhautreizung auftreten, eine langfristige Anwendung bei Kleinkindern soll vermieden werden, da es zu einer Schilddrüsenüberfunktion kommen kann. Chlor wird zur Wasser-, Geschirr- und Wäschedesinfektion verwendet.

Oxydationsmittel (Peressigsäure, Wasserstoffperoxyd, Ozon) eignen sich zur Desinfektion von Flächen, Wasser, Schleimhäuten und Wunden. Ein ausreichendes Lüften des Raumes wegen der Geruchsbelästigung ist notwendig.

Oberflächenaktive Substanzen (Tenside, Octenidin) werden zur Desinfektion von Flächen, Schleimhaut, Wunden und Haut verwendet. Sie haben einen raschen Wirkungseintritt (vgl. Keller/Menche 2017, S. 145).

Die Wirkung chemischer Desinfektionsmittel ist von drei Faktoren abhängig (vgl. Alfter et al. 2016, S. 105):

- vom Wirkungsspektrum
- von der Konzentration
- von der Einwirkzeit

Zubereitung und Anwendung der Desinfektionsmittellösung

Zubereitung einer Desinfektionsmittellösung (vgl. Keller/Menche 2017, S. 144):

- Schutzhandschuhe, Mund-Nasenschutz, ev. Brille im Umgang mit Desinfektionsmitteln tragen
- verschiedene Desinfektionsmittel dürfen nicht gemischt werden
- die Dosierung ist unbedingt einzuhalten, Dosierangaben laut Hersteller beachten
- mit Messbecher, Dosieranlage oder Dosierpumpe dosieren, Mindestentnahme beachten
- Lösungen nur mit kaltem Wasser ansetzen
- zuerst Wasser einfüllen und erst dann das Desinfektionsmittel zusetzen, sonst kommt es zur Schaumbildung

Hygieneplan

Um eine Keimverschleppung zu vermeiden, müssen Pflegende auf eine hygienische Arbeitsweise achten und bestimmte hygienische Richtlinien befolgen. Um diese Richtlinien einhalten zu können, haben Krankenhäuser spezielle Hygienepläne von Hygienefachkräften in Zusammenarbeit mit anderen kompetenten Personen erstellt. Dieser Hygiene-, Reinigungs- und Desinfektionsplan ist von allen beschäftigten Personen inklusive dem Reinigungspersonal verbindlich einzuhalten.

Inhalte des Hygiene-, Reinigungs- und Desinfektionsplans (vgl. Keller/Menche 2017, S. 145):

Was wird gereinigt bzw. desinfiziert? Welche Gegenstände?

Womit wird gereinigt bzw. desinfiziert? Hier werden die Produkte festgelegt, welche zur Reinigung und Desinfektion verwendet werden.

Wie wird das Produkt angewendet? Beachtenswertes bei der Durchführung: Wie lange ist die Einwirkzeit z. B. bei der hygienischen oder chirurgischen Händedesinfektion?

Wann wird gereinigt bzw. desinfiziert? Hier wird der Zeitpunkt der Reinigung bzw. Desinfektion festgelegt. Z. B.: Nach jeder Behandlung oder am Ende des Tages.

Wer reinigt bzw. desinfiziert? Hier werden die Personen festgelegt, welche diese Tätigkeiten durchzuführen haben.

Der Hygieneplan regelt (vgl. Sedlmayr 2015, S. 304):

- die Händehygiene
- den Umgang mit der Schutzkleidung
- die Aufbereitung von Instrumenten, Geräten, Pflegehilfsmitteln
- die Reinigung und Desinfektion
- die Produkte, welche zur Reinigung und Desinfektion angewendet werden

Sterilisation

Sterilisation (Entkeimung) bezeichnet das „Abtöten aller Mikroorganismen mit dem Ziel der vollkommenen Keimfreiheit von Gegenständen oder Zubereitungen (Asepsis)" (Keller/Menche 2017, S. 146).

Asepsis ist der „Zustand völliger Keimfreiheit" (vgl. Alfter et al. 2016, S. 112).

Unter **Sterilgut** werden alle keimfreien Gegenstände nach erfolgter Sterilisation verstanden, z. B. sterile Instrumente, sterile Wäsche, oder sterile Einmalartikel wie Injektionen, Nadeln, Lanzetten etc. (vgl. Keller/Menche 2017, S. 145).

Der Sterilisationserfolg ist abhängig (vgl. Handl 2014, S. 119):

- von der **Vorbehandlung:** Eiweißreste wie Blut müssen vorher entfernt werden, sie können eine Schutzhülle für Mikroben bilden, daher das Sterilisiergut vor der Sterilisation reinigen, desinfizieren und trocknen.
- vom **Durchdringungsvermögen:** Güter, die zur Sterilisation vorbereitet werden, müssen in Einzelteile zerlegt, die Lumina müssen offen und die richtige Verpackung gewählt werden. Sie dürfen nicht zu dicht gedrängt in den Sterilisator gepackt sein.
- von der **Einwirkzeit und der Temperatur:** Je höher die Temperatur, desto kürzer ist die Einwirkzeit.

Sterilisationsverfahren

In Kliniken gibt es häufig eine zentrale Sterilgutversorgung, wo die Medizinprodukte aufbereitet und sterilisiert werden. Die Sterilisation kann auch durch externe Betriebe durchgeführt werden. Abhängig vom Medizinprodukt gibt es verschiedene Sterilisationsverfahren (vgl. Sedlmayr 2015, S. 309):

- **Dampfsterilisation** (Autoklavierung) ist für OP-Wäsche, Verbandsmaterial, Instrumente, Glas, Porzellan und Flüssigkeiten geeignet. Die Verpackung muss jedoch dampfdurchlässig sein (Folien, Papier, Container).
- **Heißluftsterilisation** wird bei Medizinprodukten aus Glas, Porzellan oder Metall angewendet.
- **Strahlensterilisation** erfolgt hauptsächlich in Industriebetrieben, die Keime werden mit ionisierenden Strahlen abgetötet. Hier handelt es sich meist um Einwegprodukte wie Injektionsnadeln, Einwegspritzen, Infusionsbesteck, Handschuhe.
- **Plasmasterilisation:** Keime werden mit Formaldehyd abgetötet. Wird für hitzeempfindliche Materialien wie Optiken und elektronische Instrumente verwendet (vgl. Keller/Menche 2017, S. 147).

Die **Dampfsterilisation (Autoklavierung)** ist eines der wichtigsten Sterilisationsverfahren und wird bevorzugt in Kliniken, Ambulanzen und Ordinationen angewendet. Zur Sterilisation mit dem Autoklaven sind sechs Schritte notwendig (vgl. Alfter et al. 2016, S. 106):

- **Anheizzeit:** Vom Beginn der Erwärmung bis zum Erreichen der Siedetemperatur (100° C)
- **Entlüftungszeit:** Zeit, bis die Luft vollständig aus dem Gerät entwichen ist, es entsteht ein Vakuum (luftleerer Raum)
- **Steigzeit:** Temperaturanstieg bis zum Erreichen der Betriebstemperatur von 121° C / 134° C
- **Ausgleichszeit:** Im Innenraum wird überall die gleiche Betriebstemperatur erreicht
- **Abtötungszeit:** Abtötung aller Mikroorganismen in 20 Min. bei 121° C und 2 Bar oder in 5 Min. bei 134° C und 3 Bar
- **Abkühlzeit:** Zeit vom Ende der Keimabtötung bis zum Temperaturabfall

Überprüfung des Sterilisationserfolgs

Der Sterilisationserfolg ist von vielen Faktoren, wie z. B. vom einwandfreien Funktionieren des Sterilisators, der Verpackung, der Be- und Entladung und dem Transport, abhängig. Da es einem Instrument nicht anzusehen ist, ob es steril oder unsteril ist, muss eine einwandfreie Sterilisation sichergestellt sein und überprüft werden. Es gibt EU-Normen für Validierungsverfahren, welche sich von der Wartung des Sterilisators bis zur Überprüfung der Indikatoren erstrecken.

- Jeder **laufende Sterilisationsvorgang** muss von geschultem Personal überprüft werden. Erst wenn die notwendigen Daten eingegeben sind, startet der Sterilisationsvorgang. Die Daten werden vom Gerät automatisch mitgeschrieben.
- Täglich bevor der **Dampfsterilisator** in Betrieb genommen wird, werden der **Vakuumtest** (Dichtheitstest) und der **Bowie-Dick-Test** (Luftentfernungs-und Dampfdurchdringungstest) durchgeführt.
- **Prozessindikatoren (Indikatorplättchen)** werden mitsterilisiert und nach dem Entladen mit den Vergleichskarten überprüft.
- Mit **Klebebändern** werden Verpackungssets außen beklebt. Eine Verfärbung der **Indikatorstreifen** sagt bei Verfärbung lediglich aus, dass sich das Produkt im Sterilisator befunden hat, ist aber keine Garantie für Sterilität! Diese Klebebänder eignen sich für alle Sterilisationsverfahren.
- **Indikatorfelder**, welche sich bereits auf der Verpackungsfolie befinden, verfärben sich bei Sterilisationserfolg von hell auf dunkel.
- **Kontrolle der Helix (Hohlkörpertest):** Hier wird ein Prozessindikator eingebracht, um das Entlüftungsverhalten im Hohlkörper zu prüfen (vgl. Handl 2014, S. 122).

Verpackung von Sterilisiergut

Vor der Sterilisation erfolgt die Verpackung der zu sterilisierenden Produkte. Sie hat die Aufgabe, das Produkt von der Entnahme aus dem Sterilisator bis zur Verwendung vor Verunreinigung und Kontamination zu schützen.

Anforderungen an die Verpackung:

- Der Inhalt muss zu sehen sein.
- Die Art der Sterilisation (z. B. Dampf-, Heißluftsterilisation) muss ersichtlich sein.
- Die Verpackung muss mit Datum der Sterilisation und dem Verfallsdatum versehen werden.
- Die Chargennummer muss auf der Verpackung stehen, um nachträglich kontaminierte oder fehlerhafte Medizinprodukte erfassen und aussortieren zu können.
- Kontrollstreifen, welche sich bei erreichter Sterilisationstemperatur verfärben, müssen angebracht sein (vgl. Keller/Menche 2017, S. 146).

Verpackungsarten von Sterilisiergut:

- **Sterilisationspapier**: wird nur einmal verwendet, da sich durch den Sterilisationsvorgang die Poren verschließen und das Papier daher nicht mehr dampfdurchlässig ist. Es dient zur Umhüllung von Sterilgut. Sterilisationspapier kann nach dem Öffnen als sterile Unterlage verwendet werden.
- **Folienverpackungen**: sind Einwegverpackungen mit einer Papier- und einer Folienseite. Die Verpackung wird mit einem Schweißgerät verschlossen und häufig aufgrund der längeren Lagerdauer doppelt verpackt. Papier-Folienverpackungen haben den Vorteil, dass der/die BenutzerIn den Inhalt sofort sieht (vgl. Handl 2014, S. 122–123).
- **Mehrwegverpackungen** wie Container oder Kassetten bestehen aus Edelstahl oder Aluminium. Sie haben Öffnungen, durch welche der Dampf während der Sterilisation durchtritt. Diese Öffnungen sind mit speziellen Filtern versehen.

Alle Verpackungssysteme müssen dampfdurchlässig sein (vgl. Keller/Menche 2017, S. 146–147).

Be- und Entladen des Sterilisators

Zum sachgerechten Be- und Entladen des Sterilisators muss das Sterilisiergut in Papier-Folienverpackung eingeschweißt sein, es kann auch in Container gelegt und auf Metallkörbe geladen sein. Der Sterilisator darf nur zu zwei Drittel befüllt werden. Eine Handbreit muss zwischen das Sterilisiergut passen, sonst kann die Luftzirkulation und Luftentfernung nicht ordnungsgemäß funktionieren. Die verpackten Instrumente werden horizontal in Körbe gelegt. Die Wäsche wird zweifach tuchverpackt. Um eine sterile Entnahme zu gewährleisten, wird sie senkrecht in den Sterilisator gegeben. Container werden waagrecht hineingeschoben. Bei der Entnahme der Container aus dem Sterilisator ist eine Abkühlphase von mindestens 30 Minuten zu beachten. Bei Containern bildet sich, falls sie auf kalten Untergrund gestellt werden, Kondenswasser, das muss vermieden werden (vgl. Handl 2014, S. 123).

Lagerung der Sterilgüter

Zu beachten ist, dass bei geschützter Lagerung der sterilen Materialien in geschlossenen Schränken oder Laden bei einfacher oder zweifacher Verpackung die Lagerdauer bis zu 6 Monate beträgt (Herstellerangaben beachten). Bei offener Lagerung von Sterilgut in Regalen kann sich die Lagerdauer verkürzen (vgl. Sedlmayr 2015, S. 310).

Bei der Lagerung von Sterilgut ist Folgendes zu beachten (vgl. Keller/Menche 2017, S. 147):

- trocken, staubfrei in Kästen und Laden
- geschützt vor direkter Sonnenstrahlung, Fensternähe meiden
- keinen extremen Temperaturen aussetzten
- vor Feuchtigkeit schützen, nicht unter dem Spülbecken oder wasserführenden Rohren lagern (feuchtgewordenes Sterilgut ist unsteril)
- Laden nicht überfüllen, da es sonst zu Schleifverletzung der Verpackung kommen kann, die Verpackung darf nicht beschädigt sein (der Inhalt ist sonst unsteril)
- die Menge dem Bedarf anpassen, Sterilgut nicht horten
- das „First in – first out"-Prinzip anwenden, Produkte nach Verfallsdatum entnehmen, neues Sterilgut kommt nach hinten, altes nach vorne

Entnahme von Sterilgut

Wird Sterilgut aus einer sterilen Instrumentenpackung entnommen, so ist darauf zu achten, dass dies unter aseptischen Bedingungen geschieht.

Bei der Entnahme von Sterilgut ist auf Folgendes ist zu achten:

- Die Entnahme von Sterilgut beginnt mit der Kontrolle der Verpackung auf Beschädigungen. Die Schweißnaht muss intakt sein, die Verpackung darf weder durchbrochen noch durchstochen oder zerknittert sein.
- Die korrekte Sterilisation muss anhand des Kontrollstreifens sichtbar sein.
- Das Sterilgut muss mit Sterilisier- und Verfallsdatum versehen sein.
- Die Verpackung muss trocken sein.
- Vor dem Öffnen der Verpackung muss eine hygienische Händedesinfektion erfolgen.
- Des Weiteren muss eine ausreichend große Arbeitsfläche vorhanden sein (vgl. Keller/Menche 2017, S. 147).
- Das Arbeitsumfeld muss aseptisch sein (z. B. Abdecken der Unterlage mit sterilen Tüchern).
- Während des Öffnens der Packung darf nicht gesprochen werden, dadurch können Keime auf das Sterilgut gelangen.
- Die Verpackung muss fachgerecht geöffnet werden, sie darf nicht einfach aufgerissen werden, es muss die Peelrichtung beachtet werden.
- Sterile Instrumente werden immer auf einer sterilen Unterlage abgelegt oder die Instrumente werden steril angereicht (vgl. Handl 2014, S. 124).

Aufbereitung von Medizinprodukten

„**Medizinprodukte** sind Gegenstände oder Stoffe, die zu diagnostischen oder therapeutischen Zwecken bei Menschen angewendet werden" (Sedlmayr 2015, S. 310).

Einmalprodukte wie Injektionen, Einmalhandschuhe usw. müssen nach Gebrauch weggeworfen werden. Eine Sterilisation dieser Produkte ist nicht erlaubt. Mehrwegprodukte werden wiederaufbereitet (vgl. ebd.).

Medizinprodukte (MP) werden in verschiedene Klassen eingestuft. Richtlinien zur Aufbereitung von Medizinprodukten haben die Kommission für Krankenhaushygiene und Infektionsprävention (KRINKO) und das Bundesinstitut für Arzneimittel und Medizinprodukte (BfArM) aufgestellt.

Die Medizinprodukte werden nach ihrem Einsatz und den Eigenschaften eingestuft (vgl. Krauß-Adelsried/Ruf-Adelsried 2017, S. 15):

- **Unkritische MP** kommen nur mit intakter Haut in Berührung, z. B. Ultraschallgeräte, RR-Messgeräte.
- **Semikritische MP** haben Kontakt mit Mundschleimhaut oder krankhaft veränderter Haut. Sie werden je nach Risikoeinstufung in **semikritisch A** und **semikritisch B** eingeteilt.
  - **Semikritisch A** eingestufte Instrumente haben **keine besonderen Anforderungen**, da sie keine Hohlkörper oder schwer zugänglichen Stellen aufweisen, z. B. Mundspiegel, Mundstücke.
  - **Semikritisch B** eingestufte Instrumente haben **erhöhte Anforderungen**, sie weisen Hohlkörper oder schwer zugängliche Teile auf. Sie kommen z. B. in der Mundhöhle zum Einsatz (z. B. Absaugkanülen).
- **Kritische MP** durchdringen Haut und Schleimhaut, haben Kontakt mit Blut, inneren Geweben und Organen. Sie werden in **kritisch A** und **kritisch B** eingeteilt.
  - **Kritisch A** eingestufte Instrumente haben **keine besonderen Anforderungen**, da sie keine Hohlkörper oder schwer zugänglichen Stellen aufweisen, z. B. Hilfsmittel und Instrumente zur chirurgischen Behandlung wie Scheren, Pinzetten.
  - **Kritisch B** eingestufte Instrumente haben **erhöhte Anforderungen**, da sie Hohlkörper oder schwer zugängliche Stellen aufweisen, z. B. chirurgische Instrumente wie Sauger, Winkelstücke, Nadelhalter, chirurgische Nadeln.

Empfehlungen des Robert-Koch-Institutes zur Aufbereitung von Medizinprodukten:

- Die Aufbereitung muss nach Herstellerangaben und Einstufung unkritisch, semikritisch A und B und kritisch A und B erfolgen.
- Bei Arbeiten im unreinen Bereich müssen MitarbeiterInnen Schutzkleidung wie Mund-Nasenschutz, feste Schutzhandschuhe, Schutzkittel und ev. Schutzbrille tragen.
- Beim Wechsel vom unreinen zum reinen Arbeitsbereich muss die Schutzkleidung abgelegt und müssen die Hände desinfiziert werden. Im reinen Arbeitsbereich können eventuell Einmalhandschuhe getragen werden (vgl. Krauß-Adelsried/Ruf-Adelsried 2017, S. 14).
- Unkritische MP wie z. B. Blutdruckgeräte werden mit einem hautverträglichen Desinfektionsmittel aufbereitet (vgl. Sedlmayr 2015, S. 310).
- Semikritische MP der Gruppen A und B sollten maschinell aufbereitet werden.
- Kritische MP der Gruppen A und B müssen maschinell aufbereitet werden.
- Kritische MP der Gruppe B müssen in einem Reinigungs- und Desinfektionsgerät aufbereitet werden, eine manuelle Aufbereitung ist verboten (vgl. Krauß-Adelsried/Ruf-Adelsried 2017, S. 14).

Zu beachten ist, dass manuelle Verfahren nicht validierbar sind, daher sollten Medizinprodukte mit maschinellen, validierten Reinigungs- und Desinfektionsgeräten gereinigt, desinfiziert und sterilisiert werden (vgl. Alfter et al. 2016, S. 117).

Infektionslehre

Allgemeines

Als **Infektion** wird das Eindringen, Ansiedeln und Vermehren von Krankheitserregern in den bzw. im Körper bezeichnet. Je nach Abwehrlage und Erregerart erfolgt die Vermehrung der Krankheitskeime unterschiedlich schnell. Das Auftreten der ersten Symptome ist je nach Infektionskrankheit unterschiedlich.

Nicht alle Infektionen verursachen eine Infektionskrankheit, dies hängt von der **Konstitution** (Körperverfassung) und von der **Virulenz** (Infektionskraft eines Krankheitserregers) sowie von der Vermehrungs- und Auslösefähigkeit von Krankheiten durch den Krankheitserreger ab (vgl. Alfter et al. 2016, S. 93).

Die **Inkubationszeit** ist die Zeit von der Ansteckung mit dem Erreger bis zum Auftreten der ersten Krankheitszeichen (vgl. Alfter et al. 2016, S. 95).

Beim Verlauf von Infektionskrankheiten gibt es unterschiedliche Formen:

Latente Infektionen erfolgen in der Regel verborgen und stumm, der Körper zeigt keine Symptome. Die Mikroben und der körperliche Abwehrmechanismus halten sich die Waage. Bei **manifesten Infektionen** sind Symptome der Krankheit erkennbar, z. B. Fieber, Husten. Die Abwehrmechanismen des Körpers sind gegen die Mikroben zu schwach (vgl. Handl 2014, S. 67).

Ist eine Infektionskrankheit auf ein gewisses Areal begrenzt, so spricht man von einer **lokalen Infektion**, z. B. Abszess. Hat sie sich über Blut und Lymphwege im ganzen Körper ausgebreitet, handelt es sich um eine **generalisierte Infektion**.

Bei einer Infektion gelangt der Erreger von einer **Infektionsquelle** über einen bestimmten **Infektionsweg** durch eine Eintrittspforte zum **Empfänger**. Der Übertragungsweg des Krankheitserregers auf einen anderen Menschen wird als **Infektionskette** bezeichnet (vgl. Alfter et al. 2016, S. 93).

Infektionsquellen

Infektionsquellen sind Orte, an denen vermehrt Krankheitskeime vorkommen (vgl. Alfter et al. 2016, S. 93). Sie werden in exogene und endogene Infektionsquellen unterteilt. In Krankenhäusern, Ambulanzen, Ordinationen und anderen Gesundheitseinrichtungen gibt es zahlreiche Infektionsquellen, wie z. B. (vgl. Alfter et al. 2016, S. 93):

- der infizierte Mensch, z. B. PatientInnen, Angehörige, Personal
- Dauerausscheider und Keimträger
- infizierte oder mit Parasiten befallene Tiere
- kontaminierte Nahrungsmittel
- Luft, Erde, Staub
- kontaminiertes Wasser und wässrige Lösungen
- kontaminierte Medizinprodukte, Instrumente, Geräte, Gegenstände, Oberflächen
- kontaminierte Gegenstände wie Alltagsgegenstände, z. B. Handy, PC-Tasten, aber auch Arbeitskleidung
- kontaminierte Abfälle, z. B. Spritzen, Verbandsstoffe

Merke: Eine häufige und gefährliche Infektionsquelle stellen die Hände der Pflegekräfte dar, wenn sie nicht oder unzureichend durch eine hygienische Händedesinfektion desinfiziert wurden.

Als Eintrittspforten von Infektionserregern kommen in Betracht (vgl. Keller/Menche 2017, S. 137):

- natürliche Eingänge wie Mund, Nase, Schleimhäute, Harnröhre
- künstliche Eingänge, z. B. Katheter, Drainagen, Injektionsnadeln
- Verletzungen wie Schnitt- und Stichverletzungen, Abschürfungen der Haut, Verbrennungswunden, offene Frakturen

Übertragungswege

Bei den Infektionswegen wird zwischen direktem und indirektem sowie exogenem und endogenem Infektionsweg unterschieden (vgl. Handl 2014, S. 64–65).

Beim **direkten Infektionsweg** erfolgt die Übertragung der Krankheitserreger durch direkten Kontakt von einem Menschen auf den anderen, z. B. durch Kontakt mit Speichel, Blut oder anderen Körperflüssigkeiten. Beim **indirekten Infektionsweg** werden die Krankheiterreger über ein Medium wie Luft, Instrumente, Kleidung oder Pflegeutensilien auf den Menschen übertragen (vgl. Keller/Menche 2017, S. 138).

Bei **exogenen Infektionswegen** gelangen Krankheitserreger über die Umgebung von einem Menschen zum anderen, z. B. über den Luftweg durch Husten. Des Weiteren können Infektionskrankheiten durch Instrumente und Gegenstände, welche z. B. mit Blut oder Eiter verunreinigt sind, übertragen werden (vgl. Keller/Menche 2017, S. 137). Eine wesentliche Rolle bei den exogenen Infektionen spielen die kontaminierten Hände der Pflegepersonen (vgl. Sedlmayr 2015, S. 301). Bei **endogenen Infektionswegen** handelt es sich um die Übertragung von körpereigenen Keimen von einer Körperregion auf die andere, z. B. Darmbakterien gelangen vom Anus in die Harnröhre. Bei abwehrgeschwächten Personen können diese Keime einen Harnwegsinfekt verursachen (vgl. Keller/Menche 2017, S. 137).

Perkutane Infektion: erfolgt durch Eindringen von Blut, Speichel oder Eiter über die Haut und Schleimhaut. Die Keime gelangen vom Menschen über das Instrument zum Menschen. Eine Infektion kann durch mit Erreger verunreinige Instrumente wie Nadeln oder Skalpelle verursacht werden oder über den Blutweg durch Transfusionen geschehen, z. B. AIDS, Hepatitis B, Hepatitis C, Syphilis. Ebenso kann eine perkutane Infektion durch Stiche oder Bisse von Blutsaugern in den Menschen gelangen. Stechfliegen übertragen Malaria, beim Zeckenbiss kann es zu FSME oder Borreliose kommen, durch einen Hundebiss kann Tollwut übertragen werden.

Tröpfcheninfektion: Bei der Tröpfcheninfektion werden Erreger vom infizierten Menschen durch die Atmung über die Luft zur nächsten Person transportiert und eingeatmet. Auf diese Weise werden z. B. Schnupfen, Grippe, TBC, Windpocken oder Masern übertragen, deren Erreger von infizierten Personen durch Niesen, Husten oder Sprechen in die Luft gelangen.

Schmierinfektion und Kontaktinfektion: Diese erfolgen durch Verschmieren von Blut, Speichel oder Eiter, entweder direkt von Mensch zu Mensch über verunreinigte Hände, z. B. Hepatitis B und Hepatitis C, oder indirekt vom Menschen über verunreinigte Instrumente und Gegenstände zum Menschen, z. B. Bindehautentzündung, Magen-Darm-

Infektionen (vgl. Alfter et al. 2016, S. 94). Zu den Kontaktinfektionen gehören auch Krankheitserreger, welche durch Sexualkontakt übertragen werden. Sie gelangen über Samen- oder Vaginalflüssigkeit durch kleinste Läsionen der Schleimhaut ins Blut. Zu den Eintrittspforten zählen auch Mundschleimhaut und Auge (vgl. Sedlmayr 2015, S. 300).

Wasser- und Nahrungsmittelinfektionen: Die Keime gelangen über den Mund (oral) durch kontaminierte Nahrungsmittel oder durch Trinken von verseuchtem Wasser in den Menschen, z. B. Hepatitis A, Durchfallerkrankungen, Toxoplasmose (vgl. Alfter et al. 2016, S. 94).

Seuchen

Infektionskrankheiten, die sich rasch ausbreiten, stellen eine große Bedrohung dar. Schon immer haben Seuchen ganze Städte ausgerottet. Im 14. Jahrhundert wütete die Pest in ganz Europa und raffte ein Viertel der Bevölkerung hinweg. Während des Ersten Weltkrieges starben ca. 50 Millionen Menschen an der Spanischen Grippe. Waren es im Mittelalter vorwiegend Pest, Lepra, Pocken und Syphilis, so heißen die derzeitigen Seuchen Vogelgrippe, Schweinegrippe und AIDS.

In letzter Zeit wurde die Menschheit mit neuen Krankheiten wie SARS (Schweres Akutes Respiratorisches Syndrom), das vermutlich durch Fledermäuse auf den Menschen übertragen wurde und seinen Ausgang in Asien nahm, sowie dem West Nile Virus, eine von Stechmücken auf den Menschen übertragene Krankheit, die aus den USA kam, konfrontiert. Durch die Entwicklung von Impfstoffen und Antibiotika ist es zwar gelungen, manche Krankheiten zu heilen oder zu verhindern (vgl. Handl 2014, S. 22).

Infektionskrankheiten lassen sich nach ihrer Ausbreitung einteilen in (vgl. Handl 2014, S. 23–24):

- **Epidemie**: die Krankheit tritt häufig auf, ist auf eine Population beschränkt und örtlich und zeitlich begrenzt, z. B. Grippe.
- **Pandemie**: die Krankheit verbreitet sich über Länder oder sogar weltweit, z. B. SARS, AIDS oder früher die Pest.
- **Endemie**: die Krankheit ist zeitlich unbegrenzt und tritt regelmäßig in einer bestimmten Population bzw. an einem bestimmten Ort auf, z. B. Malaria.

Die Entstehung von Seuchen

Die Seuchenentstehung ist sehr vielschichtig und wird von vielen Faktoren wie Lebensumgebung (Flüchtlingslager), klimatischen Veränderungen (Erderwärmung), Massentierhaltung, Armut, schlechten Wohn- und Ernährungsverhältnissen, Kriegen, Naturkatastrophen etc. begünstigt.

Bei der Ausbreitung von Krankheiten wie z. B. Malaria spielt die Klimaerwärmung eine wesentliche Rolle. Es wird befürchtet, dass diese Krankheit bis in nördliche Gegenden vordringen wird. Die Massentierhaltung bringt ebenfalls immer neue Mikroben hervor, z. B. das Virus H5N1 (Vogelgrippe). Des Weiteren entstehen durch den Einsatz von Antibiotika an Mensch und Tier immer mehr Resistenzen. Ein weiterer Faktor für die Ausbreitung der Mikroben ist die Mobilität. Eine Infektionskrankheit wie z. B. SARS kann von einem Menschen innerhalb von Stunden von Asien über Europa nach Amerika transportiert werden. So kann sich aus einer lokal begrenzten Krankheit sehr schnell eine Pandemie entwickeln. Eine weitere Gefahrenquelle ist der Urwald. Durch die Bewässerung der gerodeten Flächen bilden sich Brutstätten für Mikroben. Kommen Menschen in Kontakt mit dort lebenden Tieren, können sie an HIV oder Ebola erkranken. Affen dienen diesen Viren als Zwischenwirte (vgl. Handl 2014, S. 23–24).

Seuchenbekämpfung

Die Seuchenbekämpfung wird durch das öffentliche Gesundheitswesen durchgeführt. Dessen Aufgabe ist es, Infektionskrankheiten zu überwachen und Maßnahmen zur Verhütung zu entwickeln. Das öffentliche Gesundheitswesen sorgt für die Einhaltung der Gesetze, die zur Infektionsbekämpfung beitragen. Als vorbeugende Maßnahmen sind neben der Standardhygiene die Impfungen anzusehen.

Eine weitere Maßnahme besteht in der Regelung der gesetzlichen Meldepflicht bestimmter Infektionskrankheiten. Dadurch können die Behörden rascher reagieren und wirkungsvolle Maßnahmen setzen. Die Meldung erfolgt schriftlich vom behandelnden Arzt an das jeweilige Gesundheitsamt (vgl. Handl 2014, S. 24). Die anzeigepflichtigen Krankheiten in Österreich sind durch das Epidemiegesetz, das Tuberkulosegesetz, das AIDS-Gesetz und das Geschlechtskrankheiten-Gesetz geregelt. In Österreich müssen meldepflichtige Krankheiten innerhalb von 24 Stunden an die Gesundheitsbehörde gemeldet werden. Ausnahmen gibt es bei AIDS, TBC und Geschlechtskrankheiten.

Nachfolgend werden einige der meldepflichtigen Krankheiten angeführt (vgl. Ministerium Frauen Gesundheit 2016). Eine vollständige Liste finden Sie unter: https://www.vorarlberg.at/pdf/barrierefrei_liste_anzeig.pdf.

- AIDS: muss bei Erkrankung innerhalb einer Woche nach der Diagnosestellung gemeldet werden, ebenso bei Todesfall.
- TBC: hier erfolgt die Meldung innerhalb von drei Tagen nach Diagnosestellung. Bei Verdacht auf TBC erfolgt dann eine Meldung, wenn sich die Verdachtsperson einer diagnostischen Abklärung widersetzt.
- Geschlechtskrankheiten wie Gonorrhoe, Syphilis, weicher Schanker und Lymphogranuloma inguinale werden bei Bekanntwerden und bei Gefahr der Weiterverbreitung gemeldet oder wenn sich der/die Kranke der Behandlung und Beobachtung entzieht.
- Bakterielle Lebensmittelvergiftungen, z. B. Salmonella enterica, sowie virale Lebensmittelvergiftungen, z. B. Noroviren, müssen bei Verdacht, Erkrankung und Todesfall gemeldet werden.
- Infektionen mit dem Influenzavirus A/H5N1 oder einem anderen Vogelgrippevirus müssen bei Verdacht, Erkrankung und Todesfall gemeldet werden.
- Scharlach, Röteln und Keuchhusten werden bei Erkrankung und Todesfall gemeldet.
- Hepatitis A, B, C, D und E müssen bei Verdacht, Erkrankung und Todesfall gemeldet werden.

Länderüberschreitende Seuchenbekämpfung

An oberster Stelle steht die WHO als Koordinationsbehörde der Vereinten Nationen für das internationale Gesundheitswesen. In Deutschland ist das Robert-Koch-Institut (RKI) zentrale Stelle für Krankheitsüberwachung und Prävention. In Österreich ist die AGES (österreichische Agentur für Gesundheit und Ernährungssicherheit) für den Schutz der Gesundheit zuständig, sie ist dem Gesundheitsministerium unterstellt.

Es wurden Pandemiepläne entwickelt (vgl. Handl 2014, S. 25) sowie Kompetenz- und Behandlungszentren geschaffen, welche sich auf hochansteckende lebensbedrohliche Infektionskrankheiten spezialisiert haben. Diese Kompetenzzentren koordinieren und steuern alle erforderlichen Maßnahmen bei derartigen Infektionskrankheiten. In Deutschland gibt es eine Reihe von Sonderisolierstationen, wo PatientInnen mit hochansteckenden Krankheiten fachgerechte medizinische und pflegerische Behandlung erfahren. Ziel aller Maßnahmen ist es, neben der Behandlung der Kranken die Personen im Umfeld zu schützen und ein weiteres Ausbreiten der Krankheit zu verhindern (vgl. Robert-Koch-Institut).

Impfungen

Im 19. Jahrhundert starb noch jedes zweite Kind vor seinem 10. Geburtstag an einer Infektionskrankheit. Durch die Entwicklung verschiedenster Impfstoffe gelang es, die Sterblichkeit deutlich zu reduzieren. Der Unwissenheit oder Impfmüdigkeit der Bevölkerung ist es zu verdanken, dass sich in den vergangenen Jahren einige Infektionskrankheiten epidemieartig ausgebreitet haben. Die Poliomyelitis, eine früher sehr gefürchtete Infektionskrankheit, welche von Mensch zu Mensch übertragen wird, ist durch eine hohe anhaltende Durchimpfungsrate der Bevölkerung weitgehend verschwunden. Bei Masern muss die Durchimpfungsrate mindesten 95% betragen, um eine Epidemie zu verhindern. Jährlich wird von der Obersten Sanitätsbehörde ein aktueller Impfplan herausgegeben (vgl. Handl 2014, S.71–72).

Um Menschen, welche am/an der PatientIn oder mit infizierten Materialien arbeiten, vor Infektionskrankheiten zu schützen, sollten sich diese Personen zum eigenen und zum Schutz der von ihnen behandelten PatientInnen impfen lassen. Empfohlen werden folgende Impfungen: Diphterie, Pertussis, Tetanus, Poliomyelitis, Masern, Mumps, Röteln, Varizellen, Influenza, Hepatitis A und B, Meningokokken und Pneumokokken (vgl. Handl 2014, S.75).

Bei einer Impfung kommt es zu einer Unempfindlichkeit gegen bestimmte Krankheitserreger. Es kommen unterschiedliche Impfstoffe zur Anwendung, entweder abgeschwächte Erreger, abgetötete Erreger oder körperfremde Abwehrstoffe, sogenannte Antigene.

Aktive Immunisierung: Diese erfolgt mit abgeschwächten oder abgetöteten Erregern. Nach der Impfung bildet der Körper Abwehrstoffe, dazu benötigt das Immunsystem eine bestimmte Zeit. Die Wirkung der aktiven Immunisierung setzt erst ein, wenn genügend Abwehrstoffe vorhanden sind. Hierzu sind mehrere Impfungen notwendig. Auf die erste Impfung erfolgt vier Wochen später die zweite Impfung und nach sechs Monaten die dritte, danach hält der Impfschutz mehrere Jahre an.

Passive Immunisierung: Hier werden körperfremde Antikörper gespritzt. Diese Antikörper bewirken einen raschen Schutz gegen die Krankheit. Der Impfschutz ist jedoch kurz, da die Antigene vom Körper innerhalb einiger Wochen abgebaut werden. Eine solche Impfung ist z. B. die Tetanusimpfung, wenn bei einer Verletzung Tetanuserreger in die Wunde eingedrungen sind und der/die Betreffende keinen ausreichenden Impfschutz hat. Ein anderes Beispiel ist die Postexpositionsprophylaxe nach Nadelstichverletzungen durch eine mit Hepatitis-B-Viren verunreinigte Nadel.

Simultanimpfung: Hier werden eine aktive und eine passive Impfung verabreicht. Beide Impfstoffe werden getrennt an verschiedenen Körperstellen injiziert. Die Simultanimpfung macht sich die Vorteile der aktiven und der passiven Immunisierung zunutze (vgl. Alfter et al. 2016, S. 100–101).

Nosokomiale Infektionen

„**Nosokomiale Infektionen** sind Infektionen, die im Krankenhaus, Pflegeheim oder ambulant durch ärztliche oder pflegerische Maßnahmen erworben wurden und vorher nicht bestanden" (Sedlmayr 2015, S. 301). Die Erreger können direkt vom/von der PatientIn stammen, z. B. aufgrund einer Immunschwäche, oder sie werden über das Krankenhauspersonal durch mangelnde Hygiene von Händen, Flächen, Instrumenten und dgl. übertragen (vgl. Georg Thieme Verlag 2015, S. 139).

Die häufigsten nosokomialen Infektionen sind:

- Harnwegsinfekte: durch Harnkatheter verursacht
- Atemwegsinfekte wie Pneumonie: vorwiegend bei beatmeten PatientInnen
- Wundinfektionen: durch Operationen verursacht
- Septikämien oder Blutvergiftung: durch Venenkatheter verursacht

Folgende **Ursachen** wurden vom Robert-Koch-Institut (RKI) lokalisiert:

- krankheitsbedingte Vorschädigung des/der PatientIn, z. B. schwere Grunderkrankungen, Mangelernährung, herabgesetzte Immunabwehr
- fehlende hygienische Händedesinfektion des medizinischen Personals
- enger PatientInnenkontakt untereinander
- kontaminierte Gegenstände, Geräte, Oberflächen
- fehlende hygienische Mindestanforderungen bei Bau- und Renovierungsarbeiten
- Mängel bei den Hygienemaßnahmen durch steigende Aufgaben und ständigen Zeitdruck des medizinischen Personals

Durch den medizinischen Fortschritt kommen immer neue Eintrittspforten für die Erreger hinzu.

Merke: Fehlende bzw. unzureichende Händedesinfektion ist die häufigste Ursache für nosokomiale Infektionen (vgl. Sedlmayr 2015, S. 301).

Vermeidung nosokomialer Infektionen

Drei wichtige Maßnahmen sind für die Vorbeugung von nosokomialen Infektionen bedeutsam. Zum einen ist eine Verhaltensänderung des Personals bezüglich der hygienischen Maßnahmen anzustreben. Als nächster Schritt sind Änderungen bei der Organisation durchzuführen und als dritte Maßnahme empfiehlt sich eine lückenlose Kontrolle bzgl. der Einhaltung der Hygienevorschriften (vgl. Handl 2014, S. 89).

Maßnahmen zur Vermeidung von nosokomialen Infektionen (vgl. Keller/Menche 2017, S. 149–150):

- die hygienischen Mindestanforderungen an die bauliche Ausstattung von Einrichtungen sowie den Betrieb müssen gegeben sein
- ausreichend qualifiziertes und geschultes Hygienepersonal
- Schulungen des Personals hinsichtlich Infektionsvermeidung
- Information des Personals zu Maßnahmen hinsichtlich der Verhütung und Behandlung von nosokomialen Infektionen (vgl. Robert-Koch-Institut)

- hygienische Händedesinfektion und hygienische Arbeitsweise
- Impfung des Personals
- exakte Reinigung, Desinfektion und Sterilisation von Instrumenten, Gegenständen und der PatientInnenumgebung
- bewusstes Einschätzen von diagnostischen Maßnahmen und Therapien, welche eine Verletzung der Schleimhaut hervorrufen können, z. B. bei der endotrachealen Absaugung oder der Katheterisierung
- sorgfältige Kontrolle bei der Einnahme von Antibiotika
- Isolierung der PatientInnen mit übertragbaren Erkrankungen, z. B. MRSA, Noroviren
- rechtzeitiges Entfernen von Drainagen und Sonden
- Beratung der PatientInnen über hygienisches Verhalten, z. B. sofortige Entsorgung von Einmaltaschentüchern nach dem Naseputzen
- Anleitung von BesucherInnen bezüglich Händedesinfektion

Infektion mit Tuberkulose (TBC)

Tuberkulose ist eine durch das Mykobakterium hervorgerufene Infektionskrankheit, welche ein oder mehrere Organe befallen kann.

Im Jahr 2012 starben laut WHO weltweit 1,3 Mio. Menschen an TBC. Die Ursachen sind häufig schlechter Ernährungszustand, unzureichende hygienische Bedingungen und das Wohnen von vielen Menschen auf engstem Raum. Die Erkrankung und der Tod müssen der Gesundheitsbehörde gemeldet werden (vgl. Handl 2014, S. 147).

Das Mykobakterium tuberculosis befällt hauptsächlich die Lunge, kann aber auch andere Organe befallen (vgl. Georg Thieme Verlag 2015, S. 356). Die Krankheit wird in eine inaktive und eine aktive Form eingeteilt. Je nach Abwehrlage kann aus einer inaktiven eine aktive TBC werden. Besteht bei der Lungentuberkulose eine Verbindung vom Tuberkuloseherd zu den Bronchien, handelt es sich um eine offene Lungentuberkulose. Die Erregerübertragung erfolgt durch Tröpfcheninfektion beim Sprechen, Niesen und Husten. Das Sputum und Bronchialsekret ist bei der offenen TBC infektiös. Sind andere Organe erkrankt, wie z. B. die Niere, dann ist der Harn, bei Befall der Hirnhäute ist der Liquor und bei der Leber ist der Stuhl als infektiös zu betrachten (vgl. Handl 2014, S. 147).

Merke: Eine offene Tuberkulose besteht dann, wenn die Erreger ausgeschieden werden. Es besteht eine hohe Ansteckungsgefahr (vgl. Georg Thieme Verlag 2015, S. 358).

Maßnahmen bei TBC (vgl. Handl 2014, S. 148):

- Jede aktive TBC ist sofort mit einer Kombination aus verschiedenen Antibiotika zu behandeln, die Behandlung dauert ca. 6 Monate.
- PatientInnen mit offener TBC werden in einem Einzelzimmer isoliert.
- Alle bei der Behandlung und Pflege involvierten Personen sollten einen speziellen Mundschutz tragen, welcher auch für sehr kleine Tröpfchen undurchlässig ist.
- Schwangere, Kinder sowie abwehrgeschwächte Menschen sind von diesen Kranken fernzuhalten.
- Der/die PatientIn muss beim Verlassen des Zimmers einen Mund-Nasenschutz tragen.

- Er/sie muss über Hygienemaßnahmen angeleitet werden, z. B. in ein Einmaltuch zu husten und dieses über den infektiösen Müll zu entsorgen (vgl. Georg Thieme Verlag 2015, S. 358–359).
- Alle Personen (Angehörige, Pflegepersonal, Putzpersonal, MitpatientInnen), die Kontakt mit der an offener TBC erkrankten Person hatten, müssen der Gesundheitsbehörde vorgestellt werden. Die Anzahl der Untersuchungen ist abhängig von der Häufigkeit des Kontakts zum/zur Erkrankten.

Infektion mit multiresistenten Erregern

Multiresistente Erreger (MRE) sind „Keime, die aufgrund ihrer Resistenz gegen Antibiotika schwer zu bekämpfen sind. Sie besiedeln Haut und Schleimhäute und erfordern bei Befall besondere hygienische Maßnahmen“ (Keller/Menche 2017, S. 149). Durch den Einsatz von Antibiotika wurden manche Erreger weitgehend resistent. Zu diesen resistenten Keimen zählt der methicillinresistente Staphylokokkus aureus (MRSA). Eine große Bedeutung kommt dem MRSA bei den nosokomialen Infektionen zu. Dieser Keim ist bei Pflegepersonen angesiedelt, ohne dass sich bei diesen Symptome zeigen (vgl. Keller/Menche 2017, S. 149–150). Übertragungswege von MRSA sind:

- die Haut,
- die Hände des Personals bei direktem Kontakt mit PatientInnen (häufigster Übertragungsweg) sowie
- die indirekte Übertragung der Erreger durch kontaminierte Medizinprodukte, Handtücher, Katheter, Wäsche und andere Gegenstände (vgl. Handl 2014, S. 164).

Zur Reduktion der nosokomialen Infektionen ist eine **rechtzeitige Erfassung** von PatientInnen, welche Träger von MRSA sind, hilfreich. Hierzu ist es notwendig einen Abstrich aus Wunden, dem Nasen-Rachen-Raum sowie dem After, dem Darm und dem Genitale zu nehmen (vgl. Keller/Menche 2017, S. 150). Das Robert-Koch-Institut empfiehlt allen Krankenanstalten schon bei der Aufnahme gefährdete PatientInnengruppen auf MRSA zu untersuchen.

Bei folgenden PatientInnengruppen ist ein Screening sinnvoll (vgl. Sedlmayr 2015, S. 317):

- bei PatientInnen, bei denen bei der Anamnese eine MRSA-Infektion schon bekannt ist
- bei Verlegungen von anderen Krankenhäusern, falls diese Personen im letzten Jahr länger als drei Tage stationär behandelt wurden
- bei allen Personen, welche beruflichen Umgang mit Tieren haben, z. B. Landwirte, Tierärzte
- bei Personen, welche mehr als zwei der folgenden Risikofaktoren zeigen:
  - chronische Pflegebedürftigkeit
  - Antibiotikatherapie in den letzten sechs Monaten
  - liegende Zugänge wie Blasenkatheter, Trachealkanülen
  - chronische DialysepatientInnen
  - chronische Wunden und Brandwunden

Maßnahmen bei einer MRSA-Infektion:
Die Maßnahmen richten sich zum Teil danach, ob es sich um eine MRSA-Infektion oder um eine Kolonisation (Besiedelung) von MRSA handelt (vgl. Handl 2014, S. 164).

- Die PatientInnen werden in einem Einzelzimmer mit eigener Nasszelle isoliert, eine Kohortenisolierung ist jedoch möglich. Ausnahme: Ist der Keim auf eine Wunde begrenzt (lokale Infektion), muss die Person nicht isoliert werden.
- Das Personal muss die Schutzmaßnahmen strikt beachten. Darunter fallen die korrekte hygienische Händedesinfektion, das Tragen von Schutzkleidung wie Einmalhandschuhen, Mund-Nasenschutz, langärmeligem Schutzkittel (ev. Einmalschutzkittel) und bei Bedarf Schutzbrille.
- PatientIn, BesucherInnen und stationsfremde Personen müssen über Hygienemaßnahmen wie z. B. Händedesinfektion und Mund-Nasenschutz informiert werden.
- Der/die PatientIn soll nur bei zwingenden Gründen unter Beachtung der Hygienevorschriften (z. B. Mund-Nasenschutz, Abdecken der Wunden) das Zimmer verlassen.
- Die Visite oder der Verbandswechsel sollte erst erfolgen, nachdem alle anderen PatientInnen auf der Abteilung versorgt wurden.
- Täglich werden mittels Wischdesinfektion alle Gegenstände, welche sich im Zimmer befinden, z. B. Bett, Matratzen, Nachtkästchen, alle Geräte, mit denen der/die PatientIn Kontakt hat usw., desinfiziert.
- Das Essenstablett sollte zum Schluss abgeholt werden.
- Schmutzwäsche wird im Zimmer gesammelt und täglich abtransportiert.
- Der Abfall muss im Zimmer in reißfesten, flüssigkeitsdichten Behältern gesammelt und täglich entsorgt werden.
- Diagnostische Maßnahmen, z. B. Ultraschall oder Röntgen, sollten wenn möglich im Zimmer durchgeführt werden.
- Jede/r PatientIn hat die Pflegeartikel im Zimmer, sie werden nur bei ihm/ihr verwendet.

Pflege bei Sanierungsmaßnahmen (vgl. Keller/Menche 2017, S. 150–151):

- Bei Besiedlung der Nasenschleimhaut wird eine antibiotische Nasensalbe in die Nase eingebracht.
- Bei Besiedlung der Mund-Rachenschleimhaut erfolgt 5–7 Tage lang eine Mundspülung mit spezieller antiseptischer Mundspüllösung.
- Bei Besiedlung der Haut erfolgt täglich eine Ganzkörperwaschung mit antibakterieller Waschlotion inklusive Haarwäsche.
- Es müssen alle persönlichen Gebrauchsgegenstände des/der PatientIn, wie z. B. Kamm, Zahnputzbecher, Brille, Toilettentäschchen usw., täglich desinfiziert werden, am besten Einmalpflegeartikel wie Einmalrasierer verwenden.
- Kosmetika wie Cremes aus Tiegeln oder Stückseifen dürfen nicht verwendet werden.
- Ebenfalls täglich werden Nachthemd, die gesamte Bettwäsche, Handtücher und Waschlappen gewechselt und in geeigneten Wäschesäcken gesammelt.
- Die Isolierung wird erst aufgehoben, wenn drei Tage lang alle drei aufeinanderfolgenden Abstriche frei von MRSA-Erregern sind.
- Bei einer Entlassung oder Verlegung muss die nächste Einrichtung oder der Hausarzt informiert werden.

Isolierung

„**Isolierung** (lat. „isola“ = Insel, Absonderung): Maßnahme zur Verhütung von Infektionen, indem die Übertragung von Krankheitserregern durch Absonderung des infizierten oder des infektionsgefährdeten Patienten/Bewohners verhindert wird“ (Keller/Menche 2017, S. 150). Zweck der Isolierungsmaßnahmen ist die Verhinderung der Verbreitung von infektiösen Erregern. Eine Isolierung kann jedoch auch zum Schutz des/der PatientIn vor Infektionserregern erfolgen, z. B. nach einer Transplantation. Hierbei spricht man von der Umkehrisolierung oder Schutzisolierung.

Die Isolierung erfolgt, je nach Ansteckungsgrad der Krankheit und den baulichen Gegebenheiten, in der Regel einzeln. Sie kann in Form einer standardmäßigen Isolierung oder bei sehr infektiösen Krankheiten als strenge Isolierung durchgeführt werden.

Standardmäßige Isolierung: Diese wird bei PatientInnen mit meldepflichtigen infektiösen Erkrankungen durchgeführt. Hier besteht eine Infektionsgefahr nur bei direktem Kontakt mit der Person oder bei Kontakt mit deren Blut, Harn oder Stuhl, z. B. bei viralen Durchfallerkrankungen. Eine gemeinsame Isolierung mit PatientInnen, welche den gleichen Erreger haben (Kohortenisolierung), ist möglich. Das Verlassen des Zimmers ist unter Wahrung der hygienischen Standards möglich, sollte jedoch so weit wie möglich reduziert werden.

Strenge Isolierung: Diese Maßnahme wird bei PatientInnen mit hoch infektiösen Erkrankungen durchgeführt. Die Infektionsgefahr besteht bei direktem Kontakt mit Körperflüssigkeiten, Ausscheidungen oder durch Tröpfcheninfektion (offene TBC). Die Unterbringung erfolgt in einem Einzelzimmer mit eigenem Bad, WC und Schleuse. Der/die PatientIn darf sein/ihr Zimmer nur bei zwingendem Grund mit Mund-Nasenschutz verlassen, z. B. zur Röntgenuntersuchung oder zu anderen notwendigen Untersuchungen.

Beachtenswertes zum Schutz der Pflegepersonen (vgl. Keller/Menche 2017, S. 150–152):

- diese sollten sich so kurz als möglich im Isolierzimmer aufhalten und die Hygienemaßnahmen sorgfältig durchführen
- schwangeres Pflegepersonal ist von diesen PatientInnen fernzuhalten
- das Personal sollte auf den eigenen Impfschutz achten
- Mund-Nasenschutz anlegen und Einmalhandschuhe verwenden
- Einwegschutzkittel nach der Tätigkeit in den Abfall geben

Keimträger und Dauerausscheider

Dauerausscheider sind Personen, welche nach einer durchgemachten Infektionskrankheit noch immer Keime ausscheiden, ohne Krankheitssymptome zu zeigen. Diese Personen sind für unterschiedlich lange Zeit eine Infektionsquelle (vgl. krankheiten.de). Zu den Erkrankungen, bei denen Personen über einen längeren Zeitraum Keime ausscheiden, gehören z. B. Typhus und Paratyphus. Bei diesen Krankheiten sind die Keime ca. 2 Wochen nach der Erkrankung im Blut mittels Blutkultur nachweisbar, erst nach ca. 3 Wochen befinden sich die Erreger im Stuhl. Die Keime siedeln sich in der Gallenblase an, wodurch diese Personen zu Dauerausscheidern werden.

Umgang mit Keimträgern und Dauerausscheidern: Im akuten Stadium müssen die Kranken sofort isoliert werden. Die hygienischen Richtlinien wie Händedesinfektion, das Tragen von Schutzkleidung sowie die tägliche Flächendesinfektion sind strikt durchzuführen. Nachuntersuchungen erfolgen mittels Stuhlproben durch das Gesundheitsamt. Diese Personen dürfen nicht in lebensmittelverarbeitenden Betrieben arbeiten (vgl. Georg Thieme Verlag 2015, S. 1275–1276).

Umgang mit Untersuchungsmaterialien

Untersuchungsmaterialien werden häufig zur Diagnostik der Krankheitserreger entnommen. Ziel ist es, pathogene (krankmachende) und apathogene (nicht krankmachende) Keime zu erfassen und resistente Krankenhauskeime zu erkennen. Beim Umgang mit Untersuchungsmaterialien wie Wundabstrich, Blut, Harn, Stuhl usw. ist hygienisches Arbeiten unumgänglich, da jede Probe als potenziell infektiös angesehen werden muss. Zum Selbstschutz müssen bei der Handhabung Handschuhe getragen werden (vgl. Handl 2014, S. 79). Laut Gesetzgeber ist bei allen durchzuführenden Punktionen, wie z. B. Blutentnahme, eine Hautdesinfektion durchzuführen (vgl. Keller/Menche 2017, S. 581).

Abstriche aus Wunden, Bindehaut und Nasen-Rachenraum müssen mit einem sterilen Abstrichtupfer erfolgen. Bei Wundabstrichen wird Material tief aus der Wunde bzw. vom Wundrand entnommen. Anschließend wird der Abstrichtupfer in das dazugehörige sterile Röhrchen zurückgesteckt, ohne dieses mit der Umgebung zu kontaminieren, und fest verschlossen.

Punktate werden aus Körperhöhlen oder Geweben bei Verdacht auf Entzündungen entnommen. Eine streng aseptische Arbeitsweise mit sterilen Materialien ist erforderlich. Punktate werden in sterile, verschließbare Röhrchen gegeben.

Blut wird unter streng aseptischen Bedingungen abgenommen. Vor der Punktion erfolgt eine hygienische Händedesinfektion, nach dem Trocknen der Hände werden Handschuhe angezogen. Die Punktionsstelle ist mit einem Hautdesinfektionsmittel zu behandeln.

Harnproben werden zum Nachweis von Keimen unter streng aseptischen Bedingungen gewonnen. Harn kann mittels Mittelstrahlharn aus Einmal- und Dauerkathetern gewonnen werden. Die Gewinnungsart ist am Begleitschreiben zu vermerken. Transportiert wird der Harn in Eintauchnährböden (Uricult) oder verschließbaren Harnröhrchen (Nativharn). Der Uricult kann bis zu 48 Stunden lang im Wärmeschrank bei 36° C gelagert werden, Nativharn sollte so rasch wie möglich ins Labor gebracht werden.

Respiratorische Sekrete werden durch Aufforderung zum tiefen Aushusten gewonnen. Sie werden z. B. zur Pneumonie- oder Tuberkulosediagnostik benötigt. Das Sekret kommt in sterile Sputumbecher. Eine kurze Lagerung im Kühlschrank bei 4° C ist möglich.

Stuhlentnahmen werden häufig bei Darminfektionen durchgeführt und erfolgen in Behältnissen, welche am Schraubverschluss einen kleinen Löffel angebracht haben. Mit diesem wird eine haselnussgroße Stuhlmenge in das Gefäß gegeben und dieses zugeschraubt. Es gibt keine speziellen Lagerbedingungen (vgl. Handl 2014, S. 79–80).

Arbeitnehmerschutz – Infektionsschutz

In den Gesundheitseinrichtungen kommen öfter Berufsunfälle vor als in anderen Berufen, daher ist auf die Verhütung von Infektionskrankheiten in medizinischen Einrichtungen großes Augenmerk zu legen. Der Infektionsschutz steht somit im Mittelpunkt des Arbeitnehmerschutzes. Im österreichischen Arbeitnehmerschutzgesetz sind die Nadelstichverletzungen inkludiert. Die ArbeitgeberInnen sind verpflichtet, Maßnahmen und Regeln bezüglich der Arbeitssicherheit zu schaffen. Für die MitarbeiterInnen sind diese Maßnahmen und Regelungen verpflichtend einzuhalten.

Der/die ArbeitgeberIn hat Sorge zu tragen für (vgl. Handl 2014, S. 151): die Einhaltung der baulichen Vorschriften, die Sicherheit aller medizinischen Geräte, die Sicherheit der Arbeitsabläufe, die Information des Personals.

Infektionsgefahr

An erster Stelle stehen beim medizinischen Personal die Stich- und Schnittverletzungen. Zu den häufigsten Verletzungen beim diplomierten Pflegepersonal zählen die Nadelstichverletzungen. In Österreich wurden im Jahr 2010 1.288 Nadelstichverletzungen an die Allgemeine Unfallversicherungsanstalt gemeldet (vgl. Das Medizinprodukt 01/2012).

„**Nadelstichverletzung (NSV):** Jede Stich-, Schnitt-, und Kratzverletzung der Haut durch Kanülen, Skalpelle oder andere scharfe oder spitze medizinische Geräte, die mit Patientenmaterial (meist Blut, selten andere Körperflüssigkeiten) verunreinigt sind, sowie Kontakte dieses Materials mit nicht intakter Haut oder Schleimhaut" (Keller/Menche 2017, S. 711).

Neben den präventiven Maßnahmen bei Röteln und Windpocken auf Kinderabteilungen stellen Krankheiten, welche durch Blut und andere Körpersekrete übertragen werden, z. B. Hepatitis B und C sowie AIDS, eine große Gefahr für das Klinikpersonal dar. Ein weiteres Augenmerk ist auf die Prävention von Tuberkulose zu legen (vgl. Handl 2014, S. 152 153).

Vermeidung von Nadelstichverletzungen

Zur Vermeidung von Stich- und Schnittverletzungen beim Personal wurden Sicherheitsinstrumente entwickelt, die Stichverletzungen erschweren. Es gibt Kanülen, bei denen die Nadel nach der Injektion von Hand durch einen Klick gesichert wird, und Instrumente, z. B. Einmalstechhilfen zur Blutzuckerbestimmung, bei denen sich der Schutzmechanismus selbstständig auslöst. Das Personal muss geschult werden, um mit diesen Produkten richtig umgehen zu können.

Bei allen Tätigkeiten, welche vermuten lassen, dass es zu Kontakt mit Blut, Körperflüssigkeiten, Ausscheidungen oder Sekreten kommt, müssen geeignete Handschuhe getragen werden. Das Arbeiten mit diesen Materialien kann auch das Tragen von Schutzbrille, Mund-Nasenschutz und Schutzkittel erfordern.

Ein Zurückstecken (Recapping) der Kanüle nach der Injektion in die Schutzkappe ist zu unterlassen, sie soll ohne Zwischenlagerung auf dem kürzesten Weg direkt vom/von der BenutzerIn entsorgt werden. Abfallbehälter sollen sich in unmittelbarer Umgebung befinden (am besten am Therapiewagen), um lange Wege zu vermeiden (vgl. Keller/Menche 2017, S. 711).

Spitze, scharfe, stechende, schneidende Instrumente müssen aufgrund der Verletzungsgefahr in durchstichsicheren, flüssigkeitsbeständigen, verschließbaren Behältern gesammelt werden. Auf keinen Fall dürfen Behälter überfüllt werden, da es hier wieder zu Verletzungen kommen kann (vgl. Eble et al. 2012, S. 107).

Bei operativen, invasiven Eingriffen an Hepatitis-C-PatientInnen ist das Tragen doppelter Handschuhe und die Verwendung von Instrumenten, welche das Verletzungsrisiko minimieren, zu empfehlen (vgl. Robert-Koch-Institut).

Vorgehen bei Nadelstichverletzungen

Kommt es zu einer Nadelstichverletzung, muss Folgendes beachtet werden:

- sofort Blutung für mindestens eine Minute anregen, am besten die Wunde ausdrücken oder ausstreifen
- Desinfektion mit Desinfektionsmittel auf alkoholischer Basis
- die verletzte Stelle mit einem in antivirales Desinfektionsmittel getränkten Tupfer für ca. 10 Minuten feucht halten

- wenn Blutspritzer ins Auge gelangen, wird das Auge mit steriler Kochsalzlösung 0,9 % oder geeignetem Antiseptikum, z. B. PVP-Jod-Lösung, ausgespült
- rasches Vorstellen des/der Verletzten beim Betriebsarzt
- Blutentnahme bei der verletzten Person
- aktuellen Impfstatus erheben, z. B. wann war die letzte Tetanusimpfung
- Blut der/des PatientIn auf Infektionskrankheiten wie HIV, Hepatitis B und C kontrollieren, falls diese/r seine/ihre Zustimmung gibt
- vom Arzt bzw. von der Ärztin ist zu entscheiden, ob eine Postexpositionsprophylaxe (mit antiviralen Medikamenten) durchgeführt wird (vgl. Keller/Menche 2017, S. 711).

Nach der Versorgung des/der PatientIn muss Folgendes beachtet werden:

- Meldung an den Dienstgeber
- Feststellen von Personen, welche bei dem Ereignis anwesend waren (vgl. Keller/Menche 2017, S. 712)
- Datum und Zeitpunkt des Zwischenfalls
- Unfallhergang vollständig dokumentieren, wie z. B. die Tätigkeit, die den Unfall auslöste oder bei der der Unfall geschah
- Art der Kontamination oder Verletzung (Stich- oder Schnittverletzung)
- Feststellen, woher das infektiöse Material kommt
- Angaben zum/zur Verletzten
- Beschreibung der durchgeführten Sofortmaßnahmen (vgl. Alfter et al. 2016, S. 102).

Entsorgung medizinischer Abfälle

Unter **Abfall** versteht man „nicht mehr benötigte feste, flüssige oder gasförmige Überreste. Eine sichere und ordnungsgemäße Abfallentsorgung vermeidet Krankheitsübertragung und Umweltbelastungen" (Keller/Menche 2017, S. 142). Bei der Entsorgung von medizinischen Abfällen muss die Infektionsvorbeugung und die Gefährdung von Personen inner- und außerhalb der Einrichtung berücksichtigt werden. Die notwendigen Vorschriften und Maßnahmen sind im Bundesabfallwirtschaftsplan geregelt und nach der ÖNORM S 2104 genormt. In jedem Krankenhaus gibt es eine mit dem Abfall beauftragte Person, welche für die Umsetzung der fachgerechten Entsorgung zuständig ist (vgl. Handl 2014, S. 158).

Die Entsorgung der medizinischen Abfälle ist abhängig von:

- Herkunft
- Art (infektiöse, gefährliche oder nichtinfektiöse, ungefährliche Abfälle)
- Beschaffenheit (spitze, scharfe Gegenstände, Flüssigkeiten)
- Menge

Ungefährliche, kleine Mengen an Abfall von Hauskrankenpflege, kleinen Ambulanzen, Arzt- und Zahnarztpraxen können mit dem Restmüll entsorgt werden (vgl. LAGA 2015, S. 5).

Werkstoffe: Dazu gehören Papier, Weiß- und Buntglas, Kunststoffbehälter, Metalle. Diese Abfälle werden jeweils in entsprechenden Behältnissen getrennt gesammelt und entsorgt.

Spitze oder scharfe Gegenstände: Unter diese Abfälle fallen Kanülen, Lanzetten, Skalpelle, Ampullen und ähnliche Gegenstände, mit denen sich eine Person eine Schnitt- oder Stichverletzung zufügen kann. Die Sammlung und Entsorgung erfolgt in stichfesten, bruchsicheren, fest verschlossenen Einwegbehältern. Die Behälter sollten nicht vollständig gefüllt sein.

Körperteile, Organe, Blutbeutel und Blutkonserven: Darunter fallen einzelne Körperteile wie amputierte Arme, Füße, Organabfälle von Operationen, mit Blut gefüllte Behältnisse wie Drainagen oder nicht verwendete Blutkonserven. Der Abfall wird vor Ort getrennt und darf nicht mit dem Restmüll gemischt werden. Die Entsorgung erfolgt durch eine zentrale Sammlung und Abholung.

Infektiöse Abfälle: Von diesem Abfall geht ein hohes Ansteckungsrisiko aus, z. B. HIV, Virushepatitis, aktive TBC, Cholera. Folgender Abfall zählt zu dieser Kategorie: blutgefüllte Gefäße, mit infektiösen Sekreten oder Blut verunreinigte Pflegeartikel, Einwegschutzkittel, Einweghandschuhe, blutgetränkter Operationsabfall. Die Sammlung und Entsorgung erfolgt in reißfesten, feuchtigkeitsbeständigen, wasserdichten Behältnissen. Diese müssen speziell gekennzeichnet sein (vgl. Keller/Menche 2017, S. 144).

Nichtinfektiöse krankenhausspezifische Abfälle: Das sind z. B. mit Blut, Sekreten oder Exkrementen behaftete Abfälle, Wund- und Gipsverbände, Einwegkleidung, Inkontinenzprodukte, leere Urinbeutel, Infusionsbestecke, Atemschutzmasken, Tupfer, Aufwischtücher, von denen keine Ansteckungsgefahr ausgeht. Die Sammlung und Entsorgung erfolgt in reißfesten, feuchtigkeitsbeständigen und dichten Behältnissen (vgl. LAGA 2015, S. 9).

Arzneimittel: Abgelaufene oder verunreinigte Medikamente inklusive Röntgenkontrastmittel sind getrennt von den anderen Medikamenten zu sammeln und vor missbräuchlicher Verwendung Dritter geschützt zu lagern. Teilweise werden Medikamente von Apotheken zurückgenommen.

Zytotoxische und zytostatische Arzneimittel: Hierzu zählen unvollständig entleerte Infusionsflaschen und Beutel mit erkennbarem Restinhalt von über 20 ml sowie Trockensubstanzen und zerbrochene Tabletten. Die Sammlung und Entsorgung dieses Abfalls erfolgt in stich- und bruchsicheren Einwegbehältern, welche für den Abtransport verschlossen werden müssen. Bei der Entsorgung wird eine Entsorgungsbescheinigung ausgehändigt (vgl. LAGA 2015, S. 11–12).

Das kann ich!

Ich kann den Begriff „Gesundheit“ aus medizinischer Sicht, aus soziologischer Sicht, aus Sicht der Weltgesundheitsorganisation und aus Sicht der Pflege definieren.	
Ich verstehe die wechselseitige Beziehung der Gesundheitsdeterminanten.	
Ich kann Gesundheitsförderung ganzheitlich und partizipatorisch erklären.	
Ich kann den Begriff „Krankheit“ aus medizinischer und aus sozialrechtlicher Sicht definieren.	
Ich habe eine Sensibilität für das Erleben, die Auswirkungen und die Bewältigung von Krankheiten entwickelt.	
Ich kann die medizinische Terminologie als Teil der Pflegefachsprache anwenden.	
Ich kenne die richtige Aufbewahrung von Medikamenten und verstehe in weiterer Folge die Vorbereitung und Durchführung der Medikamentengabe.	
Ich kenne häufig verordnete Arzneimittelgruppen sowie deren Wirkung und Nebenwirkungen.	
Ich kenne die persönlichen Hygienemaßnahmen und kann diese anwenden.	
Ich kenne den Unterschied zwischen Berufskleidung, Bereichskleidung und Schutzkleidung.	
Ich kann die Anwendungsbereiche der Bereichs- und Schutzkleidung nennen.	
Ich kenne die Indikation der persönlichen Schutzkleidung und kann diese anwenden.	
Ich kenne die Indikationen zur hygienischen und chirurgischen Händedesinfektion und kann diese durchführen.	
Ich kann den Unterschied zwischen Reinigung, Desinfektion und Sterilisation erläutern.	
Ich kann eine Desinfektionsmittellösung zubereiten.	
Ich kann die Inhalte des Hygieneplans nennen und dessen Nutzen beschreiben.	
Ich kann den Ablauf der Dampfsterilisation erklären.	
Ich kenne die Überprüfungsmethoden des Sterilisationserfolgs.	
Ich kann Verpackungsmaterialien von Sterilgut benennen und deren Zweck beschreiben.	
Ich kann die Be- und Entladung des Sterilisators erklären.	
Ich kann die Lagerung und Entnahme von Sterilgut beschreiben.	
Ich kann Infektionsquellen im Krankenhaus benennen.	
Ich kann die verschiedenen Übertragungswege von Krankheiten beschreiben.	
Ich kann die Begriffe Epidemie, Pandemie und Endemie erklären.	
Ich kann den Begriff „nosokomiale Infektion“ definieren.	
Ich kann die häufigsten Ursachen von nosokomialen Infektionen erläutern.	
Ich kenne die Maßnahmen zur Vermeidung nosokomialer Infektionen und kann diese begründen.	
Ich kenne die Übertragungswege der Tuberkulose und kann die Maßnahmen im Umgang mit TBC-Kranken nennen.	

Ich kann den Begriff „multiresistente Erreger“ erklären und die Übertragungswege nennen.	
Ich kann die Maßnahmen bei einer MRSA-Infektion erklären.	
Ich kenne die Definition von Isolierung und kann Isolierungsmaßnahmen beschreiben.	
Ich kann die Vermeidung von und Maßnahmen bei Nadelstichverletzungen erklären.	
Ich kann die Entsorgung von infektiösen und nichtinfektiösen Abfällen erklären und begründen.	
Ich kann die Entsorgung von Altmedikamenten beschreiben.	

Lernfeld 3
Pflege in Bewegung

„Leben ist Bewegung und ohne Bewegung findet Leben nicht statt."
Leonardo da Vinci (1452–1519, Maler, Bildhauer, Architekt, Anatom, Philosoph)

Dieses Zitat beschreibt sehr treffend, wie elementar Bewegung für uns Menschen ist. Erst Bewegung ermöglicht auch andere Aktivitäten, daher beeinträchtigt eine Bewegungseinschränkung auch beinahe unser ganzes Leben.

Sich bewegen

Einflussfaktoren

Bewegung wird durch zahlreiche Faktoren beeinflusst. Um auf die individuelle Situation des zu pflegenden Menschen eingehen zu können, ist die Einschätzung der beeinflussenden Faktoren der erste Schritt.

Eine ganzheitliche Betrachtungsweise wird durch die Berücksichtigung folgender Einflussfaktoren möglich.

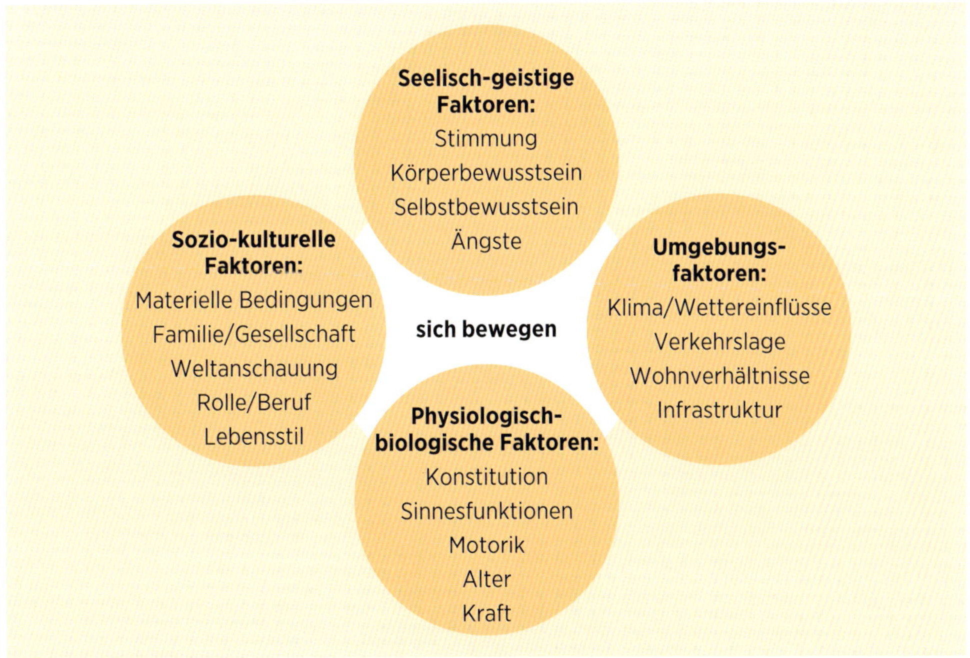

Abb. 22: **Einflussfaktoren auf Bewegung** (Quelle: Schewior-Popp et al. 2010, S. 288)

Beobachtung

Jeder Mensch hat eine individuelle Körpersprache, d.h. seine individuelle Körperhaltung, seine Art zu gehen bzw. sich nonverbal mitzuteilen. Zur nonverbalen Kommunikation gehören auch die Mimik und Gestik eines Menschen (vgl. dazu Kap. „Elemente der Kommunikation" in Lernfeld 1). Die Beobachtung dieses individuellen Verhaltens ist in der Pflege sehr wichtig.

Dekubitusprophylaxe

Die Dekubitusprophylaxe ist ein wichtiger Bereich in der Pflege, mit dem sich beinahe jede Pflegeperson täglich beschäftigt. Noch heute beruht ein Teil der dekubitusprophylaktischen Maßnahmen – wie zum Beispiel das Intervall der Positionswechsel von zwei Stunden – auf den Erkenntnissen von Florence Nightingale aus der Mitte des 18. Jahrhunderts.

Definition

Das Wort Dekubitus leitet sich vom lateinischen Wort „decumbere" („darniederliegen") ab und bedeutet Wundliegegeschwür oder Druckgeschwür.

Bei der Dekubitusentstehung spielen drei Faktoren eine entscheidende Rolle:

1. Druck (Auflagedruck)
2. Zeit (Druckverweildauer)
3. Disposition (Risikofaktoren)

Die ExpertInnengruppe der „Österreichischen Gesellschaft für Dekubitusprävention" (Austrian Pressure Ulcer Prevention Association – APUPA) definiert einen Dekubitus folgendermaßen: Ein Dekubitus ist eine Schädigung der Haut, hervorgerufen durch Druck oder Scherkräfte. Bei der Entstehung eines Dekubitus sind Risikofaktoren von großer Bedeutung. Diese werden in extrinsische und intrinsische Faktoren unterteilt. Die Einwirkung von Druck führt zu einer Minderdurchblutung des Gewebes und zum Sauerstoffmangel, die Folge ist eine Unterversorgung der Haut und des darunterliegenden Gewebes, mit der Möglichkeit eines Dekubitus. Hält dieser über längere Zeit (länger als zwei Stunden) an, kann es innerhalb weniger Stunden zu einer irreversiblen Hautschädigung kommen (vgl. APUPA).

Entstehung

Die Hauptursache für die Entstehung eines Dekubitus ist die **Immobilität** eines Menschen. Durch die fehlenden Ausgleichsbewegungen entsteht Druck auf bestimmte Körperstellen (siehe Kapitel „Gefährdete Körperstellen"). Dieser Druck bewirkt die **Komprimierung** (das Zusammendrücken) der versorgenden **Blutgefäße** im Gewebe. Die Folge ist eine Mangeldurchblutung, das nährstoff- und sauerstoffreiche arterielle Blut kann nicht mehr zu den Zellen transportiert werden. Die venöse **Durchblutung** wird ebenfalls **unterbrochen**. Die anfallenden sauren Stoffwechselprodukte können nicht abtransportiert werden. Bei einer Übersäuerung im Gewebe reagiert der Körper mit der **Weitstellung der Gefäße**. Das bewirkt eine stärkere Durchblutung, gekennzeichnet durch eine starke **Hautrötung**. Diese Gefäßdilatation (Gefäßweitstellung) bewirkt den **Flüssigkeits- und Eiweißaustritt ins Gewebe** und führt zur Entstehung von Ödemen und Blasen. Zusätzlich kommt es zu einer Gefäßthrombose. Ein Dekubitus ist entstanden (siehe Abb. 23).

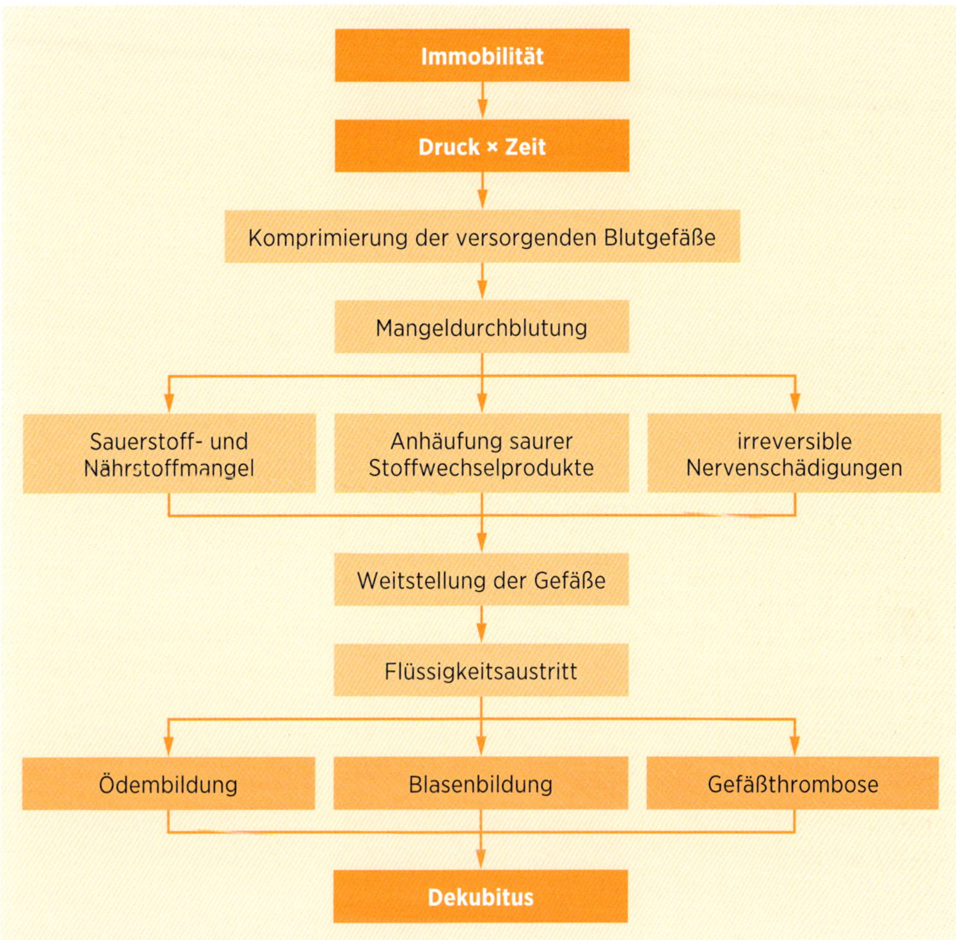

Abb. 23: **Dekubitusentstehung** (www.dekubitus.de)

Risikofaktoren

Es gibt zahlreiche Faktoren, die die Entstehung eines Dekubitus beeinflussen. Sie werden in extrinsische und intrinsische Faktoren eingeteilt.

Intrinsische Faktoren

Intrinsische Faktoren sind Risikofaktoren, die vom betroffenen Menschen selbst ausgehen, also von „innen“ kommen.

Reduzierte Mobilität: Eine krankheitsbedingt eingeschränkte Beweglichkeit ist einer der wichtigsten Risikofaktoren für die Entstehung eines Druckgeschwürs. Zum Unvermögen, die Lage im Sitzen oder Liegen zu verändern, kommen meist noch zusätzliche Faktoren wie eine unzureichende Lungenbelüftung, eine verlangsamte Verdauung, das Steifwerden der Gelenke und die Abnahme der Skelettmuskulatur hinzu. Immobile Menschen neigen auch zu depressiven Verstimmungen, die die Immobilität ebenfalls verstärken können.

Alter: Menschen über 65 Jahre oder Kinder unter 5 Jahren sind besonders gefährdet, einen Dekubitus zu bekommen. Bei älteren Menschen spielen meist folgende Faktoren eine große Rolle bei der Dekubitusentstehung:

- reduziertes subkutanes Fettgewebe – größere Verletzlichkeit der Haut
- Grunderkrankungen wie Diabetes mellitus, Gefäßerkrankungen, Herz-Kreislauf-Erkrankungen, ...
- reduzierter Allgemeinzustand
- eingeschränkte Mobilität
- verringerte Flüssigkeitsaufnahme – Risiko der Austrocknung

Austrocknung (Exsikkose): Durch das verminderte Durstgefühl im Alter bzw. das Unvermögen, selbst an Flüssigkeit zu kommen, steigt das Risiko, dass es zu einer Austrocknung der Haut kommt. Inkontinenz kann auch zu einer reduzierten Flüssigkeitszufuhr führen, weil der/die Betroffene glaubt, den unwillkürlichen Harnverlust reduzieren zu können. Weiters kommt es durch Flüssigkeitsmangel zu einer Bewusstseineintrübung, die wiederum die Mobilität beeinträchtigt.

Gewicht: Sehr dünne, aber auch dicke (adipöse) Menschen haben ein erhöhtes Dekubitusrisiko. Durch die anatomischen und physikalischen Verhältnisse wirken hohe Druckwerte auf die gefährdeten Körperstellen ein.

Mangelernährung: führt zu einem reduzierten Allgemeinzustand und zu Schwäche. Die Wundheilung eines bereits vorhandenen Dekubitus wird durch eine Mangelernährung (Eiweiß- und Zinkmangel) verzögert.

Inkontinenz: Durch die schädigende Einwirkung von Bakterien und Feuchtigkeit durch Stuhl und Harn wird die Haut stark beansprucht und es besteht ein erhöhtes Dekubitusrisiko.

Grunderkrankungen: Die Auswirkungen und Komplikationen bestehender Grunderkrankungen wie Diabetes mellitus erhöhen das Risiko der Dekubitusentstehung. So kann es beispielsweise zu Neuropathien kommen, die zu einem reduzierten Schmerzempfinden führen. Der Schmerz, der durch anhaltenden Druck entsteht, wird nicht adäquat wahrgenommen, daher werden keine Druckentlastungsbewegungen durchgeführt. Eine reduzierte Durchblutung oder Sensibilitätsstörungen erhöhen ebenfalls das Dekubitusrisiko.

Infektionen: beeinflussen den Stoffwechsel negativ (verlangsamen die Stoffwechselvorgänge) und schwächen die körpereigene Abwehr. Durch Fieber und der damit verbundenen vermehrten Schweißsekretion kommt es zu feuchter, aufgeweichter Haut. Ein Fieberanstieg über 38° C fördert das Dekubitusrisiko deutlich.

Extrinsische Faktoren

Extrinsische Faktoren betreffen das Umfeld der/des Betroffenen und können von der Pflegeperson maßgeblich beeinflusst werden.

Körperhygiene: Durch fehlende, aber auch übertriebene oder unsachgemäß durchgeführte Körperhygiene kann es zu Schädigungen der Haut kommen. Seifen, Cremes, Salben und Puder können zu allergischen Reaktionen oder zur Austrocknung der Haut und zu Verklebungen der Poren führen.

Positionierungen: Die Frequenz der Positionierungen muss an die Bedürfnisse des/der Betroffenen angepasst werden. In der Praxis haben sich Intervalle von zwei bis vier Stunden bewährt. Die Druckbelastung im Sitzen ist höher als im Liegen. Daher ist auch im Sitzen (Rollstuhl) auf regelmäßige Positionierung zu achten!

Hebe- und Positionierungstechniken: Falsch angewendete Hebe- und Positionierungstechniken können zum Reißen und Verschieben der Haut und damit zu Verletzungen der Haut führen. Aber auch die Einwirkung von Scherkräften durch Nach-unten-Rutschen im Bett führt zur Verschiebung von Hautschichten und eventuell zu

Hautverletzungen. Druck durch Falten im Leintuch, Sonden- und Drainageschläuche oder enganliegende Verbände, Gipsverbände und Schuhe erhöht ebenfalls das Dekubitusrisiko.

Medikamente: Sedierende bzw. beruhigende Medikamente können das Dekubitusrisiko steigern. Aber auch Schmerzmittel können bewirken, dass durch Druck verursachte Schmerzen nicht wahrgenommen werden.

Gefährdete Körperstellen

Ein Dekubitus entsteht bevorzugt an Körperstellen, die sich

- durch Knochenvorsprünge und
- geringe Abpolsterung durch Muskel- und Fettgewebe auszeichnen.

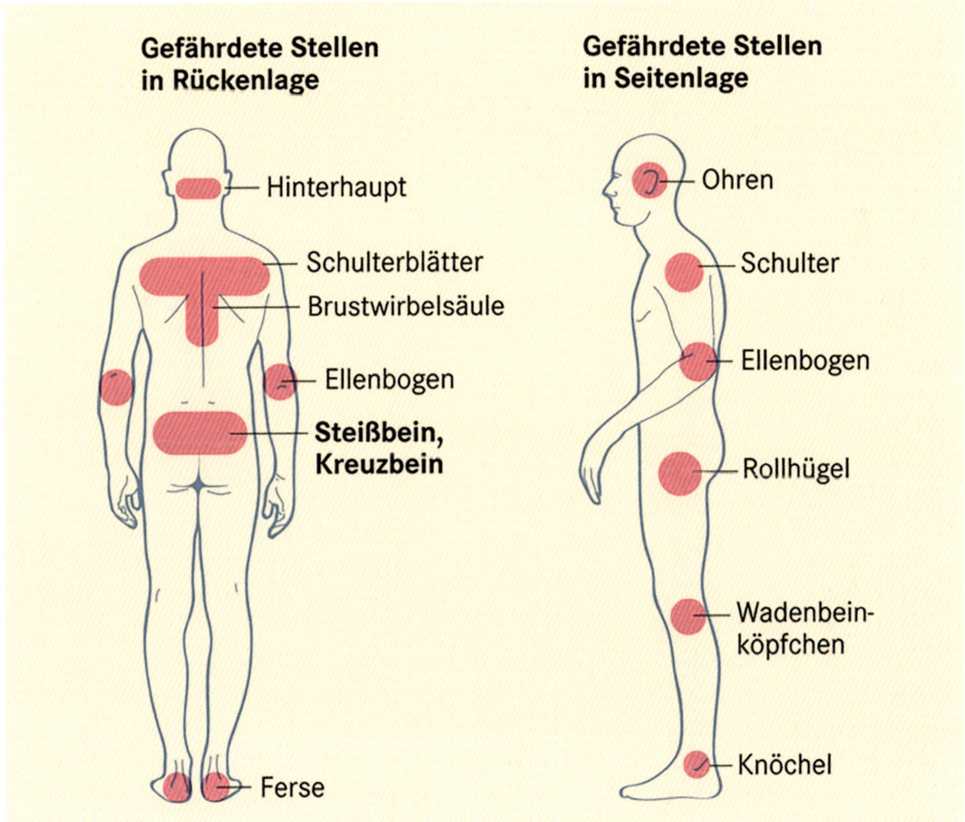

Abb. 24: **Gefährdete Körperstellen** (www.auva.at)

Diese Stellen sind Körperstellen wie Kreuzbein, Ferse, großer Rollhügel (Trochanter major), Hinterkopf, Schulterblatt, Fersen und Außenknöchel (siehe Abb. 24). Ein Dekubitus kann nicht nur an der Hautoberfläche, sondern auch in tieferen Gewebeschichten entstehen. Je nach Ausmaß der Hautschädigung wird der Dekubitus in verschiedene Stadien (siehe Kapitel Dekubitus-Stadien) eingeteilt. Am häufigsten treten Druckgeschwüre in der Steißregion (66 %), an den Fersen (27 %) und am großen Rollhügel (7 %) auf. Je nach Position des Körpers sind unterschiedliche Körperstellen dekubitusgefährdet (siehe Abb. 25).

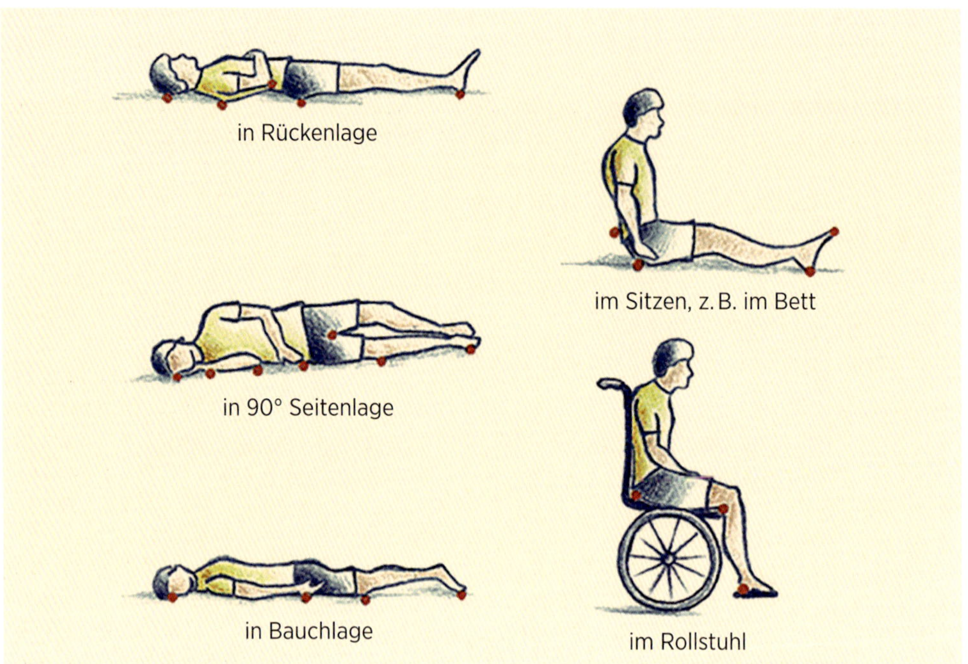

Abb. 25: **Dekubitus-Entstehungsorte in verschiedenen Körperpositionen** (www.dekubitus.de)

Dekubitus-Stadien

Die Österreichische Gesellschaft für Dekubitusprävention beschreibt die Stadien des Dekubitus folgendermaßen (vgl. Österreichische Gesellschaft für Dekubitusprävention 2014, S. 14–16):

Grad 1 – nicht wegdrückbares Erythem: Dieses Stadium ist gekennzeichnet durch eine nicht wegdrückbare Rötung eines lokalen Bereichs meist über einem knöchernen Vorsprung bei grundsätzlich intakter Haut. Der betroffene Bereich kann schmerzhaft, härter, weicher, wärmer oder kälter als das umgebende Gewebe sein und ist ein Hinweis auf ein mögliches Dekubitusrisiko.

Grad 2 – Teilverlust der Haut: Der Hautdefekt reicht bis in die Dermis (Lederhaut) und zeigt sich als flaches, offenes Ulcus mit einem rot- bis rosafarbenen Wundbett ohne Beläge. Der Defekt kann auch eine intakte oder offene/ruptierte, serumgefüllte Blase sein.

Grad 3 – Verlust der Haut: Hier handelt es sich um einen vollständigen Gewebeverlust, bei dem das subkutane Fettgewebe sichtbar sein kann, aber Knochen, Sehnen oder Muskel nicht offenliegen. Es können Taschenbildungen oder Unterminierungen sowie Beläge vorhanden sein.

Grad 4 – vollständiger Haut- oder Gewebeverlust: Beim Grad 4 eines Dekubitus liegt ein Gewebeverlust mit freiliegenden Knochen, Sehnen oder Muskeln vor. Beläge/Schorf und Taschenbildungen oder Unterminierungen können vorhanden sein.

Keinem Grad zuordenbar – Tiefe unbekannt: Bei einem vollständigen Gewebeverlust, bei dem die Basis des Ulcus von Belägen und/oder Schorf im Wundbett bedeckt ist, ist es nicht möglich, die eigentliche Tiefe des Defektes festzustellen. Erst nach Entfernung der Beläge/des Schorfs ist eine korrekte Gradzuordnung möglich.

Vermutete tiefe Gewebeschädigung – Tiefe unbekannt: Aufgrund einer Schädigung des darunterliegenden Gewebes durch Druck und/oder Scherkräfte entsteht ein livid oder rötlichbraun verfärbter Bereich oder eine blutgefüllte Blase bei sonst intakter Haut. Das Gewebe kann schmerzhaft, fest, breiig, matschig und im Vergleich zum umliegenden Gewebe wärmer oder kälter sein.

Charakteristisch ist die Entstehung einer dünnen Blase über einem dunklen Wundbett. Die Wunde kann auch von einem dünnen Schorf bedeckt sein. Auch unter optimaler Versorgung kann es zu einem rasanten Verlauf mit Freilegung weiterer Gewebeschichten kommen.

Bilder der Stadien sind unter https://www.apupa.at/schweregrade/ abrufbar.

Risikoskalen

Risikoskalen sind neben der klinischen Beurteilung ein wichtiges Hilfsmittel zum Einschätzen des Dekubitusrisikos. Es gibt weltweit circa 40 verschiedene Skalen. In Österreich werden in der Praxis die Norton-Skala (fünf Items), die Braden-Skala (sechs Items) und die Waterlow-Skala (zehn Items) am häufigsten verwendet. Der Einsatz der Skalen ist je nach Setting unterschiedlich, die Norton-Skala bzw. die modifizierte Norton-Skala (neun Items) kommt meist im geriatrischen Bereich zum Einsatz. Die Braden- und die Waterlow-Skala werden meist im klinischen Bereich angewendet. Zur Ergänzung der klinischen Beurteilung wird die Verwendung von Risikoskalen empfohlen.

Judy Waterlow veröffentlichte 1985 die **Waterlow-Skala**, die vor allem in Akutkrankenhäusern zum Einsatz kommt. Diese besteht aus zehn Items, von denen sechs mit Punktwerten versehen sind (Körperbau/Gewicht im Verhältnis zur Größe, Hauttyp, Geschlecht und Alter, Kontinenz, Mobilität und Appetit) und vier frei zu beurteilen sind (besondere Risiken, neurologische Defizite, größere chirurgische Eingriffe und Medikation).

Eine Punktezahl von 10 bis 14 bedeutet ein Risiko einen Dekubitus zu entwickeln, 15 bis 19 Punkte stehen für ein hohes Risiko und 20 und mehr Punkte bedeutet ein sehr hohes Risiko (siehe Abb. 26).

Die **Braden-Skala** wurde 1987 von Barbara Braden und Nancy Bergstrom entwickelt und ist das am häufigsten eingesetzte Assessmentinstrument zur Einschätzung des Dekubitusrisikos. Sie beurteilt sechs Bereiche (Mobilität, Aktivität, Reibungs- und Scherkräfte, sensorische Wahrnehmung, Ernährung und Feuchtigkeit). Je nach Vorhandensein dieser Faktoren werden zwischen 0 und 4 Punkten für jedes Risiko angegeben.

Eine Dekubitusgefahr besteht bei 18 Punkten und weniger. Eine Punktezahl von 18 bis 15 bedeutet ein geringes Risiko einen Dekubitus zu entwickeln, 14 bis 12 Punkte stehen für ein mittleres Risiko, 11 bis 9 Punkte für ein hohes Risiko und 9 Punkte und weniger bedeuten ein sehr hohes Risiko (siehe Abb. 27).

Die **Norton-Skala** wurde in den 1950er-Jahren von der englischen Krankenschwester Doreen Norton entwickelt. Die Skala wurde speziell zur Einschätzung des Dekubitusrisikos bei älteren Menschen erarbeitet und im Laufe der Zeit mehrfach wissenschaftlich überprüft. Sie umfasst fünf Kategorien, die mit jeweils ein bis vier Punkten zu bewerten sind. Eine geringe Punktzahl bedeutet, dass ein erhöhtes Dekubitusrisiko besteht.

Aufgrund von falsch negativen Ergebnissen beim Einsatz der Norton-Skala modifizierte Christel Bienstein im Jahr 1985 die Norton-Skala mit dem Ziel, die Sensitivität der ursprünglichen Skala zu erhöhen. Die neue Skala umfasst nun neun Kategorien: Bereitschaft zur Kooperation/Motivation, Alter, Zusatzerkrankungen, körperlicher Zustand, geistiger Zustand, Aktivität, Beweglichkeit, Inkontinenz und Hautzustand.

In jeder Kategorie werden Punkte zwischen eins und vier vergeben. Eine geringe Punktzahl bedeutet ein erhöhtes Risiko. Insgesamt können 36 Punkte erreicht werden, wobei ein Dekubitusrisiko ab einer Punktzahl von 25 angenommen wird. Ab diesem Wert müssen pflegerische Maßnahmen geplant und durchgeführt werden.

Allgemeine Risiken						Besondere Risiken			
Körperbau / Gewicht im Verhältnis zur Größe		**Hauttyp /optisch feststellbare Veränderungen**		**Geschlecht / Alter**		**Mangelversorgung des Gewebes**		**Neurologische Erkrankungen**	
normal	0	gesund / intakt	0	männlich	1	terminale Kachexie	8	diabetische Neuropathie / MS	4-6
vollschlank	1	Pergamenthaut	1	weiblich	2	Multiorganerkrankung	8	Sensibilitätsstörungen / Insult	4-6
adipös	2	trocken	1	14 - 49	1	Herz- oder Nieren- oder Lungenerkrankung	5	Paraplegie (Gesamt max. 6)	4-6
kachektisch	3	ödematös	1	50 - 64	2				
		kaltschweißig / fiebrig	1	65 - 74	3	periphere Gefässerkrankung	5	**Größere chirurgische Eingriffe / Traumen**	
Inkontinenz		blass	2	75 - 80	4	Anämie	2	orthopädische Eingriffe / unterhalb der Taille	5
katheterisiert	0	rissig / wund	3	81 +	5	Rauchen	1		
gelegentlich inkontinent	1							OP-Zeit länger als 2 Stunden	5
Harnkatheter und stuhlkontinent	2	**Ernährung / Appetit**		**Mobilität**		**Medikamente**		OP-Zeit länger als 6 Stunden	8
		normal	0	normal	0	Zytostatika			
stuhl- und harninkontinent	3	reduziert	1	unruhig	1	hochdosierte Steroide	max. 4	**Punkte**	
		Ernährungssonde / flüssige Nahrung	2	apathisch	2	hochdosierte Antibiotika		10 - 14	Risiko
				eingeschränkt	3			15 -19	hohes Risiko
		parenterale Ernährung / Anorexie	3	bettlägrig	4			20 +	sehr hohes Risiko
				Rollstuhl	5				

Abb. 26: **Waterlow-Skala** (modifiziert nach www.judy-waterlow.co.uk)

Punkte	Bereitschaft zur Kooperation/ Motivation	Alter	Hautzustand	Zusatzerkrankungen	körperlicher Zustand	geistiger Zustand	Aktivität	Beweglichkeit	Inkontinenz
			Veränderungen: schuppig, trocken, rissig, wund, feucht, mazeriert, dehydriert	je nach Schweregrad: Abwehrschwäche, Fieber, Diabetes Mellitus, Anämie, Multiple Sklerose, Carzinomerkrankung, Adipositas, pAVK					
4	voll	< 10	vollkommen gesunde/intakte Haut	keine	gut	klar	geht ohne Hilfe	voll	keine
	Eine hohe Bereitschaft ist durch die kontinuierliche Mitarbeit gekennzeichnet								
3	wenig	< 30	leichte Veränderung	leichte Form	leidlich (geschwächt)	apathisch/verwirrt	geht mit Hilfe	kaum eingeschränkt	manchmal
	Patient zeigt nach Aufforderung Bereitschaft zur Mitarbeit								
2	teilweise	< 60	mittlere Veränderung	mittlere Form	schlecht	verwirrt/desorientiert zu Zeit, Ort, Person	rollstuhlbedürftig	sehr eingeschränkt	meistens Urin
	Patient zeigt bei Aufforderung eine wechselnde Bereitschaft zur Mitarbeit				z. B. Adipositas, Kachexie				
1	keine	> 60	schwere Veränderung	schwere Form	sehr schlecht	stuporös	bettlägerig	voll eingeschränkt	ständig Urin und Stuhl
	Patient zeigt keine Bereitschaft				z. B. extreme Kachexie				

Dekubitusgefahr besteht bei 25 Punkten und weniger!
sehr hohes Risiko 13-9 Punkte hohes Risiko 18-14 Punkte mittleres Risiko 23-19 geringes Risiko 25-24 Punkte

Abb. 28: **Norton-Skala** (modifiziert nach IGAP 2011)

Punkte	Mobilität	Aktivität	Reibungs- und Scherkräfte	Sensorische Wahrnehmung	Ernährung	Feuchtigkeit
	Fähigkeit, die Position zu wechseln und zu halten	Ausmaß der physischen Aktivität	Auf die Haut wirkende Kräfte	Fähigkeit, adäquat auf druckbedingte Beschwerden zu reagieren	Ernährungsgewohnheiten	Ausmaß, in dem die Haut, Feuchtigkeit ausgesetzt ist
1	**Komplett inmobil**	**Bettlägerig**	**Problem**	**Fehlt**	**Sehr schlechte Ernährung**	**Ständig feucht**
	kann auch keinen geringfügigen Positionswechsel ohne Hilfe ausführen		braucht viel bis massive Unterstützung beim Poitionswechsel Anheben ist ohne Schleifen über das Leintuch nicht möglich rutscht ständig im Bett oder im Rollstuhl herunter hat spastische Kontrakturen ist sehr unruhig, scheuert auf dem Leintuch	keine Reaktion auf schmerzhafte Stimuli mögliche Gründe: Bewusstlosigkeit, Sedierung, Störung der Schmerzempfindung durch Lähmung die den größten Teil des Körpers betrifft	isst kleine Portionen nie auf max. 1/3 isst nur 2 oder weniger Eiweißprodukte (Milchprodukte, Fleisch, Fisch) trinkt zu wenig; nimmt keine Ergänzungskost zu sich oder darf oral keine Kost zu sich nehmen oder nur klare Flüssigkeiten oder erhält Infusionen länger als 5 Tage	die Haut ist ständig feucht durch Urin, Schweiß oder Stuhl immer wenn der Betroffene posioniert wird, liegt er im Nassen
2	**Mobilität stark eingeschränkt**	**Sitzt auf**	**Potenzielles Problem**	**Stark eingeschränkt**	**Mäßige Ernährung**	**Oft feucht**
	bewegt sich manchmal geringfügig (Körper oder Extremitäten) kann sich aber nicht regelmäßig allein ausreichend umdrehen	kann mit Hilfe etwas gehen kann das eigene Gewicht nicht alleine tragen braucht Hilfe beim Aufsitzen (Bett, Stuhl, Rollstuhl)	bewegt sich tlw. allein bzw. mit wenig Hilfe beim Hochziehen schleift die Haut nur wenig über das Leintuch kann sich selbst etwas anheben kann sich über längere Zeit in einer Lage halten (Stuhl, Rollstuhl) rutscht nur selten herunter	Reaktion erfolgt nur auf starke Schmerzreize Beschwerden können kaum geäußert werden (z.B. durch Stöhnen oder Unruhe), Störung der Schmerzempfindlichkeit durch Lähmung, wovon die Hälfte des Körpers betroffen ist	isst selten eine normale Portion isst im Allgemeinen etwa die Hälfte der angebotenen Nahrung isst etwa 3 Eiweißportionen nimmt unregelmäßig Ergänzungskost zu sich kann über Sonde oder Infusionen die meisten Nährstoffe zu sich nehmen	die Haut ist oft feucht, nicht immer Bettzeug oder Wäsche muss mindestens einmal alle 12 Stunden gewechselt werden
3	**Mobilität gering eingeschränkt**	**Geht wenig**	**Kein Problem zur Zeit**	**Leicht eingeschränkt**	**Adäquate Ernährung**	**Manchmal feucht**
	regelmäßige kleine Positionswechsel des Körpers und der Extremitäten	geht am Tag allein, selten und nur kurze Wege Hilfe wird bei längeren Wegen benötigt verbringt die meiste Zeit im Bett oder Stuhl im	bewegt sich in Stuhl und Bett allein hat genügend Kraft, sich anzuheben kann eine Position über lange Zeit halten, ohne herunterzurutschen	Reaktion auf Ansprache oder Kommandos Beschwerden können aber nicht immer ausgedrückt werden (z.B. dass die Position geändert werden soll) Störung durch Lähmung, wovon eine oder zwei Extremitäten betroffen sind	isst mehr als die Hälfte der normalen Essensportionen nimmt 4 Eiweißportionen zu sich verweigert gelegentlich eine Mahlzeit nimmt aber Ergänzungskost zu sich kann über Sonde oder Infusion die meisten Nährstoffe zu sich nehmen	die Haut ist manchmal feucht und etwa einmal pro Tag wird neue Wäsche benötigt
4	**Mobil**	**Geht regelmäßig**		**Vorhanden**	**Gute Ernährung**	**Selten feucht**
	kann seine Position umfassend verändern	geht regelmäßig bewegt sich regelmäßig		Reaktion auf Ansprache, Beschwerden können geäußert werden keine Störung der Schmerzempfindung	isst immer die angebotenen Mahlzeiten auf und nimmt 4 oder mehr Eiweißprodukte zu sich, isst manchmal zwischen den Mahlzeiten, braucht keine Ergänzungskost	die Haut ist meistens trocken neue Wäsche wird selten benötigt

Dekubitusgefahr besteht bei 18 Punkten und weniger!
sehr hohes Risiko < 9 Punkte hohes Risiko 9-11 Punkte mittleres Risiko 12-14 geringes Risiko 15-18 Punkte

Abb. 27: **Braden-Skala** (modifiziert nach www.dekubitus.de/dekubitusprophylaxe-braden-skala.htm)

Prophylaktische Maßnahmen

Zahlreiche Studien und Untersuchungen haben sich mit der Entstehung und der Prävention von Dekubitalgeschwüren beschäftigt. Diese belegen, dass das Auftreten eines Dekubitus weitgehend verhindert werden kann. Wesentlich dafür ist eine erfolgreiche Prophylaxe. Dazu muss das Pflegefachpersonal über spezifisches Wissen und spezielle Fähigkeiten und Fertigkeiten verfügen (vgl. Stegger 2010, S. 10–21):

1. **Wissen über das Entstehen eines Dekubitus und die Einschätzung der Risikogefährdung**
   Das Wissen muss den neuesten Erkenntnissen der Wissenschaft entsprechen. Das Dekubitusrisiko muss von Beginn der Pflege fortlaufend eingeschätzt werden, die Erkenntnisse sind zu dokumentieren und allen am Pflegeprozess Beteiligten zugänglich zu machen.
2. **Beherrschung der Techniken zur Vermeidung eines Dekubitus**
   Die Pflegefachkräfte müssen die verschiedenen Bewegungs- und Positionierungstechniken kennen und deren Anwendung beherrschen. Sie positionieren die zu Pflegenden nach einem individuellen Mobilisierungs- oder Bewegungsplan und fördern deren Eigenbewegungen. Wesentlich ist, dass die zu Pflegenden miteinbezogen werden, um die individuell geeignete Positionierung zu ermitteln.
3. **Fähigkeit zur Auswahl geeigneter Hilfsmittel**
   Geeignete druckverteilende Hilfsmittel müssen zum kurzfristigen Einsatz zur Verfügung stehen. Die Pflegefachkräfte wählen die individuell passenden Hilfsmittel aus und setzen sie zur Druckentlastung ein.
4. **Befähigung zur Anleitung und Beratung**
   Die Pflegefachkräfte müssen über die notwendigen Kompetenzen verfügen, um die zu Pflegenden selbst bzw. ggf. die an ihrer Versorgung beteiligten Personen zu Maßnahmen zur Dekubitusprophylaxe und zur Überprüfung des Erfolgs dieser Maßnahmen anzuleiten und zu beraten.
5. **Sicherstellung der Kontinuität**
   Alle an der Versorgung der zu Pflegenden beteiligten Personen müssen die Maßnahmen zur Dekubitusprophylaxe kontinuierlich durchführen. Durch die Planung der durchzuführenden Maßnahmen im Rahmen des Pflegeprozesses wird dies sichergestellt.
6. **Kompetenz zur Beurteilung des Erfolgs der getroffenen Maßnahmen**
   Die Pflegefachkräfte müssen erkennen können, ob beim/bei der zu Pflegenden Anzeichen eines Dekubitus zu erkennen sind und ob die angewandten Maßnahmen zur Dekubitusprophylaxe Wirkungen zeigen.

Die drei wesentlichen Säulen der Dekubitusprophylaxe sind:

Hautpflege
Durch eine intakte Haut kann das Dekubitusrisiko deutlich gesenkt werden. Da jeder Wasserkontakt den Säureschutzmantel der Haut angreift, sollte stets abgewogen werden, ob und wie oft therapeutische und reinigende Ganz- oder Teilkörperwaschungen durchgeführt werden. Weiteres ist zu bedenken, dass **warmes Wasser** die **Haut stärker schädigt** als kaltes. Daher sollte kühles Wasser möglichst ohne Waschzusätze verwendet werden. Nach dem Gebrauch von Seifen und Waschlotionen sollte mit klarem Wasser nachgewaschen werden. Zur Hautpflege verwendete Cremes und Lotionen müssen an den Hautzustand angepasst sein. Je trockener die Haut, desto höher sollte der Fettgehalt des Pflegepräparates sein.

W/O-Präparate (Wasser-in-Öl-Präparate) kommen bei **normaler bis trockener Haut** zum Einsatz. Ihr Wasseranteil ist sehr gering, sie überziehen die Haut mit einem Fett-

Wassermantel, der sie vor Austrocknung schützt. Der geringe Wasseranteil lässt eine kontinuierliche Abgabe von Schweiß und Wärme zu.

O/W-Präparate (Öl-in-Wasser-Präparate) haben einen hohen Wasseranteil. Dieser dringt rasch in die oberste Hautschicht ein und lässt sie aufquellen, dadurch wird die Hautoberfläche vergrößert und die Verdunstung von Feuchtigkeit forciert. Diese Produkte trocknen die Haut aus und sollten nur bei fettiger Haut eingesetzt werden.

Alkoholische Einreibungen, z. B. mit Franzbranntwein, trockenen die Haut ebenfalls aus. Daher sollte nach deren Verwendung immer ein W/O-Präparat verwendet werden.

Die Anwendung von **Zinkpaste** sollte ebenfalls unterlassen werden, denn durch die Abdeckung der Haut ist eine Hautbeobachtung schwierig. Das enthaltene Zinkoxid trocknet die Haut zusätzlich aus.

Die Verwendung von **reinen Fettprodukten**, wie z. B. Melkfett, Vaseline oder Babyöl, zur Hautpflege führt zur Abdichtung der Hautporen und verhindert den Wärmeaustausch.

Ausschalten von Risikofaktoren

Das Minimieren bzw. Ausschalten der bereits erwähnten Risikofaktoren ist ein wesentlicher Faktor in der Dekubitusprophylaxe. Extrinsische Faktoren wie Körperhygiene oder Hebetechniken sind durch Pflegepersonen leichter zu beeinflussen als intrinsische Risikofaktoren.

Mobilisierung

Die Vermeidung von Bewegungseinschränkungen und die Förderung und Erhaltung der Restmobilität ist ein wichtiges Element in der Dekubitusprophylaxe. Ist eine Positionierung im Bett erforderlich, so gilt für die Verwendung von Hilfsmitteln „So viel als nötig, so wenig als möglich!", um die Eigenbewegungen zu ermöglichen bzw. zu fördern.

Hilfsmittel werden nach folgenden Kriterien ausgewählt (vgl. AWA):

- Körpergewicht des/der PatientIn
- Pflegerischer und therapeutischer Schwerpunkt – weiche Matratze hemmt Mobilität
- Grad der Dekubitusgefährdung nach Skala
- Je größer die Auflagefläche, desto geringer der Auflagedruck.

Thromboseprophylaxe

Ziel der Thromboseprophylaxe ist es, durch Minimierung der Risikofaktoren (Virchowsche Trias) die Wahrscheinlichkeit einer Thromboseentstehung zu senken.

Definition

Der Begriff Thrombose kommt aus dem Griechischen: „thrombosis" bedeutet das Gerinnen bzw. Blutgerinnung, „thrombos" bedeutet Klumpen, Pfropf. Unter Thrombose ist ein Verschluss der Arterien oder Venen durch eine intravasale (in den Blutgefäßen stattfindende) Blutgerinnung zu verstehen. Der dabei entstehende Blutpfropf (Thrombus) führt zu einem teilweisen oder vollständigen Gefäßverschluss.

Ursachen und Risiken

Die drei entscheidenden Risikofaktoren einer Thrombose wurden von dem Pathologen Rudolf Virchow (1821–1902) beschrieben und sind als „Virchowsche Trias" bekannt:

Schädigungen der Gefäßinnenwand (Wandfaktor): Durch verkalkungsbedingte Ablagerungen bzw. entzündliche Gefäßwandveränderungen kommt es zu einer Schädigung der Gefäßinnenwand (Endothel, Tunica interna/intima). Blutplättchen (Thrombozyten) heften sich an die geschädigte Stelle und fördern die Bildung eines Thrombus. Risiken:

- Gefäßsklerose (Einlagerung von Fett und Kalk); besonders gefährdet sind:
  - ältere Menschen
  - Nikotinabhängige
  - Übergewichtige
  - DiabetikerInnen
- Entzündungsvorgänge an den Gefäßwänden, z. B. Arteriitis, Phlebitis
- Traumatisch bedingte Gefäßwandverletzungen durch
  - Unfälle
  - Verletzungen
  - Operationen
- Allergisch bedingte Gefäßwandveränderungen durch intravasale Katheter (zentrale und periphere Venenverweilkanülen)
- Gefäßwandveränderungen als hypoxische Schäden (Minderversorgung der Gefäßwand mit Blut/Sauerstoff), z. B. bei Herz- und Lungenerkrankungen/-insuffizienz

Verlangsamung der Blutströmung (Kreislauffaktor): Durch einen verlangsamten Blutfluss erhöht sich das Risiko, dass sich Thrombozyten an der Venenwand ablagern und sich dadurch ein Thrombus entwickelt. Risiken:

- Fehlen der oder mangelhafte Muskel-Venen-Pumpe
  - z. B. durch Immobilität bei Bettruhe, Bettlägerigkeit, Tragen von Schienen/Gips zur Ruhigstellung eines Körperteils, Lähmungen, allgemeiner Schwäche, postoperativem Zustand
  - insbesondere bei älteren und übergewichtigen Menschen
- mangelhaftes Pumpvermögen des Herzens (Herzinsuffizienz)
- mangelhafte thorakale Atmung (flache Atmung – Schmerzen beim Atmen)
- lokale Strömungsverlangsamung (Aussackungen der Gefäßwände – Varizen/Venenklappeninsuffizienz, postthrombotisches Syndrom [Folgeerscheinungen nach einer durchgemachten Thrombose])
- Schwangerschaft (verringerter venöser Rückstrom aus den unteren Extremitäten, Kompression der unteren Hohlvene)

Erhöhte Blutgerinnung (Blutfaktor): Die Blutgerinnung wird dann in Gang gesetzt, wenn sich die blutgerinnungsbeteiligen Stoffe in den Gefäßen verändern. Risiken:

- Flüssigkeitsmangel
- Exsikkose (Austrocknung), z. B. durch Diuretikaeinnahme (Einnahme entwässernder Medikamente), anhaltende Diarrhoe (Durchfall), anhaltendes Erbrechen
- angeborene Blutgerinnungsstörungen
- Störungen im Gerinnungs- und Thrombolysesystem
- nach Unfällen, Operationen oder Verbrennungen
- Polyglobulie (erhöhte Anzahl von Erythrozyten)
- virusbedingte Infektionserkrankungen
- Karzinome (bösartige Tumorerkrankungen)

Symptome

Eine Thrombose kann unterschiedliche Symptome aufweisen. Treten folgende Symptome auf, sollte an eine Thrombose gedacht werden:

- ziehender Schmerz, Druckschmerz an der betreffenden Extremität
- Schwere-, Spannungsgefühl an der betroffenen Stelle
- Überwärmung, evtl. Puls- und Temperaturanstieg
- Gewebeschwellungen durch Wassereinlagerungen (Ödeme)
- Zyanose der betroffenen Stelle – livide Verfärbung des herabhängenden Beines

Verhalten beim Auftreten von Symptomen

Werden ein oder mehrere Symptome einer Thrombose beobachtet, ist wie folgt vorzugehen (vgl. Bölicke et al. 2015, S. 4):

- Der/die zu Pflegende wird über die Beobachtungen informiert und angehalten, vorsichtshalber Bettruhe einzuhalten.
- Je nach Setting wird sofort der (Haus-)Arzt bzw. der ärztliche Notdienst informiert.
- Bei demenziell Erkrankten wird auf Schmerzanzeichen und allgemeine Verhaltensänderungen geachtet, soweit möglich auch auf die Einhaltung der Bettruhe.
- Die Beobachtungen werden im Pflegebericht dokumentiert:
  - Beobachtete Veränderungen/Symptome
  - Gesetzte Schritte wie Betroffene/n informiert und angeleitet nicht mehr aufzustehen, Hausarzt informiert, ...
  - Weitere Schritte, die mit dem Arzt/der Ärztin vereinbart wurden (Krankenhauseinweisung, ...)

Prophylaktische Maßnahmen

Das Hauptziel der Thromboseprophylaxe ist es, den venösen Blutrückfluss zu unterstützen. Dabei kommen folgende Maßnahmen zur Anwendung.

Frühmobilisation: Durch einseitige Position (z. B. langes Sitzen, Liegen) werden die Venen abgeklemmt bzw. fehlt die Muskelanspannung der Beinmuskulatur, um den Blutrückfluss zum Herzen zu fördern. Bewegung regt das Herz an, schneller zu schlagen, dadurch erhöht sich die Geschwindigkeit der Blutzirkulation. Der ansteigende Blutdruck fördert die Durchblutung der Gefäße. Rückstromfördernde Gymnastik im Bett:

- Beine anwinkeln und strecken
- Füße kreisen
- Füße heben und senken
- Knie anziehen und strecken
- „Fahrrad fahren“
- Zehen krallen und entspannen
- Mit einem Fuß Druck gegen die andere Fußsohle ausüben (spannt die Wadenmuskulatur) – kann auch durch eine Pflegeperson erfolgen

Flüssigkeitszufuhr: Ist zu wenig Flüssigkeit im Körper vorhanden, sind die festen Blutbestandteile anteilsmäßig zu hoch. Das ist durch Beobachtung des Hauttugors (Eigenspannungszustand der Haut) zu erkennen. Bei einem herabgesetzten Tugor geht die Haut nach der Druckentlastung nicht gleich in ihre Ursprungsform zurück.

- Achten auf ausreichend Flüssigkeitszufuhr (30 ml pro kg Körpergewicht/Tag) bzw.
- Kontinuierlich Getränke anbieten bzw. Trinken ermöglichen/unterstützen

Kompressionsbehandlung: Unter der Kompressionsbehandlung versteht man das Anlegen von Stützstrümpfen oder medizinischen Thromboseprophylaxe-Strümpfen (MTS), auch als Antithrombosestrümpfe (ATS) bekannt, bzw. medizinischen Kompressionsstrümpfen (MKS), Kompressionsstrümpfen oder eines Kompressionsverbandes (Kurzzugbandagen). Es werden bei den **komprimierenden Strümpfen** Stützstrümpfe, medizinische Thromboseprophylaxe-Strümpfe (MTS) und medizinische Kompressionsstrümpfe (MKS) unterschieden. Komprimierende Strümpfe sind als knie- und oberschenkellange Strümpfe verfügbar. Bei der Kompressionstherapie mit MKS ist ein möglichst hoher Arbeitsdruck bei niedrigem Ruhedruck und hohem Tragekomfort das Ziel.

Stützstrümpfe dienen der Vorbeugung von Venenschäden beim venengesunden Menschen durch die Unterstützung des Bindegewebes. Sie haben keine Wirkung auf das venöse Gefäßsystem, sie sorgen für einen gleichbleibenden niedrigen Arbeits- und Ruhedruck. Durch die Kompression wird das Gewebe gestützt und die Venen verengen sich gleichmäßig, wodurch der venöse Blutrückfluss verbessert wird. Stützstrümpfe sind nicht verordnungspflichtig.

Medizinische Thromboseprophylaxe-Strümpfe (MTS, weiße Strümpfe) sind auch als Antithrombosestrümpfe bekannt und werden bei liegenden Menschen zur Prävention tiefer Beinvenenthrombosen eingesetzt. Die oberflächlichen Venen werden durch die Strümpfe komprimiert, das erhöht die Fließgeschwindigkeit des Blutes in den tiefen Beinvenen. MTS werden vor allem zur prä-, intra- und postoperativen Prophylaxe im Krankenhaus eingesetzt. Der Druck der Strümpfe ist gering und nimmt vom Fuß zum Oberschenkel ab. Der Druck an der Fessel beträgt ca. 18 mmHg (± 3 mmHg) und fällt bis zum Oberschenkel kontinuierlich auf ca. 40 % des Ausgangsdrucks ab.

Merke: Der MTS entfaltet seine Wirkung nur bei liegenden Menschen (Ruhedruck)!

Medizinische Kompressionsstrümpfe (MKS) werden in der Langzeittherapie zur Behandlung von Venenerkrankungen und zur Therapie von Erkrankungen des lymphatischen Systems verwendet. Es werden vier verschiedene Kompressionsklassen (Kompressionsklasse 1–4 mit einer Kompression zwischen 18 und mehr als 50 mmHg) unterschieden. Auch beim MKS nimmt der Druck vom Fuß zum Oberschenkel hin ab. Der MKS kann alle sechs Monate mittels Verordnungsschein neu verordnet werden.

Merke: Der MKS braucht für seine Wirksamkeit Mobilität (Arbeitsdruck)! (vgl. Bölicke et al. 2015, S. 5–6) Der Ruhedruck liegt bei ruhig liegendem Bein vor, der Arbeitsdruck entsteht bei Bewegung des Beines durch die Aktivierung der Muskelpumpe.

Korrektes Anlegen von MTS/MKS:

- Abmessen des Durchmessers der dicksten Stelle des Unterschenkels und der Beinlänge (Ferse bis zur Gesäßfalte – Herstellerangaben berücksichtigen)
- Passt aufgrund der Messwerte kein Strumpf oder weist das Bein Hautläsionen auf, so sind Bandagen zu verwenden

- Vor dem Anlegen der MTS/MKS werden die Beine ca. 20 Minuten lang hoch gelagert, um sicherzustellen, dass die Beine entstaut sind
- Anziehhilfen wie Stoffschuh (Gleitsocke), Applikator (Socks Jet) oder Noppenhandschuhe erleichtern das Anziehen

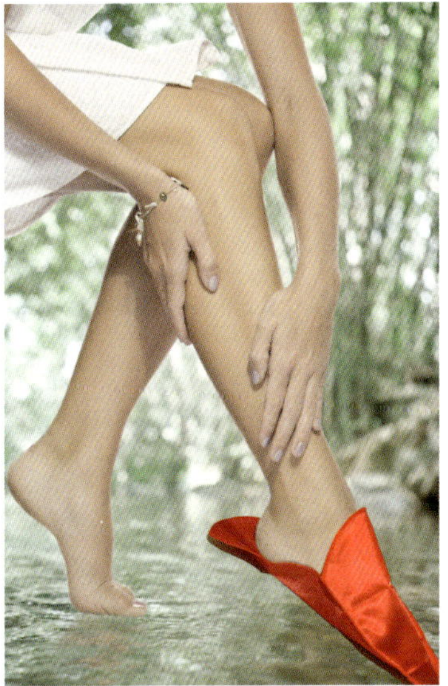

Abb. 29: **Gleitsocke**
(Wilhelm Spring GmbH & Co.)

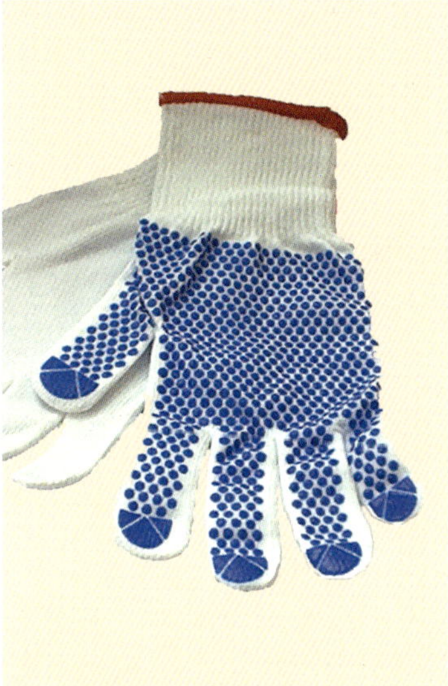

Abb. 30: **Noppenhandschuh**
(Wilhelm Spring GmbH & Co.)

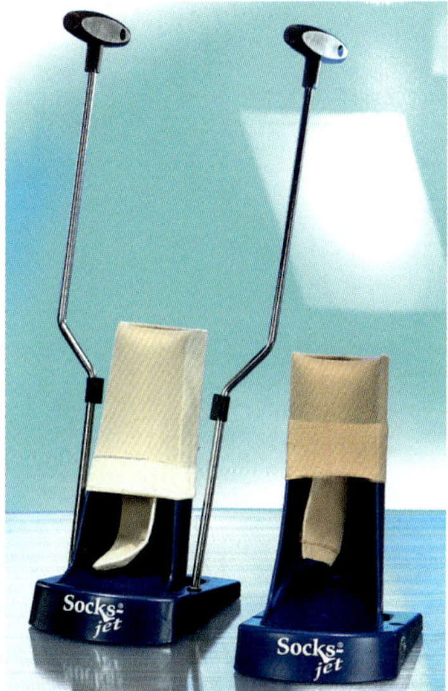

Abb. 31: **Socks Jet**
(Wilhelm Spring GmbH & Co.)

- Korrektes Anziehen:
  - Den Strumpf bis zur Ferse auf links drehen (umstülpen),
  - das Fußteil des Strumpfes bis zur Ferse über den Fuß stülpen,
  - den restlichen Teil des Strumpfes über die Ferse bis zur Leistenbeuge hochziehen und glattstreichen;
  - Kontrolle, ob der Strumpf richtig sitzt, keine Falten, keine Einschnürungen vorhanden sind und ob die Zehen gut durchblutet sind.
- Beobachtung und Pflege der Haut an den Beinen erfolgt mindestens zweimal täglich
- **MTS** sind 24 Stunden täglich zu tragen!
- Alle zwei bis drei Tage oder bei Verschmutzung werden die MTS/MKS gewechselt
- MTS/MKS können mehrmals (laut Herstellerhinweis) gewaschen werden

Phlebologischer Kompressionsverband (PKV): wird zur Therapie phlebologischer und lymphologischer Erkrankungen eingesetzt. Er hat komprimierende Eigenschaften, die den venösen und lymphatischen Abstrom verbessern und die venöse Pumpfunktion unterstützen.

Merke: Der PKV ist ein Verband, der sich aus einzelnen Binden zusammensetzt. Durch Überwicklung von Binden in mehreren Schichten sowie bei Verwendung unterschiedlicher Materialien ändern sich die elastischen Eigenschaften des Verbandes (vgl. Arbeitsgemeinschaft der Wissenschaftlichen Medizinischen Fachgesellschaften 2009, S. 1).

Kompressionsverband mit einer Langzug-/Mittelzug-/Kurzzugbandage: Langzugbandagen kommen dann zum Einsatz, wenn ein hoher Ruhedruck und ein geringer Arbeitsdruck ausgeübt werden soll. Sie werden daher bei immobilen Menschen angewendet. Kurzzugbandagen kommen dann zum Einsatz, wenn ein hoher Arbeitsdruck und ein geringer Ruhedruck ausgeübt werden soll. Sie werden daher bei mobilen bzw. teilmobilen Menschen angewendet. Beim Anlegen einer Bandage ist Folgendes zu beachten:

- Der Bindenkopf zeigt immer nach oben
- Die Zehen werden nicht bandagiert – der Ansatz der Bandage ist am Zehengrundgelenk
- Kontrolle von Temperatur, Durchblutung und Hautfarbe circa 30 Minuten nach Anlage der Bandage
- Die Bandage muss das Bein lückenlos und faltenfrei umwickeln
- Bleibt die Bandage 24 Stunden täglich am Bein (Langzugbandage), wird sie zweimal täglich neu angelegt
- Beim Neuanlegen der Bandage wird der Hautzustand beobachtet und eine Hautpflege durchgeführt (Gefahr der Austrocknung der Haut durch die elastischen Fasern der Bandage)

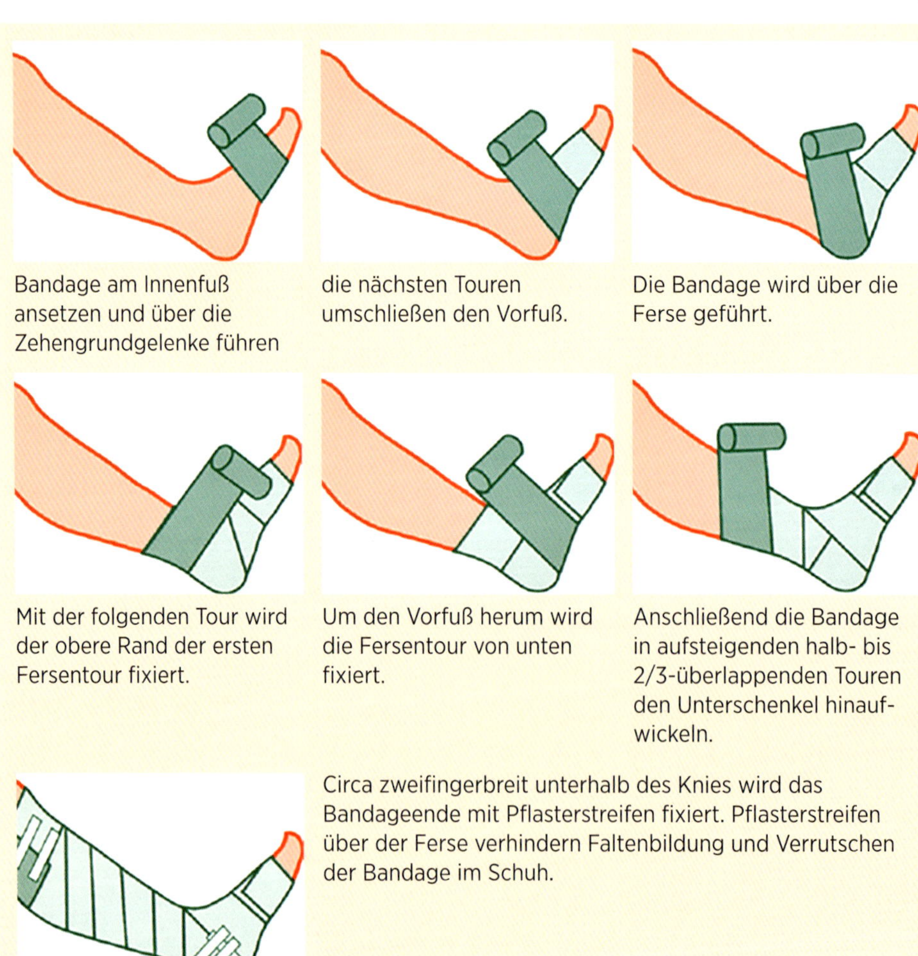

Abb. 32: **Anlegen eines Kompressionsverbandes am Unterschenkel** (www.lohmann-rauscher.at)

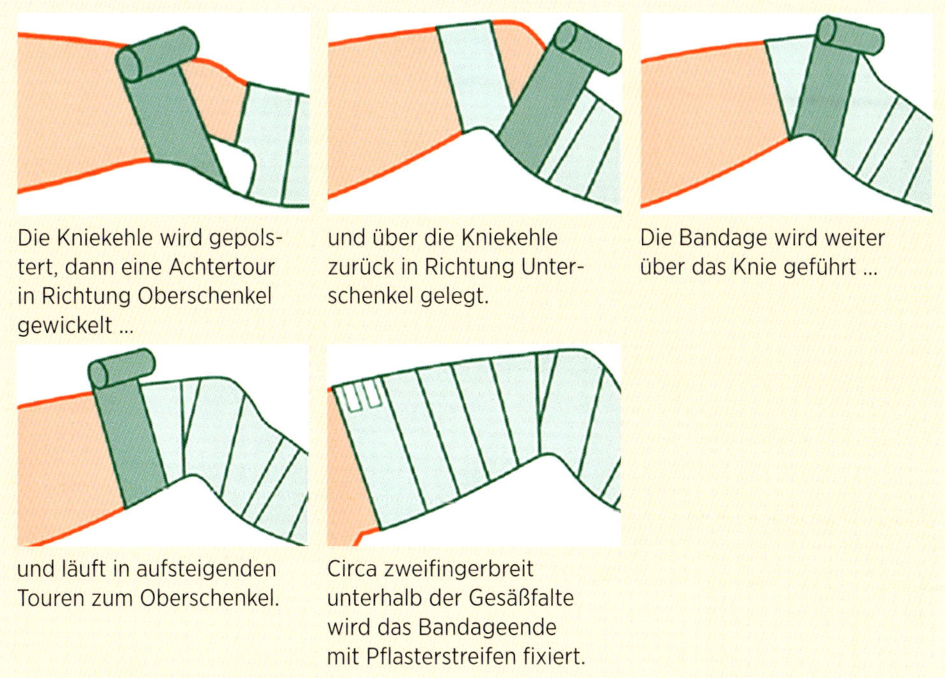

Abb. 33: **Anlegen eines Kompressionsverbandes am Oberschenkel** (www.lohmann-rauscher.at)

Intermittierende pneumatische Kompression (IPK): Bei der IPK oder auch apparativen intermittierenden Kompression (AIK) werden aufblasbare Manschetten um die Beine gelegt, in wiederkehrenden Druckwellen mit Luft gefüllt und wieder entleert. Diese Methode findet Anwendung in der Thromboseprophylaxe und zur Entstauungstherapie. Man unterscheidet bezüglich des Applikationsortes zwei Systeme:

- Die Fußpumpe besteht aus einem Luftpulsgenerator und einem „Spezialschuh", über dessen aufpumpbare Sohle eine intermittierende Kompression auf den plantaren Venenplexus (Venengeflecht an der Fußsohle) ausgeübt wird.
- Die Extremitätenpumpe besteht aus ein- oder mehrkammerigen (bis 12 Kammern), doppelwandigen Bein-, Arm-, Hüft- oder Hosenmanschetten. Der individuell erforderliche Druck wird in definierten Zeitabständen auf- und abgebaut (vgl. Bölicke et al. 2015, S. 7).

Abb. 34: **Apparative Kompressionstherapie** (https://www.commons.wikimedia.org)

Positionierung: Das Hochpositionieren der Beine unterstützt den venösen Rückstrom zum Herzen. Die Beine sollten circa 20° erhöht positioniert werden. Das kann erfolgen:

- im Liegen – durch Hochstellen des Bettes
- im Sitzen – Höherpositionierung mittels Sessel oder Hocker; Kniegelenke sollten nicht durchhängen, ggf. mit flachen Kissen unterstützen

Abb. 35: **Venenkissen** www.hofmanngmbh.de)

Ausstreichen der Beine: Bei der Ausstreichung der Beine wird der Rückstrom manuell unterstützt. Das Blut wird durch aufwärts streichende Bewegungen in Richtung Herz befördert.

Merke: Es ist zu berücksichtigen, dass es durch das Ausstreichen der Beine zu einem mechanischen Lösen von Mikrogerinnseln kommen kann, wodurch die Gefahr einer Embolie erhöht sein kann!

Vorgehensweise:

- Bein anheben, mit der anderen Hand mit leichtem Druck vom Knöchel in Richtung Knie ausstreichen
- Anwendung bei der Körperpflege:
  - beim Waschen/Abtrocknen leichten Druck anwenden und in Herzrichtung waschen/trocknen
  - beim Eincremen der Haut auf ausstreichende Bewegungen achten

Atemübungen: Durch die Erweiterung des Thoraxraumes bei der tiefen Atmung wird der Blutfluss durch das Verengen der unteren Hohlvene angeregt. Der/die zu Pflegende soll über die Notwendigkeit dieser Übungen informiert sein, angeleitet werden und zum regelmäßigen Üben animiert werden.

- Lachen – regt zum tieferen Atmen an
- bewusstes, tiefes Ein- und Ausatmen
- Bauchatmung, durch die Nase einatmen und durch den Mund ausatmen

Kontrakturprophylaxe

Ziel der Kontrakturprophylaxe ist es, die Gelenkbeweglichkeit zu fördern und zu erhalten.

Definition

Eine Kontraktur (vom lateinischen Wort „contrahere“ = zusammenziehen) ist eine Funktions- und Bewegungseinschränkung von Gelenken, die bedingt ist durch:

1. Verkürzung von Muskeln, Sehnen, Bändern und/oder
2. Schrumpfung der Gelenkkapseln und/oder
3. Verwachsung der Gelenkflächen.

Eine Kontraktur ist eine dauerhafte Bewegungseinschränkung, die mit einer völligen Gelenkversteifung einhergehen kann.

Symptome

Die Symptome einer Kontraktur können vielseitig sein. Schon geringfügige Veränderungen sollten genau beobachtet werden, um eine beginnende Kontraktur rechtzeitig zu erkennen und rechtzeitig mit prophylaktischen Maßnahmen beginnen zu können.

- Zwangshaltung – das Gelenk ist in einer bestimmten Position fixiert, die bei passivem Durchbewegen nicht überwindbar ist
- Einschränkung der aktiven und passiven Bewegung
- bei Bewegung Schmerzen im betroffenen Gelenk

- unharmonischer Bewegungsablauf
- nicht mehr alle Bewegungsgrade eines Gelenks sind möglich und/oder der Bewegungsausschlag ist reduziert
- sichtbare Muskelatrophie

Ursachen

Die Ursache einer Kontraktur ist mangelnde Bewegung. Bereits nach ca. drei Wochen erfolgen der Abbau von Muskulatur und die Veränderung von Gelenken. Die Ursachen für eine Bewegungseinschränkung sind vielfältig:

- **Myogene Kontraktur**: Vor allem bei Muskelerkrankungen kommt es zur fibrösen Umwandlung oder Atrophie der Muskulatur. Eine unphysiologische/fehlerhafte Positionierung kann eine myogene Kontraktur hervorrufen, wenn der kontrahierte Muskel das Gelenk in eine Fehlstellung zieht. Ursachen sind auch eine länger dauernde Immobilität, schmerzbedingte Fehlhaltung oder die Ruhigstellung eines Gelenkes, z. B. bei einem Gipsverband.
- **Neurogene Kontraktur**: Durch Verletzung oder Ausfall von Nerven werden zugehörige Muskeln nicht mehr innerviert. Eine Bewegung der Skelettmuskulatur ist nicht mehr möglich. Die Lähmung kann schlaff oder spastisch sein.
- **Athrogene Kontraktur**: Hier liegt die Ursache im Gelenk selbst. Ursachen können Gelenkverletzungen, Gelenkentzündungen oder degenerative Gelenkveränderungen sein.
- **Fasziogene Kontraktur**: Durch Entzündungen, Verletzungen oder Ruhigstellung kommt es zur Schrumpfung von Faszien und/oder Sehnen.
- **Dermatogene Kontraktur**: Wird auch Narbenkontraktur genannt, sie entsteht durch Narben in Gelenknähe, die mit einer starken Gewebsverkürzung einhergehen.
- **Psychogene Kontraktur**: Kann durch ein psychisches Trauma ausgelöst werden, wobei der/die Betroffene das Gelenk bewusst oder unbewusst nicht mehr bewegt.

Arten von Kontrakturen

Entsprechend der Fehlstellung, in der ein Gelenk funktions- und bewegungseingeschränkt ist, wird zwischen Beuge-, Streck-, Abduktions- und Adduktionskontrakturen unterschieden.

Bei einer **Beugekontraktur** ist das Gelenk vollständig oder teilweise in Beugestellung versteift.

Eine **Streckkontraktur** entsteht durch eine dauerhafte Verkrampfung der Streckmuskeln und verursacht dadurch Bewegungsausfälle und Einschränkungen der Beugefähigkeit des betroffenen Gelenks.

Bei einer **Abduktionskontraktur** ist der/die Betroffene nicht mehr in der Lage, den betreffenden Körperteil seitwärts vom Körper wegzubewegen.

Bei einer **Adduktionskontraktur** kann der betroffene Körperteil nicht mehr an den Körper herangeführt werden.

Der **Spitzfuß** ist die häufigste Kontraktur bei Bettlägerigkeit. Durch das Eigengewicht des Fußes und den Druck der Bettdecke wird der Fuß in die typische Position gebracht: Der Vorfuß ist in Richtung Fußsohle gebeugt (Plantarflexion), der Fußinnenrand wird nach oben gezogen (Dorsalextension).

Prophylaktische Maßnahmen

Die beiden Säulen der Kontrakturprophylaxe sind:

1. Bewegungsübungen
2. Positionierung

Bewegungsübungen

Aktive Übungen: Der/die Betroffene führt die Bewegungsübungen nach Aufforderung und/oder Anleitung selbstständig durch.

Aktiv assistierte Übungen: Sie werden vom/von der Betroffenen selbst ausgeführt, wobei er/sie Unterstützung durch die Pflegekraft erfährt, die ihm/ihr z. B. die Schwere der Extremität abnimmt oder dabei hilft, einen vollständigen Bewegungsausschlag zu erreichen.

Passive Übungen: Sie werden vollständig von der Pflegekraft ausgeführt, z. B. bei bewusstlosen, gelähmten oder stark geschwächten Menschen.

Resistive Übungen: Hierbei handelt es sich um Übungen gegen einen Widerstand, z. B. gegen die Muskelkraft der Pflegekraft. Bei diesen Übungen wird neben der Gelenkbeweglichkeit auch eine Zunahme der Muskelkraft angestrebt.

Isometrische Übungen: Bei diesen Übungen bleibt der Muskel in der Länge gleich, es ändert sich der Muskeltonus (= Anspannungsübungen). Das heißt, bei diesen Übungen wird nicht die Gelenkbeweglichkeit trainiert, sondern die Muskelkraft. Sie werden durchgeführt, wenn eine Extremität nicht bewegt werden darf, z. B. nach einer Fraktur, bei Gelenkerkrankungen oder bei bewegungsabhängigen Schmerzen. Isometrische Übungen sind nur indirekt eine Maßnahme zur Kontrakturprophylaxe.

Beachtenswertes beim Durchführen von Bewegungsübungen:

- Bewegungsfreiraum schaffen: Positionierungshilfsmittel entfernen, ggf. Bettdecke entfernen
- für Sicherheit sorgen durch Fixierung von Blasenverweilkathetern, Infusionen, Drainagen, ...
- Information des/der Betroffenen über Ziel und Art der Bewegungsübungen
- Anregung zur aktiven Mitarbeit
- Einschätzung der aktuellen Kreislaufsituation, Schmerzen, des Allgemeinzustands, ...
- möglichst flache Position des/der Betroffenen, damit ein volles Bewegungsausmaß erreicht werden kann, leichte Oberkörperhochlagerung ist möglich
- die Pflegekraft steht auf der Seite des zu bewegenden Gelenks, um rückenschonend arbeiten zu können und den vollen Bewegungsumfang zu ermöglichen
- die Bewegungsübungen langsam, rhythmisch und unter leichtem Zug durchführen; der leichte Zug ermöglicht ein Gleiten und verhindert ein Reiben der Gelenkflächen aufeinander
- Durchbewegen erfolgt generell von distal (körperfern) nach proximal (körpernahe), bei neurologischen PatientInnen von proximal nach distal zur Tonusregulierung
- Gliedmaßen immer mit beiden Händen anheben, dabei nicht in Gelenke fassen
- Bewegungen immer nur bis zur Schmerzgrenze ausführen
- Bewegungen mindestens drei- bis fünfmal durchführen, für einen Trainingseffekt sind zehn Wiederholungen notwendig; Bewegungsübungen müssen zwei- bis dreimal pro Tag durchgeführt werden.

Gelenkbewegungen:
Mit dem Durchbewegen soll der gesamte Bewegungsspielraum eines Gelenks erhalten bleiben, das heißt **jedes Gelenk** muss deshalb auch in seinem **physiologischen Bewegungsrahmen** durchbewegt werden. Nachfolgend sind alle Gelenke mit ihren Bewegungsmöglichkeiten beschrieben.

Tab. 5: **Gelenkbewegungen**

Gelenk	Art des Gelenks	Bewegungsumfang
Kopf	oberes Kopfgelenk: Eigelenk unteres Kopfgelenk: Zapfengelenk	Seitwärtsneigung Flexion: Vorwärtsbeugung des Kopfs Extension: Rückwärtsbeugung des Kopfs Drehung des Kopfs um ca. 30 Grad
Schultergelenk	Kugelgelenk	Abduktion: Abspreizen des gestreckten Arms Adduktion: Arm zum Körper bewegen Rotation: Kreisbewegung des Arms Anteversion: Arm nach vorne heben Retroversion: Arm nach hinten heben
Ellenbogengelenk	Scharnier- und Kugelgelenk (drei Gelenkkörper innerhalb der Gelenkkapsel)	Flexion: Beugen Extension: Strecken Supination: Auswärtsdrehen des Unterarms, Handfläche zeigt nach oben Pronation: Einwärtsdrehen des Unterarms, Handfläche zeigt nach unten
Handgelenk	Eigelenk	Flexion (Palmarflexion): Beugung zu Hohlhand hin Extension (Dorsalflexion): Rückwärtsstreckung Radialabduktion: Abspreizen der Hand zur Speiche (Radius), zum Daumen hin Ulnarabduktion: Abspreizen der Hand zur Elle (Ulnar), zum kleinen Finger hin
Fingergelenke	Fingergrundgelenke: Kugelgelenk restliche Fingergelenke: Scharniergelenke	Flexion: Beugung der Finger Extension: Streckung der Finger Abduktion: Spreizen der Finger Adduktion: Zusammenschließen der Finger
Daumen	Daumengrundgelenk: Sattelgelenk restliche Gelenke: Scharniergelenke	Flexion: Beugung des Daumens Extension: Streckung des Daumens Abduktion: Abspreizen des Daumens Adduktion: Daumen an die Hand bringen Opposition Reposition
Hüftgelenk	Kugelgelenk	Flexion/Anteversion: Beugen im Hüftgelenk Extension/Retroversion: Strecken im Hüftgelenk Abduktion: Abspreizen des Beins Adduktion: Bein zum Körper nehmen Rotation: Kreisbewegung des Beins

Kniegelenk	Drehscharniergelenk	Flexion: Beugung Extension: Streckung Innen- und Außenrotation um die Unterschenkelachse im gebeugten Zustand
Sprung-gelenke	oberes Sprung-gelenk: Scharnier-gelenk unteres Sprung-gelenk: Zapfen-gelenk	Plantarflexion: Beugung zur Fußsohle hin Dorsalflexion: Beugung zum Fußrücken hin Supination: Heben der inneren Fußkante (Eindrehen des Fußes nach innen) Pronation: Heben der äußeren Fußkante (Ausdrehen des Fußes nach außen)
Zehen-gelenke	Zehengrundgelenke: Kugelgelenke restliche Zehen-gelenke: Scharnier-gelenke	Flexion: Beugung der Zehen Extension: Streckung der Zehen Abduktion: Abspreizen der Zehen Adduktion: Zusammenschließen der Zehen

Sturzprophylaxe

Ziel der Sturzprophylaxe ist es, die Anzahl der Stürze von sturzgefährdeten Personen zu reduzieren und die Sturzfolgen zu minimieren.

Definition

Laut dem Deutschem Netzwerk für Qualitätsentwicklung in der Pflege ist „[e]in Sturz [...] ein Ereignis, bei dem eine Person unbeabsichtigt auf dem Boden oder auf einer tieferen Ebene aufkommt" (Büscher 2013). Der/die Betroffene muss dabei nicht unbedingt zu liegen kommen, er/sie kann auch sitzen oder hocken.

Beeinflussende Faktoren

Es gibt zahlreiche Faktoren, die einen Einfluss auf das Sturzrisiko eines Menschen haben. Grundsätzlich werden intrinsische und extrinsische Faktoren unterschieden.

Tab. 6: **Intrinsische Risikofaktoren für Stürze** (Stegger 2013)

Beeinträchtigung einer Körperfunktion, die die Aktivitäten des täglichen Lebens einschränkt, z. B. Gehprobleme, Gleichgewichtsprobleme	
Kognitive Beeinträchtigungen	Sehbeeinträchtigungen
Kontinenzprobleme	Ängste und vorangegangene Stürze
Beeinträchtigung sensomotorischer Funktionen wie z. B. Gang- und Gleichgewichtsstörungen	Einschränkungen der sensiblen Wahrnehmung des Körpers, z. B. Gefühllosigkeit oder Lähmungen in den Beinen oder Füßen
Gesundheitsstörungen, die mit Schwindel, kurzzeitigem Verlust des Bewusstseins oder starker körperlicher Schwäche einhergehen	

Die Leitlinie Sturzprophylaxe der Universität Graz unterscheidet Risikofaktoren nach Setting.

Tab. 7: **Interne Risikofaktoren für Stürze im Setting Krankenhaus** (Steiermärkische Krankenanstaltengesellschaft 2012)

Stürze in der Anamnese	Gang- und Gleichgewichtsstörungen
Gangunsicherheit (insbesondere bei aufmerksamkeitsfordernder Übung, wie Sprechen)	Verwendung von Gehhilfen
Schwäche in den unteren Extremitäten	Harninkontinenz, erhöhte Harnfrequenz und Unterstützungsbedarf beim Toilettenbesuch
Agitiertheit, Verwirrtheit und vermindertes Urteilsvermögen	Einschränkung der Sehfähigkeit
Einnahme von Medikamenten, die Stürze begünstigen, insbesondere zentral aktive sedative Hypnotika und/oder nichtsteroidale Antirheumatika	

Tab. 8: **Interne Risikofaktoren für Stürze im Setting Langzeltpflegeeinrichtung** (Steiermärkische Krankenanstaltengesellschaft 2012)

Stürze in der Anamnese	Demenz und/oder kognitive Beeinträchtigung
Gangunsicherheit (insbesondere bei aufmerksamkeitsfordernder Übung, wie Sprechen)	Wanderndes Verhalten (wandering behavior)
Verwendung von Gehhilfen	Abhängigkeit im Transfer und der Rollstuhlmobilität
Einschränkungen in den Aktivitäten des täglichen Lebens	Sehr hohes Alter (älter als 87 Jahre)
Einnahme von Medikamenten, die Stürze begünstigen, insbesondere zentral aktive sedative Hypnotika und/oder nichtsteroidale Antirheumatika	

Tab. 9: **Extrinsische Risikofaktoren** (Stegger 2013)

ungeeignetes Schuhwerk	zu hohe oder zu niedrige Toiletten
Freiheitsentziehende/-beschränkende Maßnahmen	Gefahrenquellen in der Umgebung, z. B. lose verlegte Kabel
glatte Fußböden	fehlende Haltemöglichkeiten
Wetterverhältnisse wie Glatteis, Schnee	zu schwache Lichtkontraste
geringe Beleuchtung	unebene Wege und Straßen

Zusätzlich zu den erwähnten Risikofaktoren erhöhen bestimmte Krankheitsbilder ebenfalls das Sturzrisiko:

- Herz-Kreislauf-Erkrankungen, z. B. Durchblutungsstörungen
- Apoplexie (Schlaganfall)
- Epilepsie
- Morbus Parkinson
- Gerontopsychiatrische Erkrankungen, z. B. Demenz

- Fußmissbildungen, Spitzfuß
- Verschlechterung des Allgemeinzustandes
- Schwindelgefühl
- Verschlechterung des Sehvermögens und eingeschränktes Gesichtsfeld
- Orientierungsstörungen durch Hörschäden

Ebenso kann das Sturzrisiko durch Medikamente erhöht sein. Unter anderem kann das der Fall sein durch:

- Wechselwirkungen von Medikamenten untereinander
- Antihypertensiva – blutdrucksenkende Medikamente (Blutdruckschwankungen)
- Diuretika – ausscheidungsfördernde Medikamente (erhöhter Harndrang)
- Hypnotika – Schlafmittel (Bewusstseinseinschränkungen)
- Psychopharmaka – beruhigende Medikamente (Bewusstseinseinschränkungen)

Bei sturzgefährdeten Personen, die regelmäßig Medikamente aus den oben genannten Gruppen erhalten, sollte die vorgeschriebene Medikation von Ärzten/Ärztinnen regelmäßig auf deren Notwendigkeit und Dosierung hin überprüft und gegebenenfalls angepasst werden.

Sturzangst oder Post-Fall-Syndrom

Besonders ältere Menschen, die schon einmal gestürzt sind, entwickeln große Angst vor einem erneuten Sturz. Häufig entsteht daraus eine Sturzphobie, die Post-Fall-Syndrom genannt wird. Aus Erfahrung und Angst schränken Betroffene ihre Bewegungsmöglichkeiten weiter ein. Ein Teufelskreis entsteht, weil Bewegungseinschränkung und Trainingsmangel das Sturzrisiko wieder erhöhen und fördern. Menschen mit dieser Angst bewegen sich vorsichtiger und weniger elastisch, sodass sie Störungen im Bewegungsablauf schlechter ausbalancieren können.

Tab. 10: **Auswirkungen von Sturzangst**

Auswirkungen von Sturzangst (insbesondere bei PatientInnen/BewohnerInnen mit hüftgelenksnaher Fraktur in der Anamnese)	
Höhere Mortalität	Höheres Risiko für Einweisung in eine Pflegeeinrichtung
Risikofaktoren für weitere Stürze bei PatientInnen mit Sturzangst	
Funktionale Limitation	Geringe körperliche Aktivität (z. B. wenig Bewegung im Freien)

Prophylaktische Maßnahmen

Am wichtigsten ist es, Personengruppen zu identifizieren, die ein erhöhtes Sturzrisiko haben, und Situationen zu erkennen, die zu einem erhöhten Sturzrisiko führen.

Merke: Je größer die Sturzgefahr ist, desto häufiger muss sie neu überprüft und eingeschätzt werden.

Grundsätzlich sollte bei Veränderungen der Pflegesituation eine Neueinschätzung des Sturzrisikos erfolgen. Das ist beispielsweise der Fall nach

- jeder akuten Veränderung des Gesundheitszustandes
- einer Veränderung der Medikation
- dem Erhalt neu angepasster oder veränderter Brillen
- einer Veränderung der Umgebung (Ortswechsel)
- jedem Sturz (vgl. Stegger 2013, S. 17)

Im Setting Krankenhaus sollte jede/r PatientIn bei der Aufnahme auf Sturzrisikofaktoren beobachtet und befragt und gegebenenfalls als sturzgefährdet eingestuft werden. Es können auch Assessmentinstrumente zur Verifizierung des subjektiv eingeschätzten Sturzrisikos zur Anwendung kommen. In der Fachliteratur wird keine Empfehlung für ein bestimmtes Assessmentinstrument zur Sturzrisikoeinschätzung gegeben.

Pflegerische Maßnahmen: Die sturzprophylaktischen Maßnahmen sind vielfältig und sollten immer an die individuelle Situation des/der Betroffenen angepasst werden. Dazu gehören beispielsweise:

- Überwachung der Vitalzeichen
- regelmäßige Kontrolle des Blutzuckers (lt. AVO)
- Kontrolle der Seh- u. Hörfähigkeit
- Beobachten der Medikamenteneinnahme – Auffälligkeiten melden
- Gehtraining
- Gehen in Begleitung
- Selbstvertrauen aufbauen
- Angst vor Stürzen durch beruhigende Gespräche vermindern
- Umgang mit Hilfsmitteln gemeinsam einüben bzw. Betroffene zur korrekten Handhabung anleiten: mit Rollator gehen, Gehstock verwenden usw.
- Gehhilfen auf Tauglichkeit kontrollieren
- Überprüfen der korrekten Schuhe
- Anlegen von Gurten beim Umgang mit Lifter

Regelmäßige ärztliche Kontrollen: Die gesundheitliche Situation beeinflusst ebenfalls das Sturzrisiko. Daher sind regelmäßige Kontrollen bestimmter Parameter durchzuführen:

- Überprüfung des Seh- u. Hörvermögens
- Blutdrucküberwachung bzw. Einstellen der notwendigen Medikation
- Überwachung des Herzrhythmus
- Überwachung des Blutzuckers

Gestaltung des Umfeldes: Einen wesentlichen Anteil bei Stürzen hat das Umfeld des/der Betroffenen. Daher ist auf eine sichere Umgebung zu achten:

- rutschsichere, trockene Böden
- Teppiche vermeiden
- blendfreies Licht
- Handläufe auf den Gängen
- standsichere Stühle
- farblich gekennzeichnete Schwellen und Stufen

Sonstige Hilfen: Zusätzlich zu den genannten Maßnahmen kann unterstützend auch noch eingesetzt werden:

- Physiotherapie – Bewegungs- und Balancetraining
- Hüftprotektoren – spezielle Hosen mit Kunststoffschalen
- Gegebenenfalls Sturzhelm anbieten, um Verletzungsgefahr zu minimieren

Merke: Freiheitsentziehende Maßnahmen sind keine sturzprophylaktischen Maßnahmen! Freiheitsbeschränkende Maßnahmen sind grundsätzlich verboten und nur durch ärztliche und/oder richterliche Verfügung zu setzen.

Der „Herausfallschutz“ mit hochgestellten Bettseitenteilen birgt ein hohes Risiko für Verletzungen, so können z. B. durch das Einklemmen von Extremitäten oder das Herausreißen des liegenden Blasenkatheters größere Schäden entstehen. Angewendete Maßnahmen (immer das gelindeste Mittel muss zum Einsatz kommen) sowie gegebenenfalls entstandene Folgeschäden sind korrekt zu dokumentieren. Gerichte erkennen an, dass ein/e Pflegebedürftige/r nicht ständig beaufsichtigt werden kann, um einen Sturz voll auszuschließen.

Vorgehensweise nach einem Sturz

Selbst durch den Einsatz individuell abgestimmter sturzprophylaktischer Maßnahmen ist es nicht immer möglich, einen Sturz zu vermeiden. Wichtig ist es, die Folgen eines Sturzes durch den korrekten Einsatz sturzprophylaktischer Maßnahmen so gering wie möglich zu halten und nach einem Sturz die richtigen Schritte zu setzen.

Die Pflegeperson sollte auf folgende Aspekte achten:

- Ruhe bewahren, keine Hektik erzeugen
- Beruhigend auf den/die Pflegebedürftige/n einwirken
- Notruf auslösen, um Hilfe zu holen
- Betroffene/n auf äußerliche Verletzungen untersuchen
- Betroffene/n möglichst allein aufstehen lassen, nur unterstützen
- Schwellungen und Hämatome evtl. kühlen (Schmerzminderung)
- Arzt/Ärztin benachrichtigen
- Ggf. Rettung verständigen
- Intensive Beobachtung von Vitalwerten, Bewusstsein, Kopfschmerzen oder Übelkeit

Nach dem Sturzgeschehen ist ein Sturzprotokoll anzulegen! Dieses soll folgende Punkte beinhalten:

- Datum und Uhrzeit des Sturzes
- Beobachtungen der Pflegeperson
  - Bewusstseinslage des/der Betroffenen zum Zeitpunkt des Auffindens
  - Beschreibung der sichtbaren Verletzungen
- Auffälligkeiten vor dem Sturz, wenn vorhanden
- Getroffene Präventivmaßnahmen – Umgebung, Kleidung, ...
- Sturzhergang – Wie beschreibt der/die Betroffene den Sturz?

- Schmerzen – Schmerzäußerungen des/der Betroffenen
- Getroffene Maßnahmen nach dem Sturz

Es gibt in vielen Einrichtungen bereits vorgegebene Sturzprotokolle, die das Dokumentieren des Sturzes erleichtern und eine Auswertung der Sturzgeschehen in der Einrichtung ermöglichen.

Sturzereignisprotokoll **Blatt-Nr.:**

BewohnerIn:
Geburtsdatum:
Pflegestufe:

Jahr:
Datum:
Hausarzt:

Zeitpunkt des Sturzes:
Datum: Uhrzeit:
War jemand anwesend? O JA O NEIN
Wer war dabei (Name):

Ort des Sturzes:
O Gang O Zimmer O Bad O anderer Ort:

Kann sich der Bewohner zum Sturzhergang äußern?
O JA O NEIN
Was sagt der/die BewohnerIn dazu?

Sind aus der Vorgeschichte Stürze bekannt?
O JA O NEIN O IM HEIM O ZU HAUSE O IM KRANKENHAUS
O siehe Sturzrisiko - Erhebungsbogen (Pflegeplanung)
Prophylaktische Maßnahmen dazu? O JA (siehe Pflegeplanung) O NEIN

Wie kam es zu diesem Sturz?
Ist der/die BewohnerIn gestolpert? O JA O NEIN
Ist der/die BewohnerIn ausgerutscht? O JA O NEIN
Situationsbeschreibung:

Wurde der/die BewohnerIn bedrängt? O JA O NEIN
- Wodurch?
War ein Hindernis vorhanden? O JA O NEIN
- Welches?
Ist der/die BewohnerIn aus dem Bett gefallen? O JA O NEIN
Hatte der Bewohner ein Bettseitenteil oben (FBM)? O JA O NEIN
Was das Bettgitter hochgezogen? O JA O NEIN

Sonstiges:

Lichtverhältnisse während des Sturzes?
O HELL O DUNKEL O BLENDEND O DÄMMRIG
O SCHATTENBILDUNG

Körperumgebung:
Schuhe: O feste O offene O Schuhbänder offen O Socken O barfuß
Schuhe: O zu locker O zu eng O Kleid/Rock O Hose
Brille: O verschmutzt O wird benötigt, aber nicht getragen
Hörgerät: O verschmutzt O wird benötigt, aber nicht getragen
Inkontinenzversorgung: O selbstständig O benötigt Hilfe

Hat der/die BewohnerIn eines der folgenden Hilfsmittel benutzt?
O Gehstock O Rollwagen O Rollator O Rollstuhl
O Sonstiges:

Verlaufsbericht über die Zeit nach dem Sturz:
Folgen des Sturzes: O keine
O JA, folgende:
Schmerzäußerungen: O JA O NEIN - Lokalisation?
Bewegungseinschränkungen: O JA O NEIN - Lokalisation?

Verletzungen:
Schmerzen: O JA O NEIN - Lokalisation?
Hämatome: O JA O NEIN - Lokalisation?
Offene Wunden: O JA O NEIN - Lokalisation?

Maßnahmen:
Vitalzeichenkontrolle: O JA O NEIN - Werte:
Wundversorgung: O JA O NEIN - Lokalisation?
KH – Kontrolle: O JA O NEIN
Diensthabenden Arzt informiert? O JA O NEIN
Angehörige/Sachwalter informiert? O JA O NEIN

Sonstiges:

Protokoll erstellt am: **um:** **Unterschrift:**

Abb. 36: **Sturzereignisprotokoll**

Merke: Nach jedem Sturzgeschehen hat eine Sturzdokumentation mithilfe eines Sturzprotokolls zu erfolgen. Die Analyse von Sturzprotokollen lässt extrinsische und intrinsische Ursachen (Sturzmuster des/der Betroffenen) erkennen und die sturzprophylaktischen Maßnahmen können ggf. angepasst werden. Weiters dient es möglicherweise als Beweismittel vor Gericht. Es muss daher sorgfältig ausgefüllt werden.

Aufgabe: Diskutieren Sie in Kleingruppen von maximal 3 Personen Lösungsansätze für folgende Situation und stellen Sie Ihre Ergebnisse im Plenum vor:

Frau M., 79 Jahre alt, lebt mit ihrem 85-jährigen bettlägerigen Ehemann, den sie pflegt, in einer kleinen Wohnung im 3. Stock eines Altbaus ohne Lift. Frau M. ist vor einem Monat beim Nach-Hause-Tragen der Einkäufe gestürzt. Sie hat bis auf ein paar Prellungen und Hämatome keine Verletzungen erlitten, geht seither aber nur mehr sehr ungern aus dem Haus. Da Frau M. unter einer arteriellen Hypertonie mit Synkopenneigung leidet, hat ihr der Hausarzt geraten, nicht mehr allein aus der Wohnung zu gehen. Ihre Blutdruckmedikation hat der Hausarzt zwar angepasst, aber die Situation belastet Frau M. sehr. Sie hat Angst, dass sie sich bald nicht mehr um ihren pflegebedürftigen Mann kümmern kann. Aufgrund der Schlafstörungen, die Frau M. in letzter Zeit entwickelt hat, hat ihr der Hausarzt Schlaftabletten verschrieben. Als sie letzte Nacht nach ihrem Mann sehen wollte, ist sie über den Teppich im Flur gestürzt. „So kann es nicht mehr weitergehen!", sind die ersten Worte der Tochter von Frau M., die sie am Morgen darauf im Flur findet. Sie möchte, dass Frau M. nun die Unterstützung der Mobilen Dienste in Anspruch nimmt. Nach dem Erstgespräch mit der Einsatzleitung kommen diese heute das erste Mal zu Familie M.!

- Wo sehen Sie Möglichkeiten, Frau M. zu unterstützen?
- Welche Maßnahmen schlagen Sie Familie M. und ihrer Tochter als erstes vor?
- Welche Versorgungs-/Betreuungsmaßnahmen erscheinen Ihnen mittelfristig als sinnvoll?

Zeitrahmen Bearbeitung: 30 min
Zeitrahmen Präsentation: 5 min
Diskussion im Plenum: 5 min

Risikoskalen

Risikoskalen sind in der Pflege teilweise umstritten, weil sie nur einen kleinen Bereich der Sturzgefahren ermitteln können. Zum Einschätzen können verschiedene Messparameter verwendet werden:

- Einschätzen der Sturzgefahr, z. B. Sturzrisikoskala nach S. Huhn oder Tinetti-Skala – Mobilitätstest
- Physiotherapie-Mobilitätsübungen durchführen wie z. B. Gehtraining, Treppensteigen
- Ergotherapie-Übungen durchführen wie z. B. Orientierung, Aufmerksamkeit
- Geriatrisches Assessment: Barthel-Index (bezogen auf die ATL), Geriatrische Depressionsskala (GDS)

Es gibt mehrere Möglichkeiten zur Einschätzung des Sturzrisikos. Dazu gibt es verschiedene Skalen, die über die Erfassung wesentlicher Parameter das Sturzrisiko aufzeigen. Ärzte/Ärztinnen und Pflegende sollten die Skala gemeinsam ausfüllen, weil eine ärztliche Untersuchung besseren Aufschluss über den Zustand des/der PatientIn gibt. Als Bespiel für eine Sturzrisiko-Skala siehe die nachfolgende Tabelle:

Tab. 11: **Sturzrisiko-Skala nach Siegfried Huhn** (Pflegepädagoge, Diplompfleger)

Parameter	4 Punkte	3 Punkte	2 Punkte	1 Punkt	Punkte
Alter		80 +	70–79	60–69	
Mentaler Zustand	Zeitweise verwirrt, desorientiert		Verwirrt/ desorientiert		
Ausscheidung	Harn-/stuhl-inkontinent	Kontinent, braucht jedoch Hilfe		Blasenverweil-katheter Enterostoma	
Stürze in der Vorgeschichte	Bereits mehr als dreimal gestürzt		Bereits ein- oder zweimal gestürzt		
Aktivitäten	Beschränkt auf Bett und Stuhl	Aufstehen aus Bett mit Hilfe		Selbstständig, benützt Bad und Toilette	
Gang und Gleichgewicht	Ungleichmäßig/ instabil; kann kaum die Balance halten im Stehen und Gehen	Orthostatische Störung/Kreis-laufprobleme beim Aufstehen und Gehen	Gehbehinderung, evtl. gehen mit Gehhilfe oder Assistenz		
Medikamente, hier auch zukünf-tig geplante sowie die der letzten 7 Tage	Drei oder mehr Medikamente	Zwei Medika-mente	Ein Medikament		
Alkohol/auch Melissengeist, Pepsinwein u. Ä.	regelmäßig		gelegentlich		

Punktzahl: bis 4 Punkte: geringes Sturzrisiko, ab 4 Punkten: Maßnahmen zur Sturzvermeidung einleiten, 5–10 Punkte: hohes Sturzrisiko, 11–24 Punkte: sehr hohes Sturzrisiko

Sich pflegen

Sei gut zu deinem Körper, damit deine Seele Lust hat darin zu wohnen.
Teresa von Ávila (1515–1582, Karmelitin, Mystikerin, Kirchenlehrerin und Heilige)

Die Möglichkeit, sich nach seinen eigenen Wünschen und Bedürfnissen pflegen zu können, beeinflusst zweifelsfrei das Wohlbefinden positiv. Die Unterstützung bei der Selbstpflege, insbesondere bei der Körperpflege, gehört zu den Hauptaufgaben von Pflegenden. Gerade deshalb ist es besonders wichtig, sich der Bedeutung und der Einflussfaktoren dieser Aktivität bewusst zu sein.

Allgemeines

Zur Auseinandersetzung mit dem Thema „Sich pflegen" ist es unumgänglich, folgende Begriffe zu kennen und definieren zu können.

Berührung/Körperkontakt

Berührung wird als Kontakt oder Begegnung mit etwas oder als das Kennenlernen einer Person/Sache beschrieben. Berührung kann bewusst herbeigeführt werden oder zufällig und unbewusst erfolgen. Berührung wird, abhängig von den Erfahrungen und der Lebenssituation/Lebensphase eines Menschen, unterschiedlich erlebt.

Die Pflege von Menschen erfordert Berührung, diese ist untrennbar mit den meisten Pflegehandlungen verbunden. Pflegepersonen berühren nicht nur, um eine Tätigkeit auszuführen, sie verbringen einen Großteil ihrer Arbeitszeit im direkten Kontakt mit Pflegebedürftigen. In der Art der Berührung werden Einstellung und Gefühle der Pflegekraft für die zu Pflegenden sicht- und spürbar.

Im Alter werden Berührungen mit anderen Menschen seltener und nicht mehr so selbstverständlich durchgeführt wie in jüngeren Jahren. Eine wesentliche Rolle dabei spielt die Veränderung der Wahrnehmung der Haut- und Muskelsensoren und die dadurch veränderte Empfindung von Berührung. Durch die erhöhte Pflegebedürftigkeit alter Menschen ergibt sich eine Fülle notwendiger professioneller Berührungen bei diagnostischen und therapeutischen Maßnahmen und vor allem bei der Durchführung von pflegerischen Handlungen. Die Pflege von Menschen beinhaltet immer auch Aspekte von Abhängigkeit, Intimität und Grenzüberschreitung. Berührung ist vielfach eine vertraute intime Handlung, die aber auch einen Eingriff in den persönlichen, privaten Raum eines Menschen bedeutet.

Berührungsfaktoren: Pflegende wirken über die körperliche Hautberührung direkt auf die Wahrnehmungssituation der zu Pflegenden ein. Das Empfinden einer Berührung wird unabhängig von körperlichen Faktoren durch situationsbedingte, persönliche und wahrnehmungsbeeinflussende Faktoren geprägt.

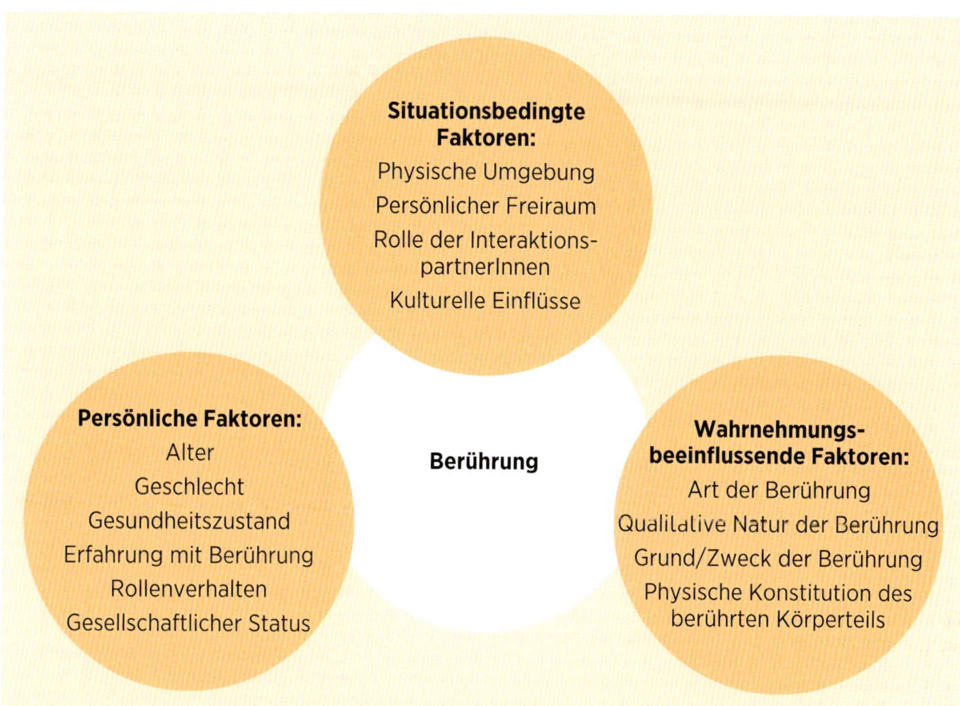

Abb. 37: **Berührung – beeinflussende Faktoren** (Die Schwester/Der Pfleger 1995, S. 962)

Werden diese Faktoren individuell betrachtet und in der pflegerischen Arbeit berücksichtigt, so wirkt sich die therapeutische Berührungsqualität positiv aus. Daher sollte in der Praxis beachtet werden:

- Einsetzen von gezielten Hautkontakten (Initialberührung)
- direkter Hautkontakt (ohne Handschuhe)
- ruhiges, an das Tempo des/der zu Pflegenden angepasstes Arbeiten (nach Möglichkeit nicht zu zweit waschen)

Sexualität

Das Wort Sexualität kommt vom lateinischen Begriff „sexus" (= Geschlecht). Sexualität ist ein mehrdeutiger Begriff, der zum einen die reine Geschlechtlichkeit des Männlichen und Weiblichen bedeutet, zum anderen den Geschlechtstrieb und die Ausstrahlung des Einzelnen beschreibt.

Schamgefühl

Scham ist ein Sozialverhalten, das den persönlichen Schutz und die Wahrung von Distanz sichert. Scham wird auch als „angstbesetztes Empfinden" oder „unangenehmes Gefühl" bezeichnet. Das Schamgefühl ist individuell ausgeprägt, es hängt von der Erziehung, der Umwelt und der Persönlichkeit ab. Scham ist aber auch die Würde und Unantastbarkeit der Intimsphäre!

Schamgefühl kann unterschiedliche Reaktionen auslösen. Es kann z. B. zur Erhöhung der Herzfrequenz, zu Schweißausbrüchen oder zum Erröten im Gesicht kommen. Scham kann sich auch dadurch bemerkbar machen, dass ein Mensch auf den Boden blickt oder wegsieht.

Pflegende sollten auf das Schamgefühl der Pflegebedürftigen besonders in folgenden Situationen Acht geben:

- Beim Eintreten in das Zimmer des/der Pflegebedürftigen
- Bei Gesprächen und in der Wortwahl
- Beim Umgang mit dem Lebensraum und den persönlichen Gegenständen, wie z. B. Bett und Nachtkästchen
- Bei jeglicher Berührung am Körper des/der Pflegebedürftigen
- Beim Umgang mit Ausscheidungen oder Tätigkeiten, die damit zu tun haben, z. B. Intimpflege, Versorgung von Stoma usw.

Merke: Der/die Pflegebedürftige hat das Recht selbst zu bestimmen, wer und wie weit jemand in seine/ihre Intimzone eintreten darf!

Ein Missachten der intimen und persönlichen Zone kann unter Umständen zu Abwehrreaktionen, z. B. aggressivem oder weinerlichem Verhalten, führen. Durch diese Reaktionen will der/die Pflegebedürftige sich vor ungebetenen Berührungen oder Übergriffen schützen.

Die Abwehrreaktionen müssen vom Pflegepersonal respektiert werden, auch wenn sie unverständlich erscheinen. Unverständnis und Nicht-Beachten der Abwehrreaktionen erniedrigt den/die Pflegebedürftige/n und führt zu Verletzungen des Selbstwertgefühls.

Körperzonen/Berührungszonen

Im Umgang mit Menschen werden verschiedene Zonen unterschieden, die für das persönliche Gefühl der Sicherheit wesentlich sind. Diese haben im täglichen Umgang mit Menschen große Bedeutung und spielen daher bei der Pflege eine wichtige Rolle.

Die sogenannte Schutzdistanz eines Menschen, auch als Territorialbereich bezeichnet, beträgt ca. einen halben Meter. Neben dem Territorialbereich eines Menschen werden noch folgende Zonen unterschieden:

Tab. 12: **Abstandszonen** (nach Edward Hall) (vgl. Karrierebibel)

Öffentliche Zone	mehr als 3,5 Meter Abstand vom eigenen Körper gilt für alle unbekannten Personen
Gesellschaftliche Zone	1,2 bis 3,5 Meter Abstand gilt für oberflächliche soziale Kontakte auf eine zu starke oder zu schnelle Annäherung ohne Einverständnis reagiert der/die Betreffende meist nonverbal durch einen Schritt rückwärts
Persönliche Zone	45 bis 75 Zentimeter Abstand für enge Freunde, Familienmitglieder, Menschen, mit denen man sich gut versteht
Intimzone	bis 45 Zentimeter Abstand sie ist nur für Menschen des Vertrauens, z. B. den/die PartnerIn oder enge Familienangehörige, erlaubt.

Berührungszonen (vgl. Card2Brain)
Als Pflegekraft sollten wir berücksichtigen, dass wir bei beinahe jeder Pflegetätigkeit in die persönliche und/oder Intimzone eines Menschen eindringen. Hier eine Auflistung der Körperbereiche, die den jeweiligen Körperzonen zugeordnet sind.

Tab. 13: **Berührungszonen**

Sozialzonen	Hände, Schulter, Arme, Rücken Diese Berührungen sind allgemein gestattet!
Übereinstimmungs-zonen	Mund, Handgelenk Vor diesen Berührungen soll um Erlaubnis gefragt werden.
Verletzbarkeits-zonen	Gesicht, Hals, Körperfront bei liegenden PatientInnen Sollte nicht ohne Erlaubnis berührt werden. Die Person fühlt sich leicht in Besitz genommen oder bedroht.
Intimzone	Genitalbereich Auf Behutsamkeit und Vertrauen achten!

Aufgabe: Definieren Sie die verschiedenen Körperzonen! Ordnen Sie diese auf der untenstehenden Abbildung zu!

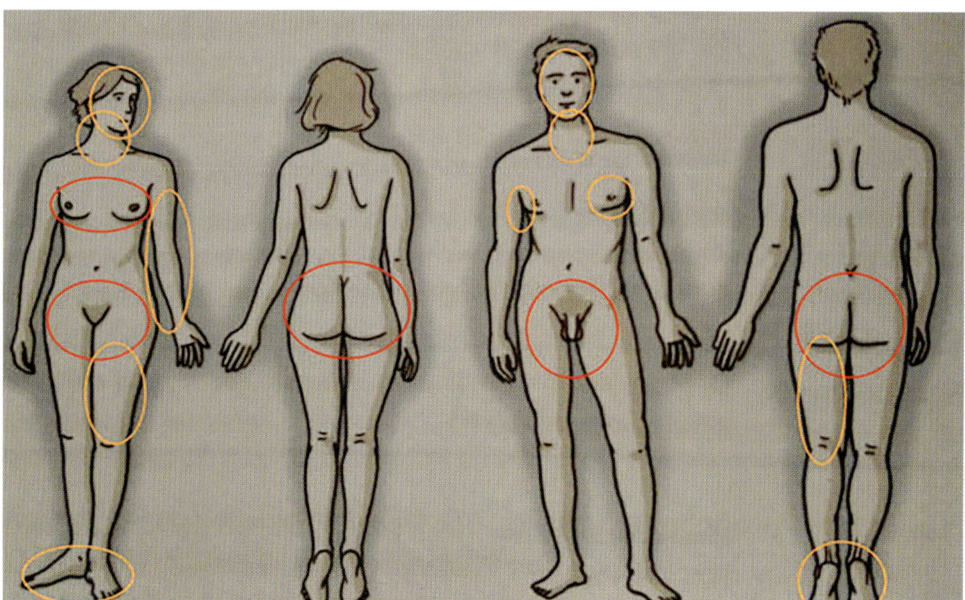

Abb. 38: **Körperzonen**
(https://naeheudistanz.jimdo.com/)

Nähe und Distanz

Der gesunde Mensch kennt seine eigene Schutzzone und kann diese auch selbst bestimmen. Der pflegebedürftige Mensch hat diese Möglichkeit oft nicht und ist auf das Feingefühl und die Kompetenz der Pflegepersonen angewiesen, die ihm im Rahmen der täglichen Betreuung und Pflege oftmals nahe- oder zu nahetreten müssen.

Der pflegebedürftige Mensch muss es erleben, dass andere Menschen in seinen Intimbereich eingreifen und seine persönlichen Sachen berühren und dies oft, ohne vorher zu fragen. Selbst sein Bett und sein Wohnbereich sind den Blicken der Mitmenschen ausgesetzt. Den Pflegepersonen muss bewusst sein, dass sie „Fremdberührer“ sind und dies jeden Tag sehr viele Male in ihren pflegerischen Interventionen. Um die Persönlichkeit und die Intimsphäre eines Menschen zu respektieren und zu schützen, bedarf es vieler Maßnahmen im pflegerischen Tun.

Verhaltensregeln für den pflegerischen Alltag

Wohnraum:

- anklopfen, bevor man den Raum betritt
- erst nach Aufforderung eintreten
- das Einschalten der Anwesenheitstaste dient als Barriere und schützt vor überraschendem Eintritt
- Zimmertür nur nach Wunsch offenstehen lassen
- Nur im Beisein des/der Pflegebedürftigen den Schrank oder das Nachtkästchen öffnen – und vorher um Erlaubnis fragen!

Körperpflege:

- alle Pflegehandlungen ankündigen
- nur Teilabdeckungen durchführen, d. h. nur den Teil, der im Moment gewaschen werden soll, abdecken
- den Genitalbereich solange wie möglich bedecken
- evtl. ein Handtuch parat liegen haben, damit jederzeit abgedeckt werden kann
- bei der Körperpflege vor den Blicken anderer schützen, z. B. mit Blickschutz, Vorhang oder spanischer Wand
- taktvoller Umgang mit dem Schamgefühl bei Pflegehandlungen, besonders im Intimbereich
- möglichst rasch die Kleidung wieder anziehen oder anziehen lassen
- keine anzüglichen Bemerkungen oder fragwürdigen Witze machen
- geringschätzige Blicke und Gesten vermeiden

Partnerschaft und Bedürfnisbefriedigung:

- Freundschaften und Partnerschaften fördern
- gegenseitige Zuneigung und das Bedürfnis nach Nähe (z. B. Streicheln) zulassen
- Hilfen zur Befriedigung der sexuellen Bedürfnisse anbieten, z. B. das Beschaffen von Kondomen oder Gleitgel
- Möglichkeiten für bezahlten Sex aufzeigen

Persönliches:

- Wünsche auf Schutz der Intimität berücksichtigen und respektieren
- vertrauensvoller Umgang mit persönlichen Informationen
- beurteilen können, welche Information vertraulich zu behandeln ist

Beeinflussende Faktoren

Die beeinflussenden Faktoren in Bezug auf Körperpflege können in vier Bereiche gegliedert werden: seelisch-geistige, physiologisch-biologische, soziokulturelle und Umgebungsfaktoren. Die Körperpflege ist aber für jeden Menschen individuell unterschiedlich, in der Art (Baden, Duschen) bzw. in der Häufigkeit. Die Körperpflege ist etwas sehr Persönliches und sollte so lange es geht selbst durchgeführt werden.

Abb. 39: **Einflussfaktoren „Sich pflegen"** (Kellnhauser et al. 2004, S. 334)

Aufgabe: Diskutieren Sie in Kleingruppen von maximal 3 Personen Lösungsansätze für folgende Situation und stellen Sie Ihre Ergebnisse im Plenum vor:

Sie kommen in das Zimmer von Frau K., einer 86-jährigen Dame, die seit ca. drei Monaten bei Ihnen im Altenheim lebt. Nach einem Oberschenkelhalsbruch war es für Frau K. nicht mehr möglich, allein in ihrem Haus mit Garten zu bleiben. Nach dem Reha-Aufenthalt kam Frau K. direkt ins Heim. Frau K. kann mit Unterstützung einer Pflegekraft und einem Rollator gehen, sie geht aber kaum aus dem Zimmer, weil „sie die Menschen da ja alle nicht kennt". Weiters braucht sie Unterstützung bei der Körperpflege.

Als Sie nun ins Zimmer von Frau K. kommen, um sie beim Duschen zu unterstützen, was sie die letzten zwei Tage abgelehnt hat, meint Frau K.: „Ich möchte nicht, dass Sie mir helfen. Der Anblick einer so alten Frau ist für einen jungen Menschen nicht ansehnlich. Außerdem ist diese Wascherei jeden Tag überhaupt nicht gut für meine Haut. Schauen Sie, meine Haut ist schon ganz trocken vom vielen Waschen. Und für wen soll ich mich hübsch machen? Seit ich hier bin, hat mich noch niemand besucht. Am besten wäre es, wenn mich der Herrgott endlich zu sich holen würde."

- Wie verhalten Sie sich?
- Wie argumentieren Sie Frau K. gegenüber?
- Was würde Frau K. brauchen, um sich leichter mit der neuen Situation „Leben im Altenheim" zurechtzufinden?

Zeitrahmen Bearbeitung: 20 min
Zeitrahmen Präsentation: 5 min
Diskussion im Plenum: 5 min

Beobachtung: die Haut

Die Haut ist mit ca. 1,5–2 m^2 Fläche und 5,5–10 kg Gewicht das größte Sinnesorgan des menschlichen Körpers. Gemeinsam mit den sogenannten Hautanhangsgebilden und der Schleimhaut gibt sie Aufschluss über den körperlichen und seelischen Zustand des Menschen. Die Haut wird auch als „Spiegel der Seele" bezeichnet, da die psychische Situation sich häufig im Hautbild widerspiegelt.

Hautanhangsgebilde

Zu den Hautanhangsgebilden gehören Drüsen, Haare und Nägel. Sie sind in allen Hautschichten vorhanden und dienen der Ernährung und dem Schutz der Haut.

Die **Nägel** befinden sich an den Endgliedern von Fingern und Zehen. Sie haben eine mechanische Schutzfunktion und sind für das Tasten sehr wichtig, da sie einen Widerstand für den tastenden Finger bieten und so eine differenzierte Wahrnehmung von Druck ermöglichen. Ein Nagel besteht aus einer ca. einen halben Millimeter dicken Hornhautplatte, die unterteilt wird in:

- Nagelwall/Nagelfalz
- Nagelwurzel/Nagelmatrix
- Nagelplatte
- Nagelbett

Die farblose Nagelplatte (der sichtbare Teil des Nagels) wächst aus der Nagelwurzel und ist fest mit dem darunterliegenden Nagelbett verwachsen. Die weißliche halbmondgeformte Zeichnung am Nagelbett wird Lunula (lat. „Möndchen") genannt. Der Nagel wird seitlich von einer Hautfalte (Nagelwall, -falz) umgeben und vom Nagelhäutchen bedeckt.

Die **Haare** bestehen aus elastischen Fäden aus verhornten Epithelzellen. Sie sind für die Temperaturregulation und die Wahrnehmung von Berührungen bedeutend. Sie sind an nahezu allen Hautarealen des Menschen vorhanden. Sie fehlen nur im Bereich der Handflächen, der Fußsohlen und an Teilen des äußeren Genitales. Die Behaarung des Körpers wird von Faktoren wie Alter und Geschlecht beeinflusst. Die Sexualhormone sind verantwortlich für die typischen Behaarungsmuster beider Geschlechter wie Bart, Körper- und Schambehaarung.

Bei den **Hautdrüsen** unterscheidet man Schweiß-, Duft-, Talg- und Brustdrüsen.

Schweißdrüsen dienen zur Sekretion von Schweiß, zur Unterstützung der Wärmeregulation, sind an der Bildung des Säureschutzmantels der Haut beteiligt und übernehmen durch die Abgabe von harnpflichtigen Stoffwechselprodukten und Elektrolyten über die Haut auch eine Entgiftungsfunktion. Sie sind fast überall am Körper, vor allem aber an Ellenbeugen, Stirn, Handflächen und Fußsohlen zu finden.

Duftdrüsen befinden sich an Körperstellen wie Achselhöhle, Schambereich und After, sie bilden sich während der Pubertät und gehören zu den sekundären Geschlechtsmerkmalen. Ihre Ausführungsgänge liegen an Haaren (Achsel-/Schambehaarung), so kann der produzierte Duftstoff besser an die umgebende Luft abgegeben werden. Sie sind für den individuellen Körpergeruch verantwortlich.

Talgdrüsen geben über die Poren (Ausführungsgang) ihr Sekret (Sebum) ab und fetten Haare und Hautoberfläche ein. In den Handflächen und Fußsohlen gibt es keine Talgdrüsen.

Schleimhaut

Als Schleimhaut wird die Schutzschicht im Inneren des Körpers bezeichnet. Dazu gehören die Lippen, die Mund- und Nasenschleimhaut, aber auch die Bindehaut des Auges. Schleimhäute produzieren ein Sekret oder haben Ausführungsgänge von Drüsen (z. B. Speicheldrüsen). Gesunde Schleimhaut ist rosig, feucht und intakt.

Veränderungen der Mundschleimhaut sind meist sehr schmerzhaft und können den/die Betroffene/n in der Nahrungsaufnahme beeinträchtigen. Eine regelmäßige Inspektion der Mundhöhle ermöglicht ein rasches Erkennen von Veränderungen. Bei Menschen, die in der Nahrungsaufnahme beeinträchtigt sind, sollte eine regelmäßige Mundpflege durchgeführt werden, um das Risiko einer Schleimhautläsion zu minimieren.

Trockene Mundschleimhaut: tritt vor allem bei Flüssigkeitsmangel auf. Ursachen können Fieber, Atmung über den Mund und Sauerstoffgabe (ohne Anfeuchtung) sein.

Soor: ist eine Pilzinfektion, erkennbar an weißlichen, schwer wegwischbaren Belägen auf der Mundschleimhaut. Kann bei abwehrgeschwächten Menschen oder als Nebenwirkung einer Antibiotikatherapie auftreten.

Parotitis: Die Entzündung der Ohrspeicheldrüse tritt vor allem bei Menschen mit einer reduzierten Kautätigkeit auf. Mögliche Ursachen dafür können sein: parenterale Ernährung oder Ernährung über Sonde, Schluckstörungen, Nahrungskarenz.

Stomatitis: Eine Entzündung der Mundschleimhaut kann vor allem bei abwehrgeschwächten Menschen oder bei Strahlen-/Zytostatikatherapie auftreten.

Borken: Sind verkrustete Beläge in der Mundhöhle und treten vor allem bei Menschen mit Exsikkose und einer verminderten Kautätigkeit auf.

Aphthen: Sind linsengroße entzündliche, meist sehr schmerzhafte Veränderungen der Mundschleimhaut, die vor allem bei abwehrgeschwächten Menschen vorkommen.

Hauttyp

Die Einstufung nach dem Hauttyp soll eine Einschätzung der UV-Lichtverträglichkeit (UV = Ultraviolette Strahlung der Sonne) der Haut ermöglichen. Für jeden Hauttyp wird ein unterschiedlicher Lichtschutzfaktor bzw. eine unterschiedlich lange Sonnenexposition empfohlen. Folgende Hauttypen werden unterschieden:

Hauttyp I: hat eine sehr helle Haut, meist mit Sommersprossen, die Haare sind rötlich. Bei Sonnenexposition bräunt dieser Typ kaum, sondern neigt sehr stark dazu, einen Sonnenbrand zu bekommen.

Hauttyp II: hat eine helle Haut, Sommersprossen sind eher selten vorhanden. Bei Sonnenexposition wird auch dieser Typ kaum braun und neigt stark zur Sonnenbrandbildung.

Hauttyp III: hat eine helle bis hellbraune Haut und keine Sommersprossen. Bei Sonnenexposition bräunt dieser Typ gut und hat nur eine geringe Sonnenbrandneigung.

Hauttyp IV: hat eine hellbraune Haut ohne Sommersprossen. Dieser Typ bräunt sehr gut und neigt kaum zum Sonnenbrand.

Hautfarbe

Die Hautfarbe wird durch die Pigmentierung der Haut und die Struktur und Durchblutung der Blutgefäße beeinflusst. Veränderungen der Hautfarbe können ein wichtiger Hinweis auf Veränderungen/Erkrankungen sein und müssen beobachtet werden.

Blässe: kann akut oder chronisch auftreten, z. B. bei Anämie (Blutarmut) oder Hypotonie (niedriger Blutdruck), bei Schock oder Angst sowie bei Durchblutungsstörungen.

Rötung: tritt auf bei Hitzegefühl und Fieber, bei körperlicher Anstrengung oder bei Entzündungen.

Blaufärbung (Zyanose): ist immer ein Zeichen einer Minderdurchblutung bzw. eines Sauerstoffmangels. Kann verursacht werden durch Herz- oder Lungenerkrankungen und tritt dann meist zentral – an Lippen und am Körperstamm – auf. Sie kann auch peripher an den Zehen und Fingern, an den Ohren oder der Nase auftreten und z. B. durch eine niedrige Umgebungstemperatur ausgelöst werden.

Gelbfärbung (Ikterus) der Haut und Skleren tritt bei Erkrankungen der Leber (z. B. Hepatitis) und Galle (z. B. Verschluss des Gallengangs durch Gallensteine) auf.

Braunfärbung: kann durch Pigmentveränderungen verursacht sein, aber auch nach einer Bestrahlungstherapie auftreten.

Fahlblaue, marmorierte Haut: ist ein Zeichen einer reduzierten Kreislaufsituation und ist bei Sterbenden zu sehen. Bei venösen Gefäßverschlüssen ist eine Marmorierung der betroffenen Extremität zu beobachten.

Kirschrote Färbung der Haut: ist ein Zeichen einer Kohlenmonoxidvergiftung.

Hautspannung

Als Hautspannung oder Hautturgor wird die Grundspannung der Haut bezeichnet, die durch den Flüssigkeitsgehalt der Zellen und den Gewebswiderstand beeinflusst wird.

Gesteigerte Hautspannung: Durch Schwellung des darunterliegenden Gewebes ist die Haut gespannt. Ursachen können Ödeme (Flüssigkeitsansammlungen im Gewebe), Hämatome (Blutergüsse) oder auch Entzündungen sein. Bleibt beim Eindrücken der Haut eine Delle, die sich nur langsam wieder zurückbildet, so handelt es sich um ein Ödem.

Verminderte Hautspannung: Die Hautspannung ist vermindert bei Flüssigkeitsverlust oder zu geringer Flüssigkeitszufuhr. Das führt zur Austrocknung (Exsikkose) der Haut. Hebt man mit zwei Fingern eine Hautfalte an und lässt diese wieder los und die Falte bleibt einige Sekunden bestehen, so ist der Hautturgor herabgesetzt.

Unterstützung bei der Körperpflege

Die Unterstützung bei der Körperpflege erfordert neben dem theoretischen Wissen über Hygienerichtlinien vor allem einen sensiblen Umgang mit dem/der Pflegbedürftigen. Im Vordergrund stehen die Berücksichtigung der Wünsche und Gewohnheiten (Ort, Häufigkeit und Zeitpunkt der Körperpflege) und die Einbeziehung der Ressourcen des/der Betreffenden. Die Durchführung der Körperpflege soll, unter Berücksichtigung der vorhandenen Rahmenbedingungen, dem Grad der Immobilität angepasst sein.

Ganzkörperwaschung im Bett

Die Darstellung des Ablaufes ist exemplarisch und sollte je nach Wünschen, Gewohnheiten und Ressourcen individuell angepasst werden, die Einhaltung der hygienischen

Richtlinien muss gewährleistet sein. Es ist immer darauf zu achten, ob der Allgemeinzustand des/der Pflegebedürftigen eine Ganzkörperwaschung zulässt oder ob die Reinigung bestimmter Körperregionen wie Hände, Gesicht, Achsel- und Intimbereich ausreichend ist.

- Alle Materialien und den Arbeitsplatz vorbereiten.
- Entfernung aller Hilfsmittel im Bett, Positionierung in Rückenlage mit leicht erhöhtem Oberkörper.
- Nur die zu waschende Region abdecken und zum Schutz ein Handtuch unterlegen.
- Den/die Pflegebedürftige/n die Wassertemperatur testen lassen – mit der Hand in die Waschschüssel greifen lassen oder den nassen Waschhandschuh in die Hand geben –, der Erstkontakt mit dem Wasser sollte immer an der Hand sein, da dies gewohnten Mustern entspricht.
- Für das Waschen des Gesichtes Wasser ohne Waschzusatz verwenden. Kann der/die Pflegebedürftige das Gesicht nicht selbst waschen, führen Sie den Waschhandschuh mit seiner/ihrer Hand über Stirn, Wangen, Kinn, Nase, Mundpartie und Hals, um das Körpergefühl zu stimulieren. Ohren waschen und das gesamte Gesicht vorsichtig abtrocknen. Augenpflege durchführen (siehe Kapitel Augenpflege).
- Die Oberbekleidung ausziehen und über den Oberkörper legen. Waschzusatz ins Wasser geben und Achselhöhlen, Arme und Hände inkl. Fingerzwischenräumen waschen und abtrocknen.
- Brustkorb und Bauch waschen, dabei vor allem auf die Hautfalte unter der Brust und den Bauchnabel achten.
- Ggf. Durchführung der Hautpflege und Ankleiden des Oberkörpers.
- Das Waschen des Rückens erfolgt, je nach Mobilität des/der Pflegbedürftigen, eventuell auch am Ende der Ganzwaschung mit dem Waschen des Gesäßes unter Beachtung der hygienischen Richtlinien.
- Beine, Füße und Zehen inkl. Zehenzwischenräumen waschen und abtrocknen. Ggf. Beine eincremen. Vorsicht: Bei Verdacht auf Mykose (Fußpilz) nach dem Waschen eines Fußes den Waschhandschuh wechseln, um eine Verschleppung der Infektion zu verhindern.
- Waschen des Intimbereiches (siehe Kapitel Intimpflege).
- Ankleiden des Unterkörpers und Positionierung des/der Pflegebedürftigen.

Der Wechsel von Bettwäsche wie dem Leintuch oder das Einbringen einer frischen Inkontinenzversorgung sollte in einem Arbeitsschritt mit dem Waschen des Rückens/Gesäßes erfolgen, um dem/der Pflegebedürftigen häufige Lagewechsel zu ersparen. Die Beobachtung der Haut und das Feststellen eventueller Veränderungen ist bei der Körperpflege am leichtesten möglich!

Wann der Wechsel von Waschhandschuh und Handtuch erforderlich ist, hängt vom Ablauf der Körperpflege ab. Folgende hygienische Richtlinien sollten dabei berücksichtigt werden: Ein Wechsel von Waschhandschuh und Handtuch sind notwendig nach Kontakt

- mit Körperflüssigkeiten wie Schweiß, Harn, Stuhl sowie
- mit potenziell infektiösen Stellen wie entzündlichen Hautveränderungen, Soor oder Fußpilz.

Körperpflege am Waschbecken

Lässt es der Allgemeinzustand des Menschen zu, ist die Körperpflege am Waschbecken einer Ganzwaschung im Bett stets vorzuziehen. Die Mobilisation erfolgt je nach den Ressourcen des/der Pflegebedürftigen. Eine Sitzgelegenheit am Waschbecken ist unbedingt erforderlich. Je nach den Gewohnheiten des/der Betreffenden wird mit der Körper- oder Mundpflege begonnen. Er/sie soll sich so weit als möglich selbst waschen. Das Waschen, Abtrocknen und Eincremen des Rückens und der Beine wird von der Pflegeperson übernommen. Ist eine Intimpflege im Stehen nicht möglich, kann diese noch vor der Mobilisation ins Bad im Bett durchgeführt werden. Zum Schluss wird angekleidet und frisiert.

Körperpflege in der Dusche

Duschen wird von den meisten Menschen als die angenehmste Art der Körperpflege empfunden, man fühlt sich danach richtig sauber und wohl und das Duschen wirkt aktivierend auf den gesamten Organismus. Der/die Pflegebedürftige wird je nach Bedarf unterstützt: beim An- und Auskleiden, Einstellen der Wassertemperatur und des Wasserstrahls (Testen der Wassertemperatur am besten an den Beinen), Waschen von nicht erreichbaren Körperstellen, Abtrocknen, Haareföhnen.

Bei kreislaufinstabilen Menschen ist darauf zu achten, dass es durch die Dampfentwicklung beim Duschen zu Kreislaufproblemen kommen kann. Haltegriffe und eine Sitzgelegenheit dürfen in keiner Dusche fehlen!

Körperpflege in der Badewanne

Vor allem für immobile Menschen ist ein Bad eine willkommene Abwechslung zur Ganzwaschung in Bett. Baden wirkt je nach Wassertemperatur und Badezusatz entspannend oder anregend, vor allem aber werden sonst belastete Körperregionen wie Steiß und Rücken im Wasser entlastet.

Beim Einlassen des Wassers ist zu beachten, dass zuerst kühles Wasser und erst am Schluss heißes Wasser in die Wanne gefüllt wird, um eine übermäßige Dampfentwicklung zu verhindern. Die Wassertemperatur sollte zwischen 35 und 38° C liegen. Die Temperatur im Bad sollte mindestens 26° C betragen und Zugluft ist zu vermeiden. Zur Sicherheit sollte auch bei teilmobilen Menschen ein Badelifter verwendet werden, da vor allem das Aus-der-Wanne-Steigen ein hohes Sturzrisiko darstellt.

Der/die Pflegebedürftige soll so weit als möglich die Körperpflege selbst übernehmen. Durch das Überstreifen des Waschhandschuhs und das Führen der Hand können auch Immobile einen Teil der Körperpflege noch selbst durchführen. Das Waschen der Haare, des Rückens, des Intimbereichs und der Beine erfolgt durch die Pflegeperson. Im Rahmen eines Vollbades kann auch die Nagelpflege durchgeführt werden, da die Nägel dann weicher sind. Vor dem Verlassen der Wanne wird der/die Pflegebedürftige nochmals abgeduscht, um die Badezusätze abzuspülen. Noch am Badelifter wird abgetrocknet, eingecremt und die Kleidung angezogen. Beim Transfer vom Badelifter darauf achten, dass der Boden trocken ist – Rutschgefahr! Die Haare sollten abgedeckt oder noch im Bad geföhnt werden, um ein Erkälten zu verhindern. Nach dem Baden eine Ruhezeit von ca. 30 Minuten einplanen.

Die Badezeit sollte nicht länger als 10 bis 15 Minuten betragen, um keine Überlastung des Kreislaufes zu provozieren. Klagt der/die Badende über Beschwerden wie Schwindel, Übelkeit usw., muss das Bad sofort beendet werden. Bei einem Kollaps sofort das Wasser auslassen, den Notruf betätigen und den Kopf des/der Bewusstlosen über Wasser halten!

Rasur

Abb. 40: **Trockenrasierer** (Flickr)

Für die meisten Männer stellt die Rasur einen wesentlichen Bestandteil der täglichen Körperpflege dar und trägt zum Wohlbefinden bei. Je nach individueller Gewohnheit wird die Nass- oder die Trockenrasur bevorzugt. So lange als möglich sollte dem Betroffenen ermöglicht werden, die Rasur selbst durchzuführen. Das ist bei der Trockenrasur leichter möglich.

Die **Trockenrasur** wird mit einem elektrischen Rasierer auf der trockenen Haut durchgeführt. Kann der Mann die Rasur nicht allein durchführen, sollte darauf geachtet werden, dass die Haut gut gespannt wird, um Verletzungen oder ein Reißen der Haut zu verhindern. Nach der Rasur wird das Gesicht mit Rasierwasser eingerieben, um kleine Hausläsionen zu desinfizieren. Der individuelle Geruch des Rasierwassers ist für die meisten Männer wichtig. Die Reinigung des Rasierers erfolgt mit einem eigenen Bürstchen.

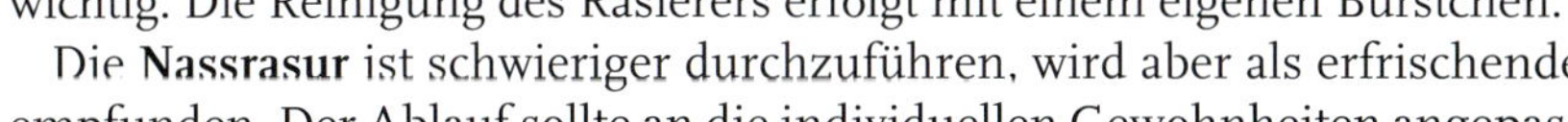
Die **Nassrasur** ist schwieriger durchzuführen, wird aber als erfrischender empfunden. Der Ablauf sollte an die individuellen Gewohnheiten angepasst werden und kann z. B. folgendermaßen aussehen:

- Vorbereitung der Utensilien: Rasierer, Schüssel mit Wasser, Rasierschaum/-seife, ev. Rasierpinsel, Waschhandschuh, Handtuch, Rasierwasser
- Gesicht waschen
- Rasierschaum oder -seife auf die behaarten Stellen auftragen
- den Rasierer befeuchten und die gespannte Haut rasieren
- nach jedem Rasiervorgang den Rasierer auswaschen
- ist die Haut überall glatt, wird das Gesicht noch einmal gewaschen, um alle Schaumreste und Barthaare zu entfernen
- nach dem Abtrocknen Rasierwasser nach Wunsch auftragen

Abb. 41: **Utensilien Nassrasur**

Haarpflege

Die Frisur gehört zur Individualität jedes Menschen und ist geprägt vom Geschlecht, von der Rolle, Religion und Kultur des/der Betreffenden. Die Gewohnheiten und Wünsche sollten nach Möglichkeit berücksichtigt werden. So lange es möglich ist, sollte das Frisieren vom/von der Pflegebedürftigen selbst durchgeführt werden oder die Hand von der Pflegeperson geführt werden. Nach dem Frisieren gehört ein Blick in den Spiegel dazu.

Bei Immobilen mit langen Haaren sollten diese zur Seite gekämmt und gebunden oder zu einem Zopf geflochten werden, um Druckstellen durch das Aufliegen zu verhindern.

Wie oft die Haare gewaschen werden, hängt vor allem von der Gewohnheit des/der Pflegebedürftigen ab. Während eines Bades oder beim Duschen ist die Durchführung der Haarwäsche am einfachsten.

Haarwäsche im Bett: Für die Haarwäsche bei immobilen Menschen, die im Bett durchgeführt werden muss, gibt es spezielle Waschwannen. Diese lassen sich ins Bett stellen und ermöglichen eine bequeme Haarwäsche. Die Wanne hat eine Ausbuchtung für den Hals zum besseren Liegen. Durch den Abflussschlauch kann das Haar nach der Wäsche mit ausreichend Wasser gespült werden. Nach der Haarwäsche sollen die Haare möglichst schnell getrocknet werden, um ein Erkälten zu verhindern.

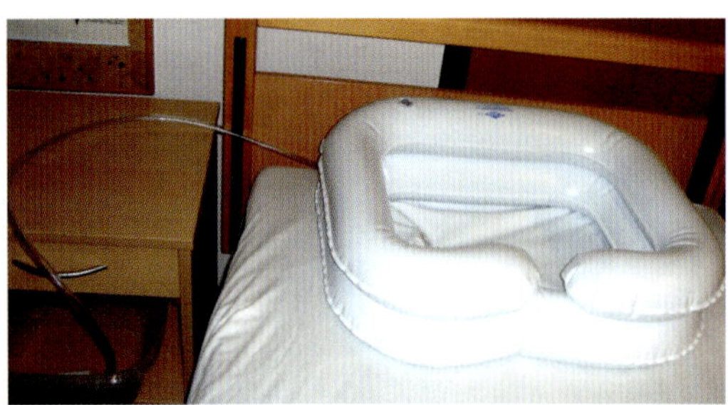

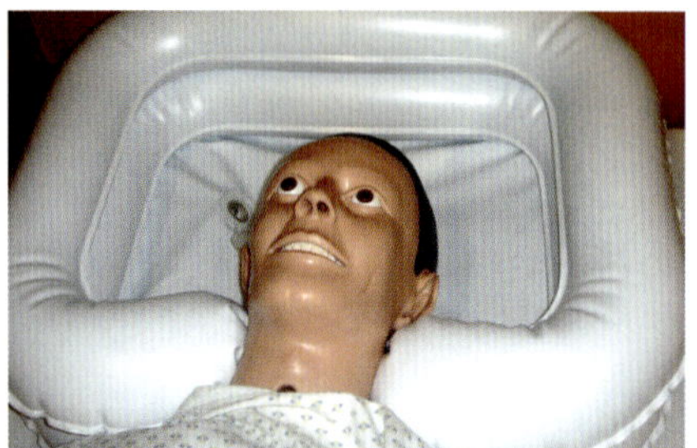

Abb. 42: **Aufblasbares Haarwaschbecken**

Tipp: Folgende Methode eignet sich besonders gut bei Menschen, die ihren Kopf nicht heben können/dürfen.

Material:

- Großer Müllsack, Schere
- Eimer
- 3–4 Handtücher
- evtl. flüssigkeitsdichte Unterlage als Bettschutz
- Kanne
- Shampoo

Vorbereitung und Durchführung:

- Den Müllsack an einer Ecke schräg abschneiden.
- An der Öffnung je nach Größe ggf. auch etwas aufschneiden.
- Den Müllsack mit der offenen Ecke in den Eimer ableiten.
- Der Müllsack wird mit der offenen Seite unter den Kopf des/der zu Pflegenden eingebettet.
- Unter den Hals des/der zu Pflegenden wird eine Handtuchrolle eingebettet.
- Einen Waschhandschuh auf die Stirn des/der zu Pflegenden legen.
- Die Haare nun mit dem Wasser aus der Kanne vorsichtig nass machen, schamponieren und Shampoo gut abspülen.
- Haare frottieren, bis sie handtuchtrocken sind, frisieren und ggf. föhnen.

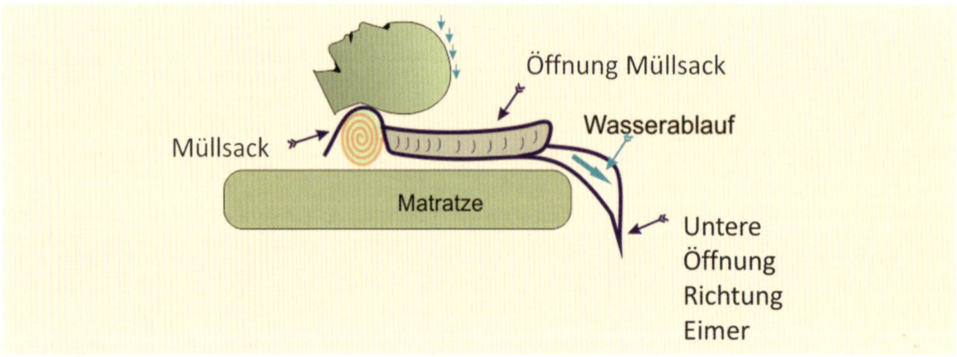

Abb. 43: **Haarwäsche im Bett** (adaptiert nach Burmeister 2014)

Mundpflege

Die allgemeine Mundpflege, das Putzen der Zähne bzw. das Reinigen des Zahnersatzes, ist Teil der Körperpflege und sollte so lange als möglich vom/von der Pflegebedürftigen selbst durchgeführt werden. Ist der Mensch dazu nicht mehr in der Lage, übernimmt die Pflegeperson die Mundpflege.

Braucht der/die Pflegebedürftige Unterstützung beim Zähneputzen, ist bei der Durchführung zu beachten, dass die Mundhöhle ein sehr intimer Bereich ist. Durchführung:

- Alle benötigten Materialen vorbereiten: Handtuch als Kleiderschutz, Zahnbrüste mit Zahnpasta, Becher mit Wasser, Nierenschale.
- Den Oberkörper hoch positionieren (auf Kontraindikationen achten) und die Kleidung durch das Handtuch schützen.
- Die Mundhöhle auf Veränderungen inspizieren.
- Den Mund ausspülen lassen, der/die Pflegebedürftige soll versuchen die Schneidezähne aufeinanderzusetzen und die Lippen leicht zu öffnen.
- Die Zahnbürste unter leichtem Druck mit kleinen kreisenden Bewegungen über Zahnfleisch und Zähne führen – von rot nach weiß und von hinten nach vorne putzen. Zahnaußen- und Zahninnenseite putzen.
- Den Mund ausspülen lassen und das Gesicht abtrocknen.
- Eventuell die Lippen mit einem Pflegebalsam eincremen.
- Die Reinigung eines Zahnersatzes erfolgt nach Entnahme der Prothese aus der Mundhöhle und ist im Kapitel Zahnersatz beschrieben.

Bei Bewusstlosen oder Menschen, die Veränderungen der Mundschleimhaut (siehe Veränderungen der Mundschleimhaut) haben, ist eine **spezielle Mundpflege** erforderlich. Weitere Indikationen für die spezielle Mundpflege sind:

- unwirksame Mundhygiene – vermehrte Beläge trotz Zähneputzens
- verminderte/fehlende Speichelproduktion durch reduzierte Kautätigkeit
- trockene Mundschleimhaut bei Mundatmung, Sauerstoffverabreichung, ungenügender Flüssigkeitszufuhr oder Nahrungskarenz
- Zerstörung der physiologischen Mundflora durch Medikamente wie Antibiotika und Zytostatika
- Erkrankungen/Veränderungen der Mundschleimhaut
- schlechter Allgemeinzustand

Zur speziellen Mundpflege gehören die Inspektion und Reinigung der Mundschleimhaut und Zunge, die Zahn-/Prothesen- und Lippenpflege sowie das regelmäßige Anfeuchten der Mundschleimhaut. Durchführung:

- Alle benötigten Materialen vorbereiten: Handtuch als Kleiderschutz, Klemme/Holzspatel, kleine Kompressen oder Kugeltupfer, Becher mit Wasser/Tee/Mundwasser, Nierenschale, Lippenpflegecreme, ev. Taschenlampe, Abwurf.
- Den Oberkörper hoch positionieren (auf Kontraindikationen achten) und die Kleidung durch das Handtuch schützen.
- Die Mundhöhle mit Taschenlampe und Spatel inspizieren.
- Den Tupfer so in die Klemme einspannen, dass die Klemme vollständig vom Tupfer umhüllt ist (um Verletzungen der Mundschleimhaut und Zähne zu vermeiden).

- Tupfer in Flüssigkeit tauchen, am Becherrand ausdrücken (Aspirationsprophylaxe).
- Die Mundhöhle von hinten nach vorne auswischen (Zähne, Wangeninnenflächen, Wangentaschen, harter Gaumen und Zunge) und bei jedem Wischvorgang einen frischen Tupfer verwenden.
- Die Lippen eincremen.

Das Auswischen der Mundhöhle mit den Fingern birgt ein Verletzungsrisiko für die Pflegeperson, es ermöglicht aber eine „gefühlvollere" Mundpflege, vor allem bei PalliativpatientInnen oder bei Menschen, die einen starken Brechreiz bei der Mundpflege haben.

Bei Menschen mit trockener Mundschleimhaut durch Mundatmung, Sauerstoffverabreichung, ungenügende Flüssigkeitszufuhr oder Nahrungskarenz sowie bei PalliativpatientInnen ist zusätzlich zur Mundpflege das regelmäßige **Anfeuchten der Mundhöhle** notwendig. Die Häufigkeit hängt vom/von der Pflegebedürftigen ab, im Palliativbereich wird ein- bis zweistündlich die Mundhöhle befeuchtet. Das kann mit zuckerfreien Tees (gut geeignet ist Pfefferminztee, keinen Kamillentee verwenden, wirkt austrocknend), verdünntem Zitronensaft oder Mundspüllösungen erfolgen. Bei Aspirationsgefahr können Pipetten, Spritzen oder Sprühfläschchen für die Applikation der Flüssigkeit verwendet werden. Besonders erfrischend sind Eiswürfel aus Apfel- oder Orangensaft. Wenn keine Aspirationsgefahr besteht, können auch Obststückchen gelutscht/gekaut werden, diese regen den Speichelfluss an. Vitamin C oder Zitronensäure regen ebenfalls den Speichelfluss an, können aber auf der Schleimhaut brennen.

Merke: Bei der Verwendung von Mundpflege-Swabs sollte darauf geachtet werden, keine glyzerinhaltigen Produkte zu verwenden, diese wirken austrocknend.

Nasenpflege

Die Nasenschleimhaut reinigt und befeuchtet die Atemluft und reinigt sich grundsätzlich selbst. Ist vermehrtes Sekret vorhanden, wie bei Erkältungskrankheiten, wird die Nase durch Schnäuzen geputzt. Veränderungen können Rötungen bei Entzündungen oder durch häufiges Schnäuzen sein. Nasenbluten kann durch ein Trauma (z. B. heftiges Anstoßen der Nase) oder einen erhöhten Gefäßdruck (z. B. bei Hypertonie) verursacht sein. Ist beim Einatmen ein sogenanntes „Nasenflügeln" (ein intensives Bewegen der Nasenflügel) zu beobachten, so weist das auf eine erschwerte Atmung hin.

Eine spezielle Nasenpflege ist bei Bewusstlosen notwendig, oder wenn durch Fremdkörper wie Magensonde oder Sauerstoffbrille die Gefahr von Schleimhautreizungen besteht oder bereits Schleimhautdefekte vorhanden sind.

Zur Nasenpflege sollte der/die Pflegebedürftige in leicht erhöhter Position gelagert sein. Die Reinigung der Nase erfolgt mit einem angefeuchteten Wattestäbchen. Borken können mit Pflegeöl leichter gelöst werden. Zur Pflege und um das Austrockenen der Nasenschleimhaut zu verhindern, sollten die Nasenflügel bis an den Innenrand der Nase mit Pflegecreme versorgt werden.

Bei liegender Nasensonde wird die Fixierung vorsichtig gelöst und eventuell anhaftende Kleberreste mit einem Pflegeöl entfernt. Vorsicht: Kein Wundbenzin verwenden! Dieses trocknet die Haut aus und kann durch die intensiven Dämpfe die Augen zum Tränen bringen. Zur Reinigung der Sonde kann diese einige Millimeter weit herausgezogen werden. Nach der Reinigung von Sonde und Nase wird die Sonde wieder in die ursprüngliche Position gebracht und die Fixierung an einer anderen Stelle angebracht. So kann die Entstehung von Druckstellen minimiert werden.

Augenpflege

Im Rahmen der Körperpflege werden die Augen und Augenwinkel gewaschen. Dies sollte mit einem nassen Waschhandschuh ohne Seife erfolgen, um eine Reizung der Augen zu verhindern. Die Wischrichtung ist von der Augenaußenseite zur -innenseite in Richtung des Tränenflusses. Sind Verkrustungen zu sehen, sollten diese zuerst aufgeweicht und dann mit einem weichen Waschhandschuh entfernt werden.

Bei starker Sekretion und/oder Verkleben der Augen besteht der Verdacht einer Konjunktivitis (Bindehautentzündung). Um ein Verschleppen der Infektion zu vermeiden, wird jedes Auge getrennt mit einem frischen Einmalwaschhandschuh oder einem fusselfreien Tupfer gereinigt. Die Applikation von verordneten Augentropfen oder -salben erfolgt nach der Reinigung.

Die Applikation von Augentropfen/-salben fällt in den Verantwortungsbereich des gehobenen Dienstes der Gesundheits- und Krankenpflege. Da diese Tätigkeit in Ausnahmefällen delegiert werden kann, wird die Durchführung nachfolgend beschrieben.

Applikation von Augentropfen/-salbe: Es dürfen nur vom Arzt/von der Ärztin verordnete Augentropfen und Augensalben appliziert werden, außer es handelt sich um nicht rezeptpflichte Präparate, z. B. Ersatz von Tränenflüssigkeit zur Befeuchtung. Die Flasche/Tube wird beim ersten Öffnen mit Anbruchdatum und ev. auch mit dem Verfalldatum (4–6 Wochen, siehe Packungsbeilage) sowie dem Namen des Empfängers/der Empfängerin beschriftet. Ist das Medikament nicht an beiden Augen zu applizieren, muss auf der Verpackung dokumentiert sein, welches Medikament in welches Auge gehört.

- OD = Oculus dexter = rechtes Auge = RA
- OS = Oculus sinister = linkes Auge = LA
- OU = Oculi uterque = beide Augen = R/L, bds.

Ist das Medikament verfärbt oder flockt aus, darf es nicht verabreicht werden. Kühlschrankpflichtige Medikamente sollten vor der Applikation in der Hand angewärmt werden. Nach Möglichkeit sollte der/die Betroffene die Medikamente selbst applizieren.

Durchführung:

- Werden Augentropfen und Augensalbe verabreicht, erfolgt die Applikation der Augentropfen zuerst. Die Salbe wird nach fünf bis zehn Minuten eingebracht. Werden mehrere Augentropfen nacheinander verabreicht, sollten „unangenehme“, die beispielsweise ein Brennen verursachen, zuletzt gegeben werden.
- Die Position des/der PatientIn sollte sitzend bzw. in Oberkörperhochlage sein, der Kopf wird in den Nacken gelegt, der/die PatientIn schaut nach oben.
- Die Pflegeperson zieht mit der Kompresse das untere Augenlied nach unten und bringt einen Tropfen oder einen ca. fünf Millimeter langen Salbenstrang in den Bindehautsack ein. Um nicht abzurutschen, stützt sich die Pflegeperson mit der applizierenden Hand an der Stirn des/der PatientIn ab. Die Pipette bzw. Tube sollen nicht mit dem/der PatientIn in Berührung kommen, falls das doch der Fall ist, wird der Behälter desinfiziert, um eine Keimverschleppung zu vermeiden.
- Der/die PatientIn soll die Augen schließen und den Augapfel in alle Richtungen bewegen, um die Flüssigkeit/Salbe zu verteilen.
- Mit der Kompresse wird Tränenflüssigkeit und überschüssige Salbe oder Flüssigkeit abgewischt.
- Der/die PatientIn soll nicht mit dem bloßen Finger nachwischen, um eine Infektion zu vermeiden.

Ohrenpflege

Der äußere Gehörgang wird im Rahmen der Körperpflege mit Wasser und Waschzusatz gewaschen und anschließend abgetrocknet. Das Ohr sollte auf Veränderungen, wie Druckstellen oder Sekret, das aus dem Gehörgang fließt, inspiziert werden. Wird der Gehörgang mit Wattestäbchen gereinigt, so darf nur der Bereich, der von außen einzusehen ist, gereinigt werden, um Verletzungen zu vermeiden. Bei unruhigen Pflegebedürftigen ist das Verwenden von Watteträgern kontraindiziert!

Hautpflege

Die gesunde Haut braucht keine zusätzliche Pflege. Bei älteren Menschen kommt es durch die verringerte Talgproduktion und zu geringer Flüssigkeitsaufnahme leichter zum Austrocknen der Haut. Um die Haut intakt zu halten, sollte sie nach dem Waschen eingecremt werden. Je nach Hautbild kommen unterschiedliche Produkte zum Einsatz (siehe Kapitel Hautpflege).

Intimpflege

Die Intimpflege wird meist am Ende der Körperwaschung durchgeführt. Die Wahrung der Intimsphäre ist bei der Pflege des Intimbereiches besonders wichtig. Falls möglich soll der/die Pflegebedürftige selbst den Intimbereich waschen.

Bei der Intimpflege bei Mann und Frau ist Folgendes zu beachten:

- Immer frisches Waschwasser, Handtuch und Waschhandschuh und hautschonende Waschzusätze verwenden.
- Handschuhe tragen!
- Bei Infektionen oder wenn Stuhl entfernt werden muss, Einmalwaschhandschuhe verwenden.
- Handtuch/Einmalunterlage unter das Gesäß legen, um wirklich „nass" waschen zu können.

Intimpflege bei der Frau:

- Bauchfalte, Leisten und Oberschenkel waschen und trocknen.
- Beine anstellen und spreizen (lassen).
- Waschrichtung immer von der Symphyse in Richtung Anus
- Äußere Schamlippen waschen und mit Daumen und Zeigefinger spreizen, kleine Schamlippen und Scheideneingang waschen und vorsichtig trockentupfen.
- Äußeres Genitale mit Schambehaarung waschen und abtrocknen.
- In Seitenlage den Analbereich in Richtung Kreuzbein waschen und abtrocknen, ev. Hautpflege durchführen.

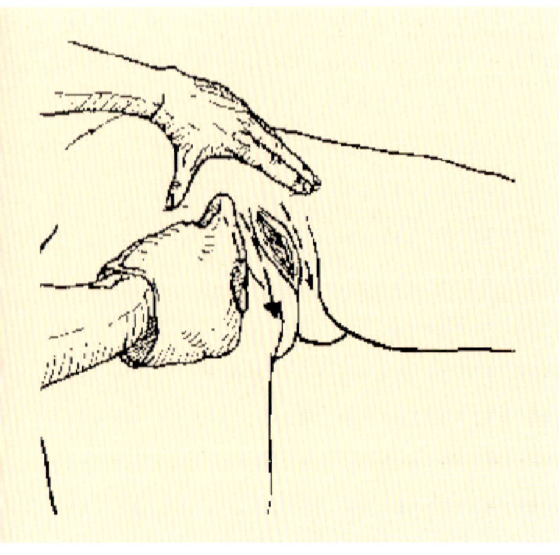

Abb. 44: **Intimpflege bei der Frau** (www.pflegewiki.de)

Intimpflege beim Mann:

- Bauchfalte, Leisten und Oberschenkel waschen und trocknen.
- Die Vorhaut am Penis vorsichtig zurückziehen und den Belag (Smegma) von der Eichel entfernen, die Vorhaut wieder nach vorne schieben und diesen Vorgang noch einmal wiederholen, um auch die Beläge an der Innenseite der Vorhaut zu entfernen.
- Den Penis und den Hodensack waschen und abtrocknen.
- In Seitenlage den Analbereich in Richtung Kreuzbein waschen und abtrocknen, ev. Hautpflege durchführen.

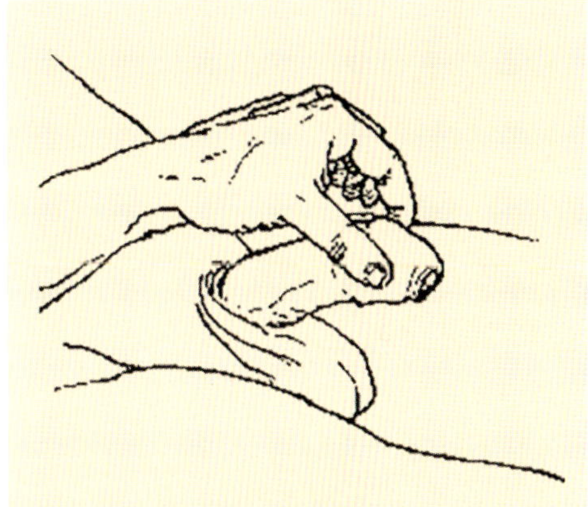

Abb. 45: **Intimpflege beim Mann, Vorhaut zurückziehen** (www.pflegewiki.de)

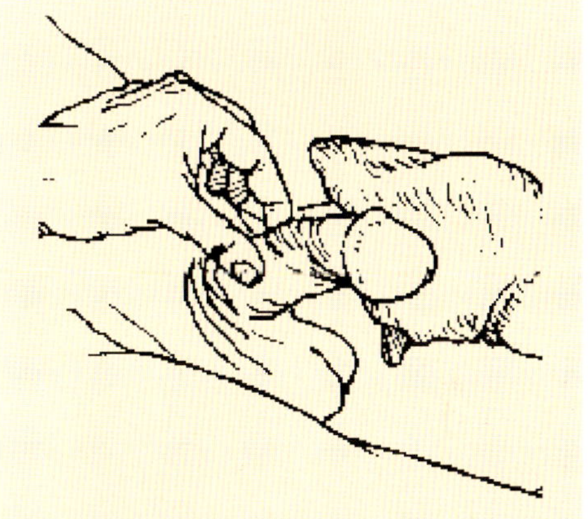

Abb. 46: **Intimpflege beim Mann, Eichel waschen** (www.pflegewiki.de)

Umgang mit Hilfsmitteln und Prothesen

Ältere pflegebedürftige Menschen brauchen eventuell zur Unterstützung beim Hören oder Sehen Hilfsmittel oder haben einen Zahnersatz. Die Pflege dieser Hilfsmittel gehört zur Unterstützung bei der Körperpflege und wird so lange als möglich vom/von der Pflegebedürftigen selbst durchgeführt und nur bei Bedarf von der Pflegeperson übernommen.

Die **Zahnprothese** sollte nach Möglichkeit nur zur Reinigung aus der Mundhöhle genommen werden, der/die ProthesenträgerIn fühlt sich mit dem Zahnersatz meist wohler und ist beim Sprechen auch besser zu verstehen. Wird die Prothese längere Zeit nicht getragen, verändert sich das Kiefer und die Prothese sitzt nicht mehr richtig. Die Gefahr, dass Druckstellen entstehen, steigt. Die Zahnprothese sollte nach jeder Mahlzeit gereinigt werden, um Speisereste aus der Mundhöhle zu entfernen. Wenn möglich soll der/die Pflegebedürftige die Zahnprothese selbst herausnehmen. Ist das nicht möglich, entfernt die Pflegeperson zuerst die obere und dann die untere Prothese. Im Umgang mit Zahnprothesen ist Vorsicht geboten. Beim Reinigen im Waschbecken das Becken immer mit Wasser füllen, um ein Brechen der Prothese zu verhindern. Die Prothese wird mit einer Zahnbürste und Zahncreme gereinigt, abgespült und nach dem Ausspülen der Mundhöhle wieder eingesetzt. Zuerst wird die untere und dann die obere Prothese eingesetzt. Falls nötig wird vor dem Einsetzen der Prothese Haftcreme aufgetragen.

Das **Hörgerät** stellt für Schwerhörige die Verbindung zur Außenwelt dar. Daher sollte es nur vor dem Zu-Bett-Gehen herausgenommen und noch vor dem Aufstehen wieder eingesetzt werden. Es gibt unterschiedliche Hörgeräte. Bei Hinter-dem-Ohr-Hörgeräten wird die Batterie hinter dem Ohr getragen und ist mit einem Verbindungsschlauch mit dem eigentlichen Hörgerät im Gehörgang verbunden. Diese Geräte können meist in der Lautstärke variiert werden. Hörgeräte, die direkt im Ohr getragen werden und die Batterie bereits integriert haben, sind am häufigsten zu finden. Sie sind klein und unauffällig, das Risiko von Druckstellen ist geringer (vgl. Lernfeld 1, Störungen des Hörens).

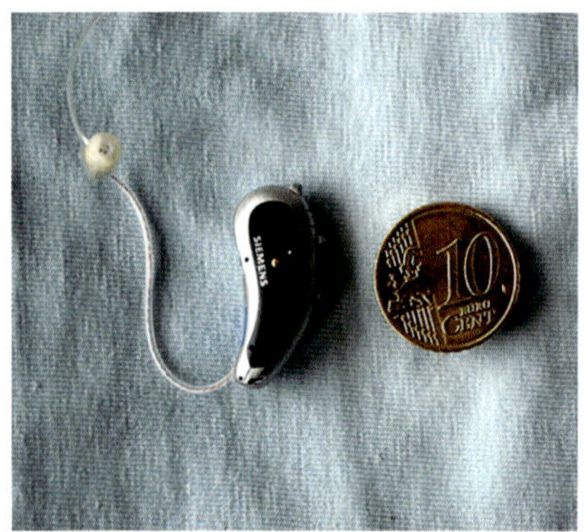

Abb. 47: **Hinter-dem-Ohr-Hörgerät** (www.commons.wikimedia.org)

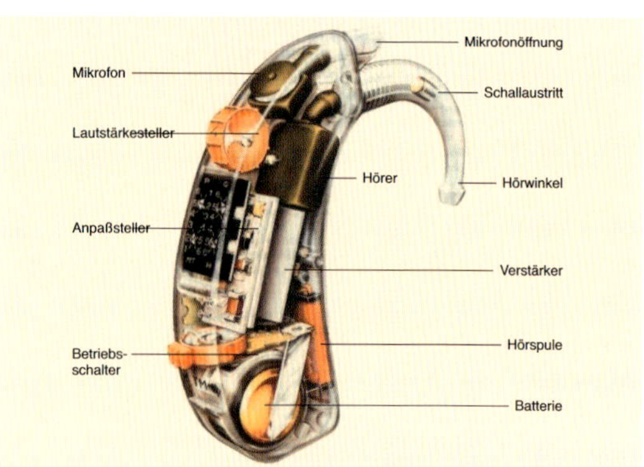

Abb. 48: **Aufbau Hinter-dem-Ohr-Hörgerät** (Quelle: www.hoerbiko.de/bilder/HdO.jpg)

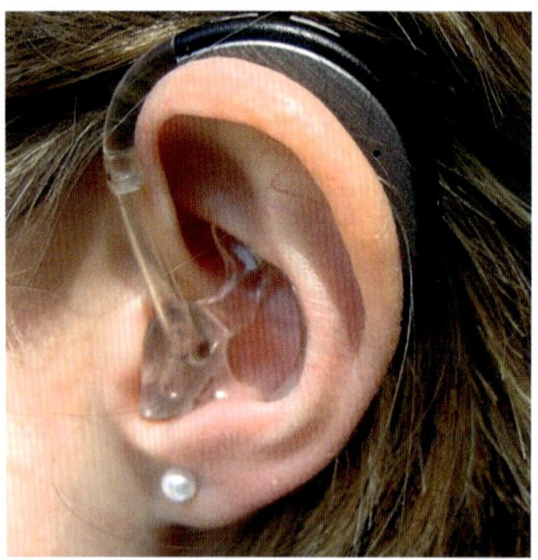

Abb. 49: **Hinter-dem-Ohr-Hörgerät getragen** (hearcom.eu)

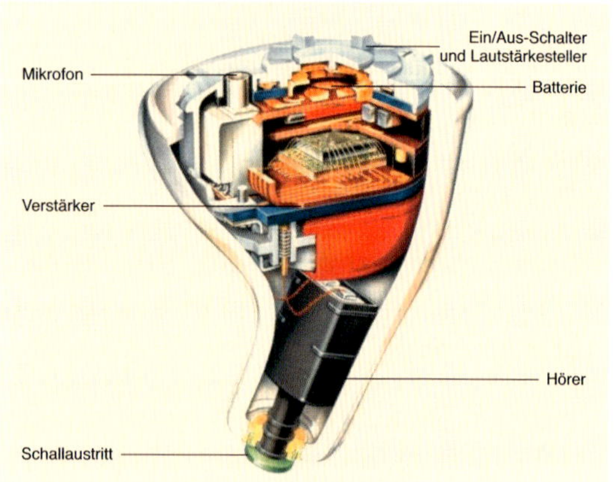

Abb. 50: **Aufbau Im-Ohr-Hörgerät** (Quelle: www.hoerbiko.de/bilder/HdI.jpg)

Bei jedem Hörgerät sollte die Batterie entnommen werden, wenn es nicht getragen wird, um eine längere Lebensdauer der Batterie zu gewährleisten. Da das Hörgerät für Schwerhörige zur Kommunikation unerlässlich ist, sollte stets eine Reservebatterie vorhanden sein. Das Hörgerät sollte regelmäßig mit Wasser gereinigt und gut getrocknet werden, um die Ansammlung von Cerumen (Ohrenschmalz) im Ohrstück zu verhindern. Pfeifgeräusche sind meist ein Hinweis für ein schlecht sitzendes Hörgerät oder ein verstopftes Ohrstück. Fallen bei der Ohrenpflege Druckstellen auf oder der Träger klagt über Schmerzen beim Tragen, so sollte die Passform des Gerätes überprüft werden.

Für BrillenträgerInnen bedeutet das Tragen der **Brille** Sicherheit. Es sollte daher auch Bettlägerigen ermöglicht werden eine saubere Brille zu tragen. Die Reinigung kann mit einem speziellen Putztuch oder unter fließendem Wasser erfolgen. Für das Abtrocknen ist ein fusselfreies Tuch zu verwenden. Bei Brillen ist darauf zu achten, dass keine Druckstellen an der Nase oder den Ohren entstehen. Nicht verwendete Brillen immer am Bügel ablegen bzw. im Schutzetui aufbewahren, um ein Zerkratzen der Gläser zu verhindern.

Kontaktlinsen sollten nach Möglichkeit nur dann verwendet werden, wenn der/die Pflegebedürftige sie selbst einsetzen und herausnehmen kann. Sie werden über Nacht in einer speziellen Reinigungslösung in einem zweiteiligen Behälter (Linse für rechtes und linkes Auge getrennt) aufbewahrt. Vor dem Einsetzen der Linsen werden diese mit einer speziellen Flüssigkeit oder mit Wasser abgespült. Beim Hantieren mit Kontaktlinsen beim Waschbecken immer den Abfluss verschließen! Müssen Kontaktlinsen von einer Pflegeperson aus dem Auge genommen werden, so erfolgt das nach einer Händedesinfektion mit einem dafür vorgesehen Saugnapf. Durch das Nach-oben-Ziehen des Augenlides wird die Linse im Auge gut sichtbar und kann mit dem Saugnapf entfernt werden. Steht kein Saugnapf zur Verfügung, kann die Linse bei nach vorne geneigtem Kopf durch Nach-außen-Ziehen des Augenlides aus dem Auge entfernt werden.

Abb. 51: **Kontaktlinsenbehälter**

Intertrigoprophylaxe

Der Begriff Intertrigo kommt aus dem Lateinischen und bedeutet Wundreiben, Wundsein. Eine Intertrigo zeigt sich durch rote, juckende und nässende Hautdefekte, besonders in Hautfalten. Dort, wo Haut auf Haut liegt, können durch Feuchtigkeit und Reibung Mazerationen entstehen. Zur Intertrigoprophylaxe gehört die Durchführung von Maßnahmen, die eine gesunde Oberhaut erhalten sowie einem Wundreiben und einer Besiedlung von Keimen in Hautfalten vorbeugen.

Risikofaktoren

Folgende Risikofaktoren können die Entstehung einer Intertrigo begünstigen:

- starkes Schwitzen (Hyperhidrosis)
- Harn- und/oder Stuhlinkontinenz
- falsche Hautpflege
  - häufiges zu langes und zu heißes Baden
  - Seifen trocknen die Haut aus – allergische Reaktionen!
  - unzureichendes Abtrocknen
- erhöhte Infektanfälligkeit
- Adipositas
- Immobilität, besonders in Verbindung mit Spastiken oder Kontrakturen
- schlechter Allgemeinzustand

Besonders gefährdete Körperstellen sind:

- hinter den Ohren
- in der Achsel
- zwischen Fingern und Zehen
- in der Leiste
- in der Analfalte

- an den Innenseiten der Oberschenkel
- unter der weiblichen Brust
- unter den Hoden

Anzeichen für gefährdete bzw. bereits geschädigte Haut können sein:

- Brennen oder Jucken im Bereich der betroffenen Hautareale
- Oberflächliche Wunden, die wässriges Sekret absondern
- die Haut ist gerötet, oft schmierig, weißlich belegt
- die Hautveränderungen beschränken sich auf Hautstellen, die durch permanenten Kontakt mit gegenüberliegender Haut über längere Zeit nicht trocknen

Prophylaktische Maßnahmen

Der Entstehung einer Intertrigo kann vorgebeugt werden, indem auf die Situation des/der Betreffenden individuell abgestimmte Maßnahmen durchgeführt werden. Dazu gehören beispielsweise:

- Mobilität erhalten und fördern
- Hautinspektion
- Hautatmung ermöglichen
  - PatientInnen so positionieren, dass an den gefährdeten Stellen die Luft zirkulieren kann, z. B. ein Kissen zwischen die Oberschenkel in Seitenlage
- Kleidung verwenden, die atmungsaktiv ist und Schweiß aufnimmt
- Inkontinenzprophylaxe und Toilettentraining
- feuchte Inkontinenzversorgung sofort wechseln
- Hautfalten trocken halten
  - bügelloser Baumwoll-BH, bei hohem Intertrigorisiko auch in der Nacht
  - Baumwollunterhose mit Bein
  - Baumwoll-Leinenstreifen in die Hautfalten einlegen (Mulltupfer saugen zwar den Schweiß gut auf, sind aber sehr rau!)
- Hautpflege optimieren
  - bei starkem Schwitzen kühle Waschungen anbieten
  - nur mit Wasser waschen
  - Seife nur bei Verunreinigungen anwenden – immer mit klarem Wasser nachwaschen
  - sorgfältig abtrocknen, vor allem dort, wo Haut auf Haut kommt
  - ggf. Hautschutzprodukte bzw. Wundversorgung nach ärztlicher Anordnung

Merke: Keine Deos oder Parfüms anwenden, diese reizen die Haut noch zusätzlich!

Sich kleiden

„Wenn wir es recht überdenken, so stecken wir doch alle nackt in unseren Kleidern."
Heinrich Heine (1797–1856, Dichter)

Und doch ist die Kleidung für uns Menschen wichtig, um sich wohl zu fühlen und die eigene Persönlichkeit zum Ausdruck zu bringen. Daher sollte das „Sich-Kleiden" mehr beinhalten als die Unterstützung des An- und Auskleidens. Die Berücksichtigung der individuellen Wünsche und Gewohnheiten ist besonders wichtig.

Beeinflussende Faktoren

Die beeinflussenden Faktoren in Bezug auf Kleidung können in drei Bereiche gegliedert werden: physische, psychosoziale und Umgebungsfaktoren. Wie sich jemand kleidet hängt also nicht nur von der aktuellen Mode, sondern auch von Prägungen ab. Die Entscheidung, welche Kleidung getragen wird, sollte nicht nur nach praktischen Gesichtspunkten – was ist schnell an- und auszuziehen –, sondern auch nach den individuellen Wünschen des/der Betroffenen erfolgen.

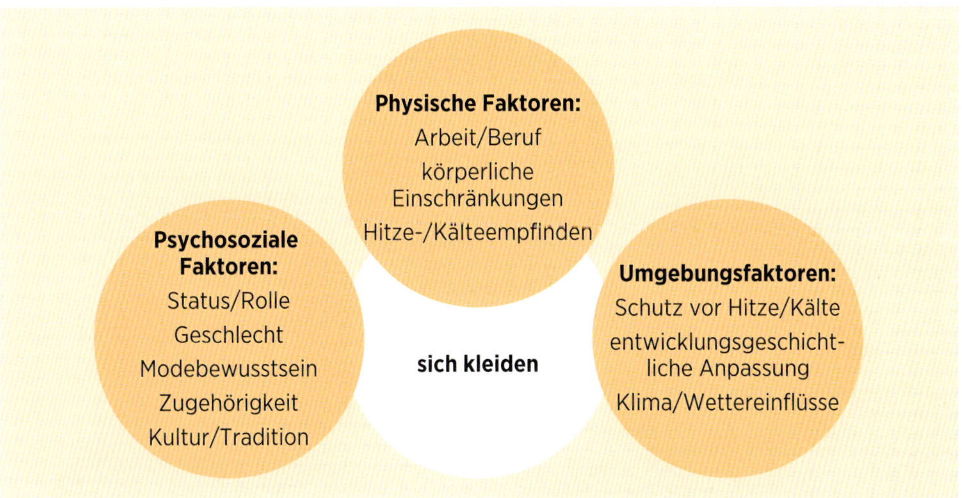

Abb. 52: **Einflussfaktoren „Sich kleiden"**

Aufgabe: Diskutieren Sie in Kleingruppen von maximal 3 Personen folgende Fragen und präsentieren Sie die Ergebnisse Ihrer Gruppe und diskutieren Sie diese anschließend im Plenum.

- Was beinhalten Ihrer Meinung nach die physischen, psychosozialen und Umgebungsfaktoren in Bezug auf „sich kleiden"?
- Wie können Sie in der Praxis die Wünsche und Gewohnheiten der PatientInnen/KlientInnen/BewohnerInnen berücksichtigen? Welche Rahmenbedingen brauchen Sie dazu?

Zeitrahmen Bearbeitung: 20 min
Zeitrahmen Präsentation: 5 min
Diskussion im Plenum: 5 min

Unterstützung beim An- und Auskleiden

Die Unterstützung beim An- und Auskleiden sollte auf die Art der Einschränkung des/der Pflegebedürftigen abgestimmt sein.

Tab. 14: **Unterstützung beim An- und Auskleiden**

Art der Einschränkung	Art der Unterstützung
Immobilität / Bettlägerigkeit	Vermeidung von Druckstellen durch Knöpfe, Falten, ...
Gleichgewichts-, motorische Störungen	Betreffende/n immer hinsetzen lassen
Eingeschränkte Beweglichkeit der Hände	Kleidung mit großen Knöpfen, Klettverschluss, Gummizug Blusen oder Hemden, keine engen T-Shirts oder Pullover Schuhe mit Klettverschluss oder Reißverschluss, Schlüpfer
Inkontinenz	Leicht zu reinigende und leicht zu wechselnde Kleidung, weit genug für Inkontinenzversorgung
Liegende Infusion	Zuerst die Infusionsflasche mit der Leitung, dann den „Infusionsarm“, erst dann den zweiten Arm anziehen

Hilfsmittel zum An- und Auskleiden

Neben den erwähnten unterstützenden Maßnahmen kommen zur Erhaltung und Förderung der Selbstständigkeit verschiedene Hilfsmittel zum Einsatz. Die Auswahl der Hilfsmittel wird von/von der ErgotherapeutIn vorgenommen oder es erfolgt eine Beratung durch eine/n BandagistIn. Zur Unterstützung bei An- und Auskleiden kommen Greif- und/oder Knöpfhilfen am häufigsten zur Anwendung.

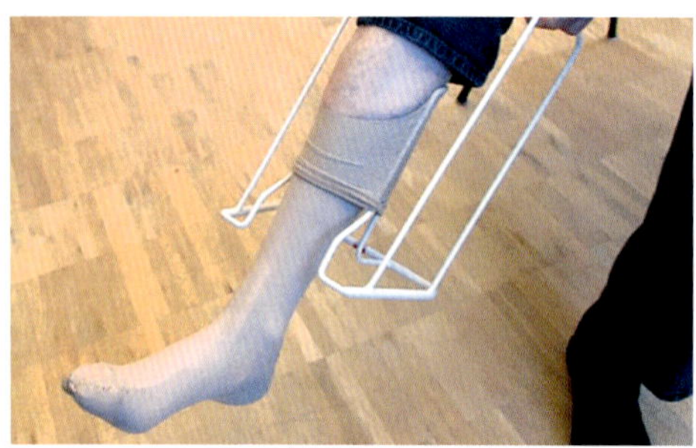

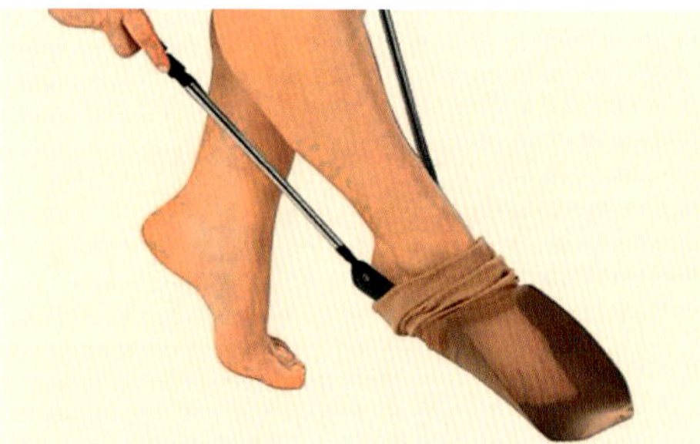

Abb. 53 a-b: **Strumpf-An- und Ausziehhilfe** (www.sisenior.de/Walz Leben & Wohnen GmbH)

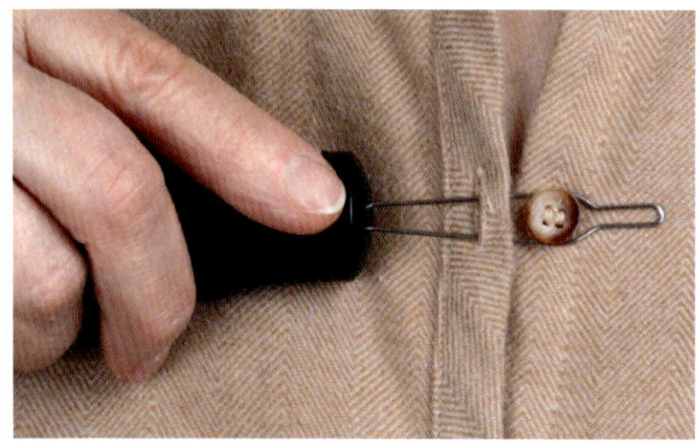

Abb. 54: **Knöpfhilfe** (www.sisenior.de)

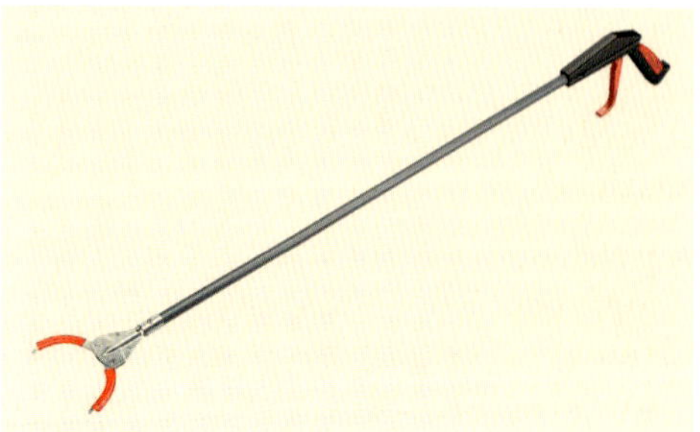

Abb. 55: **Greifhilfe** (www.param.de)

Stehen solche Hilfsmittel nicht zur Verfügung, kann auch improvisiert werden. Zum Beispiel kann eine Grillzange eine Greifzange sehr gut ersetzen. Vor allem im extramuralen Bereich werden zahlreiche Haushaltsgegenstände umfunktioniert und erleichtern den Betreffenden den Alltag.

Techniken zum An- und Auskleiden

Je nach Art der Einschränkung des/der Pflegebedürftigen haben sich verschiedene Techniken zum An- und Auskleiden in der Praxis bewährt. Diese werden anhand konkreter Beispiele beschrieben.

Hemiplegie

Bei Mensch mit einer Hemiplegie gilt beim Ankleiden der Grundsatz: Immer zuerst die betroffene Seite! Beim Auskleiden ist umgekehrt: Immer zuerst die nicht betroffene Seite! Hier ein paar praktische Beispiele für das An- und Auskleiden bei Hemiplegie:

Anziehen von geschlossenen Kleidungsstücken wie Nachthemd oder Pullover: Den Ärmel für den betroffenen Arm zusammenraffen, von vorne mit der eigenen Hand durch den Ärmel den plegischen Unterarm halten. Mit der anderen Hand den Ärmel über den Arm des/der Betreffenden nach oben zur Schulter ziehen. Dann den nicht betroffenen Arm anziehen und das Kleidungsstück über den Kopf des/der Betreffenden ziehen. Liegt der/die Betreffende und kann sich nicht aufsetzen, dann wird das Kleidungsstück nach dem Drehen zur Seite glatt gezogen.

Anziehen von vorne offenen Kleidungsstücken wie Hemd oder Bluse: Den Ärmel für den betroffenen Arm zusammenraffen, von vorne mit der eigenen Hand durch den Ärmel den plegischen Unterarm halten. Mit der anderen Hand den Ärmel über den Arm des/der Betreffenden nach oben zur Schulter ziehen. Das Kleidungsstück hinter dem Rücken des/der Betreffenden vorbeiführen, damit diese/r den nicht betroffenen Arm in den zweiten Ärmel stecken kann.

Anziehen einer Hose/Unterhose: Das nicht betroffene Bein steht in der Körpermitte vor dem Körper. Das betroffene Bein wird auf das nicht betroffene Bein gelegt. Die Hose wird über den betroffenen Fuß bis zum Knie gezogen. Die Hose wird am Knie festgehalten und das betroffene Bein abgestellt. Das zweite Hosenbein wird über das nicht betroffene Bein gezogen. Der/die Betreffende steht mit Unterstützung der Pflegeperson auf und zieht mit der nicht betroffenen Hand die Hose über das Gesäß.

Ausziehen von geschlossenen Kleidungsstücken wie Nachthemd oder Pullover: Verschlüsse wie Knöpfe oder Reißverschluss soll der/die Betreffende, wenn möglich, selbst öffnen. Das Kleidungsstück bis unter die Arme hochraffen. Den/die Betreffende/n aufsetzen oder auf die nicht betroffene Seite drehen. Das Kleidungsstück von der Rückenseite über den Kopf und die nicht betroffene Seite ziehen, dann über die betroffene Seite ausziehen.

Ausziehen von vorne offenen Kleidungsstücken wie Hemd oder Bluse: Verschlüsse wie Knöpfe oder Reißverschluss soll der/die Betreffende, wenn möglich, selbst öffnen. Das Kleidungsstück über beide Schultern so weit wie möglich nach hinten ziehen. Erst den nicht betroffenen, dann den betroffenen Arm aus dem Kleidungsstück ziehen.

Ausziehen einer Hose/Unterhose: Der/die Betreffende steht (ev. mit Unterstützung der Pflegeperson), öffnet die Hose mit der nicht betroffenen Hand und streift sie über das Gesäß. Nach dem Hinsetzen stellt er/sie das betroffene Bein in die Körpermitte vor dem Körper. Das nicht betroffene Bein wird auf das betroffene Bein gelegt. Schuh und Socke werden mit der nicht betroffenen Hand ausgezogen. Das nicht betroffene Bein wird wieder abgestellt, dabei schlüpft der/die Betroffene aus dem Hosenbein. Nun wird das betroffene Bein über das nicht betroffene gelegt. Schuh, Socke und das Hosenbein werden ausgezogen.

Demenz

Das tägliche An- und Ausziehen überfordert Menschen mit Demenz häufig. Sie wissen nicht mehr, wie und in welcher Reihenfolge die Kleidung an- bzw. ausgezogen wird, oder sehen die Notwendigkeit eines Kleidungswechsels nicht. Unterstützt werden können sie, indem:

- zwischen zwei Bekleidungen gewählt werden kann.
- die Kleidung in der Reihenfolge des Anziehens bereitgelegt wird.
- der Kleidungswechsel schrittweise durchgeführt wird.
- nur bei Bedarf gezeigt wird, wie es weitergeht.
- nur bei Bedarf geholfen wird.
- ausreichend Zeit gelassen wird.
- der Kleiderwechsel unauffällig nach dem Duschen oder Baden durchgeführt wird, wenn der/die Betreffende die Kleidung nicht wechseln möchte.
- Kleidungsstücke, die gerne getragen werden, in ausreichender Anzahl (zum Wechseln) angeschafft werden.

Aufgabe: Führen Sie in der Gruppe folgende Selbsterfahrungsübung durch:

Zur Vorbereitung nimmt jede/r mindestens drei Kleidungsstücke (Bluse, Jacke, Hose, Socken, ...) und drei Accessoires (Schal, Tuch, Kette, Brille, ...) mit. Die mitgebrachten Gegenstände werden mit Nummern versehen. Jede/r zieht je drei Nummern der Kleidungsstücke und der Accessoires. Die gezogenen Gegenstände werden nun angezogen.

- Reflektieren Sie für sich, wie es Ihnen mit „Ihrer“ Kleidung geht. Passt sie? Entspricht sie Ihren Bedürfnissen? Wenn nein, warum nicht? Würden Sie so einen Tag herumlaufen wollen? ...
- Was nehmen Sie sich aus diesem Versuch für die berufliche Praxis mit?
- Diskutieren Sie im Plenum Ihre Erfahrungen.

Zeitrahmen Selbsterfahrung und Reflexion: 30 min
Austausch und Diskussion im Plenum: 20 min

Das Konzept der Basalen Stimulation®

Allgemeines

In den 1970er-Jahren entwickelte der Sonderpädagoge Prof. Andreas Fröhlich das Konzept der Basalen Stimulation®. Damals wurde es vor allem zur Früh- und Wahrnehmungsförderung von behinderten Kindern und Jugendlichen eingesetzt. Anfang der 1980er-Jahre baute die Krankenschwester Christl Bienstein gemeinsam mit Prof. Fröhlich das Konzept aus und integrierte es in die Erwachsenenpflege (vgl. Hein 2015, S. 392).

Die Basale Stimulation® wird bei schwer beeinträchtigten Menschen, bei denen Sinneswahrnehmungen wie z. B. sehen, hören, schmecken, riechen, aber auch die Bewegung und Kommunikation gestört sind, eingesetzt (vgl. Keller/Menche 2017, S. 528). Die Basale Stimulation® enthält grundlegende Angebote, welche den Menschen an der Basis erreichen (vgl. Praschak 1990, zit. nach Mohr, S. 9). Daher kann dieses Konzept von der Geburt bis zum Tod, auch wenn der/die PatientIn noch so schwer beeinträchtigt ist, angewendet werden, denn durch die Basale Stimulation® wird es Menschen möglich gemacht, immer noch etwas dazuzulernen (vgl. Mohr, S. 10).

Basale Stimulation® kann folgendermaßen übersetzt werden: „basal" (lat.) bedeutet „grundlegend", „stimulatio" (lat.) bedeutet „Anreiz" (vgl. Keller/Menche 2017, S. 528).

Als **Zielgruppe** der Basalen Stimulation® sind jene Menschen anzusehen, die in ihrer Fähigkeit etwas wahrzunehmen beeinträchtigt sind, Einschränkungen in ihrer Bewegung oder bei der Kommunikation aufweisen.

Das Konzept findet bei folgenden Erkrankungen Anwendung:

- bei komatösen PatientInnen
- bei sterbenden PatientInnen
- bei massiver Bewegungseinschränkung, Lähmungen
- bei Atemwegserkrankungen
- bei verschiedenen Demenzformen, z. B. Morbus Alzheimer
- bei Schädelhirntraumen
- bei der Pflege von Frühgeborenen (vgl. Hein 2015, S. 392)
- bei schwer beeinträchtigten Kindern und Jugendlichen
- bei Menschen im Wachkoma
- bei pflegebedürftigen alten Menschen
- bei schweren kognitiven Störungen (vgl. Mohr, S. 7)

Menschen, welche an den oben genannten Krankheiten leiden, haben etwas gemeinsam: Sie befinden sich in einer Krise, die sich auf ihr Leben bedrohlich auswirkt. Die Betroffenen wirken entzweit, sie fühlen sich nicht mehr als jene Person, die sie einmal waren (vgl. Fröhlich/Bienstein 2010, S. 14).

Bei der Pflege nach dem Konzept der Basalen Stimulation® wird der/die PatientIn **als Ganzes** betrachtet. Er/sie wird nicht auf seine/ihre kranken Teile (z. B. bewegungsunfähige Arme oder Sprachverlust) reduziert oder auf das, was er/sie kann oder nicht kann. Die Pflegenden schaffen Umweltbedingungen, welche für den/die PatientIn förderlich sind, damit auch schwer beeinträchtigte Menschen davon profitieren (vgl. Mohr, S. 8).

Das **Ziel** der Basalen Stimulation® besteht darin, Gesundheit und Wohlbefinden zu schaffen sowie Wahrnehmung, Bewegung und Kommunikation je nach den Bedürfnissen und Möglichkeiten des Menschen zu fördern, wobei der betroffene Mensch selbstbestimmend agiert (vgl. Mohr, S. 9).

„Die zehn Entwicklungsziele der Basalen Stimulation®:

- *Leben erhalten und Entwicklung erfahren,*
- *das eigene Leben spüren,*
- *Sicherheit erleben und Vertrauen aufbauen,*
- *den eigenen Rhythmus entwickeln,*
- *das Leben selbst gestalten,*
- *die Außenwelt erfahren,*
- *Beziehungen aufnehmen und Begegnungen gestalten,*
- *Sinn und Bedeutung geben und erfahren,*
- *Autonomie und Verantwortung leben,*
- *die Welt entdecken und sich entwickeln."* (Mohr, S. 9)

Wahrnehmung

Wahrnehmung wird als Prozess und Ergebnis der Informationsgewinnung und -verarbeitung von Reizen aus der Umwelt angesehen, z. B. durch riechen, schmecken, sehen, hören, fühlen, aber auch über das Gleichgewicht eines Menschen. Die Haut ist das größte Sinnesorgan des Menschen. Über sie erhält der Mensch ununterbrochen Reize, die zum Gehirn weitergeleitet, wahrgenommen, verarbeitet und gespeichert werden. Dieser Vorgang beruht auf Lernen und Erfahrung und beginnt schon vor der Geburt im Mutterleib. Diese Erfahrungen entstehen zum Teil durch Bewegung. Durch Bewegungsarmut kommt es nach einiger Zeit zu einer Reizarmut, die Betreffenden verlieren das Gefühl für ihre Körpergrenzen.

Die Pflegepersonen versuchen in der Basalen Stimulation® dieser Reizverarmung vorzubeugen, indem sie die Berührung zum/zur PatientIn fördern, um dadurch den Menschen zu erreichen und mit ihm in Kontakt zu treten. Dabei wird versucht, die Erfahrungen oder Wahrnehmungen des Menschen mit einzubinden. Somit dient die Berührung auch dazu, mit dem/der PatientIn zu kommunizieren (vgl. Keller/Menche 2017 S. 212).

Wahrnehmungswege

Somatische Wahrnehmung (Wahrnehmung über den Körper, lat. „soma" = Körper): Die Reizaufnahme erfolgt über den Körper, z. B. über die Haut und Schleimhaut. Die Reize können aus der Umgebung kommen, z. B. Druck, Hitze, Kälte, Nässe, aber auch aus dem Körperinneren, z. B. Schmerz, Unwohlsein, Übelkeit.

Vibratorische Wahrnehmung (Wahrnehmung von Schwingungen, lat. „vibrare" = schwingen): Die Wahrnehmung kleinster Schwingungen oder Bewegungen erfolgt über Knochen und Muskeln. Diese Schwingungen nimmt schon das Kind im Mutterleib wahr, indem es z. B. den Herzschlag der Mutter spürt.

Vestibuläre Wahrnehmung (Wahrnehmung durch den Gleichgewichtssinn, lat. „vestibulum“ = Vorraum): Erfolgt durch die Reizübermittlung vom Gleichgewichtsorgan (Innenohr) an das Gehirn. Dadurch wird das Gleichgewicht gesteuert. Es kontrolliert die Lage- und Bewegungsempfindung des Körpers und dient der Orientierung im Raum (vgl. Hein 2015, S. 392).

Wahrnehmung durch Hören (auditive Wahrnehmung, lat. „audire“ = hören): Die auditive Wahrnehmung erfolgt über das Hörorgan im Innenohr, durch welches Stimmen, Laute, Musik, Lärm gehört werden können.

Wahrnehmung durch Schmecken (orale Wahrnehmung, lat. „os“ = Mund): Durch die Geschmacksknospen an der Zunge werden die unterschiedlichen Geschmacksrichtungen (süß, sauer, salzig, bitter) registriert.

Wahrnehmung durch Sehen (visuelle Wahrnehmung, lat. „videre“ = sehen, schauen): Reize gelangen über die Netzhaut der Augen zum Gehirn. Mit dem Sehsinn können Farben, Gegenstände, Bilder wahrgenommen und erkannt werden (vgl. Keller/Menche 2017, S. 528).

Wahrnehmung durch Tasten (taktil-haptische Wahrnehmung, lat. „tactio“ = Berührung, lat. „haptikos“ = greifbar): Die Reizaufnahme erfolgt über die Haut, z. B. durch Berühren, Greifen. Besonders viele Tastkörperchen befinden sich an den Fingerkuppen.

Um die Menschen optimal zu fördern, wird bei der Pflege nach dem Konzept der Basalen Stimulation® versucht, alle Sinne zu erreichen. Die Haut als größtes Wahrnehmungsorgan des Menschen vermittelt dem Körper laufend Reize. Dieses Wissen machen sich die Pflegepersonen bei der Basalen Stimulation® zunutze. Sie müssen ihre Berührungen jedoch gut planen und genau überlegen, damit keine negativen Reize gesendet werden.

Stimulationsangebote

Das Konzept der Basalten Stimulation® bietet folgende Angebote, welche zur Stimulation der unterschiedlichen Wahrnehmungsbereiche verwendet werden:

Körperliche Stimulation

Diese Stimulation fördert den wichtigsten Wahrnehmungsbereich, nämlich den ganzen Körper. Sie erfolgt über eigene und fremde Berührungen, dadurch bekommt der Körper ständig Informationen, z. B. wie lang die Finger sind oder wie glatt oder rau die Haut ist. Auch Befindlichkeiten werden wahrgenommen, z. B. schmerzende Stellen, Unwohlsein. Schon von Geburt an betastet der Mensch seinen Körper, kann die Haut der Mutter wahrnehmen, die ihn streichelt, spürt die Wäsche an seiner Haut, bemerkt beim Sitzen und Liegen den Druck, fühlt den Wind in seinem Haar und die Temperatur der Umgebung.

Berührungen, welche Pflegepersonen bei der Basalen Stimulation® am/an der PatientIn ausüben, gehen immer von der Körpermitte aus und bewegen sich zu den Körpergrenzen (vgl. Hein 2015, S. 392, 393).

Vorgehen und Beispiele zur somatischen Stimulation:

- Begonnen wird mit einer Initialberührung, das ist eine rituelle Berührung, die dem/der PatientIn den Beginn eines Pflegeangebotes vermittelt (vgl. Keller/Menche 2017, S. 529).
- Die Berührung soll großflächig mit der flachen Hand erfolgen.
- Die Hände werden in die Mitte des Rumpfes gelegt, mit mäßigem Druck gleiten sie in Richtung der Arme bis hin zu den Händen und Fingern.

- Die Hände werden auf den Körperteil aufgelegt oder dieser wird von den Händen ganz umschlossen, z. B. die Arme, dadurch erfährt der/die PatientIn z. B. die Form seiner Extremitäten und das Ende seiner Finger.
- Beide Körperhälften werden auf die gleiche Weise stimuliert.
- Die Pflegeperson arbeitet dabei ruhig, ohne Hektik und Zeitdruck.
- Falls es aus hygienischer Sicht erlaubt ist, z. B. wenn der/die PatientIn keine Hauterkrankungen oder Wunden aufweist, sollten die Berührungen mit bloßer Hand ausgeführt werden, dadurch wird der Kontakt zum/zur PatientIn verbessert.

Vibratorische Stimulation

Durch die vibratorische Stimulation werden tiefere Körperschichten wie Muskeln, Knochen und Gelenke durch Schwingungen gereizt. Pflegende nutzen diese Stimulation, um wahrnehmungsbeeinträchtigten PatientInnen diese Empfindungen wieder zu vermitteln, welche sie als Gesunde beim Gehen, Springen, ja selbst beim Autofahren erfahren haben. Für diese Anwendung gibt es unterschiedlichste Vibrationsgeräte, Vibrationskissen oder Massagegeräte, welche vorwiegend in Krankenhäusern verwendet werden, um therapeutische Reize damit auszuüben. Eine elektrische Zahnbürste oder ein Rasierapparat erfüllen ebenfalls diesen Zweck.

Vestibuläre Stimulation

Die vestibuläre Stimulation hat den Zweck, das Gleichgewichtsorgan im Innenohr zu stimulieren. Dieses Organ dient der Orientierung im Raum und der Aufrechterhaltung von Kopf und Körper. Bei Erkrankung des Gleichgewichtsorgans, aber auch bei körperlicher Schwäche, welche bei länger dauernder Bettlägerigkeit auftritt, leiden die PatientInnen meist an Schwindel. Um diesen Beschwerden gegenzusteuern, werden mit den PatientInnen vorsichtige Schaukelbewegungen durchgeführt. Schon beim Baby wird durch Wiegen, sei es am Arm der Mutter oder durch eine Wiege, Wohlbefinden ausgelöst.

Beispiele zur vestibulären Stimulation (vgl. Hein 2015, S. 393–395):

- Die Pflegeperson legt ihre Handflächen rechts und links in etwa bei den Ohren an den Kopf des/der liegenden PatientIn und wiegt diesen sehr vorsichtig hin und her.
- Kann der/die PatientIn querbett sitzen, stellt sich die Pflegeperson an die Rückseite des/der PatientIn, der Rücken wird von ihr, wenn dies nötig ist, abgestützt. Dann beginnt sie den Oberkörper des/der PatientIn leicht nach rechts und links zu schwenken.
- Zuhause kann ein Schaukelstuhl oder eine Hängematte verwendet werden.

Olfaktorische Stimulation

Düfte und Gerüche sind für den Menschen etwas Besonderes. Gerüche können Erlebnisse aus der Kindheit wachrufen oder uns an Feste erinnern, wie z. B. der Duft von Zimt an Weihnachten. Düfte beeinflussen die Gefühlswelt und die Stimmungslage des Menschen. Viele Gerüche gehören zur Umgebung, in der wir leben, und sind uns vertraut, andere können Ekel und Widerwillen, ja sogar Brechreiz verursachen. Es muss Pflegepersonen bewusst sein, dass es im Krankenhaus eine Reihe von Gerüchen gibt, welche bei PatientInnen Unruhe oder Angst verursachen oder sogar Schmerzerinnerungen wecken, z. B. Gerüche bestimmter Medikamente, Desinfektionsmittel, Ausscheidungen, Essen.

Durch die starke Bindung des Menschen an Gerüche ist es bei der Anwendung der olfaktorischen Stimulation am/an der PatientIn notwendig, seinen/ihren Lieblingsduft, aber auch jene Gerüche zu kennen, welche er/sie ablehnt. Für PatientInnen mit Bewusstseinsstörungen eignet sich diese Art der Stimulation sehr gut. Die Reize werden bewusst und gut durchdacht von den Pflegepersonen in den Pflegealltag eingebaut.

Beispiele zur olfaktorischen Stimulation:

- Es werden nur jene Pflegeutensilien vom/von der PatientIn verwendet, welche er/sie auch zuhause benutzt, z. B. sein/ihr gewohntes Duschgel, Seife, Rasierschaum, Rasierwasser, Hautcreme.
- Bewährt hat sich auch, wenn der/die PatientIn in der gewohnten Bettwäsche von zuhause liegen kann, wenn möglich sollte zumindest der Kopfpolster aus der vertrauten Umgebung kommen.
- Die Pflegepersonen hängen Kleidung vom/von der EhepartnerIn oder einer nahestehenden Person in die Nähe des Kopfes, Kindern kann man das Nachthemd der Mutter oder das täglich benutzte Kuscheltier mit ins Bett geben.
- Der Duft des Lieblingsessens, welches Angehörige von zuhause bringen, oder der Geruch von Bohnenkaffee kann positive Gefühle auslösen.
- Es können auch Düfte, welche der/die PatientIn zuhause verwendet hat, z. B. Lavendelöl, im Krankenzimmer benutzt werden.

Merke: Eine Reizüberflutung mit Gerüchen führt zur Abstumpfung des Geruchssinns.

Orale Stimulation

Geschmackssinn und Geruchssinn sind eng miteinander verknüpft. Der Mund- und Rachenbereich ist sehr sensibel, daher reagieren viele Menschen mehr oder weniger heftig, wenn dieser Bereich von der Pflegeperson berührt wird. Allein durch die Vorstellung eines Lieblingsessens können schon positive Gefühle entstehen. Über die orale Stimulation werden nicht nur PatientInnen erreicht, welche essen können, sondern auch solche, die keine Nahrung mehr zu sich nehmen können.

Beispiele zur oralen Stimulation:

- Bei Appetitlosigkeit sollten Lieblingsspeisen, welche Verwandte bringen, zum Bett gestellt werden, allein der Geruch kann appetitanregend wirken (vgl. Hein 2015, S. 395–396).
- Kann der/die PatientIn nicht allein essen, wird seine/ihre Hand von der Pflegeperson geführt oder zum Teil unterstützt, sodass ein Teil der Selbstständigkeit erhalten bleibt (vgl. Nydahl/Bartoszek 2008, S. 141).
- Öffnet der/die PatientIn den Mund nicht, kann eventuell eine Kompresse in das Lieblingsgetränk, z. B. Kaffee, Fruchtsaft, eingetaucht und auf die Lippen gelegt werden. Auf keinen Fall darf der Mund gewaltsam geöffnet werden (vgl. Hein 2015, S. 395–396).

Akustische Stimulation

Auch Eindrücke, die über das Gehör vermittelt werden, berühren die Gefühlswelt. Beim gesunden Menschen sind Hören und Sehen eng miteinander verknüpft, z. B. wird nach der Ursache gesehen, sobald ein Geräusch vernommen wird. Bewusstseinsgestörte Menschen haben meist die Augen geschlossen, umso stärker empfinden sie bestimmte Töne. Auch PatientInnen, die scheinbar nicht ansprechbar sind, reagieren auf Geräusche.

Vorgehen und Beispiele zur akustischen Stimulation:

- Wird mit dem/der PatientIn gesprochen, erfolgt das direkt am Bett, die Pflegeperson ist ihm/ihr zugewandt und spricht langsam und deutlich in normaler Lautstärke.
- Vertraute Personen oder Verwandte sollten ermuntert werden, mit dem/der PatientIn über Bekanntes zu sprechen, z. B. was gerade in der Umgebung oder zuhause geschieht.
- Lieblingsmusik oder Lieblingssender eruieren und einschalten. Die Pflegeperson achtet jedoch darauf, dass die Musik oder Sendung nach Programmende wieder abgeschaltet wird, eine Dauerberieselung muss vermieden werden.

Taktil-haptische Stimulation

Bei der Stimulation des Tastsinns spielen die Hände eine überragende Rolle, da sich in dieser Region, speziell an den Fingerkuppen, vermehrt Tastkörperchen befinden.

Beispiele zur taktilen Stimulation:

- Dem/der PatientIn zur Begrüßung die Hand geben.
- Alltägliche Gegenstände ertasten lassen, z. B. Haarbürste, Kamm, Spiegel, Löffel, Waschhandschuh, Ball, Stofftier. Es können alle für den/die PatientIn ungefährlichen Gegenstände verwendet werden.
- Auf eine möglichst unterschiedliche Reizgestaltung achten, daher verschiedene Gegenstände aus unterschiedlichen Größen, Formen, Materialien (z. B. Stoff, Fell, Metall) mit unterschiedlicher Oberfläche (rau, glatt, wellig, kühl, warm) anbieten.
- Die Stimulation sollte ein- bis zweimal täglich etwa zehn Minuten lang durchgeführt werden, eine Dauerstimulation ist zu vermeiden.

Visuelle Stimulation

Bei Bettlägerigkeit ist der Radius, der vom/von der PatientIn gesehen werden kann, sehr beschränkt. Meist können PatientInnen nur die Decke oder die weißen Wände des Zimmers wahrnehmen.

Beispiele zur visuellen Stimulation (vgl. Hein 2015, S. 396–398):

- Die Wände und Decken werden farbig gestrichen, z. B. mit dezenten Farben wie hellem Grün, Beige, Gelb.
- Im Zimmer sollten größere Bilder, z. B. von vertrauten Personen oder Landschaftsbilder, die gut erkennbar sind, angebracht werden. Zu beachten ist, dass sie der/die PatientIn vom Bett aus sehen und erkennen kann. Damit keine Gewöhnung auftritt, sollten die Bilder immer wieder ausgetauscht werden.
- Sinnvoll ist es auch, dem/der Kranken Fotos von Familienangehörigen zu zeigen und mit ihm/ihr darüber zu sprechen; das kann auch eine vertraute Besucherperson übernehmen.
- Tagsüber sollte das Zimmer hell sein, die Vorhänge sind zurückgezogen, die Jalousien geöffnet, nachts wird nur gedämpftes Licht verwendet, somit wird dem/der PatientIn der Tag-Nacht-Rhythmus bewusst gemacht.
- Wenn möglich, sollte das Bett beim Fenster stehen, damit der/die Kranke auch die Umgebung draußen beobachten kann.
- Menschen, welchen es möglich ist, das Zimmer zu verlassen, werden in Gemeinschaftsräume gebracht, damit sie andere Eindrücke wahrnehmen.

Wege der Kontaktaufnahme

Durch Bewegung

Bewegung ist eine elementare Voraussetzung für unsere Gesundheit. Der Mensch benötigt Bewegung, um Informationen über sich selbst und seinen Körper zu erhalten. Sie hilft bei der Orientierung und dem Körperbewusstsein (vgl. Keller/Menche 2017, S. 530).

Vorgehen bei der Bewegung (vgl. Keller/Menche 2017, S. 530–531):

- Kann der/die PatientIn noch eigene Bewegungen durchführen, so lässt die Pflegeperson ihn/sie mit der wahrnehmungseingeschränkten Extremität kleine rhythmische Bewegungen durchführen.
- Die Bewegungsübungen sollten immer wiederholt werden und rhythmisch sein, Musik kann diesen Vorgang unterstützen.
- Wird der/die PatientIn mobilisiert, kann er/sie kleine Aufgaben übernehmen, z. B. ein Bein oder beide Beine aufstellen, ein Kissen an den Oberschenkel drücken, sich an der Pflegeperson anhalten.
- Als Vorbereitung zur Mobilisation kann die Pflegeperson die Füße bei den Fußballen nehmen und diese rhythmisch bewegen.
- Der/die PatientIn wird beim Positionswechsel so bewegt, dass die Berührungsfläche des Körpers mit der Unterlage möglichst groß ist, somit kann er/sie seinen/ihren Körper besser spüren.
- Die Pflegperson führt den Positionswechsel langsam durch, hält immer Kontakt mit dem/der PatientIn, folgt all seinen/ihren Bewegungen und bleibt in seinem/ihrem Sichtfeld.
- Um die Grenzen seines/ihres Bettes kennenzulernen, können beim Positionswechsel die Hände des/der PatientIn über das Bett geführt werden.
- Die Pflegeperson orientiert sich an den Eigenbewegungen des/der PatientIn und führt einen Positionswechsel oder eine Mobilisation nur dann durch, wenn der/die PatientIn Vertrauen zeigt.
- Alle Bewegungen und Schritte werden von der Pflegeperson erklärt oder angezeigt.
- Die zur Mobilisation notwendigen Utensilien, z. B. Bademantel, Hausschuhe, werden dem/der PatientIn gezeigt, er/sie soll diese auch befühlen können.
- Der/die PatientIn wird in seinen/ihren Bewegungen bei der Mobilisation beraten, die Bewegungsabläufe werden gemeinsam bestimmt. Die Pflegeperson achtet darauf, dass sie den/die PatientIn nicht bevormundet.

Durch Kommunikation

Die Kommunikation ist ein wichtiger Bestandteil der Pflege. Sie dient der Verständigung zwischen mindestens zwei Personen (Pflegeperson und PatientIn), erfolgt bewusst oder unbewusst und stellt ein Bindeglied zwischen Person und Gesellschaft dar. Über den Kommunikationsweg werden Gefühle, Informationen und Meinungen ausgetauscht.

Bei der Basalen Stimulation® wird Kommunikation sowohl vom/von der PatientIn als auch von der Pflegeperson gestaltet. Eine Person ist der Sender und eine der Empfänger. Die Kommunikation erfolgt nicht nur verbal durch Worte und Äußerungen, sondern auch nonverbal, z. B. durch Mimik, Gestik, Haltung, Augenlidbewegungen, Finger-/Handbewegungen oder Zuckungen. 90 % der Kommunikation geschehen nonverbal (vgl. Keller/Menche 2017, S. 479–480).

Durch Berührung

Berührung bietet eine Möglichkeit mit dem/der PatientIn in Kontakt zu treten und zu kommunizieren. Dadurch können positive als auch negative Gefühle ausgelöst werden. Punktuelle, abgehackte, zerstreute, oberflächliche und zufällige Berührungen werden unterlassen. Überhastete Arbeitsweise sowie unklare Informationen schaffen Verwirrung, sie verursachen beim/bei der PatientIn Angst und Unbehagen. Die Berührung wird so gestaltet, dass dem/der Betreffenden ein klarer Beginn und ein klares Ende bewusst gemacht wird (vgl. Hein 2015, S. 393). Damit die Berührung erfolgreich ist, bedarf es einer genauen Kenntnis der Bedürfnisse und der Biografie des/der PatientIn.

Vorgehen bei der Berührung:

- Die Berührung darf nur mit warmen Händen vorgenommen werden.
- Bei der Berührung erfolgt die Kontaktaufnahme zuerst durch eine Initialberührung, entweder an den Händen, den Armen oder der Schulter des/der PatientIn.
- Die Pflegeperson setzt ihre Hände großflächig ein, d. h. die ganze Handfläche hat Kontakt zum Körper.
- Bei der Berührung wird über 2 Sekunden ein angemessener Druck gegeben, zaghaftes Angreifen ist zu vermeiden.

Die **Initialberührung** wird zu Beginn und am Ende des PatientInnenkontakts durchgeführt und sollte einem Ritual gleichkommen. Sie teilt dem/der PatientIn mit, dass jemand mit ihm/ihr in Kontakt treten will. Handelt es sich um wahrnehmungsgestörte Menschen, sollte die Berührung bei der Begrüßung oder Verabschiedung stets gleich sein, z. B. Berühren der Hände oder Schultern. Dadurch kann sich der/die Betreffende besser auf die bevorstehende Situation einstellen. Die Vorgehensweise bezüglich der Initialberührung sollte im ganzen Pflegeteam gleich sein. Zu beachten ist, dass bei Hemiparese oder Hemiplegie die Initialberührung an der gesunden Körperseite erfolgt (vgl. Keller/Menche 2017, S. 529).

Ganzkörperwaschung nach dem Konzept der Basalen Stimulation®

Durch die Berührungen der Pflegeperson bei der Ganzkörperwaschung wird neben der Reinigung auch das Körperbewusstsein des/der PatientIn systematisch gefördert. Er/sie erlebt durch die Berührungen seine/ihre Körpergrenzen. Es gibt verschiedene Möglichkeiten der Ganzkörperwaschung, z. B. die anregende oder die beruhigende Ganzkörperwaschung. Diese Waschungen können sich auf den Antrieb und auf die Stimmung des/der PatientIn auswirken.

Grundsätze zur Ganzkörperwäsche:

- Die Berührung muss eindeutig und spürbar sein.
- Es werden zwei Waschhandschuhe über die Hände gezogen, auf keinen Fall sollten die Waschlappen während des Waschvorganges von den Händen rutschen, da sonst der Waschvorgang unfreiwillig unterbrochen wird.
- Am Beginn und am Ende der Waschung erfolgt die Initialberührung.
- Danach werden die Hände des/der PatientIn ins Wasser getaucht, damit wird der Kontakt zum Wasser hergestellt.
- Der/die PatientIn wird beim Waschen mit eingebunden, dadurch wird das Sicherheitsempfinden gefestigt.

- Die Pflegeperson führt die Waschung immer nach dem gleichen Muster sowie ruhig und konzentriert durch, dadurch wird das Körpergefühl gestärkt.
- Bei der Basalen Stimulation® wird der Intimbereich ausgelassen, die Intimpflege kann später durchgeführt werden, z. B. nach Benutzung der Bettschüssel (die Intimpflege würde den Vorgang stören).
- Damit sich der/die PatientIn voll auf die Waschung und die damit verbundenen körperlichen Empfindungen konzentrieren kann, sollte so wenig als möglich gesprochen werden.
- Die Pflegeperson konzentriert sich voll und ganz auf den/die PatientIn und ihre Berührungen.

Beruhigende Ganzkörperwäsche

Indikationen für beruhigende Ganzkörperwaschung:

- bewusstlose Menschen
- Menschen mit zentralen Unruhestörungen
- Menschen mit Einschlafproblemen
- Menschen mit Schmerzen
- Menschen mit Bluthochdruck
- hyperaktive Menschen
- Menschen mit Asthma bronchiale
- Menschen mit Verlust oder Beeinträchtigung des Körpergefühls, z. B. nach apoplektischem Insult

Kontraindikationen:

- Antriebsarmut
- PatientInnen in der Aufwachphase
- akute Hypotonie (vgl. Keller/Menche 2017, S. 529–530)

Vorgehen bei der beruhigenden Ganzkörperwäsche:
Die Wassertemperatur liegt zwischen 37 und 40° C, es wird kein Badezusatz benötigt. Bei der beruhigenden Ganzkörperwäsche wird in Haarwuchsrichtung gewaschen und auch abgetrocknet. Die Gesichtswaschung erfolgt zum Schluss, von der Stirn zum Kinn (vgl. Fröhlich/Bienstein 2012, S. 160–161, Nydahl 2013).

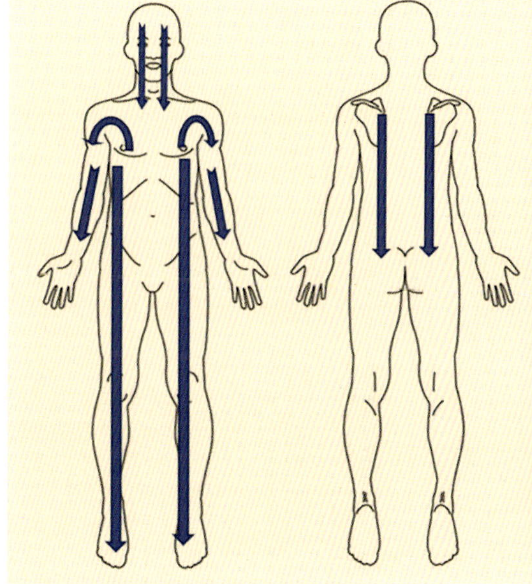

Abb. 56: **Beruhigende Ganzkörperwaschung** (https://pixabay.com/)

Belebende Ganzkörperwäsche

Indikationen:

- bewusstlose Menschen
- somnolente Menschen
- Menschen mit Depression
- PatientInnen, bei denen der Kreislauf angeregt werden soll

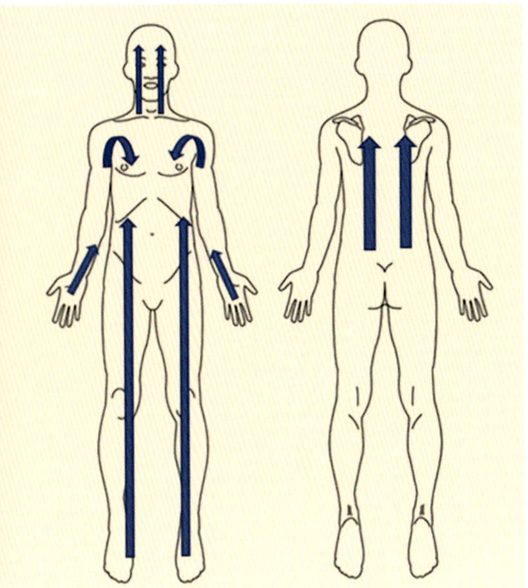

Abb. 57: **Belebende Ganzkörperwaschung**
(https://pixabay.com/)

Kontraindikationen:

- desorientierte Menschen, Demente
- akute Verwirrtheit, Unruhezustände
- Menschen mit erhöhten Hirndruck, Schädel-Hirntraumen, Hirnblutungen
- Hypertoniker
- Menschen mit spastischen Lähmungen (vgl. Keller/Menche 2017, S. 530).

Vorgehen bei der belebenden Ganzkörperwaschung:
Die Waschung erfolgt gegen die Haarwuchsrichtung in ziehenden Bewegungen, von körperfern nach körpernah. Die Temperatur des Wassers liegt bis zu 10°C unter der Temperatur der Haut (vgl. Fröhlich/Bienstein 2012, S. 154, Nydahl 2013).

Atemstimulierende Einreibung (ASE)

Die atemstimulierende Einreibung gehört zum Konzept der Basalen Stimulation®. Durch die Atmung können Pflegende Informationen über das Befinden des/der PatientIn erhalten. Wahrnehmungsbeeinträchtigte, unruhige oder bettlägerige Menschen, die unter depressiven Zuständen oder Schmerzen leiden, haben oft eine oberflächliche Atmung und damit auch eine schlecht belüftete Lunge. Dadurch kann es zu einer Lungenentzündung kommen. Durch die atemstimulierende Einreibung werden beim/bei der PatientIn eine gleichmäßige, tiefe Atmung und eine bessere Körperwahrnehmung erreicht. Außerdem wirkt sie beruhigend, entspannend und schlaffördernd. Die ASE wird nicht am, sondern mit dem/der PatientIn durchgeführt, sie ist ein kontinuierlicher kommunikativer Prozess zwischen Pflegeperson und PatientIn, der Sicherheit, Nähe und Entspannung vermittelt (vgl. Keller/Menche 2017, S. 212).

Indikationen:

- bei Schlafstörungen (Schlafförderung)
- bei Atemwegserkrankungen (COPD, Asthma bronchiale)
- bei zu schneller, oberflächlicher Atmung
- zur Schmerzlinderung
- bei Wahrnehmungsverlust des Körpers (Lähmungen, Demenz, Desorientierung)
- bei depressiven Menschen
- zur Stressminderung

Kontraindikationen: Verletzungen oder Frakturen im Rücken und/oder Wirbelsäulenbereich (vgl. Reiter et al. 2014, S. 153)

Vorbereitung zur ASE: Voraussetzung für eine gelungene ASE ist, dass die Pflegeperson selbst ruhig und entspannt ist, nicht unter Zeitdruck steht und in einer ruhigen Atmosphäre mit dem/der PatientIn arbeiten kann. Für die Maßnahme benötigt sie ca. zehn Minuten Zeit. Der Zeitpunkt der Durchführung muss je nach dem Ziel der ASE sinnvoll gewählt werden. Alle störenden Einflüsse müssen verhindert werden. Die Hände der Pflegeperson werden vor der Anwendung angewärmt, auch Ringe oder sonstiger Schmuck an den Händen werden abgelegt. Damit die Hände auf der Haut des/der PatientIn besser gleiten, wird Körperlotion oder Massageöl, welches ebenfalls körperwarm ist, verwendet. Kalte Hände oder kaltes Massageöl können den/die PatientIn erschrecken oder sein/ihr Atemmuster verändern.

Die **Positionierung** sollte für PatientIn und Pflegeperson immer bequem sein. Der/die PatientIn sollte während der ganzen ASE entspannt sein, damit er/sie sich auf die Berührungen einlassen kann.

- In sitzender Position am Sessel, am besten verkehrt herum, der Oberkörper ist auf einem Kissen am Tisch positioniert
- seitlich am Bettrand sitzend (querbett)
- im Bett in Bauchlagerung
- im Bett in Seitenlagerung bei 90 oder 135°

Durchführung: Die ASE erfolgt mit bloßen warmen Händen ohne Handschuhe. Vor Beginn der ASE werden, wenn möglich, alle Störfaktoren ausgeschaltet und die nötigen Pflegetätigkeiten vorher erledigt (wie Verbandswechsel, Toilettengang, Medikation usw.) Mit dem/der PatientIn wird die bevorzugte Positionierung ausgewählt. Danach wird die gewünschte Körperlotion oder das Massageöl, welches Körpertemperatur hat, am Rücken verteilt, ohne dabei den Kontakt zu verlieren. Während der ganzen Durchführung soll der Kontakt nicht unterbrochen werden. Die Berührung soll flächig mit anliegenden Fingern erfolgen, damit der/die PatientIn die Hände als Ganzes erlebt.

- Zu Beginn werden die Hände der Pflegeperson rechts und links der Wirbelsäule in Schulterblatthöhe angesetzt.
- Während der/die PatientIn ausatmet, gleiten die Hände mit intensivem Druck, der mit Daumen und Zeigefinger ausgeübt wird, einige Zentimeter neben der Wirbelsäule nach unten. Der Druck soll gleichmäßig rechts und links der Wirbelsäule verteilt sein.
- Während der Einatmung drehen sich die Hände nach außen und gleiten in einem kreisförmigen Bogen über die Rippen zur Außenseite des Thorax und wieder zurück zur Wirbelsäule. Der Druck der Finger wird bei der kreisenden Bewegung deutlich geringer und wird von der Kleinfingerkante durchgeführt.
- Die nächste kreisförmige Bewegung beginnt wieder in der Ausatemphase mit intensivem Druck nach unten entlang der Wirbelsäule.
- Bei jeder kreisförmigen Bewegung rücken die Hände ein paar Zentimeter nach unten, bis sie beim Beckenrand ankommen.
- Nun nimmt die Pflegeperson, während der/die PatientIn einatmet, wie zu Beginn eine Hand nach oben und legt sie neben die Wirbelsäule, dann erst folgt die zweite Hand, somit wird der Kontakt zum/zur PatientIn nicht unterbrochen.
- Dieser gesamte Vorgang wird ca. fünf- bis achtmal wiederholt.
- Der/die PatientIn muss während der ASE genau beobachtet werden, z. B. auf Atemfrequenz, Atemrhythmus, Muskelspannung, Befinden.

- Das Ende der ASE wird mit dem Ausstreifen des Rückens von oben nach unten signalisiert. Während des Ausstreifens soll der Kontakt nicht unterbrochen werden – immer eine Hand nach der anderen nach oben heben.
- Zum Schluss wird eine angenehme Position für den/die PatientIn gewählt, ev. muss beim Ankleiden geholfen werden.
- Die Verabschiedung erfolgt mit einer Initialberührung.
- Nach der Behandlung ist eine ungestörte Ruhepause von ca. 30 Minuten zu gewährleisten.

Zu beachten: Das Verhältnis von Ein- und Ausatmung beträgt 1:2, die Ausatmung dauert doppelt so lange wie die Einatmung. Die Bewegung der Hände entlang der Wirbelsäule ist daher doppelt so lange wie die anschließende kreisförmige Bewegung (vgl. Keller/Menche 2017, S. 212–213). „Die Pflegekraft gibt die Atemfrequenz vor, d. h., sie nimmt ihre eigene ruhige Atmung als Vorgabe (ca. 15–20 Atemzüge/Min.) (Keller/Menche 2017, S. 213).

Das kann ich!

Die kenne die Bedeutung von Mobilität und kann die Unterschiede für unterschiedliche Lebenssituationen darstellen.	
Ich kenne die Einflussfaktoren auf Bewegung und deren Auswirkungen und kann ressourcenorientierte Unterstützung anbieten.	
Ich kann biophysiologische Bewegungsmuster wie Gang, Haltung, Gestik und Mimik beobachten und beschreiben.	
Ich kenne die aus Bewegungsmangel resultierenden Risikofaktoren (Dekubitus, Thrombose, Kontraktur usw.) und kann diese erkennen.	
Ich kenne die Prinzipien der Mobilisation, Positionierung und Prophylaxe gegen Dekubitus, Thrombose und Kontraktur und kann diese anwenden.	
Ich verstehe die Körperpflege als individuell durchgeführte Handlung des Menschen und kenne die Einflussfaktoren von Berührung.	
Ich kann mein eigenes Handeln in Bezug auf Scham, Intimität und Sexualität in der Körperpflege reflektieren und die Frage von Nähe und Distanz im Beziehungsprozess erörtern.	
Ich kann alle standardmäßigen Maßnahmen, Pflegeutensilien, Hilfsmittel und Möglichkeiten für die Durchführung der Körper- und Hautpflege bei unterschiedlicher Beeinträchtigung beschreiben und entsprechend den hygienischen Anforderungen demonstrieren.	
Ich kenne den normalen Hautstatus und kann Abweichungen der Haut und Hautanhangsgebilde beobachten und beschreiben.	
Ich kann Risikofaktoren bezüglich Haut- und Schleimhautdefekten erkennen und ressourcenorientierte Maßnahmen anbieten.	
Ich verstehe Kleidung als Ausdruck der Persönlichkeit des Menschen und kann die Einflussfaktoren aufzeigen.	
Ich kann mein eigenes Handeln in Bezug auf Selbstbestimmung der PatientInnen reflektieren.	
Ich kann ressourcenorientierte Unterstützung und Hilfsmittel beim An- und Auskleiden anbieten.	
Ich kann die unterschiedlichen Anforderungen von Berufs- und PatientInnenkleidung im Akut-, Langzeit- und extramuralen Bereich begründen.	
Ich kann den Umgang mit reiner und gebrauchter Kleidung demonstrieren.	
Ich kann das Konzept der Basalen Stimulation® erklären.	
Ich kann die Bedeutung der Wahrnehmung erklären.	
Ich kann die Wege der Wahrnehmung erörtern.	
Ich kann die unterschiedlichen Stimulationsangebote erklären und deren Vorgehensweise beschreiben.	
Ich weiß über die Wege der Kontaktaufnahme Bescheid.	
Ich kann Beachtenswertes bei der Ganzkörperwaschung nach der Basalen Stimulation® nennen.	
Ich kann die Wirkung der atemstimulierenden Einreibung (ASE) beschreiben.	
Ich kann eine ASE durchführen.	

Lernfeld 4
Safety first

Dieses Lernfeld beinhaltet die Grundlagen der Ersten Hilfe und der Vitalzeichenmessung wie Puls, Blutdruck und Körpertemperatur sowie Beobachtungskriterien des Bewusstseins und der Atmung. Weiters werden Abweichungen von der Norm und das korrekte Verhalten in Notfällen beschrieben.

Erste Hilfe

„Wer eine Not erblickt und wartet, bis er um Hilfe gebeten wird,
ist ebenso schlecht, als ob er sie verweigert hätte."
Dante Alighieri (1265–1321, italienischer Dichter und Philosoph)

Zur Ersten Hilfe gehören Maßnahmen, die menschliches Leben retten, drohende Gefahren oder Gesundheitsstörungen bis zum Eintreffen professioneller Hilfe (Arzt/Ärztin, Rettungsdienst) abwenden oder mildern.

Rechtliche Grundlagen

Laut dem österreichischen Strafgesetzbuch § 94 ist jede/r verpflichtet Erste Hilfe zu leisten, sofern

- die Hilfeleistung den Umständen nach zuzumuten ist,
- die Hilfeleistung nicht andere wichtige Pflichten verletzt und
- sich der/die HelferIn durch die Hilfeleistung nicht selbst in Gefahr bringen muss (wenn Gefahr für Leib und Leben besteht).

Laut § 88 Strafgesetzbuch „Fahrlässige Körperverletzung" drohen bis zu drei Monate Freiheitsstrafe, wenn ein Mensch „fahrlässig einen anderen am Körper verletzt oder an der Gesundheit schädigt". Nicht strafbar ist, wenn

- den/die TäterIn kein schweres Verschulden trifft,
- die verletzte Person mit dem/der TäterIn verwandt, verschwägert oder verheiratet ist,
- aus der Tat keine Gesundheitsschädigung oder Berufsunfähigkeit einer anderen Person von mehr als vierzehntägiger Dauer erfolgt.

Laut § 94 Strafgesetzbuch „Im-Stich-Lassen eines Verletzten" drohen, je nach den Umständen, zwischen einem und drei Jahren Freiheitsstrafe, wenn „es jemand unterlässt, einem anderen, dessen Verletzung am Körper er [...] verursacht hat, die erforderliche Hilfe zu leisten."

§ 95 Strafgesetzbuch „Unterlassung der Hilfeleistung" besagt, dass jede/r bei einem Unglücksfall die offensichtlich erforderliche Hilfe zu leisten hat. Bei Missachtung dieser Pflicht droht bis zu einem Jahr Freiheitsstrafe, beispielsweise wenn der/die Verletzte stirbt.

§ 4 Abs. 2 Straßenverkehrsordnung regelt ebenfalls die ausdrückliche Hilfeleistungspflicht. Jede/r Kfz-LenkerIn muss eine Erste-Hilfe-Ausbildung vorweisen.

Für Angehörige von Gesundheitsberufen gelten darüber hinaus folgende in den jeweiligen Berufsgesetzen festgelegte Verpflichtungen:

Laut **Gesundheits- und Krankenpflegegesetz** müssen Angehörige des gehobenen Dienstes für Gesundheits- und Krankenpflege folgende Kompetenz bei Notfällen haben:

„(1) Die Kompetenz bei Notfällen umfasst:

1. *Erkennen und Einschätzen von Notfällen und Setzen entsprechender Maßnahmen und*
2. *eigenverantwortliche Durchführung lebensrettender Sofortmaßnahmen, solange und soweit ein Arzt nicht zur Verfügung steht; die unverzügliche Verständigung eines Arztes ist zu veranlassen.*

(2) Lebensrettende Sofortmaßnahmen gemäß Abs. 1 Z 2 umfassen insbesondere

1. *Herzdruckmassage und Beatmung,*
2. *Durchführung der Defibrillation mit halbautomatischen Geräten oder Geräten im halbautomatischen Modus sowie*
3. *Verabreichung von Sauerstoff.“* (§ 14a GuKG)

Angehörige der Berufsgruppe der Pflegeassistenz haben laut § 83 GuKG bzw. Angehörige der Berufsgruppe der Pflegefachassistenz haben laut § 83a folgende Aufgaben bei Notfällen:

„Das Handeln in Notfällen gemäß Abs. 1 Z 2 umfasst:

1. *Erkennen und Einschätzen von Notfällen und Setzen entsprechender Maßnahmen und*
2. *eigenverantwortliche Durchführung lebensrettender Sofortmaßnahmen, solange und soweit ein Arzt nicht zur Verfügung steht, insbesondere*
   a) *Herzdruckmassage und Beatmung mit einfachen Beatmungshilfen,*
   b) *Durchführung der Defibrillation mit halbautomatischen Geräten oder Geräten im halbautomatischen Modus sowie*
   c) *Verabreichung von Sauerstoff;*

die Verständigung eines Arztes ist unverzüglich zu veranlassen.“ (§ 83 GuKG)

Laut **Ärztegesetz** § 48 „Dringend notwendige ärztliche Hilfe“ darf der Arzt/die Ärztin die Erste Hilfe im Falle drohender Lebensgefahr nicht verweigern.

Das **Sanitätergesetz** besagt in § 8, dass zu den Tätigkeiten von Rettungs- und NotfallsanitäterInnen die entsprechende eigenverantwortliche Anwendung von Maßnahmen der qualifizierten Ersten Hilfe gehören.

(vgl. RIS: https://www.ris.bka.gv.at/)

Ziele

Die Erste-Hilfe-Maßnahmen sollen sicherstellen, dass:

- der/die Verletzte und der/die ErsthelferIn vor zusätzlichen Schäden bewahrt werden,
- die Lebensfunktionen des/der Verletzten sofort überprüft und notwendige lebensrettende Sofortmaßnahmen durchgeführt werden,
- Rettung, Arzt/Ärztin, Polizei und Feuerwehr unverzüglich verständigt werden,
- die Schmerzen des/der Verletzten gelindert werden,
- der/die Verletzte beruhigt wird,
- der/die ErsthelferIn beim/bei der Verletzten bleibt und seine/ihre Lebensfunktionen überwacht sowie die durchgeführten Erste-Hilfe-Maßnahmen auf deren Wirksamkeit überprüft,

- alle Vorbereitungen für den Abtransport des/der Verletzten getroffen werden (z. B. Unfallort und Zufahrt frei machen und freihalten, persönliche Gegenstände des/der Verletzten wie Medikamente, Dokumente bereitstellen).

Zur Ersten Hilfe gehören insbesondere

- das Absetzen eines Notrufs – Feuerwehr: 122, Polizei: 133, Rettung: 144, Euronotruf: 112 (Weiterleitung zur Polizei), Gas-Notruf: 128, Vergiftungszentrale AKH: 01 406 43 43, SMS-Notruf an die Polizei für Gehörlose: 0800 133 133 (alternativ E-Mail an gehoerlosen notruf@polizei.gv.at),
- die Absicherung der Unfallstelle,
- die Betreuung des/der Verletzten.

Aufgaben des Ersthelfers/der Ersthelferin

Der/die ErsthelferIn muss schnell und richtig erkennen, was geschehen ist, welche Gefahr droht, und zielstrebig – unter Berücksichtigung der jeweiligen Situation – handeln. Er/sie darf keine Maßnahmen ergreifen, die Ärzten/Ärztinnen, Gesundheits- und Krankenpflegepersonal oder SanitäterInnen vorbehalten sind (z. B. Verabreichung von Medikamenten). Werden keine Rettungskräfte alarmiert, gibt der/die ErsthelferIn nach der Hilfeleistung immer den Rat, einen Arzt/eine Ärztin aufzusuchen.

Nicht zu den Aufgaben des Ersthelfers/der Ersthelferin gehören:

- Diagnosen stellen – das ist dem Arzt/der Ärztin vorbehalten (Ausnahme: Notfalldiagnose),
- den/die Verletzte/n über seinen/ihren Zustand informieren,
- Medikamente verabreichen,
- dem/der Verletzten zu essen, zu trinken und zu rauchen geben,
- den Tod festzustellen (außer dieser ist offensichtlich, z. B. eine Person verstirbt unbemerkt und wird erst nach Wochen gefunden, oder die Verletzung ist mit dem Leben nicht vereinbar – Abtrennung des Kopfes).

Rettungskette

Die Rettungskette beinhaltet Maßnahmen, die dafür sorgen, dass der/die Betroffene bereits an der Unfallstelle die notwendige Hilfe erhält und innerhalb kürzester Zeit in ärztliche Behandlung gelangt. Am Beginn einer Rettungskette steht meist ein/e ErsthelferIn, diese/r hat folgende Aufgaben:

1. Lebensrettende Sofortmaßnahmen
Im Vordergrund steht die Erstversorgung des/der Verunfallten. Dazu beurteilt der/die ErsthelferIn Folgendes:

- Gefahrenzone absichern, bergen – Was ist geschehen? Welche Gefahren drohen? Selbstschutz geht vor Fremdschutz!
- bei Bewusstlosigkeit Person ansprechen, an der Hand oder am Unterarm berühren, Schmerzreiz am Handrücken setzen – stabile Seitenlage

- bei Atem-Kreislauf-Stillstand Kopf nackenwärts überstrecken, beobachten, ob sich Brustkorb/Bauch hebt/senkt, Atemluft hören und an der Wange fühlen – Herzdruckmassage und Beatmung (30:2), Defibrillation
- Blutstillung bei starker Blutung
- Schockbekämpfung

2. Notruf

Nach der Analyse der Gesamtsituation sollte ehestmöglich das Absetzen des Notrufs erfolgen. Dieser muss folgende Informationen enthalten:

1. Wo ist der Notfallort?
2. Was ist geschehen?
3. Wie viele Menschen sind betroffen?
4. Wer ruft an?

Notrufe können abgesetzt werden von:

- **öffentlichen Fernsprechautomaten:** Notruf ohne Münzeinwurf möglich
- **Mobiltelefonen:** 112, mit geladenem Akku auch ohne Sim-Karte möglich
- **Notrufsäulen:** an der Autobahn, kostenlose Verbindung mit Autobahnmeisterei oder Wahlmöglichkeit Polizei, Feuerwehr, Rettungsdienst, Pannendienst

3. Weitere Erste Hilfe

Nach dem Absetzen des Notrufs versorgt der/die ErsthelferIn den/die Verunfallte/n bis zum Eintreffen des Rettungsdienstes weiter. Folgende Grundsätze sind dabei zu beachten:

- beim Eintreffen an der Unglücksstelle Ruhe bewahren
- falsches oder unbedachtes Handeln anderer verhindern
- Erste-Hilfe-Maßnahmen zügig, aber besonnen durchführen – Wunden versorgen, Schmerzen durch sachgerechte Lagerung lindern
- umstehende Personen zur Hilfeleistung heranziehen
- Angehörige und weitere Unfallbeteiligte betreuen und beruhigen

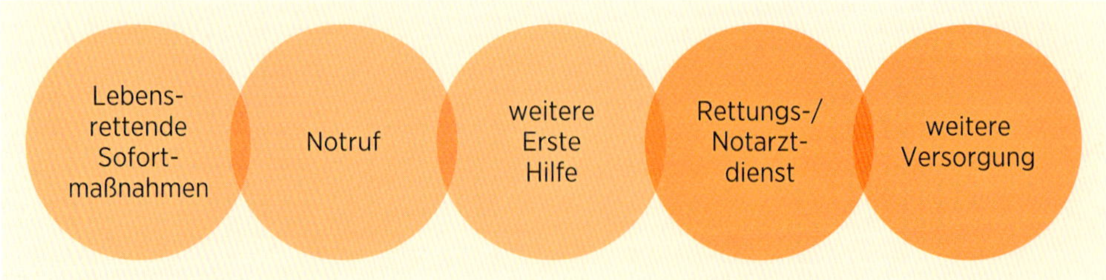

Abb. 58: **Rettungskette**

4. Rettungsdienst/Notarztdienst

Je nach Notfall entsendet die Rettungsleitstelle SanitäterIn und/oder Arzt/Ärztin zum Unfallort. Der Rettungsdienst hat zwei Aufgaben:

- Ein Notarzt/eine Notärztin oder ein/e SanitäterIn macht den/die Verunfallte/n transportfähig.
- Der/die Verunfallte wird fachgerecht ins Krankenhaus oder zu einem Arzt/einer Ärztin gebracht.

5. Weitere Versorgung
Die weitere Versorgung ist der letzte Schritt, um das Ziel der Rettungskette – die Versorgung des/der Verunfallten ohne Unterbrechung der Hilfeleistung – zu erreichen. Die weitere Versorgung kann in einer Ambulanz, einem Krankenhaus oder bei einem niedergelassenen Arzt/einer niedergelassenen Ärztin erfolgen.

Gefahrenzone

Eine Gefahrenzone ist ein Bereich, in dem akute Gefahr für das Leben des/der Verletzten und des Helfers/der Helferin besteht. Das können sein:

- Straße (Verkehrsunfall)
- Unfall beim Transport gefährlicher Güter
- Skipiste (Skiunfall, Lawinenunglück)
- Verschüttung
- Brand-, Elektrounfall
- Unfall in gaserfüllten Räumen
- Einbrechen in Eis
- Badeunfall

Besteht (Lebens-)Gefahr für HelferIn und Verletzte/n, steht die Absicherung der Gefahrenzone bzw. Bergung aus der Gefahrenzone im Vordergrund! Es gilt der Grundsatz „Selbstschutz geht vor Fremdschutz!"

Die **GAS-Regel** beschreibt das richtige Verhalten bei Gefahr:

1. **G**efahr erkennen
2. **A**bstand halten, wenn keine ausreichende Absicherung möglich ist
3. **S**pezialkräfte anfordern (Feuerwehr, Bergrettung, E-Werk)

Die GAS-Regel wird beispielsweise angewendet bei Unfällen mit:

- Hochspannung über 1000 Volt
- Gefahrengut
- Gärgas (CO_2-Atmosphäre)

Spezialkräfte können sein: Feuerwehr, Bergrettung, zuständiges E-Werk (wird auch über den Notruf 133 von der Polizei verständigt). Bei Brand- und Explosionsgefahr (z. B. Gasunfall) Zündquellen wie Zigaretten, Taschenlampen, Motor und offenes Licht vermeiden!

Absichern der Unfallstelle

Damit nachfolgende VerkehrsteilnehmerInnen, Verunfallte sowie ErsthelferInnen nicht zusätzlich gefährdet werden, ist die Absicherung der Unfallstelle (vor allem bei Dunkelheit) sehr wichtig.

Seit 1. Mai 2005 besteht in Österreich die Mitführ- und Tragepflicht von Warnwesten. Laut Kraftfahrgesetz (KFG) muss die Warnweste auf Freilandstraßen von LenkerInnen mehrspuriger Kraftfahrzeuge getragen werden, wenn laut Gesetz ein Pannendreieck aufgestellt werden muss. Das trifft zu, wenn das Auto an einer unübersichtlichen Straßenstelle steht, oder auch bei schlechter Sicht, Dämmerung und Dunkelheit. Auf einer Autobahn oder Autostraße ist die Warnweste immer dann zu tragen, wenn der/die LenkerIn das Fahrzeug verlässt und sich auf der Fahrbahn oder dem Pannenstreifen aufhält.

Zum Absichern der Unfallstelle sind folgende Punkte zu berücksichtigen:

- Warnblinkanlage einschalten
- Warnweste überziehen (diese immer im Fahrzeuginnenraum aufbewahren)
- Pannendreieck aufstellen
  - auf Autobahnen ca. 200 m vor dem Fahrzeug
  - auf Freilandstraßen ca. 100 m vor dem Fahrzeug
  - im Ortsgebiet ca. 50 m vor dem Fahrzeug
  - Abstand zum Fahrbahnrand ca. 70 cm
- Insassen durch Wegziehen oder Anwenden des Rautekgriffes aus der Gefahrenzone bringen

Das **Wegziehen** ist eine Rettungsmethode für Verunglückte, die am Boden liegen. Nach der Kontaktaufnahme mit dem/der Verletzten und der Erklärung, was nun passiert, die Arme des/der Verunfallten überkreuzen und seinen/ihren Kopf darauflegen. Durch leichtes Anheben des Oberkörpers (um die Wirbelsäule und die Halswirbelsäule zu schonen) kann der/die Verletzte so weit als nötig transportiert werden.

Der **Rautekgriff** wird zur Bergung aus einem Fahrzeug angewandt. Er ermöglicht ein rasches Aufnehmen und Transportieren des/der Verletzten über kurze Strecken:

- Öffnen der Fahrzeugtür
- Kontaktaufnahme und Bewusstseinskontrolle des/der Verletzten
- ein noch laufender Motor wird abgestellt
- kontrollieren, ob Arme oder Beine eingeklemmt sind
- den Sicherheitsgurt öffnen – dabei den/die Verunfallte/n stützen (um ein Nach-vorne-Fallen des Oberkörpers und des Kopfes vermeiden)
- einen Unterarm des/der Verletzten quer vor dessen/deren Oberkörper legen und von rückwärts unter seinen/ihren Achseln durchgreifen, um den Unterarm zu fassen
- den/die Verletzte/n leicht drehen, herausziehen und in ausreichender Entfernung den Notfallcheck durchführen

Es gilt der Grundsatz „**Zuerst absichern, dann helfen!**"

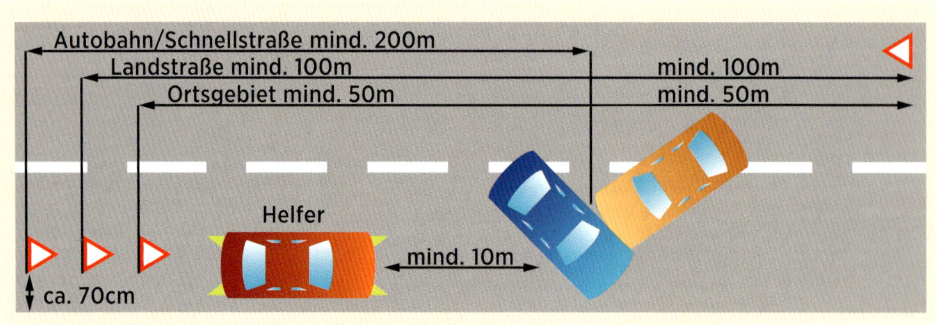

Abb. 59: **Abstände zum Sichern der Unfallstelle mittels Pannendreieck** (www.ff-ernsthofen.at/)

Verhalten bei Unfällen

Je nach Art des Unfalls und Gegebenheiten am Unfallort gibt es für den/die ErsthelferIn einige Regeln zu beachten, um die eigene Sicherheit und die des/der Verunfallten nicht zu gefährden.

Verkehrsunfälle

- Unfallstelle absichern
- eigenes Fahrzeug ca. 10 Meter vom Unfallort entfernt abstellen – Zufahren der Einsatzkräfte ermöglichen
- Warnblinkanlage einschalten
- Warnweste anziehen
- sind mehrere Personen anwesend, Absprechen der Aufgabenverteilung
- Warndreieck mit der reflektierenden Seite voran gut sichtbar vor sich hertragen und am Straßenrand in ausreichender Entfernung aufstellen (vor Kurven oder Bergkuppen aufstellen)
- nachfolgende Fahrzeuge zum Langsamer-Werden auffordern – Arm ausstrecken und Auf- und Abwärtsbewegungen machen
- andere VerkehrsteilnehmerInnen sichern die Gegenfahrbahn ab und setzen den Notruf ab

Unfälle mit gefährlichen Gütern

Lkws mit Gefahrengutladung werden durch eine rückstrahlende orange Tafel mit schwarzer Schrift gekennzeichnet. Zusätzlich können auch Tafeln mit Nummern zur Kennzeichnung der Gefahr und zur Stoffklassifikation angebracht sein.

- Kontakt mit dem Gefahrengut meiden
- Sicherheitsabstand auf mindestens 60 m erhöhen
- Unfallstelle großflächiger absichern, mindestens 100–200 m
- eigene Zündquellen ausschalten und vermeiden (Motor, Feuerzeug, Taschenlampe)
- Gefahrgut kann durch Wind vertragen werden – auf eigene Sicherheit achten
- bei der Alarmierung von Feuerwehr, Rettung, Polizei genaue Angabe der speziellen Kennzeichnung machen

Ski-/Lawinenunfälle

- Absichern der Gefahrenzone in ausreichender Entfernung mit Skiern und Stöcken
- Verunfallte/n bergen, bei Verschüttung Brustkorb von Druck befreien
- Notruf absetzen – Bergrettung: 140

Einbrechen in Eis

Kaltes Wasser führt rasch zu Bewegungsunfähigkeit und starken Schmerzen, daher kann sich der/die Eingebrochene meist nur kurze Zeit an der Wasseroberfläche halten. Trotzdem ist die Sicherheit der ErsthelferInnen zu gewährleisten!

- Den/die Verunfallte/n auffordern, beide Arme auf die Eisfläche zu legen und sich wenig zu bewegen
- Notruf absetzen – Feuerwehr: 122

- vor einer Bergung die Tragfähigkeit des Eises prüfen
- eine Bergung durch den/die ErsthelferIn darf nur gesichert durch eine Leine – gehalten von einem/einer zweiten HelferIn am Ufer – auf dem Eis liegend erfolgen
- Hilfsmittel wie Bretter oder Stangen verwenden

Unfälle durch Verschütten

- vergewissern, ob nachrutschende Massen vorhanden sind
- Notruf absetzen – Feuerwehr: 122 – Anweisungen befolgen
- eine Bergung durch den/die ErsthelferIn darf nur mit Seilsicherung erfolgen
- sich mit geeignetem Werkzeug (keine spitzen Werkzeuge) zum/zur Verschütteten vorarbeiten
- erst Kopf und Brustkorb, dann den ganzen Körper ohne Werkzeug freilegen

Brandunfälle

- Notruf absetzen – Feuerwehr: 122 – Anweisungen befolgen
- Vergiftungsgefahr durch Rauch- und Giftgase und die Gefahr, vom Feuer eingeschlossen zu werden, bei der Bergung beachten

Gasunfälle

- Notruf absetzen – Feuerwehr: 122 – Anweisungen befolgen
- kein offenes Licht und keine Taschenlampen verwenden
- keine Schalter betätigen

Elektrounfälle

- Niederspannung (bis 1000 Volt)
  - vor der Bergung Stromkreis unterbrechen (Stecker ziehen, FI-Schalter betätigen, Sicherung herausnehmen)
  - ist keine Unterbrechung des Stromkreises möglich, eine Isolierung zum/zur Verunfallten (Gummihandschuhe, mehrere Plastiksäcke) herstellen
- Hochspannung (über 1000 Volt)
  - die Bergung darf nur von den zuständigen Fachleuten erfolgen
  - der/die ErsthelferIn informiert über die Polizei (133) das zuständige E-Werk
  - bis zum Eintreffen des Bergungstrupps einen Mindestabstand von 10 bis 15 Metern vom/von der Verunfallten einhalten

Badeunfälle

- Notruf absetzen
- dem/der Ertrinkenden einen Rettungsring, eine Leine oder ein Rettungsschwimmbrett zuwerfen
- vor dem Bergen des/der Verunfallten die Gefahr für den/die ErsthelferIn einschätzen
  - tiefe Gewässer
  - große Entfernung zum/zur Verunglückten
  - Uferbeschaffenheit
  - Wellengang
  - Wehranlagen

- beim Bergen hockend, nicht gestreckt springen
- zum Anschwimmen tragfähige Hilfsmittel wie Luftmatratze oder Rettungsring verwenden
- bei Umklammerung durch den/die Ertrinkende/n befreien und rechtzeitig abtauchen

Es gilt der Grundsatz „Selbstschutz geht vor Fremdschutz!"

Überlebenskette

Die Überlebenskette beschreibt die für eine erfolgreiche Wiederbelebung nötigen vier Schritte.

Abb. 60: **Überlebenskette**

1. Frühes Erkennen des Kreislaufstillstands
Hier geht es darum zu erkennen, dass Schmerzen in der Brust kardialer (vom Herzen ausgehend) Ursache sein können. Das Feststellen eines eingetretenen Kreislaufstillstands und die schnelle Alarmierung des Rettungsdienstes erhöht die Überlebensrate des/der Betroffenen nachweislich. Erkennbar ist ein potenzieller Herzstillstand an der fehlenden Reaktion und nicht normaler Atmung.

2. Frühe Wiederbelebung durch Notfallzeugen
Unverzüglich eingeleitete Wiederbelebungsmaßnahmen können die Überlebensrate nach einem plötzlichen Kreislaufstillstand verdoppeln oder vervierfachen.

3. Frühe Defibrillation
Die Wiederbelebung plus Defibrillation innerhalb von 3–5 Minuten nach dem Kollaps erhöht die Überlebensrate auf 50–70 %.

4. Frühe erweiterte Maßnahmen und standardisierte Behandlung nach der Reanimation
Sind die Wiederbelebungsmaßnahmen primär nicht erfolgreich, werden erweiterte Maßnahmen wie Atemwegsmanagement, Medikamentengabe und Behandlung der Ursachen erforderlich.

ERC-Leitlinien zur Reanimation

Das European Resuscitation Council (ERC) hat 2015 die aktualisierten Leitlinien zur Reanimation veröffentlicht, die europaweit Gültigkeit haben. Neben den Basismaßnahmen zur Wiederbelebung („basic life support" – BLS), die sich auf das Freihalten der Atemwege und das Aufrechterhalten von Atmung und Kreislauf ohne Verwendung von Hilfsmitteln beziehen, wird darin auch die Verwendung eines automatisierten externen Defibrillators (AED) beschrieben. Auch das Erkennen des plötzlichen Herztodes, die Durchführung der stabilen Seitenlage und das Handeln bei Ersticken (Verlegung der Atemwege durch Fremdkörper) werden behandelt.

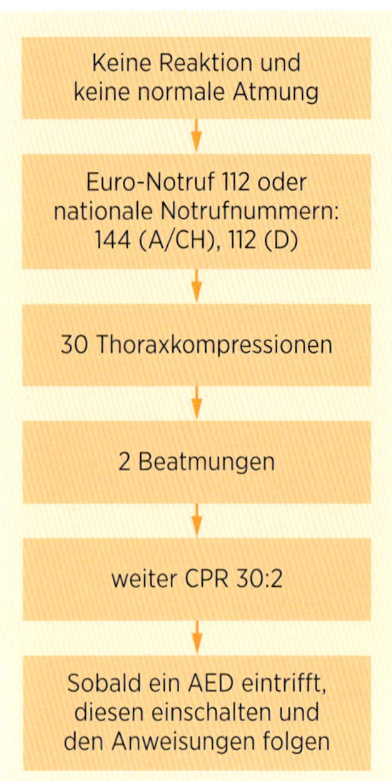

Abb. 61: **Basismaßnahmen zur Wiederbelebung** (GRC-Leitlinien 2015)

Basismaßnahmen der Wiederbelebung

Die BLS, die Basismaßnahmen der Wiederbelebung, stellen die wichtigsten Erstmaßnahmen der Ersten Hilfe dar. Abb. 61 zeigt das richtige Verhalten im Notfall.

Handlungsablauf bei der Durchführung von Wiederbelebungsmaßnahmen

1. Auf Sicherheit achten – vergewissern, dass PatientIn und Anwesende nicht gefährdet sind.
2. Bewusstsein prüfen – Betreffende/n leicht an Schultern **berühren** und laut **fragen**: „Ist alles in Ordnung?"
3. a. Wenn der/die Betreffende reagiert: Wenn keine weitere Gefahr besteht, in der Lage belassen, in der er/sie vorgefunden wurde. Hilfe holen, falls erforderlich. Zustand regelmäßig überprüfen.
   b. Wenn der/die Betreffende nicht reagiert: um Hilfe rufen. Den/die Betreffenden auf den Rücken drehen und die Atemwege durch Überstrecken des Halses und Anheben des Kinns frei machen. Hand auf die Stirn legen und Kopf leicht nach hinten ziehen. Kinn mit den Fingerspitzen leicht anheben, um die Atemwege frei zu machen.

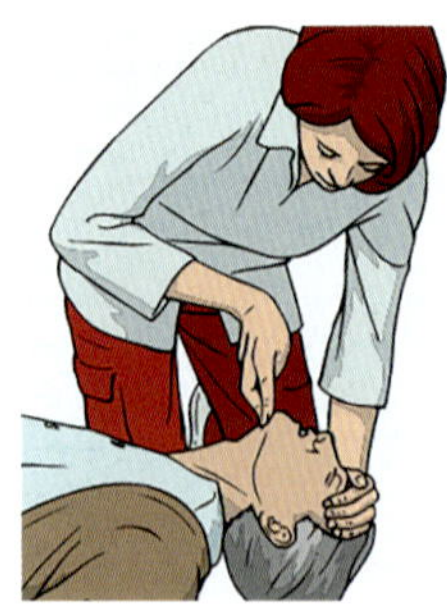
Abb. 62: **Atemwege frei machen**

4. **Atemwege frei machen** (siehe Abb. 62) und die Atmung durch Sehen, Hören und Fühlen (ca. 10 Sekunden) kontrollieren (siehe Abb. 63).
   - Bewegungen des Brustkorbs sehen
   - Atemgeräusche am Mund des/der Betreffenden hören
   - Luftstrom an der eigenen Wange fühlen
5. **Beurteilung**, ob die **Atmung** normal, nicht normal (unregelmäßig, zu langsam, ...) oder nicht vorhanden ist.
   - Wenn der/die Betreffende normal atmet: in die stabile Seitenlage bringen (siehe Abb. 67), Hilfe holen und die Atmung bis zum Eintreffen der Rettung regelmäßig kontrollieren.
   - Wenn der/die Betreffende gar nicht oder nicht normal atmet: wenn möglich jemanden bitten, den Rettungsdienst anzurufen (112), sonst selbst anrufen. Den/die Betreffende/n nur verlassen, wenn es keine andere Möglichkeit gibt! Das Telefon auf „Freisprechen" schalten, um mit dem Leitstellendisponenten sprechen zu können.

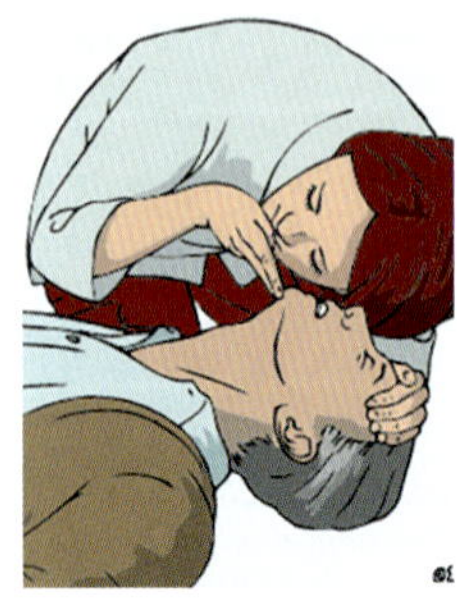
Abb. 63: **Atmung kontrollieren**

6. **AED** (automatisierten externen Defibrillator) **holen** lassen – ist niemand verfügbar, mit der **CPR (CardioPulmonary Resuscitation)** beginnen.
7. **Kreislauf – Thoraxkompressionen** beginnen
   - Seitlich neben den/die Betreffenden knien,
   - den Ballen einer Hand auf die Mitte der Brust des/der Betreffenden legen (= untere Hälfte des Brustbeins),
   - den Ballen der anderen Hand auf die erste Hand legen,

- die Finger der Hände ineinander verschränken und die Arme gerade halten (keinen Druck auf den Oberbauch oder das untere Ende des Brustbeins ausüben).

8. **Senkrecht über** dem **Brustkorb** des/der Betreffenden stehend das **Brustbein 5 cm** (max. 6 cm) **nach unten drücken.**
   - Nach jeder Herzdruckmassage den Brustkorb vollständig entlasten, ohne den Kontakt zwischen den Händen und dem Brustbein zu verlieren.
   - Die Herzdruckmassage mit einer Frequenz von mindestens 100/min und nicht mehr als 120/min weiterführen – die Phasen von Druck und Entlastung sollen gleich lang andauern.
9. **Thoraxkompressionen und Beatmung kombinieren**
   - Die Atemwege durch Überstrecken des Halses und Anheben des Kinns frei machen.
   - Die Nase durch Zusammendrücken der Nasenflügel mit Daumen und Zeigefinger verschließen.
   - Einatmen und die Lippen um den Mund des/der Betreffenden legen (falls vorhanden, ein Beatmungstuch verwenden).
   - Gleichmäßig in den Mund des/der Betreffenden blasen und auf das Heben des Brustkorbes (rund 1 Sekunde) achten: Dies ist eine effektive Beatmung.
   - Mund von dem des/der Betreffenden nehmen, das Entweichen der Luft beobachten.
   - Einatmen und erneut beatmen – insgesamt 2 effektive Beatmungen!
   - Die Kompressionen nicht für mehr als 10 Sekunden unterbrechen!
   - Weitere 30 Thoraxkompressionen durchführen.
   - Weiter mit Thoraxkompressionen und Beatmungen im Verhältnis von 30:2 fortfahren.
10. Sobald **AED** verfügbar ist, **einschalten** und die selbstklebenden **Pads** auf die nackte Brust **kleben.**
    - Falls mehr als ein/e HelferIn anwesend ist, während des Klebens der Pads die CPR fortsetzen.
11. Den **Sprach-/Bildschirmanweisungen folgen**,
    - sicherstellen, dass niemand den/die Betreffende/n berührt, während der AED den Herzrhythmus analysiert.
12. Wird ein **Schock empfohlen**, diesen **auslösen**
    - vorher sicherstellen, dass niemand den/die Betreffende/n berührt,
    - danach erneut CPR 30:2,
    - weiter den Sprach-/Bildschirmanweisungen folgen.
13. Wird kein Schock empfohlen, die CPR weiter fortführen.
14. Ist kein **AED** verfügbar, mit **Thoraxkompressionen** (und Beatmung) fortfahren. Wiederbelebungsmaßnahmen nicht unterbrechen, bis
    - professionelle Hilfe eingetroffen ist und anweist aufzuhören,
    - der/die Betreffende aufwacht: sich bewegt, die Augen öffnet, normal zu atmen beginnt,
    - Sie erschöpft sind – rechtzeitig (bereits nach einigen Minuten) an andere ErsthelferIn übergeben.

Seien Sie bereit, sofort wieder mit der CPR zu beginnen, wenn sich der Zustand des/der Betreffenden wieder verschlechtert!

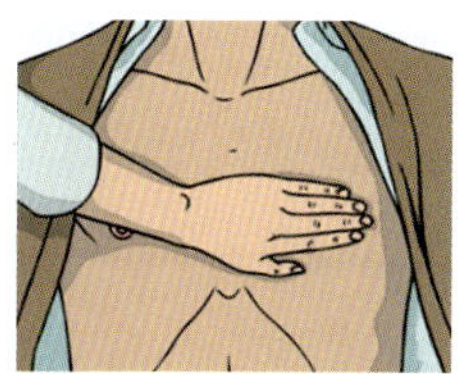
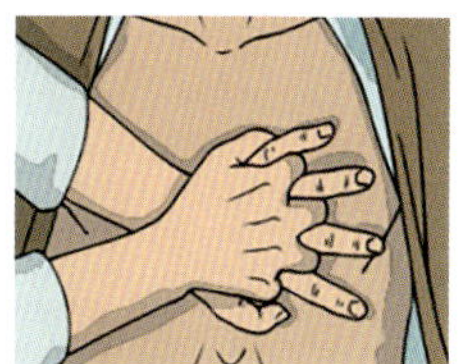
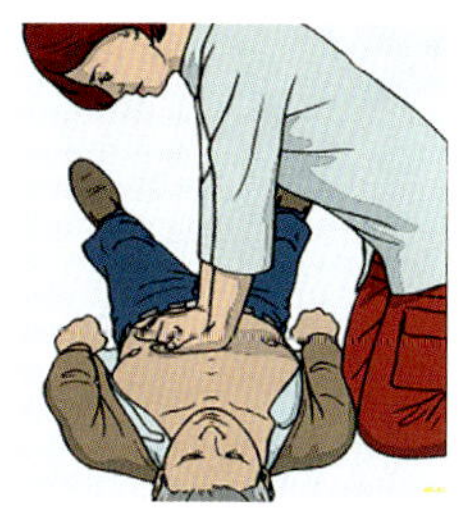

Abb. 64a–c: **Herzdruckmassage**

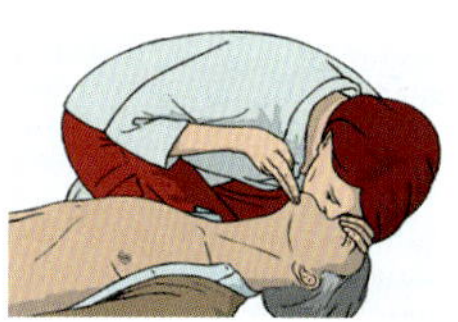

Abb. 65: **Mund-zu-Mund-Beatmung**

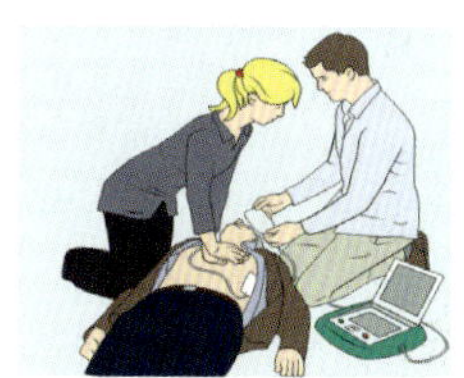

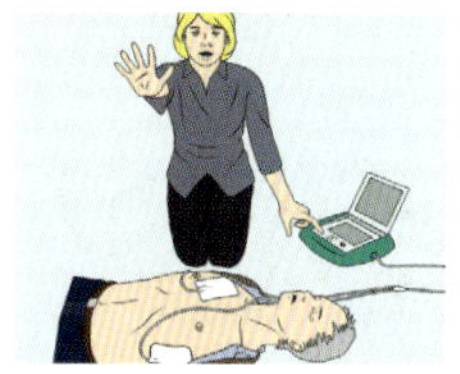

Abb. 66a–c: **AED** (GRC-Leitlinien 2015)

15. **Reagiert** der/die Betreffende **nicht**, **atmet** aber normal – in die **stabile Seitenlage** drehen:
- Den nächstgelegenen Arm rechtwinklig zum Körper, den Ellenbogen angewinkelt, mit der Handfläche nach oben legen,
- den entfernt liegenden Arm über den Brustkorb legen und den Handrücken gegen die zugewandte Wange des/der Betreffenden halten,
- mit der anderen Hand das entfernt liegende Bein knapp über dem Knie fassen und hochziehen, wobei der Fuß auf dem Boden bleibt,
- das Gesicht soll nach unten zeigen, um den Abfluss von Flüssigkeiten aus dem Mund zu ermöglichen,
- den Hals leicht überstrecken, um die Atemwege freizuhalten.

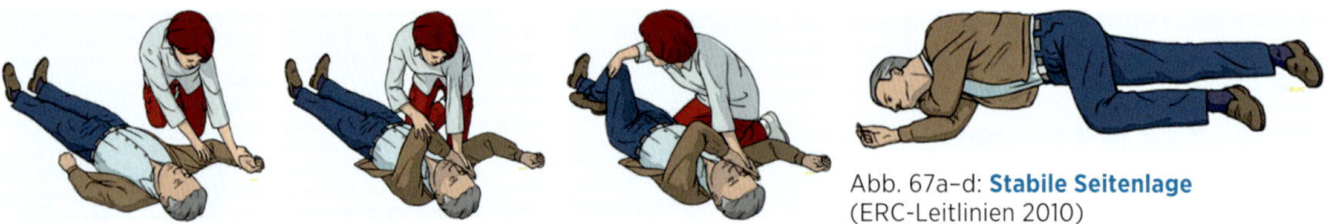

Abb. 67a–d: **Stabile Seitenlage** (ERC-Leitlinien 2010)

Innerklinische Reanimation

Erleidet ein/e PatientIn im Rahmen eines Krankenhausaufenthaltes einen Kreislaufstillstand, verläuft der Reanimationsprozess wie auf Abb. 68 ersichtlich.

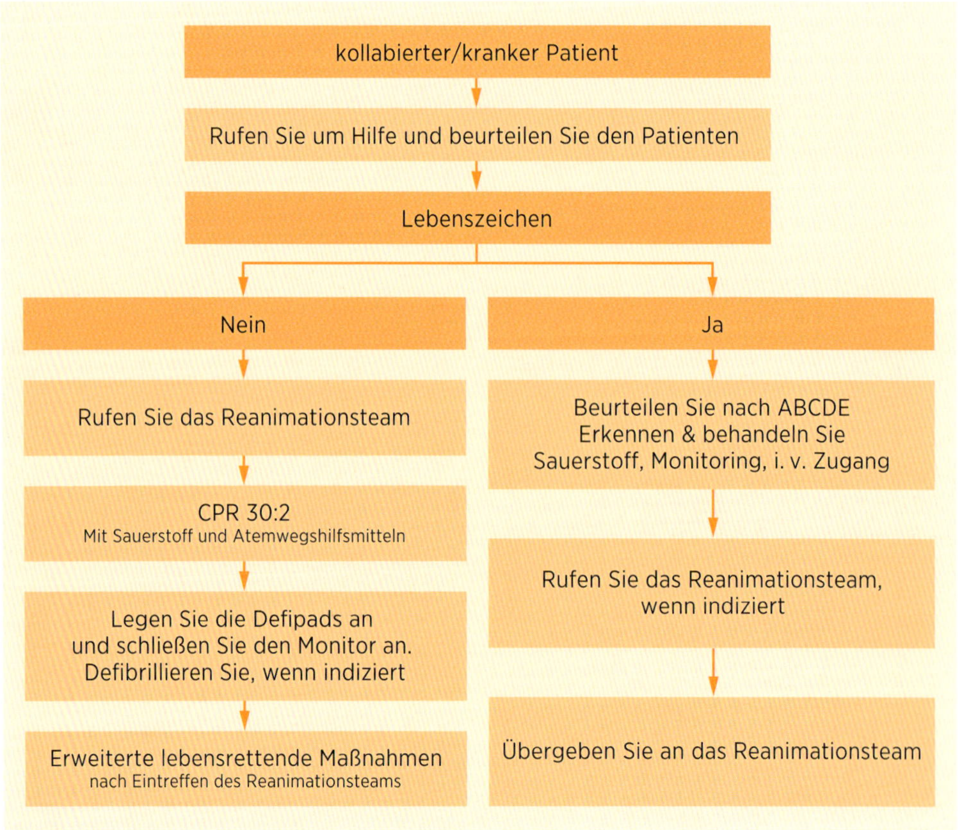

kollabierter/kranker Patient

↓

Rufen Sie um Hilfe und beurteilen Sie den Patienten

↓

Lebenszeichen

Nein	Ja
Rufen Sie das Reanimationsteam	Beurteilen Sie nach ABCDE Erkennen & behandeln Sie Sauerstoff, Monitoring, i. v. Zugang
CPR 30:2 Mit Sauerstoff und Atemwegshilfsmitteln	Rufen Sie das Reanimationsteam, wenn indiziert
Legen Sie die Defipads an und schließen Sie den Monitor an. Defibrillieren Sie, wenn indiziert	Übergeben Sie an das Reanimationsteam
Erweiterte lebensrettende Maßnahmen nach Eintreffen des Reanimationsteams	

Abb. 68: **Innerklinische Reanimation** (GRC-Leitlinien 2015)

Maßnahmen zur Wiederbelebung von Kindern

Bei Kindern wird ebenfalls der Handlungsablauf, der bei Erwachsenen angewandt wird, empfohlen. Mit geringer Modifikation wird er bei Kindern, die nicht ansprechbar sind und nicht oder nicht normal atmen, durchgeführt:

1. Mit fünf initialen Beatmungen beginnen,
2. weiter mit Herzdruckmassagen wie bei Erwachsenen
   a) den Brustkorb um mindestens ein Drittel seiner Tiefe nach unten drücken,
   b) bei einem Säugling unter einem Jahr zwei Finger verwenden,
   c) bei einem Kind über einem Jahr eine Hand oder beide Hände verwenden.
3. Nach einer Minute die Wiederbelebungsmaßnahmen unterbrechen, um Hilfe zu holen, wenn der/die ErsthelferIn allein ist.

Nach Beinahe-Ertrinken wird diese Vorgehensweise ebenfalls angewandt.

BLS-Ablauf für professionelle HelferInnen

Wie schon erwähnt, kann bei der Reanimation von Kindern der Handlungsablauf ähnlich wie bei Erwachsenen angewendet werden. Der folgende Ablauf richtet sich an professionelle HelferInnen. Die Atemhübe können mittels Mund-zu-Mund-Beatmung oder, falls vorhanden, mittels Beutel-Maske-Beatmung verabreicht werden.

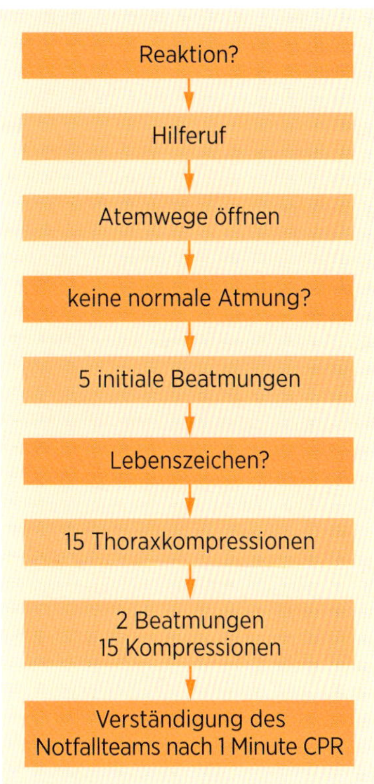

Abb. 69: **Lebensrettende Basismaßnahmen beim Kind** (GRC-Leitlinien 2015)

Anwendung eines automatisierten externen Defibrillators

Automatisierte externe Defibrillatoren (AEDs) sind sicher und wirksam, sie können auch von Laien eingesetzt werden. Sie sind an öffentlichen Plätzen wie Flughäfen, Sportanlagen, Büros und Einkaufszentren platziert. Bei einem Herz-Kreislauf-Stillstand können LaienhelferInnen so bereits vor Eintreffen professioneller Hilfe eine Defibrillation durchführen.

Automatisierte externe Defibrillatoren vom Standardtyp sind für den Einsatz bei Kindern ab acht Jahren geeignet. Bei Kindern zwischen einem und acht Jahren werden pädiatrische selbstklebende Pads mit einem Energiedämpfer oder – falls verfügbar – ein pädiatrischer Betriebsmodus verwendet. Sind diese Hilfsmittel nicht vorhanden, wird der vorhandene AED benutzt. Bei Kindern unter einem Jahr wird die Anwendung eines AED nicht empfohlen.

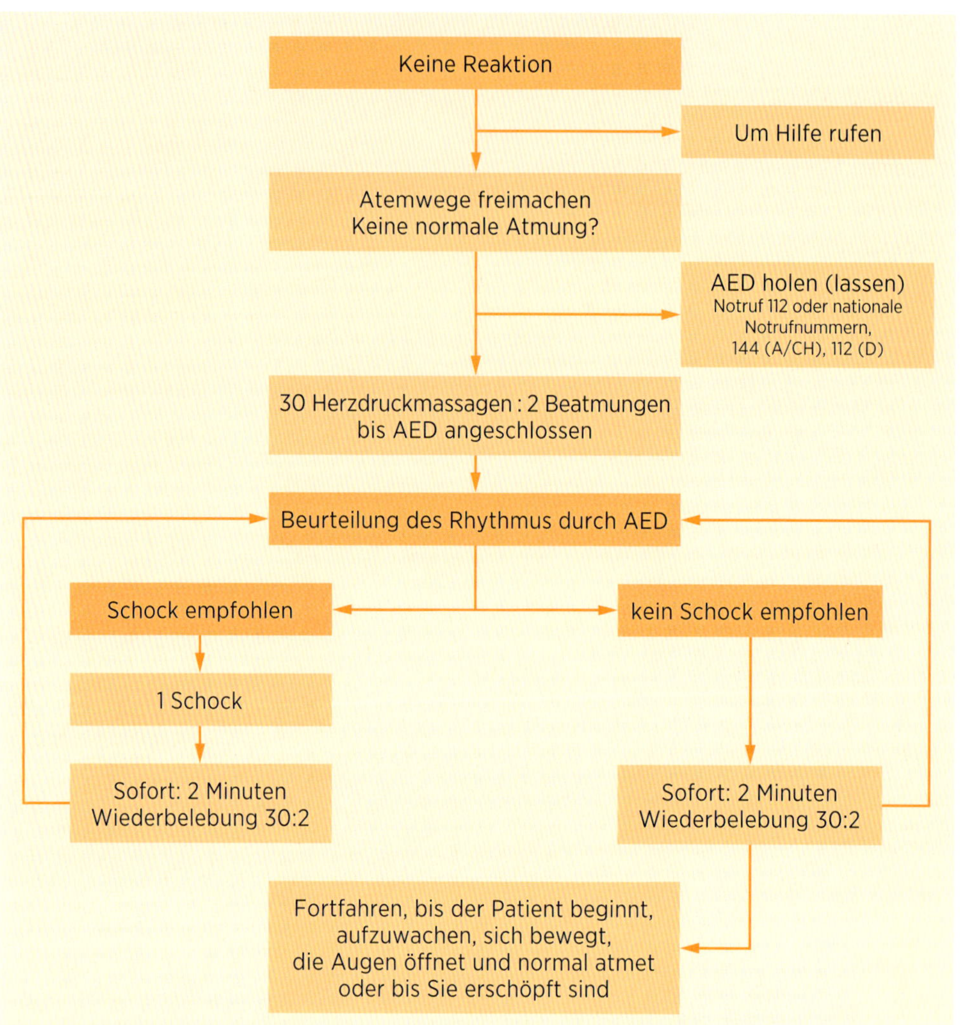

Abb. 70: **Handlungsablauf bei der Anwendung eines automatisierten externen Defibrillators** (ERC-Leitlinien 2010)

Erste Hilfe bei Verlegung der Atemwege durch einen Fremdkörper (Ersticken)

Die Verlegung der Atemwege durch einen Fremdkörper entsteht meist beim Essen. Wichtig ist eine frühzeitige Intervention, noch während der/die Betroffene bei Bewusstsein ist. Man unterscheidet zwei Arten von Verlegung der Atemwege durch einen Fremdkörper: die milde und die schwere Atemwegsverlegung (Obstruktion).

Bei einer **milden Atemwegsverlegung** werden durch reflektorisches Husten hohe und anhaltende Atemwegsdrücke erzeugt und so kann der Fremdkörper meist ausgehustet werden. Daher ist es primär nicht notwendig mit Rückenschlägen, Oberbauch- und Brustkorbkompressionen zu unterstützen. Wichtig ist eine kontinuierliche Beobachtung, um rechtzeitig zu erkennen, ob sich eine schwere Verlegung entwickelt. Bei **schweren Atemwegsverlegungen** bei Erwachsenen und Kindern über einem Jahr, die bei Bewusstsein sind, zeigen Rückenschläge sowie Oberbauch- und Brustkorbkompressionen die beste Wirkung.

Tab. 15: **Unterscheidung zwischen milder und schwerer Atemwegsverlegung** (modifiziert nach ERC-Leitlinien 2010)

Art der Atemwegs-verlegung	Ansprechen durch ErsthelferIn: „Haben Sie einen Erstickungsanfall?“	Weitere Zeichen
Allgemeine Zeichen	der Anfall ereignet sich während des Essens der/die Betreffende greift sich an den Hals	
Milde Obstruktion	Der/die Betreffende antwortet: „Ja“	Kann sprechen, husten, atmen
Schwere Obstruktion	Unfähig zu sprechen, kann evtl. nicken	Kann nicht sprechen, hat keuchende Atmung, stille Hustenversuche, ist bewusstlos

Verhalten beim Ersticken durch Atemwegsverlegung
Diese Maßnahmen sind auch für Kinder über einem Jahr geeignet.

Bei Anzeichen einer milden Atemwegsverlegung:

- Den/die Betreffende/n zum Aushusten ermutigen,
- auf Veränderungen (Bewusstsein) beobachten,
- bleibt die Situation unverändert, sind keine weiteren Maßnahmen erforderlich.

Bei Anzeichen einer schweren Atemwegsverlegung bei Bewusstsein:

- Fünf Rückenschläge verabreichen:
  - seitlich etwas hinter den/die Betreffende/n stellen,
  - den Brustkorb mit einer Hand halten und den/die Betreffende/n nach vorne beugen (damit das verlegende Objekt, wenn es sich löst, ausgehustet werden kann und nicht in die Atemwege gelangt),
  - mit dem Ballen der anderen Hand fünf kräftige Schläge zwischen die Schulterblätter verabreichen.
- Heimlich-Handgriff: Sind die Rückenschläge wirkungslos, geben Sie 5 Oberbauchstöße:
  - hinter den/die Betreffende/n stellen,
  - beide Arme um den Oberbauch des/der Betreffenden legen,
  - den/die Betreffende/n nach vorne lehnen,
  - eine Fast ballen und zwischen Nabel und Brustkorb legen,
  - diese Hand mit der anderen greifen und kräftig nach innen und oben ziehen,
  - bis zu fünfmal wiederholen.
- Ist die Verlegung immer noch nicht beseitigt, abwechselnd fünf Rückenschläge und fünf Oberbauchkompressionen durchführen.
- Mit der CPR beginnen, wenn der/die Betreffende nicht mehr reagiert.
- Verliert der/die Betreffende das Bewusstsein:
  - Betreffende/n vorsichtig zu Boden gleiten lassen,
  - Rettungsdienst alarmieren,
  - mit der Wiederbelebung (CPR mit Thoraxkompressionen) beginnen (nach 30 Kompressionen zweimal beatmen),
  - die Reanimation fortsetzen, bis sich der/die PatientIn erholt und normal zu atmen beginnt bzw. die Rettungskräfte eintreffen.

Abb. 71a–b: **Erste Hilfe bei Ersticken** (GRC-Leitlinien 2015)

Oberbauchkompressionen und Herzdruckmassagen können zu ernsthaften inneren Verletzungen führen; daher sollen alle, bei denen diese angewendet wurden, anschließend auf Verletzungen untersucht werden!

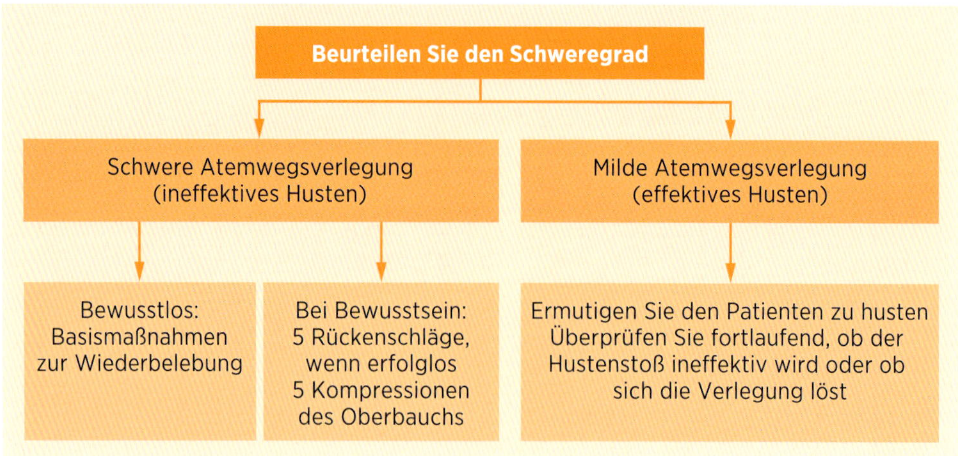

Abb. 72: **Maßnahmen bei Atemwegsverlegung durch Fremdkörper** (ERC-Leitlinien 2010)

Erste-Hilfe-Maßnahmen bei Verletzungen

Die Erstversorgung unterscheidet sich je nach Art der Verletzung.

Blutung

Durch Verletzung bzw. Durchtrennung von Blutgefäßen kommt es zum Austreten von Blut aus einer Wunde. In Notfallsituationen werden schwache und starke (lebensbedrohliche) Blutungen unterschieden. Durch den Blutverlust kann es zur Störung der Kreislauffunktion kommen. Es gibt sichtbare äußere Blutungen (aus Wunden) – nur bei diesen Wunden ist eine exakte Blutstillung möglich – und **innere**, für den/die ErsthelferIn nicht sichtbare Blutungen.

Einschätzung der Blutung:

- Eine **starke Blutung** liegt vor, wenn Blut aus der Wunde spritzt oder im Schwall austritt und innerhalb kurzer Zeit eine erhebliche Blutmenge verloren geht.
- Eine **schwache Blutung** liegt vor, wenn Blut aus der Wunde tropft bzw. rinnt, wobei über längere Zeit ebenfalls eine größere Menge Blut verloren gehen kann.
- **Blutlache**, deren Größe nur bei undurchlässigem Untergrund einen Rückschluss auf die Größe des Blutverlustes erlaubt
- **Blutflecken** an der Kleidung

Merke: Wichtig ist die Unterscheidung, ob es sich um eine **arterielle** oder eine **venöse Blutung** handelt!

Blutstillung:
Die Blutstillung ist eine wichtige lebensrettende Maßnahme. Eine starke Blutung kann, wird sie nicht bzw. nicht exakt oder nicht rechtzeitig gestillt, zum Kreislaufversagen und damit zum Tod führen! Entscheidend ist die Stärke der Blutung und somit der Blutverlust. Fast jede sichtbare starke Blutung lässt sich durch genügend starken Druck auf die Blutungsquelle von außen stillen.

Blutstillung durch Fingerdruck:

- Den/die Verletze/n auf den Boden setzen oder legen,
- nach Möglichkeit Einmalhandschuhe verwenden,
- verletzten Körperteil hochhalten und keimfreie Wundauflage bzw. keimfreies Verbandmaterial auf die stark blutende Wunde drücken,
- Fingerdruck bis zum Eintreffen der Hilfskräfte beibehalten.

Blutstillung durch Druckverband:
Nur dort, wo die Körperform es zulässt, wenn geeignetes Verbandmaterial zur Verfügung steht und der/die ErsthelferIn das Anlegen eines Druckverbandes erlernt und geübt hat, kann der Fingerdruck durch einen Druckverband ersetzt werden. Durchführung:

- Druckkörper (saugendes Material – zusammengelegtes Dreiecktuch, das größer als die Wunde ist – auf die Wundauflage drücken und fixieren
- Hochhalten verstärkt die Wirkung des Druckverbandes
- bei weiterer starker Blutung einen zweiten Druckverband darüberlegen oder Fingerdruck ausüben
- Schockbekämpfung, falls nötig
- die Wirkung des Druckverbandes kontrollieren, bis die Hilfskräfte eintreffen

Blutstillung durch Abbindung:
Die Abbindung ist eine Maßnahme, die nur dann durchgeführt werden darf, wenn eine Blutstillung durch andere Maßnahmen nicht möglich ist.

Indikationen:

- Abtrennung/Teilabtrennung einer Gliedmaße
- Verletzung der Oberschenkelarterie
- Einklemmung einer Gliedmaße
- ausgedehnte, zerfetzte Wunden an Arm oder Bein
- Massenanfall von Verletzten

Zur Abbindung darf nur breites, schonendes Material verwendet werden, das nicht einschnürt. Gut geeignetes Material ist beispielsweise eine **Dreiecktuchkrawatte.**

Abbindung am Oberarm:

- Arm hochhalten
- Dreiecktuchkrawatte als Schlaufe von außen nach innen um die Mitte des Oberarmes legen
- Enden rasch und schonend auseinanderziehen
- unter Beibehaltung des Zugs um den Arm verknoten

Abbindung am Oberschenkel:

- Dreiecktuch locker um den Oberschenkel knoten
- Holzstecken zwischen Bein und Tuch schieben
- Holzstecken vorsichtig anheben und drehen, bis die Blutung steht
- Holzstecken in dieser Stellung mit einem Tuch fixieren

Weitere Maßnahmen:

- Wunde keimfrei verbinden
- Abgetrennte Körperteile keimfrei versorgen und vor direkter Kälteeinwirkung, Nässe oder Hitze schützen (Rettungsdecke oder Plastiksack, aluminiertes Verbandmaterial).
- Trifft die Rettung nicht innerhalb einer halben Stunde ein, die Abbindung vorsichtig lösen, blutet die Wunde weiter, neuerlich abbinden. Diese Abbindung dann nicht mehr öffnen.
- Abgetrennten Körperteil der Rettung mitgeben.
- Abbindungszeitpunkt (Uhrzeit) der Rettung bzw. dem Arzt/der Ärztin mitteilen.

Schock

Der Kreislauf versorgt den ganzen Körper, vor allem aber die lebenswichtigen Organe mit Blut und somit mit Sauerstoff. Bei Störungen der Kreislauffunktion, etwa durch schweren Blutverlust, schwere Verletzungen, ausgedehnte Verbrennungen, Vergiftungen, schwere Allergien oder Herzrhythmusstörungen, kommt es zu einer Minderversorgung der lebenswichtigen Organe mit Blut und damit zu einer ungenügenden Sauerstoffversorgung. Dies bewirkt zuerst Funktionsstörungen der lebenswichtigen Organe, später aber bleibende Organschäden, die zum Ausfall der Organe (Organversagen) und in der Folge zum Tod führen können. Schmerz kann den Schock noch verstärken.

Bei einem Schock liegt ein **Missverhältnis zwischen Sauerstoffbedarf und Sauerstoffangebot** vor. Der Schock ist keine Sofortreaktion, sondern entwickelt sich allmählich, führt jedoch rasch zur Bedrohung des Lebens. Je frühzeitiger die Schockbekämpfung einsetzt, desto günstiger ist der Effekt. Die Schockbekämpfung sollte daher vorbeugend, schon vor Auftreten eines Schockzustandes, bei allen NotfallpatientInnen durchgeführt werden.

Es gibt sehr unterschiedliche **Zeichen**, die Hinweis auf ein Schockgeschehen sein können. Meist treten mehrere Symptome gleichzeitig auf. Bei Anhalten der Situation verstärken sich auch die Schockzeichen bzw. kann es zum Versagen von Organsystemen kommen. Mögliche Schockzeichen:

- Veränderung des Bewusstseins, zunächst Unruhe und Angst, dann zunehmende Bewusstseinstrübung, Koma
- erhöhte Herzfrequenz (Tachykardie)
- zunehmende Teilnahmslosigkeit
- der periphere Puls (am Handgelenk) ist nicht mehr tastbar
- Kreislaufzentralisation (Umverteilung der zirkulierenden Restblutmenge, um die Durchblutung von Gehirn und Herz zu gewährleisten), Zeichen und Folgen sind:
  - feuchte, kalte und blassgraue Haut an den Extremitäten
  - zyanotische Haut und Schleimhäute
  - vertiefte, schnelle Atmung (Tachypnoe/Hyperventilation)
  - starke Differenz zwischen Haut- und Kerntemperatur
  - verringerte Urinausscheidung

- Blutdruckabfall
- Schockindex größer als 1

Berechnung Schockindex:

$$\text{Schockindex} = \frac{\text{Pulsfrequenz}}{\text{systolischer Blutdruck}}$$

Beispiele: Pulsfrequenz 80, systolischer Blutdruck 120 ▸ Schockindex 0,66
Pulsfrequenz 120, systolischer Blutdruck 80 ▸ Schockindex 1,5

Je nach Ursache werden verschiedene **Schockformen** unterschieden.

Tab. 16: **Schockformen**

Schockform	Ursachen
Kardiogener Schock	Pumpversagen des Herzens infolge von Herzinfarkt, Myokarditis (Herzmuskelentzündung), Perikarditis (Herzbeutelentzündung), Herzklappenfehler, Herzrhythmusstörungen, Lungenembolie
Hypovolämischer Schock	kritische Verminderung der zirkulierenden Blutmenge durch große Blut-/Plasmaverluste oder massive Flüssigkeitsverluste bei anhaltendem Erbrechen und Durchfällen
Septischer Schock	Versagen der peripheren Kreislaufregulation bei relativem Flüssigkeitsmangel infolge einer massiven Gefäßweitstellung durch Bakterientoxine, z.B. bei einer schweren Gallenwegs- oder Harnwegsinfektion, einer Peritonitis, eines Aborts oder einer Infektion durch einen zentralen Venenkatheter (Cava). Besonders gefährdet sind abwehrgeschwächte Menschen.
Anaphylaktischer Schock	Versagen der peripheren Kreislaufregulation bei einer massiven allergischen Reaktion vom Soforttyp, mit Gefäßweitstellung durch massive Histaminausschüttung. Auslösende Allergene können sein: Medikamente (Sulfonamide, Penicillin, jodhaltige Röntgenkontrastmittel, Lokalanästhetika, Acetylsalizylsäure u. a.) Fremdeiweiße (Bluttransfusionen, Insekten- und Schlangengifte, Impfstoffe u. a.)
Neurogener Schock	gestörte Kreislaufregulation mit bedrohlichem Blutdruckabfall durch Beeinträchtigung des ZNS (zentrales Nervensystem), beispielweise bei Schädel-Hirn- oder Rückenmarkstrauma, Spinalanästhesie oder medikamentöser Intoxikation (Barbiturate, Narkotika, Tranquilizer)

Erste-Hilfe-Maßnahmen bei Schock:
Ziel der Schockbekämpfung ist es, die lebenswichtigen Funktionen (Atmung und Kreislauf) zu begünstigen und aufrechtzuerhalten. Das kann erreicht werden durch:

- Beseitigung der Ursache, z. B. Stillen einer Blutung, Unterbrechung der Allergenzufuhr
- Wundversorgung, z. B. Kaltwasseranwendung bei Verbrennungen
- Positionierung, je nach Zustand des/der Verletzten
- Öffnen beengender Kleidungsstücke
- Zudecken des/der Verletzten
- Frischluftzufuhr
- den/die Verletzte/n zu tiefer langsamer Atmung anhalten
- beruhigend auf den/die Verletzte/n einwirken

- kontinuierliche Beobachtung von
  - Atmung
  - Hautfarbe, -temperatur und Schweißsekretion
  - Bewusstsein
  - Puls und Blutdruck (Schockindex)

Wunden

Als Wunde wird ein Gewebedefekt der Haut, aber auch eine Durchtrennung von Gewebe (Haut – Knochen) verstanden. In der Ersten Hilfe sind vor allem Wunden durch mechanische, thermische oder chemische Einwirkung relevant.

Bei den **mechanischen Wunden** werden offene Wunden von geschlossenen Wunden unterschieden.

Bei den außen sichtbaren **offenen mechanischen Wunden** werden folgende Verletzungen unterschieden:

Tab. 17: **Offene mechanische Wunden** (vgl. Schweiger 2017)

Verletzung	Entstehung
Schnittwunde	Verletzung der Haut(schichten) durch Schnitt, Sonderform: Operationswunde
Stichwunde	Je nach Größe des verursachenden Gegenstandes eher kleine Eintrittsstelle mit ev. verklebten Wundrändern, was die Entstehung einer Infektion begünstigt
Platzwunde	Verursacht durch die Einwirkung stumpfer Scherkräfte auf Hautteile über einem festen Untergrund, z. B. Knochen, häufig unregelmäßige und schlecht durchblutete Wundränder
Risswunde	Durch Dehnung oder Zerrung kommt es zur Überbeanspruchung der Gewebeelastizität, meist unregelmäßig gezackte Wundränder
Schürfwunde	Schädigung der Epidermis durch Einwirkung von Scherkräften
Hautablösung	Ablösung unverletzter Oberhaut von der Unterhaut; bei großflächiger Ablösung Absterben des abgetrennten Oberhautbereichs durch mangelnde Blutversorgung, Sonderform: Skalpierung
Bisswunde	Kombination von Quetsch- und Stichwunde durch Biss, hohes Risiko für Infektionen durch eingebrachte Keime
Schusswunde	Kombination von Quetsch- und Risswunde durch Gewebezerreißung und Druckschädigung, hohes Risiko für Infektionen durch eingebrachten Fremdkörper
Amputation	Abtrennung von Körperteilen infolge massiver Gewalteinwirkung; schwerste Form der offenen mechanischen Wunden, lebensbedrohliche Situation bei Verletzung großer Blutgefäße

Bei **geschlossenen mechanischen Wunden** bleibt die Haut und Schleimhaut intakt. Es kann aber zu starker Schädigung des darunterliegenden Gewebes kommen.

Tab. 18: **Geschlossene mechanische Wunden** (vgl. Schweiger 2017)

Verletzung	Entstehung
Prellung (Kontusion)	Durch Einwirkung stumpfer Gewalt, kann mit Hämatomen und Ödemen einhergehen
Quetschung	Durch einklemmende Einwirkung stumpfer Gewalt ohne Verletzung der Haut, aber oft mit massiver Schädigung des Gewebes
Zerrung, Verrenkung	Durch Drehung bedingte geschlossene Gelenkverletzung – Überdehnung oder Zerreißung der Gelenkbänder möglich

Erste-Hilfe-Maßnahmen bei Wunden (vgl. BMGF 2017d):

- Bei Wundversorgungen zum Eigenschutz Handschuhe tragen!
- Wunde unter fließendem, sauberem Wasser vorsichtig auswaschen
- Größere Schmutzpartikel (Erde, Steine, Splitter) mit einer desinfizierten oder sterilen Pinzette entfernen
- Wunde mit Desinfektionsmittel reinigen
- Wunde trocknen lassen
- Keimfreien Wundverband anlegen
- Tetanusschutz überprüfen

Erste-Hilfe-Maßnahmen bei blutenden Schnitt- oder Platzwunden siehe Kapitel Blutstillung!

Thermisch bedingte Wunden können durch die Einwirkung von starker Hitze (Verbrennungen und Verbrühungen) oder Kälte (Erfrierungen) entstehen.

Verbrennungen und Verbrühungen werden durch Berührung heißer Gegenstände, offenes Feuer, Hitzestrahlung, heiße Dämpfe und Flüssigkeiten sowie durch Kontakt mit elektrischem Strom verursacht. Je nach Tiefe der Verletzung werden folgende Verbrennungsgrade unterschieden:

1. Grad: Rötung der Haut
2. Grad: Blasenbildung
3. Grad: Schorfbildung, Verkohlung

Erste-Hilfe-Maßnahmen bei Verbrennungen und Verbrühungen:

- Notruf absetzen
- Kleiderbrände sofort löschen – Betroffene/n am Boden wälzen oder Tücher, Wolldecke, Kleidungsstücke verwenden
- Kleidung vorsichtig entfernen – Kleidung, die an der Haut haftet, belassen
- Kaltwasseranwendung – betroffene Stelle max. 10 Minuten unter handwarmes, fließendes Wasser halten. Fröstelt der/die Verletzte, die Kühlung sofort stoppen!
- keimfrei bedecken – wenn möglich mit aluminierten Wundverbänden

Erfrierungen sind örtlich begrenzte Schädigungen des Gewebes durch starke Kälteeinwirkung. Auch hier kommt es je nach Ausprägung zu den Symptomen Hautrötung, Blasenbildung oder Nekrose (Absterben des Gewebes).

1. Grad: Blässe und Abkühlung der Haut, stechende Schmerzen bis Gefühllosigkeit, Juckreiz und Rötung der Haut bei Wiedererwärmung
2. Grad: Blasenbildung
3. Grad: trockene und abgestorbene Hautareale und/oder bläulich-rote Blutblasen, kann zu feuchten Nekrosen führen
4. Grad: Totalvereisung (alle Gewebeschichten betroffen)

Erste-Hilfe-Maßnahmen bei Erfrierungen (vgl. BMGF 2017e):

- Schutz vor weiterer Kälte
- beengende Kleidung öffnen, nasse Kleidung mit einer Schere entfernen
- Verabreichung von heißen, gezuckerten Getränken
- *Keine* aktive Wärme (durch Reiben oder Wärmflasche) zuführen

- Betroffene/n flach positionieren und möglichst wenig bewegen
- regelmäßige Kontrolle von Bewusstsein und Atmung
- erfrorene Körperteile möglichst locker und druckfrei mit keimfreiem Material bedecken
- Besteht *keine* allgemeine Unterkühlung, sollte die Extremität der/des Betroffenen aktiv bewegt werden. Beachte: Erwärmung der Extremität sehr schmerzhaft!
- mit Decken und zusätzlicher Kleidung erwärmen

Chemische Verletzungen: Säuren und Laugen verursachen je nach Konzentration und Dauer der Einwirkung mehr oder weniger schwere Hautverätzungen. Durch die Zerstörung der Eiweiße kommt es zur Gewebeschädigung, die Wunden ähneln Verbrennungswunden und werden wie diese eingeteilt und behandelt.

Erste-Hilfe-Maßnahmen bei chemischen Verletzungen:

- Notruf absetzen
- in Substanz getränkte Kleidung ausziehen und Haut nachhaltig mit klarem Wasser spülen
- keimfreien Verband anlegen
- Schockbekämpfung durchführen
- bei **Verätzungen des Auges**
  - Verletzte/n auf den Boden legen und Kopf auf die Seite des verätzten Auges drehen
  - mit zwei Fingern die Lider des Auges spreizen und Wasser in den inneren Augenwinkel gießen
  - beide Augen keimfrei abdecken
- bei **Verätzungen des Verdauungstrakts** (Ösophagus – Speiseröhre)
  - Mund mit Wasser ausspülen (Wasser darf nicht geschluckt werden)

Durch die Einwirkung ionisierender Strahlung (z. B. Röntgenstrahlung, Strahlentherapie, nukleare Strahlung) kann es in Abhängigkeit von der Dosis sowie den betroffenen Organen bzw. Organsystemen zu unterschiedlichen Symptomen (wie Haut-/Schleimhautveränderungen, gastrointestinalen oder zerebrovaskulären Veränderungen, Veränderungen im Blutbild) kommen, die auch als akute Strahlenkrankheit bezeichnet werden (vgl. Vogt 2012).

Bei Strahlenunfällen werden die **GAMS**-Regeln angewandt (vgl. Vogt 2012):
G = Gefahr erkennen
A = Absperren des Gefahrenbereichs
M = Menschenrettung durchführen
S = Spezialkräfte informieren

Erste-Hilfe-Maßnahmen bei Verletzungen durch Strahlung (vgl. Vogt 2012):

- Verletzte/n aus dem Gefahrenbereich bergen
- Gefahrenbereich sofort verlassen
- Strahlenschutzbeauftragte/n des Unternehmens informieren
- Klärung, ob eine
  - äußere Einwirkung
  - Kontamination (Verunreinigung)
  - Inkorporation (Aufnahme der Strahlung in den Körper)

  stattgefunden hat.
- Nach einer Kontamination müssen Betroffene von fachkundigen Personen dekontaminiert werden.

Vitale Funktionen aufrechterhalten

„Der Rhythmus ist für mich der Grund aller Dinge. Mit dem Rhythmus beginnt das Leben, mit dem Herzschlag."
Herbert von Karajan (1908–1989, österreichischer Dirigent)

Die Funktion unseres Organismus ist komplex, Rückschlüsse darüber erlauben uns Vitalparameter wie Puls, Blutdruck, Atemfrequenz und viele mehr. Die Messung und Interpretation dieser Werte ermöglicht eine „Objektivierung" der subjektiven Eindrücke bei der Krankenbeobachtung.

Bewusstsein

Das Bewusstsein ist die Fähigkeit, die Umwelt mit allen Sinnen zu erkennen und die gewonnen Eindrücke zu verarbeiten. Dazu gehören alle willkürlich und unwillkürlich gesteuerten Vorgänge wie Gedanken, Gefühle, Träume und die Wahrnehmung. Das Bewusstsein ermöglicht es, das eigene Ich wahrzunehmen. Bei klarem Bewusstsein besteht die Orientierung zur eigenen Person, zum Ort, zur Situation und zur Zeit (vgl. The Free Dictionary).

Bewusstseinsstörungen

Bewusstseinsstörungen können unterschiedliche Ursachen haben, wie Verletzungen des Gehirns durch Schädel-Hirn-Trauma, Schlaganfall (Insult, Apoplex), aber auch Stoffwechselentgleisungen oder Medikamente können zu sogenannten Vigilanzstörungen (Vigilanz = Wachheit) führen. Man unterscheidet grundsätzlich qualitative und quantitative Störungen.

Qualitative Bewusstseinsstörungen werden in vier Stadien unterteilt, die sich durch die Reaktion auf Ansprache und auf Reize unterscheiden.

- Unter **Benommenheit** versteht man einen Zustand, in dem der Mensch örtlich, zeitlich und zur Person orientiert ist, Denken und Handeln aber verlangsamt sind.
- Bei der **Somnolenz** (Schläfrigkeit) ist der/die Betroffene zwar jederzeit weckbar und kann einfache Fragen beantworten, hat aber Probleme bei der Orientierung.
- **Sopor** ist ein schlafähnlicher Zustand, in dem die Schutzreflexe erhalten sind, man aber nur durch starke Reize (Schmerzreiz) weckbar ist.
- **Koma** ist die tiefe Bewusstlosigkeit, die in verschiedene Schweregrade eingeteilt werden kann. In der Regel ist man selbst durch Schmerzreize nicht mehr weckbar, es fehlen die Schutzreflexe und die Pupillenreaktion.

Qualitative Bewusstseinsstörungen sind am Verhalten bzw. an den Äußerungen des/der Betroffenen durch veränderte Bewusstseinsinhalte zu erkennen.

- Bei der **Bewusstseinseintrübung** ist der/die Betroffene verwirrt und desorientiert, es fehlt die Klarheit über das Erlebte.
- Bei der **Bewusstseinseinengung** wirkt der/die Betroffene fasziniert, sogar beherrscht von einer einzigen Sache und spricht auf Außenreize nur vermindert an. Es kommt zu einer Reduktion der Bewusstseinsinhalte.
- Bei der **Bewusstseinsverschiebung** hat der/die Betroffene ein Gefühl der gesteigerten Intensität und Helligkeit in Bezug auf Wachheit und Wahrnehmung. Er/sie wirkt ekstatisch und beschreibt umfassende Erkenntnisse und Einsichten sowohl interpersonell als auch außenweltlich.

Körperwahrnehmungsfördernde Positionierungen (vgl. Rannegger 2017)

Folgende Positionierungen verstärken die Körperwahrnehmung und fördern so das Wohlbefinden des/der Pflegbedürftigen.

Nestpositionierung

Diese Positionierung unterstützt dabei, die Körpergrenzen bewusst zu machen. Es werden Decken zu Rollen geformt und der Körper des/der Pflegebedürftigen von Kopf bis Fuß nachmodelliert.

Bei der **offenen Nestpositionierung** wird der Körper in Rückenlage bis zu den Waden mit den Decken nachmodelliert. Die Enden der Decke werden unter den Beinen, in Höhe des unteren Drittels der Waden, nach innen gebettet. Die Füße bleiben frei. Diese Positionierung wird angewendet, wenn die Gefahr einer Tonuserhöhung oder Spastizität in den Beinen (beispielsweise bei Querschnittlähmung) besteht.

Bei der **geschlossenen Nestpositionierung** wird mit Decken der gesamte Körper begrenzt. Auch zwischen den Beinen wird ein Handtuch oder eine Decke zur Körperbegrenzung eingebettet. Die Fußsohlen sollen bewegt werden können, da sonst die Gefahr einer Tonuserhöhung gegeben ist.

Königstuhl-/Herzbettpositionierung

Diese Positionierung eignet sich besonders für Pflegebedürftige, bei denen die Stabilität des Körpers gestärkt, die Körperwahrnehmung gefördert und Spastiken reduziert werden sollen. Die Königstuhlpositionierung ist außerdem bei Dekubitusrisiko speziell im Sakralbereich und zur Unterstützung der Wahrnehmung der Außenwelt gut geeignet. Bei der Herzbettpositionierung (mit Unterstützung der Arme) wird auch die Atmung positiv beeinflusst.

Eine Decke (der Länge nach zusammengerollt) wird in Höhe des Sitzbeinhöckers vor dem Gesäß platziert. Die beiden Enden der Decke werden seitlich zum Oberkörper hochgezogen und unter die Schultern geschoben. Die Enden werden fest angezogen, um eine verbesserte Körperwahrnehmung und Entspannung zu erreichen. Der Kopf wird mit einem Polster unterstützt. Die Arme können frei bleiben (Königstuhlpositionierung), oder auch mit Polstern unterstützt werden (Herzbettlage). Ein Stillkissen (oder eine der Länge nach zusammengerollte Decke) wird an den Fußenden platziert. Die beiden Enden werden an den Außenseiten der Unterschenkel bis zu den Knien eingebettet. Die Enden werden unter den Kniekehlen übereinandergelegt. Die Beine sind jetzt etwa in Höhe der Knie angehoben. Das bewirkt, dass die Hüfte im Beckenbereich entspannt ist. Zur Entlastung der Fersen können beispielsweise zusammengerollte Waschhandschuhe bei den Sprunggelenken eingebettet werden. Zwischen die Beine wird noch ein Handtuch gelegt. Diese Positionierung kann im Liegen, aber auch in sitzender Position (Herzbettlage) angewandt werden.

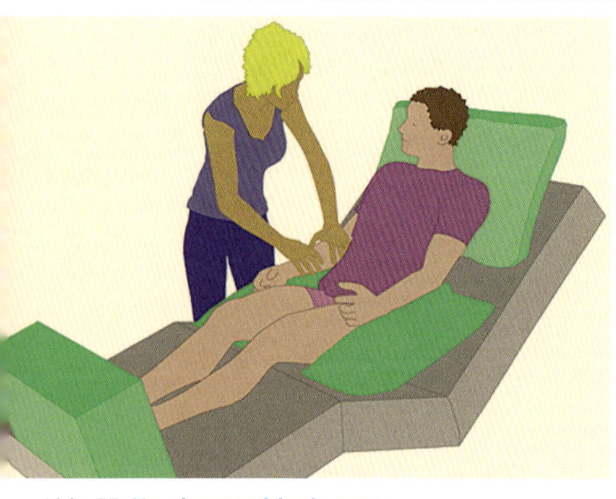

Abb. 73: **Herzbettpositionierung** (https://pqsg.de)

Tipp: Auf der Webseite www.centre-europa.de finden Sie praxisnahe Anwenderfilme zum Thema Positionierungen. Oder informieren Sie sich über die kostenlose App, downloadbar unter http://centre.chayns.net bzw. mittels QR-Code:

Atmung

Die Atmung ist eine elementare Funktion unseres Organismus, sie ist vor allem dafür verantwortlich, unseren Körper mit Sauerstoff zu versorgen und das beim Stoffwechsel entstandene Kohlendioxid wieder auszuscheiden. Die Atmung ist ein unwillkürlicher Vorgang, der willkürlich beeinflusst werden kann und unterschiedlichen Einflussfaktoren unterliegt (siehe Abb. 74).

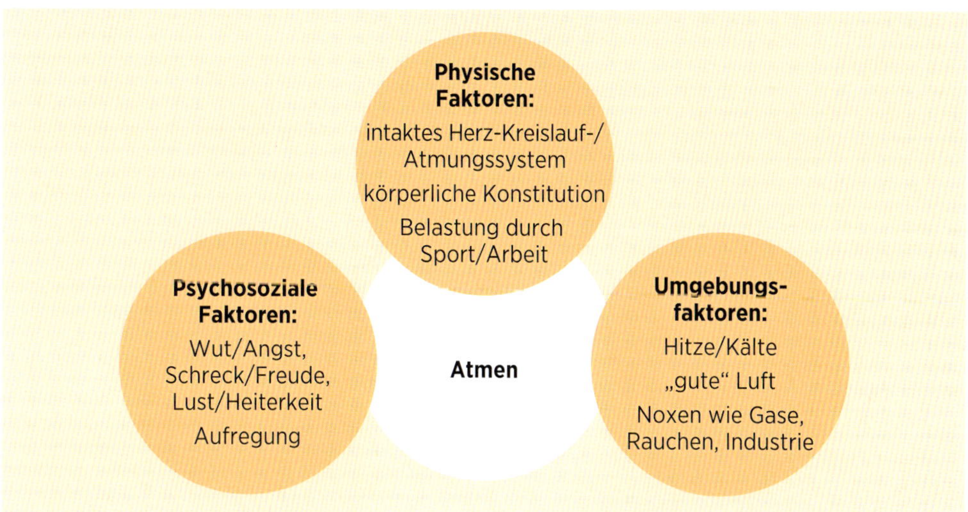

Abb. 74: **Einflussfaktoren auf das Atmen**

Atemtypen

Je nachdem, welche Muskulatur überwiegend eingesetzt wird, unterscheidet man Bauch- bzw. Brustatmung.

Bei der **Bauch- oder Zwerchfellatmung** werden vorwiegend das Zwerchfell und die Bauchmuskulatur eingesetzt. Ein Heben und Senken des Bauches ist deutlich erkennbar. Diese Atmung kommt vor allem vor bei:

- Männern
- Säuglingen
- Menschen mit/nach Brustkorbverletzungen/-operationen (Schonatmung)

Bei der **Brust- oder Rippenatmung** werden vorwiegend die Zwischenrippenmuskeln eingesetzt. Dabei ist das Heben und Senken des Brustkorbes zu sehen. Kommt vor bei:

- Frauen
- nach Bauchverletzungen/-operationen (Schonatmung)

Eine Sonderform der Brustatmung ist die **Auxiliaratmung.** Sie tritt bei Menschen auf, die unter der stärksten Form der Atemnot, der Orthopnoe, leiden. Sie ist gekennzeichnet durch die Zuhilfenahme der Atemhilfsmuskulatur.

Ist eine verstärkte Atmung nötig, beispielsweise bei körperlicher Anstrengung oder krankhaften Veränderungen, kommt die sogenannte **Mischatmung** zum Einsatz. Hier wird sowohl die Zwischenrippen- als auch die Bauchmuskulatur in gleicher Weise eingesetzt.

Beobachtung

Die Atmung ist willkürlich beeinflussbar, daher sollte die Beobachtung für die PatientInnen unauffällig erfolgen. Eine Ein- und Ausatmung kann durch das Heben und Senken des Brustkorbs bzw. der Bauchdecke beobachtet werden und wird als ein Atemzug gezählt. Bei Bewusstlosen achtet man auf die Atembewegungen. Es wird je eine Hand an Brustbein und Rippenrand oder Flanke gelegt und die Atemzüge eine Minute lang gezählt. Beobachtet werden:

- Atemfrequenz
- Atemtiefe
- Atemrhythmus
- Atemgeräusche
- Atembeschwerden

Normwerte

Die normale Atmung ist geräusch- und schmerzlos, sie wird als Eupnoe bezeichnet. Ein Atemzug besteht aus der Einatmung (Inspiration) und der Ausatmung (Exspiration).

Atemfrequenz

Tab. 19: **Atemfrequenz**

Alter	Atemzüge pro Min.
Erwachsene	16–20
Jugendliche	20
Kinder	25–30
Säuglinge	40
Neugeborene	45–50

Die Atmung wird anhand der Atemfrequenz gemessen. Darunter versteht man die Atemzüge pro Minute. Die Normwerte der Atemfrequenz variieren je nach Alter.

Die Atemfrequenz steht in engem Verhältnis zur Pulsfrequenz. Ab dem dritten Lebensjahr ist das Verhältnis in etwa 1:4, das heißt auf einen Atemzug kommen vier Pulsschläge. Die Atemfrequenz kann erhöht (Tachypnoe) bzw. erniedrigt (Bradypnoe) sein. Sowohl für die Tachy- als auch für die Bradypnoe gibt es physiologische und pathologische Ursachen.

Von einer Tachypnoe, einer beschleunigten Atmung, spricht man ab 25 Atemzügen pro Minute.

Physiologische Ursachen dafür können sein:

- körperliche Anstrengung
- Stress
- Hitze

Pathologische Ursachen dafür können sein:

- Lungenerkrankungen wie Asthma oder Lungenentzündung (Pneumonie)
- Herzerkrankungen wie Herzinsuffizienz
- Fieber
- massive Anämie

Von einer Bradypnoe, einer verlangsamten Atmung, spricht man ab 10 Atemzügen pro Minute.

Physiologische Ursachen dafür können sein:

- Schlaf
- tiefe Entspannung

Pathologische Ursachen dafür können sein:

- Schädigungen des zentralen Nervensystems, beispielsweise bei Schädelhirntrauma (SHT) oder einer Hirndrucksteigerung
- Vergiftungen (Intoxikationen), beispielsweise durch Schlafmittel
- Erkrankungen wie Schilddrüsenunterfunktion (Hypothyreose)
- massive Unterkühlung (Hypothermie)

Die **Apnoe**, der Atemstillstand, stellt eine lebensbedrohliche Situation dar, in der rasch gehandelt werden muss (Reanimation).

Symptome:

- Bewusstlosigkeit
- beidseits erweiterte Pupillen
- blass-fahle, zyanotische Haut
- keine erkennbaren Atembewegungen

Ursachen:

- Verlegung der Atemwege
- Lähmung des Atemzentrums
- Herzstillstand – sekundärer Atemstillstand

Merke: Auf einen Atemstillstand folgt nach circa vier Minuten der Herzstillstand.

Bei der **Hyperventilation** ist sowohl die Atemfrequenz als auch die Atemtiefe erhöht. Die Ursache ist meist psychisch bedingt – Angst/Aufregung, aber auch Schmerzen, Fieber oder Erkrankungen des zentralen Nervensystems wie Meningitis können zu einer Hyperventilation führen. Durch die abnorme Kohlendioxidabgabe (CO_2) über die Lunge und die daraus resultierende pH-Wert-Verschiebung im Blut kommt es zu einer Tetanie (Hyperventilationstetanie), die an der „Pfötchenstellung" der Hände erkennbar ist. Vorzeichen für eine beginnende Tetanie können Schwindel und Parästhesien (unangenehme Körperempfindungen mit Kribbeln, Taubheit) sein. Der/die Betroffene wird beruhigt und zu einer bewusst langsamen Atmung angeleitet. Um die vermehrte CO_2-Abatmung zu verhindern, atmet der/die Betroffene in eine Plastik-/Papiertüte.

Die **Hypoventilation** wird auch als Atemdepression bezeichnet und ist eine pathologische Verminderung der Lungenbelüftung. Diese führt zum Abfall des Sauerstoffgehalts und zum Anstieg von Kohlendioxid im Blut.

Ursachen können sein:

- Behinderung der Atemwege
- schlechter Allgemeinzustand
- obstruktive Lungenerkrankungen (COPD, Asthma bronchiale)
- Schonatmung nach Operation oder Verletzungen im Brust- (Thorax) oder Bauchraum (Abdomen)
- verminderte Atemfrequenz nach Schmerzmittelgabe (Opioide)
- Schädigung des Atemzentrums im Zentralnervensystem
- Lähmung der Atemmuskulatur

Die **Dyspnoe** ist eine subjektiv empfundene Atemnot, bei der der/die Betroffene das Gefühl hat, nicht mehr genug Luft zu bekommen. Von außen erkennbare Zeichen können eine flache und schnelle Atmung oder eine besonders tiefe Atmung sein. Eine Dyspnoe kann im Zusammenhang mit körperlicher Belastung (Belastungsdyspnoe) oder nicht belastungsabhängig (Ruhedyspnoe) auftreten.

Die Ursachen sind sehr vielfältig, sie werden in pulmonale, kardiale und sonstige Ursachen unterteilt:

- Pulmonale Ursachen (von der Lunge ausgehend):
  - obstruktive Lungenerkrankungen (COPD, Asthma bronchiale)
  - Lungenerkrankungen (Pneumonie, Lungenödem)
  - bösartige Lungenerkrankungen (Bronchialkarzinom)
  - nicht belüftete Lungenbereiche (Atelektasen)
- Kardiale Ursachen (vom Herzen ausgehend):
  - Herzinsuffizienz
  - Herzinfarkt
  - entzündliche Herzerkrankungen (Myokarditis)
  - Herzklappenerkrankungen (Mitralstenose)
- Sonstige Ursachen:
  - Ursachen im Bewegungsapparat (Skoliose, Rippenfraktur oder Rippenprellung)
  - Symptom einer anderen Grunderkrankung (Depression, Stresssyndrom, Anämie, Adipositas, Tumorkachexie)

Es werden vier Schweregrade der Dyspnoe unterschieden.
Grad 1: Atemnot nur bei körperlicher Anstrengung wie schnelles Gehen auf ebener Strecke, Bergaufgehen oder Treppensteigen

Grad 2: Atemnot schon bei mäßiger Anstrengung wie langsames Gehen auf ebener Strecke

Grad 3: Atemnot bei geringer körperlicher Anstrengung wie An-/Ausziehen

Grad 4: Atemnot ohne körperliche Anstrengung auch in Ruhe (Ruhedyspnoe); Orthopnoe ist die schwerste Form der Atemnot, Atemnot auch im Sitzen unter Zuhilfenahme der Atemhilfsmuskulatur

Die subjektiv empfundene Atemnot ist immer erst zu nehmen und stellt für die Betroffenen eine beängstigende Situation dar. Erstmaßnahmen sind:

- den/die Betroffene/n beruhigen, nicht allein lassen
- Hilfe holen (Notruf)
- Oberkörperhochlage
- beengende Kleidungsstücke öffnen, entfernen
- für frische Luft sorgen – Fenster öffnen
- mit dem/der Betroffenen „mitatmen“ – langsame, tiefe Atmung forcieren
- Lippenbremse anwenden: beim Ausatmen wird die Luft langsam durch die nur leicht geöffneten Lippen gepresst – lange Ausatmung
- regelmäßige Kontrolle von Bewusstsein und Vitalzeichen (RR, Hautfarbe, Puls)

Atemrhythmus

Zum Atemvorgang gehören die Einatmung, die Ausatmung und eine Atempause. Die Geschwindigkeit und die Tiefe des Atemvorgangs werden als Atemrhythmus bezeichnet.

Die **normale Atmung (Eupnoe)** ist rhythmisch, gleichmäßig tief, ruhig, schmerz- und geräuschlos.

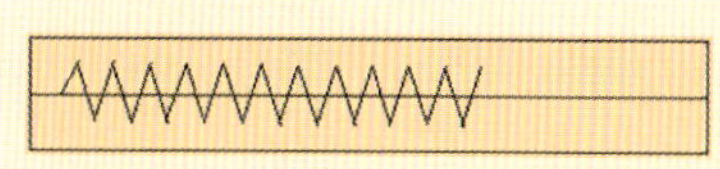

Abb. 75: **Eupnoe** (www.pflegewiki.de)

Die **Schonatmung** ist eine oberflächliche, beschleunigte Atmung, die bei Schmerzen nach Verletzungen oder Operationen im Bauch- (Thorax) und Brustraum (Abdomen) auftreten kann.

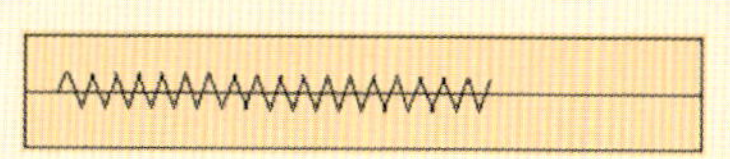

Abb. 76: **Schonatmung** (www.pflegewiki.de)

Die **Kussmaul-Atmung**, auch Azidose-Atmung genannt, ist durch regelmäßige, große und sehr tiefe Atemzüge gekennzeichnet. Sie tritt bei Vergiftungen (Intoxikationen), zum Beispiel durch Schlafmittel oder bei massiver metabolischer Azidose (Übersäuerung des Blutes), beispielsweise beim urämischen oder diabetischen Koma, auf. Durch die vermehrte CO_2-Abatmung wird die Übersäuerung des Blutes kompensiert. Der/die Betroffene kann somnolent oder auch bewusstlos sein.

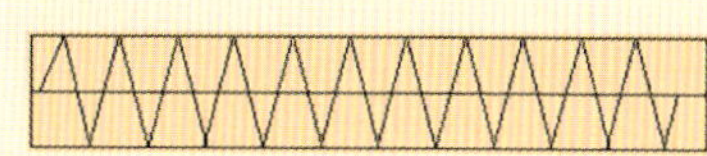

Abb. 77: **Kussmaul-Atmung** (www.pflegewiki.de)

Bei der **Cheyne-Stokes-Atmung** kommt es zu einem An- und Abschwellen der Atmung mit langen Atempausen. Die Atmung beginnt mit kleinen flachen Atemzügen, die in tiefere, keuchende Atemzüge übergehen, wieder abschwellen und dann eine längere Atempause nach sich ziehen. Durch den steigenden Kohlendioxidgehalt im Blut setzt die Atmung wieder ein. Diese Atemform tritt bei Schädigung des Atemzentrums auf, beispielsweise durch chronischen O_2-Mangel, bei ungenügender Hirndurchblutung (Insult), durch das Einwirken giftiger Stoffe (Urämie – Harnvergiftung) oder auch während des Sterbens.

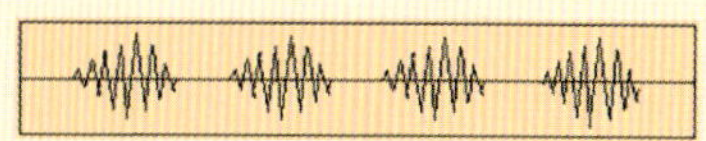

Abb. 78: **Cheyne-Stokes-Atmung** (www.pflegewiki.de)

Bei der **Biot-Atmung** sind die Atemzüge kräftig und von gleichbleibender Tiefe. Sie werden durch plötzliche Atempausen unterbrochen, weil das Gehirn nicht mehr auf den CO_2-Reiz, sondern nur noch auf den O_2-Mangel-Reiz reagiert. Das heißt, erst der Sauerstoffmangel, der durch die Atempause entsteht, ist der Atemreiz für das Gehirn.

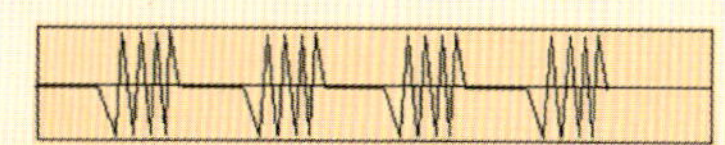

Abb. 79: **Biot-Atmung** (www.pflegewiki.de)

Merke: Bei Patienten mit Biot-Atmung keinen Sauerstoff zuführen. Der fehlende Atemreiz würde zu einem Atemstillstand führen.

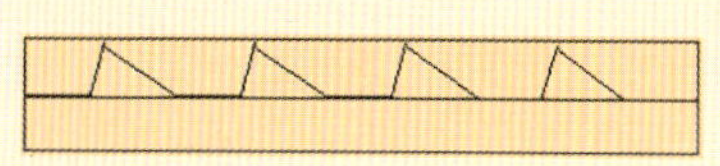

Abb. 80: **Schnappatmung** (www.pflegewiki.de)

Die Biot-Atmung kann bei Hirnverletzungen (Hirnblutung, -ödem), Hirnhautentzündung (Meningitis) oder bei unreifen Neu-/Frühgeborenen auftreten.

Bei der **Schnappatmung** kommt es zu kurzen, schnappenden, unregelmäßigen Atemzügen. Sie tritt bei schwerster Schädigung des Atemzentrums, als Zeichen des nahenden Todes oder auch bei unreifen Frühgeborenen (bei denen das Atemzentrum noch nicht voll entwickelt ist) auf.

Atemgeruch

Die Ausatemluft ist normalerweise geruchsfrei, wird aber durch die Ernährung (typische Atemgerüche bei Zwiebel-/Knoblauchgenuss) und die Mundhygiene (Karies) beeinflusst. Veränderungen des Atemgeruchs können ein Hinweis auf bestimmte Erkrankungen sein.

Übler Mundgeruch (Foetor ex ore) wird durch den bakteriellen Abbau von Nahrungsresten bei mangelhafter Mundhygiene oder bei Karies verursacht. Erkrankungen der Mundhöhle und eine längere Nahrungskarenz verursachen auch einen üblen Mundgeruch.

Beim **Azetongeruch** riecht die Atemluft „wie faule Äpfel". Er tritt auf bei langandauerndem Hungern (durch den Abbau von Fettreserven) oder begleitend bei starker Azidose (Koma diabetikum).

Ein **jauchig-stinkender Fäulnisgeruch** weist auf eine eitrige Atemwegserkrankung (Pneumonie, Bronchitis, Tonsillitis) oder auf den Zerfall von Lungengewebe (Lungenkarzinom) hin.

Urinöser Atemgeruch (Foetor uraemicus) tritt bei der Urämie im Endstadium der Niereninsuffizienz auf.

Ein **erdiger** bzw. nach **frischer Leber** riechender Atemgeruch (**Foetor hepaticus**) tritt bei schweren Lebererkrankungen mit Gewebsuntergang auf.

Beim **Ammoniakgeruch** riecht die Atemluft „wie faule Eier". Er entsteht bei Eiweißzerfall während des Leberkomas (weil Ammoniak in der Leber nicht mehr in Harnsäure umgewandelt werden kann) oder bei Blutungen aus der Speiseröhre.

Atemgeräusche

Bei der normalen, ruhigen Atmung sind ohne Hilfsmittel (Stethoskop) keine Atemgeräusche hörbar. Atemnebengeräusche wie **Keuchen** (körperliche Anstrengung) und **Schnarchen** (beim Schlafen, durch herunterhängendes Gaumensegel und schlaffe Kiefer- und Zungenmuskulatur) sind physiologisch. Alle anderen Atemgeräusche sind als krankhaft (pathologisch) einzustufen.

Schluckauf (Singultus) ist ein Atemnebengeräusch, das durch ruckartiges Einströmen von Luft in die Atemwege auftritt. Dazu kommt es durch schnelle, unwillkürliche Zwerchfellkontraktionen durch die Reizung des Zwerchfellnervs.

Giemen und Brummen tritt während der Ausatmung bei Bronchitis oder Asthma bronchiale auf und entsteht durch die Verengung der Bronchiolen. Giemen und Brummen gehören zu den sogenannten „trockenen" Atemgeräuschen.

Stridor, ein „trockenes" Atemgeräusch, entsteht durch die Verengung der Atemwege und kann in der Aus- (Exspiration) und in der Einatmung (Inspiration) auftreten. Es ist als ein pfeifendes, langgezogenes Atemnebengeräusch hörbar.

Inspiratorischer Stridor tritt bei Verengung oder Verlegung der oberen Atemwege auf, beispielsweise durch massive Schleimproduktion, Fremdkörper, Verlegung der Stimmritze durch Anschwellen der Schleimhäute.

Exspiratorischer Stridor tritt auf bei verengten Bronchien, zum Beispiel bei AsthmatikerInnen oder PatientInnen mit chronisch obstruktiven Lungenerkrankungen (COPD).

Trachealrasseln gehört zu den „feuchten" Atemgeräuschen, wird durch Sekret in den Atemwegen verursacht und ist ohne Hilfsmittel (Stethoskop) als Rasselgeräusch über der Brust hörbar. Es tritt beim Lungenödem auf und kann auch bei sterbenden Menschen beobachtet werden.

Husten

Husten (Tussis) ist das ruckartige Ausstoßen von Luft aus den Atemwegen durch Zusammenziehen (Kontraktion) der Atemmuskulatur. Husten kann willkürlich oder durch den Hustenreflex ausgelöst werden und ist keine Krankheit, sondern eine Abwehrfunktion/ein Schutzreflex des Körpers zur Reinhaltung der Atemwege. Rezeptoren in den Schleimhäuten regieren auf mechanische oder chemische Reize (Staub, Gase, Fremdkörper), leiten diese ans Gehirn weiter und es kommt zum Hustenreiz. Kleine, physiologische Schleimmengen werden durch Räuspern entfernt. Im Alter ist die Erregbarkeit des Hustenreflexes vermindert.

Arten von Husten

Der Husten kann in trockenen/unproduktiven und produktiven bzw. in akuten und chronischen Husten unterteilt werden.

Husten ohne Sekretentleerung wird als **trockener oder unproduktiver Husten** bezeichnet. Eine Reizung der Atemwege durch Schadstoffe (Noxen) wie Zigarettenrauch, Staub oder Fremdkörper führt reflektorisch zu Husten. Ein trockener, unproduktiver Husten kann zu Beginn einer Erkältungskrankheit und anderer Infekte auftreten. Häufig verursachen chronische Lungenerkrankungen (Asthma bronchiale) oder auch Medikamente wie ACE-Hemmer (zur Blutdruckregulation) einen Reizhusten. Von **produktivem Husten** spricht man, wenn es zur vermehrten Sekretentleerung kommt. Dieser Auswurf (Sputum) ist eine Absonderung der Atemwegsschleimhäute, es können Beimengungen wie Gewebezellen, Staub, Blut und andere Substanzen vorhanden sein. Die häufigste Ursache für einen produktiven Husten sind Erkältungskrankheiten.

Überschreitet die Dauer des Hustens acht Wochen *nicht*, so spricht man von **akutem Husten**. Akuter Husten tritt hauptsächlich bei Erkältungskrankheiten auf. Besteht ein Husten länger als acht Wochen, spricht man von **chronischem Husten**. Reize von außen, die die Schleimhaut dauerhaft schädigen, wie Rauchen, Feinstaub, Ozon oder Industrieabgase, sind häufig die Ursache eines chronischen Hustens. Auch bei chronisch obstruktiven Lungenerkrankungen (COPD), bei Lungenkrebs (Bronchialkarzinom) oder Infektionskrankheiten wie Tuberkulose und Keuchhusten kommt es zu chronischem Husten. Auch bereits erwähnte Medikamente wie ACE-Hemmer oder eine Herzinsuffizienz können zu chronischem Husten führen.

Tritt ein Husten/Hüsteln immer bei psychischer Anspannung auf, spricht man von **psychogenem Husten**.

Hustengeräusche

Hustengeräusche lassen Rückschlüsse auf eventuelle Ursachen zu und sind daher ein wichtiger Teil der Krankenbeobachtung.

Metallisch, pfeifend oder krächzend (bitonal) ist der Husten bei einer Kompression der Bronchien von außen oder durch die Aspiration von Fremdkörpern.

Der **„abgeschnittene" (kupierte)** Husten tritt auf, wenn der/die Kranke das Husten abbricht, um zusätzliche Schmerzen zu vermeiden. Das ist meist bei Erkrankungen/Verletzungen oder nach Operationen im Bauch- und Brustraum der Fall.

Aphonischer (klangloser, heiserer) Husten tritt bei einer Schwellung der Stimmbänder oder bei Lähmung des Nervus recurrens (Stimm-/Kehlkopfnerv) auf.

Bellend, rau und kratzig ist der Husten bei Krupp (bei Diphterie) und Pseudokrupp (bei Kleinkindern mit Atemwegsinfekten, vor allem im Herbst und Winter und bei Smog).

Dauer, Häufigkeit und Zeitpunkt des Hustens
Die Beobachtung kann wichtige Hinweise auf die zugrunde liegende Ursache geben.

Morgendliches Husten kommt bei RaucherInnen oder bei Menschen mit chronischer Bronchitis vor.

Nächtlich auftretender **Husten** kann ein Zeichen für einen Druckanstieg im Lungenkreislauf sein (Linksherzinsuffizienz).

Husten nach Kontakt mit Reizgasen wie Haarspray oder Abgasen tritt auf, wenn eine Allergie auf einen Inhaltsstoff oder eine besondere Überempfindlichkeit der Bronchien besteht.

Verlegenheitshüsteln/-husten tritt bei psychischer Erregung auf.

Kontinuierlicher Husten ist typisch bei entzündlichen Erkrankungen der Atemwege (Bronchitis).

Hilfestellung bei Husten
Husten ist für die Betroffenen unangenehm, anstrengend und eventuell schmerzhaft. Schwere Hustenanfälle können sogar eine Atemnot auslösen. Erleichtert kann der Hustenvorgang durch die Oberkörperhochlage werden. Langandauernder und trockener Husten lässt sich durch das Trinken lauwarmer Getränke oder das Lutschen eines Bonbons unterbrechen. Sollte der/die PatientIn aufgrund einer Wunde im Brust- oder Bauchraum Schmerzen beim Husten haben, so werden diese durch Auflegen der flachen Hände (Erzeugen von Gegendruck) gelindert.

Hat der/die PatientIn einen produktiven Husten, muss er/sie ausreichend Zellstoff/Taschentücher, eine Abwurfmöglichkeit (Nierenschale oder Plastikbeutel bei großen Sputummengen) und die Möglichkeit zur Händehygiene (Keimverschleppung) zur Verfügung haben. Nach einem Hustenanfall sollte dem/der Betroffenen eine Ruhepause gegönnt werden.

Sputum
Als Sputum (Auswurf) bezeichnet man das aus den tiefen Atemwegen abgehustete Sekret. Die Beobachtung des Sputums kann wichtige diagnostische Hinweise liefern. Um Erreger zu identifizieren, kann das Sputum bakteriologisch und zytologisch untersucht werden. So können die Erreger gezielt medikamentös bekämpft oder Tumore des Lungengewebes (Lungenkarzinom) diagnostiziert werden. Sputum wird auf Farbe, Konsistenz, Beimengungen, Geruch und Menge beobachtet.

Die **Farbe** kann sein:

- mukös – farblos und klar (schleimig): kommt bei Infektionen des Atemapparates oder bei Asthma bronchiale vor
- mukopurulent – gelblich und getrübt (schleimig-eitrig) oder purulent – gelb-grünlich (eitrig): kommt bei Entzündungen der Luftröhre, der Bronchien oder des Lungengewebes vor. Je gelblicher die Farbe des Sputums, desto höher die Beimengung von Eiter (Pus) durch zerfallende Granulozyten (weiße Blutkörperchen).

Die **Konsistenz** des Sputums kann serös, also dünnflüssig, oder viskös, zähflüssig, sein.

Als **Beimengungen** kommen Speisereste oder Fremdkörper infrage. Ist das Sputum **blutig** (sanguinös) und es können Verletzungen in der Mundhöhle (durch das Zähneputzen) ausgeschlossen werden, muss umgehend der Arzt/die Ärztin informiert werden. Flüssiges, **schaumiges, hellrot** verfärbtes Sputum tritt nach ein bis zwei Tagen beim Lungenödem auf. Bluthusten (Hämoptoe) kommt bei Geschwüren und Karzinomen an den Atemwegen oder bei Verletzungen durch Fremdkörperaspiration vor. **Rostbraun** gefärbt ist das Sputum bei Lungenentzündung/-karzinom oder beim Lungeninfarkt.

Zur **Gewinnung von Sputum** sollte der/die PatientIn eine saubere Mundhöhle haben (Mund ausspülen), um ein Vermischen der Mundkeime mit dem Sputum zu verhindern. Das Sputum wird in ein steriles Gefäß abgehustet, das anschließend sofort verschlossen wird. Nach dem Abhusten sollte der/die PatientIn noch einmal Gelegenheit zum Ausspülen des Mundes haben. Kann das Untersuchungsmaterial nicht gleich in die Pathologie gebracht werden, sollte es kühl gelagert werden, um ein übermäßiges Keimwachstum zu unterbinden (würde verfälschte Keimzahlen liefern).

Atemunterstützende Maßnahmen

Ist der/die Betreffende dazu in der Lage, sollte er/sie selbst regelmäßig atemunterstützende Maßnahmen durchführen, um einer Sekretansammlung in den Atemwegen entgegenwirken. Die nötigen Informationen und die Anleitung dazu erhält der/die Kranke von der Pflegeperson.

Atemunterstützende Maßnahmen, die der/die Kranke selbst mehrmals täglich durchführen kann:

- vier bis fünfmal hintereinander langsam tief ein- und ausatmen
- luftbewegliche Teile wie Papiermobile oder Windrad durch Anpusten bewegen
- ausatmen gegen einen Widerstand, beispielsweise durch Aufblasen eines Luftballons
- Einsatz von inspiratorischen Atemtrainern: **Triflo-/Triball-Atemtrainer** – der/die Kranke atmet aus, nimmt das Mundstück des Atemtrainers in den Mund und umschließt es dicht mit den Lippen. Nun wird kräftig eingeatmet, sodass nach Möglichkeit alle drei Bälle angehoben und möglichst lange oben gehalten werden. Nach einer Pause wird erneut versucht, die Bälle durch eine kräftige Einatmung nach oben zu bringen. **Threshold PEP** Atemtrainer mit verstellbarem Widerstand.
- Einsatz von exspiratorischen Atemtrainern: **Shaker** – Die Kugel im Gerät erzeugt während der exspiratorischen Atemübungen Vibrationen in der Brusthöhle. Dadurch löst sich vorhandener Bronchialschleim und das Abhusten wird erleichtert.
- Einsatz von in- und exspiratorisch wirksamen Atemtrainern: **Ultrabreathe** – kommt vor allem bei PatientInnen mit Kurzatmigkeit oder verminderter Sauerstoffzufuhr zum Einsatz.

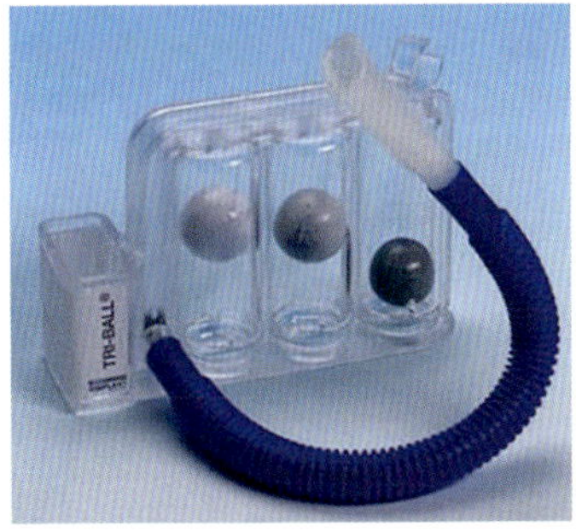

Abb. 81: **Triball-Atemtrainer** (HaB GmbH)

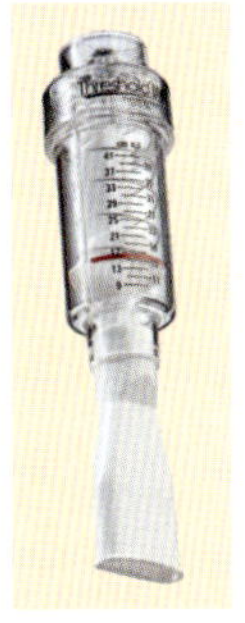

Abb. 82: **Threshold PEP Atemtrainer** (www.menzl.com)

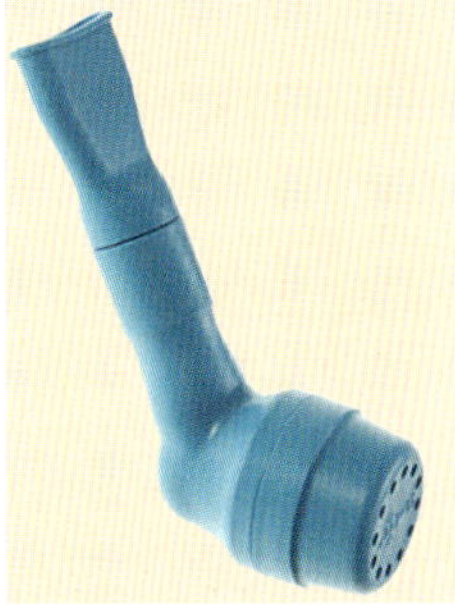

Abb. 83: **Shaker** (HaB GmbH)

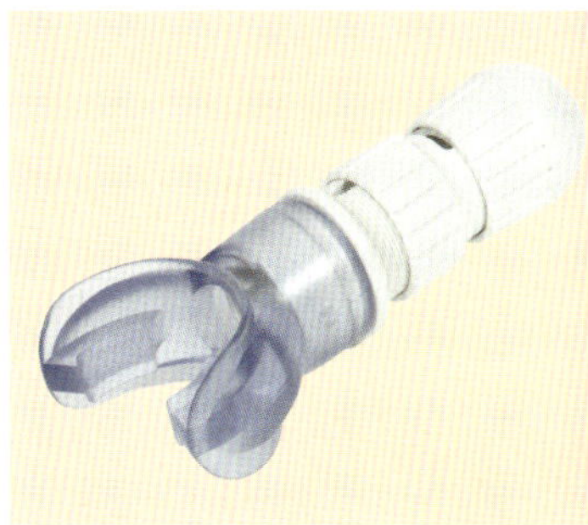

Abb. 84: **Ultrabreathe-Atemtrainer** (www.sport-tec.de)

Atemunterstützende Maßnahmen, die mit Unterstützung einer Pflegeperson durchgeführt werden:

- Kontaktatmung: Durch das Auflegen der Hände der Pflegeperson wird ein leichter Widerstand erzeugt. Um diesen zu überwinden, intensiviert der/die Kranke die Einatmung. Bei der Ausatmung wird der Druck der aufliegenden Hände etwas erhöht und so der Ausatemvorgang unterstützt und intensiviert.
- Einreiben des Rückens mit alkoholhaltiger Lösung: Durch den Kältereiz wird das tiefe Durchatmen provoziert.
- Atemstimulierende Einreibung (ASE): fördert das Wohlbefinden und unterstützt eine rhythmische, ruhige und tiefe Atmung (Durchführung siehe Kap. „Atemstimulierende Einreibung" in Lernfeld 3).

Durch spezielle **Positionierungen** kann die Belüftung der Atemwege zusätzlich unterstützt und forciert werden. Manche Positionierungen sollten nicht zulange angewandt werden (ca. 30 Minuten), da sie für die Betreffenden nach einiger Zeit unangenehm oder anstrengend werden können. Daher muss der/die Kranke stets die Möglichkeit haben, das der Pflegeperson mitzuteilen.

Merke: Beim Positionieren soll die Eigenbeweglichkeit der PatientInnen gewährleistet bleiben. Daher gilt beim Einsatz der Hilfsmittel: Weniger ist mehr!

Bei der **30°-Oberkörperhochpositionierung** wird die Atmung durch das Erhöhen des Oberkörpers erleichtert. Allerdings ist dabei zu beachten, dass der/die Betroffene beim Hochstellen des Kopfteils nicht zu weit unten im Bett liegt. Sonst wäre der Knick (durch das hochgestellte Kopfteil) nicht im Hüft-, sondern im Brustbereich, und das würde die Atmung zusätzlich behindern. Um ein Hinunterrutschen des/der Kranken zu verhindern, wird unter die Sitzbeinhöcker eine Handtuchrolle (Rutschbremse) gelegt. Durch das Unterstützen der Arme mit einem Kissen wird die Atemhilfsmuskulatur entlastet. Eine Knierolle entspannt die Bauchmuskulatur. Ggf. kann auch noch ein Kissen vor das Bettende gelegt werden (Spitzfußprophylaxe) und die Fersen können unterstützt werden (Dekubitusprophylaxe).

Die **30°-Seitenlage** ist der 90°-Seitenlage vorzuziehen, da bei der 90°-Positionierung der Druck auf das seitliche Becken sehr hoch ist (erhöhtes Dekubitusrisiko). In Seitenlage wird die oben liegende Lungenhälfte besser belüftet. Als Hilfsmittel können Lagerungsrollen oder Kissen mit Styroporfüllung sowie Hand- oder Badetücher zur Mikropositionierung verwendet werden. Zu beachten ist, dass die untenliegende Schulter und die unterliegende Hüfte immer möglichst druckfrei positioniert werden müssen (Dekubitusrisiko).

Schiefe Ebene: Auch bei dieser Positionierung wird die höher gelegene Lungenhälfte besser belüftet, die untere Lungenhälfte besser durchblutet. Das Hilfsmittel, beispielsweise eine Lagerungsrolle oder eine zusammengerollte Decke, wird direkt unter der Matratze positioniert. Diese Positionierung ist für die Nacht besonders gut geeignet, da in regelmäßigen Abständen das Hilfsmittel immer weiter herausgezogen werden kann, um den Auflagedruck zu verändern. Dadurch ist der/die Pflegebedürftige in seiner/ihrer Nachtruhe kaum eingeschränkt.

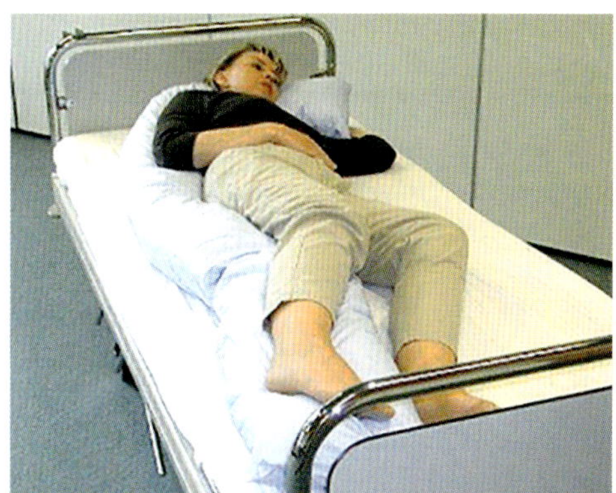

Abb. 85: **30°-Seiten-Positionierung** (www.kinaesthetik-bewegungslehre.de)

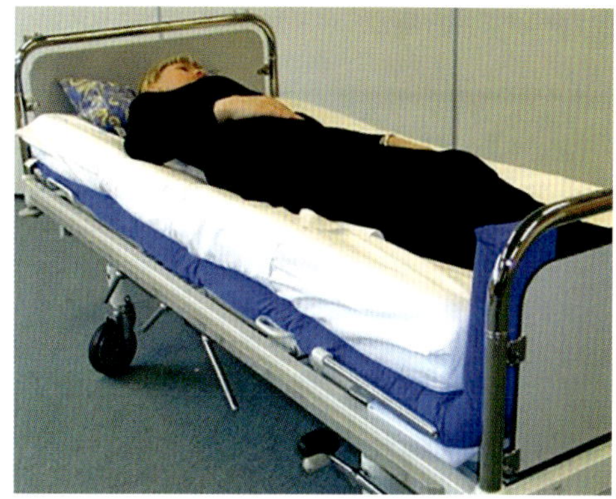

Abb. 86: **Schiefe Ebene** (www.kinaesthetik-bewegungslehre.de)

Bei den **V-A-T-I-Positionierungen** werden unterschiedliche Lungenareale besser belüftet. Die Hilfsmittel werden wie ein A, ein V, ein T oder ein I unter den Oberkörper des/der Kranken gelegt. Wendet man diese Positionierungen erstmals an, ist zu berücksichtigen, dass diese nach einiger Zeit von den Betreffenden als unangenehm empfunden werden können. Sie sollten daher zu Beginn nur ca. 10–15 Minuten lang, dafür aber mehrmals täglich angewendet werden. Als Hilfsmittel kommen wenig gefüllte (circa 3 cm hohe), schmale Kissen, Lagerungsrollen (siehe Abb. 87) oder zusammengelegte Handtücher zum Einsatz.

V-Positionierung: Hier werden die unteren Atemwege besser belüftet. Der/die PatientIn wird in Seitenlage gebracht und die Hilfsmittel werden in V-Form von der Schulter bis zum Becken eingebettet. Die Hilfsmittel sollen am Steiß nicht überlappen, um eine Druckstelle zu vermeiden. Der Kopf wird mit einem kleinen Polster unterstützt, der Oberkörper kann leicht erhöht (ca. 30°) liegen.

A-Positionierung: Die oberen und seitlichen Atemwege werden hier besser belüftet. Der/die PatientIn wird in Seitenlage gebracht und die Hilfsmittel werden in A-Form von der Schulter bis zum Becken eingebettet. Die Hilfsmittel sollen im Bereich des Schulterblattes nicht überlappen, um Druckstellen zu vermeiden. Der Kopf wird mit einem kleinen Polster unterstützt, der Oberkörper sollte möglichst flach liegen. Hier wird die Durchführung der A-Positionierung demonstriert: https://www.youtube.com/watch?v=oDi-rEPMUEE.

Abb. 87: **Hilfsmittel V-A-T-I-Positionierung** (www.centre-europa.de)

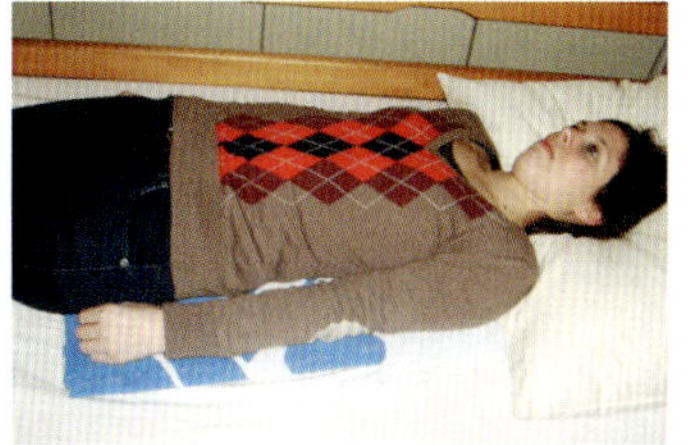

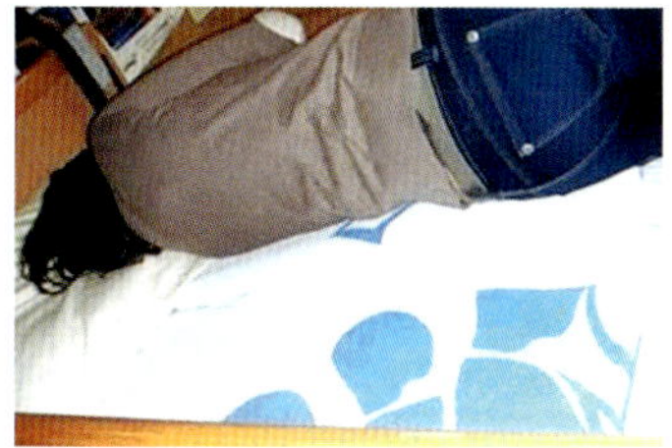

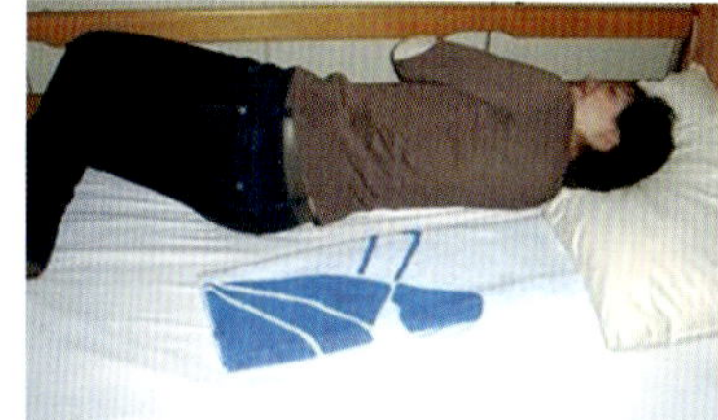

Abb. 88a–c: **Durchführung A-Positionierung**

T-Positionierung: Durch diese Positionierung wird die Belüftung aller Lungenbereiche erreicht. Der/die PatientIn wird in Seitenlage gebracht und die Hilfsmittel werden in T-Form von einer Schulter zur anderen und direkt entlang der Wirbelsäule eingebettet. Auch hier soll eine Überlappung der Hilfsmittel vermieden werden. Der Kopf wird mit einem kleinen Polster unterstützt, der Oberkörper kann leicht erhöht (ca. 30°) liegen.

I-Positionierung: Durch das Einbetten eines Hilfsmittels entlang der Wirbelsäule wird die Dehnung des gesamten Brustraums erreicht. Diese Positionierung wird nach einiger Zeit von den meisten Menschen als unangenehm beschrieben und sollte daher nur angewendet werden, solange sie der/die Betreffende gut toleriert.

Halbmondpositionierung: Diese Dehnpositionierung bewirkt eine verbesserte Belüftung der oberen und seitlichen Lunge auf der überdehnten Seite. Der/die PatientIn liegt in Rückenlage und legt eine Hand in den Nacken und den Ellbogen auf der Unterlage ab. Die andere am Körper liegende Hand wird in Richtung Fuß gezogen, bis eine halbmondähnliche Position erreicht ist. Diese Position sollte ca. 5–15 Minuten lang beibehalten werden und kann mehrmals täglich angewendet werden. Kontraindiziert ist diese Positionierung bei PatientInnen mit Einschränkungen im Hüft- und Wirbelsäulenbereich.

Die **135°-Positionierung** ermöglicht eine Belüftung der hinteren Lungensegmente und Sekret aus den tieferen Atemwegen kann besser abfließen. Diese Position entspricht beinahe einer Bauchlage und sollte bei Menschen mit Herzerkrankung nur nach Rücksprache mit dem Arzt/der Ärztin angewendet werden. Ist der/die Kranke in dieser Lage, kann eine ASE (Atemstimulierende Einreibung) sehr gut durchgeführt werden, die die Sekretlösung ebenfalls unterstützt. Den/die Pflegebedürftige/n ganz an den Bettrand bringen, den Kopfpolster entfernen und den Arm, über den zur Seite gedreht wird, unter den/die Pflegebedürftige/n legen (die Handfläche zeigt zum Körper). In die andere Hand bekommt der/die Pflegebedürftige die Lagerungsrolle und wird auf die Seite gedreht. Die unten liegende Schulter und Hüfte werden etwas herausgezogen und eventuell zusätzlich erforderliche Hilfsmittel (Ferse) eingebettet. Unter den Kopf sollte ein saugfähiges Tuch gelegt werden, das das ausfließende Sekret aufnimmt.

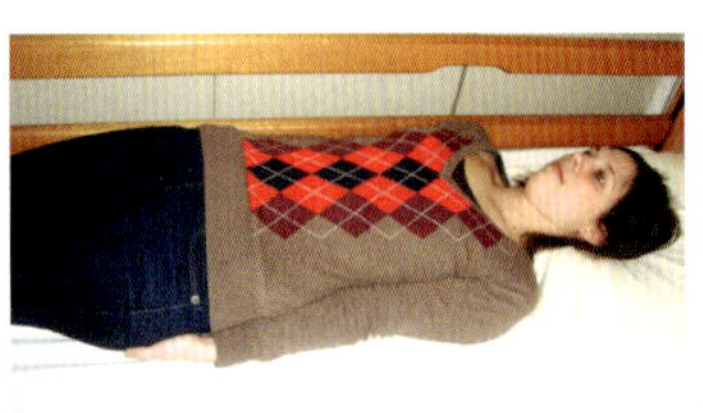

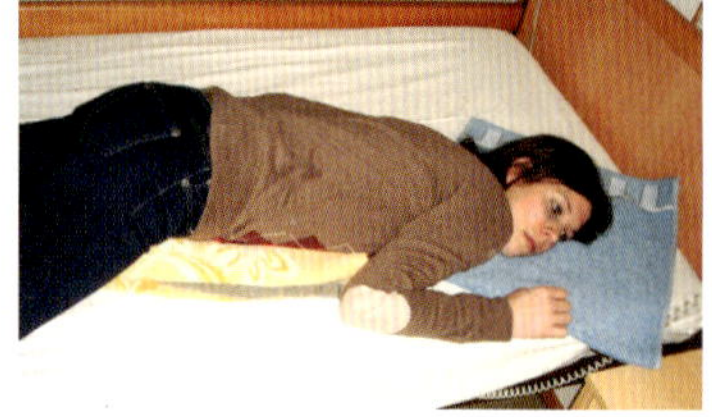

Abb. 89a–c: **Durchführung 135°-Positionierung**

Kutschersitz: Der/die PatientIn sitzt auf einem Sessel und hat die Arme auf dem Tisch abgestützt, um die Atemhilfsmuskulatur zu entlasten. Diese Position eignet sich gut bei Atembeschwerden.

Manuelle Sekretlösung

Eine ausreichende Flüssigkeitszufuhr ist neben anderen Methoden eine wichtige Voraussetzung für eine wirksame Sekretlösung.

Merke: Beim erwachsenen Menschen liegt der Flüssigkeitsbedarf bei 30 ml/kg Körpergewicht/Tag.

Unterstützung bei der Sekretlösung kann erfolgen durch:

- **Abklopfen des Thorax** mit der hohlen Hand vom Steiß in Richtung Kopf rechts und links neben der Wirbelsäule.
- **Einreibung mit ätherischen Ölen** (Thymian, Anis, Fenchel, Eukalyptus, Tanne, Fichte, Pfefferminz, Kampfer), diese wirken durchblutungsfördernd auf die Haut und das Einatmen der Dämpfe fördert den Schleimabtransport. Achtung: Vor der Anwendung auf eventuelle Allergien achten!
- Feuchtwarme **Brustwickel** (40–50° C warmes Wasser) mit ätherischen Ölen oder Zitronen-/Limettensaft wirken entspannend, beruhigend, sekretlösend und durchblutungsfördernd.
- **Atemluftbefeuchtung** und **Inhalation** mit Kochsalz oder verordneten Medikamenten unterstützt die Verdünnung des Sekrets, was das Abhusten erleichtert. Entscheidend dafür, wie tief die inhalierte Flüssigkeit in die Atemwege kommt, ist die Tröpfchengröße. Eine Dampfinhalation erreicht eine Wirkung bis zum Kehlkopf, über einen Ultraschallvernebler vernebelte Flüssigkeit gelangt bis zu den Lungenbläschen (Alveolen).
- **Vibrationsmassage** (wird von Physio-/ErgotherapeutInnen durchgeführt) mit speziellen Geräten wie VIBRAX®.

Das Abklopfen bzw. Vibrationsmassagen sind kontraindiziert bei Menschen mit/nach Schädel-Hirn-Trauma, Herzinfarkt, Lungenembolie, Phlebothrombose, Tumoren oder Metastasen im Bereich der Wirbelsäule, Rippenfrakturen und bei ausgeprägter Osteoporose.

Inhalation

Bei einer Inhalationstherapie werden Medikamente zur Therapie von Atemwegserkrankungen direkt an den Wirkort (Bronchien, Alveolen) gebracht. Dadurch kommt das Medikament in höherer Dosis am Zielort an und kann dort seine Wirkung optimal entfalten. Die Wirkung der Medikamente ist somit stärker und tritt rascher ein. Das hat den Vorteil, dass die Medikamente in niedrigerer Dosierung verabreicht werden können und so auch weniger Nebenwirkungen auftreten.

Entscheidend dafür, in welche Abschnitte des Atemtraktes das Medikament vordringen kann, ist die Partikelgröße des Wirkstoffes. Je nach Partikelgröße kommen verschiedene Applikationssysteme zum Einsatz. Grundsätzlich wird zwischen Trocken- und Feuchtinhalation unterschieden. Bei der Feuchtinhalation stehen Wasserdampfinhalationssysteme (offene Dampfinhalation, geschlossene Inhalationssysteme mit Mundstück oder Inhalationsmaske), Düsenvernebler, Ultraschallvernebler und Überdruckinhalationssysteme zur Verfügung. Zur Trockeninhalation werden Dosieraerosole und Pulverinhalationssysteme verwendet. Zusätzlich können Inhalationshilfen, sogenannte Spacer, verwendet werden (vgl. Antwerpes 2017).

Tipp: Auf der Homepage der Deutschen Atemwegsliga e. V. zeigen Kurzfilme den korrekten Einsatz von Inhalationshilfen: https://www.atemwegsliga.de/dosieraerosol-spacer.html.

Trockeninhalation

Handhabung von Dosieraerosolen/Pulverinhalatoren: Ein Dosieraerosol ist so konzipiert, dass bei jedem Sprühstoß immer dieselbe Menge des Medikamentes abgegeben wird. Bei einem Pulverinhalator wird mittels Dosierrad die gewünschte Inhalationsmenge eingestellt.

Abb. 90: **Dosieraerosole**
(Deutsche Atemwegsliga e. V.)

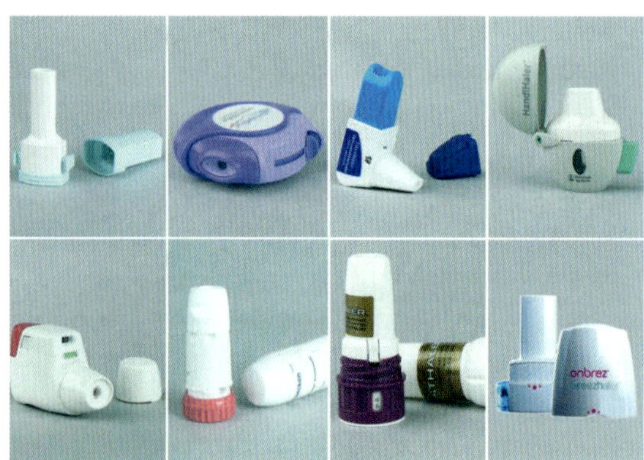

Abb. 91: **Pulverinhalatoren**
(Deutsche Atemwegsliga e. V.)

Anleiten von PatientInnen bei der Inhalation mittels Dosieraerosol/Pulverinhalator:

- Schutzkappe entfernen, ausatmen und das Mundstück fest mit den Lippen umschließen
- Dosieraerosol: Den Behälter nach unten drücken und dabei tief und langsam einatmen.
- Pulverinhalator: Mit einem tiefen und langsamen Atemzug einatmen.
- Den Atem einige Sekunden lang anhalten, dann das Mundstück aus dem Mund nehmen und ausatmen.

Tipp: Auf der Homepage der Deutschen Atemwegsliga e. V. zeigen Kurzfilme den korrekten Einsatz von Pulverinhalatoren: https://www.atemwegsliga.de/pulverinhalatoren.html.

Feuchtinhalation

Bei der Feuchtinhalation wird mittels eines Düsen- oder Membranverneblers eine flüssige Wirkstofflösung zu einem Aerosol (inhalierbarer Wirkstoffdampf) vernebelt. Grundprinzipien einer Feuchtinhalation (vgl. Atemwegsliga e. V. 2014):

- hygienisches Arbeiten – Händehygiene, Reinigung und Desinfektion entsprechend der Gebrauchsanweisung
- regelmäßige Wartung gemäß den Empfehlungen des Herstellers
- Medikamente nach der Mischung sofort vernebeln
- Bei mehreren zu applizierenden Medikamenten ist auf die richtige Reihenfolge zu achten – zuerst bronchienwirksame Medikamente inhalieren!
- Inhalieren mit aufrechtem Oberkörper
- Inhalator einschalten
- Mundstück mit den Lippen fest umschließen
- langsam und entspannt ausatmen
- Inhalation auslösen und einatmen
- Atem für etwa 5–10 Sekunden anhalten
- langsam ausatmen
- die Inhalation weiter durchführen, bis das Medikament aufgebraucht ist

- weitere Medikamente frühestens nach einer Minute inhalieren, damit die Wirkung des Medikamentes einsetzen kann
- nach der Inhalation Mund ausspülen (Soorprophylaxe)

Tipp: Auf der Homepage der Deutschen Atemwegsliga e. V. zeigen Kurzfilme den korrekten Einsatz von Feuchtinhalatoren: https://www.atemwegsliga.de/vernebler.html.

Tracheostomapflege

Ein **Tracheostoma** ist eine künstliche Öffnung der Luftröhre, welche durch einen Luftröhrenschnitt (Tracheotomie) an der Vorderseite des Halses geschaffen wurde (vgl. Keller/Menche 2017, S. 234).

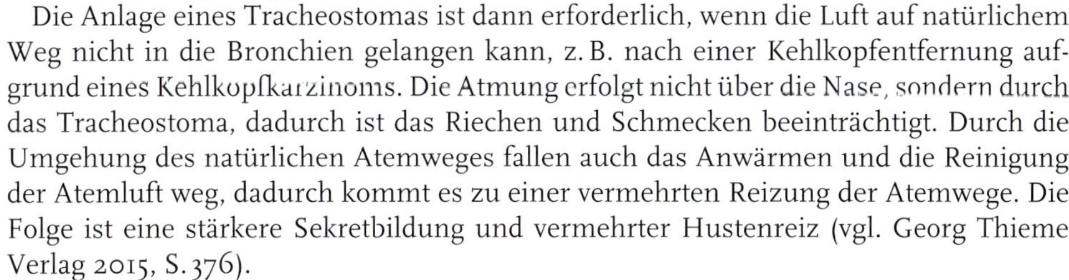

Die Anlage eines Tracheostomas ist dann erforderlich, wenn die Luft auf natürlichem Weg nicht in die Bronchien gelangen kann, z. B. nach einer Kehlkopfentfernung aufgrund eines Kehlkopfkarzinoms. Die Atmung erfolgt nicht über die Nase, sondern durch das Tracheostoma, dadurch ist das Riechen und Schmecken beeinträchtigt. Durch die Umgehung des natürlichen Atemweges fallen auch das Anwärmen und die Reinigung der Atemluft weg, dadurch kommt es zu einer vermehrten Reizung der Atemwege. Die Folge ist eine stärkere Sekretbildung und vermehrter Hustenreiz (vgl. Georg Thieme Verlag 2015, S. 376).

Der Kompetenzbereich der Pflegeassistenz bezieht sich auf das Absaugen der oberen Atemwege sowie dem Tracheostoma in stabilen Pflegesituationen (vgl. BMASK 2017d).

Trachealkanülen sind aus unterschiedlichen Materialien gefertigt. Sie sollten bezüglich Größe, Verträglichkeit oder Therapiezweck optimal an den Patienten/die Patientin angepasst sein.

Trachealkanülen aus Sterlingsilber sind dünnwandiger als Kunststoffkanülen. Ein Nachteil ist das höhere Gewicht gegenüber den Kunststoffkanülen.

Trachealkanülen aus Kunststoff bestehen aus PVC (Polyvinylchlorid), Silikon oder PU (Polyurethan). Sie weisen einige Vorteile gegenüber Silberkanülen auf. Sie sind leichter als diese und werden in der Regel besser vertragen, da sie die Trachea weniger reizen. Ein weiterer Vorteil ist das elastische Material, es passt sich durch die Körperwärme den anatomischen Verhältnissen besser an, dadurch ist der Tragekomfort höher.

Kanülen ohne Cuff werden bei PatientInnen verwendet, bei denen ein Abdichten der Trachea nicht mehr notwendig ist, z. B. wenn keine Aspirationsgefahr besteht. Die meisten Tracheotomierten tragen derartige Kanülen. Es gibt sie in Silber oder aus Kunststoff. Kanülen ohne Cuff gibt es **mit Innenkanüle** (Seele) oder **ohne Innenkanüle**. Der Vorteil der Innenkanüle besteht darin, dass diese beim Reinigen herausgenommen werden kann, ohne die eigentliche Kanüle entfernen zu müssen, dadurch wird die Trachealschleimhaut weniger gereizt. Kanülen ohne Cuff werden hauptsächlich verwendet, um das Tracheostoma offenzuhalten.

Es gibt einige Hilfsmittel, welche an der Kanüle angebracht werden können:

- feuchte Nase: sie wird zur Befeuchtung der Atemluft benutzt
- Sprechventil: damit kann der/die PatientIn sprechen (ohne Sprechventil ist dies nicht möglich)

Kanülen mit Cuff werden bei Aspirationsgefahr, aber auch bei beatmeten PatientInnen verwendet. Sie dichten die Trachea so ab, dass kein Sekret, z. B. Erbrochenes, in die Lunge eindringen kann und bei beatmeten PatientInnen keine Atemluft seitlich der Kanüle entweicht. Das Cuff ist eine aufblasbare, zirkulär um die Kanüle verlaufende Manschette, die etwas oberhalb der Kanülenspitze angebracht ist. Über einen Zuleitungsschlauch wird in die Manschette (Cuff) Luft eingespritzt. Ein kleiner Kontrollballon am distalen Ende des Zuleitungsschlauches zeigt den Füllzustand des Cuffs an. Eine optische Kontrolle des Kontrollballons reicht nicht aus, da es bei zu hohem Druck zu Druckschäden an der Trachea kommen kann. Der Cuffdruck muss mit einem Cuffdruckmesser gemessen werden, dieser sollte nicht über 20–25 cmH_2O liegen (vgl. Keller/Menche 2017 S. 234–236).

Materialien zu Tracheostomapflege
Kanülenhalteband: Bänder zum sicheren Befestigen von Kanülen gibt es als Einweg- und Mehrwegartikel. Es gibt sie mit unterschiedlichen Verschlussmöglichkeiten, z. B. Klettverschluss, und in diversen Größen. Die Auswahl ist vom Handling und der Hautsituation abhängig.

Verbandsmaterial: Trachealkompressen sollen so beschaffen sein, dass sie das Trachealsekret gut aufsaugen und unter dem Kanülenschild eine gute Polsterung gewähren, damit Druckstellen weitgehend verhindert werden können. Am besten eignen sich geschlitzte, nicht fasernde, sterilisierte Kompressen, welche unter die Kanüle gezogen werden können, ohne dass diese entfernt werden muss.

Im Handel sind folgende Kompressen erhältlich:

- **Trachealkompressen mit Aluminiumbeschichtung:** Aluminium hemmt das Keimwachstum und verhindert ein Verkleben mit der Haut. Die beschichtete silbergraue Seite wird auf die Haut aufgelegt.
- **Einlagige Kompressen:** Ist die Sekretion sehr gering, werden diese Kompressen eingesetzt.
- **Mehrlagige Kompressen:** Sie werden bei vermehrter Sekretbildung verwendet, da sie mehr Sekret aufnehmen. Außerdem ist die Polsterung unter dem Kanülenschild besser.
- **Wasserundurchlässige Kompressen:** Ihre äußere Seite ist wasserundurchlässig. Diese Kompressen werden dann verwendet, wenn die äußere Kleidung geschützt werden soll.
- **Kompressen aus Polyurethanschaum:** können viel Sekret aufnehmen und haben eine gute Polsterwirkung.

Stomaöl ist farblos, gut materialverträglich und wird als Gleitmittel für die Trachealkanüle beim Kanülenwechsel verwendet. Es muss sehr sparsam aufgetragen werden, damit es nicht in die Lunge gelangt. Das Öl kann auch zur Reinigung des Tracheostomas verwendet werden.

Für die Stomapflege gibt es spezielle Einmal-**Reinigungstücher** als Einzel- oder Mehrfachpackung. Sie sind mit einer milden Reinigungslotion getränkt und fasern nicht. Mit diesen Tüchern können Sekrete und Pflasterreste mühelos entfernt werden.

Hautschutz wird entweder durch eine Hautschutzcreme oder einen Hautschutzfilm erreicht. Bei den Hautschutzfilmen ist darauf zu achten, dass sie fettfrei sind und die Hautatmung gewährleisten, z. B. Cavilon® (vgl. Keller/Menche 2017, S. 236–237).

Absaugen des Atemwegsekretes
Das endotracheale Absaugen darf von der Pflegeassistenz nur bei PatientInnen mit stabiler Pflegesituation durchgeführt werden. Vorgenommen wird die Absaugung dann, wenn PatientInnen nicht mehr selbstständig in der Lage sind, das Sekret ausreichend abzuhusten, oder wenn z. B. Mageninhalt oder Lebensmittel aspiriert wurden. Wird das Sekret weder abgehustet noch abgesaugt, kann dies bei den PatientInnen zu Atemnot und später zur Pneumonie führen.

Indikationen:

- Abgesaugt wird, wenn Raschelgeräusche oder brodelnde Geräusche beim Atmen hörbar sind,
- wenn trotz intensivem Bemühen vonseiten des Patienten/der Patientin das Sekret nicht abgehustet werden kann,
- wenn der/die PatientIn unruhig ist, Angst hat, Puls und Blutdruck erhöht sind, die Atmung erschwert und die Haut zyanotisch ist,
- wenn in der Trachealkanüle Sekret zu sehen ist.

Besonders häufig betrifft es PatientInnen:

- welche zu schwach zum Abhusten sind oder große Schmerzen haben, z. B. Bauch-, Thoraxoperationen, Rippenbrüche,
- die einen fehlenden oder stark verminderten Hustenreflex haben, dazu gehören PatientInnen mit Kehlkopfentfernung (Laryngektomie),
- mit Schluckstörungen, z. B. nach einem Schlaganfall oder bei Muskelerkrankungen wie z. B. Myasthenie, amyotropher Lateralsklerose,
- nach einer Aspiration.

Wie oft abgesaugt werden muss, ist individuell sehr unterschiedlich.

Methoden der Absaugung:
Die Absaugung erfolgt über die oberen Atemwege wie Mundhöhle, Nasenhöhle, Rachen. Das Absaugen der unteren Atemwege ist Pflegepersonen mit Intensivsonderausbildung und Ärzten/Ärztinnen vorbehalten.

Materialien:

- Absauggerät mit Manometer, Sogeinstellschraube und Sekretauffangbehälter
- Absaugschlauch, welcher an den Sekretauffangbehälter aufgesteckt wird
- Schlauchverbinder (Fingertip), durch Verschließen der Öffnung mit dem Daumen entsteht Sog, beim Entfernen des Daumens von der Öffnung wird der Sog unterbrochen
- Absaugkatheter mit gerader und gebogener Spitze in verschiedenen Größen, bei Erwachsenen Charriere 12 (weiß), Charriere 14 (grün)
- Gleitmittel, z. B. sterile physiologische Kochsalzlösung
- Einmalhandschuhe
- Mund-Nasenschutz, Schutzkittel, ev. Schutzbrille bei infektiösen PatientInnen
- Abwurfbehälter
- Gefäß mit Leitungswasser zum Durchspülen des Absaugschlauches.

Das Absauggerät muss vor der Inbetriebnahme auf seine Funktion überprüft werden.

Vorbereiten des Patienten/der Patientin:
Der Absaugvorgang ist für die PatientInnen sehr unangenehm.

- PatientIn identifizieren und über Sinn und Vorgang informieren
- erfolgt die endotracheale Absaugung über den Mund, zuerst Mundpflege durchführen
- zur Verflüssigung des Trachealsekretes kann vorher inhaliert werden
- Absaugen sollte wenn möglich mit erhöhtem Oberkörper erfolgen, ansonsten in Seitenlage
- Den/die PatientIn auffordern zu husten, damit das Sekret von den Bronchien in die Luftröhre befördert wird
- wenn möglich, PatientInnen mit Monitor oder Pulsoxymeter überwachen
- liegt eine Magensonde, ist diese zu öffnen und unter das PatientInnenniveau zu hängen, um Erbrechen oder Aspiration zu vermeiden (vgl. Keller/Menche 2017, S. 225–227).

Endotracheale Absaugung über Trachealkanüle
Zu Beginn der postoperativen Phase ist eine endotracheale Absaugung häufiger notwendig, da vermehrt Bronchialsekret gebildet wird. Zusätzlich kann es bei zu trockener Luft zur Borkenbildung kommen, das führt zu einem Einengen der Atemwege, wodurch der/die PatientIn schwer Luft bekommt.

Die Pflegeperson achtet darauf, dass das Atemwegsekret möglichst flüssig ist, ist es zäh und eingedickt, kann es zur Verlegung der Kanüle kommen. Um ein Eindicken des zähen Sekretes zu verhindern, sollte dafür gesorgt werden, dass der/die PatientIn ausreichend Flüssigkeit bekommt. Es können auch sekretlösende Medikamente verabreicht werden. Zum Anfeuchten der Atemluft eignen sich auch regelmäßige Inhalationen. Bei tracheotomierten PatientInnen sollte darauf geachtet werden, dass die Luftfeuchtigkeit im Zimmer 60 % beträgt (vgl. Buchna et al. 2014, S. 21).

Durchführung:

- Um die Sterilität während der Absaugung zu gewähren, muss die Pflegperson vorher Platz schaffen und eine genügend große Ablage (Tischchen) zum Drauflegen der Materialien bereitstellen. Ideal wäre auch eine zweite Pflegperson zur Assistenz.
- Die Verpackung des Absaugkatheters wird an der richtigen Stelle einige Zentimeter weit geöffnet, der sterile Katheter wird am Schlauchverbinder beim Fingertip aufgesteckt, wobei der Absaugkatheter in der Umhüllung bleibt und auf das Tischchen gelegt wird.
- Schutzhandschuhe anziehen
- Absaugkatheter steril aus der Umhüllung entnehmen und verkürzt angreifen, damit er steril bleibt.
- Mit einer Hand den Kanüleneingang frei machen, d. h. Sprechventil und feuchte Nase entfernen (vgl. Buchna et al. 2014, S. 41).
- Absaugen mit Standardkatheter: Das Einführen des Absaugkatheters erfolgt beim Standardkatheter ohne Sog bis zu maximal 15 cm. Das Einführen des Katheters ohne Sog ist wichtig, da sonst ein Hustenreiz ausgelöst wird. Mit dem Daumen am Fingertip den Sog herstellen, mit der Hand wird der Katheter zwischen Daumen und Zeigfinger unter drehenden Bewegungen herausgezogen.
- Absaugkatheter vom Fingertip entfernen und den Handschuh über den gebauchten Katheter ziehen und wegwerfen (vgl. Buchna et al. 2014).
- Den Absaugschlauch mit Leitungswasser ausreichend durchspülen und in die Halterung am Absauggerät einhängen.

- Schutzkleidung entfernen und eine hygienische Händedesinfektion durchführen.
- Ist eine Absaugung nochmals nötig, muss dem Patienten/der Patientin eine Erholungspause gegönnt werden (vgl. Keller/Menche 2017, S. 227).
- Ein Absaugvorgang sollte maximal 10 bis 15 Sekunden dauern (vgl. Buchna et al., S. 41).

Endotracheales Absaugen über Mund oder Nase

- Auf den Absaugkatheter wird ein Gleitmittel aufgetragen (Achtung: Katheter muss steril bleiben), Gleitmittel kann auch ins Nasenloch eingebracht werden.
- Katheter wird vorsichtig waagrecht ins Nasenloch (keine Gewaltanwendung, da es zu Verletzungen kommen kann) oder über Mund und Rachen eingeführt.
- Absaugkatheter mit Absaugschlauch verbinden und unter Sog den Katheter zwischen Daumen und Zeigefinger drehend herausziehen.
- Handschuh über den Absaugkatheter ziehen und entsorgen.
- Absaugschlauch mit Leitungswasser durchspülen.

Während des Absaugvorganges ist Folgendes zu beobachten:

- das Befinden des Patienten/der Patientin
- Lässt der/die PatientIn die Absaugung zu, gibt es Komplikationen, z. B. Zyanose, Hustenreiz?
- Kann das Sekret abgesaugt werden?
- Wie sieht das abgesaugte Sekret aus?
- Sind Puls und Sauerstoffsättigung im Normbereich?

Nach der Absaugung ist der/die PatientIn in eine bequeme Position zu bringen, gegebenenfalls müssen die Vitalzeichen kontrolliert werden. Der Absaugvorgang, die Menge und das Aussehen des Sekretes sowie das Befinden des Patienten/der Patientin sind zu dokumentieren.

Merke: Absaugen reizt die Schleimhaut, dadurch wird die Sekretproduktion gesteigert. Daher erfolgt die Absaugung nur wenn notwendig, es soll schonend und effektiv abgesaugt werden (vgl. Keller/Menche 2017, S. 227–228).

Verhinderung von Komplikationen beim endotrachealen Absaugen:
Um eine **Infektionsgefahr** zu verhindern, muss bei jedem Absaugvorgang ein steriler Katheter verwendet werden. Ein Absaugkatheter, mit welchem schon die Nase oder der Mund ausgesaugt wurden, darf nicht mehr zur endotrachealen Absaugung verwendet werden. Die hausinternen Hygienestandards bei der Ver- und Entsorgung sowie bei der Aufbereitung und beim Wechsel des Absaugzubehörs sind unbedingt einzuhalten.

Um eine **Schleimhautverletzung in den Atemwegen** zu verhindern, wird eine Absaugung nur bei absoluter Indikation durchgeführt. Es muss je nach PatientIn die richtige Größe des Absaugkatheters gewählt werden. Das Einführen des Absaugkatheters muss mit viel Gefühl und Vorsicht erfolgen und darf keinesfalls gewaltsam erfolgen. Die Absaugtechnik muss sicher und korrekt ablaufen. Standardabsaugkatheter werden ohne Sog eingeführt, falls sich der Katheter bei der Absaugung an der Schleimhaut ansaugt, ist der Sog zu unterbrechen.

Normalerweise ist Husten erwünscht, da dadurch das Sekret aus den Bronchien nach oben befördert wird. Bei heftigem **Hustenreiz** wird die Absaugung unterbrochen. Den/die PatientIn wenn erlaubt ganz aufsetzen, wenn nötig muss die Absaugung zu einem späteren Zeitpunkt durchgeführt werden. Leidet der/die PatientIn an **Brechreiz**, sollte eventuell eine vorhandene Magensonde geöffnet und zum besseren Abfluss des Magensekretes unter das PatientInnenniveau gehängt werden.

Bei Verdacht auf **Vagusreiz mit Bradycardie** muss der Puls kontrolliert werden. Daher ist eine Monitorüberwachung des Patienten/der Patientin während des Absaugvorganges wünschenswert.

Zur Verhinderung einer **Kontamination mit Keimen** ist bei Bedarf vom Pflegepersonal Schutzkleidung zu tragen (Schutzkittel, Mund-Nasenschutz, Brille, Handschuhe). In jedem Fall sollten aber Schutzhandschuhe getragen werden. Gebrauchte Absaugkatheter nicht mit Wasser durchspülen, sondern sofort entsorgen. Beim Durchspülen kann es zu einer zusätzlichen Kontamination der Umgebung kommen. PatientInnennahe Flächen werden bei Verunreinigung mit Sekreten sofort, ansonsten täglich mit einer Wischdesinfektion behandelt, ebenso das Absauggerät inklusive des Schlauchsystems. Beim Entleeren der Sekretgefäße immer Handschuhe tragen und ein Verspritzen des Sekrets vermeiden (vgl. Keller/Menche 2017, S. 227–229).

Sauerstoffverabreichung

Die Sauerstoffgabe erfolgt grundsätzlich nach ärztlicher Anordnung (Ausnahme ist ein Notfall). Vom Arzt/von der Ärztin dokumentiert sein müssen die Dauer, die Dosierung (Liter/Minute) und die Verabreichungsform (Sauerstoffmaske, -brille oder Nasensonde).

Durch die Verabreichung von Sauerstoff soll ein im Gewebe bestehender O_2-Mangel ausgeglichen werden. Die Wirksamkeit der Sauerstoffgabe wird überprüft durch:

- Beobachtung der Hautfarbe
- Beobachtung des Atemvorgangs
- Beobachtung des Bewusstseins
- Bestimmung der Atemgaskonzentration im Blut (Blutgasanalyse)

Merke: Bei Menschen mit chronisch obstruktiven Lungenerkrankungen (COPD) ist bei der Sauerstoffgabe besondere Vorsicht geboten! Es besteht die Gefahr einer CO_2-Narkose (Atemdepression) durch den fehlenden Atemreiz bei hohem Sauerstoffpartialdruck im Blut.

Entnommen werden kann Sauerstoff aus einer zentralen Gasversorgung oder einer Sauerstoffflasche. Wird Sauerstoff über einen längeren Zeitraum (ab ca. 30 Minuten) verabreicht, sollte er angefeuchtet werden, um ein Austrockenen der Schleimhaut zu verhindern. Dazu können Sterilwasserpacks oder Flüssigkeitsbehälter gefüllt mit sterilem, destilliertem Wasser verwendet werden. Sterilwasserpacks sind geschlossene Systeme und können bis zu 4 Wochen verwendet werden. Offene Systeme müssen aus hygienischen Gründen täglich gewechselt werden.

Je nach voraussichtlicher Dauer der Sauerstoffverabreichung bzw. nach Toleranz durch den Patienten/die Patientin kann Sauerstoff über unterschiedliche Einmalartikel verabreicht werden: Nasensonde/-katheter, Sauerstoffbrille, Sauerstoffmaske.

Nasenkatheter und Nasensonden sind zur langfristigen Sauerstoffverabreichung geeignet, da sie den Patienten/die Patientin nur wenig behindern. Es können bis zu fünf Liter/Minute verabreicht und die Sauerstoffkonzentration der Einatmungsluft kann auf 30 bis 40 Prozent gesteigert werden. Die Kunststoffsonde hat am patientInnennahen Ende einen Schaumstoffansatz, der für sicheren Halt und für eine gleichmäßige Druckverteilung an der Nasenschleimhaut sorgt. Der/die Kranke kann mit der Sonde ungehindert sprechen, essen und trinken. Während der O_2-Verabreichung mittels Nasensonde/-katheter ist darauf zu achten, dass die Durchgängigkeit der Sonde gewährleistet ist, die Sonde nicht abgeknickt wird und die Mund- und Nasenschleimhaut vor Austrocknung und Verletzungen durch die Sondenspitze geschützt ist. Daher ist mehrmals täglich eine Mund- und Nasenpflege durchzuführen. Um eine Schleimhautschädigung zu verhindern, wird die Platzierung der Sonde alle 12 Stunden gewechselt (abwechselnd rechtes und linkes Nasenloch).

Die **Sauerstoffbrille** eignet sich ebenfalls zur langfristigen Verabreichung von Sauerstoff. Es können bis zu acht Liter/Minute verabreicht und die Sauerstoffkonzentration der Einatmungsluft kann auf 30 bis 50 Prozent gesteigert werden. Der Sauerstoff gelangt über die beiden Schlauchenden in die Nasenöffnungen. Die Sauerstoffbrille wird hinter den Ohrmuscheln oder am Hinterkopf befestigt, es ist darauf zu achten, dass keine Druckstellen entstehen. Die Einatmung soll über die Nase erfolgen.

Sauerstoffmasken werden von PatientInnen häufig als störend empfunden, weil sie das Sprechen und die Nahrungsaufnahme erschweren. Die Sauerstoffmaske eignet sich zur raschen Verabreichung von großen Mengen Sauerstoff (6 bis 10 Liter), sowohl bei Mund- als auch bei Nasenatmung. Die Maske wird locker über Mund und Nase gesetzt und mit einem Gummiband am Hinterkopf fixiert. Die Ausatmungsluft wird über zwei seitliche Öffnungen der Maske abgegeben.

Puls

Unter Puls versteht man die mechanische Auswirkung der Herzaktion und deren Fortleitung in periphere Regionen des Körpers durch das Gefäßsystem. Beim Pulsmessen werden die Pulsfrequenz und die Qualität des Pulses festgestellt.

Man unterscheidet den zentralen und den peripheren Puls. Der **zentrale Puls** wird an den herznahen Gefäßen getastet und entspricht der Herzfrequenz. Der **periphere Puls** wird an den peripheren Arterien getastet und entspricht beim gesunden Menschen auch dem zentralen Puls.

Tab. 20: **Pulsfrequenz**

Neugeborene	ca. 140 Schläge/min
Säuglinge	ca. 120 Schläge/min
Kleinkinder	ca. 100–120 Schläge/min
Schulkinder	ca. 80–100 Schläge/min
Jugendliche	ca. 80 Schläge/min
Erwachsene	ca. 60–80 Schläge/min

Die **Pulsfrequenz** gibt die Zahl der Pulsschläge in einer Minute an, sie stimmt beim gesunden Menschen mit der Herzfrequenz überein. Der Ruhepuls ist unter anderem abhängig vom Alter und die Normwerte werden wie folgt eingeteilt.

Eine **Bradykardie** ist eine verlangsamte Pulsfrequenz von unter 60 Schlägen in der Minute. Sie kann physiologische und pathologische Ursachen haben.

Tab. 21: **Ursachen Bradykardie**

Physiologische Ursachen	Pathologische Ursachen
Schlaf	erhöhter Hirndruck (bei Hirntumor, Meningitis)
Hunger	Schilddrüsenunterfunktion
trainierte SportlerInnen	Medikamenteneinnahme (Narkose-, Schlaf-, Beruhigungsmittel; Digitalisüberdosierung)

Eine **Tachykardie** ist eine beschleunigte Pulsfrequenz von über 100 Schlägen pro Minute. Bei einer Tachykardie können folgende Begleitsymptome auftreten:

- Herzklopfen, bedrohlich empfundenes Herzrasen
- nach einiger Zeit Blässe, Müdigkeit, Schwindel, verursacht durch die kurze Diastole
- eventuell Bewusstlosigkeit

Eine Tachykardie kann physiologische und pathologische Ursachen haben.

Tab. 22: **Ursachen Tachykardie**

Physiologische Ursachen	Pathologische Ursachen
erhöhter O_2-Bedarf	krankhaft erhöhter Stoffwechsel (Fieber, Schilddrüsenüberfunktion)
Nikotin- und Koffeinzufuhr	vermindertes O_2-Angebot
verringerte O_2-Konzentration der Luft (in großen Höhen)	Abnahme der zirkulierenden Blutmenge (Schock, große Blutverluste)
	mangelhafte O_2-Anreicherung der Erythrozyten (Herzinsuffizienz, Lungenfunktionsstörung)
	Medikamente (Atropin, Adrenalin – herzfrequenzsteigernde Mittel)

Das **Pulsdefizit** ist die Differenz zwischen der Herzfrequenz und der peripher messbaren Pulsfrequenz. Es entsteht dann, wenn eine Herzaktion nicht kreislaufwirskam ist (bei Extrasystolen, Herzinsuffizienz, Vorhofflimmern) oder bei peripheren Störungen wie bei der peripheren arteriellen Verschlusskrankheit (PAVK). Festgestellt werden kann ein Pulsdefizit, indem mittels Stethoskop die Herztöne abgehört werden und gleichzeitig von einer zweiten Person peripher der Puls gemessen wird. Weichen die gemessenen Werte voneinander ab – der periphere Wert ist geringer als der zentral gemessene –, besteht ein Pulsdefizit.

Pulsrhythmus

Der physiologische Pulsrhythmus ist regelmäßig und wird als Sinusrhythmus bezeichnet.

Arrhythmien

Unter Arrhythmie versteht man eine unregelmäßige Schlagfolge des Pulses. Physiologisch können in der Pubertät Arrhythmien auftreten, diese haben keinen Krankheitswert.

Sinusarrhythmien werden durch eine unregelmäßige Reizbildung im Sinusknoten verursacht. Sie ist ungefährlich und atmungsabhängig (Einatmung = beschleunigter Puls, Ausatmung = verlangsamter Puls).

Extrasystolen sind Sonderschläge, die außerhalb des Grundrhythmus auftreten. Sie können gehäuft (betrifft mehrere Schläge hintereinander) oder einzeln auftreten. Ursachen können Herzmuskelschädigungen, eine Verengung der Herzkranzgefäße (Koronarstenose) oder Medikamente (Digitalisüberdosierung) sein.

Der **Zwillingspuls (Bigeminus)** ist eine über längere Zeit regelmäßig andauernde Extrasystole, die als zwei dicht aufeinander folgende Pulsschläge tastbar ist. Der Bigeminus ist ein typisches Symptom bei einer Digitalisüberdosierung.

Bei der **absoluten Arrhythmie** ist die Schlagfolge des Herzens vollständig unregelmäßig und stellt eine akute vitale Bedrohung dar. Bei den absoluten Arrhythmien unterscheidet man:

- **Vorhofflimmern**: ist gekennzeichnet durch zahlreiche Flimmerbewegungen der Vorhöfe (300–400/min), verursacht durch Herzkrankheiten oder Herzklappenfehler.
- **Vorhofflattern**: ist eine äußerst schnelle Vorhoftätigkeit (250–350 Schläge/min), verursacht meist durch Herzkrankheiten.
- **Kammerflattern**: gekennzeichnet durch schnelle Kammeraktionen (300 Kontraktionen/min), dabei ist kaum eine Förderleistung möglich. Das kann zu einem Kreislaufschock mit Kammerflimmern führen. Verursacht ist ein Kammerflattern häufig durch entzündliche (Myokarditis) oder degenerative Erkrankungen des Herzmuskels (Herzinfarkt).
- **Kammerflimmern**: ist eine asynchrone Herzmuskeltätigkeit, die zum Herzkreislaufstillstand führt.

Pulsqualität

Die Pulsqualität wird von zwei Faktoren beeinflusst:

1. **Füllung der Blutgefäße**: ist abhängig von der Elastizität der Arterien, der zirkulierenden Blutmenge und dem Schlagvolumen des Herzens.
2. **Härte der Pulswelle**: ist der Widerstand gegen den Druck, der beim Pulsfühlen ausgeübt wird.

Eine physiologische Pulsqualität besteht, wenn die Pulswelle gut fühlbar und das Blutgefäß gut gefüllt ist.

Pathologische Pulsqualität:

- **Harter Puls oder großer Puls:** Der Puls lässt sich schwer oder gar nicht unterdrücken, das Gefäß ist gut gefüllt (Hypertonie).
- **Weicher Puls oder kleiner Puls:** Der Puls ist leicht zu unterdrücken, das Gefäß ist schlecht gefüllt (Hypotonie, Blutverlust).
- **Fadenförmiger Puls:** So bezeichnet man einen kleinen, weichen, schnellen Puls, der schlecht messbar ist (Schock, Kreislaufversagen, großer Blutverlust).

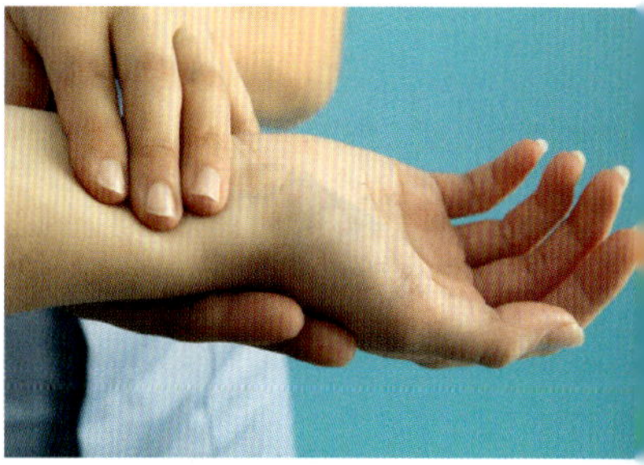

Abb. 92: **Puls zählen**

Puls messen

Der Puls ist neben dem Blutdruck eine wichtige Messgröße zur Beurteilung der Kreislaufsituation. Man fühlt mit den Kuppen von Zeige-, Mittel- und Ringfinger an einer oberflächlichen Arterie (Arteria radialis).

Nach dem Ertasten des Pulsschlages werden 15 Sekunden lang die Pulsschläge gezählt, wobei der erste Schlag als „Null" gezählt wird. Die ermittelte Anzahl an Schlägen wird mit vier multipliziert. Während der Pulsmessung wird auch auf den Rhythmus geachtet. Bei einem unregelmäßigen Puls und bei Menschen mit sehr langsamem Puls wird eine Minute lang gezählt.

Messfehler können zu falschen Ergebnissen führen:

- zu leichter Druck der Finger: nicht alle Schläge werden gefühlt
- zu fester Druck der Finger: die Pulswelle wird unterdrückt
- Messung mit dem Daumen: es kann der eigene Puls mit dem zu messenden verwechselt werden

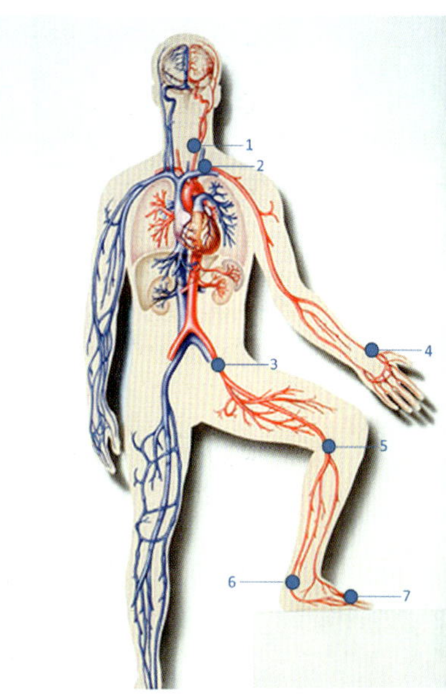

Abb. 93: **Taststellen Puls**

Geeignete Arterien
In der Regel erfolgt die Pulsmessung peripher. Kann der Puls peripher nicht getastet werden, wird an einer zentralen Arterie gemessen.

Zentrale Taststellen:

- A. carotis (seitliches Halsdreieck) – 1
- A. subclavia (Supraklavikulargrube) – 2
- A. femoralis (Leiste) – 3

Periphere Taststellen:

- A. radialis (Handgelenk unterhalb des Daumenballens) – 4
- A. poplitea (Kniekehle) – 5
- A. tibialis posterior (dorsal des Innenknöchels) – 6
- A. dorsalis pedis (vorderer Fußrücken) – 7

An den unteren Arterien wird der Puls vor allem zur Kontrolle der Durchblutung gezählt.

Blutdruck

Der Blutdruck gibt Auskunft über den Druck, der in den Blutgefäßen und Herzkammern herrscht. Es werden zwei Blutdruckwerte gemessen, der **systolische** und der **diastolische** Wert. Der gemessene Wert wird in mmHg (Millimeter Quecksilbersäule) angegeben, zum Beispiel 120/80 mmHg (sprich „120 zu 80 Millimeter Quecksilbersäule“). Die erste Zahl – der höhere, systolische Wert – entspricht dem Druck in der Anspannungsphase des Herzens (Systole). Die zweite Zahl – der niedrigere, diastolische Wert – entspricht dem Druck in der Entspannungsphase (Diastole).

Der Blutdruck wird von drei Faktoren beeinflusst:

1. **Gefäßwiderstand:** Je enger das Gefäß, desto höher der Blutdruck.
2. **Herzarbeit:** Je höher das Herzminutenvolumen (die Menge an Blut, die pro Minute in den Blutkreislauf gepumpt wird), umso höher der systolische Blutdruck.
3. **Flüssigkeitsvolumen**: Je höher das Volumen in der Blutbahn, umso größer der ausgeübte Druck.

Normwerte

Laut Weltgesundheitsorganisation (WHO) liegt der optimale Blutdruck bei Erwachsenen bei 120/80 mmHg. Die Differenz zwischen systolischem und diastolischem Wert, die sogenannte Blutdruckamplitude, beträgt normal ca. 40 mmHg.

Hypertonie

Abweichungen vom Normwert nach oben nennt man Hypertonie (Bluthochdruck). Davon spricht man ab einem Wert von über 140/90 mmHg. Eine Hypertonie kann physiologische und pathologische Ursachen haben.

Tab. 23: **Ursachen Hypertonie**

Physiologische Ursachen	Pathologische Ursachen
Körperliche Anstrengung	Steigerung des peripheren Gefäßwiderstandes (Arteriosklerose, Nierenerkrankung)
Sportliche Betätigung	Steigerung des Herzminutenvolumens (Erhöhung des Blutvolumens, beispielsweise bei einer Nierenerkrankung)
Seelische Erregungszustände	

Die Diagnose „Hypertonie" ist oft eine Zufallsdiagnose, da der Bluthochdruck meist lange Zeit ohne Begleitsymptome auftritt. Symptome, die auf eine Hypertonie hinweisen können, sind Schwindel, morgendlicher Kopfschmerz, Herzklopfen oder Atemnot bei Anstrengung. Es werden zwei Arten der Hypertonie unterschieden, die primäre oder essentielle Hypertonie und die sekundäre oder symptomatische Hypertonie.

Bei der **primären/essentiellen Hypertonie** ist keine zugrunde liegende Erkrankung feststellbar. 85–90 % der HypertonikerInnen leiden an einer primären Hypertonie. Begünstigend auf die Entstehung einer essentiellen Hypertonie wirken sich folgende Faktoren aus:

- Nikotinabusus (Rauchen)
- Adipositas (Übergewicht)
- mangelnde körperliche Bewegung
- hoher Kochsalzkonsum
- andauernder Stress
- familiäre Disposition

Bei der **sekundären/symptomatischen Hypertonie** kann eine Ursache diagnostiziert werden. Nur etwa 10 % der Hypertonien gehören zu dieser Gruppe. Wird die zugrunde liegende Erkrankung behandelt, normalisiert sich der Blutdruck ohne zusätzliche Therapie.

Bei einer Störung der Nierenfunktion kommt es zur **renalen Hypertonie**. Durch die Beeinträchtigung der Nierenfunktion wird Natriumchlorid (Kochsalz) und damit auch Flüssigkeit im Blut zurückgehalten, es kommt zu einer Erhöhung des Volumens, was zur Hypertonie führt.

Die **endokrine Hypertonie** ist durch eine Störung im Hormonhaushalt verursacht. Dazu gehören Erkrankungen der Nebenniere (Hyperaldosteronismus, Conn- und Cushing-Syndrom).

Die **transiente Hypertonie** ist eine spezielle Form der Hypertonie, die nur während der Schwangerschaft oder kurz nach der Geburt auftritt. Innerhalb von zehn Tagen nach der Geburt kommt es in der Regel zu einer Normalisierung der Blutdruckwerte.

Eine **hypertensive Krise** stellt einen Notfall dar und besteht, wenn der Blutdruck Werte von 230/120 mmHg und mehr erreicht. Die hypertensive Krise ist ein akut lebensbedrohlicher Zustand, der eine sofortige blutdrucksenkende Therapie erfordert (Notarztindikation). Das Herz wird durch anhaltend hohen Blutdruck zunehmend belastet und geschädigt. In weiterer Folge kann es zu einer Herzinsuffizienz (Herzschwäche) und zum Herzversagen kommen.

Hypotonie

Abweichungen vom Normwert nach unten nennt man Hypotonie (niedriger Blutdruck). Davon spricht man ab einem Wert von unter 100/60 mmHg. Eine Hypotonie kann physiologische und pathologische Ursachen haben.

Tab. 24: **Ursachen Hypotonie**

Physiologische Ursachen	Pathologische Ursachen
Schlaf	Orthostatische Hypotonie – im Liegen sind die RR-Werte normal, beim Aufstehen RR-Abfall mit Schwindelgefühl und „Schwarz vor Augen“-Werden, bedingt durch O_2-Mangel im Gehirn durch das Versacken des Blutes im venösen Gefäßsystem
Hunger	Volumenmangel / Schock
trainierte SportlerInnen	Genesungsphase (Rekonvaleszenz)
liegende Position	

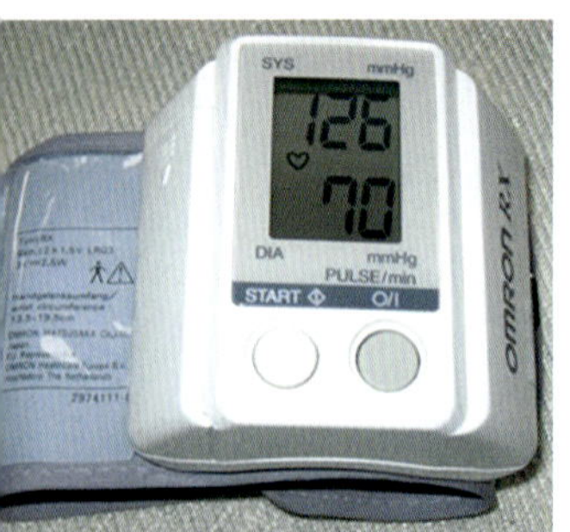

Abb. 94: **Elektronische Blutdruckmessung am Handgelenk** (www.wikimedia.org)

Begleitsymptome einer Hypotonie können sein: Tachykardie, blasse und kalte Haut, Schwindel und Müdigkeit.

Blutdruckmessung

Bei der Blutdruckmessung unterscheidet man zwei Arten der Messung: die direkte, blutige und die indirekte, unblutige Messung.

Bei der **direkten Blutdruckmessung** wird der Blutdruck direkt im Blutgefäß (Arteria radialis) oder im Herzen gemessen. Durch Druckmessfühler im Blutgefäß oder im Herzen ist diese kontinuierliche Messung möglich. Diese invasive Messmethode wird bei großen Operationen und in der Intensivtherapie eingesetzt. Die **indirekte Blutdruckmessung** ist eine einfache, nicht invasive Methode, um den Blutdruck zu bestimmen. Es kommen unterschiedliche Messverfahren zur Anwendung.

Abb. 95: **Elektronische Blutdruckmessung am Oberarm**

Die **elektronische Blutdruckmessung** erfolgt mittels eines vollautomatischen Messgerätes, mit einer Oberarm- oder einer Handgelenkmanschette. Nach dem Drücken des Startknopfes wird die Manschette automatisch aufgeblasen und wieder abgelassen. Ein Schallmikrofon erfasst die pulssynchronen Strömungsgeräusche (Korotkow-Geräusche) und ermittelt so die Blutdruckwerte. Die Anzeige erfolgt digital am Display des Messgerätes. Diese Messmethode ist vor allem für die Selbstkontrolle durch den/die Kranke/n gut geeignet.

Die **auskultatorische Blutdruckmessung** kann mit unterschiedlichen Geräten erfolgen: Es gibt die Messung nach Riva-Rocci und nach Recklinghausen.

Merke: Scipione Riva-Rocci war ein italienischer Arzt, der 1896 die Blutdruckmessung mit einer Armmanschette an einem Quecksilber-Blutdruckmessgerät erfand. Noch heute werden seine Initialen „RR“ als Kurzbezeichnung verwendet („RR 120/80“). Heinrich von Recklinghausen verbesserte das Verfahren des russischen Arztes Nikolai Sergejewitsch Korotkow, der 1905 das Stethoskop zur Blutdruckmessung einsetzte. Die beim Ablassen der Luft aus der Manschette hörbaren Geräusche, die den systolischen und den diastolischen Blutdruck markieren, sind nach ihm (Korotkow-Geräusche) benannt. Recklinghausen verbesserte durch die Anpassung der Oberarmmanschettenbreite auf 10–14 cm die Messgenauigkeit der Blutdruckmessung.

Bei der Messmethode nach Riva-Rocci ist eine aufblasbare Manschette mit einem mit Quecksilber gefüllten Steigrohr verbunden. Durch den Luftdruck der Manschette steigt die Quecksilbersäule, über eine Skala kann der jeweils herrschende Druck abgelesen werden. Diese Methode wird heute kaum mehr eingesetzt. Die heute meistverwendete Messmethode nach Recklinghausen wird mit einer aufblasbaren Oberarmmanschette mit Manometer (uhrähnliche Skala) und Pumpbalg zum Aufpumpen der Manschette durchgeführt. Zur Auskultation der Korotkow-Geräusche dient ein Stethoskop.

Abb. 96: **Blutdruckmessung nach Riva-Rocci** (www.wikimedia.org)

Die Durchführung der Messung soll immer unter den gleichen Bedingungen erfolgen:

- 30 Minuten vor der Messung keine Anstrengung für den Patienten/die Patientin
- Messung immer in gleicher Position
- Stör-/Umgebungsgeräusche ausschalten
- beengende Kleidungsstücke entfernen
- Arm in Herzhöhe positionieren, immer am gleichen Arm messen

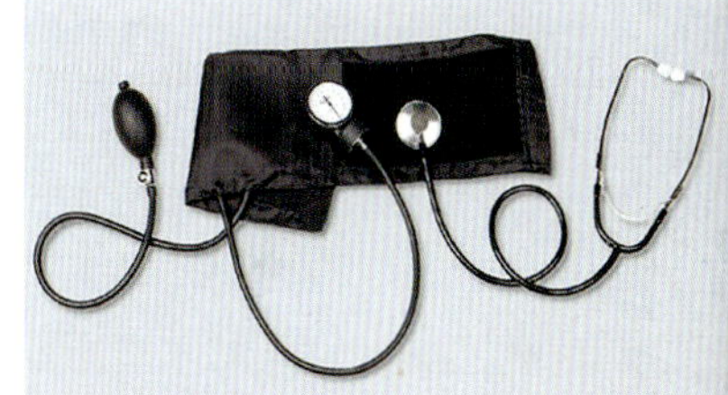

Abb. 97: **Blutdruckmessung nach Recklinghausen** (www.wikimedia.org)

Die luftleere Manschette wird über der Ellenbeuge angelegt. Die Pflegeperson bringt die Oliven des Stethoskops in den äußeren Gehörgang ein und platziert den Schallempfänger des Stethoskops in der Ellenbeuge des Patienten/der Patientin. Nun das Ventil am Pumpbalg schließen und die Manschette aufpumpen, bis der Radialispuls nicht mehr tastbar ist, dann noch mindestens 30 mmHg weiter aufpumpen. Das Ventil langsam öffnen und am Manometer den Wert ablesen, bei dem die Nadel beim ersten hörbaren Ton (systolischer Wert) steht. Der letzte hörbare Ton entspricht dem diastolischen Wert. Die Manschette vollständig entleeren und wieder abnehmen.

Eine **kontinuierliche Blutdruckmessung** wird durchgeführt, um regelmäßige Aufzeichnungen der Blutdruckwerte zu erhalten. Sie wird mit einem kleinen, tragbaren elektronischen Blutdruckmessgerät mit Oberarmmanschette meist über 24 Stunden durchgeführt. In regelmäßigen Abständen, beispielsweise stündlich, misst das Gerät automatisch den aktuellen Blutdruckwert. Um eventuelle Blutdruckschwankungen zuordnen zu können, ist es sinnvoll, wenn der/die Kranke seine/ihre Aktivitäten (Essen, Bewegung, Schlafen) mitdokumentiert.

Bei der **palpatorischen Blutdruckmessung** ist nur der systolische Blutdruckwert messbar. Es wird die Blutdruckmanschette am Oberarm angelegt und der Puls an der Arteria radialis gefühlt. Die Manschette wird aufgepumpt, bis kein Puls mehr tastbar ist, und dann noch mindestens 30 mmHg weiter aufgepumpt. Die Manschette wird langsam abgelassen. Ist der Puls wieder fühlbar, entspricht dieser Wert dem systolischen Blutdruck. Die Manschette vollständig entleeren und wieder abnehmen.

Venöse Blutentnahme

Die Untersuchung des Bluts ist eine der häufigsten labordiagnostischen Maßnahmen, da viele Erkrankungen das Blut verändern. Mit dieser Untersuchung können die Blutzellen und das Blutplasma untersucht werden. Wird Blut entnommen, kommt es in kurzer Zeit zur Blutgerinnung. Am unteren Teil des Blutröhrchens setzen sich die roten Blutkörperchen (Erythrozyten) ab, darüber befindet sich das flüssige Blutplasma, welches aus weißen Blutkörperchen (Leukozyten) und Blutplättchen (Thrombozyten) besteht. Soll die Blutgerinnung untersucht werden, muss ein Blutröhrchen verwendet werden, dem ein Gerinnungshemmer beigefügt wurde, um die Blutgerinnung zu verhindern. Derartige Blutröhrchen müssen sofort nach dem Befüllen vorsichtig geschwenkt werden, damit sich das Blut mit dem Gerinnungshemmer vermischt (vgl. Keller/Menche 2017, S. 580).

Einflussfaktoren auf die Blutwerte

Die Messergebnisse der Blutwerte können durch Nahrungsaufnahme, Medikamente, körperliche Anstrengung oder langes Stauen beeinflusst werden. Es besteht auch eine Differenz zwischen dem Blut von Frauen und Männern.

Nahrungsaufnahme verändert vor allem den Blutzucker und die Blutfette. Aber auch die Werte von Bluteiweiß, Harnsäure, Phosphat und Kalium können verfälscht werden. **Langes Stehenlassen der Blutröhrchen** beeinflusst die Werte der Hormone Aldosteron, Renin und Noradrenalin. Ebenso verfälscht es die Messergebnisse von Bluteiweiß, Blutfett und Kalzium. **Langes Stauen** zerstört die roten Blutkörperchen und verändert die Kaliumwerte. Auch **die Tageszeit** nimmt Einfluss auf das Messergebnis. Je nach Tageszeit verändert sich die Konzentration, z. B. am Morgen sind Adrenalin und Noradrenalin höher als untertags. Die Eisenkonzentration im Blut ist am Nachmittag am höchsten, nachts steigt der Aldosteron- und der Reninspiegel an.

Um diese Faktoren weitgehend auszuschalten oder zu berücksichtigen, sollte bei einer geplanten venösen Blutabnahme Folgendes beachtet werden:

- eine geplante Blutentnahme soll zwischen 7 und 9 Uhr vormittags erfolgen
- zur Blutabnahme kommt der/die PatientIn nüchtern (hat nichts gegessen, nichts getrunken und keine Medikamente eingenommen)
- der/die PatientIn darf sich ca. 3 Stunden vor der Blutentnahme nicht anstrengen (z. B. kein Treppensteigen, keine Morgengymnastik)
- der/die PatientIn sollte vorher 15–30 Minuten liegen (vgl. Keller/Menche 2017, S. 580–581).

Venöse Blutentnahme bei Erwachsenen

„Der Tätigkeitsbereich der Pflegeassistenz umfasst die venöse Blutentnahme ausgenommen bei Kindern“ (§ 83 GuKG).

Als Punktionsorte bei Erwachsenen eignen sich folgende Venen:

- Handrücken, Fußrücken
- Unterarm
- Ellenbeuge (vgl. Keller/Menche 2017, S. 582)

Zur Venenpunktion eignen sich:

- **Kanülen**: Die Probenröhrchen werden mittels Bajonettverschluss an die Kanüle angesteckt oder aufgeschraubt.
- **Butterfly-System**: Eignet sich bei etwas schwierigeren Venenverhältnissen. Das System besteht aus einer Flügelnadel und einem Kunststoffschlauch mit Adapter, der am Proberöhrchen angebracht wird. Der Vorteil besteht darin, dass beim Wechsel der Proberöhrchen die Bewegungen nicht an die Nadel weitergeleitet werden, dadurch ist die Verletzungsgefahr der Vene geringer.

Die **Blutprobenröhrchen** sind je nach Blutuntersuchung farblich gekennzeichnet. Sie enthalten bereits die nötigen Trennmittel oder Gerinnungshemmer.

- **Probenröhrchen mit Stempel** (z. B. Starstedt-Monovetten®-System): Die Funktion ist wie bei einer Spritze. Zur Blutgewinnung wird das Probenröhrchen an die Kanüle aufgesteckt, durch Zurückziehen des Kolbens (Aspiration) gelangt das Blut in das Röhrchen.
- **Probenröhrchen ohne Stempel** (z. B. Vacutainer®-System): Das Blut gelangt mittels Vakuum ins Blutprobenröhrchen. (vgl. Keller/Menche 2017, S. 583)

Vorbereitung der Materialien zur venösen Blutentnahme:

- Einmalhandschuhe
- Hände- und Hautdesinfektionsmittel
- sterilisierte Tupfer
- Stauschlauch
- die benötigten Blutprobenröhrchen
- Blutprobenröhrchen mit PatientInnenetikette versehen
- Kanülen oder Butterfly (Flügelkanüle) mit Adapter
- Abwurfbehälter
- Pflaster
- Laborbegleitschein bereitstellen und beschriften (PatientInnenetikette)

Alle Materialien werden auf ein dafür vorgesehenes Tablett gestellt. Die richtige **Reihenfolge** bei der Befüllung der Blutprobenröhrchen ist einzuhalten. Das Zitratröhrchen für die Bestimmung der Blutgerinnungsfaktoren darf nicht als erstes befüllt werden.

1. Blutkultur – sie wird immer zuerst abgenommen
2. Serumröhrchen
3. Zitratröhrchen
4. EDTA-Röhrchen
5. Heparinröhrchen
6. Laktatröhrchen
7. diverse andere Blutprobenröhrchen (vgl. Keller/Menche 2017, S. 582–583)

Beim Herrichten und Etikettieren der Blutprobenröhrchen und Laborbegleitscheine vor der Probenentnahme ist Folgendes zu überprüfen:

- richtiger Name (PatientIn)
- richtiges Geburtsdatum
- richtige Blutprobenröhrchen
- richtige PatientInnenetikette oder richtige Beschriftung auf Blutprobenröhrchen und Laborbegleitschein
- PatientIn zur Blutentnahme vorbereiten, ev. nüchtern lassen (vgl. Keller/Menche 2017, S. 580)
- PatientIn vor der Blutentnahme über Vorgehen und Grund informieren
- PatientIn hinsetzten oder hinlegen lassen
- störende Kleidung entfernen
- Vene auswählen (vgl. Menche 2011, S. 572)

Durchführung der venösen Blutentnahme:

- hygienische Händedesinfektion
- Einmalhandschuhe anziehen
- Desinfektion der Punktionsstelle: mittels Wischdesinfektion mit einem in Hautdesinfektionsmittel getränkten sterilen Tupfer von der Einstichstelle nach außen wischen
- Desinfektionsmittel ca. 30 Sekunden lang einwirken lassen (Haut muss wieder trocken sein)
- Punktionsstelle darf nach der Hautdesinfektion nicht mehr palpiert werden (sonst abermalige Hautdesinfektion) (vgl. Keller/Menche 2017, S. 581, 583)
- „Stauschlauch eine Handbreit oberhalb der geplanten Einstichstelle anlegen“ (Menche 2011, S. 572)
- Stauungsdruck sollte nicht über 40 mmHg betragen (Puls muss noch fühlbar sein)
- Vene im 30°-Winkel punktieren
- Blut aspirieren, starkes Aspirieren vermeiden (Zerstörung der roten Blutkörperchen)
- wenn Blut fließt, Stauung öffnen
- beim Befüllen der Blutprobenröhrchen auf die Reihenfolge achten
- Blutröhrchen für Gerinnung und Zitratröhrchen genau bis zur Markierung befüllen und sofort einige Male kippen, damit sich die gerinnungshemmende Substanz mit dem Blut vermischt
- sterilisierten Tupfer auflegen (nicht drücken), Kanüle entfernen
- Kanüle oder Butterfly-System sofort in geeigneten Behälter entsorgen
- mit dem Tupfer Punktionsstelle komprimieren und ev. mit Pflaster versorgen
- Einstichstelle auf etwaige Blutung kontrollieren

Muss eine Alkoholbestimmung im Blut durchgeführt werden, darf kein alkoholisches Hautdesinfektionsmittel verwendet werden. Für diese Blutentnahme gibt es spezielle Sets mit geeignetem Hautdesinfektionsmittel (vgl. Keller/Menche 2017, S. 581, 583).

Nachsorge:

- nochmaliges Vergleichen der Daten vom Laborbegleitschein mit den Etiketten oder der Beschriftung auf dem Blutprobenröhrchen (vgl. Menche 2011, S. 571)
- restliche Materialien (Tupfer) entsorgen
- Schlussdesinfektion der Arbeitsfläche
- nochmalige Kontrolle der Einstichstelle (vgl. Keller/Menche 2017, S. 584)
- fachgerechter, sofortiger Versand des Untersuchungsmaterials (vgl. Georg Thieme Verlag 2015, S. 39)

Nach einer Venenpunktion kann es zu unterschiedlichen **Komplikationen** an der Einstichstelle kommen, z. B. Bluterguss (Hämatom), Infektion, Nachblutung, Nervenverletzung. Gelegentlich werden Menschen bei der Blutentnahme ohnmächtig, daher ist eine Venenpunktion im Liegen zu bevorzugen.

Manchmal bestehen keine optimalen Punktionsverhältnisse, da die Venen schlecht sichtbar oder nicht tastbar sind. Gelegentlich kann es auch vorkommen, dass die Venen beim Punktieren davonrollen. Hilfreich kann sein:

- sich für die Blutentnahme Zeit nehmen und die Vene sorgfältig aussuchen
- den Arm einige Zeit nach unten hängen lassen, dadurch füllen sich die Venen besser

- mehrmals die Finger strecken und zur Faust schließen lassen
- den Arm leicht beklopfen, reiben oder massieren
- zum Stauen eine Blutdruckmanschette verwenden
- den Arm vorher in warmem Wasser baden oder mit feuchtwarmem Tuch umwickeln
- Rollvenen an jener Stelle punktieren, wo sich zwei Venen zu einem Y vereinen
- gelingt die Punktion nach zwei Versuchen nicht, sollte sie von einer anderen dazu berechtigten Pflegeperson durchgeführt werden (vgl. Keller/Menche 2017, S. 584).

Schweiß

Schweiß (Sudor) wird von den Schweißdrüsen, die in der Unterhaut liegen, gebildet und durch Ausführungsgänge auf den ganzen Körper verteilt. Er ist ein wichtiger Bestandteil des Säureschutzmantels der Haut. An den Handinnenflächen, den Fußsohlen, in den Achselhöhlen, auf der Stirn und am Nasenrücken befinden sich viele Schweißdrüsen. Bei körperlicher Arbeit und emotionalen Erregungszuständen wird die Schweißproduktion gesteigert und durch die Flüssigkeitsverdunstung auf der Haut dem Körper Wärme entzogen (Verdunstungskälte).

Schweiß besteht zu 99 % aus Wasser, weiters aus Kochsalz, Kalium, Magnesium und Phosphat, aber auch aus Ausscheidungsstoffen wie Harnstoff und Ammoniak, aus Cholesterin und Fettsäuren sowie Duftstoffen. Die vermehrte Abgabe von Schweiß ist ein physiologischer Vorgang zur Wärmeregulierung und wird als **Transpiration** bezeichnet. Frischer Schweiß ist geruchsneutral, unangenehmer Schweißgeruch entsteht durch bakterielle Zersetzungsprozesse von Fett, vor allem in schlechtbelüfteten Körperregionen und Kleidungsstücken.

Eine vermehrte Sekretion von warmem, großperligem Schweiß wird als **Hyperhidrosis** bezeichnet und kommt vor bei:

- Aufregung/Anstrengung
- vermehrter Muskelarbeit
- hohen Außentemperaturen
- Übergewicht (Adipositas)
- Einnahme bestimmter Medikamente wie Aspirin oder Schilddrüsenmedikamenten
- Fieberabfall
- Morbus Parkinson

Kalter, klebriger, kleinperliger Schweiß ist immer ein Alarmzeichen und tritt auf bei:

- Schock
- Erbrechen
- Kreislaufstörungen
- Unterzuckerung (Hypoglykämie)

Die verminderte Schweißproduktion wird als **Hypohidrosis** bezeichnet und kann auftreten bei:

- Verlegung der Schweißdrüsen durch Ekzeme
- Atropingabe (Tollkirsche)

- Schilddrüsenunterfunktion
- Diabetes insipidus
- massive Durchfälle

Bei Hypohidrosis besteht die Gefahr einer Überhitzung des Organismus durch einen Wärmestau.

Anhidrosis ist eine seltene Störung, bei der die Schweißproduktion zur Gänze fehlt (zu wenige/fehlende Schweißdrüsen). Die Körpertemperatur kann nicht geregelt werden, es kommt zum Wärmestau. Anhidrosis kann auch nach massiven Verbrennungen durch die Zerstörung der Schweißdrüsen vorkommen.

Körpertemperatur

Der menschliche Körper hat zahlreiche Regulationsmechanismen zur Konstanthaltung einer Körpertemperatur, bei der die Stoffwechselvorgänge optimal funktionieren. Neben diesen Mechanismen gibt es individuelle Einflussfaktoren, die sich auf die Köpertemperatur auswirken (siehe Abb. 98).

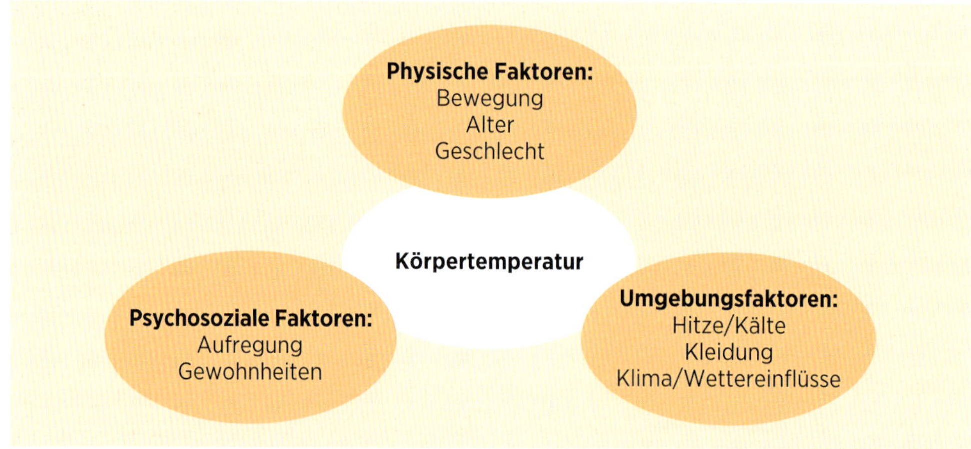

Abb. 98: **Einflussfaktoren auf die Körpertemperatur**

Temperaturregulation

Für die Temperaturregulation ist das Wärmeregulationszentrum im Hypothalamus zuständig. Durch Thermorezeptoren im Körper bekommt das Gehirn die Information, ob Wärme abgegeben oder produziert werden muss. Körperwärme entsteht durch Stoffwechselvorgänge wie Muskelkontraktionen. In Ruhe wird der Großteil der Wärme in der Leber gebildet. Durch Muskelzittern kann bei Bedarf zusätzlich Wärme erzeugt werden. Bei Kälte bekommen wir eine Gänsehaut, durch Kontraktion der kleinen Haarbalgmuskeln richten sich die Köperhaare auf.

Es werden vier Mechanismen zur Regulation der Körpertemperatur unterschieden. Bei der **Leitung (Konduktion)** erfolgt die Wärmeübertragung durch direkten Kontakt. Der Körper gibt durch Gefäßweiterstellung Wärme ab und hält durch Gefäßengstellung Wärme im Körper. Bei der **Strömung (Konvektion)** erfolgt der Wärmeaustausch über ein Medium wie Luft oder Wasser. Bei der **Strahlung (Radiation)** erfolgt die Abgabe der Wärme an die Umgebung. Bei der **Verdunstung (Evaporation)** erfolgt die Wärmeabgabe durch Verdunstung über Haut, Atemwege und Schleimhäute, es entsteht die sogenannte Verdunstungskälte (durch Schweiß).

Temperaturmessung

Die Körpertemperatur ist physiologischen Schwankungen unterworfen. Sie schwankt innerhalb des Tages um ca. 1° C, zwischen 5 und 6 Uhr ist die Körpertemperatur am niedrigsten, zwischen 16 und 17 Uhr am höchsten. Zusätzlich zu den Regulationsmechanismen des Körpers kann der Mensch durch die Wahl der Bekleidung, die Intensität der Arbeitsaktivität und der Bestimmung der Aufenthaltsdauer in einem warmen oder kalten Bereich die Wärmeregulation beeinflussen.

Die **Körperkerntemperatur**, die Temperatur im Körperinneren, beträgt etwa 37° C und ist für die Funktion lebenswichtiger Organe wie Herz und Gehirn erforderlich. Bei körperlicher Arbeit oder großer Hitze kann die Körperkerntemperatur bis auf 38° C ansteigen. Die **Körperschalentemperatur**, die Temperatur an der Körperoberfläche, also an der Haut, liegt je nach Region (je peripherer, desto geringer) zwischen 28 und 33° C.

Messorte

Die Körpertemperatur kann an verschiedenen Körperstellen, an denen größere Blutgefäße verlaufen und daher der Messbereich von der Umgebungstemperatur unbeeinflusst ist, gemessen werden. Neben der Dokumentation des gemessenen Wertes ist auch der Messort – wird die Körperkern- oder die Körperschalentemperatur gemessen – zu vermerken.

Bei der **axillaren Messung** wird das Thermometer in die Achselhöhle gelegt, der Oberarm liegt am Oberkörper an und umschließt die Thermometerspitze vollkommen. Bei dieser Messmethode wird die Körperschalentemperatur ermittelt.

Vorteile:

- einfache und angenehme Messart für die Betroffenen
- hygienische Messung
- Intimsphäre bleibt gewahrt

Nachteile:

- lange Messdauer: 8–10 Minuten bei der Verwendung eines Maximalthermometers, 1–2 Minuten bei der Verwendung eines digitalen Thermometers
- ungenaue Messwerte durch Schweiß, Verrutschen des Thermometers, Reibung

Bei der **rektalen Messung** wird die Körperkerntemperatur gemessen. Der/die PatientIn liegt mit angewinkelten Beinen in Seitenlage. Das Thermometer mit Schutzhülle wird mit einer leichten Drehbewegung ungefähr 2 bis 3 cm in den Enddarm (Rektum) eingeführt.

Vorteile:

- genaue Messung
- kurze Messdauer: ca. 3 Minuten bei der Verwendung eines Maximalthermometers, 1–2 Minuten bei der Verwendung eines digitalen Thermometers

Nachteile:

- unangenehme Messart für die Betroffenen
- Intimsphäre wird verletzt
- für die Anwendung bei Kindern, unruhigen Menschen oder Personen mit Hämorriden nicht geeignet (Verletzungsgefahr)

Bei der **sublingualen Messung** liegt das Thermometer neben dem Zungenbändchen unter der Zunge, die Lippen sind während der Messung geschlossen. 15 Minuten vor der Messung soll der/die PatientIn nichts Warmes oder Kaltes zu sich genommen haben. Gemessen wird die Körperschalentemperatur.

Vorteile:

- einfache und angenehme Messart für die Betroffenen
- kann von den Betroffenen selbst durchgeführt werden
- hygienische Messung
- Intimsphäre bleibt gewahrt

Nachteile:

- ungenaue Messwerte durch Mundatmung, Verrutschen des Thermometers, Zufuhr von Warmem oder Kaltem
- für die Anwendung bei Kindern, unruhigen Menschen oder PatientInnen mit Lähmungen im Gesichtsbereich (Fazialisparese) nicht geeignet (Verletzungsgefahr)
- lange Messdauer: 8–10 Minuten bei der Verwendung eines Maximalthermometers, 1–2 Minuten bei der Verwendung eines digitalen Thermometers

Für die **tympanale Messung** (Messung im Gehörgang) wird ein spezielles Infrarot- Ohrthermometer mit Schutzkappe verwendet. Das Ohr ist gerade nach hinten oben gezogen, die Messspitze des eingeschalteten Thermometers wird eingeführt und die Messung gestartet. Nach dem akustischen Signal wird das Thermometer herausgenommen, der Messwert abgelesen und die Schutzkappe weggeworfen. Hörgeräte müssen ungefähr 20 Minuten vorher entnommen werden, der/die PatientIn soll nicht auf der Messseite gelegen haben.

Vorteile:

- einfache und angenehme Messart für die Betroffenen
- auch für die Anwendung bei Kindern oder unruhigen Menschen geeignet
- kurze Messdauer: 1–3 Sekunden
- hygienische Messung
- Intimsphäre bleibt gewahrt

Nachteile:

- ungenaue Messwerte durch Ohrenschmalz im Gehörgang, langes Liegen auf dem Ohr oder Hörgeräte
- die Thermometer sind teuer

Die Messung der Körpertemperatur kann auch inguinal (in der Leistenbeuge, entspricht der axillaren Temperatur), vaginal (in der Scheide, entspricht der rektalen Temperatur) oder an der Stirn mit Infrarot-Thermometer gemessen werden.

Thermometerarten

Je nach Messart bzw. -ort kommen unterschiedliche Thermometer zum Einsatz.

Ein **Maximalthermometer/Quecksilberthermometer** ist ein Glasthermometer mit Quecksilberfüllung in einem Steigrohr. Die Temperatur wird von einer Skala abgelesen. Wird in der professionellen Pflege nicht mehr verwendet. Hat eine lange Messdauer und setzt bei Bruch das giftige Quecksilber frei. Darf nicht bei unruhigen PatientInnen oder Kindern eingesetzt werden.

Beim **digitalen/elektronischen Thermometer** erfolgt die Messung über einen Temperaturfühler, die Anzeige ist elektronisch, die Messdauer ist kurz. Ein akustisches Signal ertönt nach Beendigung des Messvorgangs.

Das **Ohrthermometer** misst die Abstrahlung des Trommelfells mittels Infrarotsensor. Bei richtiger Anwendung sind Ohrthermometer sehr genau und haben eine kurze Messdauer.

Stirnthermometer haben eine kurze Messdauer und messen ebenfalls mit dem Infrarotprinzip. Sie kommen vor allem bei Kindern und unruhigen Menschen zum Einsatz. Bei richtiger Anwendung sind die Stirnthermometer sehr genau.

Schnullerthermometer kommen bei Säuglingen und Kleinkindern zum Einsatz. Durch die Messung im Mund können die Messwerte ungenau und verfälscht sein (siehe sublinguale Messung).

Temperatursonden kommen hauptsächlich bei IntensivpatientInnen zum Einsatz und können in Körperöffnungen wie Luftröhre oder auch als Kathetersonde in der Blase verwendet werden.

Veränderungen der Körpertemperatur

Die Körpertemperatur kann physiologisch oder pathologisch bedingt nach oben (Hyperthermie) oder unten (Hypothermie) verändert sein.

Fieber

Ist die Körpertemperatur erhöht, spricht man von Fieber (Hyperthermie). Fieber ist keine Krankheit, sondern Teil der Abwehrreaktion des Organismus, um Erreger an der Vermehrung zu hindern. Fieber ist ein Symptom für einen krankhaften Prozess im Körper. Der Anstieg der Körpertemperatur ist mittels Fieberthermometer genau zu bestimmen. Durch das Erkennen von subjektiven Symptomen vermuten wir meist schon, dass unser Körper vermehrt Wärme erzeugt, bevor wir objektive Zeichen feststellen konnen.

Subjektive Fieberzeichen:

- allgemeines Krankheitsgefühl
- Abgeschlagenheit
- Müdigkeit
- Leistungsverminderung
- Kopf- und Gliederschmerzen
- Licht- und Geräuschempfindlichkeit
- Frösteln
- Hitzeschauer

Objektive Fieberzeichen:

- Anstieg von Temperatur und Puls
- beschleunigte/oberflächliche Atmung
- Appetitlosigkeit
- trockene, belegte Zunge
- rissige Lippen
- Durst
- verminderte Urinausscheidung (bei ungenügender Flüssigkeitszufuhr)

- stark konzentrierter Urin
- Obstipation
- heiße, gerötete Haut
- großperliger, warmer Schweiß
- glänzende Augen
- Unruhe
- Verwirrtheit
- Halluzinationen
- Schlaflosigkeit

Tab. 25: **Fieberhöhen**

Normaltemperatur	36,3–37,4° C
erhöhte (subfebrile) Temperatur	37,5–38,0° C
leichtes Fieber	38,0–38,5° C
mäßiges Fieber	38,6–39,0° C
hohes Fieber	39,1–39,9° C
sehr hohes Fieber	40,0–42,0° C

Je nach Höhe der Körpertemperatur unterscheidet man folgende **Fieberhöhen** (s. Tab. 25).

Ab einer Temperatur von 42,6° C besteht die Gefahr der Eiweißgerinnung (Denaturation) im Körper, diese endet tödlich (letal).

Der **Fieberverlauf** wird in **vier Phasen** eingeteilt. Durch auf die Fieberphase abgestimmte Pflegemaßnahmen kann der/die Fiebernde unterstützt werden.

In der Phase des **Fieberanstiegs (Stadium incrementi)** wird der Sollwert im Temperaturregulationszentrum erhöht. Durch vermehrte Muskelkontraktionen wird die Temperatur erhöht, es kann zu Zähneklappern und/oder Schüttelfrost kommen. In dieser Phase soll der Anstieg der Körpertemperatur auf den Sollwert unterstützt werden.

Pflegmaßnahmen:

- für eine warme Umgebung sorgen – Fenster schließen, wärmende Decken und Getränke reichen
- bei Schüttelfrost/Zähneklappern: Vitalzeichenkontrolle – Puls, Blutdruck, Bewusstsein und Temperatur
- Pulsanstieg – pro 1° C Körpertemperatur um 8–12 Schläge und Anstieg der Atemfrequenz

In Phase der **Fieberhöhe (Fastigium)** ist der Sollwert erreicht. Der/die Fiebernde hat nun ein Hitzegefühl, Haut und Schleimhäute sind trocken, heiß und gerötet. Die Augen glänzen und sind lichtempfindlich, der/die Kranke fühlt sich schwach und kann unruhig und ängstlich sein. Kopf- und Gliederschmerzen, erhöhter Puls und gesteigerte Atemfrequenz sind ebenfalls Zeichen der Fieberhöhe. Der/die Fiebernde hat ein starkes Durstgefühl und eine verminderte Ausscheidung von konzentriertem Harn.

Pflegmaßnahmen:

- Wärmespender entfernen
- ausreichende Flüssigkeitszufuhr durch lauwarme Getränke
- Flüssigkeitsbilanz – Gefahr der Austrocknung (Exsikkosegefahr)
- Prophylaxen durchführen
- Vitalzeichenkontrolle

In der Phase des **Fieberabfalles (Stadium decrementi)** wird der Sollwert gesenkt, das wird durch eine vermehrte Wärmeabgabe erreicht. Die Körpertemperatur sinkt durch vermehrte Hautdurchblutung. Der/die Fiebernde schwitzt, kann unruhig und ängstlich sein. Die Körpertemperatur kann langsam (Lysis) oder schnell sinken (Krisis). Bei der **Lysis** sinkt das Fieber langsam, über mehrere Tage, ab. Der/die Kranke hat warmen, großperligen Schweiß am Körper und braucht mehrmals täglich einen Wäschewechsel, um eine erneute Verkühlung durch die Verdunstungskälte zu verhindern. Die **Krisis** ist ein rascher Fieberabfall innerhalb weniger Stunden und zeigt sich durch kalten, kleinperligen Schweiß. Der Organismus ist durch den raschen Temperaturabfall stark belastet, es besteht Kollapsgefahr. Eine zurückhaltende Mobilisation (nur zur Toilette) und engmaschige Vitalzeichenkontrolle gehören zu den Pflegemaßnahmen.

In der Phase der **Erschöpfung** braucht der/die Betroffene vor allem Ruhe, daher sollten die Pflegemaßnahmen auf ein Minimum reduziert werden. Der/die Betroffene fühlt sich sehr müde und braucht viel Ruhe und Schlaf.

Je nach Grunderkrankung, Alter und Allgemeinzustand besteht die Gefahr von **Komplikationen** im Zusammenhang mit einer fieberhalten Erkrankung:

- Fieberdelir/Halluzinationen/Verwirrtheit
- Angst/Unruhezustände
- Austrocknung (Exsikkose)
- Verstopfung (Obstipation)
- Intertrigo
- Dekubitus
- Pneumonie
- Soor und Parotitis
- Thrombose
- Stoffwechselentgleisungen (Hypo-/Hyperglykämie) bei DiabetikerInnen

Um diesen Komplikationen vorzubeugen, sind die entsprechenden prophylaktischen Maßnahmen zeitgereicht einzuleiten.

Merke: Pro 1° C Temperaturerhöhung braucht der Körper zusätzlich 1 Liter Flüssigkeit!

Da Fieber ein Teil des Abwehrprozesses ist, sollten **fiebersenkende Maßnahmen** nur ergriffen werden, wenn das Fieber über längere Zeit hoch ist (39° C), oder es der Allgemeinzustand des/der Fiebernden erfordert.

Merke: Bei Kindern, die zu Fieberkrämpfen neigen, werden fiebersenkende Maßnahmen bereits bei einer Körpertemperatur von 38,5° C eingesetzt.

Neben der Fiebersenkung durch Medikamente (Antipyretika) gibt es zahlreiche alternative Maßnahmen, die angewandt werden können.

Der **Wadenwickel** wird bei Fieber über 39,0° C angewandt. Durch die entstehende Verdunstungskälte wird dem Körper Wärme entzogen. Gegenanzeigen (Kontraindikationen) sind Schüttelfrost, Frösteln, kalte Hände oder Füße, Kreislaufschwäche, Durchblutungsstörungen und Sensibilitätsstörungen. Bei verwirrten oder unruhigen Menschen sollte der Wadenwickel ebenfalls nicht angewendet werden.

Merke: Hat der/die Kranke trotz Fieber kalte Füße oder friert, darf kein Wadenwickel angewendet werden! Weiters darf der Wadenwickel erst durchgeführt werden, wenn die Phase der Fieberhöhe erreicht ist!

Vorbereitung:

- Schüssel mit lauwarmem Wasser (10° C unter der Fiebertemperatur)
- zwei Hand- oder Geschirrtücher als Innentücher
- großes Badetuch als Außentuch
- Nässeschutz (dickes Handtuch oder wasserdichte Unterlage)

Durchführung:
Den Nässeschutz mit dem Außentuch quer auf dem Bett unter den Waden des/der Fiebernden ausbreiten. Die Innentücher in lauwarmem Wasser tränken, leicht auswringen und locker um die Waden wickeln. Ein eng angelegter Wickel kann zu Hitzestau führen! Das Außentuch locker über die Beine schlagen und den/die Fiebernde/n leicht zudecken. Die Wärme des Wadenwickels nach einigen Minuten prüfen. Sind die Tücher stark erwärmt oder fast trocken, werden sie entfernt.

Der Wadenwickel kann drei- bis viermal hintereinander gemacht werden. Nach ca. 30 Minuten sollten Körpertemperatur, Puls und Blutdruck kontrolliert werden. Die Temperatur darf maximal um 1° C fallen, sonst wird der Kreislauf zu stark belastet. Durch Zusätze wie frischen Zitronensaft, Pfefferminztee oder Obstessig kann der Effekt des Wadenwickels verstärkt werden.

Die **fiebersenkende Waschung** wirkt kreislauffördernd und erhöht meist das Wohlbefinden des/der Fiebernden. Neben der Senkung der Körpertemperatur durch die Verdunstungskälte wirkt die fiebersenkende Waschung stimulierend durch den mechanischen Reiz auf der Haut und erfrischend bzw. kühlend, je nach verwendetem Wasserzusatz. Zitrone als Zusatz wirkt erfrischend, Pfefferminztee wirkt kühlend und leicht schmerzlindernd.

Merke: Die fiebersenkende Waschung darf erst durchgeführt werden, wenn die Phase der Fieberhöhe erreicht ist!

Vorbereitung:

- Schüssel mit lauwarmem Wasser (10° C unter der Fiebertemperatur)
- Waschlappen
- Zusätze: Saft einer halben Zitrone oder Aufguss aus Pfefferminztee

Durchführung:
Die fiebersenkende/anregende Waschung wird zügig durchgeführt und erfolgt von der Peripherie zum Zentrum, wobei immer nur die zu waschende Körperpartie abgedeckt wird. Der Waschlappen sollte gut feucht sein, nach dem Waschen wird die Haut nicht getrocknet, um durch die Verdunstungskälte eine Fiebersenkung zu erreichen. Die Waschung beginnt an den Extremitäten. Die Arme werden gegen die Haarwuchsrichtung von der Hand bis zur Schulter entlang gewaschen und wieder zugedeckt. Die Beine werden von den Zehen bis zur Hüfte gewaschenund wieder zugedeckt. Körpervorder- und -rückseite werden ebenfalls gegen die Haarwuchsrichtung gewaschen und wieder abgedeckt.

Bei Kindern oder Kreislaufinstabilen sollte nur eine Teilwaschung durchgeführt werden, um den Kreislauf zu schonen. Die fiebersenkende Waschung kann zwei- bis viermal im Abstand von ca. 30 Minuten angewendet werden. Dazwischen sollten Körpertemperatur, Puls und Blutdruck kontrolliert werden. Die Körpertemperatur darf maximal um 1° C fallen, um eine zu starke Kreislaufbelastung zu vermeiden.

Für die lokale Kälteanwendung empfiehlt sich der Einsatz von **Kühlelementen** wie Gelbeuteln, die im Eisfach des Kühlschranks oder im Gefrierschrank gekühlt werden. Die Anwendung erfolgt lokal mit einer Schutzhülle, um Kälteschäden zu vermeiden. Sobald das Kühlelement durch die Körperwärme erwärmt ist, wird es wieder entfernt. Kühlelemente können drei- bis viermal hintereinander angewendet werden. Auf die Temperatur- und Kreislaufsituation ist zu achten.

Hitzschlag

Eine weitere Form der Hyperthermie ist der Hitzschlag. Er entsteht durch einen Wärmestau bei längerer Wärmeeinwirkung. Symptome eines Hitzschlages sind Kopfschmerzen und Übelkeit mit Erbrechen. Maßnahmen bei einem Hitzschlag sind ausreichende Flüssigkeitszufuhr, Vitalzeichenkontrolle, körperliche Schonung und langsame Reduktion der Körpertemperatur. Eine ärztliche Kontrolle ist unbedingt notwendig.

Sonnenstich

Der Sonnenstich ist ebenfalls eine Form der Hyperthermie. Er entsteht durch längere direkte Sonneneinstrahlung, die zur Reizung der Hirnhaut führt. Symptome sind ein hochroter, heißer Kopf, Kopfschmerzen mit Nackensteifigkeit, Übelkeit und Erbrechen, eventuell auch Bewusstlosigkeit. Erstmaßnahmen sind Entfernen des/der Betroffenen aus der Sonne und langsame Abkühlung vor allem im Kopfbereich, in einer Position mit leicht erhöhtem Oberkörper.

Hypothermie

Sinkt die Körpertemperatur unter 36° C, spricht man von einer Hypothermie. Durch eine erhöhte Wärmeabgabe an die Umgebung sinkt die Körpertemperatur. Man unterscheidet drei Stadien der Hypothermie.

Stadium 1 – Abwehr (36 bis 34° C): Der/die Betroffene ist bewusstseinsklar, hat Muskelzittern und Schmerzen, Blutdruck und Puls sind erhöht, die Haut ist blass und kalt.

Stadium 2 – Erschöpfung (34 bis 27° C): Der/die Betroffene wird schläfrig, die Reflexe sind abgeschwächt (Lidreflex, Patella-Sehnen-Reflex, Abwehrreflex bei Schmerzreizung), der/die Betroffene hat keine Schmerzempfindung mehr, Blutdruck und Puls sind erniedrigt.

Stadium 3 – Scheintod/Kältetod (unter 27° C): Der/die Betroffene ist komatös (nicht weckbar), hat keine Reflexe mehr, die Pupillen sind erweitert. Die Atmung ist kaum mehr vorhanden, der Puls ist nicht mehr tastbar, es kommt zum Herz-Kreislauf-Stillstand. Unbehandelt kommt es zum Erlöschen aller Körperfunktionen und der Tod tritt ein.

Das kann ich!

Ich kenne die Grundlagen und Ziele der Ersten Hilfe und kann deren Relevanz für die Praxis ableiten.	
Ich kenne die Aufgaben des Ersthelfers/der Ersthelferin.	
Ich kenne den Ablauf der Rettungskette und kann deren Relevanz für die Praxis ableiten.	
Ich kenne das richtige Verhalten bei Unfällen und kann die Relevanz für die Praxis ableiten.	
Ich kenne die ERC-Leitlinien zur Reanimation und weiß, wie man sich im Notfall (Reanimation, Defibrillation, Erstickung) verhält.	
Ich kenne die Erste-Hilfe-Maßnahmen bei Verletzungen wie Blutungen und Wunden und kann diese in der Praxis anwenden.	
Ich kenne die Schockarten, -symptome und Erste-Hilfe-Maßnahmen und kann diese in der Praxis anwenden.	
Ich kenne die Grundlagen zu Vitalparametern wie Puls und Blutdruck.	
Ich kann Abweichungen der Vitalparameter Puls und Blutdruck erkennen und das korrekte Verhalten in Notfällen anwenden.	
Ich kann die Einflussfaktoren auf die Blutwerte erklären.	
Ich kenne die Punktionsorte zur venösen Blutentnahme bei Erwachsenen.	
Ich kann die Vorbereitung der Materialien zur venösen Blutentnahme erklären.	
Ich kann die venöse Blutentnahme durchführen.	
Ich kenne die Reihenfolge der Blutprobenröhrchen zur Blutentnahme.	
Ich kann mögliche Komplikationen nach einer Blutentnahme erklären.	
Ich kenne die Grundlagen und Veränderungen der Körpertemperatur sowie adäquate pflegerische Interventionen und kann diese in der Praxis anwenden.	
Ich kenne die Beobachtungskriterien und Veränderungen des Bewusstseins sowie adäquate pflegerische Interventionen und kann diese in der Praxis anwenden.	
Ich kenne die Beobachtungskriterien und Veränderungen der Atmung sowie adäquate pflegerische Interventionen und kann diese in der Praxis anwenden.	
Ich kenne die unterschiedlichen Trachealkanülen und kann deren Zweck beschreiben.	
Ich kenne die Materialien zur Tracheostomapflege und kann diese anwenden.	
Ich kann die Grundsätze der Tracheostomapflege erläutern.	
Ich kann die Indikationen zur Absaugung des Atemwegsekretes erklären.	
Ich kann die Vorbereitung und das Vorgehen bei der endotrachealen Absaugung beschreiben.	
Ich kann die Maßnahmen nach dem Absaugen des Atemwegsekretes nennen.	
Ich kann das Vorgehen zur Vermeidung von Komplikationen bei der Absaugung erläutern.	
Ich kann die Vitalfunktionen als Lebensgrundlage erklären.	
Ich kenne die Selbstregulationsmechanismen des Körpers zur Konstanthaltung der Lebensfunktionen.	

Ich kenne pathophysiologische Abweichungen von Bewusstsein, Atmung, Puls, Blutdruck und Körpertemperatur, kann diese dokumentieren und Beobachtungen adäquat weiterleiten bzw. notwendige Erste-Hilfe-Maßnahmen setzen.	
Ich kann Risikofaktoren (z. B. Körpergewicht) und Risikoindikatoren (z. B. Pulsfrequenz) bezüglich Vitalzeichen erkennen und ressourcenorientierte Unterstützung anbieten.	
Ich beherrsche grundlegende Pflegeinterventionen und Pflegetechniken in Bezug auf Beobachtung, Überwachung und Unterstützung von Bewusstsein, Atmung, Puls, Blutdruck und Körpertemperatur.	
Ich kann eine/n Fiebernde/n unter Aufsicht und Anleitung entsprechend der Fieberverlaufsphasen pflegen.	

Lernfeld 5
Der ewige Kreislauf

In diesem Lernfeld sind die Grundlagen zu den Themen „Essen und Trinken“ und „Ausscheiden“ sowie Veränderungen in diesen Bereichen und pflegerische Interventionen beschrieben.

Essen und Trinken

„Deine Nahrungsmittel seien deine Heilmittel.“
Hippokrates (460–370 v. Chr., griechischer Arzt)

Alle Lebensvorgänge benötigen Energie. Pflanzen holen sich die Energie aus dem Sonnenlicht. Tiere und Menschen können das Sonnenlicht nicht direkt nutzen und beziehen die Energie, die sie zum Leben brauchen, aus der Nahrung. Mit der Nahrung werden dem Körper die Stoffe zugeführt, die er für die verschiedensten Aufgaben wie Atmung, Herztätigkeit, Verdauung, Bewegung und geistige Arbeit benötigt.

Schon Hippokrates wusste, dass richtige Ernährung mehr ist als ein Energielieferant. Eine ausgewogene Nahrung ist gesundheitsförderlich und wirkt vorbeugend gegen Krankheiten. Dadurch können die Kosten für medizinische Betreuung bzw. Heilung von ernährungsbedingten Krankheiten reduziert werden. Essen hat auch auf die Psyche eine positive Wirkung.

Einflussfaktoren

Unser Ernährungsverhalten wird schon in unserer Kindheit geprägt und ist zahlreichen Einflussfaktoren unterworfen. Diese sind charakterisiert durch:

Tab. 26: **Einflussfaktoren Essen und Trinken**

Einflüsse	Kennzeichen
kulturell-familiäre	▸ Rhythmus der Mahlzeiten ▸ Bevorzugung regional und familiär üblicher Speisen ▸ generelle Wertschätzung von Lebensmitteln ▸ häusliche Gemeinschaft ▸ Belohnung (z. B. durch bestimmte Speisen) ▸ Verträglichkeit ▸ Stärkung ▸ kognitive Steuerung
soziale und kommunikative	▸ gemeinsames Zubereiten der Mahlzeiten ▸ gemeinsames Essen fördert das Zusammengehörigkeitsgefühl
ästhetische	▸ das Auge isst mit ▸ schön gedeckter Tisch ▸ geschmackvolles Anrichten der Speisen
religiöse	▸ Verbindung zum Göttlichen ▸ Abendmahl/Opferspeise

Mit fortschreitendem Alter spielen neben den oben genannten noch zusätzliche Faktoren eine Rolle. Sie beeinflussen das Ernährungsverhalten und den Ernährungszustand im Alter entscheidend. Die das Ernährungsverhalten und den Ernährungszustand beeinflussenden Faktoren beinhalten beispielsweise:

Tab. 27: **Einflussfaktoren Essen und Trinken im Alter** (vgl. Gerber 2014, S. 29)

Einflussfaktoren	Kennzeichen
physiologische Altersveränderungen	▸ Altersanorexie (durch Appetitlosigkeit) ▸ nachlassende Sinneswahrnehmungen – schmecken, riechen, sehen ▸ physiologische Veränderungen der Verdauungsfunktion
Ernährungsverhalten	▸ einseitige Ernährung ▸ restriktive Diäten ▸ Schlankheits- oder Vergiftungswahn ▸ geringe Essensmengen ▸ Auslassen von Mahlzeiten ▸ hoher Alkoholkonsum
Gesundheitszustand	▸ akute oder chronische Erkrankungen ▸ (chronische) Schmerzen ▸ Polypharmazie ▸ Nebenwirkungen von Medikamenten ▸ gastrointestinale Erkrankungen/Beschwerden, die mit Übelkeit, Erbrechen, Obstipation, Diarrhö einhergehen
körperliche Beeinträchtigungen	▸ Immobilität / beeinträchtigte Mobilität ▸ Beeinträchtigungen der oberen Extremitäten – Schwierigkeiten beim Schneiden ▸ Kaubeschwerden durch Zahnverlust, schlecht sitzende Zahnprothesen, Entzündungen im Mund, ... ▸ Schluckbeschwerden
geistige und psychische Verfassung	▸ Vergesslichkeit, Verwirrtheit, Demenz ▸ Depression, Psychose, delirantes Syndrom
soziale Situation	▸ Verwahrlosung ▸ Einsamkeit ▸ soziale Isolation ▸ biografische Ereignisse (Verwitwung, Heimeinzug, ...)
finanzielle Situation	▸ geringes Einkommen ▸ Armut

Tipp: Auf der Seite www.fitimalter-dge.de finden Sie weitere Informationen und Broschüren zum Thema Ernährung im Alter!

Energie aus Nährstoffen

Der Körper benötigt Energie und Nährstoffe, um folgende Aufgaben zu erfüllen:

- Konstanthaltung der Körpertemperatur
- Aufrechterhaltung körperlicher Funktionen wie Muskeltätigkeit, Verdauung, Organfunktionen, Stoffwechseltätigkeit, Zellerneuerung

- Aufrechterhaltung der geistigen Funktionen
- Wachstum

Die angemessene tägliche Energiezufuhr und die Zusammensetzung der Nahrung spielen für die Gesunderhaltung des Körpers eine wichtige Rolle. Nahrungsmittel sind tierischer oder pflanzlicher Herkunft und enthalten eine unterschiedliche Nährstoffverteilung. Daher werden Nahrungsmittel nach dem Energiegehalt und dem Nährstoffgehalt bewertet.

Eiweiße

Eiweiße, auch Proteine genannt, sind stickstoffhaltige Nährstoffe, deren Grundbausteine Aminosäuren sind. Neun Aminosäuren sind essentiell, das heißt, der Körper braucht sie zum Leben, kann sie aber nicht selber herstellen. Neben den nicht-essentiellen Aminosäuren gibt es noch die semi-essentiellen Aminosäuren, die unter bestimmten Umständen (z. B. in der Kindheit) lebensnotwendig sind. Menschliche Zellen sind großteils aus Proteinen aufgebaut.

Da der Körper Eiweiße nicht speichern kann, müssen sie ständig zugeführt werden. Eiweißlieferanten können tierische und pflanzliche Lebensmittel sein. Das tierische Eiweiß ist dem des menschlichen Körpers ähnlicher und kann daher leichter „verwertet" werden. Tierisches Eiweiß hat eine höhere „biologische Wertigkeit", da es mehr essentielle Aminosäuren enthält. Da tierisches Eiweiß Nährstoffe wie Fett, Purin und Cholesterin enthält, sollte es nicht in großen Mengen zugeführt werden. Ideal ist daher eine Mischung aus tierischen und pflanzlichen Eiweißen.

Tierische Eiweißlieferanten:

- Milch und Milchprodukte
- Fleisch, Fisch, Eier

Pflanzliche Eiweißlieferanten:

- Hülsenfrüchte
- Getreide und Getreideprodukte
- Sojaprodukte

Fette

Fette, auch Lipide genannt, sind Verbindungen aus Glycerin und Fettsäuren. Wie viel sich von welcher Fettsäure in einem Fettmolekül (Triglycerid) befindet, bestimmt die Eigenschaften des Fettes und seine Bedeutung für den menschlichen Körper. Ein Bestandteil von tierischem Fett ist Cholesterin, das in **LDL**-Cholesterin (Low Density Lipoprotein, hat eine geringe Dichte und wird auch als „schlechtes" Cholesterin bezeichnet) und **HDL**-Cholesterin (High Density Lipoprotein, hat eine hohe Dichte und wird auch als „gutes" Cholesterin bezeichnet) unterteilt wird.

Fette dienen der Energieversorgung und als Energiespeicher. Der Körper kann überschüssige Energie in der Leber zu Fett umzubauen und dieses als Depotfett im Unterhautfettgewebe oder als Organfett speichern. Depotfett ist nur in geringer Menge für den Körper notwendig, in großer Menge ist es eine Belastung für Herz und Kreislauf und kann die Entstehung von Erkrankungen wie Diabetes mellitus begünstigen.

Fettsäuren werden in gesättigte, einfach und mehrfach ungesättigte Fettsäuren eingeteilt.

Tab. 28: **Fettsäuren**

gesättigte Fettsäuren	in Fleisch und Wurst (Palmitinsäure, Stearinsäure)
einfach ungesättigte Fettsäuren	in Raps- oder Olivenöl (Ölsäure)
mehrfach ungesättigte Fettsäuren	in Sonnenblumen- und Rapsöl (Linolsäure) in Lein-, Raps- und Walnussöl (Linolensäure) in Fischölen (Eicosapentaensäure, Docosahexaensäure)

Aufgaben der Fette

- Fette sind Träger essentieller Fettsäuren, diese regulieren den Fettstoffwechsel, sind Bausteine in Zellmembranen und Zellkernen,
- sind Träger für fettlösliche Vitamine (Vitamine A, D, E und K können nur bei gleichzeitiger Anwesenheit von Fetten aus dem Darm aufgenommen werden),
- haben einen hohen Sättigungswert,
- sind Geschmacksträger und
- werden in der Leber zu Depotfett umgebaut (Wärmeschutz, Schutz gegen Stoß, Polster für bewegliche Organe).

Kohlenhydrate

Kohlenhydrate, auch als Saccharide bezeichnet, bestehen aus den Elementen Kohlenstoff (C), Wasserstoff (H) und Sauerstoff (O). Je nach Anzahl der Bausteine werden die Kohlenhydrate in verschiedene Gruppen eingeteilt. Es werden Einfach-, Zweifach- und Vielfachzucker (mindestens zehn Bausteine) unterschieden.

Tab. 29: **Kohlenhydrate**

Einfachzucker (Monosaccharide)	**Traubenzucker (Glucose):** Bestandteil aller Doppelzucker; ist ein rascher Energiespender **Fruchtzucker (Fructose):** Bestandteil aller Rohr- und Rübenzucker, in vielen Früchten enthalten; hat die größte Süßkraft **Schleimzucker (Galaktose):** Bestandteil des Milchzuckers, in geringen Mengen in Schleimstoffen enthalten; hat eine sehr geringe Süßkraft
Doppelzucker (Disaccharide) ▸ bestehen aus 2 Einfachzuckern ▸ sind leicht wasserlöslich ▸ werden im Körper durch Enzyme (Invertase, Lactase und Maltase) in Einfachzucker zerlegt	**Rohr-/Rübenzucker:** ist als Reservestoff in Früchten, Knollen enthalten; hat nach dem Fruchtzucker die größte Süßkraft; gibt es als Kristall-, Würfel-, oder Staubzucker **Malzzucker (Maltose):** entsteht in keimender Gerste durch den Abbau von Stärke durch das Enzym Diastase **Milchzucker (Lactose):** in Milch enthalten, wird aus der süßen Molke gewonnen
Vielfachzucker (Polysaccharide) ▸ schmecken nicht süß ▸ sind nur schwer wasserlöslich	**Stärke, Glykogen und Cellulose:** entstehen durch die Verbindung von Traubenzuckermolekülen unter Wasserabspaltung

Aufgaben der Kohlenhydrate

- ermöglichen den normalen Ablauf des Stoffwechselgeschehens in den Zellen
- Nervenzellen und Gehirn können nur aus Kohlenhydraten Energie gewinnen
- Aufbau bestimmter Körperstoffe wie Knochen, Knorpeln und Schleimstoffe

Ballaststoffe

Ballaststoffe sind Kohlenhydrate, die im Dünndarm kaum oder gar nicht aufgespalten werden können, sie werden unverdaut wieder ausgeschieden. Sie binden im Dickdarm Wasser, sorgen so für eine ausreichende Füllung des Darmes und beschleunigen durch das erhöhte Stuhlvolumen die Zeit der Darmpassage. Ballaststoffe kommen nur in **pflanzlichen Lebensmitteln** wie Getreide und Vollkorn-Getreideprodukten, Gemüse, Obst und Hülsenfrüchten vor.

Vitamine

Vitamine kommen in tierischen und in pflanzlichen Lebensmitteln vor, sie werden in wasserlösliche und fettlösliche Vitamine unterteilt. Sie regulieren viele Stoffwechselvorgänge im Körper, unterstützen den Aufbau und die Erneuerung der Zellen, helfen beim komplizierten Verdauungsprozess und stärken das Abwehrsystem. Als essentielle Nährstoffe müssen Vitamine mit der Nahrung zugeführt werden. Fettlösliche Vitamine nimmt der Körper besser in Kombination mit Fett auf. Einige Vitamine können aus einer Vorstufe, den sogenannten Provitaminen, umgewandelt werden (z. B. ß-Carotin zu Vitamin A).

Tab. 30: **Vitamine**

Fettlösliche Vitamine	**A (Retinol):** in Leber, Lebertran, Eidotter **Provitamin A (Carotinoide):** in Milch, Karotten, Spinat **D (Calciferole):** in Leber, fettem Fisch, Milch, Eidotter; Aufnahme durch Bewegung in der Sonne **E (Tocopherole):** in grünem Gemüse, Vollkorn, Nüssen, Weizenkeimen, Keimöl **K (Phyllochinon):** in Leber, Tomaten, grünem Gemüse; wird im Darm gebildet
Wasserlösliche Vitamine	**Vitamin-B-Gruppe:** ▸ **B1 (Thiamin):** in Leber, Schweinefleisch, Vollkorn, Germ ▸ **B2 (Riboflavin):** in Milch, Vollkorn, Fleisch ▸ **Niacin:** in Vollkorn, Fisch, Fleisch ▸ **Folsäure:** in Vollkorn, grünem Gemüse, Fleisch; wird auch im Darm gebildet ▸ **B6 (Pyridoxin):** in allen Lebensmitteln ▸ **Pantothensäure:** in allen Lebensmitteln ▸ **Biotin (Vitamin H):** in Vollkorn, Soja ▸ **B12 (Cobalamin):** in tierischen Lebensmitteln **Vitamin C (Ascorbinsäure):** in Obst, Gemüse, frischen Kräutern, Kartoffeln

Mineralstoffe/Spurenelemente/Ultraspurenelemente

Mineralstoffe und Spurenelemente sind anorganische Bestandteile der Nahrung, die lebensnotwendig sind. Beispielsweise enthalten **Knochen und Zähne** insgesamt bis zu **1,5 kg Calcium**. Da Knochenzellen und Zahnschmelz ständig erneuert werden, ist für ihre Stabilität die tägliche Zufuhr von Mineralstoffen notwendig. Es gibt **Substanzen**, die eine **Aufnahme** von Mineralstoffen **stören** können. So hemmen z. B. Cola, Spinat und Rhabarber die Aufnahme von Calcium.

Spurenelemente wie Eisen und Zink sind in noch geringerer Menge wirksam als die Mineralstoffe. So reichen 6–12 mg Zink im gesamten Blut aus, um die Abwehrzellen zu stärken, die Wundheilung zu fördern und Schadstoffe besser abbauen zu können.

Aufgrund der Zufuhrmenge unterscheidet man zwischen:

- Mengenelementen (z. B. Natrium, Calcium, Magnesium),
- Spurenelementen (z. B. Kupfer, Selen, Zink) und
- Ultraspurenelementen (nur kleinste Mengen sind für den Organismus notwendig).

Wasser

Der menschliche Körper besteht zu über 60 % aus Wasser. Es hat als Lösungsmittel eine zentrale Bedeutung für den Transport und die Ausscheidung von Stoffen und ist an vielen wichtigen Stoffwechselprozessen beteiligt. Der menschliche Körper benötigt in 24 Stunden 30 ml Wasser/kg Körpergewicht. Die Wasserfuhr von außen erfolgt mittels Lebensmitteln und Getränken. Im Körper wird beim Abbau der Hauptnährstoffe zusätzlich Wasser frei.

Der menschliche Körper verliert über Atmung, Schweiß und Urin täglich ca. 2,5 Liter Wasser. Durch eine eiweiß- und salzreiche Ernährung, bei Durchfallerkrankungen, Fieber und bei warmen Temperaturen steigt der Flüssigkeitsbedarf zusätzlich.

Energiegehalt von Nährstoffen

Der Energiegehalt von Lebensmitteln wird in Kilojoule bzw. Kilokalorien angegeben. Werden Nährstoffe im Körper oxidiert, also „verbrannt", wird Energie freigesetzt.

Unterschieden wird zwischen energieliefernden Nährstoffen und solchen, die keine Energie liefern.

Tab. 31: **Nährstoffe mit und ohne Energie**

Nährstoffe mit Energie	Nährstoffe ohne Energie
Eiweiße	Vitamine
Fette	Mineralstoffe/Spurenelemente
Kohlenhydrate	Wasser
Alkohol	Ballaststoffe

Der Energiegehalt der Nährstoffe ist unterschiedlich hoch.

Tab. 32: **Energiegehalt von Nährstoffen**

Nährstoffe	Energiegehalt in kcal
1 g Eiweiß	4,1
1 g Kohlenhydrate	4,1
1 g Fett	9,3
1 g Alkohol	7,0
1 g wasserlösliche Ballaststoffe	0–2

Nährstoffverteilung

Eine ausgewogene Ernährung sollte alle Grundnährstoffe (Eiweiße, Fette und Kohlenhydrate) in einem angemessenen Verhältnis enthalten.

Die Empfehlung für Erwachsene lautet wie folgt:

- 10 bis 15 % Eiweiß
- 55 bis 60 % Kohlenhydrate
- 30 % Fett, davon
  - 7–10 % gesättigte Fettsäuren
  - 15 % einfach ungesättigte Fettsäuren
  - 7–10 % mehrfach ungesättigte Fettsäuren

Die österreichische Ernährungspyramide

Die österreichische Ernährungspyramide wurde von ExpertInnen aus den Bereichen Ernährungsmedizin, Ernährungswissenschaften und Gesundheitsförderung im Auftrag des Gesundheitsministeriums entwickelt. Die Ernährungspyramide stellt bildlich dar, welche Art und Menge von Nahrungsmitteln und Getränken ein erwachsener Mensch zu sich nehmen sollte. Die Ernährungspyramide ist eine praxisbezogene Hilfe zur Umsetzung einer gesunden und ausgewogenen Ernährung, sie soll eine Orientierungshilfe für optimale Mengenverhältnisse sein, ohne den persönlichen Freiraum und eigene Vorlieben dabei außer Acht zu lassen. Es soll folgender Grundsatz vermittelt werden: „Nichts ist verboten. Es kommt nur auf die Auswahl der Lebensmittel und die Mengen an."

Neben den Empfehlungen zur Gestaltung des Speiseplans wird auch auf die Wichtigkeit der körperlichen Aktivität hingewiesen. Empfohlen wird regelmäßige Bewegung von mindestens 3,5 Stunden pro Woche. Vor allem Alltagsbewegungen wie zu Fuß gehen, Treppen steigen statt Lift benutzen, aber auch ein regelmäßiges Sportprogramm unterstützen einen gesunden Lebensstil.

Die Basis der Pyramide bilden reichlich **alkoholfreie und kalorienarme Getränke**. Empfohlen werden täglich mindestens 1,5 Liter Wasser und alkoholfreie bzw. energiearme (ungezuckerte) Getränke.

Obst, Gemüse und Hülsenfrüchte stehen auf der zweiten Stufe. Täglich sollen drei Portionen[1] Gemüse und/oder Hülsenfrüchte und zwei Portionen Obst verzehrt werden.

Die dritte Stufe haben **Kartoffeln, Reis und Getreideprodukte** inne. Täglich sollen vier Portionen Getreide, Brot, Nudeln, vorzugsweise Vollkornprodukte, sowie Reis oder Erdäpfel konsumiert werden. Für sportlich Aktive und Kinder werden sogar fünf Portionen dieser Produkte empfohlen.

Jeden Tag sollten drei **Milchprodukte** verzehrt werden, besonders gut eignen sich zwei Portionen „weiße" Milchprodukte, beispielsweise Joghurt, Buttermilch oder Topfen, und eine Portion „gelbe" Milchprodukte wie Käse.

Ein- bis zweimal pro Woche sollte **Fisch** am Speiseplan stehen, **Fleisch** oder **fettarme Wurst** aber nicht öfter als dreimal pro Woche. Maximal drei **Eier** sollten pro Woche konsumiert werden.

Abb. 99: **Österreichische Ernährungspyramide** (BMGF)

1 Eine Portion entspricht der Größe einer Faust oder einem handtellergroßen Stück.

Bei **Fetten und Ölen** wird zu einem sparsamen Umgang geraten, ein bis zwei Esslöffel pflanzliche Öle, Nüsse oder Samen sollten pro Tag nicht überschritten werden. Streich-, Back- und Bratfette und fettreiche Milchprodukte sollten generell nur sparsam verwendet werden.

An der Spitze der Pyramide stehen salzige, fettreiche und süße Speisen wie Gebackenes, Fast Food und Süßigkeiten. Der Genuss dieser Speisen sollte nur selten erfolgen. Hält man sich grundsätzlich an diese Empfehlungen, darf man sich diese Genüsse aber hin und wieder ohne schlechtes Gewissen erlauben.

Tipp: Durch die gemeinsame Aufnahme bestimmter Nährstoffe kann die biologische Wertigkeit der Lebensmittel erhöht werden. Beispiele: Kartoffel mit Ei und Spinat; Vollkornbrot mit Schinken und Käse.

Abb. 100: **Kinderernährungspyramide** (BMGF)

Die Ernährungspyramide für Kinder

Um das Thema gesunde Ernährung kindgerecht vermitteln zu können, wurde im Rahmen des Nationalen Aktionsplans Ernährung (NAPe) mit der Kinder-Ernährungspyramide eine bedarfsgerechte Empfehlung für die junge Zielgruppe ausgearbeitet.

Inhaltlich unterscheidet sich die Kinder-Ernährungspyramide nicht von der österreichischen Ernährungspyramide. Grundsätzlich ist bei der Ernährung von Kindern und Jugendlichen zu berücksichtigen, dass sie aufgrund des höheren Energiebedarfs und zum Aufbau der Körpersubstanz mehr Eiweiß (25 %) und weniger Fett (10 %) als Erwachsene brauchen.

Ernährungszustand

Der Ernährungszustand ist die Bilanz von Aufnahme und Bedarf an Nahrungsenergie und allen essentiellen Nährstoffen. Er ist ein Teilaspekt des klinischen Gesamtzustandes eines Menschen und lässt wichtige Rückschlüsse auf die Stoffwechselsituation zu. Zur Beurteilung des Ernährungszustandes werden bestimmte Parameter wie Körpergewicht und Körpergröße, Stärke des Hautfettpolsters usw. herangezogen. Mehr zum Thema finden Sie unter: https://www.gesundheit.de/.

Körpergewicht

Ist die Energiezufuhr dem Energiebedarf angepasst, resultiert daraus in der Regel ein normales Körpergewicht (Normalgewicht). Wird zu wenig oder zu viel Energie zugeführt, kommt es zu Über- oder Untergewicht.

Zur Feststellung des Gewichtszustandes stehen verschiedene Größe-Gewicht-Indizes zur Verfügung.

Der **Broca-Index** wurde vom französischen Arzt Paul Broca (1824–1880) entwickelt. Er wird aus wissenschaftlicher Sicht heute nicht mehr als ideal angesehen und wurde durch das Realgewicht ersetzt. Das **Realgewicht** orientiert sich am Broca-Index und berücksichtigt zusätzlich folgende Faktoren:

- Man sollte sich mit diesem Gewicht wohlfühlen, es sollte zur eigenen Person passen,
- dieses Gewicht sollte leicht erreichbar und auch leicht zu halten sein,
- es liegen keine medizinischen Indikationen (z. B. Bluthochdruck) für eine weitere Gewichtsabnahme vor.

Normalgewicht = Körpergröße in cm minus 100, **Idealgewicht Männer** = Normalgewicht minus 10 %, **Idealgewicht Frauen** = Normalgewicht minus 15 %

Der heute hauptsächlich verwendete **Body-Mass-Index** (BMI, Körpermasseindex) wurde von dem belgischen Statistiker Adolphe Quetelet (1796–1874) entwickelt.

$$\text{BMI} = \frac{\text{Körpergewicht in Kilogramm}}{(\text{Körpergröße in Metern})^2}$$

Folgende Einteilung zeigt den für die Lebenserwartung günstigen BMI unter Berücksichtigung von Alter und Geschlecht.

Tab. 33: **Die BMI-Klassifikation der WHO**

Klassifikation	BMI	Klassifikation	BMI
Untergewicht	< 18,5	Präadipositas	25–29,9
Normalgewicht	18,5–24,9	Adipositas I	30–34,9
Übergewicht	> 25,0	Adipositas II	35–39,9
		Adipositas III	> 39,9

Für Kinder wird der BMI mithilfe der Perzentile nach Kromeyer-Hauschild berechnet.

Tab. 34: **BMI-Schwellenwerte für Untergewicht und starkes Untergewicht nach Kromeyer-Hauschild**

Alter	Buben (BMI)		Mädchen (BMI)	
	Untergewicht	starkes Untergewicht	Untergewicht	starkes Untergewicht
6 Jahre	13,79	13,18	13,59	12,92
7 Jahre	13,88	13,23	13,69	12,98
8 Jahre	14,07	13,37	13,92	13,16
9 Jahre	14,31	13,56	14,19	13,38
10 Jahre	14,60	13,80	14,48	13,61
11 Jahre	14,97	14,11	14,88	13,95
12 Jahre	15,41	14,50	15,43	14,45
13 Jahre	15,92	14,97	16,07	15,04
14 Jahre	16,48	15,50	16,71	15,65

Tab. 35: **BMI-Schwellenwerte für Übergewicht und Adipositas nach Kromeyer-Hauschild**

Alter	Buben (BMI)		Mädchen (BMI)	
	Übergewicht	Adipositas	Übergewicht	Adipositas
6 Jahre	17,86	19,44	17,99	19,67
7 Jahre	18,34	20,15	18,51	20,44
8 Jahre	19,01	21,11	19,25	21,47
9 Jahre	19,78	22,21	20,04	22,54
10 Jahre	20,60	23,35	20,80	23,54
11 Jahre	21,43	24,45	21,61	24,51
12 Jahre	22,25	25,44	22,48	25,47
13 Jahre	23,01	26,28	23,33	26,33
14 Jahre	23,72	26,97	24,05	27,01

Der **Taillen-Hüft-Quotient** (Waist to Hip Ratio, WHR) gibt das Verhältnis von Taillenumfang zu Hüftumfang an und zeigt die Körperfettverteilung. Eine hohe WHR kann das Risiko für Herz-Kreislauf-Erkrankungen und Diabetes mellitus erhöhen. Bei Männern sollte die WHR unter 1,0 und bei Frauen unter 0,8 liegen.

Berechnungsbeispiel: Eine Frau mit einem Taillenumfang (gemessen zwischen unterster Rippe und Hüftknochen) von 76 cm und einem Hüftumfang (gemessen an der breitesten Stelle des Gesäßes) von 89 cm hat eine WHR von 76 : 89 = 0,85.

Unterschieden werden die sogenannte Apfel- und Birnenform. Der **Apfeltyp** hat eine abdominale, stammbetonte, zentrale, androide (männliche) Form und kommt vorwiegend bei Männern vor. Die Apfelform ist durch eine Fettvermehrung im Bauchbereich gekennzeichnet. Der **Birnentyp** hat eine glutaeofemorale, hüftbetonte, periphere, gynoide (weibliche) Form und kommt vorwiegend bei Frauen vor. Die Birnenform ist durch eine Vermehrung des Fettgewebes im Gesäß-, Hüft- und Oberschenkelbereich gekennzeichnet. Beim Birnentyp ist der Hüftumfang größer als der Taillenumfang, beim Apfeltyp ist es umgekehrt.

Tab. 36: **Bauchumfang**

Geschlecht	erhöhtes Risiko Bauchumfang in cm	stark erhöhtes Risiko Bauchumfang in cm
Frauen	80–88 cm	> 88 cm
Männer	94–102 cm	> 102 cm

Flüssigkeitsbedarf

Der tägliche Flüssigkeitsbedarf hängt von verschiedenen Faktoren wie Energieumsatz, Umgebungstemperatur, Lebensalter, körperlicher Aktivität und Speisenzusammensetzung ab. Gesunde Jugendliche und Erwachsene sollten pro Tag zwischen 30 und 40 ml Wasser pro kg Körpergewicht zu sich nehmen. Dazu gehört Flüssigkeit aus Getränken (ca. 1.000–1.500 ml/Tag) und aus fester Nahrung (ca. 700–900 ml/Tag). Die österreichische Gesellschaft für Ernährung (ÖGE) empfiehlt auch für Menschen ab 65 Jahren eine Flüssigkeitszufuhr von 30 ml pro kg Körpergewicht pro Tag. Als weitere Richtlinie für gesunde Erwachsene gilt: ca. 1 ml Wasser pro 1 kcal und pro Tag (vgl. BMGF 2017f).

Richtwerte für die Zufuhr von Wasser[2]

Zum besseren Verständnis hier die Richtwerte für die Zufuhr von Wasser der ÖGE (BMGF 2017f):

Tab. 37: **Richtwerte für die Zufuhr von Wasser[2]**

Alter	Wasserzufuhr durch Getränke[3] ml/Tag	feste Nahrung[4] ml/Tag	Oxidationswasser[5] ml/Tag	Gesamtwasserzufuhr[6] ml/Tag	Wasserzufuhr durch Getränke und feste Nahrung ml/kg und Tag
Säuglinge					
0 bis unter 4 Monate[7]	620	–	60	680	130
4 bis unter 12 Monate	400	500	100	1000	110
Kinder					
1 bis unter 4 Jahre	820	350	130	1300	95
4 bis unter 7 Jahre	940	480	180	1600	75
7 bis unter 10 Jahre	970	600	230	1800	60
10 bis unter 13 Jahre	1170	710	270	2150	50
13 bis unter 15 Jahre	1330	810	310	2450	40
Jugendliche und Erwachsene					
15 bis unter 19 Jahre	1530	920	350	2800	40
19 bis unter 25 Jahre	1470	890	340	2700	35
25 bis unter 51 Jahre	1410	860	330	2600	35
51 bis unter 65 Jahre	1230	740	280	2250	30
65 Jahre und älter	1310	680	260	2250	30
Schwangere	1470	890	340	2700[7]	35
Stillende	1710	1000	390	3100[8]	45

2 Bei bedarfsgerechter Energiezufuhr und durchschnittlichen Lebensbedingungen. Die Werte wurden absichtlich wenig gerundet, um die Nachvollziehbarkeit ihrer Berechnungen zu gewährleisten.

3 Wasserzufuhr durch Getränke = Gesamtwasserzufuhr minus Oxidationswasser minus Wasserzufuhr durch feste Nahrung.

4 Wasser in fester Nahrung etwa 78,9 ml/MJ (≈ 0,33 ml/kcal).

5 Etwa 29,9 ml/MJ (≈ 0,125 ml/kcal).

6 Gestillte Säuglinge etwa 360 ml/MJ (≈ 1,5 ml/kcal), Kleinkinder etwa 290 ml/MJ (≈ 1,2 ml/kcal), Schulkinder, junge Erwachsene etwa 250 ml/MJ (≈ 1,0 ml/kcal), ältere Erwachsene etwa 270 ml/MJ (≈ 1,1 ml/kcal) einschließlich Oxidationswasser (etwa 29,9 ml/MJ bzw. 0,125 ml/kcal).

7 Hierbei handelt es sich um einen Schätzwert.

8 Gerundete Werte (Österreichische Gesellschaft für Ernährung 2017).

Flüssigkeitsverlust

Die aufgenommene bzw. gebildete (Oxidationswasser) Flüssigkeitsmenge wird auf unterschiedlichen Wegen wieder ausgeschieden. Hauptsächlich über den Urin (1.000–1.500 ml/Tag) und in kleineren Mengen über den Stuhl (150–200 ml/Tag). Durch die Perspiratio insensibilis (Flüssigkeitsverlust über die Haut, die Schleimhäute und die Atmung) werden ca. 800 ml/Tag abgegeben.

Flüssigkeitsbilanz

Als Flüssigkeitsbilanz wird die Flüssigkeitsmenge, die sich aus der Differenz zwischen Ein- und Ausfuhr errechnet, bezeichnet. Zur Ermittlung der Flüssigkeitsbilanz wird die täglich zugeführte Flüssigkeitsmenge der täglichen Urinmenge sowie sonstigen Flüssigkeitsverlusten (Erbrechen, Blutungen, Schwitzen, ...) gegenübergestellt. Die Flüssigkeitsbilanzierung dient dazu, eine Störung der Harnbildung oder der Harnausscheidung schnell zu erkennen. Durch das Führen eines Trinkprotokolls kann festgestellt werden, ob der/die Betreffende eine ausgeglichene, eine positive oder eine negative Bilanz aufweist. Grundsätzlich sollte eine ausgeglichene Flüssigkeitsbilanz angestrebt werden. Eine positive wie auch negative Flüssigkeitsbilanz ist nach ärztlicher Anordnung mit entsprechenden Maßnahmen zu korrigieren.

Von einer **ausgeglichenen Flüssigkeitsbilanz** spricht man, wenn die Einfuhrmenge der Ausfuhr entspricht. Das angestrebte Bilanzziel ist 0 bis + 500 ml in 24 Stunden.

Einfuhr	Ausfuhr
1,5 l Getränke	0,8 l Atmung Haut
0,6 l Nahrung	1,5 l Urin
0,4 l Oxidationswasser	0,2 l Stuhl

Abb. 101: **Ausgeglichene Flüssigkeitsbilanz**

Bei einer **positiven Flüssigkeitsbilanz** übersteigt die Einfuhr die Ausfuhr. Eine positive Flüssigkeitsbilanz liegt vor, wenn der Überschuss der Einfuhr größer ist als + 500 ml in 24 Stunden. Es besteht die Gefahr der Ödementwicklung und der Hypertonie! Ursachen einer Flüssigkeitsretention können unter anderem sein: Nierenfunktionsstörungen, Herzinsuffizienz, hormonelle Dysregulation oder Medikamente.

Bei einer **negativen Flüssigkeitsbilanz** übersteigt die Ausfuhr die Einfuhr. Durch die vermehrte Ausscheidung von Flüssigkeit kommt es zu einem Flüssigkeitsverlust im Körper. Ursachen dafür können sein: Durchfall, Erbrechen, Blutverlust, gesteigerte Diurese (Harnausscheidung), Hyperhidrose (starkes Schwitzen), Stoffwechselerkrankungen (wie Diabetes mellitus), Hormonstörungen (Diabetes insipidus), Medikamente (Diuretika) oder Verbrennungen.

Veränderungen des Körpergewichts

Veränderungen des Körpergewichts entstehen durch Fehlernährung (Malnutrition).

Merke: Malnutrition ist gekennzeichnet durch ein Ungleichgewicht der Energie- und Nährstoffbilanz.

Fehlernährung wirkt sich langfristig negativ auf die Gesundheit aus. Vor allem Übergewicht und Adipositas sind Risikofaktoren für zahlreiche Erkrankungen, die sich oft erst nach Jahren oder Jahrzehnten manifestieren.

Übergewicht/Adipositas

Es gibt zahlreiche Faktoren, die bei der Entstehung von Übergewicht bzw. Adipositas eine Rolle spielen können. Eine häufige Ursache für Adipositas ist, dass dem Körper mehr Energie zugeführt wird, als dieser verbraucht. Daher spielt neben der Ernährung auch der Bewegungsmangel bei der Entstehung von Übergewicht eine wichtige Rolle. Meist ist eine Kombination mehrerer Faktoren für die Entstehung von Übergewicht verantwortlich. Die genetische Disposition kann ebenfalls dazu beitragen, hat aber lediglich einen Anteil von ca. 20 %, ist also nie der alleinige Auslöser. Laut dem österreichischen Ernährungsbericht 2017 treten Übergewicht und Adipositas bei beiden Geschlechtern in höherem Alter häufiger auf. Am stärksten sind 51- bis unter 65-jährige Männer von Übergewicht bzw. Adipositas betroffen (48 % bzw. 20 %). Im Alter von 15 bis unter 25 Jahren ist jeder vierte Mann übergewichtig. Im Alter von 51 bis unter 65 Jahren ist bereits jeder zweite Mann übergewichtig. Bei den Frauen ist im Alter zwischen 19 und unter 25 Jahren jede sechste Frau übergewichtig, bei den 51- bis unter 65-jährigen jede dritte (vgl. Rust et al. 2017).

Möglich Ursachen von Übergewicht:

- Lebensstilfaktoren (ungesunde Ernährung, Bewegungsmangel, ...)
- chronischer Stress
- Essstörungen
- Erkrankungen mit hormonellen Störungen (z. B. Schilddrüse)
- Medikamente
- genetische Ursachen
- Immobilität/Bettlägerigkeit
- Schwangerschaft

Laut WHO spricht man ab einem BMI von 25 von Übergewicht. Ab einem BMI von 30 spricht man von Adipositas (starkes Übergewicht mit übermäßiger Vermehrung des Körperfetts). Zur Risikobewertung des Übergewichts ist der BMI allein jedoch nicht aussagekräftig, weil er keine Auskunft zur Körperfettverteilung gibt. Der oben beschriebene Taillen-Hüft-Quotient eignet sich hingegen gut zur Risikoabschätzung von Übergewicht. Liegt der errechnete Wert bei Männern über 1 und bei Frauen über 0,85, kann von einem erhöhten Krankheitsrisiko ausgegangen werden. Auch die Messung des Taillenumfangs, wie oben beschrieben, ist zur Risikoabschätzung von Übergewicht geeignet. Beträgt der Taillenumfang bei Frauen über 88 bzw. bei Männern über 102 Zentimeter, liegt ein deutlich erhöhtes Erkrankungsrisiko vor.

Die gesundheitlichen Risiken von Übergewicht sind zahlreich. Durch das Auftreten diverser Folgeerkrankungen kommt es zur Abnahme der Lebensqualität und zu einer Reduzierung der Lebenserwartung. Starkes Übergewicht bzw. Adipositas können unter anderem verursachen:

- Stoffwechselerkrankungen (metabolisches Syndrom)
- Arteriosklerose als Vorstufe von Herz-Kreislauf-Erkrankungen
- Hypertonie (Bluthochdruck)
- Diabetes mellitus Typ 2
- Schlafapnoe-Syndrom
- Gelenkserkrankungen (Arthrosen)
- Gicht
- Gallensteine

Es ist auch erwiesen, dass Übergewicht das Risiko für einige Krebserkrankungen, zum Beispiel Brust-, Dickdarm-, Gebärmutter- und Nierenkrebs, erhöht.

Untergewicht

Übergewicht und Adipositas sind in der Öffentlichkeit präsenter als Untergewicht. Wird man mit dem Thema konfrontiert, denkt man meist an Entwicklungsländer, in denen bis zu 50 % der Bevölkerung betroffen sind. In Österreich ist Untergewicht nicht so weit verbreitet wie Übergewicht. Laut dem österreichischen Ernährungsbericht 2017 sind knapp 2 % untergewichtig. Untergewicht ist bei Frauen deutlich häufiger (19- bis unter 25-jährige Frauen: 4,2 %, 25- bis unter 51-jährige Frauen: 5,0 %) als bei Männern. Bei den 19- bis unter 25-jährigen Männern sind 2,3 % untergewichtig und bei den 25- bis unter 51-Jährigen 0,2 % (vgl. Rust et al. 2017). Untergewicht und die damit verbunden Probleme bzw. Krankheitsrisiken werden häufig von Ärzten/Ärztinnen und der Familie nicht ernst genommen oder unterschätzt.

Die Definition für Untergewicht der WHO sieht aus wie folgt:

- starkes Untergewicht: BMI < 16,0
- mäßiges Untergewicht: BMI 16,0–17,0
- leichtes Untergewicht: BMI 17,0–18,5

Ein niedriger BMI heißt nicht zwangsläufig, dass die Gesundheit gefährdet ist oder eine Mangelernährung vorliegt. Wichtig ist, dass organische Ursachen ausgeschlossen sind und die gering Untergewichtigen sich wohl fühlen und leistungsfähig sind. Wer untergewichtig ist, leidet allerdings häufiger unter Leistungsschwäche, Müdigkeit oder Schwindel und friert öfter. Ist der Körper weniger belastbar, ist er anfälliger für Infektionskrankheiten und durch die zu geringe Kalorienzufuhr besteht langfristig die Gefahr einer Unterversorgung mit Nährstoffen. Durch eine anhaltende Mangelversorgung kommt es zum Abbau von Muskelmasse, bei einem Mangel an Kalzium, Phosphat und Vitamin D kommt es zu Störungen des Knochenstoffwechsels. Die Knochen werden brüchig (Osteoporose) und auch die Zähne werden geschädigt (Karies, Zahnausfall), vor allem wenn häufiges Erbrechen dazukommt (Bulimie). Bei starkem Eiweißmangel lagert sich Flüssigkeit im Gewebe ab (Hungerödeme). Magersüchtige haben häufig eine trockene und schuppige Haut, brüchige Nägel, dünnere Haare und an einigen Körperstellen, wie an den Armen, am Rücken und im Gesicht, entwickelt sich eine flaumartige, feine Behaarung (Lanugobehaarung, wie beim Embryo und Neugeborenen, um die Körpertemperatur konstant zu halten). Der Spiegel der Geschlechtshormone nimmt ab, was eine Abnahme der Libido bewirkt. Bei weiblichen Betroffenen bleibt häufig die Regelblutung aus, männliche Magersüchtige leiden oft unter Potenzstörungen. In schweren Fällen drohen der Schwund des Hirngewebes (mit Leistungseinbußen des Gehirns) und Herzrhythmusstörungen, deren Komplikationen auch tödlich enden können.

Die Ursachen für Untergewicht sind vielfältig:

- Erkrankungen wie Morbus Crohn, HIV-Infektion, Leberzirrhose, Gastroenteritis
- Appetitlosigkeit durch Medikamenten- oder Strahlentherapie
- Stress
- Depressionen
- übertriebenes Schlankheitsideal
- genetische Disposition

Bei alten Menschen können zusätzlich Faktoren wie verringerte Geruchs- und Geschmackswahrnehmung, Kau- und Schluckbeschwerden, dementielle Erkrankungen oder soziale und psychische Faktoren zu Untergewicht führen. Vor allem bei älteren, pflegebedürftigen Menschen sind Unter- und Mangelernährung häufig. Gründe dafür reichen vom Unvermögen, sich selbst Nahrung zuzubereiten oder sich Lebensmittel zu besorgen, bis hin zur Appetitlosigkeit als Ausdruck eines seelischen Problems. Zur Beurteilung des Ernährungszustands eines Menschen gehört auch die Beobachtung des Flüssigkeitshaushaltes.

Im Gegensatz dazu beobachten ErnährungswissenschaftlerInnen immer häufiger die Tendenz zu Übergewicht vor allem bei Kindern, Jugendlichen und jungen Erwachsenen.

Mangelernährung

Von einer Mangelernährung spricht man, wenn dem Körper zu wenig an Energie zugeführt wird. Der Mangel an Proteinen, Vitaminen und Spurenelementen zeigt sich vor allem an der Haut, den Nägeln und Haaren, der Mundschleimhaut und den Zähnen. Mangelernährung kann durch einen krankheitsassoziierten Gewichtsverlust, Eiweißmangel oder einen spezifischen Nährstoffmangel verursacht werden.

Folgende Begriffe definieren Mangelernährung genauer:

Kachexie: kommt aus dem Griechischen und bedeutet schlechter Zustand, Auszehrung. Beispiele: Tumorkachexie, kardiale Kachexie; wird häufig für extreme krankheitsassoziierte Mangelernährung verwendet.

Wasting: kommt aus dem Englischen und bedeutet Schwund, Verfall, Kräfteverfall mit Gewichtsverlust. Beispiele: Muskelschwund, Wasting-Syndrom bei HIV.

Sarkopenie: Verlust an Muskelmasse infolge länger währender körperlicher Inaktivität/Bettlägerigkeit.

Protein-Energie-Malnutrition (PEM): Verlust von fettfreier Masse bei fortschreitender Mangelernährung.

Anorexie: kommt aus dem Griechischen und bedeutet Appetitlosigkeit, aber auch Fehlernährung infolge unzureichender Nahrungsaufnahme durch Appetitlosigkeit.

Veränderungen des Flüssigkeitshaushalts

Eine ausreichende Flüssigkeitszufuhr ist ein wichtiger Bestandteil der ausgewogenen Ernährung. Entgleisungen des Flüssigkeitshaushalts können schwerwiegende Auswirkungen haben.

Dehydratation

Als Dehydratation wird der Flüssigkeitsverlust im extrazellulären Raum bezeichnet.

Die **Ursachen** für einen unausgeglichenen Wasserhaushalt sind vielfältig, so können beispielsweise große Hitze, schwere körperliche Arbeit mit verstärktem Schwitzen, Erbrechen, Durchfall, Fieber, Verbrennungen, Laxanzienabusus (Missbrauch von Abführmitteln), Diuretikaeinnahme, größere Blutverluste (z. B. während einer Operation oder nach einem Unfall) oder eine krankhaft erhöhte Urinausscheidung (z. B. bei Diabetes mellitus oder Diabetes insipidus) zur Dehydratation führen. Bei älteren Menschen stellt das fehlende Durstgefühl und daher eine reduzierte Flüssigkeitsaufnahme ein zusätzliches Risiko dar.

Symptome einer Dehydratation können sein:

- Durst
- Schwäche/Schwindel mit den möglichen Folgen Sturzneigung, Frakturen, Immobilität
- Dekubitus
- Lethargie
- stehende Hautfalten
- trockene Zunge und Mundschleimhaut, rissige Lippen
- Verwirrtheit
- Somnolenz bis hin zur Bewusstlosigkeit
- verminderte Urinausscheidung, konzentrierter, dunkler Urin
- Obstipation
- Thrombosen, Lungenembolie
- Elektrolytentgleisungen mit Krampfanfällen
- Anstieg von Harnstoff und Kreatinin
- Hypotonie, Tachykardie

Dehydratationsprophylaxe:
Neben medizinischen Maßnahmen wie Flüssigkeitsbilanzierung, ggf. parenteralem Volumenersatz und Überprüfung der Medikation (Diuretika) gibt es zahlreiche pflegerische Maßnahmen, die einer Dehydratation vorbeugen können:

- Trinkplan erstellen
- Ein-/Ausfuhrprotokoll führen
- Lieblingsgetränke erfragen und anbieten
- häufig Getränke anbieten (vor und nach jeder Mahlzeit) und in greifbare Nähe stellen
- geeignetes Trinkgefäß verwenden
- überschaubare Trinkmengen anbieten
- korrekte Sitzposition ermöglichen

Hyperhydratation

Von einer Hyperhydratation spricht man bei einer Überwässerung oder auch Volumenüberlastung im Organismus.

Die **Ursachen** einer Hyperhydratation liegen meist in einer pathologischen Veränderung in Organsystemen. So kann eine Niereninsuffizienz (eingeschränkte Nierenfunktion), eine Herzinsuffizienz (eingeschränkte Herzfunktion) oder eine Leberzirrhose Ursache einer Hyperhydratation sein. Eine weitere Ursache kann eine übermäßige Infusionstherapie sein.

Symptome einer Hyperhydratation können sein (vgl. Nonnenmacher 2017):

- Gewichtszunahme
- Ödembildung
- Abgeschlagenheit
- Atemnot
- Tachykardie

- Bewusstseinsstörungen – Verwirrtheit
- Krampfanfälle

Zur Behandlung der Hyperhydratation stehen der Ausgleich des Flüssigkeitshaushalts, beispielsweise durch Unterstützung der forcierten Diurese (Gabe von Diuretika), und die Beseitigung der Ursache (Therapie der Grunderkrankung) im Vordergrund.

Pflegerische Interventionen zur Flüssigkeits-/ Nahrungsaufnahme

Die Nahrungsaufnahme verändert sich erheblich beim Einzug in ein Alten- oder Pflegeheim, aber auch bei Ortsveränderungen wie bei Spitalsaufenthalten oder Kurzzeitpflege. Die Essenszeiten sind festgelegt, die Zeitspannen dazwischen mitunter lang: Zwischen Abendessen und Frühstück liegen manchmal mehr als 12 Stunden. Die Zubereitung und Zusammenstellung der Nahrung können ungewohnt sein, Tischnachbarn, Umgebung und ggf. Esshaltung (im Bett) sind fremd. Für pflegebedürftige Menschen bedeuten diese Veränderungen der üblichen Essgewohnheiten die Änderung des Lebensrhythmus und manchmal kommt es dadurch zur Einschränkung der Selbstbestimmung. Daher sollten folgende Grundregeln für die Hilfe beim Essen und Trinken berücksichtigt werden:

1. **Selbstbestimmung respektieren:** Keine Bevormundung oder gar Zwang beim Essen und Trinken – jede/r hat das Recht selbst zu entscheiden, was/wieviel gegessen und/ oder getrunken wird! Auch bei Menschen mit Demenz oder Menschen, die nicht ansprechbar sind, muss deren Wille beachtet werden.
2. **Spezielle Anforderungen beachten:** Bei manchen Erkrankungen (Darm, Leber und Nieren) ist die Anpassung der Ernährung oder eine bestimmte Flüssigkeitsmenge zu berücksichtigen. Es ist ratsam, eine individuelle Ernährungsberatung anzubieten, um das Essen und Trinken im Alltag bedarfsgerecht anzupassen.
3. **Selbstständigkeit unterstützen:** Pflegepersonal soll nur die Tätigkeiten übernehmen, die der/die Pflegebedürftige nicht selbst durchführen kann – auch wenn die Einnahme der Mahlzeiten dadurch mehr Zeit in Anspruch nimmt. So werden die vorhandenen Fähigkeiten erhalten sowie Selbstvertrauen und Selbstständigkeit gestärkt.
4. **Gewohnheiten beibehalten:** Auf bevorzugte Speisen und Getränke und individuelle Gewohnheiten soll soweit als möglich Rücksicht genommen werden.
5. **Atmosphäre gestalten:** Ganz nach dem Motto „Das Auge isst mit“ sollten Speisen und Getränke appetitlich angerichtet und die unmittelbare Umgebung gemütlich gestaltet werden. Eine appetitanregende Atmosphäre soll geschaffen werden.

Maßnahmen zur Verbesserung des Essverhaltens in Alten- und Pflegeheimen sowie in Spitälern:

- Zimmer vor dem Essen lüften
- Pflegebedürftige/n bequem, aber aufrecht hinsetzen
- Pflegebedürftige/n (sofern nichts dagegen spricht) zum Tisch mobilisieren
- appetitlosen Pflegebedürftigen eher kleine Portionen bestellen
- auf warmes Essen achten (ggf. in Mikrowelle erwärmen)
- ruhige Atmosphäre schaffen und Störungen vermeiden

- Geburtstage und Feiertage durch besondere Gestaltung des Tischs bzw. Tabletts hervorheben
- auf die Sitzordnung achten (Menschen, die sich nicht gut verstehen, sollten auch nicht zusammen am Esstisch sitzen)
- Toilettengang oder Wechsel der Inkontinenzversorgung sowie Händewaschen ermöglichen

Unterstützung beim Essen und Trinken

Die Förderung der Selbstständigkeit und Unabhängigkeit beim Essen und Trinken steht grundsätzlich im Vordergrund. Pflegepersonen übernehmen nur die Tätigkeiten, die der/die Pflegebedürftige nicht selbst durchführen kann. Oft reicht es aus, den/die Pflegebedürftige/n beim Essen und Trinken anzuleiten.

Bei der Unterstützung der Nahrungsaufnahme ist zu beachten:

- Geschirr und Besteck in Sichtweite positionieren
- niedriges Geschirr vor hohem Geschirr platzieren, um Umwerfen zu vermeiden
- ggf. Ess- und Trinkhilfen bereitstellen
- Trinkgefäß nur zur Hälfte befüllen, wenn der/die Pflegebedürftige stark zittert
- Verpackungen öffnen, Brote streichen und in mundgerechten Stücken servieren
- Temperatur von Speisen und Getränken kontrollieren, bevor sie angereicht werden
- ggf. Kleidung mit einer Serviette schützen
- Tempo und Menge an die Bedürfnisse des/der Pflegebedürftigen anpassen – Zeit zum Schlucken lassen!
- Lippen gleich abtupfen, wenn etwas herausläuft
- den nächsten Bissen erst anbieten, wenn der Mund leer ist
- Getränke je nach Gewohnheit vor, während und nach dem Essen anbieten
- Flüssigkeit schluckweise verabreichen, wenn nötig eindicken
- hastiges Trinken vermeiden – Absetzen des Trinkbechers nach jedem Schluck
- nach dem Essen Gelegenheit zum Händewaschen und zur Mundhygiene geben
- Besonderheiten (Trink-/Essmenge, Schluckschwierigkeiten, ...) dokumentieren

Bei bettlägerigen Menschen ist zusätzlich zu beachten:

- stabile Sitzposition im Bett ermöglichen – ggf. Arme, Knie unterstützen, „Rutschbremse“ verwenden
- Teller in Sichtweite stellen
- der Kopf sollte beim Essen und Trinken leicht nach vorne gebeugt sein – ggf. unterstützen
- Hilfsmittel nutzen (gebogene Strohhalme, geschlossene Trinkbecher, ...)

Soor- und Parotitisprophylaxe

Wie schon im Kapitel „Sich pflegen“ erwähnt, kann es bei reduziertem Allgemeinzustand und/oder reduzierter oraler Nahrungs-/Flüssigkeitsaufnahme zur Entstehung einer Soor- und/oder Parotitisinfektion kommen.

Soor wird auch als Candidose (weil durch Candida-Pilze verursacht) bezeichnet, entsteht durch ein Ungleichgewicht an Hefepilzen (meist Candida albicans) und Bakterien der Mundflora. Soor ist erkennbar an weißlichen, schwer wegwischbaren Belägen auf der Mundschleimhaut, Schmerzen bei der Nahrungsaufnahme und Foetor ex ore (Mundgeruch).

Eine **Parotitis** (Entzündung der Ohrspeicheldrüse) tritt vor allem bei Menschen mit einer reduzierten Kautätigkeit auf. Die Parotis (Ohrspeicheldrüse) ist geschwollen, das ist auch von außen sichtbar und fühlbar. Die Haut ist lokal gerötet und heiß, das Ohrläppchen steht ungewöhnlich ab. Der/die Betreffende hat Schmerzen bei der Nahrungsaufnahme, es kann auch zur Kieferklemme (das Öffnen des Mundes ist nur eingeschränkt möglich – Ankylostoma) kommen.

Ursachen

Voraussetzung für die Entstehung von Soor ist ein geschwächtes Abwehrsystem. Das kann die Folge von Erkrankungen wie Karzinomen, AIDS, Alkoholismus oder Diabetes mellitus sein. Medikamente können auch für eine herabgesetzte Abwehr verantwortlich sein. Antibiotika, Kortikosteroide (Kortison), Immunsuppressiva oder Chemotherapeutika schwächen das Immunsystem. Die Entstehung einer Parotitis wird durch parenterale Ernährung oder Ernährung über eine Sonde, Schluckstörungen und Nahrungskarenz begünstigt. Bewusstlose Menschen haben auch ein erhöhtes Risiko eine Soor- oder Parotisinfektion zu bekommen.

Prophylaktische Maßnahmen

Bei einer bestehenden Soorinfektion werden ärztlich verordnete Spüllösungen oder Tinkturen, die Antimykotika (Arzneimittel zur Behandlung von Pilzinfektionen) enthalten, verwendet. Präventiv können folgende Pflegemaßnahmen angewendet werden:

- Mundschleimhaut feucht halten
- regelmäßige Mundinspektion
- Mundhygiene und Eincremen der Lippen, um Borkenbildung zu vermeiden
- Speichelfluss anregen, z. B. mit Eiswürfeln oder gefrorenen Früchten
- ausreichend Flüssigkeit zuführen

Aspirationsprophylaxe

„Aspirare“ (aus dem Lateinischen) bedeutet anhauchen, aber auch einhauchen, einflößen. In diesem Zusammenhang steht Aspirieren für das Eindringen von festen oder flüssigen Stoffen in die Atemwege während der Inspiration (Einatmung). Während der Unterstützung bei der Nahrungsaufnahme besteht vor allem bei Menschen mit Dysphagie (Schluckstörung) das Risiko einer Aspiration.

Unter Aspirationsprophylaxe versteht man alle medizinischen und pflegerischen Maßnahmen, die zur Vermeidung einer Aspiration dienen (vgl. Antwerpes 2017b).

Merke: Bei bekannter Schluckstörung oder Aspiration in der Anamnese dürfen nur ausgebildete Pflegepersonen bei der Nahrungsaufnahme unterstützen!

Risikofaktoren

Merke: Wenn ein pflegebedürftiger Mensch bei der Nahrungsaufnahme unterstützt wird, ist eine Aspiration nie auszuschließen, da die veränderte Art der Nahrungsaufnahme allein schon ein erhöhtes Aspirationsrisiko birgt!

Zusätzlich ist das Aspirationsrisiko besonders gegeben bei:

- reduziertem Allgemeinzustand
  - Schluckvorgang ist beeinträchtigt
  - schwache Abwehrmechanismen, z. B. Husten
- Bewusstseinsstörungen
- Beeinträchtigung der Zungenbeweglichkeit
- Störung des Schluckvorgangs (siehe Dysphagie – Schluckstörung)

Die Reaktion nach einer Aspiration kann von Husten bis zu krampfhaftem Nach-Luft-Ringen reichen.

Merke: Bei Menschen mit Bewusstseins- und/oder Sensibilitätsstörungen ist eine „stille" Aspiration – also ohne Abwehrreaktion – möglich.

Dysphagie – Schluckstörung

Bei gesunden Menschen verläuft der Schluckvorgang willentlich und reflektorisch. Nachdem der Bissen gut eingespeichelt und zerkaut wurde, wird der Speisebrei von der Zunge nach hinten geschoben. Wenn das Gaumensegel berührt wird, setzt der Schluckreflex ein. Das heißt, die Mundbodenmuskulatur kontrahiert sich und der Kehldeckel schließt sich dadurch zur Luftröhre hin. Ist dieser Vorgang beeinträchtigt, besteht eine Dysphagie und das Risiko einer Aspiration ist erhöht.

Schluckstörungen treten insbesondere bei folgenden Krankheitsbildern auf:

- Insult (Schlaganfall)
- neurologische Erkrankungen wie Multiple Sklerose, Morbus Parkinson
- entzündliche Prozesse in der Mundhöhle wie Mundbodenabszess
- Verletzungen oder Tumore im Mund-, Kiefer-, Zahnbereich

Nicht nur bei den oben genannten Krankheitsbildern kann eine Dysphagie bestehen, daher sollte bei der Nahrungsaufnahme auf folgende **Anzeichen** geachtet werden:

- Zunge kann nicht gezielt bewegt werden
- Speichel wird nicht vollständig geschluckt, läuft aus dem Mund heraus
- Husten oder Räuspern vor, während oder nach dem Essen und Trinken
- Speisereste verbleiben nach dem Essen im Mund und in den Backentaschen
- Pflegebedürftige/r kaut sehr lange an einem Bissen herum
- gurgelnde Laute beim Schlucken
- Atemprobleme nach der Nahrungsaufnahme
- Menschen, die keine aufrechte Sitzposition einnehmen können

Besteht der Verdacht einer Dysphagie, ist das umgehend medizinisch abzuklären!

Folgende pflegerische Maßnahmen können das Risiko einer Aspiration reduzieren:

- Sitzposition bzw. erhöhter Oberkörper bei der Nahrungs- und Flüssigkeitsaufnahme
- vorhandene Zahnprothesen verwenden
- kleine Bissen und Schlucke anbieten
- Ruhe vermitteln – ausreichend Zeit zum Essen und Trinken geben
- den/die Betreffende/n beim Essen und Trinken nicht allein lassen
- Speisenauswahl
  - dickflüssige Kost
  - keine Mischung aus flüssig und fest – fördert Schluckprobleme
- ggf. Verdickungsmittel für Getränke und flüssige Speisen verwenden
- Mundhygiene nach dem Essen, Essensreste entfernen
- postprandial (nach dem Essen) mindestens 30 Minuten mit dem Oberkörper erhöht sitzen lassen – Refluxprophylaxe
- ggf. Absauggerät zum Absaugen von Essensresten vor und nach dem Essen bereitstellen

Merke: Wenn der/die Pflegebedürftige zu würgen oder zu husten beginnt, ist die Nahrungsverabreichung sofort zu unterbrechen und die zuständige Diplompflegekraft zu informieren!

Zusätzlich können auch therapeutische Maßnahmen wie Schlucktraining durch ErgotherapeutInnen angeboten werden, um das aspirationsfreie Essen und Trinken zu trainieren.

Maßnahmen nach einer Aspiration

Ist es zu einer Aspiration gekommen, ist schnelles Handeln erforderlich = Notfall! Folgende Maßnahmen sind unverzüglich durchzuführen:

- kräftiges Klopfen auf den Rücken zwischen die Schulterblätter zur Unterstützung beim Aushusten
- Betroffene/n anleiten, mit vorgebeugtem Oberkörper kräftig auszuhusten, um den „verschluckten" Bissen herauszuwürgen
- ist das alles nicht erfolgreich, wird der Heimlich-Handgriff angewendet (siehe Kap. „Verhalten beim Ersticken durch Atemwegsverlegung")
- ggf. das Aspirierte absaugen

Ausscheiden

Bei der Ausscheidung geht es, nüchtern betrachtet, um die Beseitigung unverwertbarer oder schädlicher Stoffe aus dem Körper. Allerdings ist kein anderes Thema in der Pflege mit so viel Schamgefühl und Tabus behaftet. Trotzdem zählt es zu den Grundbedürfnissen des Menschen. Für eine Pflegeperson ist es wesentlich zu erkennen, dass es bei Pflegemaßnahmen zur Unterstützung der Ausscheidung zu einem Eingriff in die Intimsphäre kommt und dies professionelles Auftreten und Einfühlungsvermögen erfordert.

Jeder Mensch lernt zwischen dem 2. und 6. Lebensjahr seine Ausscheidung zu kontrollieren, hygienisch damit umzugehen und wohlerzogen darüber zu schweigen. Dieses Schweigen hält auch an, wenn der Mensch im Laufe seines Lebens Hilfe bei der Ausscheidung benötigt, z. B. durch Alter, Behinderung, Krankheit etc.

Zur gesunden Ausscheidung gehören:

- Ausscheidung von Stuhl und Urin in ausreichender Menge durch Defäkation (Stuhlentleerung) bzw. Miktion (Blasenentleerung)
- normale Eigenschaften der Ausscheidung wie Menge, Farbe, Geruch, Beimengungen, pH-Wert
- Kontrolle über die Ausscheidung (Kontinenz)

Einflussfaktoren

Eine normale Ausscheidung wird durch folgende Faktoren beeinflusst:

Tab. 38: **Einflussfaktoren Ausscheidung**

Einflussfaktoren	Kennzeichen
Umwelt	▸ Ungewohnte, fremde Umgebung
seelisch-geistige	▸ Angst ▸ Stress
soziokulturelle	▸ verändertes Schamgefühl ▸ Sprachbarrieren ▸ veränderte Ausscheidungsrituale
biologische	▸ Flüssigkeitszufuhr ▸ Ernährungsgewohnheiten ▸ intaktes Harnsystem ▸ veränderte Selbstständigkeit ▸ Immobilität ▸ Stoffwechsel

Harnausscheidung

Die Diurese (Harnausscheidung) reguliert den menschlichen Wasser- und Elektrolythaushalt und stellt das Gleichgewicht im Säure-Basen-Haushalt sicher. Eine weitere wesentliche Aufgabe der Harnausscheidung ist die Ausscheidung der harnpflichtigen Substanzen aus dem Blut.

Bestandteile des Harns

Der normale Urin besteht zu 95 % aus Wasser. Weitere Bestandteile sind:

- Harnstoff
- Harnsäure
- Kreatinin
- organische und anorganische Salze (z. B. Kalksalze, Kochsalz, Phosphate)
- organische Säuren (z. B. Zitronen-, Oxalsäure)
- Farbstoffe (Urobilinogen, Urochrome = natürliche gelbe Harnfarbstoffe)
- Hormone
- wasserlösliche Vitamine

Beobachtung des Harns

Wichtige Beobachtungskriterien der normalen Harnausscheidung sind: Harnmenge, -farbe, -geruch, Beimengungen und das spezifische Gewicht.

Charakteristika der normalen Harnausscheidung beim Erwachsenen:

- Menge pro Tag: 1,5–2 Liter
- Menge pro Miktion: 200–400 ml
- pH-Wert: ca. 5–6
- Farbe: hell- bis dunkelgelb
- Geruch: unauffällig
- keine Beimengungen

Die **Harnmenge** ist abhängig von der Trinkmenge, vom Alter, der Nierenleistung sowie der Flüssigkeitsabgabe über Haut, Atmung und Stuhl (Perspiratio insensibilis und sensibilis).

Tab. 39: **Harnmenge**

Lebensalter	Menge pro Miktion	Häufigkeit/Tag
Neugeborenes	5-10 ml	8-10-mal
Säugling	15-30 ml	12-18-mal
Schulkind	150 ml	6-8-mal
Erwachsene/r	200-400 ml	4-6-mal

Abweichungen der normalen Harnmenge werden folgendermaßen definiert:

- **Polyurie:** > 3000 ml / 24 Std.
- **Oligurie:** 100–500 ml /24 Std.
- **Anurie:** < 100 ml / 24 Std.

Es gibt physiologische und pathologische Gründe für Farbabweichung im Harn. Die normale **Farbe** des Harns ist blass- bis dunkelgelb, je konzentrierter der Harn, umso dunkler wird er. Harn, der länger stehen bleibt, wird eher trüb.

Tab. 40: **Harnfarbe**

Farbe / Beimengungen	Ursache
rotbraun, braungrün bis schwarz	Rote Rüben, Sulfonamide
zitronengelb	Senna, Rhabarber
orangengelb	Vitamintabletten (Vitamin B)
rötlich bis fleischfarben, trüb	Hämaturie (Blut im Harn) rötlicher Hof in der Windel beim Säugling ist das sogenannte Ziegelmehlsediment – wird durch die Ausfällung von Harnsäuresalzen verursacht
rötlich bis schwarz ohne Trübung	Hämoglobinurie (roter Blutfarbstoff im Harn)
bierbraun bis grünlich-schwarz mit gelbem Schüttelschaum	Bilirubinurie (Beimengung von Bilirubin)
schlierig, flockige Trübung	Bakteriurie oder Pyurie (Eiterharn)
milchig-trüb	Phosphaturie (Ausfall von Calcium- oder Magnesiumphosphaten bei Hungerzuständen, erschöpfender Muskelarbeit oder alkalischer Kost)
trüb, undurchsichtig, schlierig, flockig	Proteinurie (Beimengung von Eiweiß – physiologisch bei Fieber, Kälte oder körperlicher Anstrengung, pathologisch durch eine Schädigung der Nierenkörperchen, Entzündung oder durch erhöhten Bluteiweißspiegel)

Frischer Harn riecht unauffällig. Der typische säuerliche bis stechende **Uringeruch** wird durch längeres Stehen des Harns durch Harnsäure (Endprodukt des Purinstoffwechsels), die Zersetzung von Harnstoff und Ammoniak hervorgerufen. Bestimmte Nahrungsmittel (z. B. Spargel) und Medikamente (z. B. Antibiotika) können den Harngeruch beeinflussen. Übelriechender Harn deutet auf eine bakterielle Infektion der Harnwege hin. Bei Stoffwechselerkrankungen wie Diabetes mellitus kann ein obstartig säuerlicher Harngeruch entstehen. Ein fauliger Geruch tritt bei zerfallenden Blasentumoren auf.

Wie schon erwähnt, liegt der normaler **pH-Wert** des Harns bei 5–6 und ist damit schwach sauer. Verschiebungen in den sauren Bereich (unter 5) können folgende Ursachen haben:

- Fieber
- Diarrhö (Durchfall)
- Eiweißzerfall (Tumore – Strahlentherapie)
- eiweißreiche Kost

Verschiebung in den alkalischen Bereich (über 7) können folgende Ursachen haben:

- bakterielle Infektionen der Niere und Harnwege
- starkes Erbrechen
- kohlenhydratreiche Kost

(vgl. http://futurenurse.npage.de)

Miktionsstörungen

Als Miktion wird der physiologische Vorgang, der die Entleerung der Harnblase ermöglicht, bezeichnet. Die Miktion ist normalerweise willkürlich und schmerzlos, ist das nicht gegeben, spricht man von einer Miktionsstörung (vgl. Antwerpes 2017a). Störungen der Miktion oder der Urinproduktion können vielfältig sein. In der folgenden Tabelle sind die wichtigsten zusammengefasst:

Tab. 41: **Miktionsstörungen**

Veränderung	Definition
Restharnbildung	Blase kann nicht vollständig entleert werden (über 100 ml verbleiben nach der Miktion in der Blase, bis zu 50 ml Restharn sind bei Erwachsenen tolerierbar, bei Kindern max. 10 % der Blasenkapazität)
Harnverhalt	Unfähigkeit, die gefüllte Blase zu entleeren
Pollakisurie	häufiges Wasserlassen kleiner Mengen
Enuresis nocturna	nächtliches Einnässen
Algurie	schmerzhaftes Wasserlassen – vereinzelt auftretend
Dysurie	schmerzhaftes und oder erschwertes Wasserlassen
Nykturie	vermehrtes nächtliches Wasserlassen

Stuhlausscheidung

Stuhl ist das Endprodukt der Verdauung. Das Absetzen von Stuhl wird als Defäkation bezeichnet.

Bestandteile des Stuhls

Stuhl besteht zu 75 % aus Wasser. Weitere Bestandteile sind:

- unverdaute, teilweise zersetzte Nahrungsmittelbestandteile
- abgestoßene Epithelien der Darmschleimhaut
- Schleim
- Bakterien
- Gallenfarbstoff

Beobachtung des Stuhls

Wichtige Beobachtungskriterien der normalen Stuhlausscheidung sind: Stuhlmenge, -farbe, -konsistenz, -geruch, Beimengungen und die Häufigkeit der Defäkation. Charakteristika der normalen Stuhlausscheidung beim Erwachsenen:

- Menge: 100–500 g täglich (die Stuhlausscheidung ist von der Nahrungsmenge und der Nahrungszusammensetzung abhängig)
- Häufigkeit: mind. alle 3 Tage einmal bzw. bis zu 3-mal täglich bei normaler Konsistenz
- Konsistenz: weiche bis feste homogene Masse
- Farbe: hell- bis dunkelbraun
- Geruch: nicht übermäßig übelriechend
- Ph-Wert: 7–8 (alkalisch)

Die **Stuhlmenge** ist abhängig von der Nahrungs- und Flüssigkeitszufuhr und beträgt, wie schon erwähnt, physiologisch zwischen 100 und 500 g pro Defäkation. Abweichungen können physiologische und pathologische Ursachen haben.

Tab. 42: **Stuhlmenge**

Menge	Ursachen
geringe Stuhlmengen (weniger als 100 g)	Physiologisch beim Fasten Hungerstuhl durch das Fehlen von Nahrung – Stuhl besteht aus eingedicktem Gallensaft, Schleim, Epithelgewebe, Bakterien, ist schwarzbraun bis grünlich und dünnflüssig
große Stuhlmengen (mehr als 500 g)	
Maldigestion	unzureichende Verdauung der Nahrung, meist durch Mangel an Verdauungsenzymen, Bsp.: chronische Pankreatitis oder angeborene Enzymfehler
Malabsorption	mangelhafte Aufnahme von Nährstoffen – unzureichende Verdauung der Nahrung, meist durch Mangel an Verdauungsenzymen oder chronisch entzündliche Prozesse wie bei Morbus Crohn

Die **Frequenz** der Stuhlausscheidung ist ebenfalls abhängig von der Ernährung. Eine Defäkation alle 3 Tage kann genauso physiologisch sein wie eine Stuhlfrequenz von bis zu drei Entleerungen pro Tag, solange die Stuhlkonsistenz normal ist.

Bei den Abweichungen werden unterschieden:

Tab. 43: **Stuhlfrequenz**

Menge	Ursachen
Diarrhoe (Durchfall) mehr als drei Darmentleerungen eines zu flüssigen Stuhls pro Tag	**physiologisch** bei Stress, Angst, psychischer Anspannung, evtl. bei verdorbenem Essen **pathologisch** bei Magendarminfektionen, Lebensmittelvergiftung, entzündlichen Darmerkrankungen, Zustand nach Gastrektomie, Hyperthyreose
Obstipation (Verstopfung) Darmentleerung weniger als dreimal wöchentlich	**physiologisch** bei Stress, mangelnden Hygieneumständen **pathologisch** bei psychischen Erkrankungen, Ileus (Darmverschluss), Nebenwirkungen von Medikamenten (Opiate, Diuretika, ...)

Stuhlkonsistenz: Normalerweise ist der Stuhl breiig-fest und homogen, je nach Zusammensetzung der Nahrung und der Schnelligkeit der Darmpassage. In der folgenden Tabelle sind einige pathologische Veränderungen beschrieben:

Tab. 44: **Stuhlkonsistenz**

Konsistenz	Bezeichnung	Konsistenz	Bezeichnung
dünnflüssig-schleimig	Diarrhöe	**erbsenbreiähnlich**	Typhus abdominalis
dünnflüssig-schaumig	Gärungsdyspepsie	**extrem eingedickt, hart**	Kotstein
himbeergeleeartig (blutig, eitrig)	Amöbenruhr	**fest**	Obstipation
blutig-schleimig, eitrig	Colitis Ulcerosa, Morbus Crohn	**bleistiftförmig**	Stenosen im Bereich des Enddarms
schafkotähnlich	Stenosen im oberen Darmbereich	**voluminös, salbenartig-glänzend**	Fettstuhl (Stenorrhoe)

Stuhlfarbe: Der Gallenfarbstoff Bilirubin, der im Darm in Sterkobilin umgewandelt wird, färbt den Stuhl hell- bis dunkelbraun. Es gibt physiologische und pathologische Gründe für die Farbabweichung im Stuhl.

Tab. 45: **Stuhlfarbe**

Farbe	Ursache physiologisch	Farbe	Ursache pathologisch
braunschwarz	viel Fleisch, Blaubeeren, Rotwein	**grau-lehmfarben (acholischer Stuhl, ohne Galle: fehlendes Sterkobilin)**	Gallensteine, Pankreas-tumore, Hepatitis
grünbraun	chlorophyllhaltige Kost	**hellbraun-gelb**	Durchfall
rotbraun	rote Rüben	**rotbraun marmoriert**	Blutungen im unteren Darmbereich
gelbbraun	viele Milchprodukte, Eier	**rotbraun bis dunkelrot**	Blutungen im oberen Darmbereich
schwarz	Kohle, Eisenpräparate	**hellrote Blut-auflagerungen**	Blutung aus Hämorrhoiden
weiß	Röntgenkontrastmittel	**schwarz (Teerstuhl)**	Blutungen im oberen Darmbereich
grün-schwarz	Mekonium (Kindspech)	**grünlich-flüssig**	Salmonellose
		gelbgrün	Typhus

Stuhlgeruch: Normalerweise riecht der Stuhl nicht übermäßig streng. Blähende Speisen oder fleischhaltige Kost können den Geruch aber verändern. Weitere typische Veränderungen sind:

Tab. 46: **Stuhlgeruch**

Geruch	Ursache physiologisch	Geruch	Ursache pathologisch
fad	vegetarische Ernährung	**jauchig, faulig**	Fäulnisdyspepsie
aromatisch	Muttermilch (Stillkind)	**aashaft stinkend, penetrant faulig**	Rektumkarzinom
süßlich, faulig	mit Kunstmilch ernährte Säuglinge	**säuerlich, stechend**	Gärungsdyspepsie
säuerlich	Kindspech		

Der Stuhl kann neben seiner physiologischen Zusammensetzung auch pathologische **Beimengungen** enthalten:

Tab. 47: **Stuhlbeimengungen**

Beimengung	Ursachen
Schleim	Reizkolon, Tumore
Blut- und/oder Eiterauflagerungen	entzündliche Darmveränderungen, Colitis Ulcerosa, Morbus Crohn
unverdaute Nahrung	Verdauungsstörungen

Unterstützung bei Miktion und Defäkation

Sind Menschen aufgrund ihres Gesundheitszustandes in der Bewegung eingeschränkt, brauchen sie meist auch Unterstützung bei der Ausscheidung. Wie schon erwähnt, ist dabei besonders auf die Wahrung der Intimsphäre zu achten. Wann immer es möglich ist, sollte die Ausscheidung außerhalb des Bettes ermöglicht werden. Ja nach individueller Situation wird das geeignete Hilfsmittel zur Ausscheidungsunterstützung angewendet.

Harnflasche

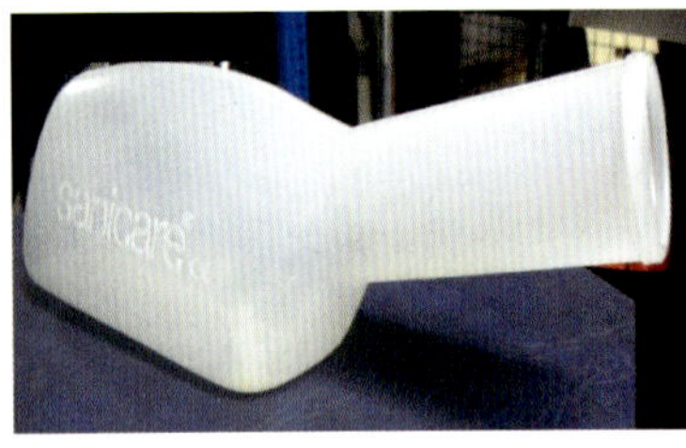

Abb. 102: **Harnflasche**

- Für die Harnflasche wenn möglich eine Halterung mit Deckel am Bett befestigen.
- Beim Anlegen der Harnflasche den Betreffenden ggf. unterstützen und nach dem Harnlassen die Harnflasche sofort wieder entfernen. Das feuchtwarme Milieu begünstigt das Bakterienwachstum und somit Infektionen.
- Die Harnflaschenöffnung nicht zu fest anpressen, da es sonst zu Hautschäden (Druck) kommen kann.

Den Harn in die Toilette bzw. in den Schüsselspüler entleeren. Die Harnflasche im Schüsselspüler reinigen.

- Beim Leeren immer Einmalhandschuhe tragen.
- Direkten Kontakt mit Harn vermeiden.

Steckbecken, Leibschüssel

Abb. 103: **Leibschüssel**

- Leibschüsseln aus Metall vorab anwärmen (mit warmem Wasser ausspülen).
- Den/die Betreffende/n, sofern er/sie die Kraft hat und nichts dagegen spricht, auffordern, das Gesäß zu heben und die Schüssel darunter platzieren.

Wenn es erlaubt ist, den Oberkörper aufrichten, um den/die Betreffende/n in eine annähernd sitzende Position zu bringen. Somit wird es ermöglicht, die Bauchpresse einzusetzen.

- Das Steckbecken wird von der nicht betroffenen Seite untergeschoben. Besonders wichtig bei Oberschenkelhalsfrakturen oder künstlichen Hüftgelenken! Ausnahmen bilden SchlaganfallpatientInnen. Bei ihnen wird das Steckbecken bei der betroffenen Seite untergeschoben, um dem/der Betroffenen diese wieder bewusst zu machen.
- Betreffende/n nach Bequemlichkeit fragen und evtl. korrigieren.
- Zellstoff, Toilettenpapier bereitlegen, damit der/die Betroffene es erreicht.
- Lichtruf in erreichbarer Nähe postieren.
- Wenn möglich das Zimmer verlassen.

Alternative für Betroffene, die sich nicht selbst bewegen können:

- Betroffene/n zur Seite drehen
- Steckbecken mit einer Hand halten
- Betroffene/n mit der anderen Hand auf das Steckbecken drehen
- am besten zu zweit arbeiten

Entfernen des Steckbeckens:

- Einmalhandschuhe zum Eigenschutz tragen
- Betroffene/n auf die Seite drehen (lassen), dabei das Steckbecken waagerecht halten
- Steckbecken entfernen
- mit Zellstoff reinigen (lassen)
- bei starker Verschmutzung Waschlappen, Wasser, Seife benutzen
- Betroffenem/Betroffener feuchtes Tuch oder Waschlappen zum Reinigen der Hände anbieten
- das Steckbecken sollte sofort in das Bad bzw. die Spüle gebracht werden oder auf einem vorbereiteten Sessel abgestellt werden

Merke: Die Schüssel mit Inhalt niemals auf das Nachkästchen oder den Tisch oder Boden stellen.

Toilettenstuhl

Wenn der/die Betreffende mobilisiert werden darf, sollte zum Stuhlgang oder auch bei Frauen zum Harnlassen vorzugsweise der Toilettenstuhl verwendet werden. Der/die Betreffende kann mit dem Toilettenstuhl auch auf die Toilette gebracht werden, somit ist die Intimsphäre besser gewahrt.

- vor dem Transfer den Stuhl einbremsen
- Sitzplatte entfernen und Eimer einlegen
- Betreffende/n beim Transfer auf den Stuhl unterstützen
- Toilettenstuhl ins WC fahren (Intimsphäre)
- Lichtruf in erreichbarer Nähe postieren
- Zellstoff/Toilettenpapier bereitlegen
- Wenn möglich Raum verlassen (Sicherheit des/der Betreffenden nicht gefährden!)

Abb. 104: **Toilettenstuhl**

- Betreffende/n nach erforderlicher Hilfe beim Säubern fragen

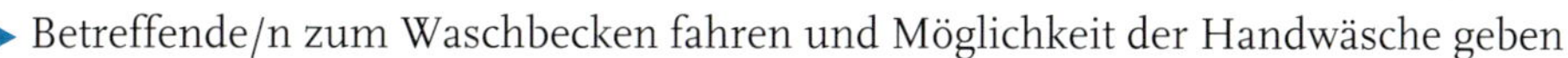

- Betreffende/n zum Waschbecken fahren und Möglichkeit der Handwäsche geben
- vor dem Transfer in das Bett Bremsen feststellen
- Betreffende/n ggf. beim Transfer ins Bett unterstützen
- Stuhl mit Inhalt in den unreinen Arbeitsraum fahren
- Einmalhandschuhe anziehen
- Eimer im Schüsselspüler reinigen
- Toilettenstuhl wischdesinfizieren

Merke: In der mobilen Pflege und Betreuung steht den professionellen Pflegekräften kein Schüsselspüler zur Verfügung. Daher sind Harnflaschen, Steckbecken oder Leibstuhleimer per Hand mit Desinfektionsmittel zu reinigen. Sämtliche Ausscheidungen nur über die Toilette entsorgen!

Obstipationsprophylaxe

Die Obstipation ist keine eigenständige Erkrankung, sondern vielmehr ein Symptom. Von einer Obstipation spricht man, wenn eine Defäkation nicht spätestens alle drei Tage erfolgt, oder übermäßige Anstrengung und Pressen zur Defäkation erforderlich sind. Man unterscheidet akute, chronische bzw. temporäre Obstipation. Zur Obstipationsprophylaxe gehören vorrangig pflegerische und ggf. auch medizinische Maßnahmen, die der Entstehung einer Obstipation entgegenwirken.

Merke: Die Berücksichtigung der individuellen Ausscheidungsgewohnheiten sollte immer erfolgen. Maßnahmen zur Obstipationsprophylaxe orientieren sich an den persönlichen Gewohnheiten!

Ursachen

Neben Bewegungsmangel und Immobilität sind bei Pflegebedürftigen mangelnde Flüssigkeitszufuhr und Fehlernährung (durch ballaststoffarme Ernährung) häufige Ursachen einer Obstipation. Weitere Faktoren können ebenfalls die Entstehung einer Obstipation begünstigen:

- Austrocknung bei Fieber, Erbrechen und Durchfall
- Scham (mangelnde Intimsphäre)
- reduzierte Bauchpresse nach Bauchoperationen, Schmerzen
- Laxanzienabusus
- Stoffwechselstörungen (z. B. Diabetes mellitus, Hypothyreose)
- Störungen des Elektrolythaushaltes (z. B. Kaliummangel)
- pathologische Obstruktion (Einengung) des Darmes durch Tumore, Divertikulose, Verwachsungen
- schmerzbedingter Stuhlverhalt (Perianalthrombose, Rektumprolaps, Analfissur)
- neurologische Störungen (z. B. Morbus Parkinson)
- Medikamente (z. B. Opiate)

Prophylaktische Maßnahmen

Durch Förderung der Bewegung (ggf. auch innerhalb des Bettes), ausreichende Flüssigkeitszufuhr und ausgewogene Ernährung (ballaststoffreich) kann einer Obstipation häufig erfolgreich vorgebeugt werden. Zusätzlich sollte beachtet werden:

- regelmäßige Essenszeiten einhalten
- darmanregende Lebensmittel anbieten (Pflaumen, Feigen)
- Zeit lassen beim Stuhlgang
- Stuhlgang nie unterdrücken
- feuchtwarme Bauchauflage anbieten
- Kolonmassage (Bauchmassage im physiologischen Verlauf des Dickdarms)

Die **Kolonmassage** ist eine von Paul Vogler entwickelte Massagetechnik, bei der die Darmtätigkeit angeregt und unterstützt wird. Das Kolon wird an fünf Punkten (siehe

Abb. 105) in kreisenden Bewegungen leicht massiert. Die Massage erfolgt immer im Atemrhythmus des/der Betreffenden.

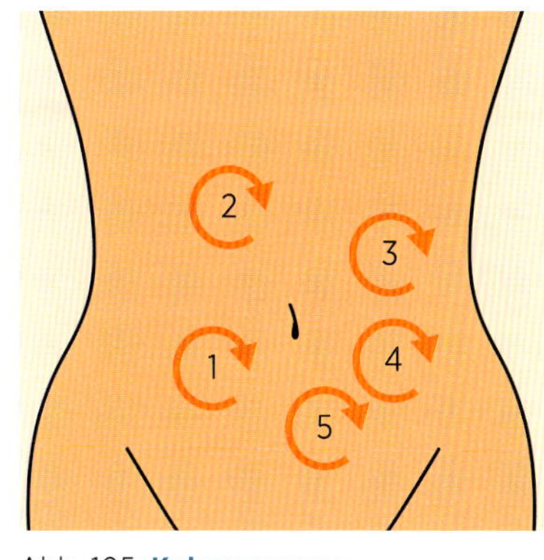

Abb. 105: **Kolonmassage** (MedizInfo®)

Kontraindiziert ist die Kolonmassage bei:

- Krebserkrankungen im Bauchraum
- akutem Schub bei Morbus Crohn und Colitis Ulcerosa
- akuten Entzündungen im Bauchraum
- Divertikulose
- Darmverschluss
- Schwangerschaft

Erst wenn diese Maßnahmen keine Wirkung zeigen, wird nach ärztlicher Anordnung auf folgende Maßnahmen zurückgegriffen:

- Laxantien: Arzneimittel, die eine Defäkation anregen
- Klistier
- Darmeinlauf: Einleiten von Flüssigkeit über den Anus in den Darm, wird aus diagnostischen und therapeutischen Gründen eingesetzt (ist Pflegefachkräften vorbehalten!)
- digitale Ausräumung: Entfernung von sogenannten „Kotsteinen" aus dem Enddarm (ist Pflegefachkräften vorbehalten!)

Sogenannte **osmotische (salinische) Laxantien** werden meist oral verabreicht. Osmotische Abführmittel sorgen dafür, dass mehr Wasser in den Darm resorbiert wird, sodass der Stuhl weicher und leichter absetzbar wird. Zu den osmotischen Laxantien gehören beispielsweise Glaubersalz (Natriumsulfat) oder Bittersalz (Magnesiumsulfat). Häufig eingesetzt werden Zuckeralkohole wie Sorbitol und Mannitol. Aber auch Zucker in reiner Form (Lactulose, Galactose, Lactose) kann als Abführmittel genutzt werden. Er verursacht im Darm eine Ansäuerung des Stuhls, da die Bakterien im Darm den Zucker in saure Bestandteile zerlegen. Dadurch wird die Darmaktivität angeregt und es kommt zu einem schnelleren Transport des Darminhalts. Je nach Wirkstoff und Ansprechen auf die Abführmittel dauert es ca. 3–48 Stunden, bis es zur Defäkation kommt. **Isoosmotische Laxantien** binden das Wasser im Darm, dadurch wird die Peristaltik gefördert. Sie wirken nur im Enddarm, daher kommt es zu keiner Beeinträchtigung der restlichen Darmpassage (vgl. Gumpert 2017).

Rektale Anwendung von Suppositorien (Zäpfchen) (vgl. Gitschel 2015, Kopacek/Göbel 2017):

- der/die Betreffende befindet sich in Seitenlage, beide Knie sind angezogen, die Arme sind in Ruhestellung
- Hände desinfizieren und Einmalhandschuhe anziehen
- Zäpfchen aus der Folie herausschälen und kurz in der Hand anwärmen
- Zäpfchen mit dem stumpfen Ende voran einzuführen (gleitet leichter in den Darm)
- Pobacken des/der Betreffenden ein paar Minuten lang leicht zusammendrücken
- wasserlösliche Zäpfchen unmittelbar vor dem Einführen befeuchten
- Zäpfchen **nicht** mit Creme, Babyöl oder Gleitmittel betupfen, das kann die Wirksamkeit beeinträchtigen
- fetthaltige Zäpfchen (wie Lecicarbon®, Dulcolax®) schmelzen bei Körpertemperatur, sie dürfen nicht über 25 Grad gelagert werden

Klistiere, auch als Klysma bekannt, ermöglichen das Einbringen von Spüllösungsmengen zur Darmentleerung durch den After. Meist kommen Fertigapplikatoren – Quetschbeutel mit davon abgehender Spritze – zum Einsatz. Einmalklistiere enthalten zwischen 100 und 300 ml Flüssigkeit. Miniklistiere enthalten weniger Flüssigkeit (5 ml), deren Wirkung ist auf die Rektumampulle beschränkt.

Merke: Klistiere dienen dazu, ein örtlich wirkendes Abführmittel in den Enddarm einzubringen und damit die Verdauung in Gang zu bringen.

Klistiere dürfen nicht angewendet werden:

- bei Erbrechen oder Bauchschmerzen unklarer Genese (Ursache)
- bei akuten Baucherkrankungen, zum Beispiel Peritonitis oder Verdacht auf Ileus (Darmverschluss)
- bei Frühschwangerschaft oder drohendem Abortus (Fehlgeburt)
- nach Operationen am Dickdarm
- bei Blutungen im Verdauungstrakt
- bei mechanischem Ileus

Anwendung von Klistieren (vgl. Funk 2017, Fresenius Kabi AG 2010, S. 1–2):

- der/die Betreffende befindet sich in Seitenlage, beide Knie sind angezogen, die Arme sind in Ruhestellung
- Schutzkappe entfernen und die eingefettete Klistierspitze unter konstantem Druck so in den After einführen, dass die Spitze nabelwärts zeigt
- Flasche so lange zusammendrücken, bis beinahe die gesamte Flüssigkeit entleert ist
- beim Auftreten von Widerstand ist die Verabreichung des Klistiers abzubrechen (Verletzungsgefahr)!
- der/die Betreffende behält die Seitenlage bei, bis ein starker Stuhldrang entsteht (nach 2 bis 5 Minuten)
- das Klistier kann vor Gebrauch auf Körpertemperatur erwärmt werden (z. B. im Wasserbad)

Pflegerische Maßnahmen bei Diarrhoe

Eine akut auftretende Diarrhoe wird meist durch Infektionen (z. B. Noroviren, Clostridium difficile) ausgelöst. Häufig tritt der Durchfall gemeinsam mit Übelkeit und Erbrechen auf. Vor allem bei Menschen, die in der Mobilität eingeschränkt sind, kann es bei Diarrhoe zu einer temporären Stuhlinkontinenz kommen – da der Stuhldrang unvermittelt auftritt, ist es für diese Menschen oft nicht möglich, rechtzeitig die Toilette zu erreichen. Abhilfe kann ein beim Bett stehender Leibstuhl schaffen. Es ist darauf zu achten, dass der/die Betreffende leicht zu öffnende Kleidung trägt. Durch den Flüssigkeits- und Elektrolytverlust kann es zu Kreislaufproblemen kommen, es besteht daher eine erhöhte Sturzgefahr! Es werden regelmäßig die Vitalzeichen kontrolliert und auf Exsikkosezeichen geachtet. Bei Säuglingen und Kleinkindern regelmäßig Zunge, Fontanellen und Haut beobachten. Bei älteren Menschen kann sich der Bewusstseinszustand durch Exsikkose verändern. Daher auf Verwirrtheitszeichen achten!

Die häufigen Stuhlentleerungen reizen die Analregion. Daher nach dem Stuhlgang feuchte Reinigungstücher oder weiches Toilettenpapier verwenden. Ggf. Analregion nach dem Stuhlgang mit klarem Wasser waschen und vorsichtig trocken tupfen. Auf die Hautpflege (z. B. mit panthenolhaltigen Salben wie Bepanthen oder mit zinkhaltigen Salben wie Mirfulan) ist besonders zu achten.

Unterstützend können auch feuchtwarme Bauchwickel zur Linderung von krampfartigen Bauchschmerzen angewendet werden.

Bei der Nahrungs- und Flüssigkeitszufuhr ist Folgendes zu beachten:

- Bei leichtem Durchfall ballaststoffarme Ernährung und mineralstoffhaltige Getränke reichen (stilles Mineralwasser).
- Bei schweren Verläufen zunächst Nahrungskarenz, danach Aufbaukost mit Tee, Zwieback, Schleimsuppe, Heidelbeersaft, frisch geriebenen Äpfeln ohne Schale und Bananen.
- De r erhöhte Flüssigkeitsbedarf (bis zu drei Liter pro Tag) sollte durch Tee und Wasser gedeckt werden. Infusionen zum Ausgleich des Flüssigkeitsdefizits werden nur dann verabreicht, wenn oral nicht ausreichend Flüssigkeit zugeführt werden kann (Flüssigkeitsbilanz).

Stuhlinkontinenz

Stuhlinkontinenz ist ein unwillkürlicher Stuhlabgang und der Verlust der Fähigkeit, Stuhl und Gase voneinander zu unterscheiden.

Schweregrade

Stuhlinkontinenz kann in 3 **Schweregrade** eingeteilt werden (vgl. Coloplast GmbH 2017, Promeus AG 2017):

Grad 1: häufige Wäscheverschmutzung oder unkontrolliertes Entweichen von Darmgasen

Grad 2: häufige Wäscheverschmutzung oder unkontrolliertes Entweichen von Darmgasen und Verlust von flüssigem Stuhl

Grad 3: vollständig unkontrollierter Abgang von Stuhl und Darmgasen

Bei der Pflege und Versorgung von Menschen mit Stuhlinkontinenz kommen Einlagen sowie offene und/oder geschlossene Inkontinenzversorgungssysteme zum Einsatz, wie sie beim Thema Harninkontinenz beschrieben sind.

Ursachen

Es gibt zahlreiche Ursachen für die Entstehung einer Stuhlinkontinenz. Der häufigste Grund ist eine chronische Verstopfung, die zu einem anfallsweisen, nicht beherrschbaren Stuhldrang führen kann. Weitere Ursachen können sein (vgl. Promeus AG 2017):

- neurologische Störungen: dazu gehören beispielsweise Insult, Morbus Alzheimer, Folgen eines Diabetes mellitus (diabetische Neuropathie)
- Folgen einer Strahlenbehandlung (Strahlenproktitis)
- Unterbrechungen der Nervenbahnen im Rückenmark: dazu gehören beispielsweise Querschnittslähmung, Spina bifida („offener Rücken") oder Multiple Sklerose
- Darmverletzungen und -tumore oder Darmoperationen
- entzündliche Prozesse in der Afterregion: dazu gehören beispielsweise Fisteln, chronisch-entzündliche Darmerkrankungen

Stomapflege

Ein Stoma ist grundsätzlich eine künstlich (chirurgisch) hergestellte Öffnung eines Hohlorgans zur Körperoberfläche. Die drei wesentlichsten Stomaarten die Ausscheidung betreffend sind:

1. **Colostomie**: operativ hergestellter Ausgang des Dickdarms
2. **Ileostomie**: operativ hergestellter Ausgang des Dünndarms
3. **Urostomie**: künstlich erzeugte Öffnung an den harnableitenden Hohlorganen

Versorgungsmöglichkeiten

Je nach Art des Stomas stehen unterschiedliche Versorgungsmöglichkeiten zur Verfügung. Welche Versorgung die beste ist, entscheidet letztendlich der/die PatientIn in Absprache mit dem Stomatherapeuten/der Stomatherapeutin.

Die **einteilige Stomaversorgung** besteht aus einem speziellen Kunststoffbeutel, in dem die Ausscheidungen aufgefangen werden. Mit dem Beutel verbunden ist die Hautschutzplatte (Klebeplatte). Einteilige Versorgungssysteme müssen immer vollständig gewechselt werden.

Bei der **zweiteiligen Stomaversorgung** sind die Hautschutzplatte und der Kunststoffbeutel zwei voneinander getrennte Produkte. Die Hautschutzplatte hat an der Vorderseite meistens einen Rastring. Der Beutel besitzt an seinem oberen Teil ebenfalls einen Kunststoffring, mit dem er auf dem Rastring befestigt werden kann. Bei diesem System wird nur der Beutel gewechselt, sobald er gefüllt ist, die Platte wird je nach Bedarf (bei Verunreinigung, wenn sie nicht mehr klebt) gewechselt.

Vor allem bei einem Ileo- oder Urostoma kommt es mehrmals täglich zu einer sehr hohen Menge an flüssiger Ausscheidung. Der **offene Stomabeutel** kann über die Öffnung vom/von der StomaträgerIn jederzeit bequem auf der Toilette entleert werden. Anschließend wird der Beutel mit einer dazugehörigen Klammer bzw. mit einem integrierten Klettverschluss absolut dicht und geruchlos wieder verschlossen. Diese Versorgungsart gibt es einteilig wie zweiteilig, sie muss nach maximal zwei Tagen routinemäßig gewechselt werden.

Geschlossene Beutel werden meist von ColostomaträgerInnen benutzt, da bei ihnen der aufgefangene Stuhl in der Regel fester und geformt ist. Außerdem ist die ausgeschiedene Menge geringer als bei einem Ileostoma, da ein Großteil der Flüssigkeit bereits entzogen ist, die beim Ileostoma mit ausgeschieden wird.

Versorgungswechsel

Die Kontinenz-Stoma-Beratung Österreich empfiehlt für den routinemäßigen Versorgungswechsel folgende Intervalle:

Colostomie:

- einteilige Versorgung: 1–2-mal pro Tag
- zweiteilige Versorgung (Platte): max. alle 5 Tage, Beutelwechsel je nach Bedarf

Ileostomie:

- einteilige Versorgung: max. alle 2 Tage
- zweiteilige Versorgung (Platte): max. alle 2 Tage, Beutelwechsel je nach Bedarf

Urostomie:

- einteilige Versorgung: max. alle 2 Tage
- zweiteilige Versorgung (Platte): max. alle 2 Tage, Beutelwechsel je nach Bedarf

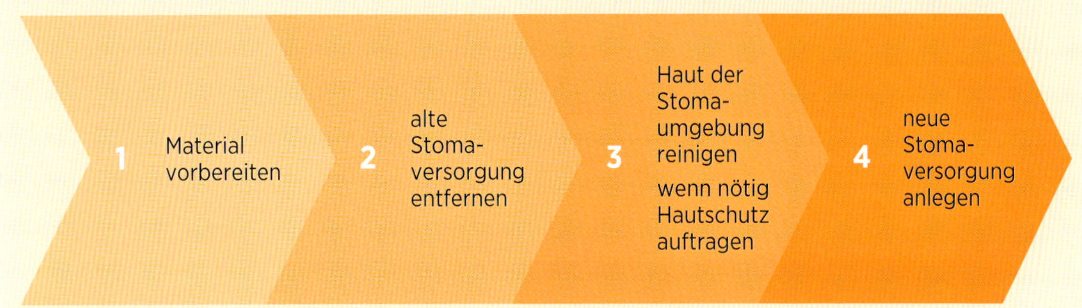

Abb. 106: **Schritte der Stomaversorgung**

Schritt 1: Alle Materialien vorbereiten, die zum Wechsel notwendig sind. Dazu gehören:

- eventuell Reinigungstücher
- Abwurfbeutel
- neuer Stomabeutel
- Hautschutzplatte, eventuell die Öffnung anpassen (Schablone)

Schritt 2: alte Stomaversorgung entfernen

- Hautschutzplatte wenn notwendig von oben nach unten vorsichtig lösen

Schritt 3: Haut in Stomaumgebung reinigen und Hautschutz auftragen

- Die Reinigung erfolgt optimalerweise mit einem weichen Tuch (Tupfer), Wasser und pH-neutraler Seife. Sollte es notwendig sein, können auch spezielle Reinigungsmittel verwendet werden.

Merke: Für die Reinigung der Stomaumgebung sind ungeeignet: Äther, Benzin, Zinkpaste, Salben, Öle, Pflegeschaum, Zellstoff und Waschlappen.

Nach der Reinigung ist die Haut gut abzutrocknen. Wenn vorgeschrieben und erforderlich, wird nun der Hautschutz rund um das Stoma aufgetragen.

Merke: Baden oder Duschen ist mit den modernen Versorgungsmöglichkeiten kein Problem, diese müssen auch anschließend nicht unbedingt gewechselt werden. Wenn die Möglichkeit besteht, kann auch ohne Versorgung geduscht werden, sofern es keine medizinischen Kontraindikationen dafür gibt.

Schritt 4: Neue Stomaversorgung anbringen

- Die neue Hautschutzplatte wird für eine bessere Haltbarkeit vorab etwas angewärmt (zwischen den Händen reiben). Anschließend wird sie von unten nach oben angebracht.
- Bei zweiteiligen Systemen wird anschließend der Stomabeutel angeklippt.

Aufgabe: Der Wechsel der Stomaversorgung ist für die Betreffenden häufig unangenehm. Manche StomaträgerInnen möchten das Stoma nicht sehen und können sich nicht vorstellen, die Stomaversorgung selbst zu übernehmen. Diskutieren Sie in Kleingruppen von maximal 3 Personen Lösungsansätze für folgende Fragestellungen und stellen Sie Ihre Ergebnisse im Plenum vor:

- Wie können Sie den Betreffenden Sicherheit im Umgang mit dem Stoma geben?
- Welche Rahmenbedingungen sind beim Wechsel der Stomaversorgung zu berücksichtigen?
- Welche Veränderungen würden Sie an den gehobenen Dienst weiterleiten?

Zeitrahmen Bearbeitung: 30 min
Zeitrahmen Präsentation: 5 min
Diskussion im Plenum: 5 min

Erbrechen

Erbrechen (Emesis, Vomitus) ist keine Krankheit, sondern ein Symptom bzw. eine Schutzfunktion (Reflex). Als Erbrechen wird das unwillkürliche, rasche, kraftvolle Herausbefördern von Magen- bzw. Darminhalt durch den Mund bezeichnet. Es kann je nach Ursache einmalig oder mehrfach auftreten.

Weitere Begriffe, die im Zusammenhang mit Erbrechen wichtig sind:

- **Regurgitation:** Rückfluss von Speichel in den Mund, ohne Würgen – bei Ösophagusstenosen, Kardiainsuffizienz
- **Dysphagie (Schluckstörung):** bei Insult, siehe Kap. Dysphagie – Schluckstörung
- **Ruktus (Aufstoßen):** in den Magen gelangte Luft wird durch rückläufige Peristaltik über den Mund wieder ausgeworfen
- **Nausea:** Übelkeit, Bedürfnis zu erbrechen, meist durch Drucksteigerung im Magen
- **Würgen:** Atmen gegen geschlossene Stimmritze, thorakale Atmung und Bauchpresse wirken gegeneinander

Man unterscheidet zerebrales oder direktes Erbrechen von peripherem/indirekten oder reflektorischen Erbrechen.

Zerebrales/direktes Erbrechen

Erfolgt durch die direkte Einwirkung auf das Brechzentrum in der Medulla oblongata (verlängertes Rückenmark). Das Erbrechen tritt plötzlich und im Schwall, ohne Begleiterscheinungen und Vorankündigung auf.

Ursachen:

- Hirndruckerhöhung
- SHT (Schädel-Hirn-Trauma)
- Zerebrale Blutungen
- Gehirntumor
- Migräne
- Meningitis

- Zentral toxische Wirkung bei
  - Alkohol
  - Zytostatika
  - anderen zentral dämpfenden Medikamenten
  - Drogen
  - Hormonen (z. B. Schwangerschaft)

Peripheres/indirektes/reflektorisches Erbrechen

Erfolgt durch die indirekte Einwirkung über das vegetative Nervensystem, durch die Reizung des Nervus vagus. Dem Erbrechen gehen Promordi (Vorboten), meist Übelkeit, Blässe, gesteigerter Speichelfluss, Weitstellung der Pupillen, vorher.

Ursachen:

- emotionale Ursachen (Reize, Angst, Ekel, Trauer, Stress)
- Sinnesreize (unangenehme Gerüche und/oder Geschmäcker)
- Reizung des Innenohres (z. B. beim Busfahren, Seekrankheit)
- Erkrankungen des Magen-Darm-Trakts

Beobachtungskriterien

Für eine erfolgreiche Therapie ist es wichtig, die Ursache zu ermitteln. Nachfolgend angeführte Beobachtungskriterien sind daher wesentlich:

- Art des Erbrechens (würgend, schwallartig, spuckend)
- Häufigkeit (ein- oder mehrmalig)
- Konsistenz (dünn, bröckelig, schleimig)
- Zeitpunkt (nüchtern, vor bzw. nach dem Essen)
- Farbe (hellrot, dunkelrot, braun, grünlich)
- Geruch (kotig – Miserere, säuerlich, gallig)
- Menge (viel bei Magenatonie, Ileus, wenig bei Sanduhrmagen, z. B. beim Ulcus)
- Beimengungen (Blut, Essensreste, Tabletten)

Pflege bei Erbrechen

Das Erbrechen ist für die Betroffenen eine große physische und psychische Belastung.

Merke: Betroffene beim Erbrechen nicht allein lassen, es besteht Aspirationsgefahr!

Der/die Betroffene kann durch folgende Maßnahmen unterstützt werden:

- Betreffende/n in eine aufrechte Position bringen (ggf. Kleidung lockern)
- Nierenschale und Zellstoff reichen
- ggf. vor dem Erbrechen die Zahnprothese entfernen
- ggf. kalter und feuchter Waschlappen an die Stirn
- Atemwege frei halten, falls notwendig absaugen, ggf. Sauerstoffgabe
- Bewusstseinseingetrübte in Seitenlage bringen

- nach dem Erbrechen Mund- und Nasenpflege sowie Waschmöglichkeit für Gesicht und Hände anbieten, ggf. Kleidungs-/Bettwäschewechsel
- Vitalzeichen messen, auf Bewusstseinsveränderungen und Exsikkosezeichen achten
- der/die Betroffene soll sich nach dem Erbrechen schonen – Bauchdecke soll entspannt sein
- Zimmer lüften (Zugluft vermeiden)
- Erbrochenes sofort entsorgen, falls notwendig vorher eine Probe nehmen; sicherstellen, dass keine Zahnprothese mit dem Erbrochenen entsorgt wird
- Dokumentation

Aufgabe: Die Unterstützung beim Erbrechen kann bei den Pflegepersonen Ekel hervorrufen. Überlegen Sie für sich selbst:

- Welche Situationen werden bei mir Ekel verursachen bzw. haben bei mir bereits Ekel verursacht?
- Woran erkenne ich, dass es mich ekelt?
- Wie verhalte ich mich, wenn ich Ekel spüre?
- Welche Maßnahmen könnten mich unterstützen, um mit ekelerregenden Situationen besser umgehen zu können?

Teilen Sie Ihre persönlichen Erfahrungen/Erkenntnisse/Strategien mit Ihren KollegInnen!

Zeitrahmen Bearbeitung: 20 min
Zeitrahmen Diskussion: 5 min

Das kann ich!

Ich verstehe den Zusammenhang zwischen Essen und Befindlichkeit.	
Ich kenne die beeinflussenden Faktoren auf das Trink-, Ess- und Ernährungsverhalten.	
Ich kann die Grundlagen der gesunden Ernährung erklären.	
Ich kann den Ernährungszustand eines Menschen beobachten und Abweichungen des Trink- und Essverhaltens erkennen und beschreiben.	
Ich kann die physiologische Ausscheidung von Harn und Stuhl erklären und pathologische Abweichungen erkennen, dokumentieren und adäquat weiterleiten.	
Ich kann Pflegemaßnahmen zur Unterstützung der Ausscheidung praktisch anwenden.	
Ich kann Probleme, die für Betroffene durch Inkontinenz entstehen, erläutern und Pflegemaßnahmen durchführen.	
Ich kann die Einflussfaktoren auf das Ausscheiden von Harn und Stuhl nennen.	
Ich kenne meine eigenen Grenzen bezüglich Nähe, Distanz, Scham und Ekel und kann darüber reflektieren.	
Ich verstehe die Bedeutung, die der Einbruch in die Intimsphäre von Betroffenen in diesem Bereich darstellt.	
Ich kann Erbrochenes beschreiben und Einflussfaktoren nennen und weiß, dass Erbrechen ein Schutzreflex ist.	

Lernfeld 6
Aus der Mitte

„Das Leben liebt das Gleichgewicht."
(Deutsches Sprichwort)

Dieses Sprichwort bekommt eine besondere Bedeutung, wenn sich im Leben plötzlich etwas verändert, wenn Ereignisse uns quasi aus dem Gleichgewicht bringen, und wenn wir existenzielle Erfahrungen machen. Als existenzielle Erfahrungen werden in diesem Lernfeld besondere Lebenssituationen wie der Krankenhausaufenthalt, der Umzug in eine Pflege- und Betreuungseinrichtung, unheilbare Erkrankungen, Schmerz, Einschränkungen der Sinne und Schlafstörungen näher betrachtet.

Existenzielle Erfahrungen

Unter existenziellen Erfahrungen versteht man Erfahrungen, die die menschliche Existenz wesentlich betreffen. Wir entwickeln uns und lernen ein Leben lang. Unerheblich, ob Ereignisse positiv oder negativ erlebt werden, prägen sie das Leben. Zufriedenheit, Sicherheitsgefühl und Wohlbefinden können von diesen biografischen Erlebnissen abhängen.

Positive existenzielle Erfahrungen können sein:

- Anerkennung und Lob
- Freude
- Liebe
- Wertschätzung
- Sicherheit
- Integriert sein
- Vertrauen in andere und in sich selbst

Negative existenzielle Erfahrungen können sein:

- Abwertung und Geringschätzung
- körperliche und seelische Schmerzen
- Angst und Sorge
- Misstrauen
- Verlust
- Hoffnungslosigkeit
- Isolation

Durch Krankheiten und andere Lebensereignisse können wir uns in unserer Sicherheit bedroht fühlen. Man spricht dann von einer Krise. Der Verlust von Fähigkeiten, beispielsweise eine Einschränkung der Funktion der Sinne oder der Bewegungsfähigkeit, sowie der Verlust der Gesundheit oder der gewohnten Umgebung kann als existenzgefährdend wahrgenommen werden. Die Aufnahme eines Menschen in eine stationäre Einrichtung ist vor allem dann eine negative existenzielle Erfahrung, wenn sie von Angst und Unsicherheit begleitet ist. Man denke hier an Kinder und Menschen mit kognitiven Einschränkungen, die in ein Krankenhaus aufgenommen werden müssen, oder an jene Menschen, die ihre gewohnte häusliche Umgebung aufgeben, um in einer stationären Einrichtung betreut und gepflegt zu werden. Sie alle brauchen den verständnisvollen Umgang der in diesen Einrichtungen tätigen Personen.

Krankheiten

Krankheiten oder körperliche Einschränkungen, die für Betroffene und Angehörige eine besondere Herausforderung darstellen, können unter anderem sein:

- die Diagnose einer chronischen Erkrankung (z. B. Erkrankungen des Bewegungsapparates, rheumatische Erkrankungen, Diabetes mellitus, ...)
- chronische Schmerzen
- eine Einschränkung der Sinne (sehen, hören, ...)
- die Einschränkung der Mobilität durch traumatische Ereignisse oder Immobilität
- die Konfrontation von werdenden Eltern mit der Tatsache, dass sie ein Kind mit besonderen Bedürfnissen erwarten

Um zu verstehen, wie Menschen mit Krankheit und Krisen umgehen, wird dies in verschiedenen Modellen und Theorien als Krankheits- beziehungsweise Krisenbewältigungsphasen beschrieben. Angelehnt an die Theorie der Sterbephasen, welche von Elisabeth Kübler-Ross 1969 aufgestellt wurde, wird auch der Prozess der Krankheits- und Krisenbewältigung in fünf Phasen dargestellt. Sowohl der/die Betroffene als auch der/die Angehörige durchlaufen diese Stufen, wobei nicht gesagt ist, dass die Reihenfolge genau nach diesem Schema abläuft. Es können Phasen übersprungen werden, der Verlauf muss nicht in eine Richtung gehen, es kann also auch zu einer Wiederholung von Phasen kommen (vgl. dazu Lernfeld 2, fünf Phasen der Krankheitsbewältigung).

Der schwedische Psychiater Johan Cullberg hat 1978 ebenfalls ein Modell aufgestellt, welches die Krisenbewältigung in 4 Stufen beschreibt.

Vier Stufen der Krisenbewältigung nach Cullberg (vgl. Cullberg 2008)

1. **Schockphase**: In dieser Stufe wird oftmals das Geschehene (Verlust von Gesundheit, von nahestehenden Personen, von der gewohnten Umgebung, ...) nicht als real wahrgenommen.
2. **Reaktionsphase**: Langsam realisiert der/die Betroffene die Tatsache. Es kommt zu einer Reaktion, die sich unterschiedlich äußern kann. Mögliche Reaktionen sind, um nur einige zu nennen, Rückzug, Regression, Depression oder der Weg in eine Sucht.
3. **Bearbeitungsphase**: Im positiven Fall der Bewältigung von Krisensituationen beginnt der/die Betroffene langsam das Geschehene zu akzeptieren und „das Alte“ loszulassen.
4. **Neuorientierung**: Letztendlich werden im optimalen Fall neue Lebensziele, neue Werte und Vorstellungen gefunden und die Krise wird dadurch bewältigt.

Akute, chronische und unheilbare Erkrankungen

Die Unterscheidung von akuten und chronischen Erkrankungen wurde in Lernfeld 2 bereits kurz angesprochen.

Akute Erkrankungen werden häufig von Viren, Bakterien oder Pilzen ausgelöst und führen zu Infektionskrankheiten. Ist die Ursache für die Erkrankung beseitigt, klingen die Beschwerden in der Regel wieder ab. „Akut“ bedeutet in diesem Zusammenhang, dass die Erkrankung vorübergehend ist.

Kehrt eine Krankheit immer wieder oder dauert länger als drei Monate an, spricht man von einer **chronischen Erkrankung**. Durch ständige körperliche und/oder psychische Belastungen kann es zu körperlichen Problemen, beispielsweise des Herz-Kreislauf-Systems, der Atemwege, des Verdauungstraktes, des Bewegungsapparates, des Stoffwechsels sowie zu Krebserkrankungen oder psychischen Krankheiten kommen. Eine Krankheit bringt Menschen aus dem Gleichgewicht. Chronische Erkrankungen können uns jedoch soweit beeinträchtigen, dass sie als existenzielle Bedrohung wahrgenommen werden. Die Lebensqualität chronisch erkrankter Menschen wird oft beeinträchtigt durch:

- häufige Krankenhausaufenthalte
- zahlreiche Therapien
- Medikamente
- Schmerzen
- Zukunftsängste
- Angst vor Pflegebedürftigkeit

Zumeist trifft eine chronische Erkrankung nicht nur den/die PatientIn, sondern auch das soziale Umfeld. Vor allem Kinder benötigen die Unterstützung und Begleitung einer Bezugsperson, wenn es um Arztbesuche, Therapien oder stationäre Aufenthalte geht. Auch betagte Menschen sind infolge von chronischen Erkrankungen rascher in der Selbstversorgung beeinträchtigt und somit vermehrt auf Unterstützung durch Familie, Freunde oder professionelle Pflege- und Betreuungsdienste angewiesen. Generell leiden ältere Menschen häufig an mehreren Krankheiten. In der Altersgruppe der 60- bis 79-Jährigen haben Frauen drei oder mehr und Männer zwei oder mehr Diagnosen (vgl. Wolter 2011, S. 37–38).

Während die Angst vor einer ungewissen Zukunft und den unkalkulierbaren Konsequenzen, die die Erkrankung mit sich bringt, alle Altersschichten betrifft, kommt bei Menschen im erwerbsfähigen Alter noch die Sorge um die berufliche Entwicklung dazu. Häufige Krankenstände bis hin zur Arbeitsunfähigkeit stellen Menschen vor wirtschaftlich existenzbedrohende Situationen. Welche Belastungen konkret auftreten können und welche Entlastungsangebote für Betroffene und Angehörige zur Verfügung stehen, wird in Lernfeld 12 näher ausgeführt.

Solange die Aussicht auf Heilung einer Krankheit gegeben ist, gibt es medizinische Maßnahmen, um die Gesundheit wiederherzustellen. In der Fachsprache spricht man von **kurativen** Maßnahmen. **Unheilbar kranke Menschen** werden **palliativ** behandelt. Hier ist das Ziel nicht die Wiederherstellung der Gesundheit, sondern das Lindern von Symptomen. Die psychosoziale Betreuung und Begleitung der Betroffenen und der An- und Zugehörigen ist ein wesentlicher Teil im Zusammenhang mit der palliativen Versorgung. Im Detail wird in Lernfeld 11 auf die Definitionen von Begrifflichkeiten und die Bedeutung der letzten Lebensphase eingegangen.

Krankenhausaufenthalt und Einzug in eine Pflege-/Betreuungseinrichtung

Wenn Menschen aus verschiedenen Gründen ihre vertraute Umgebung oder Wohnung verlassen müssen, weil Krankheit oder Pflegebedürftigkeit es notwendig machen, verändert sich innerhalb kürzester Zeit ihr gesamtes Leben. Viele neue Eindrücke – Farben, Gerüche, Speisen, ein neuer Tagesablauf, neue Menschen, neue Regeln, geringe Möglichkeiten des Rückzuges und vieles mehr – stürzen auf sie ein. Ungeachtet des Alters kann ein stationärer Aufenthalt als existenzielle Bedrohung wahrgenommen werden. Angst, Unsicherheit und Rückzug sind häufige Begleiter in dieser Situation. Daher brauchen Menschen, die ins Krankenhaus oder in eine Pflege- und Betreuungseinrichtung kommen, verständnisvolle BegleiterInnen – vertraute Personen (sofern vorhanden) und professionelle Pflege- und Betreuungskräfte. Auch freundlich gestaltete Räume, Rückzugsbereiche, Orte der Kommunikation und das Recht auf Selbstbestimmung sollen für einen möglichst angenehmen Aufenthalt sorgen.

Wenn man bestehende Situationen in den Altenpflegeeinrichtungen betrachtet, wird man feststellen, dass die Betroffenen bei den meisten Abläufen fremdbestimmt sind und es kaum Möglichkeiten zur Selbstbestimmung gibt. Besonders alte Menschen haben im Lauf ihres Lebens viele Rollen innegehabt, z. B. Hausfrau und Mutter, Tochter, Ehefrau, oder Gärtnerin bzw. Ehemann, Vater, Beamter, Landwirt usw. Im Alter, vor allem wenn Menschen im Altenheim leben, verlieren sie diese Rollen. Mit den Rollen verschwinden auch viele Gaben und Fähigkeiten, da sie nicht mehr gebraucht werden. Ebenso schwinden Selbstvertrauen, Selbstständigkeit und Selbstwertgefühl. Alte Menschen werden hilflos und pflegebedürftig, obwohl das von ihrem gesundheitlichen Zustand her oft gar nicht erklärbar ist.

Ganzheitliche aktivierende und fördernde Altenpflege hat zum Ziel, durch möglichst viele alltagsnahe Tätigkeiten die Selbstständigkeit alter Menschen zu erhalten. Was der alte Mensch bei seiner Selbstpflege selber machen kann, und sei es noch so wenig, soll er selber tun (vgl. Reiter et al. 2014, S. 366–370).

Um ein Stück Vertrautheit auch im neuen Lebensumfeld zu gewähren, kann Altbekanntes aus dem persönlichen Leben hilfreich sein. Das beginnt bei vertrauten Düften, wie z. B. Seife, Duschgel, Shampoo, Parfum, und der Verwendung des gewohnten Waschmittels, was besonders demente Menschen, gerade in der Erholungsphase des Schlafens, merklich beruhigt.

Veränderung sollte rechtzeitig geübt werden, damit sie ihren Schrecken verliert. Dies beginnt damit, dass wir die momentane Situation überdenken und daran arbeiten, dass Achtsamkeit und behutsamer Umgang in Alten- und Pflegheimen selbstverständlich und zu einem wesentlichen Qualitätskriterium in der Pflege werden. „Warm, satt und sauber“ – keiner von uns möchte in so einem Rahmen alt werden. Bewirken Sie die Veränderung im **Hier und Jetzt** und nicht erst irgendwann, denn wünschenswert ist es für uns alle, dass wir uns im Alter wohl und geborgen fühlen und von Vertrautem umgeben sind.

Aufgabe: Wechseln Sie Ihre Perspektive und stellen Sie sich vor, Sie wären PatientIn, BewohnerIn, KlientIn. Betrachten Sie im Praktikum (Betreuungseinrichtung, Krankenhaus) kritisch die Umgebung und notieren Sie:

Was gefällt mir, was nicht? Schreiben Sie Positives und Negatives auf.

- Fühlen Sie sich wohl im BewohnerInnen-/PatientInnenbereich (BewohnerInnen-/PatientInnenzimmer, Bad, Gang, Aufenthaltsraum, Speisesaal, Garten, Kapelle)?
- Was löst eventuell Unbehagen aus?
- Wie wirken die verwendeten Farben auf Sie?
- Gibt es genug Rückzugsmöglichkeiten?
- Kann anhand der Dekoration die Jahreszeit erkannt werden?
- Wie wirken der Gang und die Aufenthaltsbereiche für BesucherInnen?

Besprechen Sie die Ergebnisse im Team, um eventuelle Verbesserungen anzuregen.

Schmerzen

Der Schmerz (lat. „dolor“) ist eine subjektive Sinneswahrnehmung und zeigt ein akutes Geschehen an. Oft zeigt der Körper mit dem Symptom Schmerz, dass etwas nicht in Ordnung ist. Schmerz ist häufig ein Symptom von Krankheit. Der Schmerz ist ein Warn- oder Leitsignal und kann in der Intensität von unangenehm bis unerträglich reichen. Wie Menschen Schmerzen wahrnehmen und wie sie damit umgehen, ist unterschiedlich und hängt auch von der Erziehung, der Veranlagung und von den gesellschaftlichen Normen ab. Schmerz ist nicht objektiv messbar.

Können Menschen Schmerzen nicht verbal mitteilen, ist es für die Pflege- und Betreuungsperson umso wichtiger, die nonverbale Kommunikation zu beachten. Schonhaltung und Mimik verraten viel über den Zustand von Betroffenen. Während Kinder Schmerzen durch vermehrte Unruhe und Weinen äußern, sind Menschen mit kognitiven Einschränkungen häufig agitiert oder reagieren aggressiv.

Assessmentinstrumente zur Beurteilung von Schmerzen

Um Schmerzen messbar zu machen, gibt es unterschiedliche Assessmentinstrumente, die das Schmerzempfinden erheben. Der Begriff „Assessment“ kommt aus dem Englischen und bedeutet Beurteilung, Einschätzung, Bewertung. Aus der Vielzahl von Messinstrumenten sind hier einige in der Praxis gängige beschrieben.

VAS (Visuelle Analog-Skala): Die/der PatientIn kann den Schmerz auf einer Linie nach Intensität eintragen. Die Skala beginnt bei „kein Schmerz“ und reicht bis „unerträglicher Schmerz“.

Abb. 107: **Visuelle Analog-Skala**

Zur visuellen Einschätzung von Schmerzen kommen auch diverse „Smiley-Skalen“ („Face pain scales“) zum Einsatz. Diese eignen sich auch für Kinder. Hier zeigt der/die PatientIn anhand von einer Gesichterskala, wie stark der Schmerz empfunden wird.

Abb. 108: **„Smiley-Skala“**

NAS (Numerische Analog-Skala): Hier gibt die/der PatientIn den Schmerz in Zahlen zwischen 0 (kein Schmerz) und 9 (unerträglicher Schmerz) an.

VRS (Verbal Rating Scale): Bei der VRS gibt die/der PatientIn verbal an, ob er/sie keine (= 1), leichte (= 2), mäßige (= 3), starke (= 4) oder sehr starke (= 5) Schmerzen hat.

KUSS (Kindliche Unbehagens- und Schmerz-Skala): Da Kinder und Säuglinge ihren Schmerz nicht gezielt verbal mitteilen können, wird für diese PatientInnengruppe die KUSS verwendet. Auch für Menschen mit Sprach- und Verständigungsschwierigkeiten kann dieses Assessmentinstrument verwendet werden. Folgende fünf Merkmale werden mit jeweils 0 bis 2 Punkten bewertet:

Weinen:
0 = gar nicht
1 = Stöhnen, Jammern, Wimmern
2 = Schreien

Gesichtsausdruck:
0 = entspannt
1 = Mund verzerrt
2 = Grimassieren

Beinhaltung:
0 = neutral
1 = strampelnd
2 = an den Körper gezogen

Rumpfhaltung:
0 = neutral
1 = unstet
2 = Krümmen, Aufbauen

Motorische Unruhe:
0 = nicht vorhanden
1 = mäßig
2 = ruhelos

Bei einer Summe von vier oder mehr Punkten ist eine Schmerzbehandlung erforderlich.

BESD (Beurteilung von Schmerzen bei Demenz): Diese Skala dient zur Erfassung von Schmerzen bei Menschen mit kognitiven Einschränkungen. Die Einschätzung erfolgt nach einer mindestens zweiminütigen Beobachtungszeit. Es werden die Atmung, der Gesichtsausdruck, Lautäußerungen und die Körpersprache beobachtet und beurteilt.

Qualitäten von Schmerz

Schmerz kann unterschiedliche Qualitäten haben:

- bohrend, z. B. bei Knochenhaut- und Organschmerz
- kolikartig, krampfartig, z. B. bei Gallen- oder Nierenkolik
- brennend, z. B. bei Magenbeschwerden
- ziehend, z. B. bei Unterleibserkrankungen
- stechend, z. B. bei Organschmerz
- wellenartig, z. B. bei Wehen oder auch Organschmerz
- beklemmend, einengend, z. B. bei Herzerkrankungen
- ausstrahlend, z. B. bei Herzinfarkt oder Nervenerkrankungen
- unspezifisch, z. B. bei Oberflächenschmerz
- dumpf, z. B. bei Eingeweideschmerz

Schmerzen, insbesondere chronische Schmerzen, müssen medizinisch abgeklärt und gegebenenfalls behandelt werden. Dies gilt vor allem auch bei Menschen, die palliativ begleitet werden. Eine gute Schmerzeinstellung ist hier zur Erhöhung der Lebensqualität von besonderer Bedeutung.

Linderung von Schmerzen (vgl. Reiter et al. 2014, S. 373–375)

Zur Linderung und/oder Bekämpfung von Schmerzen stehen neben medikamentösen und operativen Maßnahmen auch andere Möglichkeiten zur Verfügung, die von Pflegepersonen eingesetzt werden können.

Positionierungen

- Weichpositionierung bei Auflageschmerz
- regelmäßiger Positionswechsel bei Schmerzen durch längere Liegedauer
- schmerzende Körperstellen mittels Schienen und Verbänden ruhigstellen
- bei Bauchschmerzen leichte Oberkörperhochpositionierung und Entlastung der Bauchdecke durch leichte Erhöhung der Beine
- Ruhigstellen durch Wundverbände bei Wundschmerzen

Physikalische Maßnahmen

- Massagen zur Auflockerung der Muskeln
- Auflagen und Wickel wirken durchblutungsfördernd
- Wärmezufuhr wirkt durchblutungsfördernd, z. B. bei Nierenschmerzen
- Kälte hat eine narkotisierende Wirkung, führt zum Abschwellen und kühlt Hautareale ab, z. B. bei Überhitzung. Je größer der Kältereiz, desto stärker die Schmerzreduzierung.

Psychische Schmerzbekämpfung

- Gespräch über die Krankheit und die Schmerzen führen
- Schmerzen wahrnehmen und verstehen
- Schmerzen ernst nehmen und Handlungen setzen
- Autogenes Training
- Progressive Muskelentspannung nach Jacobson
- Beschäftigung anbieten
- kreatives Arbeiten ermöglichen

Medikamentöse Schmerzbehandlung

- Beruhigungsmittel
- Schmerzmittel, die das ZNS beeinflussen
- Lokalanästhetikum zur örtlichen Schmerzbekämpfung
- Spinalanästhesie zur dauernden Therapie bestimmter Bezirke
- Infusionen mit Zusatz von Schmerzmitteln zur kontinuierlichen Therapie
- Schmerzpumpe

Die Weltgesundheitsorganisation (WHO) hat für die medikamentöse Schmerztherapie ein 3-Stufen-Schema entwickelt:

1. Nicht-Opioid-Analgetika: schwach bis mittelstark wirksam, Beispiele: Voltaren, Novalgin (wirken am Schmerzentstehungsort)
2. Nicht-opioidhaltige Mittel werden mit schwach wirksamen opioidhaltigen Analgetika verabreicht, Beispiele: Tramadol, Kodein (wirken im ZNS, wo die Schmerzen übertragen und wahrgenommen werden)
3. Zusätzlich zu Nicht-Opioid-Analgetika werden stark wirkende Opioide verabreicht, Beispiel: Morphin (nach schweren Operationen oder Tumorschmerzen).

Merke: Medikamente zur Schmerzbehandlung dürfen nur nach ärztlicher Verordnung verabreicht werden. Analgetika (Schmerzmedikamente) können Symptome lindern und dadurch die Diagnosestellung erschweren. Ein Missbrauch von Schmerzmedikamenten kann zu schwerwiegenden Folgen wie gastrointestinalen Störungen (Übelkeit, Magenschmerzen, Magengeschwüre) und Schäden an Organen wie Leber und Niere führen (vgl. Bleckwenn et al. 2015, S. 44). Bei einer Einnahme von Schmerzmedikamenten länger als 3 Monate an 15 oder mehr Tagen im Monat kann ein chronischer Kopfschmerz entstehen. Man spricht hier vom medikamenteninduzierten Kopfschmerz (medication overuse headache) (vgl. Kristoffersen/Lundqvist 2014, S. 88–89).

Die Sinne und Sinneseinschränkungen

Der Mensch verfügt in der Regel über fünf Sinne: Riechen, Schmecken, Tasten, Hören, Sehen. Diese Sinne liefern uns wichtige Information über unsere Umwelt und haben auch eine Schutzfunktion. Bereits bei der Geburt sind die Sinne mehr oder weniger gut ausgebildet. So riecht ein Säugling beispielsweise seine Mutter, beziehungsweise findet die Brust durch den Duft der Milch. Auch die Geschmackswahrnehmung von Süßem ist bereits ausgebildet, wenn ein Mensch geboren wird. Dass Babys und Kleinkinder den Geschmack von Bitterem und Saurem nicht mögen, soll davor schützen, giftige, ungenießbare Dinge zu essen. Ein Baby fühlt Temperaturunterschiede und genießt die Berührungen bei der Babymassage. Es erkennt die Stimme der Mutter und sieht, wenn auch nur auf eine Distanz von 20 Zentimetern, die schemenhaften Umrisse von Gesichtern.

Die fünf Sinne sind auch wichtig für die Entwicklung eines Menschen. Liegt eine Störung in einem der Sinne vor, kann dies eine verzögerte kindliche Entwicklung nach sich ziehen. Auch der Verlust bereits vorhandener Sinne im Laufe des Lebens hat gravierende Auswirkungen auf das Leben der Betroffenen.

Der Geruchssinn (vgl. Hüttenbrinck et al. 2013, S. 1–6)

Eine Beeinträchtigung des Geruchssinnes ist zwar weniger einschränkend als eine Beeinträchtigung des Sehens oder Hörens, dennoch leidet die Lebensqualität darunter. Etwa 5 % der Bevölkerung leiden unter einer Riechstörung. Vor allem bei der Gruppe der Menschen ab dem 50. Lebensjahr sind etwa 25 % von einer Einschränkung des Geruchssinnes betroffen.

Häufige Riechstörungen sind:

- Anosmie: hochgradige Einschränkung oder Verlust des Geruchssinnes
- Hyposmie: abgeschwächte Geruchswahrnehmung
- Hyperosmie: verstärktes Wahrnehmen von Gerüchen (häufig in der Schwangerschaft)
- Parosmie: es wird ein anderer Geruch wahrgenommen, als vorhanden ist, häufig in Verbindung mit Hyposmie
- Phantosmie: es wird ein Geruch wahrgenommen, obwohl keine Duftstoffquelle vorhanden ist
- Kakosmie: Geruch wird als sehr unangenehm, übel empfunden

Mit Riechstörungen verbundene Probleme/Gefahren sind:

- Genuss verdorbener Lebensmittel und erhöhtes Risiko von Lebensmittelvergiftungen
- Unsicherheiten, da Körpergerüche nicht wahrgenommen werden
- Häufig verminderte Geschmacksempfindung
- Verzögerte Wahrnehmung von Brandgeruch
- Riechstörungen sind eventuelle Vorboten von neurologischen Erkrankungen (Parkinson, Alzheimer)

Ursachen für Riechstörungen sind:

- Entzündungen oder Schwellungen der Nasenschleimhaut
- verkrümmte Nasenscheidewand, Polypen
- Medikamente
- Hormone (Schwangerschaft, Tumore)
- Schädelverletzungen
- Gift und Schadstoffe (auch Rauchen)
- neurologische Erkrankungen

Der Geschmackssinn

Eine Störung des Geschmackssinnes (Dysgeusie) tritt weniger häufig auf als jene des Geruchssinnes. Sowohl Infekte und Medikamente als auch Tumore oder eine Schädigung von Nerven können für einen Ausfall oder eine Einschränkung des Geschmackes verantwortlich sein.

Häufige Geschmacksstörungen sind:

- Ageusie: kein Geschmacksempfinden
- Hypogeusie: abgeschwächte Geschmackswahrnehmung
- Hypergeusie: verstärkte Geschmackswahrnehmung
- Phantogeusie: Geschmäcke werden wahrgenommen, obwohl kein Geschmacksreiz vorhanden ist
- Kakogeusie: Geschmack wird als sehr unangenehm, übel empfunden

Auch eine Einschränkung oder ein Ausfall des Geschmackssinns beeinträchtigt die Lebensqualität. Bei älteren Menschen kann es in Folge einer Beeinträchtigung des Geschmackssinnes zu einer Einschränkung der Nahrungsaufnahme und in weiterer Folge zu Gewichtsabnahme und Mangelernährung kommen. Der Leidensdruck kann so groß sein, dass sich sogar Depressionen entwickeln. Es ist daher wichtig, die Ursache für die Erkrankung zu finden und zu behandeln.

Der Tastsinn

Der Tastsinn entwickelt sich bereits im Mutterleib. Über die Haut werden Sinnesreize aufgenommen, die im Gehirn verarbeitet werden. Der Tastsinn hat auch eine wichtige Funktion, wenn es darum geht, Gefahren wahrzunehmen (Wärme, Kälte, Nässe, glatte oder raue Oberflächen, spitze Gegenstände, ...). Temperatur und auch Schmerz werden über die Haut wahrgenommen. Eine Störung des Tastsinns kann vorliegen, wenn es zu einer Schädigung der peripheren Nerven oder des Gehirns gekommen ist.

Kinder, deren Tastsinn beeinträchtigt ist, sind:

- häufig entweder sehr aktiv oder passiv
- in der Entwicklung der Sprache verzögert
- in der motorischen Entwicklung beeinträchtigt (wirken ungeschickt)
- haben oft Lernstörungen

Störungen des Tastsinns und somit auch der körperlichen Wahrnehmung können angeboren sein oder im Laufe des Lebens erworben werden, zum Beispiel durch eine Gehirnschädigung durch Sauerstoffmangel bei der Geburt, ein Trauma, einen Insult, eine Schädigung der Nerven durch Erkrankungen wie Diabetes mellitus, durch Medikamente (Chemotherapeutika) oder durch mechanische Schädigung (Operationen, Bandscheibenvorfall). Je nach Ausprägung kann eine Einschränkung des Tastsinns mehr oder weniger belastend für die Betroffenen sein. Bei einer schweren Beeinträchtigung besteht neben der Minderung der Lebensqualität auch die Gefahr von Verletzungen der Haut durch Verbrennungen, Erfrierungen, Druckstellen und Schnittwunden.

Das Hören

Das Gehör spielt in der Kommunikation mit unseren Mitmenschen eine wichtige Rolle. Eine Einschränkung oder das Fehlen des Gehörsinnes beeinträchtigen die Betroffenen stark (vgl. Lernfeld 1).

Um Hörstörungen zu diagnostizieren, werden Hörtests durchgeführt (Audiometrie). Der/die Betroffene sitzt dabei in einer schalldichten Kabine und bekommt über einen Kopfhörer verschiedene Tonfrequenzen zugespielt. Nimmt er/sie diese akustisch wahr, betätigt er/sie einen Knopf. Somit bekommt der/die untersuchende Arzt/Ärztin eine Auskunft über das Hörvermögen. Da diese Form der Untersuchung bei Säuglingen und Kleinkindern nicht möglich ist, gibt es für diese Personengruppe eine spezielle Messung mittels Schallwellen (otoakustischen Emissionen). Diese Untersuchung wird bereits in den ersten Lebenstagen durchgeführt, um mögliche Schwerhörigkeiten frühzeitig zu erkennen und gegebenenfalls rechtzeitig Maßnahmen ergreifen zu können. Die Sprachentwicklung ist eng mit dem Hörsinn verbunden.

In vielen Fällen können Hörstörungen mittels Hörgeräten korrigiert werden (zu Arten von Hörgeräten vgl. Lernfeld 1).

Das Sehen

Die Fähigkeit zu sehen ist ein ganz wesentlicher Sinn des Menschen. Viele Informationen werden über dieses Sinnesorgan vermittelt. Die Sehfähigkeit kann bedingt durch vielfältige Schädigungen eingeschränkt sein oder völlig ausfallen. Dadurch kommt es zu Behinderungen der gewohnten Informationsverarbeitung (vgl. Lernfeld 1).

Pflegepersonen sind im Umgang mit sehbehinderten Menschen besonders gefordert. Ihre Aufgabe ist es, den PatientInnen oder BewohnerInnen zu einer möglichst großen Selbstständigkeit zu verhelfen.

Aufgabe: Die Lernenden bilden Paare. Eine/r übernimmt die Rolle des/der Führenden, eine/r die Rolle des/der Geführten. Den Geführten werden die Augen mit einem Tuch verbunden. Nun bewegen sich die Paare durch das Haus, wobei die Führenden die Aufgabe haben, die Geführten anzuleiten und vor Schaden zu bewahren. Nach 5 bis 10 Minuten werden die Rollen getauscht. Im Anschluss gibt es einen Erfahrungsaustausch im Plenum.

Der Schlaf und Schlafstörungen

(vgl. Reiter et al. 2014, S. 322–323)

Noch ist nicht vollständig geklärt, warum der Mensch Schlaf braucht. Sicher ist, dass der Schlaf für die Gesundheit und die Entwicklung eine bedeutende Rolle spielt.

Was im Schlaf passiert:

- Gelerntes und Erlebtes wird verarbeitet
- Immunsystem wird gestärkt
- Stoffwechsel reguliert sich
- Psyche erholt sich
- Wachstumshormone werden ausgeschüttet
- Wundheilung ist verbessert

Ein Mangel an Schlaf hat neben Müdigkeit, Unkonzentriertheit und Reizbarkeit daher auch andere Nebeneffekte wie mangelnde Infektabwehr, schlechte Wundheilung, erhöhtes Risiko für Stoffwechselerkrankungen und psychische Beeinträchtigungen.

Funktion des Schlafs

Unter den zahlreichen Theorien zur Funktion des Schlafes werden im Folgenden die vier häufigsten Hypothesen ausgeführt.

Die **regenerative Hypothese** besagt, dass der Schlaf der Erholung der Organe dient. Dafür spricht, dass nach dem Schlafen viele Körperfunktionen besser funktionieren. Im Schlaf sind aber nicht alle Körperfunktionen ausgeschaltet. Die Sinnesorgane reagieren auch im Schlaf auf Veränderungen, so werden wir z. B. wach, wenn wir ein Geräusch wie Donner hören.

Die **adaptive Hypothese** besagt, dass Schlaf nicht unbedingt der Erholung dient, sondern der Erhaltung des ökologischen Gleichgewichts. Laut dieser Hypothese schlafen Lebewesen, um die Umwelt zu schonen und weil sie nicht endlos aktiv sein können.

Die **Kalibrationshypothese** besagt, dass Schlaf dazu dient, die möglicherweise ungleichmäßige Beanspruchungen der Organe während der Wachphasen auszugleichen und die Organe wieder neu zu kalibrieren.

Die **psychische Hypothese** besagt, dass im Schlaf Erlebnisse der Wachphasen verarbeitet werden. Das Gehirn eliminiert überflüssige Informationen, ordnet neue Erfahrungen ein und verarbeitet positive und negative Erfahrungen in Form von Träumen (Gedächtnisstabilisierung).

Beeinflussende Faktoren

Um einen guten Schlaf finden/ermöglichen zu können, ist es notwendig zu wissen, welche Faktoren den Schlaf beeinflussen.

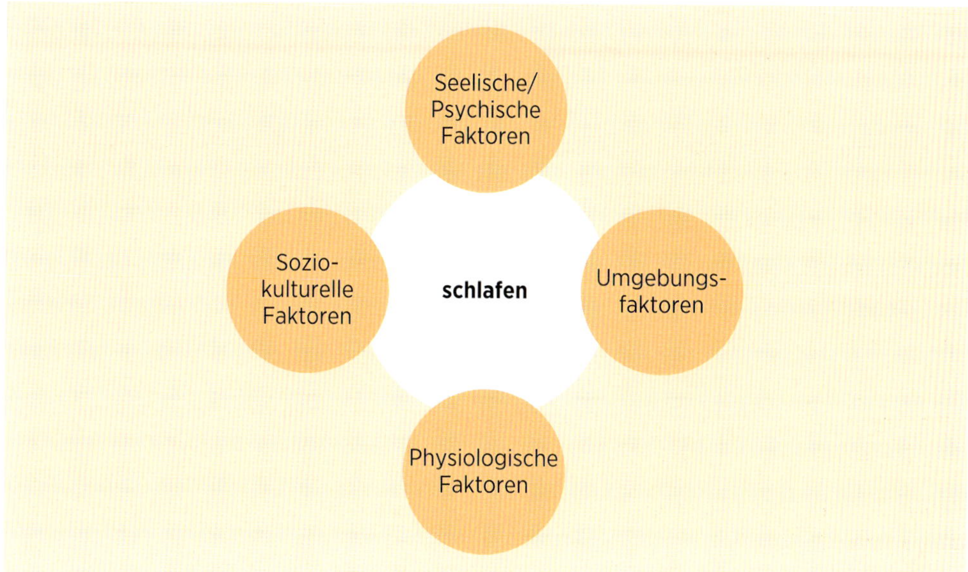

Abb. 109: **Einflussfaktoren „Schlafen"**

Wir verbringen ungefähr ein Drittel unserer Lebenszeit schlafend. Wie lange, wie tief und wie oft wir schlafen, ist jedoch sehr unterschiedlich. Selbst wenn wir einen Patienten/eine Patientin beim Kontrollgang im Nachdienst schlafend vorfinden, bedeutet dies noch lange nicht, dass er/sie tatsächlich schläft und sich am nächsten Morgen ausgeschlafen fühlt.

Die Schlafqualität

Der Begriff Schlafqualität bezieht sich auf die Intensität des Schlafes. Unregelmäßigkeiten wie spätes Zubettgehen können eine geringere Schlafqualität bewirken. Ein andauernder Erholungs-/Schlafmangel kann zu Konzentrationsstörungen, Abgeschlagenheit und depressiver Verstimmung führen.

Es gibt individuelle Unterschiede in der Leistungsfähigkeit von Menschen. Unterschieden werden der Morgentyp, sie sogenannte Lerche, und der Abendtyp, die sogenannte Eule. Der Morgentyp ist bereits früh am Morgen aktiv und leistungsfähig, der Abendtyp entwickelt zu fortgeschrittener Stunde nochmals ein Leistungshoch (vgl. Reiter et al. 2014, S. 325).

Die Schlafquantität

Unter Schlafquantität wird die Dauer des Schlafes verstanden. Wie viel Schlaf ein Mensch braucht, hängt von vielen Faktoren ab. Psychische und physische Anstrengung spielen genauso eine Rolle wie Krankheit, Phasen der Rekonvaleszenz oder das Alter.

Tab. 48: **Schlafdauer**

Entwicklungsstufe	Schlafdauer
Säugling	18–20 Stunden
Kleinkind	12–14 Stunden
Schulkind	10–12 Stunden
Jugendliche/r	8–9 Stunden
Erwachsene/r	7–8 Stunden
Alter Mensch	6 Stunden

Die Schlafumgebung (vgl. Reiter et al. 2014, S. 329–333)

Neben dem Schlafraum und dem Bett haben auch Rituale einen wichtigen Einfluss auf den Schlaf. Jeder Mensch hat bestimmte Rituale, die er vor dem Schlafengehen durchführt. Sei es der Toilettengang, das Zähneputzen, die Körperpflege, das Hören von Musik, das Trinken von Tee oder einem Glas warmer Milch – Rituale bereiten den Körper auf den Schlaf vor. Können diese Rituale nicht durchgeführt werden, kann dies zu Schlafstörungen führen.

Der Schlafraum

Das Schlafzimmer ist ein sehr privater Raum, der nur mit vertrauten Menschen geteilt wird. Im Krankenhaus oder Altenheim ist diese Intimsphäre nicht möglich. Das Schlafverhalten kann dadurch verändert sein. Die Verwendung von eigenen Kissen und Decken sowie eigener Bettwäsche kann hier eventuell Abhilfe schaffen. Bei kleinen Kindern, die durch einen Krankenhausaufenthalt von der Bezugsperson getrennt sind, kann ein Tuch, das nach der Mutter riecht, zur Entspannung, Beruhigung und somit zum Schlaf beitragen.

Der Schlafraum sollte gut zu lüften, abzudunkeln und ruhig gelegen sein. Die optimale Temperatur zum Schlafen liegt bei 18° C. Vor dem Zu-Bett-Gehen das Zimmer noch stoßlüften oder das Fenster auch nachts geöffnet/gekippt lassen, um eine optimale Versorgung mit Sauerstoff zu gewährleisten. Trockene Luft, vor allem während der Heizperiode, kann durch das Einsetzen von Luftbefeuchtern ausgeglichen werden. Das Bad bzw. die Toilette sollte leicht und ohne Stolperfallen erreichbar sein. Eine Nachtbeleuchtung kann die Sturzgefahr mindern, ohne die Nachtruhe zu stören.

Das Pflegebett

Pflegebetten sind spezielle Betten, die erholsames Ruhen und Schlafen sowie die Positionierung eines immobilen Menschen unter idealen Bedingungen, auch für die Pflegeperson (ergonomisches Arbeiten), ermöglichen. Pflegebetten müssen besondere Voraussetzungen erfüllen, sie sind:

- fahrbar,
- höhenverstellbar,
- leicht zu desinfizieren und zu reinigen.

Abb. 110: **Pflegebett**
(Fa. Hermann Bock/Reha Service GmbH)

Je nach Anforderung gibt es Spezialbetten wie Niedrigbetten (Sturzprophylaxe, zur Vermeidung von freiheitsbeschränkenden Maßnahmen) oder auch Betten für sehr übergewichtige Menschen. Häufig kommen Spezialmatratzen wie Wechseldruckmatratzen (Dekubitusprophylaxe) zum Einsatz. Das Hochziehen der Bettseitenteile dient der Sicherheit und erfolgt bei Indikationen wie Unruhe, Sturzgefahr oder auch auf Wunsch des/der Betreffenden. Da das Verwenden von Seitenteilen zu den „freiheitsbeschränkenden Maßnahmen" gehört, ist diese Maßnahme dokumentations- und meldepflichtig.

Das Betten

Das Betten dient nicht nur dazu, das Bett sauber und frei von Falten zu halten, im Rahmen des Bettens können auch Gespräche mit den Pflegebedürftigen geführt und Beobachtungen zu deren Befinden gemacht werden.

Vorbereitung:
Alle benötigten Materialen werden vorbereitet und eine Abwurfmöglichkeit für die gebrauchte Wäsche bereitgestellt. Das kann ein Wäschewagen mit reiner (Schrank für frische Wäsche) und unreiner Seite (Abwurfsack), ein Abwurfsack oder eine Waschschüssel als Abwurfmöglichkeit sein. Der Wäschewagen wird nur dann mit ins Zimmer genommen, wenn der Abwurfbehälter mit einem Deckel verschlossen werden kann. Aus hygienischen und ergonomischen Gründen wird die gebrauchte Wäsche nicht auf dem Boden „zwischengelagert". Die Ablagefläche am Bettende wird ausgeklappt, ist diese nicht vorhanden, werden ein oder zwei Stühle vor das Bettende gestellt. Dort werden alle Hilfsmittel und das Bettzeug abgelegt. Fallen Gegenstände auf den Fußboden, sind diese aus hygienischen Gründen frisch zu beziehen! Für ausreichend Platz sorgen – Nachttisch und Hilfsmittel wie Rollator, Rollstuhl beiseitestellen, Bettbügel aufhängen. Die Türen und Fenster sind geschlossen. Die Pflegekraft führt eine hygienische Händedesinfektion durch. Verwendung von Einmalhandschuhen und einer Schutzschürze (Kittelpflege) ist notwendig, wenn eine Indikation (Infektion mit resistenten Keimen, Kontakt mit Sekreten und Blut) dazu vorliegt. Das Bettgestell, der Bettbügel und die Seitenteile werden bei sichtbarer Verunreinigung und laut Hygieneplan gereinigt und desinfiziert.

Beziehen eines leeren Bettes:
Das Bett auf eine angemessene Arbeitshöhe (Liegefläche auf Hüfthöhe) bringen, um ein rückenschonendes Arbeiten zu ermöglichen. Das Kopf- und das Fußteil des Bettes werden flach gestellt. Gebrauchte Wäsche abziehen und in den Abwurf (auf Trennung je nach Material achten) geben. Das Leintuch wird an den Seiten gelöst und in der Mitte zusammengelegt, um eine Kontamination zu vermeiden. Ein Schütteln der Wäsche oder des Bettzeugs soll unterlassen werden, um das Aufwirbeln von Staub oder Keimen zu verhindern. Kontakt der gebrauchten Wäsche mit der Bekleidung der Pflegeperson vermeiden. Beschädigtes oder verschmutztes Bettzeug wird ersetzt. Das Leintuch faltenfrei und ggf. eine Betteinlage einbetten. Das Kopfkissen, die Bettdecke (darauf achten, dass die Bettdecke keinen Bodenkontakt hat) und Hilfsmittel frisch beziehen und auf das frische Leintuch legen. Das Bett wird nach Wunsch des/der Pflegebedürftigen vorbereitet.

Beziehen eines Bettes bei immobilen Pflegebedürftigen:
Kann der/die Pflegebedürftige das Bett zum Beziehen nicht verlassen, ist darauf zu achten, dass der Vorgang des Bettens für den/die Betreffende/n so schonend als möglich durchgeführt wird und das Hin- und Herdrehen auf ein Minimum beschränkt wird.

Das Bett auf eine angemessene Arbeitshöhe (Liegefläche auf Hüfthöhe) bringen, um ein rückenschonendes Arbeiten zu ermöglichen. Das Kopf- und das Fußteil des Bettes werden flach gestellt, wenn es der Zustand des/der Pflegebedürftigen erlaubt. Positionierungshilfsmittel werden auf der Ablage am Bettende oder auf einem Stuhl abgelegt. Der/die Betreffende bleibt zugedeckt – Wahrung der Intimsphäre. Das Leintuch wird gelockert und der/die Pflegebedürftige wird zur Seite gedreht, gesichert durch das Bettseitenteil, an dem er/sie sich festhalten kann, oder durch eine zweite Pflegekraft. Das gebrauchte Leintuch wird auf der Rückseite des/der Betreffenden zur Bettmitte hin eingerollt, das Laken und ev. eine Betteinlage, Inkontinenzversorgung usw. werden möglichst faltenfrei eingespannt. Darauf achten, dass die frische Wäsche in der Mitte des Bettes unter die gebrauchte geschoben wird, um eine Kontamination zu vermeiden. Den/die Pflegebedürftige/n vorsichtig über den Wulst in der Mitte des Bettes auf die andere Seite drehen, die gebrauchte Wäsche abwerfen und das frische Leintuch einbetten. Zuletzt werden Kopfkissen, Bettdecke und Hilfsmittel frisch bezogen. Der/die Betroffene wird positioniert, der Bettbügel wird wieder nach unten geklappt, die Glocke in Reichweite abgelegt und das Bett auf die ursprüngliche Höhe gestellt.

Die Schlafphasen (vgl. Reiter et al. 2014, S. 326–328)

Während eines Schlafs von sieben bis acht Stunden durchläuft der/die Schlafende ca. vier Schlafzyklen, die aus fünf Schlafphasen – vier Non-REM-Phasen und einer REM-Phase – bestehen.

Einschlafphase: Diese Phase stellt die Übergangsphase zum eigentlichen Schlafen dar, man ist leicht weckbar. Durch das Nachlassen der Sinneswahrnehmungen vermindert sich die geistige Aktivität, die Psyche beginnt sich zu entspannen und das Bewusstsein ist nur noch schwach vorhanden. Die Muskeln erschlaffen, die Herzfrequenz und die Atembewegungen stabilisieren sich, werden gleichmäßiger und langsamer.

Zweite Schlafphase: Diese Phase dauert wenige Minuten oder auch nur Sekunden, ist Teil des Einschlafprozesses und das erste Stadium der Non-REM-Schlafphase. Durch das Entspannen der Muskulatur können Muskelzuckungen oder das Gefühl zu fallen auftreten. Die Augen bewegen sich langsam (SEM = Slow Eye Movement). Diese Phase ist der Beginn und das Ende des wiederkehrenden Schlafzyklus.

Dritte Schlafphase: Der Schlaf wird weiter tiefer, die Augen bewegen sich kaum, die Muskeln sind entspannt und Körpertemperatur, Blutdruck und Herzfrequenz sinken. Man ist nur durch laute, ungewohnte Geräusche weckbar.

Vierte Schlafphase: Nun ist das tiefste Schlafstadium erreicht, man ist nur schwer weckbar. Die Phasen 3 und 4 werden als Tiefschlafphasen bezeichnet.

Fünfte Schlafphase: In dieser Phase findet der REM-Schlaf (= Rapid Eye Movement – schnelle Augenbewegungen), in dem geträumt wird, statt. Puls und Atemfrequenz sind erhöht und unregelmäßig, die Skelettmuskulatur bleibt entspannt. Wird man aus dem REM-Schlaf geweckt, kann man sich gut an seine Träume erinnern.

Tab. 49: **Schlafphasen**

Schlafphase	Körperliche Veränderungen
Einschlafphase	Muskelentspannung, schnelle Augenbewegungen
zweite Schlafphase	Geräusche werden wahrgenommen, Muskeln werden locker, Glieder werden schwer, Atmung und Puls werden regelmäßig, Körpertemperatur sinkt, Augenlider fallen zu, langsames Augenrollen
dritte Schlafphase	entspannte Muskulatur, Blutdruck und Pulsfrequenz sinken, keine Augenbewegungen
vierte Schlafphase	Atmung und Herzfrequenz sind regelmäßig, Körpertemperatur sinkt weiter
fünfte Schlafphase (REM-Schlaf)	Muskulatur ist entspannt, Atmung und Herzfrequenz sind schnell und unregelmäßig

Schlafstörungen (vgl. Reiter et al. 2014, S. 334–337)

In der medizinischen Fachsprache wird der Begriff Dyssomnien für Schlafstörungen verwendet. Die Ursachen für Schlafstörungen sind sehr vielfältig. Es wird unterschieden, ob eine Ein- oder Durchschlafstörung oder eine übermäßige Schläfrigkeit vorliegt.

Insomnie

Bei der Insomnie liegt eine gestörte Nachtruhe vor. Sie ist die häufigste Schlafstörung und kann Schlaflosigkeit oder zu wenig Schlaf bedeuten.

Gründe für Insomnie können sein:

- Gedanken, Sorgen
- Ärger über Schlaflosigkeit
- langes Liegen im Bett
- Tagschlaf
- Übererregtheit
- Stimmungsschwankungen
- Erschöpfung

Zu einer Insomnie kann sowohl eine Ein- als auch eine Durchschlafstörung führen. Dauert das Einschlafen länger als 30 Minuten, spricht man von **Einschlafstörungen**. Häufiges nächtliches Aufwachen mit einer Wachphase von 30 Minuten oder länger bezeichnet man als **Durchschlafstörung**. Gründe dafür können körperliche Störungen (Atemnot, Husten, Reflux mit Sodbrennen, Fieber, Nykturie – nächtliches Wasserlassen), psychische Veränderungen (Depressionen) oder Umgebungsfaktoren (Lärm, Licht, Umgebungstemperatur) sein. Fehlende körperliche und psychische Betätigung können ebenfalls zu Schlafstörungen führen.

Hypersomnie

Hypersomnie ist gekennzeichnet durch einen vermehrten Schlafdrang am Tag trotz ausreichender Schlafdauer. Häufig besteht eine Kombination aus In- und Hypersomnie.

Es gibt unterschiedliche Ursachen für Hypersomnie, die im Schlaflabor differenziert werden können. Schlafapnoe (kurzzeitige Atemstillstände während des Schlafens), Narkolepsie (plötzliches und unkontrolliertes Einschlafen) oder das Restless-Legs-Syndrom (Gefühlsstörungen, Bewegungsdrang und unwillkürliche Bewegungen in den Beinen) können eine Hypersomnie verursachen.

Parasomnie

Parasomnien sind abnorme körperliche oder psychische Aktivitäten während des Schlafens. Dazu gehören:

- Alpträume: Angstträume während der REM-Schlafphase
- Schlafwandeln: nächtliches Aufstehen (Aufsetzen im Bett, sinnlose Bewegungen oder komplexe Handlungen wie Kochen, Essen)
- Schlaftrunkenheit: Verwirrtheit während und nach dem Erwachen (der/die Betroffene weiß nicht, wo er/sie sich befindet oder wie spät es ist)
- Sprechen im Schlaf

- Bruxismus: Zähneknirschen im Schlaf
- Pavor nocturnus: Erwachen mit Schreien und Anzeichen intensiver Furcht (der/die Betroffene weiß morgens meist nichts mehr davon)

Schlafförderung (vgl. Reiter et al. 2014, S. 337–345)

Das Schaffen einer schlafunterstützenden/schlaffördernden Atmosphäre gehört zu den Aufgaben einer Pflegeperson. Neben den schon erwähnten Schlafritualen kann die Berücksichtigung folgender Tipps hilfreich sein:

- optimale Vorbereitung des Schlafraums
- abends auf Genussmittel wie Kaffee, Alkohol, Cola, Zigaretten verzichten
- den Mittagsschlaf auf ein Mindestmaß reduzieren
- für körperliche Müdigkeit sorgen (Abendspaziergang)
- unmittelbar vor dem Zubettgehen nicht mehr essen und trinken
- erst dann zu Bett gehen, wenn man müde ist
- die Möglichkeit zu lesen, fernzusehen oder ein Gespräch zu führen anbieten
- Bettseitenteile hochstellen, wenn der/die Pflegebedürftige Angst vor dem Herausfallen aus dem Bett hat (muss dokumentiert werden)
- überprüfen, ob Wechselwirkungen von Medikamenten Schlafstörungen verursachen
- Entspannungstechniken wie „Progressive Muskelentspannung", „Autogenes Training" oder „Einschlaf-Yoga" anbieten
- schlaffördernde Tees, Einreibungen oder Teilwaschungen anbieten
- bei den nächtlichen Kontrollgängen kein Licht im Zimmer aufdrehen, eventuell Nachtlicht verwenden

Aromapflege zur Schlafförderung

Die Anwendung alternativer Methoden zur Schlafunterstützung stellt eine wertvolle Alternative oder Ergänzung zur Verabreichung schlaffördernder Medikamente dar.

Schlaffördernde Kräutertees: Kräuterteemischungen werden schon seit Jahrhunderten als alternative Heilmethode in vielen Bereichen eingesetzt. Generell schlafunterstützend wirken Baldrian, Melisse, Hopfen, Lavendel und Passionsblume. Weißdornblütentee, Melissenblättertee oder Baldrianwurzeltee eignen sich bei Ein- und Durchschlafstörungen. Johanniskrauttee, Melissenblättertee oder Baldrianwurzeltee können bei depressiven Menschen mit Schlafstörungen eingesetzt werden. Melissenblättertee, Orangenblütentee oder Hibiskusblütentee wirken schlaffördernd auf gestresste Menschen.

Schlaffördernde Aromaöle: Die Aromapflege kennt schlafunterstützende Öle, die unterschiedlich angewandt werden können und immer häufiger zum Einsatz kommen. Dabei dürfen nur hochwertige ätherische Öle verwendet werden. Da dieser Bereich so vielfältig ist, empfiehlt es sich, speziell ausgebildete Pflegepersonen (Weiterbildung Aromapflege nach § 64 GuKG) mit der Auswahl der geeigneten Öle zu beauftragen.

Schlafwickel mit feuchten Socken: Leinen- oder Baumwollsocken werden in eine Wasser-Öl-Mischung getaucht, ausgewrungen und angezogen. Darüber werden warme Wollsocken angezogen. Dieser Wickel darf nur bei warmen Füssen angewendet werden, eventuell vorher ein warmes Fußbad anbieten. Wasser-Öl-Mischung: ein Liter Wasser und 5 Tropfen ätherisches Öl (Melisse, Lavendel und Petit Grain).

Lavendelöl-Kompresse: Einen Esslöffel Lavendelöl auf einem gefalteten Baumwolltuch verteilen und die Kompresse auf Körpertemperatur aufwärmen (Wärmeflasche). Die Kompresse in ein angewärmtes Handtuch einschlagen und in den Nacken oder unter den Rücken legen. Lavendelöl: 20 Tropfen Lavendel in 100 ml Trägeröl, z. B. Olivenöl. Alternativ kann auch eine Mischung aus 1 Tropfen Lavendel-, 1 Tropfen Neroli- und 1 Tropfen Majoranöl in Honig in 2 Litern Wasser gelöst werden.

Kräuterkissen: Mit Kräutern – zum Beispiel Lavendel – gefüllte Kissen in die Nähe des Kopfkissens ins Bett legen.

Alternative Einschlafhilfen

Viele alte Hausmittel zur Schlafanregung haben sich über Jahrhunderte bewährt. Vor allem ältere Menschen kennen diese Anwendungen noch von früher und ziehen diese oftmals einem Schlafmittel vor.

Warme Milch mit Honig: In der Milch ist die Aminosäure Tryptophan enthalten, die im Körper zu Serotonin verstoffwechselt wird und daher einen positiven Einfluss auf den Schlaf-Wach-Rhythmus hat.

Schlafanregende Nahrungsmittel: Lebensmittel, die Stoffe wie Tryptophan (unterstützt das die Bildung und Ausschüttung des Hormons Melatonin) beinhalten, haben eine schlafanregende Wirkung. Dazu gehören Bananen, Nüsse, Käse und Vollkorn-Teigwaren.

Leberwickel: Eine Wärmflasche mit einem feuchten Tuch umwickeln und unter den rechten Rippenbogen auf den Bauch legen. Darüber ein trockenes Handtuch legen.

Kirschkern- oder Dinkelkissen: Kissen in der Mikrowelle anwärmen und unter das Kreuzbein legen.

Entspannungsfördernde Einreibung: wird auch als Atemstimulierende Einreibung bezeichnet und gehört zum Konzept der Basalen Stimulation. Dabei wird der Rücken rhythmisch mit einer Lotion (unparfümierte Wasser-in-Öl-Lotion), Salbe oder mit Massageöl eingerieben und somit die Entspannung und der Schlaf gefördert (vgl. Kap. „Das Konzept der Basalen Stimulation®" in Lernfeld 3).

Einschlaf-Yoga: Legen Sie sich auf den Rücken und umfassen Sie Ihren Hinterkopf mit den Händen. Streichen Sie sanft mit den Händen Ihren Nacken und Hals herab, und legen Sie sie entspannt neben den Körper. Die Handflächen zeigen nach oben. Die Beine sind gestreckt, leicht geöffnet und die Fußspitzen sind nach außen gerichtet. Schließen Sie die Augen und konzentrieren Sie sich nacheinander auf jeden einzelnen Teil Ihres Körpers. Versuchen Sie jedes Mal, den jeweiligen Körperteil vollkommen zu entspannen, warm und schwer werden zu lassen. Störende Gedanken lassen Sie einfach vorbeiziehen und konzentrieren sich auf eine ruhige und entspannte Atmung. Stellen Sie sich vor Ihrem inneren Auge eine zehnstufige Treppe vor, die Sie langsam hinuntergehen. Mit jeder Stufe wird die Ruhe und Entspannung Ihres Körpers größer. Bei der letzten Stufe sind Sie vollkommen ruhig und entspannt, sofern Sie nicht schon vorher eingeschlafen sind.

Progressive Muskelentspannung nach Jacobson: Der amerikanische Arzt Edmund Jacobson war Begründer der Progressiven Muskelentspannung. Er stellte fest, dass ein Erregungs- oder Stresszustand immer mit einer Spannung und oft auch Verspannung der

Muskeln einhergeht, während im entspannten Zustand auch die Muskeln entspannt sind. Aus dieser Erkenntnis heraus entwickelte er die „Progressive Muskelentspannung". Bei dieser Entspannungsmethode werden Muskelgruppen nacheinander angespannt und nach kurzer Zeit wieder lockergelassen. Durch dieses abwechselnde An- und Entspannen kommt es innerhalb von kurzer Zeit zu einem Entspannungseffekt. Die einzelnen Übungen können getrennt voneinander, aber auch in einem Übungsdurchgang gemacht werden. Wichtig: LinkshänderInnen beginnen mit der linken Hand.

Sie liegen entspannt auf den Rücken:

1. Ballen Sie Ihre rechte Hand langsam zur Faust. Spannen Sie nun die gesamte Muskulatur des rechten Unterarmes an und halten Sie diese Spannung für ca. 10 Sekunden. Entspannen Sie dann Ihren Unterarm und spüren Sie, wie er sich nun anfühlt. Dasselbe tun Sie nun auch mit der linken Hand.
2. Pressen Sie Ihren rechten Ellenbogen fest in die Unterlage. Pressen Sie fest zu und lösen Sie diese Spannung nach 10 Sekunden wieder. Mit dem linken Arm verfahren Sie genau gleich.
3. Ziehen Sie Ihre Augenbrauen für 10 Sekunden so weit wie möglich nach oben und lassen Sie die Muskelspannung dann ruckartig abfallen.
4. Nun kneifen Sie die Augen fest zusammen und rümpfen kräftig die Nase. Nach 10 Sekunden lösen Sie diese Spannung wieder.
5. Öffnen Sie Ihren Mund so weit Sie können und spüren Sie die Anspannung in den Muskeln. 10 Sekunden später lösen Sie diese Position wieder.
6. Legen Sie das Kinn auf die Brust und pressen Sie Ihren Hinterkopf fest gegen die Unterlage. Nach 10 Sekunden lösen Sie langsam die Spannung.
7. Ziehen Sie die Schulterblätter fest zusammen und drücken Sie dabei das Brustbein nach vorne. Verharren Sie wieder 10 Sekunden lang in dieser Position, bevor Sie sich lösen.
8. Ziehen Sie Ihren Bauch fest ein, indem Sie sich vorstellen, dass Ihr Bauchnabel von einer Schnur nach innen gezogen wird. Halten Sie diese Position für 10 Sekunden und lösen Sie sie langsam wieder. Zu schnelles Lösen kann hier für kurzfristige Übelkeit sorgen, lassen Sie sich also Zeit.
9. Nun konzentrieren Sie sich auf Ihren rechten Oberschenkel und spannen ihn fest an. Lösen Sie die Anspannung nach 10 Sekunden und halten Sie den Oberschenkel in einer entspannten Position. Genauso verfahren Sie auch mit dem linken Oberschenkel.
10. Ziehen Sie jetzt die Zehen Ihres rechten Fußes in Richtung Schienbein, bis es nicht mehr weitergeht. Halten Sie diese Position für 10 Sekunden und lassen Sie dann die Zehen langsam wieder sinken. Hierauf folgt der linke Unterschenkel.
11. Strecken Sie Ihren rechten Fuß, ballen die Zehen zu einer „Faust" und drehen Sie den Fuß leicht nach innen. Verbleiben Sie 10 Sekunden lang in dieser Position. Spüren Sie anschließend, wie sich Ihr Fuß entspannt. Wie gewohnt folgt hierauf der linke Fuß.

Konzentrieren Sie sich bei jeder Entspannungsphase stark auf das warme und weiche Gefühl, das sich in den betreffenden Muskelpartien einstellt.

Einsatz von Medikamenten

Der Einsatz von Medikamenten zur Therapie von Schlafstörungen sollte das letzte Mittel der Wahl sein und stellt nur eine vorübergehende Lösung dar. Die Gabe von Arzneimitteln bringt die Gefahr mit sich, dass Nebenwirkungen/Wechselwirkungen mit anderen Medikamenten auftreten. Die Indikationsstellung und die Auswahl des passenden Medikaments ist Aufgabe des Arztes/der Ärztin. Zur Schlafanregung werden meist Medikamente verordnet, die sich aufgrund ihrer schlafanstoßenden Nebenwirkungen dazu eignen. Das sind Präparate wie Benzodiazepine, Antihistaminika, Antidepressiva oder Antipsychotika. Ist die Ursache der Schlafstörung vor allem psychischer Natur, können auch Placebopräparate (Scheinmedikamente aus Stärke oder Milchzucker) zum Einsatz kommen.

2011 wurde die „PRISCUS-Liste" veröffentlicht, die 83 Medikamente beinhaltet, die für ältere Menschen eine potenziell inadäquate Medikation darstellen können (zum Download unter: http://priscus.net/download/PRISCUS-Liste_PRISCUS-TP3_2011.pdf). Dort wird auf mögliche Risiken und Wechselwirkungen hingewiesen, und häufig eine Dosisanpassung bzw. -reduktion auf die Hälfte der üblichen Tagesdosis empfohlen. Generell sollten ältere Menschen Schlafmittel nicht nach 22 Uhr einnehmen, da aufgrund des verlangsamten Stoffwechsels sonst unerwünschte Wirkungen wie der „Hang-over-Effekt" („überhängende Wirkung", Müdigkeit am Morgen nach der Schlafmittelgabe) auftreten.

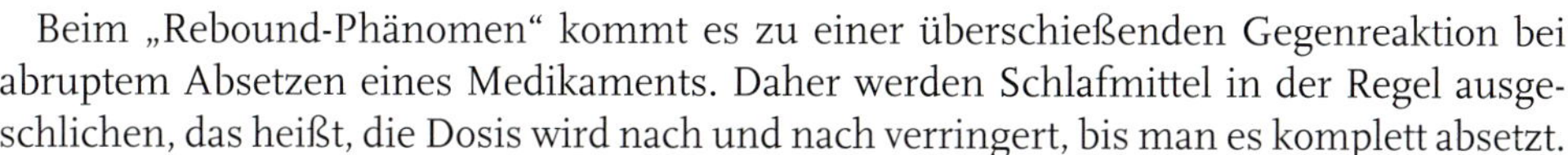

Beim „Rebound-Phänomen" kommt es zu einer überschießenden Gegenreaktion bei abruptem Absetzen eines Medikaments. Daher werden Schlafmittel in der Regel ausgeschlichen, das heißt, die Dosis wird nach und nach verringert, bis man es komplett absetzt.

Als „paradoxe Wirkung" wird die gegenteilige Wirkung eines Medikamentes bezeichnet, zum Beispiel Schlaflosigkeit nach der Einnahme eines Schlafmittels.

Besonders bei sturzgefährdeten PatientInnen sollte die Indikationsstellung von Schlafmitteln streng erfolgen. Laut Studien haben Menschen, die Schlaf- oder Beruhigungsmittel einnehmen, ein um 66 % höheres Sturzrisiko.

Bei älteren Menschen besteht außerdem eine erhöhte Gefahr einer Medikamentenabhängigkeit. Ältere Menschen, vor allem Frauen, nehmen dreimal mehr Medikamente ein als Erwachsene. Vor allem die Abhängigkeit von Schlaf- oder Beruhigungsmitteln ist sehr häufig und wird auf mindestens 25 % bei BewohnerInnen einer Langzeiteinrichtung geschätzt.

Das kann ich!

Ich weiß, was man unter existenziellen Erfahrungen versteht.	
Ich weiß, welche Faktoren im Umgang mit existenziellen Krisen eine Rolle spielen.	
Ich kenne die Stufen der Krankheitsbewältigung.	
Ich weiß, was den Unterschied zwischen akuten und chronischen Erkrankungen ausmacht.	
Ich weiß, wodurch die Lebensqualität chronisch kranker Menschen beeinträchtigt wird.	
Ich kann erklären, was unter „kurativ“ und „palliativ“ zu verstehen ist.	
Ich weiß, welche Aufgabe Schmerz hat.	
Ich weiß, warum Menschen unterschiedlich mit Schmerzen umgehen.	
Ich weiß, wie Pflegekräfte Schmerzen erheben können.	
Ich weiß, welche Qualitäten von Schmerz unterschieden werden.	
Ich weiß, was gegen Schmerzen getan werden kann.	
Ich weiß, was die Pflege im Zusammenhang mit Analgetika beachten soll.	
Ich weiß, welche Assessmentinstrumente es für die Schmerzeinschätzung gibt und kann diese näher beschreiben.	
Ich weiß, was ein Krankenhausaufenthalt für Menschen (jeden Alters) bedeutet.	
Ich weiß, was ein Umzug in eine Betreuungseinrichtung für den/die Betroffene/n bedeutet.	
Ich weiß, was ich als Pflegeperson tun kann, um den Aufenthalt im Krankenhaus bzw. in Pflege- und Betreuungseinrichtungen angenehmer zu gestalten.	
Ich weiß, welche Sinne und Sinneseinschränkungen es gibt.	
Ich weiß, was die Beeinträchtigung des Geruchssinns für Menschen bedeutet.	
Ich weiß, was die Beeinträchtigung des Geschmackssinns für Menschen bedeutet.	
Ich weiß, was die Beeinträchtigung des Tastsinns für Menschen bedeutet.	
Ich weiß, was die Beeinträchtigung des Hörsinns für Menschen bedeutet.	
Ich weiß, was die Beeinträchtigung des Sehsinns für Menschen bedeutet.	
Ich kenne die Funktion des Schlafes.	
Ich kann die Einflussfaktoren auf den Schlaf nennen.	
Ich kann die Phasen des Schlafes nennen.	
Ich kenne die Arten von Schlafstörungen.	
Ich kenne Maßnahmen zur Schlafförderung und kann diese in den Pflegealltag integrieren.	

Lernfeld 7
Jetzt wird's ernst

Wenn sich jemand zu einem Hausbau entscheidet, ist er/sie gut beraten, eine umfassende Planung durchzuführen. Die oft monatelange Planung sollte zu dem Ergebnis führen, dass die Koordinierung von Material und Handwerkern gut ineinandergreift. Eine schlechte Planung würde hingegen zu Zeitverlust führen, der oftmals mit finanziellen Belastungen einhergeht. Darüber hinaus würde sich der/die HausbauerIn auch noch über die vielleicht unnötigen Pannen ärgern. Bei der Pflege von Menschen verhält es sich im Grund sehr ähnlich. Beispielsweise möchte ein/e PatientIn mit einem komplizierten Unterschenkelbruch möglichst bald wieder eigenständig gehen können. Bei diesem Vorhaben wird er/sie von Pflegenden professionell unterstützt. Dies wird durch den Pflegeprozess bewerkstelligt. Dieser Prozess unterstützt Pflegende darin, Pflegesituationen zu erkennen, zu erfassen und zu bewerten. Durch diese prozesshafte Gestaltung der Pflege wird das eigene Tun planbar, für KollegInnen nachvollziehbar und reflektierbar.

Pflegemodelle als Grundlage für die Pflegeplanung

Eine qualitativ hochwertige Pflege benötigt theoriegeleitetes und fundiertes Fachwissen. Nur dadurch ist ein reflektiertes und überprüfbares Pflegehandeln möglich. **Pflegetheorien** werden in der Praxis überprüft, bestätigt oder abgelehnt. Sie können in vereinfachter Form in **Pflegemodellen** abgebildet werden und damit in der Praxis Anwendung finden. Diese beiden Begriffe werden im Alltag häufig miteinander vermischt und undifferenziert verwendet. Um ein Pflegemodell als Grundlage für die Pflegeplanung verstehen zu können, werden die beiden Begriffe Pflegetheorie und Pflegemodell nachstehend genauer erläutert.

Pflegetheorien

Eine **Theorie** ist ein „abstraktes Bild" der Wirklichkeit oder einzelner ihrer Teile. Laut Kirkevold (2002, S. 25, zit. nach Neumann-Ponesch 2017, S. 65) beschreibt eine Theorie ausgesuchte Phänomene und die Beziehungen zwischen ihnen.

Merke: Pflegephänomene sind wahrnehmbare Reaktionen des Menschen auf seinen Gesundheitszustand (z. B. Angst, Verzweiflung, Hoffnung, ...).

Die Theorie der Pflege kann man folgendermaßen definieren: **Pflegetheorien beschreiben das Soll der Pflege** (d. h. wie die Pflege im besten Fall aussehen sollte bzw. was Pflege ist).

Wird jedoch dieser Soll-Zustand dem Ist-Zustand gegenübergestellt, so zeigen sich deutliche Defizite im beruflichen Umfeld. Dieser Unterschied führt bei Pflegepersonen häufig zu Widerstand und Ablehnung. Aussagen wie „Theorie und Praxis sind zwei Paar Schuhe" bestätigen diese Divergenz (vgl. Neumann-Ponesch 2017, S. 68).

Neben der Erklärung von Kirkevold führt Kellnhauser (1998, zit. nach Neumann-Ponesch 2017) noch weitere Aufgaben der Pflegetheorie an. Diese liegen darin, eine wissenschaftliche Basis für das praktische Tun in der Pflege zu schaffen. Dadurch sollen Pflegende größere Zusammenhänge ihrer Tätigkeiten erkennen und dahingehend eine vertiefende Sinngebung ihres Wirkens erleben. Weiters wird Pflege zu einer wissenschaftlichen Disziplin und erlangt Anerkennung als professioneller Beruf.

Die geschichtliche Entwicklung einer Theorie für die Pflege begann 1858. Florence Nightingale legte den Grundstein dafür. Im Jahre 1859 wurde ihr Werk „Notes on Nursing“ veröffentlicht, das sich intensiv mit dem Zusammenhang zwischen der Umgebung und deren Auswirkung auf die Gesundheit/Krankheit beschäftigt.

In den 1950er-Jahren konnte die erste wissenschaftlich belegte Pflegetheorie entwickelt werden (1952 von Hildegard Peplau). Ganz allgemein wurde in den letzten 60 Jahren eine Vielzahl von Theorien entwickelt. Die bekanntesten sind die von Virginia Henderson, Hildegard Peplau, Faye Glenn Abdellah, Ida Jean Orlando, Myra Estrin Levine, Martha Rogers, Dorothea Orem, Callista Roy, Madeleine Leininger, Betty Neuman, Monika Krohwinkel und Erwin Böhm (vgl. Reiter et al. 2014, S. 30).

Diese Pflegetheorien können bspw. nach der zeitlichen Entstehung, der Reichweite oder der inhaltlichen Aussage eingeteilt werden. Eine sehr bekannte Einteilung entstand durch die Metatheoretikerin Afaf I. Meleis. Mit den inhaltlichen Aussagen und Fragestellungen der jeweiligen Theorien entwickelte Meleis eine Typologie mit vier Kategorien. Dabei wurde jede der bekannten Pflegetheorien einer der vier Kategorien (Gruppen) zugeordnet (vgl. Lauster et al. 2014, S. 96–97):

- Bedürfnistheorien
- Interaktionstheorien
- humanistische Theorien
- Pflegeergebnistheorien

Pflegemodelle

Unter **Modellen** verstehen wir im Allgemeinen eine vereinfachte und modifizierte Darstellung eines Sachverhaltes (z. B. Flugzeugmodell). Die Wirklichkeit wird „einfacher“ dargestellt. Ein Modell vom neuen Haus erlaubt Einblicke in strukturelle Zusammenhänge (z. B.: Kann man Einkäufe durch die Garage direkt in den Abstellraum bringen, oder muss dafür die Haupteingangstüre gewählt werden?). Diese Zusammenhänge können mit einem Modell besser verstanden, nachvollzogen und optional verändert werden. **Pflegemodelle** (entspringen aus der Pflegetheorie) ermöglichen aus diesem Grund einen Sachverhalt in seiner Struktur zu verstehen. Die Reduktion der Realität und das Hervorheben bestimmter Perspektiven in Grafiken oder Abbildungen schafft eine gewisse Übersichtlichkeit. Dadurch können z. B. Zusammenhänge zwischen Gesundheit und Krankheit besser verstanden werden (vgl. Neumann-Ponesch 2017, S. 60).

Zwei in Österreich häufig angewendete Pflegemodelle sind das **Selbstpflegedefizitmodell** von Dorothea **Orem** und das **Pflegemodell der Lebensaktivitäten** von Nancy **Roper**, Winifred **Logan** und Alison **Tierney**. Beide Modelle zählen laut Meleis zur Gruppe der Bedürfnistheorien und beinhalten die zentralen Fragestellungen:

- Was tun Pflegende?
- Was sind ihre Funktionen?

Das Pflegemodell nach Orem

Den Schwerpunkt dieses Modells bildet die sogenannte Selbstpflege. Sie besagt, dass ein erwachsener Mensch grundsätzlich für sich sorgen und alle alltäglichen Handlungen selbstständig ausführen kann. Ist diese Kompetenz aufgrund von Faktoren wie Alter, Krankheit oder vorübergehenden Behinderungen eingeschränkt, soll der/die PatientIn laut Dorothea Orem wieder in seine/ihre Selbstständigkeit zurückgeführt werden. Konkret bedeutet dies: Die Pflegefachkraft greift nur dann aktiv ein, wenn der/die PatientIn nicht mehr für sich selbst sorgen kann. Dieses Pflegemodell weicht vom allgemeinen Verständnis ab, wonach der/die PatientIn als passive/r EmpfängerIn von Pflegehandlungen gilt, und sieht ihn/sie als eine aktiv handelnde Person, die für sich selbst sorgt. Grundvoraussetzung hierfür ist allerdings, dass der/die PatientIn seinen/ihren Gesundheitszustand realistisch einschätzen kann. Aber auch unsere Pflegefachkräfte sind gefordert, ein realistisches Bild von der zu pflegenden Person zu zeichnen, deren Potenziale festzustellen und in das Pflegekonzept einzuplanen (vgl. Reiter et al. 2014, S. 31).

Die nebenstehende Abbildung zeigt das Pflegemodell nach Orem in einer grafischen Reduktion. Hier zeigt sich, dass der Mensch seine Gesundheit wie auch sein Wohlbefinden durch die Selbstpflege verbessern kann.

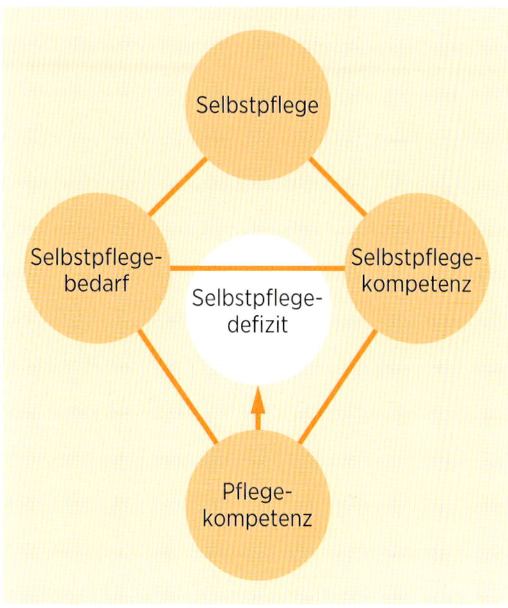

Abb. 111: **Pflegemodell nach Orem** (Universität Witten/Herdecke 2017)

Pflegemodell nach Roper – Logan – Tierney

Das Modell der englischen Pflegewissenschafterin Nancy Roper wird oftmals als ergänzendes Pflegemodell zu dem von Dorothea Orem angewendet. Es geht von der Zielsetzung jedes Menschen aus, sich selbst zu verwirklichen und größtmögliche Unabhängigkeit zu erlangen. Das Bedürfnismodell setzt sich aus fünf Kernelementen zusammen:

1. **Die Lebensaktivitäten:** Die zwölf Lebensaktivitäten charakterisieren das menschliche Verhalten und stehen miteinander in Verbindung. Durch die Beobachtung seiner Lebensaktivitäten kann ein Mensch am besten verstanden werden. Einschränkungen in einem Aktivitätsbereich (z. B. beim Atmen) können Probleme in einem anderen bedingen (z. B. beim Schlafen). Zwölf Aktivitäten charakterisieren das menschliche Verhalten (vgl. Reiter et al. 2014, S. 30):
    - für eine sichere Umgebung sorgen
    - kommunizieren
    - atmen
    - essen und trinken
    - ausscheiden
    - den eigenen Körper pflegen und kleiden
    - die Körpertemperatur regulieren
    - sich bewegen
    - arbeiten und spielen
    - sich als Mann, Frau fühlen und verhalten
    - schlafen
    - sterben

2. **Die Lebensspanne:** gilt als die Linie von der Empfängnis bis zum Tod (= Lebenszeit). In diesem Zeitraum verändert sich ein Mensch ständig. In jedem Abschnitt treten spezifische Bedürfnisse auf, die es vonseiten der Pflegepersonen zu berücksichtigen gilt.
3. **Abhängigkeits-/Unabhängigkeitskontinuum:** Aktivitäten werden immer zwischen Abhängigkeit und Unabhängigkeit ausgeführt. Erkrankt ein Mensch, so kann er sich in einer der zwölf Lebensaktivitäten völlig in Abhängigkeit befinden, während er andere Aktivitäten problemlos selbstständig erledigen kann.
4. **Einflussfaktoren:** Die Lebensaktivitäten eines Menschen werden von körperlichen, psychologischen, soziokulturellen, umgebungsabhängigen und politisch-ökonomischen Faktoren beeinflusst und auch bestimmt.
5. **Individualität:** Jeder Mensch kann seine Lebensaktivitäten bis zu einem gewissen Grad selbst gestalten (z. B. Bestimmung des Zeitpunkts zum Essen und Trinken).

Die fünf genannten Komponenten stehen permanent in einer Wechselbeziehung miteinander. Das im Anschluss dargestellte grafische Modell schafft einen Überblick.

Abb. 112: **Pflegemodell nach Roper/Logan/Tierney** (Produnis 2013)

Pflegeplanung mit Pflegemodellen

Das erste Pflegemodell von Hildegard Peplau beeinflusste maßgeblich die Arbeit der Pflegetheoretikern Ida Jean **Orlando** (1926–2007). Sie entwickelte ihre Theorie aus ihrer Unzufriedenheit darüber, dass die Pflegepraxis durch organisatorische Strukturen und nicht durch die individuellen Bedürfnisse der Menschen bestimmt war. Dazu analysierte sie 2000 Pflegesituationen (Interaktionsprozesse) und kreierte als eine der ersten Theoretikerinnen den Begriff Pflegeprozess als Ausdruck professioneller Begleitung durch Pflegepersonen. Nach Orlando benötigt der Pflegeprozess zwei Voraussetzungen:

- Kongruenz (Gedanken und pflegerisches Handeln der Pflegeperson stimmen überein)
- Rückversicherung (Eindrücke der Pflegeperson werden von den zu Pflegenden bestätigt oder korrigiert)

Für Orlando gilt, dass automatisch abgespultes pflegerisches Handeln, wie es im Rahmen der Funktionspflege erfolgt, keinen Anspruch auf Professionalität erheben kann.

Merke: Grundsätzlich ist der Pflegeprozess eine **Hilfestellung zur Strukturierung von Handlungsabläufen** in der Pflege. Beim Pflegeprozess handelt es sich um kein punktuelles Vorgehen, sondern um einen Verlauf über einen bestimmten Zeitraum. Die Handlungen im Pflegeprozess werden laufend überprüft und gegebenenfalls angepasst. Der Pflegeprozess setzt sich aus **vier Schritten** zusammen: Pflegeassessment, Pflegeplanung, Durchführung und Evaluierung (vgl. Rappold et al. 2017, S. 8).

Der dritte Schritt im Pflegeprozess nach Orlando ist die Pflegeplanung (Anm.: Bei den Pflegeprozessmodellen sind Modelle mit vier, fünf oder sechs Phasen verbreitet). Das Pflegeziel, das in der Pflegeplanung enthalten ist, bestimmt, was mit welchen Pflegemaßnahmen bei einem bestimmten Pflegeproblem erreicht werden soll. Das Pflegeziel gibt keine Auskunft darüber, was vermieden werden soll, daher sind verneinende Formulierungen nicht erwünscht (z. B.: „kein Dekubitus" = falsche Formulierung, „intakte Hautverhältnisse" = empfohlene Formulierung). Die Pflegeziele sollen aus der Sicht der PatientInnen formuliert sein, kurz, eindeutig, positiv und gesundheitsorientiert. Ferner sollen sie mit einem Zeitpunkt versehen sein, bis wann das Pflegeziel zu erreichen ist. Ein Pflegeziel soll realistisch, erreichbar und überprüfbar sein (vgl. Hojdelewicz 2012, S. 96).

Anhand dieser Ausführungen ist nun erkennbar, dass es immer eine Theorie benötigt, um daraus Handlungen für die Praxis abzuleiten, so wie Orlando aus einer Pflegetheorie ein Pflegemodell entwickelt hat. Aus diesem Modell entsprang der Begriff des Pflegeprozesses, mit dem unter anderem eine Pflegeplanung für PatientInnen durchgeführt werden kann.

Pflegeassessment

Der Pflegeprozess ist mittlerweile international als Kern und theoretischer Rahmen für die Arbeit von Pflegepersonen akzeptiert. Eine Vielzahl von Pflegeverbänden sieht den Pflegeprozess als elementaren Bestandteil der Pflegepraxis, um holistische und patientInnenzentrierte Pflege zu ermöglichen. Die Schritte in einem Pflegeprozess – Pflegeassessment, Pflegeplanung, Durchführung und Evaluierung – sind Teile der geplanten Pflege. Sie bestehen aus logischen und voneinander abhängigen Überlegungs-, Entscheidungs- und Handlungsschritten.

Damit eine Pflegeperson bspw. Handlungsschritte für eine Patientin oder einen Patienten planen kann, muss zuerst die Ist-Situation (z. B. durch eine Pflegeanamnese) erfasst werden. Diese Einschätzung bzw. Bewertung wird als **Assessment** bezeichnet. Das Assessment ist die Basis für alle weiteren Schritte im Pflegeprozess (vgl. Hojdelewicz 2012, S. 45–46). Nur durch ein Assessment kann eine professionelle Pflege angeboten werden. Die Einschätzung der Ist-Situation umfasst jedoch in der Pflege nicht nur physiologische Daten. Hierbei werden auch psychosoziale, soziokulturelle, spirituelle und ökonomische Faktoren berücksichtigt (vgl. Reuschenbach/Mahler 2011, S. 21). Ein **Pflegeassessment** ist demnach eine zielgerichtete Beobachtung und Datensammlung. Dadurch sollen pflegerelevante Variablen und Phänomene bewertet werden. Diese Bewertungen können sowohl objektiven Kriterien (z. B. Bewertungsskala) als auch subjektiven Expertisen (z. B. Aussage einer Pflegeperson) folgen. Somit ist jede Einschätzung oder Informationsgewinnung ein Pflegeassessment.

Bei einem Pflegeassessment kommen verschiedene **Assessmentmethoden** zum Einsatz (vgl. Reuschenbach/Mahler 2011, S. 28):

- Neben der **Befragung** der zu Pflegenden oder ihrer Angehörigen gibt es auch die zielgerichtete **Beobachtung** durch Pflegepersonen.
- Eine weitere Methode ist die **physiologische Messung** (z. B. Temperatur) bzw. das Ablesen und Bewerten von automatisch erhobenen physiologischen Parametern (z. B. Sauerstoffsättigung).
- Oftmals werden auch Skalen, Testverfahren oder Fragebögen eingesetzt. Bei dieser strukturierten Erhebung wird dann oftmals von **Assessmentinstrumenten** gesprochen (z. B. Sturzrisikoassessment).

Entscheidend für die Pflegeplanung ist jedoch nicht allein das Ergebnis eines Assessments oder einer Assessmentmethode, sondern das Gesamtbild, das sich aus vielen verschiedenen Assessmentmethoden ergibt.

Merke: Umgangssprachlich wird in der Pflege häufig von Assessment gesprochen, wenn eigentlich strukturierte Assessmentinstrumente (z. B. Skalen) gemeint sind. Assessmentinstrumente sind aber nur eine von verschiedenen Assessmentmethoden.

Assessmentinstrumente

Bis zum Ende der 1980er-Jahre wurden Assessmentinstrumente in Österreich, Deutschland und der Schweiz selten oder gar nicht verwendet. Mit dem Einzug der Pflegewissenschaft konnte Forschung auf dem Gebiet des Gesundheitswesens betrieben werden und pflegerisches Fachwissen, unter anderem im Bereich der Assessmentinstrumente, konnte entwickelt und vermehrt werden. Gegenwärtig nehmen im pflegerischen Alltag Assessmentinstrumente einen festen Platz ein. Im deutschsprachigen Raum kann derzeit von einem „Assessment-Boom" gesprochen werden. Dieser zeigt sich in der Vielfalt der unterschiedlichen Instrumente (vgl. Reuschenbach/Mahler 2011, S. 21, 47).

Die drei allgemeinen Gründe für den Einsatz von Assessmentinstrumenten in der Pflege sind:

- **Gesundheitspolitische Rahmenbedingungen**: Der gesetzliche Druck, Pflegeleistungen und pflegerische Handlungsgrundlagen zu quantifizieren, wurde insbesondere mit der Novelle des Gesundheits- und Krankenpflegegesetzes 2016 forciert. Beispielsweise trägt der gehobene Dienst für Gesundheits- und Krankenpflege nunmehr die gesetzliche Gesamtverantwortung für den Pflegeprozess. Darüber hinaus zählt forschungsbasiertes Handeln zur pflegerischen Kernkompetenz des gehobenen Dienstes für Gesundheits- und Krankenpflege (vgl. § 14 GuKG 1997).
- **Wissenschaftliche Gründe**: Hier ist die methodische Weiterentwicklung der Pflegewissenschaft zu sehen. Die wachsende Kompetenz von Pflegepersonen im Umgang mit quantitativen Daten führte zu einer vermehrten Anwendung und Entwicklung von standardisierten Assessmentinstrumenten. Ergänzend muss hier noch die steigende Bedeutung von Evidence-based Nursing angeführt werden.
- **Ökonomische Gründe**: Durch den wachsende Markt kann mit der Entwicklung und dem Vertrieb von Assessmentinstrumenten auch Geld verdient werden.

Für den konkreten Einsatz von Assessmentinstrumenten in der klinischen Pflegepraxis lassen sich fünf Begründungen nennen (vgl. Reuschenbach/Mahler 2011, S. 48–49):

- **Assessmentinstrumente unterstützen die klinische Entscheidungsfindung**. Bspw. ergänzt und unterstützt eine Dekubitusrisikoskala (z. B. Norton-Skala) die Einschätzung einer erfahrenen Pflegeperson.
- **Assessmentinstrumente liefern Grundlagen für Standards.** Bspw. liefert eine Schmerzskala (z. B. Visuelle Analog-Skala) klare Kennwerte (z. B. PatientIn hat leichte, mittlere, starke oder sehr starke Schmerzen), denen je nach Ausprägungsgrad unterschiedliche schmerzreduzierende Interventionen zugeordnet sind.
- **Assessmentinstrumente erhöhen die Aufmerksamkeit von Pflegepersonen.** Bspw. wird durch die Anwendung einer Sturzrisikoskala (z. B. Hendrich-Skala) in der Praxis die Aufmerksamkeit auf mögliche Stürze von PatientInnen gelenkt.
- **Assessmentinstrumente dienen dem Nachweis von erbrachten Leistungen.** Bspw. stellt bei Harninkontinenz der Vorlagentest eine Möglichkeit dar, diese Pflegehandlung zu erfassen und zu dokumentieren.
- **Assessmentinstrumente sind für Auszubildende eine wichtige Hilfe**. Bspw. ist der Barthel-Index (Bewertung der Selbstständigkeit in Alltagsaktivitäten) für Auszubildende anfänglich eine wichtige Hilfe. Mit der wachsenden Expertise nimmt die Relevanz dieses Instruments jedoch ab. Pflegemaßnahmen werden zu einem späteren Zeitpunkt nicht mehr ausschließlich durch dieses Instrument abgeleitet.

Die in den vergangenen Jahren steigende Anzahl an Neuentwicklungen von Assessmentinstrumenten führte im Rahmen der Objektivierung von Pflegeleistungen zu einer Qualitätssicherung. Beim Einsatz solcher Instrumente muss zwischen einem pflegewissenschaftlichen (Messung von Variablen, z. B. Schmerz) und einem pflegepraktischen

Einsatz unterschieden werden. Rechtliche und ökonomische Aspekte begründen den vermehrten Einsatz in der Praxis. Idealerweise sollte sich aber die Ergebnisqualität verbessern. Dieser patientInnenbezogene Endpunkt setzt wiederum voraus, dass Pflegeassessmentinstrumente auch das pflegerische Handeln beeinflussen. Die Akzeptanz dieser Instrumente kann in der Praxis nur durch die Erkenntnis erreicht werden, dass durch Assessmentinstrumente ein Mehrwert gegenüber dem klinischen Eindruck (z. B. der Beobachtung) entsteht (vgl. Reuschenbach/Mahler 2011, S. 55).

Der Pflegeprozess

Der Pflegeprozess ist ein theoretisches Handlungskonzept und Teil der professionellen Pflege. Er dient der Identifizierung und Systematisierung individueller Pflegephänomene, um davon abgeleitet Entscheidungen zu treffen, die zu pflegerischem Handeln und zur Bewertung von Pflegeergebnissen führen. Der Pflegeprozess umfasst folgende Schritte: Erfassung, Planung, Durchführung und Evaluation von pflegerischen Maßnahmen.

Das pflegerische Handeln in der Praxis wird von vier Wissensbereichen beeinflusst:

1. Empirie – wissenschaftlicher Aspekt der Pflege
2. Persönliches Wissen – Erfahrungswissen
3. Ethik – moralische Erkenntnisse
4. Intuition – „Kunst der Pflege"

Der Pflegeprozess ermöglicht es, unter Berücksichtigung der oben angeführten Wissensbereiche einen auf die zu pflegende Person individuell angepassten Pflegeplan zu erstellen (vgl. Chinn/Kramer 1996, S. 5–7).

Ziele

Nancy Roper definiert das Ziel des Pflegeprozesses folgendermaßen: „Das Ziel der Verwendung der einzelnen Schritte des Pflegeprozesses besteht in der **Individualisierung der Pflege**." (Roper et al. 2009, S. 162) Weiters dient die fach- und sachgerechte Anwendung des Pflegeprozesses der:

- PatientInnensicherheit
- Sicherung der Pflegekontinuität
- Qualitätssicherung
- Therapiesicherung
- Transparenz
- Nachvollziehbarkeit
- Sicherung des Informationsflusses
- Beweissicherung
- Beweisführung
- bildet die Grundlage für die Pflegeforschung und die Weiterentwicklung der Pflege

Der Pflegeprozess besteht aus logischen, voneinander abhängigen Überlegungs-, Entscheidungs- und Handlungsschritten, die auf eine Problemlösung, also auf ein Ziel hin, ausgerichtet sind und im Sinne eines Regelkreises einen Rückkopplungseffekt (Feedback) in Form von Beurteilung und Neuanpassung (Evaluation) enthalten. Pflege ist ein zwischenmenschlicher Beziehungsprozess, bei dem zwei Personen (Pflegende/r und Gepflegte/r) zueinander in Kontakt treten, um ein gemeinsames Ziel, das Pflegeziel, zu erreichen. Die Beteiligung der Pflegebedürftigen und deren Angehörigen ist für erfolgreiche Pflege von entscheidender Bedeutung (vgl. Fiechter/Meier 1981, S. 31, Brobst et al. 2007, S. 133).

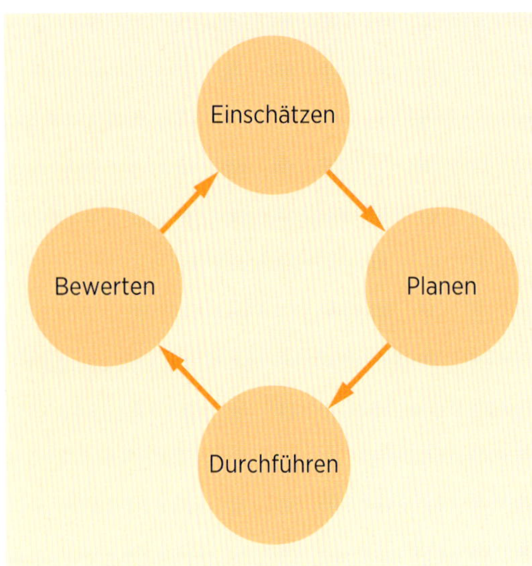

Abb. 113: **Kybernetischer Regelkreis**

Kybernetischer Regelkreis

Die Kybernetik ist die Kunst des Steuerns (griech. „kybernetes" = Steuermann). Der amerikanische Mathematiker Norbert Wiener begründete 1948 die Wissenschaft von dynamischen Systemen (Kybernetik). Dynamische Systeme sind dadurch charakterisiert, dass deren Bestandteile in funktionalen Beziehungen zueinander stehen und auf Einwirkungen von außerhalb (Informationen) reagieren.

Beim Pflegeprozess kommen verschiedene Modelle, die vier bis sechs Phasen umfassen können, zur Anwendung. Die von der GÖG (Gesundheit Österreich GmbH) im Auftrag des Bundesministeriums für Gesundheit und Frauen erstellte „Arbeitshilfe Pflegedokumentation" fasst die Phasenmodelle des Pflegeprozesses wie folgt zusammen (siehe Abb. 114):

Arbeitshilfe Pflegedokumentation 2017	GuKG	4-Phasenmodell Yura & Walsh (1967)	5-Phasenmodell Gordon (1994)		6-Phasenmodell Fiechter & Maier (1981)
Pflegeassessment	Pflegeanamnese	Assessment	Problemidentifikation	Assessment	Informationssammlung
	Pflegediagnose			Diagnose	Erkennen von Problemen und Ressourcen
Pflegeplanung ▸ Pflegediagnostik ▸ Festlegen der Pflegeziele ▸ Festlegen von Pflegeinterventionen	Planung der Pflege	Planung	Problemlösung	Pflegezielbestimmung	Festlegen der Pflegeziele
				Interventionen	Planen der Pflegemaßnahmen
Durchführen der Pflegeinterventionen	Durchführen der Pflegemaßnahmen	Implementieren			Durchführen der Pflegemaßnahmen
Evaluation	Pflegeevaluation	Evaluierung/Feedback		Ergebnisbewertung	Beurteilung der Pflege

Abb. 114: **Phasenmodelle des Pflegeprozesses** (Rappold et al. 2017, S. 8)

Phasen des Pflegeprozesses

Pflegeassessment

Zum Pflegeassessment gehören die Informationssammlung und die Ersteinschätzung mittels Befragung und Beobachtung durch die Pflegeperson. Das Pflegeassessment ist eine fortlaufende Aktivität, die auf die Umstände der Betreffenden individuell zugeschnitten ist. Die Erhebung von pflegerelevanten Informationen kann erfolgen durch

- Anamnesegespräch
- Biografieerhebung
- fokussierte Assessmentverfahren (Risikoeinschätzung)

Assessments liefern Daten zur informationsbasierten Entscheidungsfindung und bilden die Basis für den pflegediagnostischen Prozess. Sie ermöglichen die Einschätzung des Ist-Zustands inklusive bestehender Risiken, vorhandener Ressourcen, individueller Verhaltensweisen, Bedürfnissen und Beeinträchtigungen im Bereich der Lebensaktivitäten sowie von Ängsten, Sorgen und Wünschen bzw. Gewohnheiten der zu Pflegenden (primäre Daten). Bei mangelnder oder fehlender Auskunftsfähigkeit der Pflegebedürftigen können Informationen auch von An- und Zugehörigen (sekundäre Daten) erhoben werden. Die pflegerische Beurteilung des körperlichen und/oder kognitiven Zustandes, der psychischen Situation und des sozialen Umfeldes sowie die Pflegevorgeschichte (Pflegeanamnese) sind ebenfalls Inhalt des Pflegeassessments.

Pflegeplanung

Die Pflegeplanung ist der kognitive Planungsprozess basierend auf der Fähigkeit des kritischen Denkens. Der Prozess der Pflegplanung beinhaltet folgende Schritte:

- Pflegediagnostik
- Festlegen der Pflegeziele
- Festlegen von Pflegeinterventionen

Die Pflegeplanung gehört zur pflegerischen Kernkompetenz des gehobenen Dienstes und ist nicht delegierbar. In das Sammeln von Informationen können alle involvierten Berufsgruppen eingebunden werden.

Durchführen von Pflegeinterventionen

Pflegeinterventionen sind Handlungen, die im Verantwortungsbereich des gehobenen Dienstes für Gesundheits- und Krankenpflege liegen. Die geplanten Interventionen können vom gehobenen Dienst selbst durchgeführt werden oder entsprechend rechtli cher und fachlicher Grundlagen übertragen bzw. delegiert werden. Die im schriftlichen Pflegeplan definierten Pflegeinterventionen sind für alle Pflegepersonen verbindlich. Pflegeinterventionen müssen nachvollziehbar und handlungsleitend formuliert sein. Dies kann unter konkreten Angaben von Maßnahmen oder Angabe eines Handlungsspielraumes ggf. mit Bezug auf Leitlinien, SOPs oder Standards erfolgen.

Zu pflegerischen Interventionen gehören neben der stellvertretenden Übernahme von Handlungen das kontinuierliche Beobachten und Sammeln bzw. Analysieren von Daten, das Fördern und Unterstützen in den Aktivitäten des täglichen Lebens, das Vermitteln von Informationen und Fertigkeiten, das Koordinieren und Organisieren von Prozessen sowie die Beratung, Anleitung und Beaufsichtigung der Pflegebedürftigen.

Evaluation (vgl. Rappold et al. 2017, S. 10–22)

Evaluation bedeutet Bewertung, Beurteilung, Auswertung der Resultate der Pflegemaßnahmen. Die Evaluation dient der Beurteilung der Zielerreichung und findet zu festgelegten Evaluierungszeitpunkten, aber auch bei Veränderung des Pflegezustandes oder bei Beendigung des Betreuungsverhältnisses statt. Es wird festgestellt, inwieweit die vereinbarten Pflegeziele erreicht wurden. Die Evaluierung ermöglicht der Pflegeperson, die Effektivität der gesetzten pflegerischen Interventionen zu steuern. Das Erreichen der Ziele wird, wenn möglich, gemeinsam mit den Pflegebedürftigen beurteilt, der Grad der Zielerreichung wird dokumentiert.

Pflegedokumentation

Neben den Grundlagen der Zusammenarbeit im multiprofessionellen Versorgungsteam stellt die Pflegedokumentation einen wesentlichen Bestandteil des Informationsaustausches zwischen den einzelnen Berufsgruppen dar. Die Pflegedokumentation ist laut Gesundheits- und Krankenpflegegesetz (GuKG) eine Berufspflicht aller Gesundheits- und Krankenpflegeberufe.

Rechtliche Grundlagen

Die Endverantwortung für die Führung des Pflegeprozesses liegt beim gehobenen Dienst der Gesundheits- und Krankenpflege. Dennoch ist jede Pflegeperson verpflichtet, sich aktiv in diesen Prozess einzubringen. Das Gesundheits- und Krankenpflegegesetz definiert in § 83 den Tätigkeitsbereich der Pflegeassistenz in Bezug auf Dokumentation folgendermaßen:

„(1) Der Tätigkeitsbereich der Pflegeassistenz umfasst die Durchführung folgender Aufgaben:

1. Mitwirkung an und Durchführung der ihnen von Angehörigen des gehobenen Dienstes für Gesundheits- und Krankenpflege übertragenen Pflegemaßnahmen.

(2) Die Pflegemaßnahmen gemäß Abs. 1 Z 1 umfassen:

1. Mitwirkung beim Pflegeassessment,

2. Beobachtung des Gesundheitszustands,

3. Durchführung der ihnen entsprechend ihrem Qualifikationsprofil von Angehörigen des gehobenen Dienstes für Gesundheits- und Krankenpflege übertragenen Pflegemaßnahmen,

4. Information, Kommunikation und Begleitung.

5. Mitwirkung an der praktischen Ausbildung in der Pflegeassistenz.

Die Durchführung von Pflegemaßnahmen darf nur nach Anordnung und unter Aufsicht von Angehörigen des gehobenen Dienstes für Gesundheits- und Krankenpflege erfolgen. Im extramuralen Bereich haben Anordnungen schriftlich zu erfolgen. Eine Übermittlung der schriftlichen Anordnung per Telefax oder im Wege automationsunterstützter Datenübertragung ist nach Maßgabe des Gesundheitstelematikgesetzes 2012 zulässig, sofern die Dokumentation gewährleistet ist.“ (GUKG 2016)

Der Pflegebericht

Der Pflegebericht ist Teil des patientInnen-/bewohnerInnen-/kundInnenbezogenen Verlaufsberichtes, der behandlungs- und pflegerelevante Besonderheiten beinhaltet. Weiters sind im Pflegebericht alle einmalig gesetzten Interventionen, sofern sie nicht an anderer Stelle festgehalten sind, mit einer Beschreibung ihres Verlaufs bzw. ihrer Wirkung zu dokumentieren. Beobachtungsergebnisse, Abweichungen von der Norm bzw. vom Standard, Reaktionen auf Interventionen und/oder Verhaltensbeobachtungen werden im Pflegebericht nachvollziehbar beschrieben.

Nicht in den Pflegebericht gehören: eigene Interpretationen und Floskeln, die keinen Informationsgehalt haben (z. B. „keine Besonderheiten“, „Patient o. B.“, „alles in Ordnung“). Werden Abkürzungen verwendet, dann nur solche, die in einem aktuellen Abkürzungsverzeichnis der Organisation stehen und jene, die im Duden stehen.

Einträge im Pflegebericht sollen zeitnah, d.h. möglichst knapp nach dem Ereignis/der Beobachtung erfolgen. Eintragungen müssen spätestens bis Dienstende bzw. Transfer des/der zu Pflegenden in einen anderen Bereich gemacht werden.

Merke: Je akuter/relevanter das Ereignis/die Beobachtung, umso rascher muss der Eintrag in den Pflegebericht erfolgen.

Die Pflegeplanung lässt sich mittels Pflegebericht auf Stimmigkeit überprüfen. Der schriftliche Pflegeplan beschreibt den Soll-Zustand der Pflege und Betreuung, indem er die angestrebte Entwicklung der zu Pflegenden aufzeigt. Der **Pflegebericht** sagt aus: **„So ist es."** Der **Pflegeplan** beschreibt: **„So soll es werden."**

Allgemeine Vorgaben

Alle Eintragungen im Pflegebericht müssen mit Datum, ggf. Uhrzeit und Handzeichen dokumentiert werden. Diese Daten werden bei elektronischer Dokumentation automatisch mitprotokolliert. Bei handschriftlicher Dokumentation muss ein dokumentenechter Stift verwendet werden. Fehleinträge müssen leserlich bleiben – kein Tipp-Ex© verwenden! Eintrag durchstreichen, sodass der Text lesbar bleibt! Bereits an anderer Stelle vorgenommene Einträge nicht nochmals dokumentieren (Doppeldokumentation), sondern einen Querverweis setzen, wo der zutreffende Eintrag zu finden ist (z. B. „siehe Sturzprotokoll").

Hilfreiches für Eintragungen im Pflegebericht

Stellen Sie sich vor dem Eintragen in den Pflegebericht folgende Fragen:

- **Wer** hat etwas gemacht?
- **Was** hat er/sie gemacht?
- **Wo** hat er/sie es gemacht?
- **Warum** hat er/sie es gemacht?
- **Wann** hat er/sie es gemacht?
- **Wie** hat er/sie es gemacht?
- **Wie lange** hat er/sie es gemacht?

Wenn Sie die folgenden **5 Regeln** für Eintragungen im Pflegebericht berücksichtigen, werden Ihre Einträge im Pflegebericht für andere nachvollziehbar und hilfreich sein:

1. Formulieren Sie im Pflegebericht treffend und genau, ohne zu bewerten!
2. Tragen Sie nicht nur die Besonderheiten in den Pflegebericht ein, sondern auch Ihre Reaktionen darauf! Beispiel: Nach Gabe einer Einzelfallmedikation – wie war die Reaktion darauf?
3. Achten Sie auf einen kontinuierlichen Verlaufsbericht! Die Häufigkeit der Eintragungen kann von der Institution vorgegeben werden.
4. Formulieren Sie so knapp wie möglich! Formulieren Sie kurz und prägnant, in Stichworten, ohne Füllwörter.
5. Machen Sie keine Eintragungen, die keinerlei Aussagekraft haben und somit keine Informationen für die Lesenden bieten!

Keine Wertungen, sondern konkrete Situationsbeschreibungen!

Tab. 50: **Beispiele für Formulierungen im Pflegebericht**

Ungeeignete Formulierungen	Wertschätzende Formulierungen
„Herr F. hat gut beim Waschen geholfen."	Was hat der Bewohner gemacht? Hat er die Pflege zugelassen oder aktiv mitgewirkt?
„Herr F. hat gut gegessen und getrunken."	Was ist gemeint? Hat er seine Solltrinkmenge erreicht? Hat er mit Appetit gegessen?
„Herr F. war aggressiv."	„Beim Betreten des Zimmers warf Herr F. einen Schuh nach mir und sagte laut: ‚Gehen Sie weg.'"
„Herr Klein ist unruhig."	„Herr Klein steht immer wieder vom Sessel auf, nestelt mit den Fingern, äußert ‚innere Unruhe'."
„Frau D. jammert heute viel und ist weinerlich."	„Frau D. begrüßt die Pflegekraft des ambulanten Dienstes mit Tränen in den Augen, äußert Angst, kann nicht sagen, wovor. Nach erfolgter Grundpflege sagt sie mehrmals: ‚Bitte fahren Sie noch nicht, bleiben Sie doch hier!'"
„Herrn Meier heute nochmals erklärt, dass er lernen soll, sich selbstständig zu waschen."	„Herrn Meier noch einmal zur Wichtigkeit der selbstständigen Durchführung der Körperpflege beraten."
„Herr Kröll musste heute Morgen ständig auf die Toilette."	„Herr Kröll äußerte heute im Frühdienst 6- statt wie sonst 3-mal, auf die Toilette zum Wasserlassen zu müssen. Der Harn ist klar und Herr Kröll äußert auf Nachfrage, keine Schmerzen zu haben."
„Frau Maus mehrfach gesagt, dass sie nicht allein rausgehen soll, hört mir nicht zu, verlässt immer wieder die Einrichtung."	„Frau Maus wiederholt auf Risiken (Sturz, Verhalten im Straßenverkehr) beim Verlassen der Einrichtung aufmerksam gemacht. Sie erwiderte: ‚Lasst mich doch alle in Ruhe, ich weiß, was ich tue.'"
„Herr Gerne konnte bei der Pflege gut mithelfen."	„Herr Gerne konnte bei der Morgenpflege den Waschhandschuh halten und sich seine rechte Gesichtshälfte alleine in Anwesenheit der Pflegekraft waschen."

Aufgabe: Formulieren Sie einen Eintrag in den Pflegebericht für folgende Situation und stellen Sie anschließend Ihr Ergebnis im Plenum vor:

Frau M., 79 Jahre alt, ist seit einem Monat auf Kurzzeitpflege im Alten- und Pflegeheim. Da sie zu Hause immer wieder gestürzt ist und sich bereits zweimal eine Fraktur zugezogen hat, wurde nach dem letzten Krankenhausaufenthalt von der Tochter der Kurzzeitpflegeplatz organisiert. Frau M. ist sehr motiviert, wieder selbstständig mobil zu werden, weil ihre Tochter ihr versprochen hat, dass sie wieder nach Hause darf, wenn sie sich in der eigenen Wohnung wieder versorgen kann. Als Sie morgens ins Zimmer von Frau M. kommen, um sie bei der Morgenpflege zu unterstützen, sitzt Frau M. vor ihrem Bett und weint. Als Sie nachfragen, was passiert ist, sagt Frau M.: „Ich bin beim Aufstehen aus dem Bett gefallen. Es geht aber schon wieder! Sagen Sie es bitte niemandem. Wenn das meine Tochter erfährt, darf ich nicht mehr nach Hause." Sie fragen Frau M., ob sie irgendwo Schmerzen hat, das verneint sie. Nachdem Sie Frau M. angeleitet haben, ihre Arme und Beine zu bewegen, was problemlos möglich ist, unterstützen Sie sie beim Aufstehen. Bevor Sie mit der geplanten Morgenpflege beginnen, lassen Sie Frau M. noch ein wenig Ruhe. Frau M. legt sich mit Ihrer Unterstützung noch einmal ins Bett. Bevor Sie gehen, flüstert Frau M. Ihnen zu: „Das bleibt unser Geheimnis, versprochen?"

- Was antworten Sie Frau M.?
- Welche Informationen geben Sie an Ihre zuständige Pflegekraft weiter?
- Was dokumentieren Sie zu dieser Situation im Pflegebericht?

Zeitrahmen Bearbeitung: 15 min
Zeitrahmen Präsentation: 3 min
Diskussion im Plenum: 5 min

Weitere Dokumentenarten (vgl. Muckenhuber 2015, S. 1–2)

Neben dem schriftlichen Pflegeplan und der Verlaufsdokumentation im Pflegebericht gibt es noch eine Reihe von Dokumenten, die Bestandteil der PatientInnen-/BewohnerInnendokumentation sein können.

Richtlinien „sind Regelungen des Handelns oder Unterlassens, die von einer rechtlich legitimierten Institution konsentiert, schriftlich fixiert und veröffentlicht werden, für den Rechtsraum dieser Institution verbindlich sind und deren Nichtbeachtung definierte Sanktionen nach sich zieht." Richtlinien sind generelle Weisungen, die für betroffene Personengruppe verbindlich sind, z. B. Organisationsverfügungen, Festlegungen, Dienstanweisungen oder Betriebsvereinbarungen.

Leitlinien sind „systematische und evidenz-basierte Entscheidungshilfen zur Festlegung angemessener medizinischer Maßnahmen unter bestimmten klinischen Bedingungen und für bestimmte gesundheitliche Probleme". Sie sind streng entscheidungs- und handlungsorientiert. Leitlinien müssen grundsätzlich befolgt werden. Ein Abweichen in medizinisch begründeten Fällen ist nachvollziehbar zu dokumentieren. Leitlinien werden u. a. von medizinischen Fachgesellschaften (Leitlinie der Österreichischen Diabetesgesellschaft, Evidence-based Leitlinie „Sturzprophylaxe für ältere und alte Menschen in Krankenhäusern und Langzeitpflegeeinrichtungen", ...) erarbeitet.

Standards „geben Auskunft über den Stand der Wissenschaften bzw. darüber, welches Verhalten als ‚lege artis' betrachtet werden kann." In begründeten Fällen kann/muss vom vereinbarten Standard abgewichen werden, diese Abweichung ist zu dokumentieren. In der Praxis wird der Begriff Standard häufig falsch verwendet. In der Pflege existieren derzeit nur wenige „richtige Standards" (z. B. Hygienestandards des Robert-Koch-Instituts).

Standard Operating Procedure (SOP): Die oft fälschlich als Standard bezeichneten Dokumente sind meist SOPs, die häufig wiederkehrende und standardisierbare Arbeitsabläufe beschreiben. Diese können von den ausführenden Personen als Grundlage für ihr praktisches Handeln angesehen werden. In begründeten Fällen kann/muss vom vereinbarten Prozedere abgewichen werden, dies ist zu dokumentieren.

Handbücher sind eine Basisinformation für MitarbeiterInnen (Handbuch Dekubitusmanagement, Handbuch Qualitätsmanagement, ...). Dieser Dokumententyp muss entsprechend den Kriterien für die Dokumentenlenkung (Inhaltstyp, Titel, Gültigkeitsbereich, Status, Version) erstellt und gewartet werden.

Formulare und Checklisten sind als Ergänzung zu SOPs bzw. als Kurzbeschreibung eines Prozesses zu sehen. Sie können auch zur Dokumentation der Durchführung (Nachweis der Durchführung) dienen. Sie dienen der Erleichterung von routinemäßigen Dokumentationen.

Sonstige Informationen können von verschiedenen Quellen kommen, beispielsweise Publikationen, Präsentationen, Statistiken, Berichte, Schulungsunterlagen oder behördliche Informationen. Sie dienen in der Regel dazu, MitarbeiterInnen über Neuerungen und Veränderungen, die den Arbeitsprozess betreffen, zu informieren. In der Praxis erfolgt die zur Kenntnisnahme von relevanten Informationen schriftlich (mittels Unterschrift jedes Mitarbeiters/jeder Mitarbeiterin).

Das kann ich!

Ich kenne den Unterschied zwischen Pflegetheorien und Pflegemodellen.	
Ich kann das Selbstpflegedefizitmodell nach Dorothea Orem und das Pflegemodell der Lebensaktivitäten nach Nancy Roper, Winifred Logan und Alison Tierney erklären.	
Ich verstehe die Wichtigkeit des Pflegeassessments und kann verschiedene Assessmentmethoden aufzählen.	
Ich kenne die rechtlichen Grundlagen für die Pflegedokumentation.	
Ich weiß, welche Schritte der Pflegeprozess umfasst.	
Ich weiß, was der Pflegebericht ist und was beim Eintragen in den Pflegebericht zu beachten ist.	
Ich weiß, welche Dokumententypen es für die patientInnen-/bewohnerInnenbezogene Dokumentation gibt und wie sich diese voneinander unterscheiden.	

Lernfeld 8
Er – sie – es

Inkontinenz

Inkontinenz ist der unwillkürliche und ungewollte Abgang von Harn und/oder Stuhl.

Harninkontinenz

Harninkontinenz trifft im Laufe des Lebens etwa 25 % aller Frauen und 12 % aller Männer. Jüngere Menschen sind davon weniger oft betroffen als ältere Menschen. So geben etwa 5 % der Personen unter 60 Jahren an, an Inkontinenz zu leiden. Bei den über 90-Jährigen sind es etwa 85 %. Frauen sind somit eher betroffen als Männer (vgl. Pantel et al. 2014, S. 199).

Schweregrade

Die Harninkontinenz lässt sich anhand des abgehenden Harnvolumens in Schweregrade einteilen:

- Tröpfelinkontinenz: < 50 ml
- Grad 1: 50–100 ml
- Grad 2: 100–250 ml
- Grad 3: > 250 ml

Arten von Harninkontinenz

(vgl. Panel et al. 2014, S. 201–202, Reiter et al. 2014, S. 285–286)

Es wird zwischen verschiedenen Arten von Harninkontinenz unterschieden. Sie können das Symptom (wann zeigt sich die Inkontinenz) oder auch eine medizinische Diagnose als Grundlage haben.

- **Belastungsinkontinenz:** Der Blasenschließmuskel hält dem intraabdominellen Druck nicht mehr stand. Es kommt zu unfreiwilligem Harnverlust beim Husten, Lachen, Heben, später auch beim Hüpfen und Laufen. Schweregrade:
  - Grad 1: unwillkürlicher Urinabgang bei schweren körperlichen Belastungen wie Lachen, Husten, Niesen oder Springen
  - Grad 2: unwillkürlicher Urinabgang bei leichten körperlichen Belastungen wie Treppensteigen, Gehen, Hinsetzen, Aufstehen
  - Grad 3: unwillkürlicher Urinabgang im Stehen
  - Grad 4: unwillkürlicher Urinabgang auch im Liegen
- **Dranginkontinenz** (Urgeinkontinenz): Der/die Betroffene hat häufig den Drang Harn zu lassen, dies ist mit einem Harnverlust verbunden.
- **Mischformen** aus einer Belastungs- und Dranginkontinenz sind die häufigste Form der Inkontinenz.
- **Überlaufblase:** Aufgrund einer Verlegung des Blasenausgangs (Harnröhrenverengung, vergrößerte Prostata) kann der Urin nicht abfließen. Durch die Stauung wird die Blase maximal gedehnt und läuft schließlich „über".
- **Neurogene Blasenstörung (Reflexinkontinenz)**: Das im Rückenmark sitzende Blasenentleerungszentrum bildet die Verbindung zum Gehirn. Wenn diese Verbindung gestört ist, kommt es zu einer abnormen Reflexaktivität. Der/die PatientIn hat kein Gefühl mehr für seine/ihre Blase.

Extraurethrale Inkontinenz

Bei der extraurethralen Inkontinenz kommt es zum unphysiologischen, plötzlichen oder ständigen Harnverlust über die Haut, den Anus oder die Scheide durch Fisteln zum harnableitenden System.

Stuhlinkontinenz

Auch bei der Stuhlinkontinenz unterscheidet man verschiedene Formen, die von der Ursache abhängen (vgl. Matolycz 2016, S. 168–169):

- **Neurogene Inkontinenz**: bei Insult, Tumoren, Demenz, Multipler Sklerose
- **Sensorische Inkontinenz**: als Folge von chronischen Entzündungen oder Operationen
- **Muskuläre Inkontinenz**: durch eine Muskelschwäche, oft auch im höheren Alter auftretend
- **Funktionelle Inkontinenz**: Überlaufinkontinenz bei Obstipation durch Stuhlsteine, Missbrauch von Abführmitteln (Laxantien)
- Bei Menschen mit Einschränkungen (verlangsamte Reaktion, eingeschränkte Mobilität) ist darauf zu achten, dass die Kleidung leicht und rasch geöffnet werden kann und eine Toilette erreichbar ist. Manchmal sind diese Faktoren erst verantwortlich für eine Inkontinenz. Die Person spürt den Harn- oder Stuhldrang, ist aber nicht schnell genug in der Lage, die Toilette aufzusuchen oder sich zu entkleiden. Man spricht von einer **funktionalen Inkontinenz.**
- Durch **belastende Ereignisse** kann es auch zu einer Inkontinenz kommen. Hier ist die Aufnahme in eine Pflege- und Betreuungseinrichtung oder in ein Krankenhaus zu nennen. Es sind zwar überwiegend ältere Menschen betroffen, jedoch kann diese Form von Inkontinenz auch bei Kindern auftreten.
- Auch **„erlernte" Inkontinenz** ist häufig mit der stationären Betreuung und Pflege verbunden. Zwei Ursachen sind in diesem Zusammenhang zu nennen: Einerseits die Regression (Rückfall in meist kindliches Verhalten) und die damit verbundene Erwartung vermehrter Zuwendung. Andererseits der Umstand, dass Menschen, die noch kontinent wären, vorschnell mit Inkontinenzprodukten ausgestattet werden und somit die Ressource verloren geht.

Pflegerische Maßnahmen bei Inkontinenz

Das Thema Inkontinenz ist für die Betroffenen häufig sehr unangenehm und es wird nicht gern darüber gesprochen. Im Alter wird es als dazugehörend gesehen. Inkontinenz führt jedoch oft zum Rückzug aus Scham. Häufig treten Probleme mit dem Umfeld auf. Angehörige haben manchmal wenig oder kein Verständnis, empfinden Ekel und es kann zu Aggression und/oder Schuldgefühlen kommen. Auch die Geruchsentwicklung kann mitunter zum Problem werden.

Pflegerische Maßnahmen bei Inkontinenz je nach Ursache:

- Beckenbodentraining bei geschwächter Beckenbodenmuskulatur
- Flüssigkeitszufuhr von 1500 ml/Tag, damit sich die Blase füllen und entleeren kann
- Toilettentraining

- Inkontinenzversorgung
- Orientierungshilfen anbringen (z. B. WC-Türe beschriften)
- einfach zu öffnende Kleidung auswählen
- Haltegriffe in der Toilette für Sicherheit
- Gespräche über Belastungen führen

Blasentraining/Toilettentraining

Um Kontinenz zu fördern, muss das Empfinden des/der Betroffenen in Bezug auf seine/ihre Blase wiederhergestellt werden. Das Gefühl für eine gefüllte Blase kann trainiert werden. Sinnvoll ist hier, dass ein **Miktionsprotokoll** geführt wird. Jedes Mal wird der Zeitpunkt der Miktion (Urinieren) dokumentiert. Eventuell kann davon ein **Blasentraining/Toilettentraining**, in dem die Miktionszeit stufenweise erhöht wird, abgeleitet werden. Die Pflegekraft plant das Toilettentraining. Hierbei wird ein regelmäßiges Aufsuchen einer Toilette eingeplant, bevor unwillkürlich Harn abgeht. Beim Toilettentraining ist es wichtig, dass der/die Betroffene motiviert ist mitzumachen. Anfangs wird die Toilette häufiger, in etwa alle zwei Stunden, aufgesucht, unabhängig davon, ob der/die Betroffene Harndrang verspürt. Langsam wird der Abstand zwischen den Toilettengängen erhöht und sollte sich bei etwa vier Stunden einpendeln. Die Steigerung der Intervalle ist jedoch individuell und nicht immer auf vier Stunden ausdehnbar. Bei der Gabe von Medikamenten zur Ausscheidungsförderung (Diuretika) muss dies im Toilettentraining berücksichtigt werden (vgl. Matolycz 2016, S. 171).

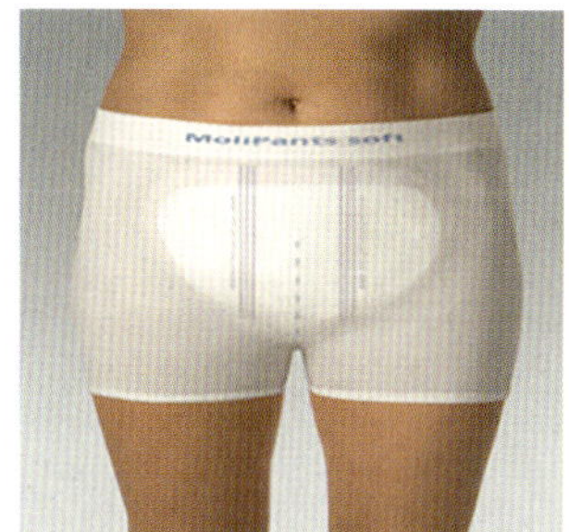

Abb. 115: **Inkontinenzeinlage mit Netzhose** (Fa. Hartmann)

Inkontinenzhilfsmittel

Zur Unterstützung von Betroffenen bei Inkontinenz stehen eine Reihe von Hilfsmitteln zur Verfügung. Diese sind sehr individuell. Inkontinenzhilfsmittel saugen den Harn auf oder leiten ihn ab.

Bei **Inkontinenzeinlagen** richtet sich die Auswahl der Einlage nach der Harnmenge (unterschiedliche Saugstärke) und danach, wie selbstständig der/die Betroffene ist. **Geschlossene Systeme** schränken den/die TrägerIn ein und können auch nicht selbstständig gewechselt werden. **Offene Systeme** wie Einlagen oder Pants können von den Betroffenen einfacher selbst gewechselt werden und sind diskreter.

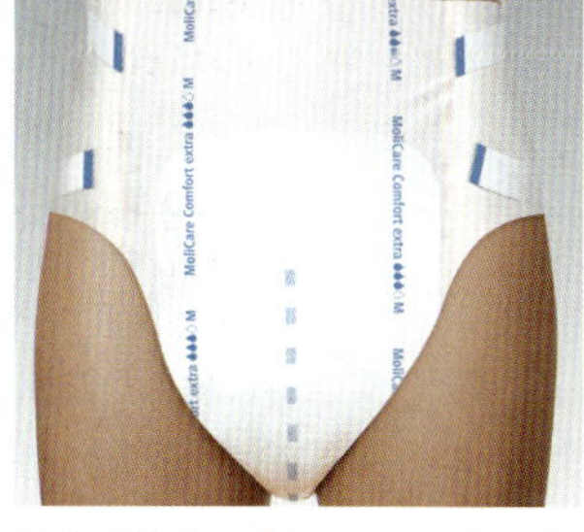

Abb. 116: **Geschlossene Inkontinenzversorgung: Inkontinenz-Slip** (Fa. Hartmann)

Anlegen/Wechsel der Inkontinenzhose (geschlossenes System) im Liegen:

- PatientIn informieren und auf Privatsphäre achten
- Utensilien vorbereiten: frische Schutzhose, Hautpflege oder Hautschutz, eventuell warmes Wasser, Waschlappen und Handtücher zur Intimpflege
- geeigneten Abwurf für die getragene Inkontinenzhose bereitstellen
- Schutzhose öffnen und PatientIn auf die Seite drehen
- Haut reinigen und Hautschutz oder Hautpflege dünn auftragen
- frische Schutzhose einlegen und PatientIn auf die andere Seite drehen

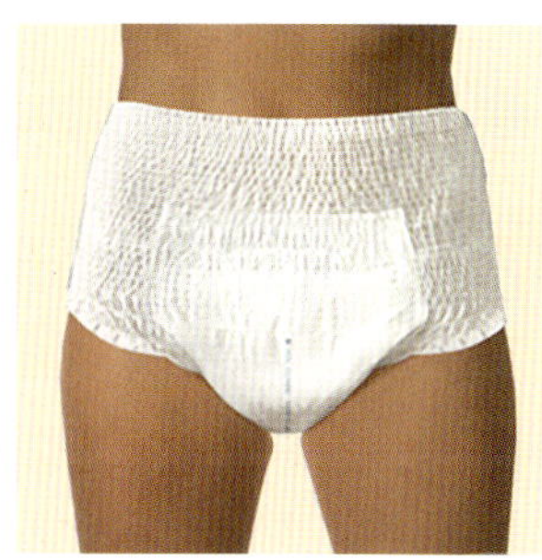

Abb. 117: **Offene Inkontinenzversorgung: Inkontinenz-Pant** (Fa. Hartmann)

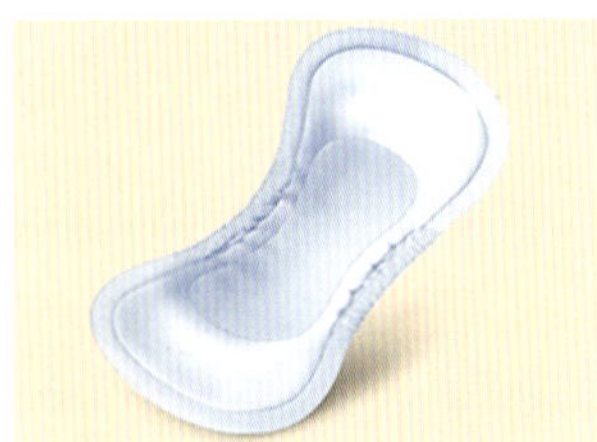

Abb. 118: **Inkontinenz-Einlage für die Frau** (Fa. Hartmann)

Abb. 119: **Inkontinenz-Einlage für den Mann** (Fa. Hartmann)

- wenn der/die PatientIn auf dem Rücken liegt, wird die Schutzhose vorne verschlossen

Wechsel der Inkontinenzhose im Stehen:

- PatientIn informieren und zur Mithilfe anleiten, auf Privatsphäre achten
- Utensilien vorbereiten: frische Schutzhose, Hautpflege oder Hautschutz, eventuell warmes Wasser, Waschlappen und Handtücher zur Intimpflege
- geeigneten Abwurf für die getragene Inkontinenzhose bereitstellen
- PatientIn stellet sich an das Fußende des Bettes und hält sich fest
- Hose nach unten ziehen und mit dem eigenen Oberschenkel das Gesäß stützen
- Inkontinenzhose öffnen, zwischen den Beinen durchziehen und in den Abwurf geben
- neue Schutzhose wieder zwischen den Beinen durchschieben, hinten mit dem eigenen Oberschenkel stützen und die Hose verschließen

Merke: **Wichtiges im Zusammenhang mit Inkontinenzhilfsmitteln** (vgl. Reiter et al. 2014, S. 288–289):

- In der Erwachsenenpflege wird ausschließlich der Ausdruck Inkontinenzhose anstatt Windel verwendet!
- Inkontinenzprodukte sind Einmalprodukte. Ein Indikator gibt farblich an, wann eine Einlage sinnvollerweise gewechselt werden muss. Bei der Auswahl der richtigen Saugstärke läuft nichts aus.
- Verwendung der Systeme laut Herstellerangeben – kein System im System verwenden!
- Vaseline als Hautschutz vermindert die Saugfähigkeit des Inkontinenzmaterials (Abperleffekt).
- Inkontinenzversorgungsprodukte sind nach Gebrauch unverzüglich im Müll zu entsorgen und nicht auf dem Boden, Tisch oder Nachtkästchen zwischenzulagern.

Aufgabe: Legen Sie sich gegenseitig oder auch selbst (über die Kleidung) eine Inkontinenzversorgung an, bewegen Sie sich damit und spüren bzw. erleben Sie den „Tragekomfort" einer Inkontinenzhose.

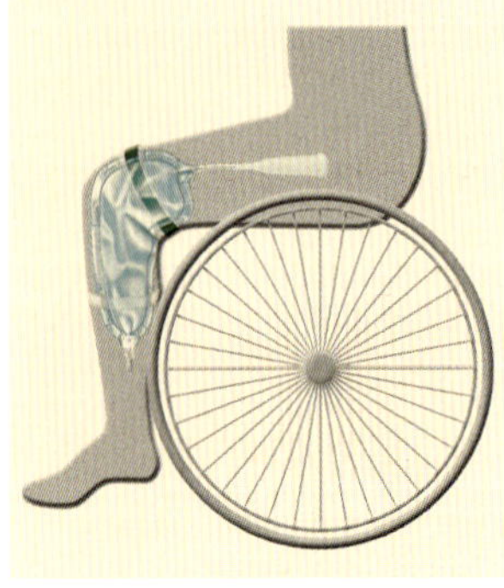

Abb. 120: **Kondom-Urinal**

Kondom-Urinale sind ableitende Inkontinenzversorgungssysteme für Männer. Sie bieten eine Alternative zu saugenden Inkontinenzversorgungsprodukten. Anwendung:

- Kondom in passender Größe verwenden (Größe mit dem Maßband ermitteln)
- die Haut sollte im Klebebereich möglichst trocken und fettfrei sein
- das Kondom-Urinal wird wie ein Kondom über den Penis gerollt
- Position des Kondoms so wählen, dass die Pufferzone die gewünschte Länge hat
- Kondom mit dem Urin-Auffangbeutel verbinden und darauf achten, dass der Urin ungehindert ablaufen kann

Tipp: Einen Film zur richtigen Anwendung können Sie sich unter https://www.manfred-sauer.com/medizinprodukte/informationen/downloads-filme.html ansehen.

Der **transurethrale Blasenkatheter** wird, wie der Name beschreibt, über die Urethra (Harnröhre) in die Blase eingebracht. Durch diesen Katheter wird der Harn direkt aus der Blase abgeleitet.

Wichtig bei der Pflege von Menschen mit liegendem Blasenverweilkatheter (vgl. Institut für Krankenhaushygiene und Mikrobiologie 2013):

- bei allen Pflegehandlungen Einmalhandschuhe verwenden
- tägliche Intimpflege mit Wasser und Seife
- Schleimhautdesinfektionsmittel nur bei Verunreinigung oder Borkenbildung anwenden
- Harn auf Veränderungen beobachten
- Harnauffangbeutel nicht vom Katheter trennen
- Ein „Abstöpseln" oder längeres Abklemmen des transurethralen Dauerkatheters ist zu unterlassen!
- Der Auffangbeutel wird über das Ablassventil entleert.
- Der Harnauffangbeutel darf niemals auf dem Boden liegen, sondern muss immer frei hängen.
- Beim Leeren sind Einmalhandschuhe (nicht sterilisiert) zu tragen.
- Es ist dabei auf Spritzschutz zu achten, und ein Nachtropfen muss verhindert werden.
- Die Häufigkeit der Beutelentleerung richtet sich nach der Harnmenge.
- Nach Beendigung der Pflege auf Durchgängigkeit achten (Knicke, offene Klemme, ...).
- Urinauffangbeutel werden nicht regelmäßig gewechselt, sondern abhängig von der Verschmutzung, Obstruktion und Inkrustation.

Ein transurethraler Blasenkatheter ist ein Dauerkatheter und wird nur nach strenger Indikation nach ärztlicher Anordnung gelegt. Diese Art von Kathetern ist für 90 % der Harnwegsinfekte verantwortlich und kann Komplikationen wie Entzündungen der Harnröhre (Urethritis) oder Nierenbeckenentzündungen (Pyelonephritis) bis hin zur Urosepsis verursachen. Die Liegedauer soll daher so kurz wie möglich sein. Unnötige Dauerkatheter sind zu vermeiden.

Ist es jedoch unbedingt erforderlich, dass ein/e Betroffene/r einen Blasenverweilkatheter benötigt und die Liegedauer 5 Tage überschreitet, ist abzuwägen, ob nicht ein **suprapubischer Katheter** vorzuziehen ist. Der suprapubische Katheter wird operativ durch die Bauchdecke direkt in die Blase eingebracht. Das Infektionsrisiko ist bei suprapubischen Kathetern anfangs geringer als bei transurethralen Kathetern. Die Einstichstelle des suprapubischen Dauerkatheters ist in den ersten Wochen mit einem sterilen Verband abgedeckt. Nach Abheilung und Granulation der Eintrittsstelle ist ein Verband nicht mehr zwingend erforderlich. TrägerInnen eines suprapubischen Dauerkatheters dürfen mit diesem auch baden!

Pessare sind Hilfsmittel, die in die Scheide eingeführt werden. Da Pessare zu Druckgeschwüren führen können, ist es gerade bei Frauen nach den Wechseljahren wichtig, dass sie Scheidenzäpfchen oder hormonhaltige Scheidencreme verwenden. **Anwendungsindikationen** für Pessare sind Belastungsinkontinenz und Gebärmuttersenkung.

Bei **Belastungsinkontinenz** stützen Pessare die Harnröhre und die Blase bei körperlicher Aktivität. Das Pessar wird von der Patientin selber eingeführt und entfernt. Im Zusammenhang mit Belastungsinkontinenz kommen Pessare vor allem bei Patientinnen zum Einsatz, die selten (z. B. nur beim Sport) Beschwerden haben. Das Hilfsmittel wird gezielt bei Notwendigkeit eingesetzt.

Ringpessar nach Arabin: Dieser Ring aus Silikon hat eine Pelotte, die unter dem Blasenhals liegt und ihn stützt. Der Ring wird nach der Anwendung von der Patientin gereinigt und dann wiederverwendet.

Inkontinenztampons: Diese Tampons aus einem speziellen Kunststoff werden vor der Anwendung in Wasser eingeweicht und damit weich. Die Inkontinenztampons sind Einmalprodukte.

Bei Beschwerden durch eine **Gebärmutter-/Blasensenkung** kommen Pessare zum Selbstwechseln und Pessare, die alle 6–8 Wochen vom Arzt/von der Ärztin gewechselt werden, zum Einsatz:

Würfelpessare haben einen Rückholfaden, der die Entfernung erleichtert. Sie werden morgens von der Patientin selber eingeführt und am Abend entfernt, sodass sich die Scheidenhaut über Nacht erholen kann.

Ringpessare/Schalenpessare werden angepasst und alle 6–8 Wochen gewechselt.

Im Verbindung mit Senkungsbeschwerden werden Pessare bei jungen Frauen eingesetzt, die noch keine Operation wünschen. Ringpessare und Schalenpessare sind für ältere Patientinnen geeignet, die keine Operation möchten oder bei denen wegen des Operationsrisikos keine Operation möglich ist.

Braucht eine Patientin im Umgang mit einem Pessar Unterstützung durch eine Pflegeperson, ist auf die Wahrung der Intimsphäre zu achten. Die Pflegeperson trägt Einmalhandschuhe und das Pessar ist nach dem Entfernen mit warmem Wasser und einer Seifenlösung zu reinigen.

Geschlecht und Sexualität

Das Geschlecht eines Menschen wird schon während der Schwangerschaft festgelegt und durch die äußeren Geschlechtsmerkmale bestimmt. Zu den äußeren Geschlechtsmerkmalen zählen beim weiblichen Körper die Scheide (Vulva, Vagina) und beim männlichen Körper der Penis und die Hoden. In der Regel sind entsprechend beim weiblichen Körper die Anlage von Eierstöcken (Ovarien) und Gebärmutter (Uterus) vorhanden, beim männlichen Geschlecht Nebenhoden und Samenstränge. In der Pubertät entwickeln sich die sekundären Geschlechtsmerkmale wie die Brust bei der Frau. Bei beiden Geschlechtern wächst, bedingt durch die Hormone, die Körperbehaarung im Intimbereich und unter den Achseln. Beim Mann beginnt zudem der Bartwuchs und es kann generell am ganzen Körper zu einer vermehrten Behaarung kommen. Die geschlechtsspezifischen Hormone (Sexualhormone) werden in den Keimdrüsen gebildet. Sie spielen für die Ausbildung der Geschlechtsorgane, der sekundären Geschlechtsmerkmale und für die Sexualfunktionen und Fortpflanzung eine wichtige Rolle. Die wichtigsten weiblichen Sexualhormone sind Östrogen und Gestagene. Das wichtigste männliche Geschlechtshormon ist Testosteron.

Auch wenn in unserer Gesellschaft nach wie vor eine Einteilung lediglich in **weiblich** oder **männlich** stattfindet, gibt es in Australien bereits seit 2014 offiziell die Möglichkeit rechtswirksam als geschlechtsneutral bei den Behörden eingetragen zu werden. Geschlechtsneutrale oder **intersexuelle** Menschen sind genetisch (Chromosomen) und/oder anatomisch sowie hormonell nicht eindeutig männlich oder weiblich. Da meist bei der Geburt eines intersexuellen Kindes die Entscheidung für ein Geschlecht gefällt wird, hat dies Auswirkungen auf das gesamte Leben dieses Menschen.

Das Thema der Sexualität wird von Menschen sehr individuell erlebt und gelebt. Abhängig vom sozialen Umfeld, der kulturellen und religiösen Prägung, den Erfahrungen und somit von der Biografie ist der Umgang mit der Thematik von sehr offen bis sehr verschlossen. Pflegekräfte sollen Verständnis haben, dass die Bedürfnisse eines Menschen im Zusammenhang mit der Sexualität erkannt und wahrgenommen werden müssen. Speziell bei älteren Menschen, die Pflege und Betreuung brauchen, und auch bei Menschen mit körperlichen und geistigen Einschränkungen ist die Pflegeperson häufig mit dem Thema Sexualität und den damit verbundenen Problemstellungen konfrontiert.

Immer wieder ziehen BewohnerInnen mit ihrem/ihrer PartnerIn in eine Pflege- oder Betreuungseinrichtung ein, oder es ergeben sich unter den BewohnerInnen Beziehungen. Intime Beziehungen und Sexualität unter den BewohnerInnen sollten vom Pflegepersonal akzeptiert werden. Es sollte eine Möglichkeit auf Rückzug und Ungestörtheit geboten werden.

Der Wunsch nach Berührung ist eines der Grundbedürfnisse des Menschen. Besonders alte Menschen haben wenig Möglichkeiten, Berührung zu erfahren. Berührungen haben in der täglichen Arbeit der Pflege einen hohen Stellenwert. Die Hände der Pflegepersonen sind ein wichtiges Handwerkszeug. Hände können Wärme, Ausgeglichenheit, Zuwendung, Sicherheit, Geborgenheit, Orientierung vermitteln, oder Hektik, Unruhe, Oberflächlichkeit, Interesselosigkeit, Widerwillen, Gewalt, Aggression. Professionelle Qualität von Berührungen ist:

- eindeutig
- ruhig
- mit konstantem Druck
- Berührung an der bekannten Stelle
- mit flach aufliegender Hand

Oberflächliche, punktuelle und abgehackte Berührungen müssen vermieden werden, da sie zu unangenehmen Gefühlen bei den Pflegebedürftigen und zu Abwehr führen.

Sexualität im Alter

Sexualität, der Wunsch nach Zärtlichkeit und Berührung sind Themen, die sich im Laufe des Lebens verändern. Meist verlagert sich der Schwerpunkt der Sexualität im Alter weg vom eigentlichen Geschlechtsakt hin zu körperlichen Berührungen, Erotik und Streicheleinheiten, jedoch verschwinden auch im Alter diese Bedürfnisse nicht plötzlich. Im Rahmen der Österreichischen Interdisziplinären Hochaltrigenstudie wurde erhoben, dass bei mehr als einem Drittel der befragten Personen Zärtlichkeit und Berührung eine sehr große oder große Rolle spielen. Bei etwa 42 % spielen diese Themen überhaupt keine Rolle (mehr). Dass Männer häufiger angaben, dass Sexualität für sie eine wichtige Rolle spielt, kann zum einen daran liegen, dass sexuelle Aktivität und Männlichkeit sehr eng miteinander assoziiert werden und Frauen in der Generation der Hochaltrigen aufgrund ihrer Sozialisation weniger gelernt haben, frei über das Thema zu sprechen. Zum anderen leben Männer im Alter häufiger in Beziehungen als Frauen (vgl. Stückler/Ruppe 2015, S. 123).

Sexualität im Alter wird von verschiedenen Faktoren beeinflusst:

- **Sozialisation und Biografie:** Inwieweit waren Sexualität und Zärtlichkeit ein Tabuthema? Hochaltrige Frauen haben mitunter nicht aus Liebe geheiratet. Es gab verschiedene Formen der Vernunft- oder Versorgungsehe.
- **Gesundheitszustand:** Einschränkungen in der Mobilität, Inkontinenz, Prostataprobleme, Darmerkrankungen, Schmerzen, Herz-Kreislauf-Erkrankungen und kognitive Einschränkungen können einen Einfluss auf die Sexualität im Alter haben.
- **Medikamente:** Verschiedene Medikamente können sich ebenfalls entweder hemmend (Antidepressiva) oder verstärkend (Parkinsonmedikamente) in Bezug auf das sexuelle Bedürfnis auswirken.
- **Biologie:** Hormonelle Veränderungen führen bei der Frau zu einem Rückgang der Progesteron- und Östrogenproduktion. Der Zyklus wird schwächer und tritt schließlich nicht mehr auf. Diese Phase wird auch Wechseljahre oder Klimakterium genannt. Frauen leiden durch den Hormonmangel häufig an Scheidentrockenheit. Dadurch kann die Ausführung des Sexualaktes beeinträchtigt werden. Beim Mann kommt es ebenfalls zu einem Rückgang der Hormonproduktion. Eine Erektion entwickelt sich weniger schnell und spontan. Der Testosteronrückgang hat jedoch weit geringere Auswirkungen als der Rückgang der weiblichen Hormone.

Während Sexualität im Alter noch immer ein Tabu ist, ist das Thema der Homosexualität im Zusammenhang mit älteren Menschen ein noch größeres Tabuthema. Homosexualität galt früher als Krankheit und Menschen mit homosexuellen Neigungen wurden verfolgt, bestraft und in der NS-Zeit auch getötet. Diese Erfahrungen prägten die heute alten Menschen. Gleichgeschlechtliche Liebe ist genauso wie die heterosexuelle Liebe von Respekt, Fürsorge, Rücksicht, Verantwortung und sozialem Status gekennzeichnet. Homosexuelle alte Menschen benötigen zielgruppengerechte Angebote wie z. B. Selbsthilfegruppen, spezielle Besuchsdienste, Wohnprojekte und Haus- und Wohngemeinschaften. Sie benötigen vor allem neutrale und empathische Pflegepersonen, für die es selbstverständlich ist, dass alte Menschen ihre persönliche Form von Sexualität angstfrei äußern können.

Sexuelle Belästigung in der Pflege

Im Praxisalltag kommt es vor, dass Frauen sich in der Pflege von älteren Männern belästigt fühlen. Dies kann sein durch anzügliche Bemerkungen, die Äußerung sexueller Wünsche, Berührungen, Klapse, Selbststimulation oder Selbstbefriedigung. Auch kommt es immer wieder vor, dass betagte Frauen männlichen Pflegepersonen gegenüber Anzüglichkeiten äußern oder Pflegesituationen sexualisieren. Auch hier sind klare Grenzen zu setzen, wenn Pflegepersonen darunter leiden. Stellen sexuelle Belästigungen ein Problem dar, ist zu reflektieren, was diese Situation herbeigeführt hat.

Folgende Tipps könnten helfen problematische Situationen zu reduzieren oder zu vermeiden:

- Eigenreflexion. Was hat die Situation ausgelöst?
- Gespräch mit dem Team. Wie gehen die KollegInnen mit der Situation um?
- Abwechseln der Pflegeperson, eventuell Wechsel auf männliche/weibliche Pflegeperson oder Pflege zu zweit
- Grenzen klar, freundlich, aber bestimmt aufzeigen (nicht aggressiv)
- Pflege mit Handschuhen
- Selbstbefriedigung soll nicht bekämpft, sondern akzeptiert werden
- Im Zusammenhang mit demenziellen Erkrankungen kann es zu besonderer Enthemmung kommen.

Gerade bei Menschen mit demenziellen Erkrankungen sind die Pflegepersonen verantwortlich, diese in ihrer Intimsphäre zu schützen. Beginnt ein/e BewohnerIn sich im öffentlichen Bereich zu entkleiden oder selbst zu befriedigen, ist darauf zu achten, dass er/sie in seinen/ihren privaten Bereich gebracht wird. Wird ein/e demenziell erkrankte/r BewohnerIn von einem/einer MitbewohnerIn bedrängt, ist es ebenso die Aufgabe der Pflegeperson, diese/n zu schützen.

Sexualität bei Menschen mit Beeinträchtigung/psychischen Erkrankungen

Sexualität bei Menschen mit körperlichen oder geistigen Beeinträchtigungen ist ein weiteres Thema, das sehr stark mit Tabus behaftet ist. Dabei haben Menschen mit Behinderung meist genau die gleichen Wünsche und Gefühle wie alle anderen auch.

Bei Kindern und Jugendlichen mit Beeinträchtigungen sollte Sexualität bereits frühzeitig – vor allem auch gegenüber den Angehörigen – thematisiert werden. Ein Verständnis für Körperwahrnehmung soll beizeiten vermittelt werden, eine Form der Sexualität, die nicht erst mit der Genitalität beginnt. Die Auseinandersetzung mit den Themen Verhütung, Schwangerschaft und Elternschaft mit Beeinträchtigungen ist ebenfalls nicht zu vergessen, da sie für die Betroffenen und ihre Familien oftmals große Herausforderungen darstellen.

Bei der Begleitung und Unterstützung von Menschen mit Beeinträchtigungen gibt es mittlerweile zahlreiche Vereine, die für Betroffene, Angehörige und auch zur Unterstützung der professionellen Pflege- und Betreuungsdienste zur Verfügung stehen. Auf den Homepages der diversen Vereine finden Sie Angaben, welche Angebote zur Verfügung stehen (z. B. LIBIDA, SENIA, Makia).

Transkulturelle Aspekte in der Pflege

Transkulturelle Pflege beschäftigt sich mit den Unterschieden und Besonderheiten verschiedener Kulturen im Zusammenhang mit der Pflege. Transkulturell bedeutet kulturübergreifend und soll das Zusammenleben und die Kommunikation zwischen den Kulturen erleichtern. Vor allem Wahrnehmung, Werte, Denken und Handeln unterscheiden sich in verschiedenen Kulturen. Dabei sind Menschen aller Altersgruppen betroffen.

Madeleine Leininger entwickelte bereits in den 1970er-Jahren ein Pflegemodell, welches sich im Speziellen mit den kulturellen Besonderheiten und deren Einbeziehung in die Pflege beschäftigt. Dieses „Modell der transkulturellen und kultursensiblen Pflege" hat bis heute Gültigkeit. Es ist für alle Personen im Gesundheitssystem wichtig, Wissen über verschiedene Kulturen zu haben (vgl. von Bose/Terpstra 2012, S. 12–16).

In der Pflegepraxis sind die häufigsten besonderen Herausforderungen in diesem Kontext:

- mangelnde Sprachkenntnisse
- Glaube und Gebet
- Essgewohnheiten
- Krankheit
- Sterberituale

Kommunikation

Die Kommunikation ist eines der wichtigsten Werkzeuge der Pflege. Pflegeanamnese, Biografieerhebung, das Erfragen von Wünschen, Bedürfnissen und Gewohnheiten basiert auf dem Gespräch. Ist Kommunikation jedoch nicht oder erschwert möglich, stellt dies eine Hürde dar. Der Beziehungsaufbau zum/zur PatientIn und/oder zur Familie bzw. zum sozialen Netzwerk ist manchmal aufgrund mangelnder Sprachkenntnisse nur erschwert möglich. Sowohl für den/die PatientIn als auch für die Pflegeperson können Situationen auftreten, die falsch verstanden und falsch gedeutet werden. Dies kann zu Missverständnissen und mitunter zu Problemen führen. Bei sprachlichen Problemen kann es hilfreich sein, DolmetscherInnen einzusetzen. Heute gibt es in vielen Einrichtungen auch Dolmetscherdienste via App über das Handy oder Tablet.

Glaube und Gebet

Religion und Kultur stehen in einem sehr engen Zusammenhang. Die meisten in unseren Regionen zu betreuenden Menschen kommen aus den Kulturkreisen der großen Weltreligionen Christentum, Judentum, Islam, Buddhismus und Hinduismus. Für den Umgang mit und das Verständnis für Menschen aus diesen Kulturkreisen ist die Berücksichtigung von deren Glauben und Gebet von großer Bedeutung.

Tab. 51: **Glaube und Gebet**

Religion	Glaube/Gebet
Judentum	▸ Ursprung: 2000 vor Chr. mit Stammvater Abraham ▸ monotheistische Religion (= Glaube an einen Gott, Jahwe) ▸ hebräische Bibel, Thora ▸ Gott wird nicht bildlich dargestellt ▸ Gott ist gerecht und richtet die Menschen nach ihren Taten ▸ Sabbat (Freitagabend–Samstagabend) ist heilig ▸ wichtige Symbole: Davidstern, Thorarolle, siebenarmiger Leuchter ▸ Gebetshaus: Synagoge ▸ drei tägliche Gebete ▸ Rabbiner als Schriftgelehrter ▸ wichtige Feste: Beschneidung, Bar-Mizwa ▸ wichtige Leitwerte: Unterordnung unter den Willen Gottes, Respekt vor Mensch und Natur
Christentum	▸ Ursprung: entwickelt sich aus dem Judentum, Geburt des Erlösers Jesus im Jahre 0 ▸ Unterteilung: römisch- katholisch, evangelisch, orthodox ▸ Glaube an Gott, der drei Personen in sich vereint (Vater, Sohn, Heiliger Geist = Dreifaltigkeit) ▸ Bibel ▸ zentrale Elemente: Menschwerdung Gottes durch Jesus, Auferstehung nach dem Tod, Liebe zu Gott und Nächstenliebe ▸ wichtigster Tag: Sonntag ▸ Gottesdienste in der Kirche ▸ Gebete werden leise gesprochen oder gesungen, können auch formlos sein ▸ Priester ▸ wichtige Feste: Taufe, Erstkommunion, Firmung oder Konfirmation, Eheschließung (unterschiedlich bei römisch-katholischen, evangelischen und orthodoxen Gläubigen) ▸ ethisches Handeln nach dem Vorbild Jesu
Islam	▸ Ursprung: entwickelt sich ebenfalls aus der Lehre Abrahams, ca. 570 n. Chr., Prophet Muhammed ▸ alleiniger Gott Allah ▸ Koran ▸ 5x tägliches Gebet Richtung Mekka ▸ Glaube an Engel und Propheten ▸ Gebetshaus: Moschee ▸ zentrale Elemente: Befolgen der 5 Säulen – rituelle Gebete, Fasten (Ramadan), Pilgerfahrt nach Mekka, Sozialabgaben, Glaubensbekenntnis ▸ Leitwerte: Menschen werden nach Taten bewertet, anderen darf nicht geschadet werden
Hinduismus	▸ ca. 1700 v. Chr. Offenbarung von Sehern, diese erhielten Gebete, Lobgesänge, Sprüche und schrieben sie auf = Veden ▸ älteste Religion Indiens ▸ mehrere heilige Bücher ▸ polytheistische Religion (= Glaube an mehrere Götter) ▸ Götter: Brahma, Shiva, Vishnu, Krishna, Ganesh, Parvati ▸ in Österreich nicht als Glaubensgemeinschaft, sondern Bekenntnisgemeinschaft anerkannt ▸ Lehre vom Kreislauf der Wiedergeburt (Reinkarnation), auch als Pflanze, Tier oder Gott, abhängig von den Handlungen im Leben (Karma) ▸ Kastensystem ▸ Nirwana (höchstes Ziel, Freiheit von Leid) ▸ diverse Gebete, Morgengebet, Meditation, Yoga

Buddhismus	▸ ca. 400–370 v. Chr. begründete Siddharta Gautama die Lehre, wird nach Erleuchtung Buddha genannt ▸ Ursprung in Indien, geht aus einer hinduistischen Reformbewegung hervor ▸ lehnt hinduistisches Kastensystem ab ▸ in Österreich 1983 als Religionsgemeinschaft anerkannt (als erstes europäisches Land) ▸ aus dem Kreislauf der Reinkarnation kann durch Mitgefühl, ethisches Verhalten, Meditation, Weisheit und Streben nach dem Nirwana ausgebrochen werden

Essgewohnheiten

Auch unterschiedliche Essgewohnheiten müssen bei zu pflegenden Personen aus verschiedenen Kulturkreisen bzw. Religionen berücksichtigt werden.

Tab. 52: **Essgewohnheiten**

Religion	Essgewohnheiten
Judentum	▸ Zubereitung der Speisen soll „koscher" sein: getrennte Aufbewahrung von Fleisch und Milchprodukten, kein Schweinefleisch, Fleisch von rituell geschlachteten (ausgebluteten) Tieren
Christentum	▸ Fastenzeiten je nach röm.-katholischer, evangelischer oder orthodoxer Glaubensströmung, z. B. Katholiken haben von Aschermittwoch bis Osternacht Fastenzeit (Verzicht auf unterschiedliche Speisen) ▸ teilweise Verzicht auf Fleisch an Freitagen
Islam	▸ Kalb, Rind, Schaf, Ziege, Geflügel sind erlaubt (halal) ▸ Schweinefleisch ist verboten ▸ Verzicht auf Alkohol ▸ Fastenzeit (Ramadan): Essen ist erst nach Sonnenuntergang erlaubt, Schwangere und Kranke sind ausgenommen
Hinduismus	▸ Ernährung hauptsächlich vegetarisch ▸ kaum Fleischverzehr durch den Glauben an Reinkarnation ▸ verboten: Rindfleisch (Kühe sind heilig)
Buddhismus	▸ hauptsächlich vegetarische Ernährung ▸ Übermäßiges Essen fördert die Trägheit und ist daher nicht angebracht. Es soll nur so viel gegessen werden, um den Hunger zu stillen. Das Verschwenden und Wegwerfen von Lebensmitteln soll vermieden werden.

Umgang mit Kranken, Sterberituale

Neben der Berücksichtigung von Glauben und Gebet sowie Essgewohnheiten spielen auch der unterschiedliche Umgang mit kranken Menschen und die Sterberituale von Menschen aus verschiedenen Kulturkreisen in der Pflege eine große Rolle.

Tab. 53: **Krankheit/Sterberituale**

Religion	Krankheit/Sterberituale
Judentum	▸ Krankenbesuche sind religiöse Pflicht ▸ eventuell Rabbiner beiziehen ▸ Geschlechtertrennung bei der Pflege ▸ keine Trauermine, um Kranke nicht zu beunruhigen ▸ keine lebensverkürzenden Maßnahmen ▸ Hände werden neben den/die Tote/n gelegt, nicht gefaltet ▸ mit einer Feder, die vor die Nase gehalten wird, wird versichert, dass er/sie nicht mehr atmet ▸ Erdbestattung nach dem Tod ▸ kein Gräberkult, Steine werden an Grabstätte abgelegt ▸ Abschiedsgottesdienst, Gebete für verstorbene Person ▸ Trauerzeit: 30 Tage bis 1 Jahr ▸ Verstorbene werden nicht allein gelassen, 7 Tage Sitzwache, Trauernde werden von Angehörigen und Kondolierenden mit Essen versorgt ▸ Licht brennt für den/die Tote/n ▸ Spiegel sind verhängt
Christentum	▸ röm.-kath.: Sakrament der Krankensalbung, evangelisch: Salbungsritual ▸ Gespräche mit Priester ermöglichen, um Beichte abzulegen ▸ Gebete ▸ Halten der Hände ▸ Totenwache kaum noch üblich ▸ Abschiedsgottesdienst, Segnung am Grab ▸ Feuer- und Erdbestattung ▸ Gräberpflege ▸ katholisch: Totengedenken jährlich am 2.11. (Allerseelen), evangelisch: Sonntag vor 1. Advent (Ewigkeitssonntag)
Islam	▸ Gesicht des/der Kranken/Sterbenden/Toten Richtung Mekka ▸ 5x tgl. Gebet ▸ rituelle Waschungen vor Gebet/rituelle Waschungen des Leichnams ▸ Fasten im Ramadan ▸ Schuldbekenntnis angesichts des Todes ▸ gleichgeschlechtliche Pflegeperson ▸ Totengebet am Friedhof ▸ Bestattung am Todestag ▸ nach dem Tod Trauerklage, Haus des/der Verstorbenen wird für 3 Tage zum Trauerhaus, Angehörige und Kondolierende versorgen die Trauernden mit Essen ▸ kein Verbrennen, keine Obduktion ▸ kein Gräberkult ▸ Gräber Richtung Mekka ▸ Bestattung in Heimat ▸ Trauerzeit: 40 Tage bis 1 Jahr, 7 Tage intensive Trauer ▸ lautes Klagen und Weinen ist verpönt

Hinduismus	▸ Ganzkörperreinigung unter fließendem Wasser ▸ Pflege durch gleichgeschlechtliche Pflegeperson ▸ Angehörige bringen oft Essen mit ▸ bei Herannahen des Todes: Verweigerung der Nahrungsaufnahme ▸ im Sterben: Gebete aus Bhagavad Gita ▸ Leichnam wird verbrannt ▸ Positionierung von Sterbenden/Verstorbenen: Kopf nach Süden
Buddhismus	▸ wichtig ist der Raum für meditative Praxis ▸ kein Schmerzmittel (klares Bewusstsein) ▸ keine Äußerung von Schmerz wegen Gefahr der Anhaftung ▸ Leichnam nicht berühren, bis Bewusstsein den Körper verlassen hat ▸ keine Trauer ▸ Feuer- oder Erdbestattung

Die oben genannten Besonderheiten variieren mit der tatsächlich gelebten Religiosität des/der Einzelnen. Als Pflegeperson ist es wichtig, die Grundlagen zu kennen, jedoch im Einzelfall bedürfnisorientiert zu handeln.

Das kann ich!

Ich kann die Bedeutung des Begriffs Inkontinenz erklären.	
Ich weiß, welche Arten von Inkontinenz es gibt.	
Ich weiß, welche Hilfsmittel die Pflege bei Inkontinenz anbieten kann (Prophylaxe, Therapie).	
Ich weiß, was ein Toilettentraining ist und wie es durchgeführt wird.	
Ich weiß, wie eine geschlossene Inkontinenzversorgung im Liegen gewechselt wird.	
Ich weiß, wie eine geschlossene Inkontinenzversorgung im Stehen gewechselt wird.	
Ich weiß, was ein Kondom-Urinal ist und wie es verwendet wird.	
Ich weiß, was bei der Pflege von PatientInnen mit liegenden Blasenverweilkathetern zu beachten ist.	
Ich weiß, was ein Pessar ist und wozu es eingesetzt wird.	
Ich weiß, was der Begriff „intersexuell“ bedeutet.	
Ich weiß, welche Faktoren Einfluss auf das Erleben und Leben von Sexualität eines Menschen haben.	
Ich weiß, welche Faktoren Sexualität im Alter beeinflussen.	
Ich weiß, wie problematischen Situationen im Zusammenhang mit sexueller Belästigung begegnet werden kann.	
Ich weiß, was Berührung für ältere Menschen bedeuten kann.	
Ich weiß, welche Besonderheiten/Herausforderungen es im Umgang mit Menschen aus anderen Kulturkreisen im Zusammenhang mit der Pflege gibt und wie damit umgegangen werden kann.	
Ich kenne die wichtigsten Aspekte im Zusammenhang mit den fünf großen Weltreligionen zu den Themen Glaube und Gebet, Essgewohnheiten, Krankheit und Sterberituale.	

Lernfeld 9
Neuro-logisch

In diesem Lernfeld werden die Rahmenbedingungen, die Pflegebedürftige mit psychischen und/oder psychiatrischen Grunderkrankungen in der Pflege und Betreuung brauchen, näher erläutert.

Grundlagen psychischer Erkrankungen

Laut Angaben des Hauptverbandes der österreichischen Sozialversicherungsträger nehmen jährlich rund 900.000 Menschen in Österreich aufgrund von psychischen Erkrankungen die Leistungen des Gesundheitssystems (Ärzte/Ärztinnen, Krankenhäuser, Psychotherapie, Rehabilitation) in Anspruch. Diese Zahl steigt um rund 12 % in drei Jahren (vgl. Wallner/Hofer 2012). Die stark steigenden PatientInnenzahlen führen auch dazu, dass alle Bereiche des Gesundheits- und Sozialbereiches mit diesen Erkrankungen konfrontiert sind. Nach Prognosen der WHO werden psychische Erkrankungen bis zum Jahr 2030 zu den häufigsten gesundheitlichen Problemstellungen der Bevölkerung zählen. Bereits heute liegen Depressionen im Ranking der häufigsten Erkrankungen auf Platz vier hinter koronaren Herzerkrankungen (vgl. WHO 2017).

Die Gründe für die steigenden Zahlen sind jedoch nicht nur auf eine Zunahme der Erkrankungen zurückzuführen. Zum einen steigt das Wissen über psychische Erkrankungen in der Bevölkerung und trotz immer noch vorhandener Stigmatisierung (negative Behaftung, führt oft zu Diskriminierung) sinkt die Schwelle, fachliche Hilfe in Anspruch zu nehmen. Zum anderen nimmt die Zahl älterer Menschen und somit das Erkrankungsrisiko beispielsweise für Depressionen, Demenz und Delir zu. Auch bei der jüngeren Bevölkerung steigen die Risikofaktoren für psychische Erkrankungen, wie erhöhter Leistungsdruck und Stress.

Merke: Als professionelle Pflegekraft treffen wir in allen Settings der Pflege auf Menschen mit psychischen Erkrankungen. Ein Grundwissen zu diesen Erkrankungen sollte dazu beitragen, Verständnis für die PatientInnen und die Krankheiten zu bekommen.

Die häufigsten psychischen Erkrankungen in Österreich sind (vgl. Novak 2013):

- Burn-out: eine Form von Depression, bei der sich die Betroffenen ausgebrannt fühlen
- Angststörungen
- Schlafstörungen
- Depressionen
- Demenz
- ADHS (Aufmerksamkeitsdefizit-/Hyperaktivitätsstörung)
- psychosomatische Erkrankungen: körperliche Beschwerden, die keine organische, sondern eine psychische Ursache haben
- Alkoholabhängigkeit
- Verhaltensstörungen
- Persönlichkeitsstörungen

Genauso wie die körperliche Gesundheit kann die seelische Gesundheit aus dem Gleichgewicht kommen und die Betroffenen zeigen Krankheitssymptome. Bei seelischen oder psychischen Erkrankungen können folgende Bereiche betroffen sein:

- Denken
- Stimmung
- Wahrnehmung
- Verhalten

Das Erkennen und die Behandlung von psychischen Erkrankungen sind manchmal mit Problemen verbunden.

- Betroffenen ist es manchmal peinlich über ihre Probleme zu sprechen.
- Vorwiegend Männer haben eine höhere Hemmschwelle, wenn es um psychische Erkrankungen geht.
- Noch immer ist vielen PatientInnen nicht bewusst, dass eine frühzeitige Diagnosestellung und Behandlung viel Leid ersparen würde und die Lebensqualität erhöhen kann.
- Psychische Erkrankungen können Menschen aller Altersgruppen betreffen.

Diagnose

Die Diagnosestellung von psychischen Erkrankungen ist oft schwierig, daher ist es notwendig, dass diese von Fachärzten/-ärztinnen oder PsychologInnen gestellt wird.

Wichtige Schritte in der Diagnosestellung:

- ausführliche Anamnese: Gespräch über Symptome, Vorgeschichte, Biografie, ...
- Assessmentinstrumente: Tests, Fragebögen
- Eventuelle weitere Diagnoseschritte können je nach Verdacht variieren (z. B. Labor, bildgebende Untersuchungen, ...).

Diagnoseschritte dienen oft dazu, mögliche Verdachtsdiagnosen zu bestätigen oder auszuschließen. So kann mit einem Schädel-CT eine mögliche raumfordernde Veränderung (Tumor) erkannt werden, die genauso die Ursache für eine Persönlichkeitsveränderung sein kann wie Entzündungen oder belastende Ereignisse (Traumata).

Die Zuteilung zu den Diagnosen erfolgt dann nach der WHO-Einteilung für Krankheiten in Diagnosegruppen, genannt ICD-10. In manchen Fällen ist eine Diagnosestellung besonders schwierig, da die Symptome unterschiedlicher Erkrankungen ähnlich sein können oder aber auch mehrere Erkrankungen parallel vorhanden sein können (z. B. Demenz und Depression).

Risikofaktoren/Ursachen

Häufig spielen mehrere Faktoren bei der Entstehung psychischer Erkrankungen zusammen. Mögliche Ursachen können sein:

- biologische Faktoren: Genetik, Stoffwechselstörung im Gehirn
- familiäre Disposition: z. B. Depression der Eltern
- belastende Lebensereignisse: Verlust durch Trennung oder Tod, Verlust des Arbeitsplatzes, Mobbing, ...

Die Vulnerabilität (Verletzlichkeit) steigt mit der Zahl der möglichen Ursachen.

Zudem können verschiedene Krankheiten, Medikamente, Stress und sozioökonomische Faktoren (dazu zählen Wohnumfeld, soziale Schicht, Bildung) psychische Erkrankungen begünstigen (vgl. Lampert et al. 2013, S. 814–820).

Prävention/Therapie

Um die Entstehung von Erkrankungen zu verhindern, muss frühzeitig vorgebeugt werden. Die Prävention von psychischen Erkrankungen ist nicht immer möglich. Es kann jedoch versucht werden, Risikofaktoren gering zu halten und beim Auftreten erster Symptome frühzeitig mit der Therapie zu beginnen. Die **Primärprävention** setzt schon vor dem Auftreten der ersten Symptome an und bezieht sich in diesem Zusammenhang auf die Erhaltung des seelischen Gleichgewichtes. Stressbewältigung kann zur Erhaltung der psychischen Gesundheit beitragen. Diese kann durch Entspannungsübungen, Bewegung an der frischen Luft, aber auch durch Gespräche erfolgen. Treten bereits erste Anzeichen einer Erkrankung auf, kann mittels **Sekundärprävention** in einem möglichst frühen Stadium der Erkrankung ein Fortschreiten verhindert oder abgeschwächt werden. In manchen Fällen kann durch eine frühzeitige Behandlung das Entstehen des Vollbildes sogar verhindert werden (zum Beispiel Psychosen).

In der Behandlung von psychischen Erkrankungen werden je nach Erkrankung und Ursache sowohl verschiedene Formen der Psychotherapie als auch medikamentöse Therapien angewandt.

Depression

Depressive Erkrankungen zählen zu den häufigsten psychischen Erkrankungen. Schätzungen zufolge erkrankt etwa jede/jeder Fünfte einmal im Laufe seines Lebens an einer Depression. Unter einer Depression versteht man eine Erkrankung, bei der es zu einer starken Veränderung der Stimmung kommt. Depressionen können einmalig als **depressive Episode** oder **rezidivierend** (wiederholt mit Phasen der Besserung) auftreten. Sie sind zeitlich begrenzt und können auch ohne Behandlung wieder abklingen. Bei immer wiederkehrenden Depressionen oder bestehenden Symptomen mit einer Dauer von zwei Jahren spricht man von chronischer Depression (vgl. BPtK 2017).

Risiko und Ursachen

Wie bereits bei den allgemeinen Ursachen für psychische Erkrankungen beschrieben, spielen auch bei der Depression folgende Faktoren eine bedeutende Rolle in der Entstehung:

- familiäre Disposition
- belastende Lebensereignisse: Verlust durch Trennung oder Tod, Verlust des Arbeitsplatzes, schwere gesundheitliche Krisen, Einzug in eine Betreuungseinrichtung, körperliche Defizite, ...

Symptome (vgl. Matolycz 2016, S. 74–75)

Symptome einer Depression können sein:

- affektive Störung/niedergeschlagene Stimmung
- reduzierter Antrieb/unerklärliche Müdigkeit
- Störung des Denkens
- Gefühl der Wertlosigkeit/Gefühl des Sinnverlusts/Ängste bis hin zu Suizidgedanken
- Schlafstörungen/Appetitänderung
- psychosomatische Beschwerden

Neben diesen meist typischen Symptomen der Niedergeschlagenheit gibt es jedoch auch Formen agitierter Depression mit Symptomen wie:

- Unruhe
- Wahnvorstellungen (Schuldgefühle, Verarmungswahn, Hypochondrie, ...)

Zur Diagnosestellung müssen die Symptome zumindest zwei Wochen lang bestehen.

Schweregrade (vgl. Matolycz 2016, S. 74–75)

Eine **leichte Form der Depression**, auch Dysthymie genannt, führt dazu, dass die Bewältigung des Alltages zwar eingeschränkt, aber dennoch möglich ist. Es treten häufig Schlafstörungen auf und häufiges Grübeln und Selbstzweifel führen dazu, dass der/die PatientIn leidet.

Bei der **mittelgradigen Depression** sind die Symptome bereits stärker ausgeprägt und beeinflussen die Bewältigung des Alltags dementsprechend schwerer.

PatientInnen mit einer **schweren Depression** sind nicht mehr in der Lage den Alltag zu bewältigen und bedürfen meist stationärer Behandlung. Es kann auch zum Auftreten psychotischer Symptome kommen.

Das Risiko, an einer weiteren psychischen Störung zu erkranken (zum Beispiel Angststörung), ist bei PatientInnen mit Depressionen erhöht.

Diagnose

Bei der Diagnosestellung der Depression ist eine ausführliche **Anamnese** wichtig. Wie bereits erwähnt, gilt eine familiäre Disposition ebenso wie belastende Erlebnisse als Risiko für eine Depression.

Durch **Assessmentinstrumente** (strukturierte Fragebögen) können wichtige Informationen zur Diagnosestellung gewonnen werden, zum Beispiel GDS (Geriatrische Depressions-Skala) zur Erfassung von Depressionen bei geriatrischen PatientInnen.

Weiters können durch **internistische und neurologische Untersuchungen** sowie durch eine Analyse der eingenommenen Medikamente eventuelle andere Erkrankungen ausgeschlossen werden.

Bei **älteren PatientInnen** ist die Diagnosestellung in manchen Fällen erschwert. Somatische Beschwerden könnten eine Depression zur Ursache haben. Ebenso können Symptome einer Demenz jenen einer Depression ähneln und so eine Diagnosestellung erschweren.

Therapie

In der Behandlung der Depression werden sowohl Psychotherapie und/oder, je nach Schweregrad der Erkrankung, auch medikamentöse Behandlung empfohlen. Auch Lichttherapie, Bewegungs-, Musik- und Beschäftigungstherapie kommen bei Depressionen zum Einsatz.

Für Pflegepersonen stellt die Versorgung von Menschen mit Depressionen eine große Herausforderung dar. Bei schwer depressiven PatientInnen sind fallweise die Übernahme der Körperpflege wie auch die Unterstützung bei der Nahrungsaufnahme und bei der Alltagsgestaltung durch die Pflegepersonen erforderlich.

Einfach da zu sein und dem/der PatientIn zuzuhören kann in vielen Fällen hilfreich sein. Auch wenn Ängste und Sorgen der erkrankten Person für die Pflegeperson irreal erscheinen, belasten sie sie. Es soll keinesfalls versucht werden, die Sorgen zu verharmlosen oder sie dem/der PatientIn auszureden. Der/die PatientIn könnte sich dadurch nicht ernst genommen fühlen.

Suizid

In besonders schweren Fällen, wenn die Situation ausweglos erscheint, kann es bis zum Suizid kommen. Übererregbarkeit, Anspannung, aber auch Schlaf- und Hoffnungslosigkeit kennzeichnen psychische Krisensituationen.

Mögliche Anzeichen für einen Suizid (vgl. Steidl/Nigg 2014, S. 142–143):

- Rückzug aus sozialen Kontakten
- Äußerungen zum Thema Tod und Suizid
- plötzliches Aufhören von vorher geäußerten Suizidgedanken
- ungewohnte Hyperaktivität
- Desinteresse an Aktivitäten
- Vernachlässigung
- ständige Selbstvorwürfe
- plötzliches Aufräumen und/oder Ordnen von Angelegenheiten

Merke: Habe ich als Pflegeperson den Verdacht, dass ein Suizidrisiko besteht, empfiehlt es sich, die betroffene Person konkret anzusprechen. Was belastet den/die PatientIn besonders und was hat die Person geplant? Vertrauen ist eine wichtige Basis für ein Gespräch. Hören Sie zu, ohne zu bewerten oder zu beurteilen. Drängen Sie sich nicht auf! Nehmen Sie die Sorgen und Ängste des/der PatientIn ernst. Wenden Sie sich unverzüglich an die zuständige DGKP oder den/die behandelnde/n Hausarzt/-ärztin. Geschulte KrisenmanagerInnen oder PsychologInnen können Sie und die betroffene Person unterstützen.

Demenz (kognitive Störungen)

Laut den Diagnosekriterien der WHO ICD-10 wird Demenz wie folgt definiert: Demenz ist eine Beeinträchtigung höherer kortikaler Fähigkeiten wie Gedächtnis, Rechnen, Lernfähigkeit, Denken, Sprache, Orientierung und Urteilsvermögen. Diese Beeinträchtigungen müssen auch die Alltagsfähigkeiten stören. Für die Diagnosestellung des dementiellen Syndroms müssen die Symptome mindestens sechs Monate vorhanden sein (vgl. Zeyfang et al. 2013, S. 144).

Die Zahl der an Demenz erkrankten Menschen wird in den nächsten Jahren weiter steigen. Hauptrisiko dafür ist das Alter. Es gibt jedoch auch andere Ursachen für dementielle Erkrankungen.

Ursachen

Demenzen werden nach Ursache eingeteilt in:

Tab. 54: **Ursachen für Demenz**

Primäre dementielle Erkrankungen	Sekundäre dementielle Erkrankungen
90 % der Erkrankungen	10 % der Erkrankungen
Hauptursache ist die Erkrankung des Gehirns, z. B. Alzheimer	Hauptursache sind exogene Faktoren, z. B. toxisch, metabolisch
fortschreitende Erkrankung, nicht reversibel	bei Beseitigung der Ursache reversibel
Ursachen: ▸ degenerativ, z. B. Alzheimer, frontotemporale Demenz, Lewy-Body-Demenz ▸ vaskulär ▸ Mischformen	Ursachen: ▸ Alkohol, Drogen, Stoffwechselentgleisungen, Elektrolytentgleisungen, Exsikkose ▸ Infektionen, z. B. HIV ▸ raumfordernde Prozesse, z. B. Tumore, Subduralhämatome

Da die Ursachen für dementielle Erkrankungen sehr unterschiedlich sein können und auch die Ähnlichkeit mit anderen Erkrankungen dazu führen kann, dass vorschnell eine Fehldiagnose gestellt wird, ist eine gute Abklärung beim Auftreten der Symptome bedeutend.

Diagnose

Sowohl Delir als auch Depressionen können auf den ersten Blick als Demenz verkannt werden. Daher ist eine genaue Anamnese wichtig. Einige wichtige Unterscheidungen in der Differenzialdiagnose werden in den nachfolgenden Tabellen genannt.

Tab. 55: **Unterscheidung Delir und Demenz** (vgl. Pantel et al. 2014, S. 275–276, 300–306)

Delir/akuter Verwirrtheitszustand	Demenz
akute zerebrale oder körperliche Erkrankung	vor allem irreversible zerebrale Erkrankungen
plötzlicher, datierbarer Beginn	schleichender Beginn
Bewusstsein getrübt	Bewusstsein klar
Verlauf fluktuierend	chronisch fortschreitender Verlauf
Dauer unter 6 Monaten	Dauer mindestens 6 Monate
in der Regel günstige Prognose	in der Regel ungünstige Prognose
stark erhöhte oder verminderte Wachheit	Wachheit normal (ausgenommen Spätstadium)
Orientierung ist früh gestört	Orientierung ist spät gestört
desorganisiert, inkohärent im Denken	Denken ist erschwert, verlangsamt
flüchtiger, nicht systematisierter Wahn	systematisierter Wahn, Thema
Fluktuation innerhalb Minuten/Stunden	Schwankungen von Tag zu Tag
Schlaf-Wach-Rhythmus: Schwankungen von Stunde zu Stunde	Tag-Nacht-Umkehr
früh verändertes Aktivitätsniveau	spät verändertes Aktivitätsniveau

Tab. 56: **Unterscheidung Depression und Demenz** (vgl. Pantel et al. 2014, S. 300–306, 332–336)

Depression	Demenz
schnell, zeitlich klar abgegrenzter Beginn	schleichender Beginn
beständig depressiv	Stimmung und Verhalten schwankend
kognitive Defizite hervorgehoben	Versuch die „Fassade" aufrechtzuhalten
tageszeitlich abhängig (Morgentief)	Schwankungen von Tag zu Tag
fluktuierende kognitive Leistungsfähigkeit	stabiles kognitives Leistungsdefizit
übersteigertes Schmerzempfinden	Denkstörungen, beeinträchtige höhere kortikale Funktionen (Aphasie, Apraxie)
Angst, negatives Denken	Verhaltensstörung (BPSD)
Gefahr der Isolation	Verlust sozialer Kompetenzen

Schritte zur Diagnosestellung einer Demenz:

- Anamnese: Erhebung der Angaben des/der Betroffenen, der Angehörigen über Veränderungen, eingenommene Medikamente, veränderte Lebenssituationen
- Testverfahren mittels Assessmentinstrumenten, zum Beispiel mmST (Mini-Mental-Status)
- Labor (Nierenwerte, Leberwerte, Blutzucker, Elektrolyte, Schilddrüsenparameter, Vitamin B12)
- Gefäßstatus
- CT (Computertomografie)

Symptome

Da eine dementielle Erkrankung progredient (fortschreitend) verläuft, treten die Symptome zu unterschiedlichen Zeitpunkten der Erkrankung auf. Am Beginn gelingt es den Betroffenen oft noch die Defizite zu überspielen oder zu verdecken. Im Laufe der Erkrankung ist dies jedoch nicht mehr möglich und die Umwelt erkennt mehr und mehr die Auswirkungen der Erkrankung.

Eine Demenz äußert sich durch Gedächtnis- und Lernstörungen, kombiniert mit:

- Aphasie (Sprechstörung)
- Apraxie (Verlust praktischer Fähigkeiten, wie z. B. Ankleiden)
- Agnosie (Unvermögen Dinge und deren Bedeutung zu erkennen, obwohl das Sehvermögen intakt ist)

Es kommt zu Störungen beim Ausführen von Handlungen, wodurch das Alltagsleben beeinträchtigt ist. Je nach Form der Demenz kommt es unter anderem auch zu Veränderungen der Persönlichkeit. Am Beginn der Erkrankung ist das Kurzzeitgedächtnis, später auch das Langzeitgedächtnis beeinträchtigt. Etwa ein Drittel der Betroffenen leidet am Beginn der Erkrankung auch an Depressionen. Verhaltensstörungen wie Ängste, Agitiertheit oder Apathie, Wahnvorstellungen, Aggressivität und Enthemmtheit sind Symptome, die vereinzelt auftreten können und vor allem betreuende Angehörige oder auch professionelle Pflegepersonen besonders fordern. Da eine ähnliche Symptomatik auch bei Depression, Delir oder anderen psychischen Erkrankungen auftreten kann, ist, wie bereits beschrieben, eine Differentialdiagnose wichtig.

Stadien

Nach ICD-10 wird Demenz in 3 Stadien eingeteilt.

Tab. 57: **Stadien von Demenz**

Schweregrad	Gedächtnis und andere geistige Leistungen	Alltagsaktivitäten
leicht	Gedächtnis- und Lernstörung, z. B. Verlegen von Gegenständen, Vergessen von Verabredungen und neuen Informationen	unabhängiges Leben ist möglich; Probleme bei komplizierten Aufgaben des Alltags (Bewirtung mehrerer Gäste, Reisen in fremde Umgebung)
mittelschwer	Nur gut gelernte und vertraute Inhalte werden behalten. Neue Informationen werden nur gelegentlich und sehr kurz erinnert. PatientInnen sind nicht mehr in der Lage zu beantworten, wie, wo sie leben, was sie bis vor Kurzem getan haben, oder sich an Namen vertrauter Personen zu erinnern.	Beeinträchtigung des unabhängigen Lebens: Selbstständiges Einkaufen oder der Umgang mit Geld sind nicht mehr möglich. Häusliche Tätigkeiten beschränken sich auf einfache Aufgaben.
schwer	Neue Inhalte können nicht mehr behalten werden. Nur wenige Inhalte von früher Gelerntem bleiben erhalten. Selbst Familienmitglieder werden nicht mehr erkannt. Gedanken sind nicht mehr nachvollziehbar.	PatientInnen sind ohne Betreuung nicht mehr in der Lage den Alltag zu bewältigen. Unterstützung beziehungsweise Übernahme in allen ATLs ist notwendig.

Am Beginn der Erkrankung ist es den Betroffenen durchaus bewusst, dass etwas mit ihnen nicht in Ordnung ist. Es wird jedoch häufig versucht, die Fassade aufrechtzuhalten. Dabei wäre eine frühe Diagnosestellung für den Verlauf der Erkrankung bedeutend.

Merke: Wichtig im Umgang mit Menschen mit Demenz:

- Auch Menschen mit Demenz haben Wertschätzung und Respekt verdient.
- Sprechen Sie mit einer zugehörigen Person im Beisein der dementiell erkrankten Person, dann beziehen Sie diese ins Gespräch mit ein.
- Viele Ressourcen bleiben lange erhalten. Fördern Sie diese! Oft brauchen dementiell erkrankte Menschen lediglich Unterstützung.
- Fordern, aber nicht überfordern!
- Menschen mit Demenz sind sehr sensibel und haben ein besonderes Gespür für das Befinden ihres Gegenübers. Stress, Hektik und Aggression erzeugen Unruhe, Angst oder Aggression bei den Erkrankten.
- Sorgen Sie für einen gleichbleibenden Tagesablauf. Rituale geben Sicherheit!
- Lassen Sie sich auf keine Diskussionen mit dementiell erkrankten Personen ein.
- Hinter jedem Verhalten steht ein Bedürfnis. Ist ein dementiell erkrankter Mensch besonders unruhig, ist zu klären, was dahintersteckt. Es könnte sein, dass er/sie beispielsweise zur Toilette muss, unter Obstipation leidet oder Schmerzen hat.

Aufgabe: Überlegen Sie in 2er- oder 3er-Gruppen, welche Pflegeangebote in den oben genannten Stadien (leichte/mittelschwere/schwere Demenz) für die Betroffenen notwendig sein könnten, um den Alltag zu bewältigen. Welche Herausforderungen ergeben sich damit für die Angehörigen? Bedenken Sie sowohl Personen, die zuhause betreut werden, als auch Personen, die in Institutionen betreut werden.

BPSD (vgl. Matolycz 2016, S. 69)

BPSD steht für „**b**ehavioural and **p**sychological **s**ymptoms of **d**ementia“ oder vereinfacht ausgedrückt: Bei BPSD handelt es sich um herausfordernde Verhaltensweisen von Menschen mit Demenz. Zu diesen Verhaltensweisen zählen:

- Agitiertheit
- Herumgehen, -laufen, -wandern
- Aggressivität
- Apathie
- verbale/vokale Störungen

Je nach Ausprägung der Symptome sind betreuende An- und Zugehörige sowie professionelle Pflegepersonen besonderen Belastungen ausgesetzt.

Apathie

Menschen, die eher apathisch sind, haben ebenso einen Betreuungsbedarf wie jene, die agitiert sind. Für Pflegepersonen ist jedoch ein/e ruhige/r, zurückgezogene/r PatientIn

„pflegeleichter" und wird in der Hektik des Pflegealltags eher weniger berücksichtigt als eine Person, die ständig versucht wegzugehen, ständig fragt oder schreit. Agitierte Personen bekommen mehr Aufmerksamkeit.

Zieht sich ein/e PatientIn zurück oder verhält sich passiv, kann dies unterschiedliche Gründe haben. Auslöser können der Verlust der gewohnten Umgebung, der Verlust einer nahestehenden Person oder auch Überforderung oder Enttäuschung sein. Die Pflegekraft sollte überlegen, was hinter der Verhaltensweise der Betroffenen stecken könnte. Folgende grundlegende Fragen sollte man sich stellen, um ein weiteres Vorgehen planen zu können: Hat das Verhalten Selbstpflegedefizite zur Folge? Leidet der/die Betroffene darunter? Je nach Leidensdruck sollten Interventionen gesetzt werden. Wichtig ist dabei, dass die vorhandenen Ressourcen des/der Betroffenen in die Pflege mit einbezogen werden. Um Betroffene aus der Passivität zu holen, können verschiedene Pflegekonzepte zum Einsatz kommen, wie beispielsweise das Psychobiografische Modell nach Böhm, Validation, Basale Stimulation oder Mäeutik.

Agitiertheit

Zu agitiertem Verhalten zählen Rastlosigkeit und Unruhe. Es kommt wiederholt zu unangepasstem Verhalten. Folgende Verhaltensweisen treten im Zusammenhang mit Agitiertheit häufig auf:

- Wandern, Auf- und Abgehen, Hin- oder Weglauftendenzen
- aggressives Verhalten (Beschimpfen, Schlagen, Spucken)
- „picking behaviour" (Verpacken, Verstecken, Verschieben von Sachen, Reiben an Sachen)
- vokale Störungen (Rufen, Schreien, Singen, Jammern, Wimmern, ständiges Wiederholen von Sätzen)
- An- und Auskleiden

Hat ein/e Betroffene/r einen besonders hohen Bewegungsdrang, ist damit auch ein erhöhter Bedarf an Kalorien verbunden. Dies sollte in der Pflege und Betreuung berücksichtigt werden.

Für die Pflege und Betreuung betroffener Personen ist es wichtig, nach der Ursache des Verhaltens zu suchen. Dazu ist es erforderlich die Betroffenen zu beobachten und auch deren Biografie zu kennen. Mögliche **Ursachen** für agitiertes Verhalten können unter anderem sein:

- Schmerz
- Harn- oder Stuhldrang
- beunruhigende Umgebungsfaktoren wie Licht, Lärm
- unerfüllte Bedürfnisse (Hunger, Schlaf, Sicherheit)
- aber auch ein Mangel an Stimulation

Merke: Hinter agitiertem Verhalten stecken Bedürfnisse!

Bevor Maßnahmen zur Behandlung von herausforderndem Verhalten gesetzt werden, sind primär die Fragen zu stellen: Welche Ursache steckt eventuell hinter dem Verhalten? Was genau ist störend an der Situation? Welche Rolle spielt es zum Beispiel, wenn der/die Betroffene den Kleiderschrank ausräumt?

Wir haben als Pflegekräfte die Aufgabe die PatientInnen zu schützen. Es kann sein, dass die betroffene Person vor den Blicken anderer Menschen geschützt werden muss (wenn sie sich z. B. entkleidet oder sexuelle Handlungen ausführt), aber auch die MitbewohnerInnen bedürfen unseres Schutzes. Hier gilt es, besonderes Augenmerk auf aggressives Verhalten oder sexuelle Enthemmtheit als Folge einer dementiellen Erkrankung zu legen. In manchen Situationen ist es erforderlich Maßnahmen zu setzen, in anderen nicht. Es empfiehlt sich im Team zu besprechen, welche Maßnahmen notwendig und geeignet sind.

Maßnahmen bei herausforderndem Verhalten:

- Beobachten und Dokumentieren von herausforderndem Verhalten
- Ursachenanalyse
- Beheben möglicher Ursachen
- Schaffen struktureller Rahmenbedingungen, in denen die Verhaltensweisen kein Problem darstellen (beispielsweise Schaffen eines Bewegungsbereiches, der keine Gefahr für die Betroffenen darstellt)
- besondere Betreuungsangebote für Menschen mit dementiellen Erkrankungen (Besuchsdienst, der individuelle Betreuung übernimmt, oder Betreuungsgruppe speziell für dementiell erkrankte Menschen)
- Je nach Ursache kann das herausfordernde Verhalten eventuell durch die Gabe von Schmerzmitteln nach Absprache mit dem Arzt/der Ärztin behoben werden. Der Einsatz von sedierenden Medikamenten sollte erst dann zum Einsatz kommen, wenn alle anderen Interventionen keinen Erfolg gebracht haben.
- Validation
- Basale Stimulation
- Biografiearbeit
- Snoezelen
- Aromapflege
- Einsatz von Musik
- Einsatz spezieller Lichtsysteme

Da jede/r PatientIn anders reagiert, ist es die Kunst der Pflegefachkraft herauszufinden, worauf der/die Betroffene eine positive Reaktion zeigt. Dieser Prozess kann einige Zeit dauern und erfordert Empathie.

Pflege bei ausgewählten neurologischen Erkrankungen

Die Folgen neurologischer Erkrankungen können sehr vielseitig sein. Im Folgenden werden einige häufig auftretende neurologische Krankheitsbilder näher beschrieben.

Cerebraler Insult

Ein Insult (Schlaganfall) ist auf eine Durchblutungsstörung im Gehirn zurückzuführen. Durch die Minderversorgung bekommt das Gehirn zu wenig Sauerstoff und Hirnzellen gehen zugrunde. Es werden zwei Arten des Insults unterschieden: 85 % der Betroffenen erleiden einen ischämischen Insult, etwa 15 % einen hämorrhagischen Insult.

Ein **hämorrhagischer Insult** ist auf eine Blutung, bedingt durch Hypertonie, durch einen Tumor oder durch die Ruptur eines Aneurysmas zurückzuführen. Der/die Patientin leidet plötzlich unter Übelkeit und Erbrechen und eventuell auch unter sehr starken Kopfschmerzen. Es kommt sehr rasch zu einer Verschlechterung des Bewusstseins. Meist tritt auch eine Halbseitenlähmung (Hemiparese) auf.

Der **ischämische Insult** wird durch einen Thrombus (bei Arteriosklerose) oder einen Embolus (z.B. bei Vorhofflimmern) ausgelöst. Durch den Verschluss eines Gefäßes werden nachfolgende Gehirnareale mangelhaft durchblutet und Hirnzellen sterben ab. Die Entwicklung ist mitunter langsamer als bei der Hirnblutung. Der/die PatientIn fühlt sich unwohl. In manchen Fällen kann auch im Vorfeld eines Insults eine **TIA** (transitorische ischämische Attacke) auftreten. Es können Schwindel, Unwohlsein, Unruhe, Gedächtnisstörungen, kurzfristige Sehstörungen, Schwäche, unerklärliche Stürze, Sprachstörungen auftreten. Hierbei handelt es sich um ernstzunehmende Warnzeichen für einen Schlaganfall, die unbedingt ärztlicher Abklärung bedürfen.

Werden die Vorzeichen nicht ernst genommen, kann ein Schlaganfall durch einen Gefäßverschluss auftreten. Hierbei sind die typischen **Symptome**:

- Halbseitenschwäche/Halbseitenlähmung
- Fazialisparese (Gesichtslähmung)
- Verwirrtheit
- Sprachstörungen
- Schluckstörungen
- Sehstörungen
- Sensibilitätsstörungen
- Inkontinenz

Wichtig ist in jedem Fall eine rasche Hilfe. Je länger der Gefäßverschluss vorliegt, desto schwerwiegender sind die Folgen, da mehr Gehirnzellen verloren gehen. In den ersten drei Stunden hat der/die PatientIn die besten Chancen den lebensgefährlichen Schlaganfall zu überleben. Je früher die Hilfe ansetzt, desto geringer sind die Folgeschäden (vgl. Steidl/Nigg 2014, S. 84–87).

Merke: Time is brain – Je rascher ein Insult behandelt wird, desto besser sind die Chancen der Betroffenen.

Im Krankenhaus wird der/die PatientIn auf einer Stroke-Unit, einer speziellen Schlaganfalleinheit, versorgt. Zur **Diagnose**stellung werden folgende Untersuchungen gemacht:

- Anamnese
- Untersuchungen zum Ausschluss eventueller anderer Erkrankungen, deren Symptome mit einem Schlaganfall verwechselt werden können: BZ-Kontrolle
- Blutbild, BSG, Kreatinin, Elektrolyte, Gerinnung
- EKG
- EEG
- CT oder MRT
- eventuell Angiografie

Als **Therapie** wird beim hämorrhagischen Insult eine OP zur Blutungsstillung sowie eine Ausräumung der Blutung durchgeführt. Beim ischämischen Insult wird eine Fibrinolyse-Therapie gemacht. Es kann auch, je nach Notwendigkeit, eine Aufdehnung oder Ausräumung der verengten Stelle erforderlich sein. Zudem ist eine engmaschige Überwachung der Vitalzeichen in der Akutphase nötig. Ein möglichst rascher Beginn einer Rehabilitation ist wichtig, um den Weg zurück in ein selbstständiges Leben zu ermöglichen. Multiprofessionelle Zusammenarbeit von Ärzteschaft, Pflege, Physiotherapie, Logopädie, Ergotherapie und weiteren Berufsgruppen ist hier erforderlich. Da sich ein Schlaganfall meist aus heiterem Himmel ereignet, ist es sowohl für den/die Betroffenen/n wie auch für die An- und Zugehörigen eine Herausforderung, sich mit der Situation zu arrangieren. Betroffene benötigen neben der genannten Unterstützung eventuell auch psychologische Begleitung. Angehörige benötigen ebenso eine besondere Aufmerksamkeit. Die Beratung über Hilfsmittel und Hilfsdienste beginnt bereits während des Krankenhausaufenthaltes und hängt vom individuellen Bedarf ab.

Das **Pflegekonzept nach Bobath** wurde 1943 von Berta Bobath entwickelt und ist bis heute im Zusammenhang mit hemiplegischen PatientInnen im Einsatz. Es soll die Koordination der Betroffenen mit der gesunden Körperhälfte verbessern und sie dabei unterstützen, verlorengegangene Bewegungsabläufe wieder zu erlernen. Zudem sollen Kontrakturen und Schmerzen verhindert werden. Da Betroffene die hemiplegische Körperseite oft negieren (Neglect) wird im Bobath-Konzept die betroffene Seite bewusst immer wieder in den Fokus gerückt. Neben den Einschränkungen der Mobilität und dadurch entstehende Selbstversorgungsdefizite in fast allen AEDL (Mobilität, Waschen, Ankleiden, Ausscheiden, Essen und Trinken, ...) sind Schluck- und Sprachstörungen häufig auftretende pflegerische Probleme.

Morbus Parkinson

Morbus Parkinson ist eine neurologische Erkrankung mit der typischen Trias:

- Rigor (Muskelversteifung)
- Tremor (Zittern)
- Akinese (Verlangsamung der Bewegung)

Die **Ursache** für die Erkrankung liegt in einem Funktionsverlust von Gehirnzellen, die Dopamin produzieren. Dopamin ist ein Botenstoff, der für die Körperbewegung eine wichtige Rolle spielt. Die Erkrankung beginnt meist zwischen dem 50. und 60. Lebensjahr. Ein früherer Beginn ist zwar möglich, aber eher selten.

Mit einer medikamentösen **Therapie** kann die Krankheit gut behandelt werden. Die Medikamente müssen jedoch nach einem bestimmten Zeitplan eingenommen werden. Zusätzlich zur medikamentösen Therapie sind Physiotherapie, Ergotherapie und Logopädie wichtige Säulen zur Verbesserung der Lebensqualität.

Die Erkrankung verläuft langsam progredient. Der/die PatientIn kann neben den oben genannten Kardinalsymptomen noch folgende **Symptome** aufweisen:

- Maskengesicht (eingeschränkte Mimik)
- Schwierigkeiten beim Sprechen
- Schwierigkeiten beim Schreiben
- kleinschrittiger Gang
- erhöhter Speichelfluss
- Schlafstörungen
- überschießende Bewegungen
- Inkontinenz

Die Symptome können von PatientIn zu PatientIn variieren und unterschiedlich ausgeprägt sein.

Da durch die zunehmende Einschränkung der Beweglichkeit das Sturzrisiko bei Personen mit Morbus Parkinson erhöht ist, ist für Pflegepersonen ein besonderes Augenmerk auf die Sturzprävention zu legen. Gute Beleuchtung, festes Schuhwerk und Bewegungstraining sind nur ein Teil der Möglichkeiten, die Pflegepersonen im Umgang mit dieser PatientInnengruppe zur Verfügung stehen. Zudem ist auf die regelmäßige Medikamenteneinnahme (fixes Zeitschema) zu achten. Besteht eine morgendliche Steifigkeit und haben die PatientInnen Schwierigkeiten beim Aufstehen, sollte der Tagesablauf auf die Bedürfnisse der Betroffenen besonders abgestimmt werden. In manchen Fällen ist bereits gegen Mittag ein Durchführen der Grundpflege für die Pflegeperson und die Betroffenen problemloser möglich.

Delir

Nach Definition der ICD-10 wird unter Delir eine körperlich bedingte Psychose (psychische Störung) verstanden. Delir ist eine plötzlich auftretende Verwirrtheit, wobei geistige Fähigkeiten, die Psychomotorik und der Affekt (Gefühl, Stimmung, Emotion) beeinträchtigt sind. Etwa die Hälfte aller Menschen mit Demenz, die in ein Krankenhaus kommen, haben oder entwickeln ein Delir. Es wird jedoch nur bei 5 % der Betroffenen ein Delir diagnostiziert! (vgl. Charlier 2012, S. 240)

Merke: Auch bei alten Menschen ist es nicht normal, wenn sie plötzlich verwirrt sind!

Auslöser und Diagnosestellung

Beim Erkennen eines Delirs spielt auch die Beobachtung der Pflegepersonen eine große Rolle. Ein Delir kann in jedem Lebensalter auftreten. Im Alter jedoch ist das Risiko eines Delirs erhöht. Kommen kognitive Einschränkungen (z. B. Demenz) sowie Seh- oder Hörstörungen hinzu, steigt das Risiko.

Ausgelöst werden kann ein Delir unter anderem durch folgende Faktoren:

- Ortswechsel (z. B. Krankenhausaufenthalt)
- Angst und Unsicherheit
- Fixierung
- mehr als 3 Medikamente
- Infektionen
- Schmerzen
- Legen eines Blasenkatheters
- Operationen
- Flüssigkeitsmangel
- Elektrolytentgleisungen

Häufig wird auch noch heute ein Delir sofort mit einem Entzug (von Alkohol, Nikotin, Medikamenten) in Verbindung gebracht. Es ist jedoch lediglich ein geringer Teil, ca. 10 %, tatsächlich auf diese Ursache zurückzuführen (vgl. Pantel 2014, S. 276–277).

Neben der Beobachtung ist auch die CAM (Confusion Assessment Method) hilfreich bei der Diagnosestellung. Die Symptomatik, die im Zusammenhang mit einem Delir auftritt, kann fälschlicherweise als Demenz oder Depression interpretiert werden. Daher ist eine genaue Untersuchung erforderlich, um die Therapie entsprechend gestalten zu können.

Delirformen und damit verbundene Gefahren

Es wird zwischen einem hyperaktiven und einem hypoaktiven Delir unterschieden. Beim **hyperaktivem Delir** ist der/die PatientIn oft unruhig, agitiert, hat Angst, halluziniert. Der Muskeltonus kann erhöht sein und auch der Blutdruck kann ansteigen. Ebenso können eine Veränderung der Atmung und eine Inkontinenz vorliegen. Das **hypoaktive Delir** wird oft schwerer erkannt. Der/die PatientIn ist zurückgezogen, wenig aktiv. Desorientierung und Halluzinationen werden oftmals nicht geäußert, sind jedoch vorhanden.

Die Gefahren, die mit der Entwicklung eines Delirs verbunden sind, können bei hyperaktivem Delir sein:

- Selbstverletzung durch Sturz oder durch das Entfernen von Kathetern oder Venenverweilkanülen
- gefährliche Veränderungen der Vitalwerte (z. B. Blutdruck, Blutzucker, ...)

Beim hypoaktivem Delir sind die Gefahren:

- Dekubitalulcera
- Pneumonie
- Thrombose

Symptome

Folgende Symptome sprechen für ein Delir (vgl. Pantel 2014, S. 277–278):

- plötzlicher Beginn
- fluktuierender Verlauf (wellenförmig)
- Bewusstseinstrübung

- Aufmerksamkeitsstörung
- Desorientiertheit, Gedächtnis- und Sprachstörungen
- psychomotorische Störungen (z. B. Agitation)
- Wahnvorstellungen (z. B. Halluzination)
- Störung Schlaf-Wach-Rhythmus
- affektive Störungen (z. B. Angst, Depression)

Maßnahmen zur Prävention und Therapie

Um das Risiko für die Entstehung eines Delirs zu reduzieren, können folgende Maßnahmen gesetzt werden:

- Orientierungshilfen
- frühzeitige Mobilisation, mehrmals täglich
- Seh- und Hörhilfen
- Achten auf die Flüssigkeits- und Elektrolytzufuhr
- klare, einfache Sprache verwenden
- Hektik vermeiden, um Angst und Unsicherheit zu reduzieren
- freundlicher, wertschätzender Umgang
- Schmerzmanagement
- Medikamente (so viel wie nötig, so wenig wie möglich)
- Katheter hinterfragen

In der Prävention sind das Wissen und die Kompetenz des interdisziplinären Teams, insbesondere auch jene des Pflegepersonals, besonders wichtig. Entwickelt ein/e PatientIn trotz all dieser Maßnahmen ein Delir, ist darauf zu achten, dass das Risiko einen Schaden zu erleiden für die Betroffenen möglichst gering ist. Möglichen auslösenden Faktoren sollte auf den Grund gegangen werden, um diese auszuschalten (z. B. Reizüberflutung). Bei großer Unruhe wird häufig eine vorübergehende medikamentöse Sedierung (z. B. Haloperidol) eingesetzt.

Verwahrlosung

Von Verwahrlosung spricht man, wenn eine Person sich oder ihre Umgebung nicht mehr in Ordnung halten kann. Dieses Phänomen ist häufig mit psychischen Erkrankungen assoziiert.

Bei Menschen mit Depressionen fehlt der Antrieb sich selbst zu versorgen. Vernachlässigungen im Bereich Waschen und Kleiden, Essen und Trinken sowie im Sauberhalten des häuslichen Umfeldes werden augenscheinlich. Bei Menschen mit Demenz können diese Versorgungsdefizite ebenso auftreten. Hier liegt die Ursache meist im Unvermögen für sich und sein Umfeld zu sorgen. Der/die PatientIn kann aufgrund kognitiver Einschränkungen den Alltagstätigkeiten nicht mehr im erforderlichen Ausmaß nachkommen. Weitere psychische Erkrankungen, bei denen Verwahrlosung häufig ein Thema ist, sind Suchterkrankungen oder das Messie-Syndrom. Unter Messie-Syndrom wird in der Psychiatrie das zwanghafte Sammeln von Gegenständen verstanden. Die Ursache dieser Erkrankung ist zwar nicht eindeutig, in jedem Fall benötigen diese PatientInnen jedoch professionelle Begleitung im Umgang mit ihren Zwängen.

Besonders für die Pflege und Betreuung im extramuralen Bereich sind diese PatientInnen eine besondere Herausforderung. Es gilt einerseits eine gute Arbeitsbasis zu schaffen und eine Möglichkeit zu finden, die Pflege durchzuführen und andererseits nicht zu sehr in die Privatsphäre einzugreifen. In diesen Situationen ist eine interdisziplinäre Zusammenarbeit besonders bedeutend. Der Arzt/die Ärztin, PsychologInnen, SozialarbeiterInnen, Haushaltsdienste und Pflegedienste sind gefordert, einen Weg zwischen der Selbstbestimmtheit des/der KlientIn und der Fürsorge zu schaffen.

Das kann ich!

Ich weiß, wie hoch die Prävalenz psychischer Erkrankungen in Österreich ist.	
Ich weiß, welche die häufigsten psychischen Erkrankungen in Österreich sind.	
Ich weiß, welche Schritte bei der Diagnosestellung von psychischen Erkrankungen notwendig sind.	
Ich weiß, welche Ursachen/Risikofaktoren bei der Entstehung von psychischen Erkrankungen eine Rolle spielen.	
Ich kann erklären, warum ein frühzeitiges Erkennen und Behandeln psychischer Erkrankungen bedeutsam ist.	
Ich weiß, wie sich Depressionen symptomatisch äußern.	
Ich kann die Risikofaktoren nennen, die die Entstehung einer Depression begünstigen.	
Ich weiß, welche Schweregrade einer Depression unterschieden werden.	
Ich weiß, wie die Diagnosestellung einer Depression erfolgt.	
Ich weiß, welche Therapien zur Behandlung einer Depression eingesetzt werden.	
Ich kenne die Maßnahmen, die Pflegepersonen in Zusammenhang mit einem Verdacht auf Suizid setzen können.	
Ich kann erklären, was unter „Demenz“ zu verstehen ist.	
Ich kenne die Formen der Demenz und kann diese beschreiben.	
Ich weiß, welche Ursachen zu einer Demenz führen können.	
Ich weiß, wie Demenz diagnostiziert wird und welche Krankheitsbilder ähnliche Symptome zeigen können.	
Ich weiß, wie sich dementielle Erkrankungen symptomatisch zeigen.	
Ich weiß, welche Stadien bei einer Demenz unterschieden werden.	
Ich weiß, was BPSD bedeutet und welche Maßnahmen Pflegepersonen bei herausforderndem Verhalten setzen können, bevor zu Medikamenten gegriffen wird.	
Ich weiß, welche Arten von Insult nach Entstehung unterschieden werden.	
Ich kenne die Warnzeichen, die auf einen Insult hinweisen können.	
Ich kann mögliche Symptome eines Schlaganfalls nennen.	
Ich weiß, was in der Therapie eines Insults gemacht wird.	
Ich weiß, was ich als Pflegeperson bei einem Insult beachten sollte.	
Ich kenne die Ursache für Morbus Parkinson.	
Ich weiß, welche Symptome auf Morbus Parkinson hinweisen.	
Ich kenne die Therapiemaßnahmen, die bei Morbus Parkinson zur Verfügung stehen.	
Ich weiß, was ich als Pflegeperson bei Morbus Parkinson beachten sollte.	
Ich kann das Krankheitsbild eines Delirs beschreiben.	
Ich weiß, wodurch die Entstehung eines Delirs begünstigt wird.	
Ich weiß, wie die Diagnosestellung bei einem Delir erfolgt.	

Ich weiß, mit welchen Krankheitsbildern ein Delir oft fälschlicherweise verwechselt wird.	
Ich weiß, welche Maßnahmen zur Prävention und Therapie bei einem Delir gesetzt werden.	
Ich weiß, was ich als Pflegekraft bei einem Delir beachten sollte.	
Ich weiß, bei welchen Krankheitsbildern Verwahrlosung als Symptom auftreten kann.	
Ich weiß, welche Maßnahmen die Pflege im Umgang mit PatientInnen mit Verwahrlosung setzen kann und worauf sie dabei achten muss.	

Lernfeld 10
Chronisch krank – was nun?

Die Arbeitsbereiche von Pflegepersonen sind vielfältig. Sowohl im intra- als auch im extramuralen Bereich haben wir auch mit Menschen zu tun, die an chronischen Krankheiten leiden. Sie haben oft besondere Bedürfnisse, die wir Pflegenden erkennen und die Pflegeinterventionen darauf abstimmen müssen.

Pflege bei chronischen Erkrankungen

Chronische Erkrankungen bleiben zumeist ein Leben lang bestehen. Sie können aus akuten Erkrankungen entstehen oder sich aus körperlichen Veränderungen langsam entwickeln (zur Definition von akuten und chronischen Krankheiten vgl. Lernfeld 6). Zu den chronischen Erkrankungen zählen:

- Erkrankungen des Herz-Kreislauf-Systems (z. B. koronare Herzerkrankung, Gefäßerkrankung)
- Erkrankungen der inneren Organe (z. B. Nierenerkrankungen)
- Stoffwechselerkrankungen (z. B. Diabetes)
- Hauterkrankungen (z. B. Psoriasis)
- Erkrankungen der Atemwege (z. B. chronisch obstruktive Lungenerkrankung – COPD)
- Erkrankungen des Stütz- und Bewegungsapparates (z. B. Arthrose)
- Krebserkrankungen
- psychische Erkrankungen

Laut Statistik Austria leidet mehr als ein Drittel der österreichischen Bevölkerung an chronischen Erkrankungen. Im Alter steigt der Anteil der Betroffenen auf über 50 % (vgl. Statistik Austria 2015, S. 18). Für die Betroffenen und deren Angehörige wird eine chronische Erkrankung meist dann zum Problem, wenn die Bewältigung und Gestaltung des Alltags beeinträchtigt ist. Angehörige sowie intra- und extramurale Pflegedienste spielen bei der Unterstützung oder Übernehme der Pflege von chronisch kranken Menschen eine wichtige Rolle.

Merke: Intramural = innerhalb der Mauern einer Einrichtung (Krankenhaus, Langzeitbetreuung, Reha-Einrichtung), extramural = außerhalb der Mauern einer Einrichtung (ambulante Pflegedienste).

Pflege zu Hause

Pflegende Angehörige sind Familienmitglieder und Freunde, die eine betroffene Person pflegen und betreuen. Bei Betrachtung der demografischen Entwicklung ist erkennbar, dass die Zahl der älteren und alten Menschen in den nächsten Jahren weiter steigen wird. Wenn auch Alter(n) nicht zwangsläufig Pflegebedürftigkeit bedeutet, ist dies jedoch ein erhebliches Risiko pflege- und betreuungsbedürftig zu werden.

Im Jahr 2016 gab es in Österreich nach Angaben der Statistik Austria 454.897 PflegegeldbezieherInnen (vgl. BMASK 2017c, S. 119). 80 % der Menschen, die auf Pflege und Betreuung angewiesen sind, werden von Angehörigen betreut. Somit sind pflegende Angehörige der größte Pflegedienst in Österreich (vgl. BMASK 2016, S. 12).

Der Weg in die Rolle des/der pflegenden Angehörigen

Wie es zu der Übernahme der Pflege kommt, ist sehr individuell. Zum einen kann die Übernahme diverser Betreuungstätigkeiten **schleichend** verlaufen. Anfangs ist eine Unterstützung beim Einkauf oder bei der Reinigung der Wohnung nötig und schrittweise wird der Umfang der Tätigkeiten mehr und endet in manchen Fällen in einer Rundumbetreuung. Dieser Prozess kann sich über Monate und Jahre entwickeln. In anderen Situationen kommt die Pflege- und Betreuungsbedürftigkeit **plötzlich.** Ein Sturz oder eine schwere Erkrankung kann das Leben von heute auf morgen verändern. Eine Person, die sich bisher selbstständig in den eigenen vier Wänden versorgt hat, kann auf einmal auf Hilfe angewiesen sein.

Für Angehörige ist ein schleichender Beginn der Pflege- und Betreuungsbedürftigkeit meist leichter zu koordinieren. Sie haben mehr Zeit, sich mit möglichen Entlastungsangeboten auseinanderzusetzen. Eine plötzlich eintretende Betreuungsbedürftigkeit stellt sowohl die Betroffenen als auch die Angehörigen vor große Herausforderungen. Krankheit, Leid und Abhängigkeit sind für die Mehrzahl der Menschen unangenehme Themen und werden solange als möglich ausgeblendet. Tritt nun unerwartet Pflegebedürftigkeit ein, ist die Zeit häufig sehr kurz, um sich ausführlich mit möglichen Entlastungsangeboten auseinanderzusetzen. Die Entscheidung, wer die Pflege übernehmen wird, wer bei der Pflege unterstützt, welche Möglichkeiten der Unterstützung es gibt und wo die Pflege stattfinden soll, sind wesentlich für die Gestaltung der Pflege und Betreuung.

Motive für die Übernahme der Pflege und Betreuung eines/einer Angehörigen

Sehr unterschiedlich sind die Gründe, warum Angehörige die Pflege und Betreuung übernehmen. Mögliche Motive sind:

- Liebe
- Dankbarkeit
- gegebenes Versprechen
- familiäre Tradition
- gesellschaftlicher Druck
- Pflichtgefühl
- Nächstenliebe
- Mitleid
- Wiedergutmachung
- Wunsch nach Anerkennung
- Machtumkehr
- finanzielle Motive (Erbe, Pflegegeld)

Es gibt auch Gründe, warum Angehörige die Pflege und Betreuung eines Familienmitgliedes nicht übernehmen können oder wollen:

- die zu pflegende Person möchte es nicht
- Scham und Ekel
- berufliche Situation
- gesundheitliche Situation
- Wohnung zu weit weg

- eigene Familie
- schlechte Beziehung zum/zur Pflegebedürftigen

Belastungen für pflegende Angehörige

Pflegende Angehörige sind häufig vielen Belastungen ausgesetzt. Das Belastungsempfinden ist jedoch sehr subjektiv. Welche Herausforderungen die Pflege und Betreuung mit sich bringt, ist bei der Übernahme der Pflege meist nicht abschätzbar. Die durchschnittliche Pflegedauer beträgt zwischen 7 und 10 Jahren und ist somit in den letzten Jahren sehr stark angestiegen.

Häufige Belastungen, die im Zusammenhang mit der Pflege und Betreuung Angehöriger auftreten, sind:

- körperliche Belastung
- fehlendes Wissen über Hilfsmittel und Hilfsdienste
- fehlendes Wissen über die Krankheit und Prophylaxen
- finanzielle Belastungen
- Angst etwas falsch zu machen
- Angst den/die Betroffene/n zu verlieren
- Isolation
- alleinige Zuständigkeit
- zusätzliche Belastung durch eigene Familie, Beruf, ...
- geänderte Lebensplanung
- Angebunden-Sein
- fehlende Anerkennung
- Beziehungsprobleme
- Rollenveränderung

Betreuungssituationen sind sehr unterschiedlich. Sie können Menschen aller Altersstufen betreffen. Besonders bei der Betreuung und Pflege von Menschen mit besonderen Bedürfnissen ist es für die Eltern, die hier meist die Pflege übernehmen, ein großes Problem: „Was passiert, wenn ich nicht mehr für mein Kind da sein kann?" Bei guter Pflege können auch Menschen mit Beeinträchtigung ein hohes Alter erreichen.

Aufgabe: Überlegen Sie, welche Rollen Sie in verschiedenen Lebenssituationen innehaben. Welche Aufgaben/Erwartungen werden den jeweiligen Rollen zugeschrieben? Besprechen Sie mit Ihrem/Ihrer SitznachbarIn, was sich für einen Menschen in Bezug auf die Rollen verändert, wenn es zur Pflegebedürftigkeit kommt. Was ändert sich für einen Sohn/eine Tochter, der/die die Pflege des Elternteiles übernimmt, in Bezug auf seine/ihre Rolle?

Entlastungsangebote für pflegende Angehörige

Zur Entlastung von Angehörigen in der häuslichen Pflege gibt es zahlreiche Dienstleistungen und Hilfsmittel, die in den folgenden Kapiteln beschrieben werden. Ebenso gibt es eine finanzielle Unterstützung durch das Pflegegeld, auf welches in Lernfeld 12 näher eingegangen wird. Zahlreiche Organisationen und auch Krankenhäuser bieten mittlerweile **Kurse für pflegende Angehörige** an. Dort werden Angehörige geschult, kinästhetisch zu arbeiten und bekommen die Möglichkeit, mit Fachpersonal über Belastungen und Probleme zu sprechen. Auch **Selbsthilfegruppen, Stammtische und Erholungsangebote** speziell für pflegende Angehörige sollen einen Beitrag leisten, dass Angehörige die Pflege möglichst lange übernehmen können. Viele Seniorenbetreuungseinrichtungen bieten vorübergehende Pflege und Betreuung in Form von Kurzzeitpflege an. **Kurzzeitpflege** ist Pflege für eine bestimmte Zeit, meist drei bis sechs Wochen, und wird in Langzeitbetreuungseinrichtungen übernommen. Der/die Betroffene wird in dieser Zeit professionell betreut, während der/die Angehörige die Möglichkeit hat, sich vom Pflegealltag zu erholen.

Dienstleistungen zur Unterstützung der Pflege und Betreuung zu Hause

Um trotz Pflege- und Betreuungsbedarf möglichst lange zu Hause bleiben zu können, gibt es mobile Pflege- und Betreuungsdienste. Die Angebote sind generell regional sehr unterschiedlich, dennoch sollten folgende Berufsgruppen in allen Bundesländern vertreten sein:

Heimhilfe (HH): HeimhelferInnen haben die Aufgabe, das Umfeld der KlientInnen sauber zu halten und die Betroffenen bei der Basisversorgung zu unterstützen. Dazu zählen die Versorgung des Haushaltes (Wäsche, Einkaufen, Kochen), die Unterstützung bei der Körperpflege und das Fördern sozialer Kontakte.

Pflegeassistenz (PA): PflegeassistentInnen kümmern sich um die Körperpflege. Sie unterstützen die Betroffenen dabei oder übernehmen diese, wenn sie der/die KlientIn nicht selbstständig durchführen kann. Auch helfen sie bei der Mobilisation, unterstützen beim Toilettengang und/oder beim Wechsel der Inkontinenzversorgung, helfen bei der Nahrungsaufnahme und bei der Einnahme von verordneten Medikamenten. Sie arbeiten im Kompetenzbereich medizinische Diagnostik und Therapie auf Delegation durch den Arzt/die Ärztin oder Subdelegation durch die DGKP.

Diplomierte Gesundheits- und Krankenpflege (DGKP): Diplomierte Krankenpflegepersonen sind verantwortlich für die Planung, Organisation und Durchführung der Pflege. Sie erheben den Pflegebedarf, beurteilen die Pflegeabhängigkeit und sind auch für die Evaluierung des Pflegeprozesses zuständig. In der Umsetzung der Pflege ist eine enge Zusammenarbeit mit den PflegefachassistentInnen, PflegeassistentInnen und Heimhilfen wichtig. Eine besondere Bedeutung hat in der Pflege auch der Arzt/die Ärztin.

Ärzte/Ärztinnen: begleitet die PatientInnen meist bereits mehrere Jahre und kennen die Besonderheiten in Bezug auf die gesundheitlichen Probleme. Im Kompetenzbereich der medizinischen Diagnostik und Therapie arbeiten Pflegekräfte auf ärztliche Anordnung und unterstützen PatientInnen zu Hause bei der Medikamentendispensation, mit Schmerzpumpen, bei Sonden und Stoma, beim Wechseln von Verbänden usw.

Ergänzend zu den Pflegediensten und zum Arzt/zur Ärztin unterstützen noch folgende Angebote das Ziel des Verbleibens in den eigenen vier Wänden:

Essen auf Rädern: Regional sehr unterschiedlich wird das Essen auf Rädern angeboten. Meist wird einmal täglich, um die Mittagszeit, eine warme Mahlzeit zu den KlientInnen nach Hause geliefert. Wer dieses Essen zubereitet, ist verschieden und kann von Gasthausküchen über Schulküchen oder Großküchen bis zu Krankenhäusern oder Pflegeeinrichtungen reichen. Die Zustellung der Mahlzeiten wird ebenfalls sehr individuell organisiert. Neben der Funktion, dass der/die KlientIn eine warme Mahlzeit bekommt und dass Angehörige entlastet werden, ist der Essenszustellung auch eine soziale Funktion zuzuschreiben. Die Sicherheit, dass einmal am Tag jemand vorbeikommt, ist ein nicht zu unterschätzender Benefit.

Rufhilfe: Ist eine Person durch Krankheit oder nachlassende Kraft sturzgefährdet oder besteht das Risiko, dass andere gesundheitliche Notfälle auftreten, in denen rasche Hilfe erforderlich wird, bietet ein Rufhilfearmband eine gute Möglichkeit, die Sicherheit zu erhöhen. Der am Handgelenk getragene Sender kann im Notfall durch einen Knopfdruck oder durch einen Fallsensor ausgelöst werden. Eine Funkverbindung stellt den Kontakt mit einer Notrufzentrale her und ermöglicht eine rasch einsetzende Rettungskette. Der Notrufsender ist wasserdicht und bietet daher auch beim Baden und Duschen Sicherheit. Rufhilfearmbänder gibt es bei verschiedenen Anbietern (meist Rettungs- und Betreuungsorganisationen).

Besuchsdienste: Viele Organisationen bieten kostenlose Dienste an, die helfen, den Betreuungsalltag zu erleichtern. BesuchsdienstmitarbeiterInnen arbeiten freiwillig und entlasten einerseits durch ihre Anwesenheit Angehörige. Diese können sich in der Zeit, während der/die BesuchsdienstmitarbeiterIn anwesend ist, entspannen oder Dinge erledigen, die neben der Betreuung schwer oder nicht möglich sind (z. B. Amtswege, Friseurbesuch, ...). Andererseits bietet der Besuch die Möglichkeit soziale Kontakte zu pflegen, zu reden, oder aber auch eine Unterstützung bei Arztbesuchen, beim Einkauf, bei der Versorgung des Haustieres, ...

Transportdienste: Um Erledigungen außerhalb des häuslichen Bereiches zu tätigen, zu Tagesbetreuungseinrichtungen zu kommen oder auch für die Wahrnehmung von Freizeitgestaltung können Transportdienste in Anspruch genommen werden. Sie ermöglichen Menschen, die in der Mobilität eingeschränkt beziehungsweise im Rollstuhl mobil sind, mehr Freiheit bei der Gestaltung des Alltages.

Therapeutische Dienste: Mobile PhysiotherapeutInnen, ErgotherapeutInnen und LogopädInnen können über Anordnung des Hausarztes/der Hausärztin zur Förderung der Ressourcen herangezogen werden. Das regelmäßige Training, unterstützt durch die Angehörigen oder die professionellen Pflegedienste, kann eine wesentliche Erleichterung für die Pflege zu Hause sein.

Wäsche- und Reparaturdienste: Oft sind es Kleinigkeiten wie kleine Reparaturen im Haushalt oder die Versorgung der Wäsche, die Menschen vor große Herausforderungen stellen. Verschiedene Firmen bieten Hilfe für diese Probleme an. So kann beispielsweise die verschmutzte Wäsche abgeholt und in gereinigtem Zustand wieder zurückgebracht werden.

BandagistIn: BandagistInnen sind wichtige Partner, wenn es um die Versorgung mit Hilfsmitteln geht. Zwar werden die Pflegehilfsmittel vom Arzt/von der Ärztin verordnet, dennoch ist es notwendig abzuklären, welche Hilfen es generell gibt und welche für den speziellen Fall geeignet sind. Laufend werden neue Heilbehelfe und Hilfsmittel auf den Markt gebracht und jährlich werden die Finanzierungen mit den Sozialversicherungen neu verhandelt. Der/die BandagistIn ist hier eine bedeutende Informationsquelle, auch für professionelle Pflegekräfte. Vielerorts wird ein unverbindlicher Hausbesuch als Service angeboten, um zu klären, welcher Bedarf besteht und wie die örtlichen Gegebenheiten sind. Die Verordnung von Unterstützungsmitteln wie Pflegebett, Patientenlift, Badelift, Gehhilfen, Rollstühlen etc. kann so individuell auf die Bedürfnisse der Betroffenen abgestimmt werden.

Tagesbetreuung: Tagesbetreuungseinrichtungen sind teilstationäre Angebote zur Unterstützung der Pflege und Betreuung von pflegebedürftigen Menschen während des Tages (in einzelnen Angeboten auch in den Nachtstunden), einmal oder mehrmals pro Woche. Tagespflege bietet einen strukturierten Tagesablauf und Angebote zur Aktivierung und zu therapeutischen Maßnahmen (Physiotherapie, Ergotherapie). Den pflegebedürftigen Menschen soll trotz Einschränkungen ein relativ selbstständiges Leben im eigenen

Haushalt ermöglicht werden. Angeboten werden unter anderem Bade- und Körperhygiene, Blutdruck- und Blutzuckerkontrolle sowie Alltagsgestaltung, wie zum Beispiel Gedächtnisübungen, Bewegungstraining oder Unterstützung für desorientierte Menschen.

24-Stunden-Betreuung: Um trotz Pflege- und Betreuungsbedarf im häuslichen Umfeld bleiben zu können, gibt es 24-Stunden-BetreuerInnen, die als Haushaltshilfen eingesetzt sind und bei der Basisversorgung unterstützen. Die Betreuungspersonen wohnen im Haushalt der KlientInnen und kommen meist aus Osteuropa. Da es eine nahezu unüberschaubare Anzahl an Angeboten zur 24-Stunden-Betreuung gibt, empfiehlt es sich bei der Auswahl auf folgende Kriterien zu achten:

- Welche Ausbildung/Kenntnisse hat die Betreuungsperson?
- Welche Erfahrungen hat die Betreuungsperson?
- Wie sind die sprachlichen Kenntnisse?
- Hat die Betreuungsperson die Möglichkeit, sich bei fachlichen Fragen an eine qualifizierte Person zu wenden?

Wichtig ist auch, dass sich der/die Betreute und die Betreuungsperson wohlfühlen (miteinander arbeiten und leben können), denn Unzufriedenheit und Stress sind auch Risikofaktoren für Gewalt in der Pflegebeziehung. Der Preis sollte als Entscheidungskriterium nicht oberste Priorität haben!

Aufgabe: Recherchieren Sie im Internet oder beim jeweiligen Gemeindeamt oder Magistrat, welche Dienstleistungen zur Unterstützung der Pflege und Betreuung in Ihrem Wohnort angeboten werden. Vergleichen Sie die Angebote im Rahmen des Unterrichts mit denen Ihrer KollegInnen und diskutieren Sie die regionalen Unterschiede. Wie einfach war es für Sie, zu brauchbaren Informationen zu kommen?

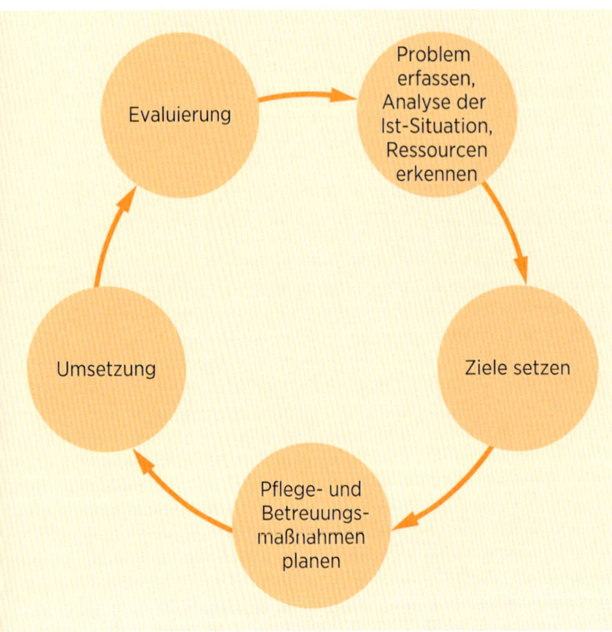

Abb. 121: **Darstellung des Case-Management-Kreislaufs**

Interdisziplinäre Zusammenarbeit spielt in der Pflege, besonders jedoch im extramuralen Bereich, eine wichtige Rolle. Unter interdisziplinärer oder auch multiprofessioneller Zusammenarbeit wird die Zusammenarbeit verschiedener Berufsgruppen eines Fachgebietes verstanden, die die optimale Versorgung der KlientInnen zum Ziel hat.

Case Management bedeutet die Organisation der Betreuung eines einzelnen Falles (KlientIn). Es wird von Case ManagerInnen (häufig DGKP oder SozialarbeiterInnen) ein speziell auf den/die KlientIn abgestimmter Pflege- und Betreuungsplan erarbeitet. Bei der Planung wird der Ist-Stand analysiert, die Ressourcen und Wünsche werden erhoben, Ziele gesetzt und in weiterer Folge die Pflege- und Betreuungsmaßnahmen geplant, umgesetzt und evaluiert (Zielerreichung überprüft).

Das **Care Management** bezieht sich auf die Versorgung der Bevölkerung einer Region mit sozialen Diensten. In Zusammenarbeit mit den regionalen Trägern sozialer Hilfe (Bezirkshauptmannschaft, Magistrat) wird geplant und gegebenenfalls umgesetzt, welche Dienstleistungen die Bevölkerung benötigt, um optimal versorgt zu sein (z. B. Essen auf Rädern, Tagesbetreuung).

Hilfsmittel für die Pflege und Betreuung zu Hause

Zahlreiche Hilfsmittel können die Pflege zu Hause unterstützen und erleichtern. Viele der Hilfsmittel werden vom Hausarzt/von der Hausärztin verordnet und über BandagistInnen bezogen. Je nach Art des Hilfsmittels und je nach Diagnose werden Teile der Kosten von den Sozialversicherungen getragen.

Zu den hilfreichen Utensilien zählen unter anderem:

- wasserundurchlässige Betteinlagen
- Inkontinenzeinlagen (siehe auch Lernfeld 8)
- Pflegebett
- Gehhilfen (Gehstöcke, Rollatoren)
- Rollstühle
- Leibstühle oder Toilettenrollstühle
- Hebekräne
- Badelifte
- Transferhilfen (Drehteller, Rutschbrett)
- Duschhocker/Duschsessel
- Harnflaschen/Leibschüsseln

Das Pflegebett: Die elektrisch zu verstellende Betthöhe, Kopf- und Fußteil ermöglichen einerseits dem/der PatientIn eine selbstständige Veränderung der Position, andererseits ermöglichen sie der Pflegeperson ergonomisches Arbeiten. Die flexiblen Seitenteile geben dem/der PatientIn Sicherheit.

Der Mobilitätshilfe-Rollator: Mobilitätshilfsmittel gibt es in unterschiedlichen Ausführungen. Je nach Bedarf des/der PatientIn wird das optimale Hilfsmittel ausgewählt. Wird ein Rollator beispielsweise auch im Freien verwendet, sind größere Räder, wie auf der Abb. 123 ersichtlich, empfehlenswert. Ein Transportkorb ermöglicht den Transport von Dingen, auch wenn beide Hände zum Festhalten beim Gehen benötigt werden.

Abb. 122: **practico Pflegebett**
(Fa. Hermann Bock/Reha Service GmbH)

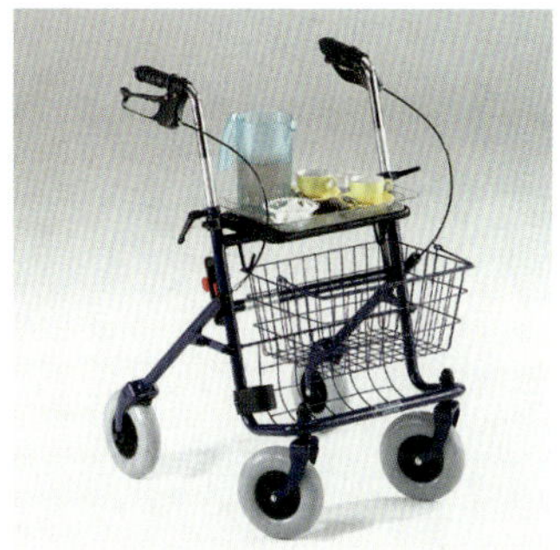

Abb. 123: **Rollator**

Der Rollstuhl: Je nach individueller Nutzung gibt es unterschiedliche Arten von Rollstühlen. Fährt der/die Betroffene noch selbst oder wird der Rollstuhl vorwiegend von einer anderen Person geschoben? Ist der/die Betroffene besonders korpulent? Bei der Auswahl des geeigneten Rollstuhls empfiehlt es sich, sich von einer kompetenten Fachkraft im Orthopädiefachhandel beraten zu lassen.

Ein **Toilettenrollstuhl** kann, wenn im häuslichen Bereich der Besuch der Toilette durch bauliche Gegebenheiten (sehr enge Räumlichkeiten oder nicht barrierefreier Zugang zur Toilette), oder durch eingeschränkte Mobilität erschwert möglich ist, sehr hilfreich sein.

Der Patientenlift: Zur Unterstützung des rückenschonenden Arbeitens ist ein Patientenlift eine hilfreiche Unterstützung. Durch den Lifter ist es auch einer Pflegeperson allein möglich, Personen vom Bett auf einen Stuhl oder retour zu transferieren, ohne sich körperlich anzustrengen.

Um das Ein- und Aussteigen aus der Badewanne zu erleichtern, gibt es den **Badewannenlift**. Mit einem Bedienelement kann die Sitzhöhe abgesenkt werden und so ist ein entspannendes Wannenbad möglich. Der Lift lässt sich einfach aufstellen und auch ebenso einfach wieder entfernen, sodass das Baden in der Wanne jederzeit auch für andere Personen ohne Hilfsmittel möglich ist.

Transferhilfen: Ein Rutschbrett erleichtert den Transfer von einem Ort zum anderen. Ob der Transfer vom Bett auf den Rollstuhl oder vom Rollstuhl auf einen Sessel, ein Rutschbrett erleichtert die Arbeit für die Pflegeperson wie auch für den/die PatientIn.

Duschhocker oder **Duschsessel** geben in der Dusche Sicherheit und können einem Sturz im Bad vorbeugen.

Abb. 124: **Adaptiv Leichtgewichtrollstuhl** (Fa. Invacare/Reha Service GmbH)

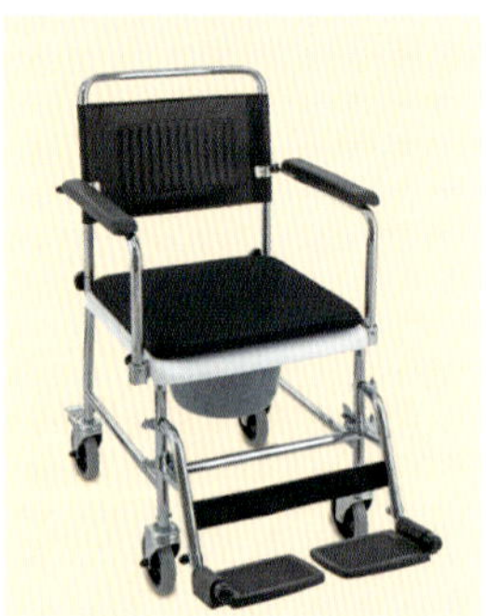

Abb. 125: **Toilettenrollstuhl** (Fa. Invacare/Reha Service GmbH)

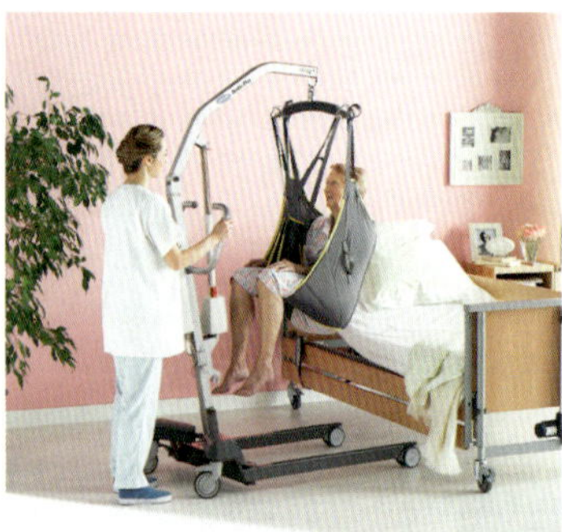

Abb. 126: **Patientenlift** (Fa. Invacare/Reha Service GmbH)

Abb. 127: **Badewannenlift mit Drehhilfe und Einstieghilfe** (Fa. Invacare/Reha Service GmbH)

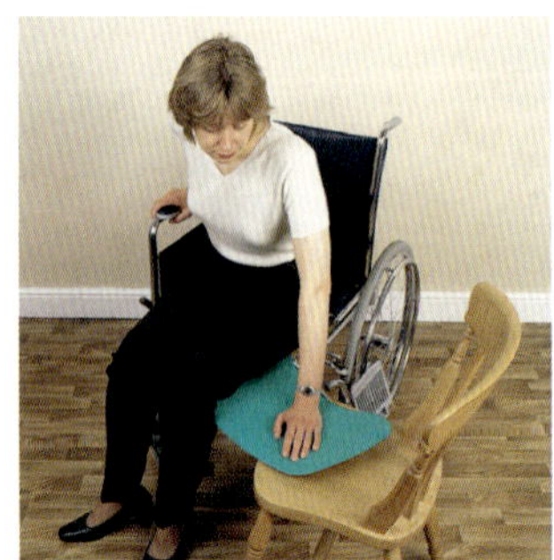

Abb. 128: **Rutschbrett** (Fa. Invacare/Reha Service GmbH)

Abb. 129: **Duschsessel** (Fa. Invacare/Reha Service GmbH)

Durch die Verwendung einer **Harnflasche** ist die Harnausscheidung auch im Bett in liegender oder sitzender Position möglich. Die abgebildete Harnflasche ist zur Verwendung bei Männern gedacht. Es gibt allerdings auch Harnflaschen für Frauen, wobei die Handhabung aus anatomischen Gründen bei Männern einfacher ist. Ist es dem/der PatientIn nicht möglich oder aus medizinischen Gründen nicht erlaubt aufzustehen und eine Toilette aufzusuchen, bietet die Harnflasche eine mögliche Alternative.

Anatomisch geformte **Trinkbecher** erleichtern die Flüssigkeitsaufnahme bei PatientInnen. Das Risiko des Verschüttens von Flüssigkeiten wird durch die Abdeckung und den verkleinerten Auslass (Mundstück) verringert. Die Selbstständigkeit der PatientInnen wird gefördert.

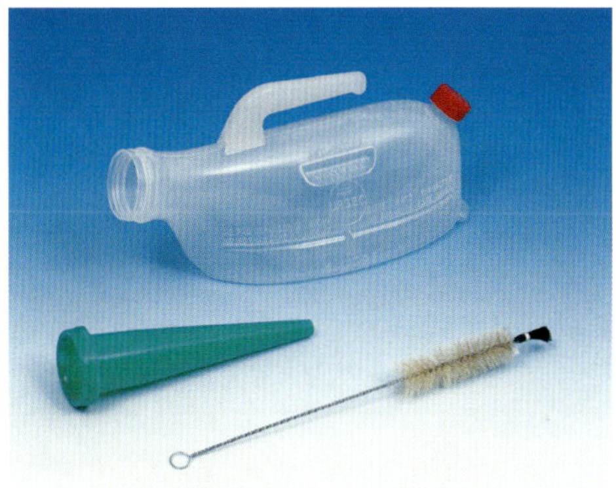

Abb. 130: **Harnflasche**
(Fa. Invacare/Reha Service GmbH)

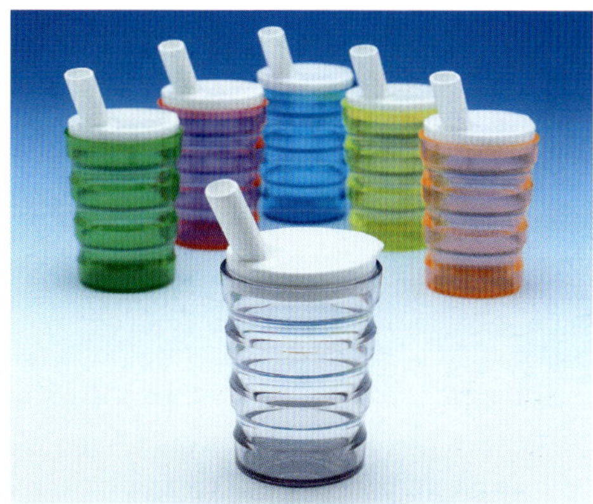

Abb. 131: **Ergonomisch geformte Trinkbecher**
(Fa. Invacare/Reha Service GmbH)

Bei der Auswahl der Hilfsmittel ist eine gute Beratung durch den Fachhandel sehr hilfreich. So gibt es beispielsweise eine große Auswahl an Rollstühlen, die auf den Bedarf des/der KlientIn abgestimmt werden sollten. Wie bereits erwähnt, kann eine unverbindliche Information durch den/die BandagistIn zu Hause erfolgen.

Milieugestaltung in verschiedenen Settings

(vgl. Charlier 2012, S. 305–312)

Die Gestaltung des Umfeldes ist gerade bei Menschen mit psychischen Erkrankungen und Demenz ein wesentlicher Faktor zum Wohlfühlen. Besonders in Bereichen, in denen der/die PatientIn für eine längere Zeit gepflegt und betreut wird, hat das Umfeld einen Einfluss auf die Entwicklung von Ressourcen und soll den Einschränkungen entgegenwirken.

Wesentliche Punkte bei der Milieugestaltung sind:

- respektvoller Umgang
- Biografiearbeit: Die Arbeit mit der Geschichte eines Menschen ist grundlegend, wenn es um Milieugestaltung geht. Bereits vor dem Einzug in eine Betreuungseinrichtung kann ein Besuch in den eigenen vier Wänden durch eine Pflege- und Betreuungsperson helfen, die neue Umgebung so zu gestalten, dass bekannte Elemente wie Kästen, Bilder, Bücher oder Vasen Sicherheit und Vertrautheit vermitteln. Überlegungen, wo der Mensch gelebt hat (Stadt oder Land), was er beruflich gemacht hat, wie er seine Freizeit gestaltet hat und ob er allein oder mit anderen Menschen zusammengelebt hat, sind bei der Gestaltung des Umfeldes bedeutend.

- Angehörigenarbeit: Angehörige kennen die Betroffenen meist sehr lange und können beim Erheben der Biografie (vor allem bei Menschen mit Demenz) hilfreiche Informationen liefern. Zudem haben sie oft einen anderen Blick. Im Idealfall kann die Zusammenarbeit mit den Angehörigen die Milieugestaltung unterstützen.

Auch die Umgebungstemperatur, das Licht, ein Garten, die Möglichkeit zum Rückzug in einen privaten Bereich, Struktur im Tagesablauf und Beschäftigungsmöglichkeiten sind bei der Milieugestaltung zu berücksichtigen.

Rechtliche und ethische Aspekte

Erwachsenenschutzgesetz und Vorsorgevollmacht

Die Rechte eines Menschen auf Autonomie, Freiheit und Selbstbestimmung sollten so lange als möglich bewahrt bleiben. In manchen Fällen ist es jedoch nicht möglich, wichtige Entscheidungen selbst zu treffen. Für diese Fälle wurde bis zur Gesetzesänderung im Jahr 2018 häufig eine „Sachwalterschaft“ angeregt. Da die Zahl der Fälle stark angestiegen ist, wurde das Erwachsenenschutzgesetz erlassen, welches auf vier Säulen basiert (vgl. Bundeskanzleramt 2017):

- Die erste Säule ist die Vorsorgevollmacht. Mit dieser kann eine Person im Vorhinein festlegen, wer Entscheidungen trifft, wenn sie selbst dazu nicht mehr in der Lage ist.
- Neu geschaffen wurde die gewählte Erwachsenenvertretung. Eine Person kann eine/n ErwachsenenvertreterIn selbst bestimmen. Dies ist auch dann möglich, wenn die Person nicht mehr voll geschäftsfähig ist.
- Unter gesetzlicher Erwachsenenvertretung wird die Vertretung durch nächste Angehörige für maximal drei Jahre verstanden.
- Ein/e gerichtliche/r ErwachsenenvertreterIn soll schließlich als letztes Mittel den/die bisherige/n SachwalterIn ersetzen. Die Befugnisse sind beschränkt und die Vertretung endet ebenfalls nach drei Jahren.

Die Vorsorgevollmacht kann auf drei unterschiedlichen Wegen errichtet werden:

1. eigenhändig geschrieben und unterschrieben
2. von einem Notar/einer Notarin in Form eines Notariatsaktes errichtet
3. durch Ausfüllen eines vorgegebenen Formulars. Hier sind die Unterschriften von drei unbefangenen ZeugInnen zur Bestätigung erforderlich.

In bestimmten Fällen ist es erforderlich, dass die Vorsorgevollmacht vor einem Gericht oder einem Notar/einer Notarin bzw. einem Rechtsanwalt/einer Rechtsanwältin errichtet wird. Dies kann der Fall sein, wenn die Vorsorgevollmacht für folgende Bereiche gelten soll:

- Einwilligungen in medizinische Behandlungen (medizinische Behandlung, die gewöhnlich mit einer schweren oder nachhaltigen Beeinträchtigung der körperlichen Unversehrtheit oder der Persönlichkeit verbunden ist, z. B. operativer Eingriff)
- Entscheidungen über dauerhaften Wohnortwechsel (z. B. in Langzeitpflegeeinrichtung)
- Erledigung besonderer Vermögensangelegenheiten

In einer Vorsorgevollmacht soll auf jedem Fall Folgendes niedergeschrieben werden (vgl. Bundeskanzleramt 2017):

- Name, Geburtsdatum, Adresse der Vertrauensperson(en)
- Aufgaben, für die die Vertrauenspersonen zuständig sind
- Zeitpunkt, ab dem die Vorsorgevollmacht wirksam wird, und wie lange sie gilt
- individuelle Wünsche und Vorstellungen des/der Betroffenen über seine/ihre Zukunft, z. B. zu
  - Pflegeleistungen
  - Heimaufenthalt bzw. Heimeinweisung
  - medizinischer Versorgung
  - Freizeitgestaltung

Da die Beiziehung juristischen Fachpersonals zur Errichtung einer Vorsorgevollmacht mit Kosten verbunden ist, sollten sich Betroffene im Vorfeld darüber erkundigen.

Patientenverfügung

Die Patientenverfügung ist eine schriftliche Willenserklärung, die in beachtlicher oder verbindlicher Form vorliegen kann, und zum Einsatz gelangt, wenn sich der/die PatientIn nicht mehr wirksam äußern kann. Das Formular zur Patientenverfügung ist auf der Homepage des Bundeskanzleramtes (www.help.gv.at) abrufbar.

In der **beachtlichen Patientenverfügung** kann eine Person schriftlich bestimmte medizinische Maßnahmen ablehnen. Eine ärztliche Aufklärung ist dazu erforderlich und richtet sich auf konkrete Maßnahmen (vgl. help.gv.at). Bei der beachtlichen Patientenverfügung nehmen der Arzt/die Ärztin und andere eingebundene Berufsgruppen auf den Wunsch des/der PatientIn Bedacht, müssen ihn jedoch nicht unter allen Umständen berücksichtigen.

Eine **verbindliche Patientenverfügung** muss schriftlich von einem Rechtsanwalt/einer Rechtsanwältin oder einem/einer NotarIn errichtet werden. Davor muss eine umfassende ärztliche Aufklärung mit medizinischen Informationen über die Folgen der Patientenverfügung erfolgen und dokumentiert werden. Abgelehnte Maßnahmen müssen ganz konkret beschrieben werden und der/die PatientIn muss die Folgen der Patientenverfügung zutreffend einschätzen können. Eine verbindliche Patientenverfügung muss vom Arzt/von der Ärztin und anderen eingebundenen Berufsgruppen verbindlich eingehalten werden.

Eine Patientenverfügung verliert ihre Wirksamkeit, wenn sie:

- nicht frei zustande gekommen ist
- ihr Inhalt strafrechtlich nicht zulässig ist
- sich der Stand der Medizin im Vergleich zum Inhalt der Patientenverfügung wesentlich geändert hat
- der/die PatientIn nach 5 Jahren die Patientenverfügung nicht erneuert (solange er/sie noch einsichts- und urteilsfähig ist)

Die Patientenverfügung kann jederzeit von dem/der PatientIn selbst höchstpersönlich widerrufen werden (vgl. help.gv.at).

Ethische Dilemmata

In der Pflege und Betreuung stehen wir häufig vor ethischen Entscheidungen. Immer wenn sich die Frage „Wie soll ich handeln?“ stellt, spielen Ethik und Moral eine Rolle. In der Regel wird unsere Entscheidung von Gesetzen, Wertvorstellungen und gesellschaftlichen Normen beeinflusst. Doch was ist tatsächlich richtig? Ethische Dilemmata entstehen, wenn nicht eindeutig klar ist, welche Entscheidung die bessere ist.

Beispiele für ethische Dilemmata:

- Wie handle ich, wenn ein Mensch mit kognitiven Einschränkungen Pflegehandlungen ablehnt? Darf ich die Körperpflege durchführen, auch wenn die Person sie ablehnt?
- Ist das Legen einer PEG-Sonde bei Menschen mit Demenz gerechtfertigt, wenn sie nicht mehr oral Essen aufnehmen können/wollen?
- Ist der Einsatz lebensverlängernder Maßnahmen bei Schwerkranken vertretbar?

Es gibt im Pflegealltag täglich viele Situationen, bei denen die Entscheidung nicht einfach ist. Folgendes kann bei der Entscheidungsfindung hilfreich sein:

- Da die Entscheidung nicht bei einer einzelnen Person liegen soll, empfiehlt es sich im Team zu besprechen, welche Maßnahmen gesetzt werden sollen.
- Es empfiehlt sich das Problem zu benennen, zu analysieren, Vorteile und Nachteile der jeweiligen Entscheidung zu überlegen und Fakten zu sammeln.
- Der Wille des/der Betroffenen und dessen/deren Weltanschauung ist in die Entscheidung miteinzubeziehen.
- Es erfolgt eine Bewertung nach ethischen Prinzipien und schlussendlich wird eine Entscheidung gefällt.

Weitere Hilfestellungen bei der Entscheidung können sein:

Vorsorgevollmacht: Nahestehende Personen kennen den Menschen und seine Wünsche und können, sofern sich der/die Betroffene nicht selbst äußern kann, bei der Entscheidung zu Maßnahmen helfen, im Sinne des/der PatientIn zu handeln.

Patientenverfügung: Bei der Patientenverfügung kann sich eine Person schon vor einer Situation, in der sie sich nicht mehr äußern kann, explizit gegen bestimmte Maßnahmen (z. B. lebensverlängernde Maßnahmen) aussprechen.

Ethikkommission: In vielen medizinischen Einrichtungen gibt es Ethikkommissionen, die aus VertreterInnen verschiedener Berufsgruppen zusammengesetzt sind. Gilt es eine ethische Entscheidung zu treffen, wird diese Kommission einberufen. Sie entscheidet objektiv und sachlich im Team über eventuelle medizinische Maßnahmen oder einen Verzicht auf ebendiese.

Aufgabe: Lesen Sie das Fallbeispiel und diskutieren Sie in der Gruppe, wie Sie eine Entscheidung treffen könnten und welche Faktoren bei der Entscheidungsfindung einzubeziehen sind.

Frau Baumann ist 92 Jahre alt. Als ihr Gatte vor 8 Jahren verstarb, übersiedelte sie in die Langezeitpflegeeinrichtung, in der Sie tätig sind. Frau Baumann leidet an einer Demenz des Alzheimertyps. Ihr Zustand hat sich in den letzten Monaten sehr verschlechtert. Sie kann keine zusammenhängenden Sätze mehr sprechen, erkennt ihre Tochter nicht mehr und reagiert auf ihre Umgebung nur mehr sehr eingeschränkt. Sie benötigt nun Hilfe bei der Mobilisierung auf den Rollstuhl und Unterstützung bei der Nahrungsaufnahme. Es kommt immer öfter vor, dass Frau Baumann kaum Flüssigkeit und Nahrung zu sich nimmt. Im Team ist nun die Fragestellung aufgekommen, ob eine PEG-Sonde angebracht wäre. Frau Baumann hat am Beginn des Heimeinzuges gesagt, dass sie keine lebensverlängernden Maßnahmen möchte, wenn es einmal so weit kommen sollte.

Gewalt

Gewalt in der Pflege ist noch immer ein Thema, über das selten oder nicht gesprochen wird bzw. meist erst dann, wenn über die Medien ein Fall an die Öffentlichkeit kommt, bei dem Gewalt in der Pflege Opfer gefordert hat.

Doch was heißt Gewalt im Zusammenhang mit Pflege und Betreuung? Laut WHO ist Gewalt eine einmalige oder wiederholte Handlung beziehungsweise das Fehlen einer angemessenen Handlung im Rahmen einer Beziehung, die Vertrauen voraussetzt, bei der einer verletzlichen Person Schaden oder Leid zugefügt wird (vgl. WHO 2003). Meist sind Menschen mit Beeinträchtigungen, alte Menschen oder Frauen Opfer von Gewalt. In Pflegesituationen sind jedoch auch Angehörige oder professionelle Pflegekräfte diejenigen, die zu Opfern werden können.

professionelle Pflege- und Betreuungskraft
(pflegende) Angehörige
zu pflegende Person
} Opfer oder TäterIn?

Alle diese Personengruppen können im Zusammenhang mit Gewalt in der Pflege sowohl Opfer als auch TäterIn sein.

Formen von Gewalt

Meist ist Gewalt mehrdimensional. Das heißt, dass verschiedene Formen zeitgleich auftreten. Folgende Formen der Gewalt werden unterschieden:

- direkte offensichtliche Gewalt (aktives Tun oder Nicht-Tun)
- strukturelle Gewalt
- kulturelle Gewalt

Direkte Gewalt

Zur direkten Gewalt zählt die **physische Gewalt**, welche sich in Form von Schlagen, Zwicken, sexueller Gewalt, aber auch durch unnötige Harnkatheter, Sonden, Inkontinenzversorgung oder Zwangsmedikation äußert. Auch **psychische Gewalt** fällt in diesen Bereich. Hierzu zählen Anschreien, Beschimpfen, Beleidigen, Drohen und Verspotten. **Finanzielle Ausbeutung**, **Freiheitseinschränkung** durch Einsperren und **Vernachlässigung** sind häufige Formen von Gewalt in der Pflege. Vernachlässigung kann aktiv (bewusst) oder passiv (durch falsches Einschätzen einer Situation) entstehen und zu Exsikkose, Mangelernährung, Dekubitus oder mangelnder Inkontinenzversorgung führen.

Strukturelle Gewalt

Zur strukturellen Gewalt zählen:

- Die Unterbringung in einer Betreuungseinrichtung gegen den Willen des/der Betroffenen, manchmal auch mangels Alternativen
- unangepasste Therapie
- zu wenige Rehabilitationsmöglichkeiten
- ein Mangel an Privatsphäre (eintreten ohne anzuklopfen, keine Wahrung der Intimsphäre)

- eine starre Tagesstruktur
- schlechte Personalressourcen
- schlecht qualifiziertes Personal

Kulturelle Gewalt

Zur kulturellen Gewalt zählen die Diskriminierung aufgrund des Alters (Ageism), der sexuellen Orientierung, des Geschlechts oder der Religion oder auch unangebrachte, entwürdigende Verkindlichung oder unangepasste Sprache („Duzen").

Ursachen und Häufigkeit von Gewalt

Über die Prävalenz von Gewalt in der Pflege gibt es in der Literatur unterschiedliche Angaben. Gründe dafür sind:

- vieles passiert hinter verschlossenen Türen
- Betrifft Gewalt pflegebedürftige Personen, stehen diese in einer Abhängigkeit zum/zur TäterIn und schweigen oft aus Angst vor weiteren Konsequenzen
- Menschen, die kognitiv eingeschränkt sind oder sich nicht verbal äußern können, werden oft nicht wahr- oder ernstgenommen

Gewalt tritt in allen Settings der Pflege und Betreuung auf. Besonders gefährdet sind jedoch Personen, die im häuslichen Umfeld betreut werden. 80 % der pflegebedürftigen Menschen in Österreich werden allein von ihren Angehörigen versorgt. Dies bedeutet auch, dass keine professionelle Hilfe in Anspruch genommen wird oder dass kaum außenstehende Personen in den Bereich vordringen. Auch die Versorgung durch 24-Stunden-BetreuerInnen wird selten von professionellen Pflegeorganisationen kontrolliert. Was tatsächlich in den eigenen vier Wänden passiert, dringt selten nach außen. Dabei sind gerade hier die Faktoren, die ein besonders Risiko für Gewaltentstehung bergen, vorhanden.

Risiken zur Entstehung von Gewalt

Risiken für Gewaltentstehung sind:

- Abhängigkeitsverhältnis TäterIn–Opfer
- Machtverhältnisse
- Überforderung durch fehlendes Wissen über Hilfsdienste, Hilfsmittel oder über die Erkrankung generell
- wenig Möglichkeit für Erholung/Rückzug
- Biografie: Menschen, die als Kinder Gewalt erlebt haben, haben Studien zufolge ein höheres Risiko selbst TäterInnen zu werden
- Demenz des/der Pflegebedürftigen
- Suchterkrankungen (Alkoholismus, Medikamentenabhängigkeit, Gebrauch von illegalen Substanzen)
- soziale Isolation der Betreuungsperson
- Konflikte in der Beziehung zwischen PflegerIn und zu pflegender Person

Wenn sich eine dementiell erkrankte Person bedroht fühlt – dies kann beispielsweise sein, wenn sie keine Information zu pflegerischen Handlungen bekommt –, dann ist oft ihre einzige Möglichkeit den Unmut mitzuteilen, indem sie sich wehrt. Kratzen und Schlagen sind häufig natürliche Abwehrmechanismen, die ein Hinterfragen des eigenen Handelns zur Folge haben sollten (Fühlt sich die Person überfordert? Weiß sie, was ich mit ihr vorhabe? Strahle ich Hektik und Unruhe aus? Geht es dem/der Betroffenen zu schnell?). Natürlich kann nicht nur das Handeln eine Abwehrhaltung auslösen. Es gibt auch das Phänomen der Übertragung, welches hier eine Rolle spielen kann. Eine äußere Ähnlichkeit oder ähnliche Körpersprache mit einer Person, die bei der zu pflegenden Person negative Erinnerungen auslöst, können nicht nachvollziehbare Abneigung hervorbringen. Bedenken Sie immer, dass dies nichts mit Ihrer Person zu tun hat. Wichtig ist jedoch, im Team darüber zu sprechen und im Sinne des/der Betreuten und des eigenen Wohlbefindens, sofern es möglich ist, eine andere Pflegeperson einzusetzen.

Merke: Ich als Pflegekraft kann die Situation verlassen, der/die Betroffene hat zumeist keine Alternative.

Warnzeichen

Häufig treten versteckte Warnzeichen auf, die einen Hinweis auf mögliche Gewaltgeschehnisse geben können. Daher ist die Beobachtung sehr wichtig. Wichtig ist aber auch, nicht vorschnell zu (ver)urteilen.

Mögliche Warnzeichen können sein:

- wenn unterschiedliche, widersprüchliche Angaben zu Verletzungen gemacht werden
- aggressiver Umgangston zwischen BetreuerIn und betreuter Person
- verängstigte, verschreckte betroffene Person
- Wertgegenstände fehlen
- Zeichen von Vernachlässigung (mangelnde Inkontinenzversorgung, Kontrakturen, Dekubiti, Exsikkose, unangemessene Medikation, ...)

Prävention von Gewalt

Um Gewalt zu verhindern, sollte Folgendes beachtet werden:

- Schon beim Verdacht auf Gewalt in der Pflege sollte darüber gesprochen werden.
- Angehörige sind sich möglicherweise nicht im Klaren darüber, dass es sich bei ihrem Verhalten um Gewalt in der Pflege handelt (zum Beispiel das gut gemeinte Schützen der zu betreuenden Person vor einem Sturz durch Fixieren am Rollstuhl). Informationen und Schulungen können Angehörige unterstützen.
- Oft neigen die Opfer aus Scham oder Angst zu Verharmlosung.
- Überforderungen sollten erkannt, angesprochen und durch Entlastungsangebote entgegengewirkt werden.
- Im Pflegeteam sollte das Thema Gewalt immer wieder reflektiert werden (in Teambesprechungen oder bei Supervisionen). Ziel ist hier nicht, jemanden zu verpetzen, vielmehr geht es um das Wohl der zu Betreuenden und um die Reflexion des eigenen Handelns.

- Geht die Gewalt von zu betreuenden Personen aus, ist zu überlegen: Wie geht es den KollegInnen im Umgang mit der Person? Welche Handlung löst Aggression aus? Ist das nur bei mir so? Fühlt sich die Person von mir bedroht, überfordert? Bei dementiell erkrankten Menschen sind, wie bereits erwähnt, die Möglichkeiten ihren Unmut zu zeigen eingeschränkt. Hier können das Zeitgeben, Informieren, das Abgeben der Pflege an eine andere Pflegeperson oder das Verlegen der Pflegehandlung auf einen späteren Zeitpunkt möglicherweise präventiv wirken.

Aufgabe: Überlegen Sie, ob Sie in der Praxis bereits konkrete Beobachtungen/Erfahrungen zu Gewalt in der Pflege gemacht haben. Was haben Sie in diesem Fall unternommen? Diskutieren Sie im Plenum! Was würden Sie im Nachhinein/in Zukunft anders machen?

Umgang mit Abhängigkeit und Substanzmissbrauch

Der Missbrauch von verschiedenen Substanzen und die damit verbundenen Abhängigkeiten stellen Pflegende oftmals vor große Herausforderungen.

Nach den ICD-10-Kriterien zur Klassifikation von Krankheiten wird zwischen **Missbrauch und Abhängigkeit von Substanzen** unterschieden. Früher wurde anstelle des heute verwendeten Begriffes „Abhängigkeit" der Begriff „Sucht" verwendet. Von einem „schädlichen Gebrauch" spricht man, wenn die Substanz eingenommen wird, obwohl sie zu körperlichen und psychischen Schäden führt. Die Grenze zwischen schädlichem Gebrauch und Abhängigkeit ist fließend.

ICD-10-Kriterien für ein Abhängigkeitssyndrom:

- starker Wunsch oder Zwang die Substanz einzunehmen
- Kontrollverlust im Umgang mit der Substanz
- körperliche Entzugserscheinungen beim Absetzen oder Reduzieren der Substanz
- Toleranzentwicklung – eine Dosissteigerung ist erforderlich, um die Wirkung zu erhalten
- zunehmende Vernachlässigung von Interessen zugunsten des Substanzkonsums
- der Substanzgebrauch wird fortgesetzt, obwohl sich der/die KonsumentIn im Klaren darüber ist, dass dadurch Schäden auftreten

Wenn mindestens drei Kriterien zutreffen, trifft die Diagnose Abhängigkeitssyndrom zu. Ein besonderes Problem ist in diesem Zusammenhang bei der Medikamentenabhängigkeit erkennbar. Die Substanz wird regelmäßig durch Arztverordnung zur Verfügung gestellt, die Schädlichkeit und auch die mögliche Entwicklung einer Abhängigkeit von diesen Substanzen ist vielen Betroffenen jedoch nicht bewusst.

Neben der Definition der WHO gibt es bei der Diagnostik psychischer Erkrankungen auch die Definition nach den DSM-5-Kriterien der Amerikanischen Psychiatrischen Gesellschaft (APA). Hier wird von „Gebrauchsstörungen" gesprochen. Folgende Kriterien werden zur Diagnosestellung herangezogen, mindestens zwei Kriterien müssen vorliegen, je mehr, desto schwerer ist die Erkrankung:

- längere Einnahme der Substanz als geplant
- Versuch, die Dosis zu verringern oder die Substanz abzusetzen, gelingt nicht
- hoher Zeitaufwand, um die Substanz zu bekommen, zu gebrauchen oder sich vom Gebrauch zu erholen
- starker Wunsch oder Zwang die Substanz einzunehmen
- Beeinträchtigung der Leistungen in Schule und Beruf
- Fortsetzen des Gebrauches trotz Problemen mit dem Umfeld und in Beziehungen
- Aufgabe wichtiger sozialer Beziehungen und Aktivitäten zugunsten des Substanzkonsums
- Gebrauch der Substanz, auch wenn dieser die Person in Gefahr bringt
- Fortsetzen des Gebrauchs, obwohl die negativen psychischen und physischen Folgen bekannt sind
- Toleranzentwicklung
- Entzugssymptome, die mit einer Dosissteigerung ausgeglichen werden können

Formen der Abhängigkeit

Es wird zwischen substanzgebundener oder stoffgebundener Abhängigkeit unterschieden. **Substanzgebunden** sind beispielsweise Nikotin-, Drogen-, Alkohol- und Medikamentenabhängigkeit. Zu den **verhaltensbezogenen** oder nicht-stoffgebundenen Abhängigkeiten zählen beispielsweise Sex-, Spiel- und Kaufsucht.

Ursachen für Abhängigkeitsentwicklungen

Als Ursache für die Entstehung von Abhängigkeiten werden verschiedenen Theorien diskutiert.

Das **neurowissenschaftliche Modell** geht davon aus, dass Dopamin bei der Entstehung von Abhängigkeiten eine Rolle spielt. Durch bestimmte Substanzen wird das Neurotransmittersystem stimuliert und erzeugt positive Gefühle, welche zu einer Abhängigkeit führen können (vgl. Martin-Soelch 2010, S. 153–156).

Beim **psychologischen Modell** wird unter anderem die Theorie der Konditionierung als mögliche Ursache für die Entstehung einer Abhängigkeit gesehen. Beispielsweise wird der Konsum einer Substanz mit bestimmten Handlungen kombiniert, wie Abendessen oder Fernsehen (Rauchen oder Alkohol). Das kann dazu führen, dass sich das Verhalten automatisiert.

Weiters werden im **sozialen Modell** die familiäre Situation, gesellschaftliche Einflüsse und das soziale Umfeld als mögliche Risikofaktoren für eine Abhängigkeitsentstehung diskutiert.

Folgen von Missbrauch und Abhängigkeit

Je nachdem, welche Substanz missbräuchlich verwendet wird oder von der eine Abhängigkeit besteht, unterscheiden sich auch die Folgen. Sind bei Nikotinabusus häufig Erkrankungen des Respirationstraktes, des Herz-Kreislauf-Systems, Gefäßschädigungen und Krebserkrankungen die Folge, sind es bei Alkoholmissbrauch Lebererkrankungen und Erkrankungen des Verdauungstraktes. Weiters sind auch soziale Probleme sowie häufige Stürze und damit verbundene Verletzungen das Ergebnis langjährigen Alkoholmissbrauchs. Der Konsum illegaler Drogen hat ähnliche Folgen wie jener des Alkoholmissbrauchs. Es kommt hier jedoch auch noch die erschwerte Beschaffung der Substanzen als Problem hinzu. Beim Medikamentenmissbrauch oder der Medikamentenabhängigkeit ist die Situation etwas anders als bei den anderen genannten Substanzen. Die Beschaffung erfolgt über den Arzt/die Ärztin oder den/die ApothekerIn, das Bewusstsein, dass man eventuell in einer Abhängigkeit sein könnte, ist vielfach nicht vorhanden.

Zum Problem wird Abhängigkeit vor allem dann, wenn der/die PatientIn plötzlich nicht mehr an den benötigten Stoff kommt. Sei es eine schwere Erkrankung oder ein Eintritt in eine Krankenanstalt – wenn niemand weiß, dass regelmäßig Alkohol konsumiert wird oder Benzodiazepine eingenommen werden, kann es zu massiven Entzugserscheinungen kommen. Es ist daher wichtig, bei der Aufnahme über die Abhängigkeit Bescheid zu wissen, um den/die PatientIn möglichst vor Schäden zu bewahren.

Missbrauch und Abhängigkeit als Herausforderung für die Pflege

Aus gesundheitlicher Sicht ist es nie zu spät, mit dem **Rauchen** aufzuhören. Die Compliance bei der RaucherInnenentwöhnung ist jedoch eine wichtige Komponente. Sieht der/die Betroffene für sich keinen Grund, das Rauchen zu reduzieren oder damit aufzuhören, wird weder der Arzt/die Ärztin noch die Pflegeperson etwas bewirken können. Problematisch wird diese Form der Abhängigkeit, wenn die Person andere durch ihr Verhalten in Gefahr bringt (z. B. beeinträchtigt eine Schwangere ihr ungeborenes Kind oder eine bettlägerige Person raucht im Bett und läuft Gefahr beim Rauchen einzuschlafen und eventuell einen Brand auszulösen). Da Betreuungseinrichtungen die Heimat vieler Menschen sind, sollte das Recht zu rauchen gewährt werden. Bei bettlägerigen Personen wird empfohlen, feuerfeste Bettwäsche zu verwenden. Auch eine Kontrolle der Zahl der gerauchten Zigaretten mittels Ausgabe durch das Betreuungspersonal oder Rauchen im Beisein einer Pflegeperson kann Gefahren von Verbrennungen reduzieren. Es ist jedoch darauf zu achten, dass die Rationierung der Rauchwaren nicht auf eine Machtausübung der Pflege- und Betreuungsperson hinausläuft.

Alkoholkranke Menschen sind in allen Settings der Pflege eine Herausforderung, sei es im häuslichen Bereich oder in Betreuungseinrichtungen. Menschen, die von illegalen Drogen oder Alkohol abhängig sind, halten sich häufig nicht an Regeln. So ist es manchmal schwer überhaupt Zugang zu ihnen zu bekommen oder eine entsprechende Compliance zu erreichen. In diesen Situationen sind Pflegekräfte oft in einem ethischen Dilemma. Einerseits benötigt ein kranker Mensch Hilfe, aber auf der anderen Seite kann er aufgrund der Erkrankung schwer Hilfe annehmen. Es fehlt oft die Einsicht, dass Unterstützung benötigt wird. Wohnen alkoholabhängige Personen in Einrichtungen der Pflege und Betreuung, müssen sie sich an gewisse Regeln halten, um ein Zusammenleben mit anderen Personen möglichst konfliktfrei zu gestalten. Die kontrollierte Verabreichung von Alkohol ist in den meisten Fällen das Mittel der Wahl, um diese Menschen am besten zu begleiten und in die Gemeinschaft zu integrieren.

Medikamentenabhängige Personen sind auf den ersten Blick keine große Herausforderung für die Pflege. Bei genauerer Betrachtung ist jedoch zu erkennen, dass gerade hier die Pflegeperson einen Beitrag leisten kann, damit eine Abhängigkeit gar nicht erst zustande kommt. Häufig werden Schlaf- oder Beruhigungsmittel – diese haben besonderes Potential Abhängigkeiten zu produzieren – über Anregung des Pflegepersonals verordnet. Erst wenn andere pflegerische Interventionen wie Schlafhygiene, Atemstimulierende Einreibungen, Gespräche oder Rituale nicht helfen, sollten Medikamente in Erwägung gezogen werden. Zu beachten ist, dass die Anwendungsdauer so kurz als möglich gehalten wird.

Bei einer Einweisung in ein Krankenhaus muss die Pflege Informationen über mögliche Abhängigkeiten (Alkohol, Rauchverhalten, Benzodiazepine, ...) an das behandelnde Team weitergeben, um mögliche Entzugserscheinungen zu vermeiden. Egal von welcher Substanz jemand abhängig ist, um von einer Substanz loszukommen, bedarf es medizinischer Hilfe.

Diabetes mellitus

„Wenn wir jedem Individuum das richtige Maß an Nahrung und Bewegung zukommen lassen könnten, hätten wir den sichersten Weg zur Gesundheit gefunden."
Hippokrates (460–370 v. Chr., griechischer Arzt)

Diabetes mellitus ist eine chronische Störung des Glukosestoffwechsels durch Insulinmangel oder verminderte Insulinempfindlichkeit des Körpers. Es kommt zu einer Erhöhung des Blutzuckerspiegels (Blutglukose). Umgangssprachlich spricht man auch von der „Zuckerkrankheit" (vgl. Keller/Menche 2017 E-Book, S. 177). Für Pflegepersonen bedeutet dies, dass sie in ihrem Arbeitsalltag mit dem Krankheitsbild des Diabetes mellitus mehr oder minder häufig konfrontiert sind. Wichtig ist, dass die Krankheit von den Betroffenen so angenommen wird, wie sie ist, und der Alltag trotz Einschränkungen zu bewältigen ist. Pflegepersonen haben hierbei eine wichtige Funktion in Bezug auf Information, Beratung und Schulung der PatientInnen zu erfüllen. Eine respektvolle Basis ist mitentscheidend für den Therapieerfolg (vgl. Kogler 2016, S. 85). Ein gut eingestellter Diabetes erhöht die Lebensdauer und die Lebensqualität (vgl. Keller/Menche 2017 E-Book, S. 177).

Formen

Diabetes mellitus ist in den Industrieländern mittlerweile zur Volkskrankheit Nummer eins geworden. Allein in Deutschland gibt es ca. 6 Millionen DiabetikerInnen und die Zahl der Erkrankungen steigt jährlich (vgl. Georg Thieme Verlag 2015, S. 628). Die Dunkelziffer jener, welche diese Krankheit haben, aber nicht in Behandlung sind, schätzt man ebenfalls hoch ein.

Die Erkrankung wurde von der WHO in unterschiedliche Formen eingeteilt. Bei allen Formen steht der erhöhte Blutzucker, verursacht durch Insulinmangel oder Insulinresistenz, im Vordergrund. Die Ursachen der unterschiedlichen Diabetesformen sind jedoch verschieden (vgl. Georg Thieme Verlag 2015, S. 628).

Diabetes mellitus Typ I (absoluter Insulinmangel)

Ursache: Diabetes mellitus Typ I ist eine Autoimmunerkrankung. Die Betazellen des Pankreas werden langsam zerstört, die Folge ist eine verminderte Insulinsekretion. Gleichzeitig steigen die Blutzuckerwerte an. Mit dem Fortschreiten der Krankheit kommt es zum absoluten Insulinmangel. Auch erbliche Faktoren, Umweltfaktoren und Viren werden als Ursachen in Betracht gezogen (vgl. Keller/Menche 2017 E-Book, S. 178).

Verlauf: Die Krankheit verläuft schleichend. Erst wenn ein Großteil der insulinbildenden Zellen zerstört ist, kommt es zum plötzlichen Auftreten von Symptomen in Form einer Ketoazidose. Betroffen sind häufig Kinder, Jugendliche und junge Erwachsene. Die Erkrankungshäufigkeit liegt bei 5–10 % der DiabetikerInnen (vgl. Georg Thieme Verlag 2015, S. 629).

Behandlung: Erfolgt durch adäquate Ernährung und lebenslange Insulinverabreichung (vgl. Keller/Menche 2017 E-Book, S. 178).

Diabestes mellitus Typ II (relativer Insulinmangel)

90 % der DiabetikerInnen sind Typ-II-PatientInnen.

Ursache: Die Betazellen des Pankreas produzieren das Insulin ganz normal, es besteht jedoch eine verminderte Insulinempfindlichkeit der Zellen, d.h. Insulin ist nicht ausreichend in der Lage, den Blutzucker zu senken. Der Körper benötigt immer mehr Insulin, welches das Pankreas aber in den benötigten Mengen nicht produzieren kann, daher kommt es zu einem relativen Insulinmangel. Nach längerer Erkrankungsdauer vermindert das Pankreas die Insulinproduktion. Bei der Entstehung der Erkrankung haben genetische Faktoren, Ernährung, Bewegungsmangel und Körpergewicht (Übergewicht) eine große Bedeutung. Mit zunehmendem Alter steigt die Gefahr, an Diabetes mellitus Typ II zu erkranken. Aufgrund unserer Wohlstandsgesellschaft ist Diabetes mellitus Typ II bereits bei übergewichtigen Jugendlichen zu finden (vgl. Georg Thieme Verlag 2015, S. 629).

Verlauf: Diabetes mellitus Typ II verläuft schleichend und zeigt lange Zeit nur unspezifische Symptome wie Müdigkeit und Leistungsabfall, daher wird bei Diagnosestellung auch gleichzeitig nach Spätfolgen gesucht.

Behandlung: Über einen längeren Zeitraum konsequente Ernährungs- und Bewegungstherapie. Falls sich die Blutzuckerwerte nicht normalisieren, werden orale Antidiabetika und/oder Insulin verabreicht.

Andere Diabetesformen

Weiters können folgende Formen von Diabetes auftreten:

- medikamentös verursachter Diabetes mellitus, z. B. durch Cortison (hat eine hemmende Wirkung auf das Insulin)
- Diabetes mellitus infolge von Erkrankungen der Bauchspeicheldrüse
- Diabetes mellitus durch hormonelle Erkrankungen der Nebennieren, z. B. Cushing-Syndrom
- genetisch bedingter Diabetes
- Schwangerschaftsdiabetes (ist eine Glukosetoleranzstörung, welche in der Schwangerschaft auftritt) (vgl. Peghini 2015, S. 1072).

Anzeichen und Diagnose

Bei gesunden Menschen liegt der Nüchternblutzucker nicht über 100 mg/dl, zwei Stunden nach dem Essen darf der Blutzucker 140 mg/dl nicht überschreiten (vgl. Kogler 2016, S. 86). Liegt der Nüchternblutzucker zwischen 100 und 125 mg/dl, ist dies ein Hinweis auf ein gestörtes Blutglukosegleichgewicht.

Diabetes besteht, wenn:

- der Nüchternblutzucker (Blutglukose) etwa 126 mg/dl oder mehr beträgt
- der Blutzucker bei mehrmaliger Tagesmessung höher als 200 mg/dl ist
- die Blutzuckertagesmessungen einmal am Tag mehr als 200 mg/dl betragen und zusätzliche Symptome vorhanden sind, welche auf Diabetes hinweisen
- wenn beim oralen Glukosetoleranztest der Blutzuckerwert nach 2 Stunden auf über 200 mg/dl ansteigt
- der HbA1c-Wert bei 6,5 % (48 mmol/mol) liegt

Symptomatischer Verlauf des Diabetes mellitus:
Bei Diabetes mellitus kommt es zu mehr oder minder ausgeprägten spezifischen und unspezifischen Symptomen. Die spezifischen Symptome finden sich vorwiegend bei Typ-I-Diabetes, die unspezifischen Symptome zeigen sich eher bei Typ-II-DiabetikerInnen.

Spezifische Symptome:

- häufigen Wasserlassen (Polyurie) aufgrund des erhöhten Harnzuckers
- übermäßiges Durstgefühl (Polydipsie)
- Flüssigkeitsmangel (Dehydratation)
- Gewichtsabnahme aufgrund des Kalorienverlustes und der Dehydratation
- Harnzucker – steigt der Blutzucker auf 180 mm/dl (Nierenschwelle), kommt es zur Glukosurie (Zucker befindet sich im Harn)

Unspezifische Symptome:

- Müdigkeit, Kraftlosigkeit
- Leistungsminderung
- Störung der Konzentration
- verzögerte Wundheilung
- häufiges Auftreten von Hautinfektionen (vgl. Georg Thieme Verlag 2015, S. 632–633)

Da der Harn von DiabetikerInnen durch den ausgeschiedenen Zucker süßlich schmeckt, wurde diese Krankheit als „honigsüßer Durchfluss" – lateinisch „Diabetes mellitus" bezeichnet (vgl. Diabetes-Ratgeber).

HbA1c-Wert (Glykohämoglobin)

Dieser Wert eignet sich zur Diagnosestellung von Diabetes mellitus. Er gibt über die Stoffwechsellage der letzten 6–8 Wochen Auskunft, man könnte auch sagen, er ist das Blutzuckergedächtnis. Somit kann auch der Therapieerfolg mit diesem Wert überprüft werden. Bei der Therapie von Diabetes mellitus wird ein individueller Zielwert zwischen > 6,5 und 7,5 % (48–58 mmol/mol) festgelegt. Bei sehr alten oder kränklichen Menschen kann dieser Wert auf bis zu 8 % (63,3 mmol/mol) fixiert werden. Bei einem HbA1c-Wert von unter 5,7 % kann Diabetes mellitus ausgeschlossen werden, vorausgesetzt, es ist bei der Person kein Diabetes bekannt (vgl. Keller/Menche 2017 E-Book, S. 179).

Diagnostische Unterscheidung zwischen Typ I und Typ II

Um zwischen diesen beiden Typen unterscheiden zu können, wird das C-Peptid, welches die Betazellen des Pankreas produziert, im Blut gemessen. Da es in gleicher Höhe wie das Insulin produziert wird, stellt es einen wichtigen Marker für die Insulinproduktion dar. Typ-I-DiabetikerInnen haben daher ein deutlich niedrigeres C-Peptid. Bei Typ-II-DiabetikerInnen ist es erhöht. Ausnahme: Im fortgeschrittenen Stadium produziert das Pankreas auch bei Typ-II-Diabetes wenig oder kein Insulin mehr, dann ist das C-Peptid ebenfalls niedrig (vgl. Georg Thieme Verlag 2015, S. 632).

Aufgabe: Praktikantin Lisa hilft Frau Moser bei der Körperpflege. Frau Moser trinkt beim Zähneputzen gleich zwei Becher Wasser und sagt zu Lisa, dass sie auch tagsüber an quälendem Durst leide. Lisa bemerkt auch, dass Frau Moser unter der Brust und in der Leiste entzündete Hautstellen hat, welche jucken und brennen. Um welches Problem könnte es sich handeln?

Blutzuckermessung aus der Kapillare

Hohe Blutzuckerwerte sind gefährlich, sie können nicht nur zum Koma führen, sondern die Blutgefäße schädigen und so eine Reihe von Gefäßerkrankungen verursachen. Regelmäßige Blutzuckerkontrollen sind daher für DiabetikerInnen unumgänglich. Das Blut zur routinemäßigen Blutzuckermessung wird aus der Kapillare entnommen (vgl. Georg Thieme Verlag 2015, S. 633).

Geeignete Punktionsstellen:

- bei Säuglingen wird die äußere oder innere Seite der Ferse punktiert
- bei größeren Kindern, Jugendlichen und Erwachsenen eignen sich die Ohrläppchen, die seitlichen Fingerkuppen des Ring- oder Mittelfingers (bei RechtshänderInnen die linke Hand und umgekehrt)

Bereitstellung der Materialien:

- Hautdesinfektionsmittel zur Desinfektion der Einstichstelle
- sterile Tupfer (es gibt auch in Desinfektionsmittel getränkte sterile Tupfer)
- Einmalhandschuhe
- Einmalstechhilfe
- BZ-Messgerät
- Teststreifen
- Abwurfbehälter

Vorgehen bei der Blutentnahme:

- PatientIn vor der Blutentnahme über Vorgehen und Grund informieren
- Erlaubnis einholen (lt. Gesetz ist eine Blutentnahme eine Körperverletzung)
- Finger auswählen (die nicht dominierende Hand ist zu bevorzugen)
- Finger eventuell durch Reiben etwas anwärmen

Durchführung:

- hygienische Händedesinfektion bei der Pflegeperson
- Hände des/der PatientIn werden gewaschen und gut abgetrocknet
- neuen Teststreifen in das Messgerät einführen und Codierung überprüfen
- Pflegeperson zieht Handschuhe an (vgl. Georg Thieme Verlag 2015, S. 633)
- Finger des/der PatientIn mit Hautdesinfektionsmittel desinfizieren (vgl. Keller/Menche 2017 E-Book, S. 581–582)
- Einwirkzeit beachten!
- Einstichtiefe einstellen, Einmalstechhilfe seitlich an der Fingerbeere ansetzen (vgl. Georg Thieme Verlag 2015, S. 633)
- Finger rechts und links des geplanten Stiches leicht ausstreifen und den ersten Blutstropfen mit einem sterilisierten Tupfer wegwischen, Desinfektionsmittelrückstände führen zu einem falschen Wert
- den zweiten Blutstropfen auf das Testfeld des Blutzuckerteststreifens aufbringen (vgl. Keller/Menche 2017 E-Book, S. 582)
- Blutzuckerwert vom Messgerät ablesen
- danach Tupfer etwas auf den Finger drücken
- Blutzuckerwert dokumentieren (vgl. Georg Thieme Verlag, S. 633)

Merke: Vor dem Einstechen Hautstelle kontrollieren, auf Verletzungen achten, es darf nur intakte Haut punktiert werden. Zur Infektionsprophylaxe nur Einmalstechhilfen verwenden. Die Finger sollen warm und gut durchblutet sein, dies kann durch leichtes Massieren oder warmes Waschen erreicht werden.

Folgende Einflussfaktoren bei der Blutzuckermessung können das Ergebnis verfälschen:

- wenn die Hände nach der Nahrungsaufnahme nicht gewaschen wurden und noch Nahrungsbestandteile an den Fingern haften (vgl. Keller/Menche 2017 E-Book, S. 581–582)
- nasse Hände (Wasser verdünnt die Blutprobe)
- wenn die Codierung vergessen wurde
- wenn Teststreifen schon abgelaufen sind oder nicht vorschriftsmäßig aufbewahrt wurden (vgl. Kogler 2016, S. 89)
- wenn die Einstichstelle zu stark gedrückt wurde, tritt Gewebsflüssigkeit ins Kapillarblut über, wodurch der Wert verfälscht wird (vgl. Keller/Menche 2017, S. 582)

Die Wichtigkeit der Blutzuckermessung muss den PatientInnen bewusst gemacht werden, denn nur durch korrekt eingestellte Werte können diabetische Spätfolgen verhindert werden. Die PatientInnen sollten in der Behandlung und im Umgang mit ihrer Krankheit gut geschult werden, dazu gehört auch, dass sie ihre Blutzuckerwerte selbstständig messen können und genau aufschreiben. Aufgrund dieser Werte können gut geschulte DiabetikerInnen ihre Therapie selbstständig durchführen (vgl. Georg Thieme Verlag 2015, S. 633).

Blutzuckermessgeräte

Auf dem Markt gibt es eine Menge unterschiedlicher Blutzuckermessgeräte von verschiedenen Herstellern. Jede/r DiabetikerIn muss für sich das passende Gerät finden, z. B. mit möglichst unkompliziertem Handling oder großer Schrift am Display. Zu den Blutzuckermessgeräten werden jeweils die richtigen Teststreifen benötigt. Bevor das Gerät in Gebrauch genommen wird, müssen sich die Pflegepersonen mit dessen Handhabung vertraut machen, damit es zu keinen Messfehlern kommt. Ist der/die PatientIn selbst in der Lage, sich den Blutzucker zu messen, muss auch er/sie eingeschult werden (vgl. Kogler 2016, S. 88).

Behandlung

Diabetes mellitus Typ I

Diabetes Typ I wird vorrangig mit Insulin behandelt. Bei der Insulintherapie gibt es unterschiedliche Strategien: die konventionelle Insulintherapie, die intensivierte konventionelle Insulintherapie und die Insulinpumpentherapie.

Bei der **konventionellen Insulintherapie** wird zu einem vorgegebenen Zeitpunkt, meist ein- bis zweimal täglich, vor dem Frühstück und vor dem Abendessen, eine konstante Menge Mischinsulin gespritzt. Der Vorteil ist, dass die Handhabung relativ einfach ist, da wenige Injektionen durchgeführt werden müssen. Die Blutzuckereinstellung ist meist jedoch nicht ganz zufriedenstellend (vgl. Keller/Menche 2017 E-Book, S. 168). Um die Blutzuckereinstellung zu optimieren, ist es möglich, drei Insulin-Injektionen täglich zu verabreichen (vgl. Kogler 2016, S. 111).

Die **intensivierte konventionelle Insulintherapie** gehört zur Standardtherapie und wird bevorzugt als Basis-Bolus-Therapie verabreicht. Die Basisinsulingabe deckt den Grundbedarf des Körpers an Insulin ab. Hier wird ein- bis zweimal täglich ein lang wirksames Insulin (Verzögerungsinsulin) injiziert. Zur Vermeidung der Blutzuckerspitzen, welche durch Mahlzeiten entstehen, wird als Bolus vor dem Essen ein schnell wirksames Insulin (Normalinsulin) gespritzt (vgl. Keller/Menche 2017 E-Book, S. 168). Vor der Insulininjektion muss der Blutzucker kontrolliert werden, um die korrekte Insulinmenge berechnen zu können. Die Dosis hängt von den Nahrungsmitteln ab. Je mehr Kohlenhydrate in der Nahrung enthalten sind, desto mehr Insulin muss injiziert werden. Um gute Erfolge bei der Blutzuckereinstellung zu erzielen, wird ein Ernährungsplan erstellt und die Kohlenhydrate in Broteinheiten (BE) berechnet (vgl. Georg Thieme Verlag 2015, S. 634–635). Der Vorteil dieser Therapie ist eine bessere Einstellung des Blutzuckers und die hohe Flexibilität der PatientInnen, was den Tagesablauf betrifft. Dies gelingt aber nur, wenn die PatientInnen gut geschult und gewillt sind, mehrmals täglich Blutzuckermessungen durchzuführen (vgl. Keller/Menche 2017 E-Book, S. 168).

Die **Insulinpumpentherapie** erfolgt nach dem gleichen Prinzip wie die intensivierte konventionelle Insulintherapie. Das Insulin wird von einem kleinen externen Gerät, das am Körper getragen wird, über einen Katheter, welcher subkutan in der Bauchhaut liegt, kontinuierlich verabreicht. Die Menge des Basisinsulins ist voreingestellt, die Bolusgabe erfolgt zu den Mahlzeiten per Knopfduck am Gerät. Die Blutzuckereinstellung gelingt mit der Pumpentherapie sehr gut. Der Tagesablauf kann flexibel gestaltet werden. Es bedarf jedoch einer exakten Schulung der PatientInnen. Bei Kindern werden die Eltern geschult. Es sind auch bei dieser Verabreichungsform viele Blutzuckermessungen notwendig, um eine optimale Einstellung der Werte zu erzielen (vgl. Keller/Menche 2017 E-Book, S. 168).

Diabetes mellitus Typ II

Die Behandlung besteht aus einer Reihe von Maßnahmen. Um PatientInnen über die Krankheit zu informieren, werden Diabetikerschulungen angeboten (vgl. Georg Thieme Verlag 2015, S. 633). Im Anfangsstadium wird bei übergewichtigen Personen versucht, das Gewicht abzubauen, indem sie die Gesamtkalorienmenge ihrer Nahrung reduzieren. Dadurch können Normalwerte beim Blutzucker erreicht werden. Die Ernährung sollte ausgewogen sein, d. h. 30 % Fett, 55 % Kohlenhydrate und 15 % Eiweiß beinhalten. Ebenso positiv wirkt sich regelmäßige Bewegung wie Schwimmen, Gehen oder Radfahren auf Diabetes aus. Zusätzlich zur Ernährungsumstellung und Bewegung ist gegebenenfalls eine medikamentöse Behandlung mit oralen Antidiabetika, im Speziellen bei übergewichtigen PatientInnen mit Metformin, angezeigt. Nach zwei Monaten wird der HbA1c-Wert kontrolliert, welcher über den Therapieerfolg Auskunft gibt. Beträgt der Wert über 6,5, kann eine Kombination mit unterschiedlichen oralen Antidiabetika durchgeführt werden. Sinkt der Wert nicht, ist eine Insulintherapie sinnvoll (vgl. Georg Thieme Verlag 2015, S. 636–637).

Pflegeschwerpunkt Haut und Füße

Körperpflege

Bei DiabetikerInnen treten immer wieder Infekte an der Haut auf, die meist sehr langsam abheilen. Daher muss großes Augenmerk auf die Körperpflege gelegt werden. Als Pflegemittel werden pH-neutrale Waschlotionen verwendet, welche die Haut nicht reizen. Zur Hautpflege eignen sich harnstoffhaltige Cremen. Nach dem Waschen oder Baden müssen alle Hautfalten gründlich getrocknet werden, z. B. Achselhöhlen, Leisten, Hautfalten am Bauch und unter der Brust. Nasse Stellen zwischen den Hautfalten sind unbedingt zu vermeiden. Da auch das Genitale von Pilzen befallen werden kann, ist auf eine exakte Intimpflege Wert zu legen. Die Mundhygiene, welche morgens, mittags und abends durchgeführt wird, darf nicht vernachlässigt werden, eine Soorprophylaxe kann aufgrund der Anfälligkeit indiziert sein (vgl. Georg Thieme Verlag 2015, S. 632). Das Waschen der Füße erfolgt mit körperwarmem Wasser, es darf nicht zu heiß hergerichtet werden (Wassertemperatur messen), da der/die PatientIn sich verbrühen könnte. Zehenzwischenräume müssen sorgfältig gereinigt und getrocknet werden.

Fußpflege

Hühneraugen und Hornhaut an den Füßen darf nur von Fachpersonal (PodologInnen) behandelt und entfernt werden, ebenso dürfen Nägel nur von diesen Personen geschnitten werden. Verletzungen an den Füßen müssen verhindert werden, da daraus ausgedehnte Infektionen entstehen können. Um Läsionen und Einschnürungen zu vermeiden, sollten Socken ohne Gummibund verwendet werden. Auf gut passendes Schuhwerk ist Wert zu legen, es darf auf keinen Fall drücken. Falls Wunden vorhanden sind, müssen diese fachmännisch versorgt werden (vgl. Georg Thieme Verlag 2015, S. 644–645).

Ernährung

Ziel der Ernährungstherapie ist es, das Übergewicht zu senken oder diesem vorzubeugen und die Blutzuckerwerte im Normbereich bzw. Sollbereich zu halten. Die Ernährung ist so zu gestalten, dass sie einerseits den täglichen Kalorienbedarf deckt, der auch von der Bewegung abhängig ist, alle Nährstoffe liefert, welche der Körper benötigt, und andererseits vollwertig und abwechslungsreich ist. Typ-I-DiabetikerInnen können bei intensivierter konventioneller Insulintherapie grundsätzlich alles essen, jedoch müssen sie vor der Mahlzeit kurzwirksames Insulin als Bolus spritzen. Bei Typ-II-DiabetikerInnen ist aufgrund des Übergewichts und einer fehlerhaften Ernährung auf eine Kalorienreduktion und Beratung bezüglich gesunder Ernährung zu achten (vgl. Keller/Menche 2017 E-Book, S. 179–180).

Bei DiabetikerInnen sind es die in der Nahrung enthaltenen **Kohlenhydrate**, die sich unmittelbar auf den Blutzucker auswirken (vgl. Keller/Menche 2017 E-Book, S. 179). Daher werden diese bei DiabetikerInnen, die mit Insulin behandelt werden, in Form von **BE (Broteinheiten)** berechnet, um zu hohe (Hyperglykämie) als auch zu niedrige Blutzuckerwerte (Hypoglykämie) zu vermeiden. 1 BE entspricht dem Wert von 10–12 g Kohlenhydraten. In Kohlenhydrattabellen kann der/die PatientIn ablesen, wie viele Broteinheiten ein bestimmtes Lebensmittel enthält, z. B. 30 g Mischbrot, 50 g Reis oder eine halbe Semmel enthalten jeweils 1 BE. Solche Austauschtabellen gibt es auch für Fertigprodukte, Obst, Getränke usw. Für DiabetikerInnen ist es notwendig, die Berechnung der Broteinheiten richtig durchführen zu können, dazu werden die Nahrungsmittel anfangs gewogen. Später bekommen die PatientInnen ein Gefühl für die Menge und müssen nicht mehr so oft zur Waage greifen. Nicht alle Kohlenhydrate lassen den Blutzucker gleich schnell ansteigen. Nahrungsmittel aus Weizenmehl, Weißbrot, Semmeln, Nudeln, Reis, Honig, Zucker lassen den Blutzucker schnell ansteigen, da sie im Darm rasch resorbiert werden. Vollkornbrot, Nudeln aus Vollkornmehl, Erbsen, Linsen, Milch und Joghurt werden langsam resorbiert, deshalb steigt bei diesen Produkten der Blutzucker langsam.

Zucker ist Energielieferant und steigert den Blutzucker. Typ-II-DiabetikerInnen sollten Zucker aufgrund des bestehenden Übergewichts weitgehend meiden. Typ-I-DiabetikerInnen dürfen geringe Mengen (10 %) an Zucker, am besten in Form von Kuchen, zu sich nehmen, da diese auch Eiweiß und Fett enthalten. Sie müssen diese berechnen und die entsprechende Menge an Insulin injizieren. **Süßstoffe**, z. B. Saccharin oder Cyclamat, gibt es in Tabletten oder in flüssiger Form. Sie wirken sich auf den Blutzucker nicht aus und haben auch keine Kalorien. **Zuckeraustauschstoffe**, z. B. Fruktose, Sorbit, Xylit oder Mannit, enthalten die gleiche Menge an Energie wie Zucker, die blutzuckersteigernde Wirkung ist aber nur gering. Wegen der gastrointestinalen Nebenwirkungen werden sie nicht mehr empfohlen (vgl. ebd., S. 179–180).

Insulinbedarf

Der tägliche Insulinbedarf pro Broteinheit (BE) beträgt am Morgen 2–4 IE (internationale Einheiten), zu Mittag 1–2 IE und am Abend 2–3 IE (= BE-Faktor). Der Insulinbedarf richtet sich nicht nur nach der Ernährung, sondern ist von verschiedenen Faktoren abhängig:

Reduzierter Insulinbedarf:

- Sport oder ungewöhnliche körperliche Aktivitäten (vgl. Georg Thieme Verlag 2015, S. 635)
- Gewichtsreduktion
- verminderte oder keine Nahrungsaufnahme (vgl. Kogler 2016, S. 99)

Gesteigerter Insulinbedarf:

- infektiöse Erkrankungen
- Fieber
- Stress (vgl. Georg Thieme Verlag 2015, S. 635)
- Gewichtszunahme (vgl. Kogler 2016, S. 99)

Ob nach dem verabreichten Insulin sofort gegessen werden darf oder ob gewartet werden muss, hängt vom jeweiligen Insulin ab (vgl. Georg Thieme Verlag 2015, S. 635). Die Zeit von der Injektion bis zum Essen wird als **Spritz-Ess-Abstand** bezeichnet. Es ist jene Zeitspanne von der Injektion bis zum Eintritt der Wirkung des Insulins. Diese Zeitspanne sollte eingehalten werden, um einen Blutzuckeranstieg zu verhindern (vgl. Kogler 2016, S. 99).

Orale Antidiabetika

Orale Antidiabetika sind Medikamente, die zur Behandlung von Diabetes mellitus eingesetzt werden, vorwiegend bei Typ II, bei dem noch eine Insulinproduktion besteht (vgl. Keller/Menche 2017 E-Book, S. 165). Kommt es trotz der oralen Antidiabetikatherapie (auch eine Kombination verschiedener oraler Antidiabetika ist möglich) zu keinen befriedigenden Blutzuckerwerten, muss zusätzlich oder ausschließlich Insulin verabreicht werden.

Biguanide

Biguanide werden zur Einstellung von Typ-II-Diabetes eingesetzt, wenn Ernährungsumstellung und Bewegung keinen Erfolg zeigen. Sie zählen zu den Antidiabetika der ersten Wahl, z. B. Metformin (Glucophage®).

Wirkung: Verbessern die Wirksamkeit des Insulins, die Glukoseaufnahme und -verwertung in den Zellen, vermindern die Glukoseneubildung in der Leber und bremsen die Glukoseaufnahme aus dem Darm. Sie wirken auch appetithemmend und senken die Blutfettwerte.

Nebenwirkungen: Übelkeit, Magen-Darm-Beschwerden, Bauchschmerzen. Manche PatientInnen klagen über einen metallartigen Geschmack im Mund. Meist handelt es sich bei diesen Symptomen um vorübergehende Nebenerscheinungen. Eine seltene aber schwere Nebenwirkung ist die Laktatazidose, eine Übersäuerung des Blutes.

Merke: Metformin darf nicht bei PatientInnen mit Niereninsuffizienz, Herzinsuffizienz und bei Alkoholismus verabreicht werden (vgl. Keller/Menche 2017, S. 165).

Nicht verabreicht werden darf Metformin einen Tag vor und einen Tag nach größeren Operationen und bei Gabe von intravenösen Röntgenkontrastmitteln (vgl. Georg Thieme Verlag 2015, S. 662).

Einnahme: Metformin wird wegen der besseren Verträglichkeit mit oder nach dem Essen eingenommen. Um bessere Nüchternblutzuckerwerte zu erreichen, kann es auch am Abend eingenommen werden (die Glukoseneubildung ist während des Schlafens gehemmt).

Sulfonylharnstoffe

Diese Medikamente kommen dann zum Einsatz, wenn sich der HbA1c-Wert unter der Metformingabe verschlechtert oder Nebenwirkungen bei der Metformingabe auftreten.

- Glibenclamid (Euglucon®, Glucobene®): diese Medikamente haben eine stärkere insulinfreisetzende Wirkung
- Glimepirid (Amaryl®): hat eine lang anhaltende Wirkung, das Medikament muss daher nur einmal täglich eingenommen werden

Wirkung: Diese Medikamente bewirken eine vermehrte Insulinfreisetzung aus den Betazellen des Pankreas.

Nebenwirkungen: Gewichtszunahme, es besteht eine hohe Gefahr für eine Hypoglykämie speziell bei ausgelassener Mahlzeit! Bei neu eingestellten PatientInnen kann die Hypoglykämie auch nachts auftreten, daher abends ausreichend Kohlenhydrate zuführen. Es kann auch zu Allergien und gastrointestinalen Beschwerden kommen (vgl. Keller/Menche 2017 E-Book, S. 165).

Einnahme: Sulfonylharnstoffe werden 15–30 Minuten vor oder unmittelbar vor dem Essen eingenommen (Packungsbeilage beachten)! Das Medikament darf von PatientInnen, welche nüchtern bleiben müssen (vor OP), nicht eingenommen werden, ev. muss auf Insulin umgestiegen werden (vgl. Georg Thieme Verlag 2015, S. 662).

Merke: Wurde das Medikament eingenommen, muss gegessen werden, da es sonst zur Hypoglykämie kommt (vgl. Keller/Menche 2017 E-Book, S. 165).

Es gibt eine Reihe von Medikamenten, welche in Kombination mit Sulfonylharnstoff eine Hypoglykämie auslösen können:

- Salizylate
- ACE-Hemmer
- Betablocker
- Antibiotika (Sulfonamide, Penicillin) (vgl. Kogler 2016, S. 92)

Glinide

Werden auch als prandiale Glukoseregulatoren beschrieben, z. B. Repaglinid (NovoNorm®).

Wirkung: Haben eine ähnliche Wirkung wie die Sulfonylharnstoffe, jedoch ist die Insulinfreisetzung aus den Betazellen des Pankreas deutlich kürzer. Sie senken hauptsächlich den Blutzucker nach der Mahlzeit (postprandial).

Nebenwirkungen: Magen-Darm-Beschwerden, geringe Gefahr der Hypoglykämie, Gewichtszunahme.

Einnahme: Da sie schnell, aber nur kurz wirksam sind, ist die Einnahme zu jeder Hauptmahlzeit erforderlich.

Alpha-Glukosidasehemmer

Häufig in Anwendung ist z. B. Arcabose (Glucobay®).

Wirkung: Es kommt zu einer verzögerten Aufspaltung von Mehrfachzucker in Einfachzucker, dadurch wird auch die Glukoseresorption im Darm gehemmt. Es kommt zu einer Senkung des postprandialen Blutzuckers.

Nebenwirkungen: Darmbeschwerden wie Blähungen und Durchfall (vgl. Keller/Menche 2017 E-Book, S. 165–166).

Einnahme: Zu Beginn der Nahrungsaufnahme (vgl. Kogler 2016, S. 93).

Merke: Werden Alpha-Glukosidasehemmer mit Sulfonylharnstoffen eingenommen, kann es zur Hypoglykämie kommen. Diese Unterzuckerung kann nur mit Traubenzucker behoben werden, da die Spaltung des Haushaltszuckers durch das Medikament verzögert ist (vgl. Georg Thieme Verlag 2015, S. 663).

Glitazone (Insulinsensitizer)

Im Verwendung befindet sich zurzeit nur Pioglitazon (Actos®).

Wirkung: Glitazone steigern die Sensibilität der Zelle für Insulin, dadurch wird die Glukoseaufnahme in der Zelle erhöht (vgl. Keller/Menche 2017 E-Book, S. 166).

Nebenwirkungen: Es kann zu Wassereinlagerung und peripherer Ödembildung kommen. Diese Medikamente werden nur mehr in Ausnahmefällen verabreicht. Schon bei einer leichten Herzinsuffizienz ist das Medikament kontraindiziert (vgl. Georg Thieme Verlag, S. 663).

Inkretinverstärker

Inkretine wie z. B. GLP-1 sind Dünndarmhormone, welche durch die Zufuhr von Kohlenhydraten über die Nahrung die Insulinsekretion aus den Betazellen fördern und ein Sättigungsgefühl vermitteln, indem die Magenentleerung gehemmt wird. Des Weiteren reduzieren sie die Glukagonausschüttung. Inkretinverstärker werden in zwei Gruppen eingeteilt: Inkretin-Mimetika (GLP-1-Analoga) und DPP-4-Hemmer (vgl. Keller/Menche 2017 E- Book, S. 166).

Inkretin-Mimetika (GLP-1-Analoga)

- Exenatide (Byetta®, Bydureon®)
- Liraglutid (Victoza®) (vgl. Georg Thieme Verlag 2015, S. 663)

Wirkung: Die Wirkung ist den Inkretinen sehr ähnlich. Exenatide wirken nur beim erhöhten Blutzuckerspiegel und müssen subkutan wie Insulin injiziert werden (vgl. Kogler 2016, S. 95).
Nebenwirkungen: Gastrointestinale Beschwerden wie Übelkeit, Erbrechen, Durchfall.
Verabreichung: Je nach Medikament werden sie entweder zweimal täglich oder einmal wöchentlich in fixer Dosierung subkutan injiziert (vgl. Keller/Menche 2017 E-Book, S. 166).

Gliptine (DPP-4-Hemmer)

- Sitagliptin (Januvia®)
- Vildagliptin (Galvus®)
- Saxagliptin (Onglyza®) (vgl. Georg Thieme Verlag 2015, S. 662)

Wirkung: Haben eine ähnliche Wirkung wie Inkretin-Mimetika. Diese Medikamente verzögern den Abbau der Inkretine und können oral eingenommen werden (vgl. Keller/Menche 2017 E-Book, S. 166).
Einnahme: Erfolgt unabhängig von der Nahrungsaufnahme. Wurde jedoch das Medikament vergessen, sollte es zu einem späteren Zeitpunkt nachgenommen werden (vgl. Kogler 2016, S. 95).
Nebenwirkungen: Kopfschmerzen, Schwindel.
Kontraindikation: Bei schwerer Niereninsuffizienz, Schwangerschaft und während der Stillzeit (vgl. Georg Thieme Verlag 2015, S. 662).

Gliflozine (SGLT-2-Inhibitoren)

- Dapagliflozin (Forxiga®)
- Empagliflozin (Jardiance®)

Wirkung: Diese Medikamente führen zu einer erhöhten Glukoseausscheidung über die Niere (vgl. Keller/Menche 2017 E-Book, S. 166).
Nebenwirkung: Diabetische Ketoazidosen (vgl. Deutsche Apotheker Zeitung 2015).

Insulin

Insulin wird in den Betazellen des Pankreas gebildet und ist das einzige Hormon, das den Blutzucker senken kann, indem es dafür sorgt, dass die Blutglukose im Blut rasch in den Muskel und in die Fettzellen gelangt. Es greift auch in den Eiweiß- und Fettstoffwechsel regulierend ein. Durch das Insulin wird Blutglukose im Muskel und in der Leber in Form von Glykogen gespeichert. Bei DiabetikerInnen steigt der Blutglukosespiegel an, da zu wenig oder kein Insulin gebildet wird. Daher muss das fehlende Insulin in Form von Injektionen subkutan zugeführt werden. Oral würde dieses Medikament durch die Verdauungssäfte seine Wirksamkeit verlieren (vgl. Kogler 2016, S. 97–98).

Dosierung: Alle Insuline werden in internationalen Einheiten (IE) dosiert. Im Handel gibt es das Insulin in Stechampullen für Eimalspritzen zu 40 oder 100 IE. Die Insulinpatronen für Pens enthalten 40 IE (vgl. Georg Thieme Verlag 2015, S. 635).

Insuline werden nach Herkunft und Wirkungsdauer eingeteilt.

Herkunft: tierische Insuline (nur mehr selten in Gebrauch), **Humaninsuline:** gentechnisch hergestellt, dem menschlichen Insulin ähnlich, **Insulin-Analoga:** gentechnisch hergestellt, dem menschlichen Insulin bis auf wenige Aminosäuren ähnlich (vgl. Keller/Menche 2017 E-Book, S. 166).

Wirkungsdauer
Kurz wirksame Insuline wie Normalinsulin, z. B. Actrapid, und kurz wirksame Insulin-Analoga werden zur Bolustherapie verwendet.

- **Verzögerungsinsuline (lang wirksame Insuline)** werden als Basisgabe verabreicht. Dazu gehören NPH-Insuline (Neutrale-Protamin Hagedorn), z. B. Human Basal. Sie sind trüb und müssen 20-mal durchmischt werden.
- **Lang wirksame Insulin-Analoga**, z. B. Levemir, Lantus. Diese Insuline sind klar und brauchen nicht durchmischt werden.

Mischinsuline bestehen aus Kurz- und Verzögerungsinsulinen. Es dürfen nur NHP-Insuline mit Normalinsulin gemischt werden (vgl. Georg Thieme Verlag 2015, S. 636)

Verabreichung

Der Umgang mit Medikamenten muss mit äußerster Vorsicht, Konzentration und Sorgfalt erfolgen. Averosa, das Institut für Qualitätsmanagement und Qualitätssicherung, erweiterte die 5-R-Regel bei der Medikamentenverabreichung um weitere 5 Punkte.

10-R-Regeln der Medikamentenverabreichung (nach Averosa):

- *„Richtige Person*
- *Richtiges Medikament*
- *Richtige Dosierung*
- *Richtige Applikationsart/-stelle*
- *Richtiger Zeitpunkt*
- *Richtige Anwendungsdauer*
- *Richtige Aufbewahrung*
- *Richtiges Risikomanagement*
- *Richtige Dokumentation*
- *Richtige Entsorgung“*

Eine weitere dreifache Kontrolle ist nötig

- beim Griff nach dem Insulin
- beim Herausnehmen aus dem Überkarton
- beim Zurückstellen

Das Insulin wird mittels Einmalspritze oder Pen in das Unterhautfettgewebe injiziert. Eine weitere Applikationsart stellt die dauerhaft am Körper getragene Insulinpumpe dar. Damit es zu keinen Fehlern in der Anwendung kommt, aber auch um die PatientInnen oder deren Angehörige anleiten zu können, muss das Personal umfassend geschult werden. Im Notfall sollten insulinpflichtige DiabetikerInnen, die zu Hause Pumpe oder Pen verwenden, Einmalspritzen vorrätig haben, wenn die vorher genannten Geräte einmal nicht funktionieren (vgl. Keller/Menche 2017, S. 633).

Die subkutane Injektion

Die subkutane Injektion ist das Einbringen einer sterilen Medikamentenlösung in das Unterhautfettgewebe (Subkutis) mithilfe einer Kanüle (vgl. Keller/Menche 2017, S. 632). Es eignen sich dazu wässrige Lösungen, wie z. B. Insulin. Die Wirkung einer subkutan verabreichten Lösung tritt langsam ein, ist jedoch von verschiedenen Faktoren abhängig:

- Art des Medikaments
- Hauttemperatur (je wärmer, desto rascher erfolgt die Resorption)
- Lebensalter der Person

Merke: Hohes Lebensalter, hohe Einzeldosis und eine schlecht durchblutete Injektionsstelle führen zu einer Verzögerung der Resorption.

Richtige Injektionstechnik: Bei der subkutanen Injektion wird je nach Kanüle der Einstichwinkel zwischen 30 und 45° oder 90° gewählt. Menschen mit wenig Fettgewebe oder bei einer Kanülenlänge zwischen 19 und 26 mm erfolgt die Injektion in einem Winkel von 30–45°. Bei kurzen Kanülen von einer Länge zwischen 12 und 16 mm wird in einem 90°-Winkel, also senkrecht, in die Haut eingestochen. Die Nadel muss das Unterhautfettgewebe erreichen. Die Aspiration bei der Verabreichung der subkutanen Injektion richtet sich nach Herstellerangaben und wird sehr unterschiedlich diskutiert. Auf jeden Fall sollte sie bei der subkutanen Injektion von Antikoagulantien aufgrund der Hämatombildung vermieden werden.

Richtiger Injektionsort: Es wird zwischen Injektionsstellen erster und zweiter Wahl unterschieden. Injiziert wird überall dort, wo sich Unterhautfettgewebe befindet.

Injektionsstellen erster Wahl sind:

- einige Zentimeter unterhalb des Bauchnabels
- eine Handbreit über dem Knie, rechts und links an den Außen- und Vorderseiten der Oberschenkel

Injektionsstellen zweiter Wahl sind:

- Außenseiten beider Oberarme
- rechts und links an den Schulterblättern
- beidseits der Hüfte
- einige Zentimeter oberhalb des Bauchnabels

Es ist bei der Injektionsstelle zu beachten, dass nicht irrtümlich eine intramuskuläre Injektion verabreicht wird. Dies kann dort möglich sein, wo sich wenig Fettgewebe und mehr Muskulatur befindet, wie z. B. am Oberarm. Die Resorption subkutaner Injektionen erfolgt am schnellsten bei der Applikation in den Bauch. Bei der Verabreichung ist zur Schonung der Haut die Injektionsstelle täglich zu wechseln. Hilfreich ist es, sich ein Injektionsschema nach Wochentagen zurechtzulegen, z. B. man fängt links neben dem Nabel an und spritzt täglich in etwa 2 cm Abstand von der vorherigen Injektionsstelle unterhalb des Nabels, bis man an der rechten Seite neben dem Nabel ankommt.

Merke: Wird die Injektionsstelle nicht oft gewechselt, bildet sich dort eine Verhärtung. Dies führt zu einer Resorptionsstörung.

Kontraindikationen: Vor der subkutanen Injektion ist der Injektionsort zu untersuchen. Eine Injektion an dieser Stelle ist zu unterlassen bei

- Narbengewebe von alten Wunden
- Hämatomen von Einstichen oder Verletzungen

- Muttermalen
- Hauterkrankungen wie z. B. Ekzemen
- Ödemen der Haut (vgl. Keller/Menche 2017, S. 632)

Die subkutane Insulinverabreichung mittels Einmalspritze

Hat die Pflegeperson bei der Verabreichung des Insulins direkten Hautkontakt mit dem/der PatientIn, sind Handschuhe zu tragen. Auf eine hygienische Arbeitsweise und korrekte Dosierung ist zu achten. Folgende Schritte sind einzuhalten (vgl. Keller/Menche 2017, S. 633–634):

- die Arbeitsfläche muss sauber sein
- Händedesinfektion
- Medikament darf nicht abgelaufen sein (vgl. Keller/Menche 2017, S. 622–623)
- das Material bereitlegen: Insulineinmalspritze, richtiges Insulin, Hautdesinfektionsmittel, Tupfer
- Verzögerungsinsulin muss vor dem Verabreichen durch mehrmaliges Kippen gemischt werden (nicht schütteln) (vgl. Keller/Menche 2017, S. 633)
- vor dem Einstechen in die Stechampulle Gummistopfen mit Desinfektionsmittel desinfizieren (vgl. Kogler 2016, S. 105)
- mit der Einmalspritze mit Graduierung in IE (internationale Einheiten) das Insulin aus der Stechampulle aufziehen, beachten, dass die Graduierung der Spritze mit der Konzentration der Ampulle (es gibt sie zu 40 oder 100 IE) übereinstimmt
- Injektionsstelle ermitteln
- Desinfektion der Hautstelle mit Hautdesinfektionsmittel (kann zu Hause unterlassen werden)
- mit Daumen und Zeigefinger eine Hautfalte bilden und diese leicht anheben
- mit der zweiten Hand die Kanüle rasch 1–2 cm tief in die Hautfalte einstechen, Einstichwinkel beachten
- Insulin langsam injizieren
- Nadel noch ca. 5 Sekunden belassen (verhindert einen Austritt des Insulins), danach Kanüle entfernen
- bei Sicherheitskanülen Kappe der Kanüle verschließen
- Hautfalte loslassen und Einstichstelle mit trockenem Tupfer komprimieren
- Kanüle sofort im stich- und bruchfesten Abwurfbehälter entsorgen
- Dokumentation

Insulininjektion mit dem Pen

Pens zur subkutanen Insulinverabreichung können mehrmals benutzt werden. Die Häufigkeit der Nutzung richtet sich nach dem Mengeninhalt der Patrone, welche bei den verschiedenen Fabrikaten unterschiedlich ist. Um eine sichere Anwendung und den korrekten Gebrauch zu garantieren, muss Folgendes beachtet werden (vgl. Keller/Menche 2017 S. 633–635):

- beim Pen sind aus hygienischen Gründen Einmalsicherheitskanülen zu verwenden, die bei jeder Injektion gewechselt werden

- die Konzentration eines Pens beträgt 100 IE
- die verordneten IE werden am Dosierknopf eingestellt
- vor der Injektion Funktion des Pens überprüfen, indem 2 IE voreingestellt und dann abgegeben werden
- Hautfalte bilden und im 45°-Winkel einstechen, bei adipösen PatientInnen beträgt der Einstichwinkel 90°
- Injektionsknopf am Pen drücken, dadurch wird die voreingestellte Insulinmenge injiziert, am Sichtfenster erscheint eine 0; wird eine verbleibende Einheitsmenge angezeigt, muss die Patrone gewechselt und die fehlende Menge nachgespritzt werden
- die Kanüle einige Sekunden in der Haut belassen, erst dann herausziehen
- Hautfalte loslassen
- Kanüle entfernen und im entsprechenden Abwurfbehälter entsorgen
- Dokumentation

Insulinverabreichung mittels Insulinpumpe

Diese Art der Insulinverabreichung eignet sich gut für Kinder, da das häufige Stechen wegfällt. Mit der Insulinpumpe wird das Insulin kontinuierlich mittels Katheter in die Unterhaut abgegeben. Der/die PatientIn programmiert den Grundbedarf an Insulin, welchen die Pumpe kontinuierlich abgibt, zusätzlich kann er/sie je nach Mahlzeit mit Knopfdruck weiteres Insulin an den Körper abgeben. Die Methode gleicht der intensivierten Insulinverabreichung (vgl. Georg Thieme Verlag 2015, S. 634).

Lebensbedrohliche Situationen

Durch Glukoseschwankungen nach oben oder nach unten kann es zu lebensbedrohlichen Situationen kommen. Zu hoher Blutzucker wird als Hyperglykämie, zu niedriger Blutzucker als Hypoglykämie bezeichnet.

Hyperglykämie

Die Hyperglykämie kommt sowohl bei Typ-I- als auch bei Typ-II-Diabetes vor. Die Ursachen können eine nicht den Lebensbedingungen angepasste Insulintherapie sein, z. B. wenn PatientInnen essen und zu wenig spritzen oder auf das Insulinspritzen vergessen. Infektionskrankheiten und Stress können ebenfalls eine Hyperglykämie verursachen. Durch einen hohen Blutzucker können PatientInnen ins Koma fallen, dann spricht man vom **diabetischen oder hyperglykämischen Koma**. Dieser Zustand kann lebensbedrohend sein. Hyperglykämien, die akut zum Koma führen, beginnen schleichend über Tage (vgl. Georg Thieme Verlag 2015, S. 638–639). Von einer schweren Form der Hyperglykämie spricht man bei Blutzuckerwerten von > 400 mg/dl (22 mmol/l). Werte von > 1.000 mg/dl (58 mmol/l) sind möglich (vgl. Keller/Menche 2017, S. 707).

Allgemeine **Symptome** der Hyperglykämie sind:

- übermäßiger Durst (Polydipsie)
- Kopfschmerzen
- verminderte Leistungsfähigkeit
- PatientIn wirkt benommen, verwirrt

- der Atem riecht nach Azeton
- Bewusstlosigkeit
- Koma und Schock

Ketoazidotisches Koma: Bei Diabetes mellitus Typ I tritt eine Ketoazidose auf. Zur Ketonkörperbildung kommt es, wenn dem Körper kein Insulin mehr zur Verfügung steht. Sie ist manchmal das erste Kennzeichen, dass der/die PatientIn an Diabetes Typ I erkrankt ist. In der Folge steigt der Blutzuckerspiegel, gleichzeitig wird Körperfett abgebaut, dadurch werden Ketonkörper gebildet. Der Atem riecht süßlich nach faulem Obst (Azeton). Die PatientInnen leiden unter Übelkeit, Bauchschmerzen und Erbrechen. Ein weiteres auffallendes Symptom ist die vertiefte Atmung, auch als Kussmaul-Atmung bezeichnet, damit versucht der Körper die Säure abzuatmen.

Hyperosmolares Koma: Diese Koma-Form kommt bei Diabetes mellitus Typ II vor. Diese PatientInnen sind aufgrund der vermehrten Harnausscheidung dehydriert. Durch den Volumenmangel kommt es zu schnellem Puls (Tachykardie) und niedrigem Blutdruck (Hypotonie), die Haut fühlt sich warm an. In der Folge treten Bewusstseinsstörung und Koma auf.

Behandlung: Beide Komaformen werden intensivmedizinisch behandelt. Der Blutzucker muss langsam mittels Insulingaben, welche intravenös verabreicht werden, gesenkt werden. Der normale Blutzuckerspiegel sollte erst nach einem Tag erreicht werden. Des Weiteren ist die Ein- und Ausfuhr der Flüssigkeiten zu überwachen. Die Flüssigkeitsbilanz muss ausgewogen sein. Auf Elektrolytverschiebung ist zu achten, wenn nötig muss diese ausgeglichen werden (vgl. Georg Thieme Verlag 2015, S. 639–640).

Hypoglykämie

Bei einer Hypoglykämie (– Unterzucker) handelt es sich um einen Glukoseabfall unter 50 mg/dl (2,78 mmol/mol), auch wenn noch keine Symptome sichtbar oder spürbar sind (vgl. Keller/Menche 2017, S. 706).

Die Hypoglykämie tritt relativ plötzlich auf und kann viele Ursachen haben:

- zu hohe Insulindosis injiziert
- Dosierungsfehler bei oralem Antidiabetikum, vorwiegend Sulfonylharnstoff
- übermäßige Bewegung, sportliche Aktivitäten
- zu wenig oder nichts gegessen
- übermäßiger Alkoholkonsum

Frühe Zeichen der Hypoglykämie sind:

- Zittern
- rascher Puls

Später auftretende Symptome sind:

- Kopfschmerzen
- schweißig-feuchte Haut
- Seh- und Sprachstörungen
- Angst, Unruhe (vgl. Georg Thieme Verlag 2015, S. 640)
- Blässe
- Aggressivität

- Heißhunger
- Verwirrtheit
- Krampfanfälle
- Bewusstseinsverlust
- Koma (vgl. Keller/Menche 2017, S. 706)

Bei der Hypoglykämie ist nicht die Höhe des Blutzuckers entscheidend, sondern wie schnell sie sich entwickelt und wie lange sie andauert. Gefährlich sind nächtliche Hypoglykämien, da sie nicht immer rechtzeitig bemerkt werden. Eine Hypoglykämie kann zum Tode führen, daher sollten Pflegende und DiabetikerInnen in der Lage sein, die Frühsymptome einer Hypoglykämie zu erkennen. Die Diagnose der Hypoglykämie muss so rasch als möglich gestellt werden, da es zum Untergang von Gehirnzellen kommt, daher gleich Blutzucker messen.

Behandlung der akuten Hypoglykämie: Der/die ansprechbare PatientIn wird mit rasch wirkenden Kohlenhydraten wie Traubenzucker, gezuckertem Tee oder Limonade behandelt (vgl. Keller/Menche 2017, S. 706).

Therapie bei leicht ausgeprägter Hypoglykämie: 1–2 BE rasch resorbierbare Kohlehydrate in Form von gezuckertem Tee, Limonade oder 4 Dextroseplättchen einnehmen. Steigt der Blutzucker nicht an, ist der Vorgang zu wiederholen.

Therapie bei schwerer Hypoglykämie (PatientIn ist bei Bewusstsein): 3 BE rasch resorbierbare Kohlenhydrate in Form von Traubenzucker, Fruchtsaft oder gezuckertem Tee verabreichen oder zwei Tuben Glukose Oral Gel. Steigt der Blutzucker nicht an, ist der Vorgang nochmals zu wiederholen (vgl. Keller/Menche 2017 E-Book, S. 184).

Therapie bei bewusstlosen PatientInnen:

- Bei Bewusstlosen darf keine orale Zufuhr erfolgen. Hier werden ca. 40–60 ml einer 50-%-Glukoselösung intravenös verabreicht.
- Tritt ein derartiger Notfall zu Hause auf, kann durch Angehörige Glukagon intramuskulär gespritzt werden, dieses Notfall-Set hat jede/r PatientIn, der/die sich in häuslicher Pflege befindet.
- Grundsätzlich ist zu beachten, dass sich die Beschwerden rasch bessern, sobald die Glukose verabreicht wurde.

Merke: Grundsätzlich sollte bei allen bewusstlos aufgefundenen PatientInnen der Blutzucker gemessen werden (vgl. Georg Thieme Verlag 2015, S. 641).

Abzuklären ist, warum es zu einer Hypoglykämie gekommen ist (Ursache eruieren). Liegt die Ursache an den Medikamenten, muss eine Therapieänderung erwogen werden (vgl. Georg Thieme Verlag 2015, S. 641). Nach einer Hypoglykämie ist es notwendig, den Blutzucker engmaschig zu kontrollieren (vgl. Keller/Menche 2017, S. 707).

Aufgabe: Praktikantin Sandra misst den Blutdruck bei Herrn M., der an Diabetes mellitus Typ II leidet. Ihr fällt auf, dass der RR bei der letzten Messung bei 130/80 lag und jetzt nur 95/65 beträgt, der Puls hat eine Frequenz von 102. Herr M. zittert und ist unruhig. Um welches Problem könnte es sich handeln? Was muss Sandra als nächsten Schritt tun?

Das kann ich!

Ich weiß, welche chronischen Erkrankungen zu Pflegebedürftigkeit führen können und warum.	
Ich kann erklären, was intra- und extramural bedeutet.	
Ich weiß, wer pflegende Angehörige sind und welche Motive es gibt, dass Angehörige die Pflege übernehmen.	
Ich weiß, welche Fragen Angehörige am Beginn einer plötzlichen Betreuungsbedürftigkeit belasten.	
Ich kann Gründe nennen, warum die Pflege von Angehörigen nicht übernommen werden kann.	
Ich weiß, welche Belastungen pflegende Angehörige treffen und welche Entlastungsmöglichkeiten es gibt.	
Ich weiß, welche Tätigkeiten Heimhilfen, PflegeassistentInnen und Diplompflegekräfte im häuslichen Bereich ausführen.	
Ich weiß, welche Dienstleistungen zur Unterstützung der Pflege und Betreuung zu Hause in Anspruch genommen werden können.	
Ich weiß, welche Berufsgruppen im Bereich der Pflege zum interdisziplinären Team zählen.	
Ich kann erklären, was Case Management bedeutet.	
Ich kann erklären, was Care Management bedeutet.	
Ich kenne Hilfsmittel, die zur Unterstützung der Pflege zu Hause eingesetzt werden können und weiß, wie Pflege- und Betreuungsbedürftige und deren Zugehörige zu diesen Hilfsmitteln kommen.	
Ich weiß, welche Aspekte bei der Milieugestaltung eine Rolle spielen und welche Ziele dadurch erreicht werden sollen.	
Ich weiß, was der Zweck des Erwachsenenschutzgesetzes ist und auf welchen vier Säulen es basiert.	
Ich weiß, auf welchem Weg eine Vorsorgevollmacht erstellt werden kann und welche Inhalte auf jedem Fall niedergeschrieben werden sollten.	
Ich weiß, welche Gründe für die Errichtung einer Vorsorgevollmacht vor Gericht sprechen.	
Ich weiß, zu welchem Zweck eine Patientenverfügung erstellt wird und kann erklären, was eine verbindliche von einer beachtlichen Patientenverfügung unterscheidet.	
Ich weiß, was unter einem ethischen Dilemma zu verstehen ist und welche Hilfestellungen bei der ethischen Entscheidungsfindung eingesetzt werden können.	
Ich weiß, welche Formen von Gewalt unterschieden werden und was Gewalt in der Pflege bedeutet.	
Ich kenne die Risikofaktoren, die die Entstehung von Gewalt in der Pflege begünstigen.	
Ich weiß, welche Warnzeichen auf Gewalt in der Pflege hinweisen und welche Maßnahmen im konkreten Verdachtsfall gesetzt werden können.	
Ich weiß, wie präventiv gegen Gewalt in der Pflege vorgegangen werden kann.	
Ich weiß, welche Kriterien zur Diagnosestellung von Substanzmissbrauch oder Abhängigkeit von Substanzen herangezogen werden.	

Ich weiß, welche Formen von Abhängigkeit unterschieden werden und welche Ursachen für Abhängigkeitsentstehung eventuell eine Rolle spielen.	
Ich weiß, welche Folgen Missbrauch und Abhängigkeit haben können.	
Ich kenne die Herausforderungen von Rauchen, Alkohol oder Medikamentenabhängigkeit für die Pflege.	
Ich kann die Krankheit Diabetes mellitus definieren und weiß über Formen, Ursachen und Verlauf von Typ 1 und Typ 2 Bescheid.	
Ich kenne die spezifischen und unspezifischen Anzeichen für erhöhte Blutzuckerwerte.	
Ich kann die Vorbereitung und Durchführung einer kapillaren Blutentnahme beschreiben und mögliche Fehlerquellen bei der Blutzuckermessung nennen.	
Ich weiß über die Blutzuckerwerte Bescheid und kenne die Funktion der HbA1c-Wertes.	
Ich kann die Behandlung von Diabetes mellitus Typ I und Typ II erklären.	
Ich kenne die Wirkungsweise, die Arten und die Wirkungsdauer von Insulin.	
Ich weiß, was man bei der Körper- und Fußpflege von DiabetikerInnen beachten muss.	
Ich kenne das Ziel der Ernährungstherapie bei Diabetes mellitus und kann den Begriff Broteinheit und dessen Bedeutung erklären.	
Ich kann den Spritz-Ess-Abstand erklären.	
Ich kenne orale Antidiabetika und kann deren Wirkungen und Nebenwirkungen beschreiben.	
Ich kann Injektionsstellen erster und zweiter Wahl beschreiben und die Vorbereitung und Durchführung der subkutanen Insulinverabreichung mit Einmalspritze und Pen erklären.	
Ich kenne Gefahren und Komplikationen von Diabetes mellitus und kann Sofortmaßnahmen bei der Hypo- und Hyperglykämie durchführen.	

Lernfeld 11
Lebensqualität bis zuletzt

„Wenn nichts mehr zu machen ist, ist noch viel zu tun."
Prof. Dr. med. Stein Husebø (Anästhesist und Palliativmediziner, Gastprofessor an der IFF-Fakultät der Universität Klagenfurt in Wien)

Die Betreuung sterbender Menschen wurde lange Zeit stark vernachlässigt, da durch die Entdeckung der Antibiotika-, Radio- und Chemotherapie die Medizin und die Pflege auf Heilung ausgerichtet waren. Erst durch einen erneuten Paradigmenwechsel, der maßgeblich durch Dr. Cicely Saunders und Dr. Elisabeth Kübler-Ross beeinflusst wurde, kam es zu einem Umdenken. Die Hospizbewegung nahm ihren Lauf und die Palliativmedizin und die palliative Pflege gewannen zunehmend an Bedeutung. In der Palliativpflege stehen eine bedürfnisorientierte Pflege und damit verbunden eine Steigerung der Lebensqualität von Betroffenen und deren Angehörigen im Vordergrund. Dies erfordert von den Pflegepersonen eine hohe empathische Kompetenz und Kreativität. Aber auch der respekt- und würdevolle Umgang mit verstorbenen Menschen und die Trauerbegleitung der Angehörigen gehört zum Aufgabenbereich des Pflegepersonals.

Palliative Care

Palliative Care ist ein umfassendes multidisziplinäres Behandlungs-, Pflege- und Betreuungskonzept für Menschen am Ende ihres Lebens. Der Begriff „pallium" ist lateinisch und bedeutet „Mantel", „Care" ist ein englischer Begriff und heißt übersetzt „Fürsorge". Es handelt sich bei Palliative Care also um eine „umhüllende Fürsorge". Palliative Care befasst sich mit Menschen, deren Krankheit nicht mehr behandelbar ist. Das Ziel von Palliative Care ist daher nicht die Heilung der Krankheit, sondern die Erhaltung einer möglichst hohen Lebensqualität. Palliative Care beinhaltet die Palliativmedizin und die Palliativpflege (vgl. Kayser et al. 2009, zit. nach Hametner 2011, S. 14).

Die Weltgesundheitsorganisation (WHO) beschrieb 2002 die Definition für Palliative Care folgendermaßen:

„Palliative Care ist ein Ansatz zur Verbesserung der Lebensqualität von Patienten und ihren Familien, die mit Problemen konfrontiert sind, welche mit einer lebensbedrohlichen Erkrankung einhergehen. Dies geschieht durch Vorbeugen und Lindern von Leiden durch frühzeitige Erkennung, sorgfältige Einschätzung und Behandlung von Schmerzen sowie anderen Problemen körperlicher, psychosozialer und spiritueller Art.

Palliative Care:

- *ermöglicht Linderung von Schmerzen und anderen belastenden Symptomen*
- *bejaht das Leben und erkennt Sterben als normalen Prozess an*
- *beabsichtigt weder die Beschleunigung noch Verzögerung des Todes*
- *integriert psychologische und spirituelle Aspekte der Betreuung*
- *bietet Unterstützung, um Patienten zu helfen, ihr Leben so aktiv wie möglich bis zum Tod zu gestalten*
- *bietet Angehörigen Unterstützung während der Erkrankung des Patienten und in der Trauerzeit*
- *beruht auf einem Teamansatz, um den Bedürfnissen der Patienten und ihrer Familien zu begegnen, auch durch Beratung in der Trauerzeit, falls notwendig*

- *fördert Lebensqualität und kann möglicherweise auch den Verlauf der Erkrankung positiv beeinflussen*
- *kommt frühzeitig im Krankheitsverlauf zur Anwendung, auch in Verbindung mit anderen Therapien, die eine Lebensverlängerung zum Ziel haben, wie z. B. Chemotherapie oder Bestrahlung, und schließt Untersuchungen ein, die notwendig sind, um belastende Komplikationen besser zu verstehen und zu behandeln"*

(WHO 2002)

Palliative Care brauchen Menschen mit:

- onkologischen Erkrankungen ohne Aussicht auf Heilung
- chronischen Erkrankungen (wie z. B. amyotrophe Lateralsklerose, Niereninsuffizienz, Demenz usw.)
- fortgeschrittenem Alter und Pflegebedürftigkeit
- Folgeerkrankungen, wie z. B. Hepatitis oder Aids aufgrund jahrelangen Drogenkonsums

Mit Palliativmedizin und -pflege sollte bereits ab der Diagnosestellung begonnen werden, sobald keine Heilungsaussicht mehr besteht. Je weiter die Erkrankung fortschreitet, desto mehr sollte die Palliativmedizin und -pflege in den Vordergrund rücken (vgl. Feichtner 2014, S. 18).

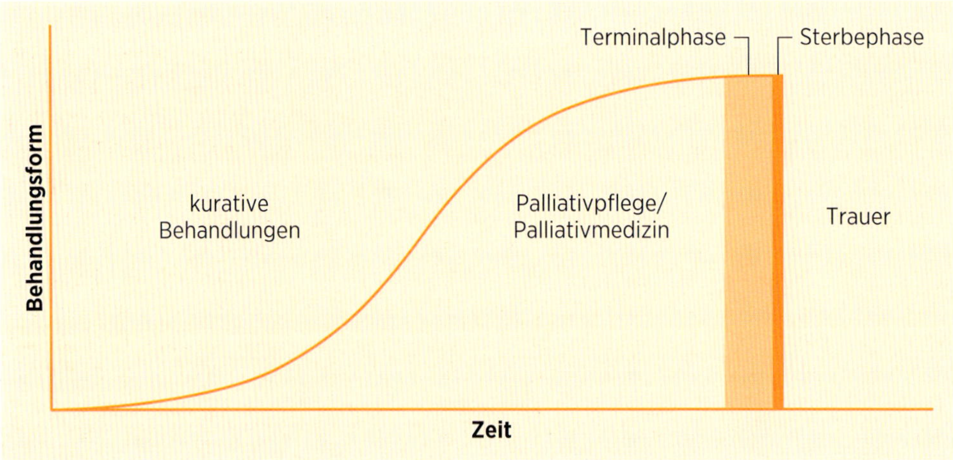

Abb. 132: **Verhältnis der Hospiz- und Palliativbetreuung zu den kurativen Therapien** (Ábrahám et al. 2016)

Interdisziplinäre/interprofessionelle Zusammenarbeit

Damit Palliative Care umgesetzt werden kann, benötigt es eine interprofessionelle (berufsübergreifende) bzw. interdisziplinäre (fächerübergreifende) Zusammenarbeit. Ein interdisziplinäres Team besteht aus Medizin, Pflege, Physiotherapie, Ergotherapie, Logopädie, Diätdiensten, Psychotherapie, Seelsorge, Sozialarbeit, ehrenamtlich Tätigen sowie Hilfsdiensten und Reinigungspersonal. Im interdisziplinären Team gibt es keine Rangordnung. Das gemeinsame Ziel ist es, die Bedürfnisse der schwer kranken Menschen und deren Angehörigen zu erfüllen. Das kann nur dann gelingen, wenn die einzelnen Disziplinen folgende Aspekte berücksichtigen (vgl. Feichtner 2014, S. 32–34):

- Jede Berufsgruppe ist wichtig und sollte von den anderen Berufsgruppen wertgeschätzt werden. Hierarchien sind daher fehl am Platz!
- Jede Berufsgruppe sollte sich ihrer Verantwortung bewusst sein. Dazu ist es notwendig, dass jede Profession ihren Kompetenzbereich kennt und wahrnimmt.
- Eine weitere wichtige Voraussetzung für interdisziplinäre Zusammenarbeit ist eine gute Kommunikationsbasis. Dabei muss beachtet werden, dass sich die verschiedenen Professionen verstehen. Bei Teambesprechungen sollten Fachbegriffe vermieden werden, damit auch ehrenamtliche MitarbeiterInnen oder Hilfsdienste dem Inhalt folgen können.
- Eine gelingende interdisziplinäre Zusammenarbeit benötigt außerdem gute Rahmenbedingungen und klare Regeln, wie z. B. Zeitfenster für Teambesprechungen, damit gemeinsame Ziele festgelegt werden können.

Hospiz

„Hospiz“ ist ebenfalls ein lateinischer Begriff und leitet sich von „hospitium“ ab, was so viel bedeutet wie Gastfreundschaft.

Geschichtliche Entwicklung

Hospize gab es bereits im Mittelalter. Diese dienten Pilgern als Herbergen und Raststätten an gefährlichen Wegpassagen (z. B. Alpenpässe, Flussübergänge) und wurden zumeist von in der Heilkunst ausgebildeten Ordensleuten betrieben. Im Frankreich des 16. und 17. Jahrhunderts wurde die Pflege und Versorgung Armer, Kranker und Sterbender erstmals durch den Priester und Ordensgründer **Vinzenz von Paul** systematisiert und organisiert. Mit der finanziellen Hilfe von Reichen und der tatkräftigen Unterstützung der „barmherzigen Schwestern“ unter der Führung von **Louise von Marillac** schaffte er menschenwürdige Bedingungen zum Leben und zum Sterben.

Die meisten Einrichtungen und Tätigkeitsfelder der Orden wurden im Laufe der Zeit immer mehr verstaatlicht. Ende des 19. Jahrhunderts stellte **Mary Akinhead** ihr Haus in Dublin als Hospiz zur Verfügung. Sie gründete den Orden „Irish Sisters of Charity“, dessen Aufgabe unter anderem die Pflege und Versorgung sterbender Menschen war. 1905 wurde ein ähnliches Haus in London, das „St. Josephs Hospice“, von einigen ihrer Schwestern eröffnet. Allmählich breitete sich die Entstehung der Hospize in Europa aus.

Auch in Amerika erkannte man die Notwendigkeit solcher Einrichtungen. Das erste Hospiz wurde 1899 in New York durch die Dominikanerin **Rose Hawthorne** und ihre Mitschwestern gegründet. In den 1950er-Jahren gründete eine Gruppe von New Yorker Sozialarbeiterinnen die Gesellschaft „Cancer Care Inc.“. Diese verfolgte das Ziel, Menschen beim Sterben zu Hause zu unterstützen.

In den späten 1940er-Jahren freundete sich in England in einem Krankenhaus in London die Krankenschwester, Ärztin und Sozialarbeiterin **Dr. Cicely Saunders** mit David Tasma an, einem polnischen Juden, der dem Warschauer Ghetto entkommen und unheilbar an Krebs erkrankt war. Im Verlauf ihrer Freundschaft entstand die Vision von einem Haus, in dem die Bedürfnisse Sterbender im Vordergrund stehen würden und diese Menschen dort in Frieden und Würde sterben könnten. David Tasma hinterließ Cicely Saunders nach seinem Tod 500 Pfund mit den Worten: „Ich werde ein Fenster in deinem Haus sein.“ Saunders beschäftigte sich viel mit sterbenden Menschen und deren Bedürfnissen, Nöten und Ängsten. Schließlich gelang es ihr 1967 das erste moderne Hospiz in London zu eröffnen: das „St. Christopher's Hospice". In ihrem Hospiz befindet sich ein Fenster, welches David Tasma gewidmet ist.

Ausgehend von England breitete sich die Hospizidee rasch in andere Länder aus. 1975 entstand in Montreal die erste Palliativstation am Royal Victoria Hospital. Weiters entstand 1975 in England das erste „Day-Care-Centre", eine Hospiz-Tagesbetreuungsstätte. In vielen Ländern wurden Lehrstühle für Palliativmedizin eingerichtet. Zu dieser Zeit begann in Amerika die Schweizer Psychiaterin **Dr. Elisabeth Kübler-Ross** sich mit dem Thema Sterben und Tod auseinanderzusetzen. Durch Interviews mit Sterbenden und Trauernden versuchte sie deren Bedürfnisse herauszufinden und veröffentliche ihre Ergebnisse. Sie trug maßgeblich dazu bei, diese Thematik zu enttabuisieren (vgl. Kränzle et al. 2011, S. 4–5).

Entwicklung der Hospizbewegung in Österreich

Im Folgenden werden einige wichtige Eckdaten zur Entwicklung der Hospizbewegung in Österreich dargelegt (vgl. Feichtner 2014, S. 24–25):

- 1985 begann eine Gruppe um **Schwester Hildegard Teuschl** die Hospizidee umzusetzen.
- 1987 wurde die Hospizarbeit erstmals ambulant durch das interdisziplinäre „Hospiz-Außenteam" angeboten.
- 1992 entstand das erste stationäre Hospiz „Hospiz St. Raphael" in Wien.
- 1993 wurde der **Dachverband Hospiz Österreich** gegründet.
- 1995 wurden in allen Bundesländern mobile Hospizteams gegründet.
- 1998 wurde die „Palliativstation St. Vinzenz" in Ried eröffnet.
- 1999 erfolgte die Verankerung der Palliativmedizin im österreichischen Gesundheitswesen. Es wurden daraufhin mehrere Palliativstationen eröffnet.
- 2002 kam es zur Einführung der **Familienhospizkarenz**.
- 2004 entwickelte das österreichische Bundesinstitut für Gesundheitswesen (ÖBIG) das „Konzept der abgestuften Hospiz- und Palliativversorgung".
- 2007 wurde der erste Lehrstuhl für Palliativmedizin an der Medizinischen Universität Wien eingerichtet.

<table>
<tr><th></th><th>„Einfache" Situation</th><th colspan="3">Komplexe Situationen
schwierige Fragestellungen</th></tr>
<tr><th></th><th>Grundversorgung</th><th colspan="2">Unterstützende Angebote</th><th>Betreuende Angebote</th></tr>
<tr><td>Akutbereich</td><td>Krankenhäuser</td><td rowspan="3">Hospizteams</td><td>Palliativkonsiliardienste</td><td>Palliativstationen</td></tr>
<tr><td>Langzeitbereich</td><td>Alten- und Pflegeheime</td><td rowspan="2">Mobile Palliativteams</td><td>Stationäre Hospize</td></tr>
<tr><td>Familienbereich, Zuhause</td><td>niedergel. (Fach)-Ärzteschaft, mobile Dienste, Therapeuten</td><td>Tageshospize</td></tr>
</table>

Abb. 133: **Plan zur abgestuften Palliativversorgung in Österreich**
(Koordination Palliativbetreuung Steiermark)

Inhalte und Grundsätze der Hospiz- und Palliativbetreuung

Das österreichische Bundesinstitut für Gesundheitswesen (ÖBIG) hat für die Hospiz- und Palliativbetreuung folgende Inhalte und Grundsätze erstellt:

- *„Ziel der Behandlung und Betreuung sind die Erhaltung bzw. Verbesserung der Lebensqualität der Betroffenen und der Angehörigen.*
- *Bedarf und Bedürfnisse der Patienten/innen stehen im Zentrum. In der Betreuung und Behandlung kommt der individuellen Zuwendung ein hoher Stellenwert zu.*
- *Es wird besonders auf die Sicherstellung des Selbstbestimmungsrechtes der Betroffenen Bedacht genommen.*
- *Die Angehörigen werden in die Betreuung miteinbezogen.*
- *Ein Sterben in vertrauter Umgebung soll ermöglicht werden.*
- *In einem ganzheitlichen Betreuungsansatz werden die körperlichen, psychischen, sozialen und spirituellen Bedürfnisse gleichermaßen berücksichtigt.*
- *Behandlung und Betreuung erfolgen durch ein multiprofessionell zusammengesetztes Team, das aus speziell qualifiziertem ärztlichen Personal, Gesundheits- und Krankenpflegepersonen, Sozialarbeiterinnen/Sozialarbeitern, Seelsorgern besteht. Ehrenamtlich Tätige werden in die Betreuungstätigkeit miteinbezogen.*
- *Bei der Behandlung der Grunderkrankung wird kein kurativer Ansatz mehr verfolgt.*
- *Die Einbeziehung der spezialisierten Fachkräfte in die Behandlung und Betreuung der Patienten/innen soll möglichst frühzeitig erfolgen.*
- *Die Entscheidung über Therapien und Maßnahmen erfolgt unter Abwägung von Nutzen und Belastung im Hinblick auf die Lebensqualität der Betroffenen (Vermeidung von „Übertherapie") und in einem gemeinsamen informierten Entscheidungsfindungsprozess unter Einbeziehung der Patienten/innen, Angehörigen und Team.*
- *Die Gewährleistung der Kontinuität der qualifizierten Betreuung ist eine Maxime.*
- *Die Tätigkeit der Hospiz- und Palliativbetreuung endet nicht mit dem Tod der Patienten/innen und inkludiert bei Bedarf Hilfestellungen und/oder Trauerbegleitung der Angehörigen.*
- *Vorausschauende Planung ist wesentlich.*
- *Mitarbeit bei der Aus-, Fort- und Weiterbildung von in der Grundversorgung tätigen Berufsgruppen gehört zu den Aufgaben der speziell qualifizierten Fachkräfte.*
- *Bewusstseinsbildung und Öffentlichkeitsarbeit sind wesentliche Bestandteile der Tätigkeit.*
- *Die Hospiz- und Palliativbetreuung wird an der Basis von Ehrenamtlichen getragen."*

(Nemeth 2004, S. 13)

Der Sterbeprozess

> *„Nicht dem Leben mehr Tage, sondern den Tagen mehr Leben geben."*
> Dr. Cicely Saunders (1918–2005, Begründerin der modernen Hospizbewegung und Palliativmedizin)

Tod und Sterben sind zwei verschiedene Dinge. Das Sterben gehört zum Leben. Sterbende Menschen leben also noch. Der Tod bedeutet hingegen das Ende des Lebens (vgl. Feichtner 2014, S. 43). Dies ist ein wichtiger Aspekt, den sich Pflegepersonen im Umgang mit sterbenden Menschen vor Augen führen sollten. Wichtig ist, wie das Zitat von

Cicely Saunders besagt, den sterbenden Menschen eine hohe Lebensqualität auf ihrem letzten Lebensweg zu ermöglichen.

Wann beginnt der Sterbeprozess?

Dafür gibt es verschiedene Betrachtungsweisen. Aus medizinischer Sicht beginnt das Sterben, wenn die Körperfunktionen versagen. Aus biologischer Sicht beginnt der Sterbeprozess mit der Geburt, da ab diesem Zeitpunkt bereits Zellen absterben. Psychologisch betrachtet befindet sich ein Mensch im Sterben, wenn er sich seines nahenden Todes bewusst ist. Pflegepersonen bemerken den beginnenden Sterbeprozess sehr häufig daran, dass sich der sterbende Mensch immer mehr zurückzieht. Der/die zu Pflegende verliert das Interesse an vielen alltäglichen Dingen. Es beginnt ein Rückzug nach innen, das heißt, es findet eine Konzentration auf die inneren Vorgänge statt (vgl. Feichtner 2014, S. 43).

Dass ein Mensch stirbt, erkennt man an folgenden Zeichen (vgl. Twycross/Lichter 1993, zit. nach Hametner 2011, S. 97):

- der/die PatientIn weist eine fortgeschrittene Erkrankung mit schlechter Prognose auf
- die Bettlägerigkeit nimmt immer mehr zu
- der Allgemeinzustand wird immer schwächer
- Symptome wie Unruhe, Angst, Dyspnoe, Schmerz usw. kommen hinzu
- der/die PatientIn wird immer schläfriger und ist zeitweilig auch desorientiert
- das Interesse am Essen und Trinken, der Umgebung und dem Leben lässt nach
- lebensbedrohliche Komplikationen treten auf
- der Arzt/die Ärztin und die Pflegepersonen schätzen den Zustand so ein, dass der Tod bevorsteht

Treten alle oder mehrere der oben genannten Punkte auf, dann steht der Tod des/der PatientIn bevor. Dies kann langsam (Wochen bis Monate), aber auch plötzlich geschehen.

Ist der Tod nahe, kommen körperliche Anzeichen hinzu (vgl. Kern/Nauck 2006, zit. nach Hametner 2011, S. 97–98):

- zunehmende Müdigkeit und Passivität
- immer längere Schlafphasen bis hin zum Koma
- die Nahrungs- und Flüssigkeitsaufnahme nimmt ab
- die Urinausscheidung nimmt ab
- Füße, Arme und Hände sind kalt
- übermäßiges Schwitzen
- die Körperunterseite sowie Hände, Knie und/oder Füße sind livide verfärbt
- die Haut ist bleich
- auffallend ist ein ausgeprägtes Mund-Nasen-Dreieck
- der Puls wird immer schwächer
- der Blutdruck nimmt ab
- die Außenwelt wird kaum mehr wahrgenommen
- die Atmung verändert sich (Cheyne-Stokes-Atmung)
- Rasselatmung in der Finalphase (siehe Terminal- und Finalphase)

Merke: Sterben ist ein Prozess mit körperlichen, aber auch sozialen, psychischen und spirituellen Veränderungen. Daher brauchen sterbende Menschen nicht nur eine Umgebung, in der sie sich sicher und geborgen fühlen, sondern auch Menschen an ihrer Seite, die ihre multidimensionalen Bedürfnisse erkennen und sie darin unterstützen (vgl. Feichtner 2014, S. 44).

Terminal- und Finalphase

Bei der Terminalphase handelt es sich um die letzten Tage im Leben eines Menschen, bei der Finalphase um die letzten Stunden. Im Zentrum allen Bemühens sollten nun die Bedürfnisse des/der Sterbenden und der Angehörigen bzw. Bezugspersonen stehen. Es muss gut abgewogen werden, welche Pflegetätigkeiten noch notwendig sind oder ob sie bereits zu belastend für den sterbenden Menschen sind. Sehr häufig benötigt der/die PatientIn kaum mehr Pflegeinterventionen, aber die Angehörigen bzw. Bezugspersonen brauchen die Unterstützung der Pflegepersonen (vgl. Feichtner 2014, S. 45).

Sterbephasen

Es gibt verschiedene Sterbephasenmodelle. Das bekannteste Sterbephasenmodell ist jenes von **Dr. Elisabeth Kübler-Ross**. Die fünf Phasen (Nicht-wahrhaben-Wollen – Zorn – Verhandeln – Depression – Annahme/Akzeptanz) beschreiben unbewusste Strategien der Betroffenen in der Auseinandersetzung und Bewältigung der schwierigen Situationen und des nahenden Todes. Dieses Phasenmodell ist nicht als vorgegebenes Schema zu betrachten. Auch Angehörige durchleben diese Phasen, wobei diese nicht immer zeitgleich mit denen der Sterbenden auftreten. Es kann vorkommen, dass sich der/die Sterbende bereits in der Phase der Akzeptanz befindet und der/die Angehörige noch in der Phase des Nicht-wahrhaben-Wollens (vgl. Feichtner 2014, S. 46–47).

In der Phase des **Nicht-wahrhaben-Wollens** befinden sich die PatientInnen in einem schockähnlichen Zustand. Sie wollen die schlechte Nachricht nicht wahrhaben und wehren sich dagegen. Sie glauben sehr häufig an eine Verwechslung der Befunde oder an eine Fehldiagnose. Auch kann es sein, dass erneute Untersuchungen gefordert werden und Verordnungen des Arztes/der Ärztin nicht eingehalten werden, da dessen/deren Einschätzungen als falsch wahrgenommen werden. Dadurch verschafft sich der/die PatientIn Zeit, um die Mitteilung zu verarbeiten.

Merke: Begleitende brauchen in dieser Phase viel Geduld. Sie sollten abwarten, dem/der PatientIn nicht widersprechen und Gesprächsbereitschaft signalisieren. Auf keinen Fall sollten die Begleitenden den/die PatientIn mit der Tatsache konfrontieren.

In der zweiten Phase wird der/die Patienten/in von starken Emotionen überflutet, da er/sie nun die tödliche Krankheit anerkennt. Er/sie reagiert mit **Zorn** auf das Umfeld. Dieser richtet sich an das Pflegepersonal, Ärzte/Ärztinnen und das gesamte Betreuungsteam, indem er/sie mit allem unzufrieden ist, mit dem Zimmer, dem Essen, den MitpatientInnen, der Betreuung usw. Die Wut kann sich aber genauso gegen die Angehörigen richten, was zu Familienstreitigkeiten führen kann.

Merke: Den Zorn der PatientInnen nicht persönlich nehmen! Auch wenn es schwierig ist, sollten die Emotionen zugelassen, ihnen zugehört und das Gehörte nicht bewertet werden.

In der dritten Phase werden die Krankheit und der bevorstehende Tod anerkannt. Durch **Verhandeln** versucht der/die Sterbende noch einen Aufschub und damit mehr Lebenszeit zu erreichen. Die Sterbenden verhandeln mit den Ärzten/Ärztinnen (z. B. über weitere therapeutische Maßnahmen), dem gesamten Betreuungsteam (z. B. indem sie sich anpassen und an den Therapien teilnehmen) und auch mit Gott (z. B. indem sie Gelübde ablegen, versprechen, ein besserer Mensch zu werden). Sehr häufig liegen diesen Versprechungen Schuldgefühle zugrunde. Die PatientInnen erkennen nun, was wichtig ist, und wollen etwas tun, das sie bisher noch nicht geleistet haben.

Merke: Hoffnungen sollten nicht genährt, aber auch nicht genommen werden. Wichtig ist auch in dieser Phase, dass die Aussagen der Sterbenden nicht bewertet werden.

In der nächsten Phase geben die Sterbenden jede Hoffnung auf und fallen in eine **Depression**. Sie werden von einer Trauer überwältigt, da ihnen bewusst wird, was sie alles verlieren werden: Familie, Freunde usw. Sie erkennen auch, dass sie gewisse Probleme nicht mehr lösen können und leiden dadurch unter Schuldgefühlen. Sie wollen noch so viel wie möglich regeln (z. B. Testament, Aussöhnung mit Familienmitgliedern). Sie setzen sich mit dem Tod auseinander und ziehen sich immer mehr zurück. Für die Angehörigen ist dies oft schmerzhaft, da der/die Sterbende immer stiller wird, zusehends seine/ihre Bindungen löst und mit dem Leben abschließt.

Merke: Die Begleitenden sollten die Sterbenden dabei unterstützen, letzte Dinge zu erledigen. Sie sollten außerdem die Traurigkeit und die Trauer der Sterbenden zulassen. Dazu ist kein Trösten notwendig, sondern mitmenschliche Nähe.

In der Phase der **Akzeptanz** stimmen die Sterbenden dem nahenden Tod zu, obwohl auch eine schwache Hoffnung, doch nicht sterben zu müssen, aufrechterhalten bleibt. Sie haben Frieden mit der Welt geschlossen und sind frei von Gefühlen. Die Sterbenden schlafen viel und sollten so wenig wie möglich gestört werden. Die verbale Kommunikation wird vonseiten der Sterbenden immer weniger.

Merke: In dieser Phase sollten sich die Begleitenden viel Zeit für die Unterstützung der Sterbenden nehmen. Es kann auch noch zu Gesprächen über letzte Wünsche kommen. Der Rückzug sollte akzeptiert werden. Angehörige benötigen in dieser für sie schwierigen Phase die Unterstützung der Pflegepersonen (vgl. Kränzle et al. 2011, S. 18–20).

Die einzelnen Phasen verlaufen nicht immer nacheinander. Es kann vorkommen, dass sich Phasen wiederholen, nebeneinander vorhanden sind oder auch einzelne Phasen wegfallen.

Begleitung im Sterbeprozess

Die Begleitung im Sterbeprozess stellt für Pflegepersonen eine sehr herausfordernde Tätigkeit dar. Der Fokus allen Tuns liegt dabei beim sterbenden Menschen und den Angehörigen. Pflegende sind gefordert, zu erspüren, was die zu betreuenden Personen brauchen, da diese ihre Bedürfnisse nicht immer in Worte fassen können. Es handelt sich für alle Beteiligten um eine Ausnahmesituation. Schaffen es aber die Pflegepersonen auf die betroffenen Personen und deren Bedürfnisse einzugehen, dann findet das Sterben zumeist in einer friedvollen Atmosphäre statt.

Viele Begleitende haben Angst vor Gesprächen mit Sterbenden und deren Angehörigen. Sie fühlen sich überfordert, wissen nicht, wie sie auf Fragen reagieren sollen. In vielen Situationen und auf viele Fragen gibt es jedoch keine Antworten, dann ist es besser zu schweigen und einfach nur da zu sein und zuzuhören. Die Betroffenen brauchen jemanden, dem sie ihre Ängste und Sorgen anvertrauen können und der sie nicht alleine lässt.

Voraussetzungen für die Kommunikation mit Sterbenden und deren Angehörigen (vgl. Kränzle et al. 2011, S. 117):

- Die Begleitenden sollten sich mit ihrer eigenen Haltung und Gefühlen bzgl. Sterben, Tod und Trauer auseinandersetzen.
- Den Betroffenen und Angehörigen sollte mit Wertschätzung und Achtung begegnet werden, auch wenn besorgte Angehörige von Begleitenden als „schwierig“ erlebt werden.
- respektvoller Umgang mit dem/der Sterbenden und seinem/ihrem Leben
- Begleitende müssen zuhören können und wollen.
- Begleitende sollen über Kenntnisse in der nonverbalen Kommunikation verfügen.
- Begleitenden muss bewusst sein, dass es nicht immer Antworten oder einen „heilenden Satz“ gibt.
- Die eigenen Vorstellungen und Wünsche vom Sterben entsprechen nicht immer jenen der Betroffenen.

Die **nonverbale Kommunikation** spielt eine wesentliche Rolle in der Kommunikation mit sterbenden Menschen. Nimmt bei sterbenden Menschen das Bewusstsein immer mehr ab, dann ist der direkte Körperkontakt das wesentlichste Kommunikationsmittel. Nonverbale Ausdrucksformen wie unruhiger Schlaf, Stöhnen, beschleunigte Atmung, Entspannung usw. geben dem Pflegepersonal Auskunft darüber, wie es dem sterbenden Menschen geht. Auch vonseiten der betreuenden Personen bedarf es oft nicht vieler Worte, um dem/der Sterbenden zu verstehen zu geben, dass man für ihn/sie da ist (vgl. Feichtner 2014, S. 97, Kränzle et al. 2011, S. 120).

Pflegepersonen neigen dazu, sterbenden Menschen die Hand aufzulegen, sie zu streicheln oder zu halten usw. Dies sind sehr intime Gesten. Deshalb ist es wichtig, mit **Berührungen** verantwortungsvoll und sorgsam umzugehen und in Erfahrung zu bringen, welche Berührungen der sterbende Mensch auch früher gerne hatte. Berührungen können als angenehm, aber auch als unangenehm empfunden werden. Daher sollte auf Signale des sterbenden Menschen geachtet werden, die er bei der Berührung aussendet (Veränderung der Atmung, Unruhe, Entspannung usw.). Pflegepersonen sollten es daher auch nicht persönlich nehmen, wenn der/die Sterbende die Berührungen nicht toleriert. Auch vonseiten des Pflegepersonals sollten Berührungen nicht unter Zwang durchgeführt werden. Sie sollten frei entscheiden dürfen, wen sie berühren möchten und wen nicht (vgl. Kränzle et al. 2011, S. 121–122).

Merke: Die Qualität der Berührung bestimmt das Wohlbefinden der PatientInnen entscheidend mit (vgl. Feichtner 2014, S. 97).

Aufgabe: Machen Sie sich ein Bild von Ihrem Körper und überlegen Sie für sich: Wo können Sie Berührungen von fremden Personen zulassen? Wo dürfen Sie nur von Angehörigen, Bezugspersonen oder Ihrem/Ihrer PartnerIn berührt werden? Diskutieren Sie Ihre Ergebnisse in der Gruppe und stellen Sie gemeinsam einen Bezug zum Pflegealltag her. Wo berühren wir unsere PatientInnen ganz selbstverständlich? Was wird Ihnen durch diese Reflexion vor Augen geführt?

Aktives Zuhören wird häufig in Problemsituation bei PatientInnen eingesetzt. Dabei geht es lediglich um das Zuhören, d.h. der/die PatientIn schildert seine/ihre Probleme und die Betreuungsperson hört nur zu. Dies hilft dem/der Betroffenen, sich seiner/ihrer Gefühle bewusst zu werden und damit besser zurechtzukommen. Betreuungspersonen sollten bedenken, dass aktives Zuhören Schwerstarbeit ist. Es erfordert höchste Aufmerksamkeit und Konzentration. Es ist daher ganz wichtig, alles um sich herum auszublenden und sich nur auf den/die PatientIn zu konzentrieren. Dabei sollte des Weiteren beachtet werden, dass der/die PatientIn in seinen/ihren Äußerungen nicht bewertet wird. Auch Lösungen vonseiten der Betreuungspersonen sind nicht angebracht. Aktives Zuhören heißt, sich dem/der SprecherIn zuzuwenden. Dies drückt sich in einer zugewandten Körperhaltung, in Blickkontakt und eventuell in Kopfnicken aus. Beim aktiven Zuhören können außerdem Beobachtungen zu Körpersprache, Körperhaltung, Tonfall, Sprechgeschwindigkeit usw. gemacht werden. Diese nonverbalen Ausdrucksformen drücken die Gefühle der Betroffenen oft stärker aus als Worte. Weitere Techniken des aktiven Zuhörens sind Paraphrasieren oder Verbalisieren (vgl. Feichtner 2014, S. 92–93, siehe auch Kap. „Kommunikation" in Lernfeld 1).

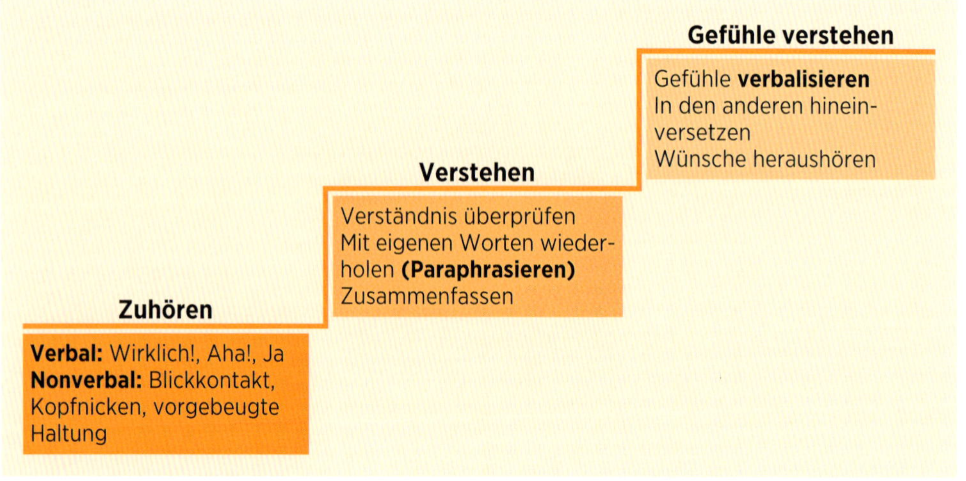

Abb. 134: **Aktives Zuhören** (tobiashug)

Die **Symbolsprache** wird häufig von Menschen angewendet, die kurz vor dem Tod stehen. Sie ist eine Ausdrucksform mit symbolhaftem Charakter. Symbole sind bildhafte Zeichen. Diese Form der Kommunikation wird von Betreuungspersonen häufig der Desorientierung der Sterbenden zugeschrieben und diesen dadurch ein Zuhören, ein Verstehen verwehrt. Die Sterbenden fühlen sich in ihren Gefühlen alleingelassen. Es kann nicht genau festgestellt werden, warum sich Sterbende symbolhaft ausdrücken. Möglicherweise könnte es damit zusammenhängen, dass sie sich auf einer anderen Bewusstseinsebene befinden. Die Worte Tod und Sterben werden selten ausgesprochen, da sie möglicherweise zu schmerzhaft sind. Für „Tod“ steht häufig der Ausdruck „letzte Reise“. Dies wird begleitet durch eine Aufbruchsstimmung der Sterbenden, was sich in einer motorischen Unruhe äußert. Dinge, die noch erledigt werden müssen, werden häufig im Kofferpacken, Aufräumen, Suchen ausgedrückt. Für „Sterben“ stehen häufig die Ausdrücke „Zuhause“ oder „Heimgehen“ (das Zuhause ist ein Ort der Geborgenheit).

Beispiele:
Der sterbende Mensch bereitet sich auf das Sterben vor:

- „Ich gehe bald auf eine lange Reise.“
- „Ich muss den Koffer packen.“ (Reiter et al. 2012, S. 330–331)
- „Ich versäume den Zug.“
- „Ich habe meinen Reisepass vergessen.“

Zeit und Raum verändern sich für den/die Sterbende/n, beginnen sich aufzulösen:

- „Meine Uhr geht nicht richtig.“
- „Ich spüre eine andere Zeit.“ (Feichtner 2014, S. 95)

Damit sich der/die Sterbende in seiner/ihrer Welt verstanden fühlt, sollten sich die Betreuungspersonen ebenfalls auf die Symbolsprache einlassen. Die Aussagen des/der Sterbenden sollten in anderen Worten wiedergegeben werden. Dies nennt man auch „Spiegeln“. Die Spiegeltechnik ist aus der Validationsmethode nach Naomi Feil entstanden.

Beispiele:
Mögliche Antworten für die „letzte Reise“:

- „Möchten Sie jetzt aufbrechen?“
- „Was erhoffen Sie sich von der Reise?“
- „Haben Sie jetzt Reisefieber?“

Mögliche Antworten für „Heimgehen/Zuhause“:

- „Zu Hause fühlen Sie sich geborgen.“
- „Ist dort jemand, der Sie erwartet?“ Als Antwort können vom sterbenden Menschen Personen genannt werden, die bereits verstorben sind.
- „Wie weit ist es denn bis zu ihrem Zuhause?“

Der sterbende Mensch fühlt sich dadurch in seinen Gefühlen bestätigt und ermutigt weiterzusprechen. Die Betreuungspersonen signalisieren ihm außerdem, dass er verstanden wird und auf seinem Weg nicht allein gelassen wird (vgl. Reiter et al. 2012, S. 331–332).

Nahrungs- und Flüssigkeitszufuhr

„Essen und Trinken hält Leib und Seele zusammen“. Dieses Sprichwort drückt die Bedeutung von Essen und Trinken sehr gut aus, da sie für einen gesunden Menschen sinnliche Erlebnisse darstellen. Bei schwer kranken Menschen können Essen und Trinken jedoch zur Last werden.

Mögliche Ursachen für Inappetenz (Appetitverlust) können sein:

- Erkrankungen wie Krebs oder Aids, welche im fortgeschrittenen Stadium zu einer ungewollten Gewichtsabnahme führen, da sie entzündungsähnliche Prozesse im Körper auslösen und dadurch zum Abbau körpereigener Substanzen führen

- Begleiterscheinungen dieser Erkrankungen, wie z. B. Infektionen
- Schmerzen, Immobilität
- Nebenwirkungen der Therapien wie Übelkeit, Mundtrockenheit, Entzündungen der Mundschleimhaut, Geschmacksveränderungen, Obstipation, Diarrhoe usw.
- Schluckstörungen, Reflux
- Zahnprothese passt nicht mehr
- die Zubereitung des Essens oder die einzuhaltende Diät entspricht nicht den Vorlieben des/der PatientIn
- psychische Ursachen wie z. B. Krankheitsverarbeitungsprozess, Stress usw.
- psychosoziale Ursachen wie z. B. Angehörige, die Druck bzgl. Essen und Trinken auslösen, Hospitalisierung usw.
- andere Erkrankungen wie Diabetes mellitus, Hyperthyreose oder chronische Erkrankungen

Folgende Pflegeinterventionen können bei Inappetenz durchgeführt werden:

- gute Mundpflege ermöglichen
- Eingrenzen und Behandlung von Begleiterscheinungen und Nebenwirkungen
- Wunschkost anbieten und eine sogenannte „Essbiografie" (Essensgewohnheiten, Lieblingsspeisen) erheben
- appetitlich angerichtete Speisen anbieten
- kleine Portionen auf großen Tellern anrichten und häufige kleine Mahlzeiten anbieten
- Angehörige miteinbeziehen, indem diese Selbstgekochtes oder Lieblingsspeisen mitbringen
- wenn gewünscht, flüssige Nahrung ermöglichen (Suppe, Milch, Bier usw.)
- das Essen sollte nicht zum Hauptthema werden
- alkoholische Getränke anbieten, da diese appetitanregend sein können (Aperitif, ein Glas Wein oder Bier zum Essen)
- je nach Gewohnheiten in Gesellschaft oder allein essen
- akzeptieren, wenn der/die PatientIn das Essen verweigert
- eventuell Ernährungsberatung
- Psychotherapie ermöglichen

Das Legen einer Ernährungssonde darf nur mit der Einwilligung des/der PatientIn oder der Angehörigen erfolgen. Ernährungssonden bringen aber nicht nur Vorteile mit sich, deshalb sollte dies gut überlegt und im interdisziplinären Team gemeinsam mit dem/der PatientIn und den Angehörigen diskutiert werden. Auch eine Flüssigkeitssubstitution muss v. a. in der Terminal-/Finalphase gut überlegt werden (vgl. Kränzle et al. 2011, S. 232–235).

Sterbende Menschen verlieren das Interesse am Essen und Trinken zumeist gänzlich. Oft essen sie nur mehr ganz kleine Portionen ihrer Lieblingsspeise. Bevorzugt werden sehr häufig Vanille- oder Zitroneneis, da dies als wohltuend empfunden wird. Der Stoffwechsel befindet sich im Abbau und die Verdauung ist die erste nachlassende Körperfunktion im Sterbeprozess, d. h. die eingeschränkte Nahrungszufuhr ist ein sogenannter Schutzmechanismus im Sterbeprozess. Ein weiterer Grund für die abnehmende

Nahrungs- und Flüssigkeitszufuhr könnte der erschwerte Schluckvorgang aufgrund des eingetrübten Bewusstseins und der zunehmenden Schwäche sein.

Für die Angehörigen ist diese geringe Nahrungs- und Flüssigkeitsaufnahme oft sehr belastend. Sie haben Angst, dass der/die Sterbende verhungern oder verdursten könnte. Die Aufgabe der Pflegepersonen besteht darin, die Angehörigen darüber aufzuklären, dass der/die Sterbende nicht mehr essen und trinken kann, da dies für ihn/sie eine große Belastung bedeutet. Es kann aber immer wieder vorkommen, dass Angehörige den sterbenden Menschen zum Essen drängen und dadurch Druck auf ihn ausüben. Die Sterbenden essen den Angehörigen zuliebe und erbrechen danach, was wiederum sehr anstrengend für sie ist. Hilfreich wäre es, den Angehörigen Vorschläge anzubieten, wie sie dem/der Sterbenden auf andere Art und Weise etwas Gutes tun können. Beispiele dafür wären Massagen der Hände und/oder der Füße, Mundpflege, deren Hand halten oder einfach nur da sein (vgl. Feichtner 2014, S. 52–53).

Aufgabe: Frau G. ist 84 Jahre alt und lebt seit einem Jahr in einem Alten- und Pflegeheim. Ihr Ehemann ist vor vielen Jahren verstorben. Vor ihrem Heimeinzug wurde bei Frau G. ein Pankreaskarzinom festgestellt. Seit einer Woche geht es Frau G. zunehmend schlechter. Sie macht einen sehr müden Eindruck und verweigert die Nahrungs- und Flüssigkeitszufuhr. Als ihre Tochter zu Besuch kommt, ist sie völlig außer sich. Sie kann nicht verstehen, warum ihre Mutter die von ihr mitgebrachten Lieblingskekse nicht essen will. Sie versucht immer wieder, ihre Mutter zum Essen anzuregen und äußert mehrmals: „Mama, du musst was essen, damit du wieder zu Kräften kommst." Unter Tränen und völlig aufgelöst sucht sie das Gespräch mit dem Pflegepersonal.

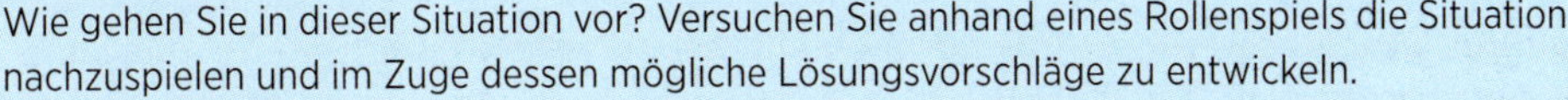

Wie gehen Sie in dieser Situation vor? Versuchen Sie anhand eines Rollenspiels die Situation nachzuspielen und im Zuge dessen mögliche Lösungsvorschläge zu entwickeln.

Ausscheidung

Wie bereits erwähnt, ist die Verdauung diejenige Körperfunktion, die im Sterbeprozess als erstes versagt. Daher kommt es immer seltener zu einer Stuhlausscheidung. Dieser Aspekt ist für Pflegepersonen wichtig zu bedenken, da es nicht sinnvoll wäre, den/die PatientIn mit Abführmitteln, Einläufen oder Quellmitteln zu quälen. Aufgrund der zunehmenden Schwäche ist es den PatientInnen auch oft nicht mehr möglich, die Bauchpresse einzusetzen. Wichtig vonseiten der Pflegepersonen ist es, darauf zu achten, ob das Abdomen weich oder angespannt ist. Dementsprechend ist im Einzelfall zu entscheiden, ob Abführmaßnahmen zu treffen sind, wobei möglichst „milde Maßnahmen" wie z. B. ein Milch-Honig-Einlauf durchgeführt werden sollten.

Außerdem nimmt durch die verringerte Flüssigkeitsaufnahme die Harnmenge ab. Dies bringt für den/die PatientIn auch Vorteile mit sich, da das Legen eines Dauerkatheters nicht mehr erforderlich ist oder pflegerische Maßnahmen wie z. B. der mehrmalige Wechsel einer Inkontinenzversorgung reduziert werden können. Auch geschlossene Inkontinenzmaterialien, welche häufig als unangenehm empfunden werden, können vermieden werden (vgl. Feichtner, 2014, S. 59–60).

Bewegen

Sterbende Menschen haben ein erhöhtes Ruhe- und Schlafbedürfnis. Daher sollten sich Pflegehandlungen an diesem Bedürfnis orientieren (vgl. Feichtner 2014, S. 59).

Bei der Positionierung und Mobilisierung eines sterbenden Menschen stehen daher nicht mehr die Prophylaxen (Dekubitus, Thrombose, ...) im Vordergrund, sondern seine Bedürfnisse. Die Positionierung richtet sich nach dem Wohlbefinden des sterbenden Menschen. Er sollte so positioniert werden, damit ein Blick in die Natur, auf Bilder oder eine gute Kommunikation mit den Angehörigen ermöglicht wird. Außerdem muss unbedingt berücksichtigt werden, dass viele Positionierungen für den sterbenden Menschen als äußerst schmerzhaft empfunden werden. Die Positionierung sollte daher so behutsam wie möglich erfolgen, Mikropositionierungen sind zu bevorzugen. Vor dem notwendigen Positionswechsel sollte unbedingt die Schmerzsituation des/der PatientIn abgeklärt und im Bedarfsfall für eine Schmerzmittelgabe gesorgt werden.

Ist ein/eine PatientIn sehr unruhig, kann dies ein Zeichen für einen notwendigen Positionswechsel sein, da er/sie möglicherweise auf einer Falte des Leintuchs oder Nachthemdes liegt, was als sehr unangenehm empfunden wird. Unruhe kann aber auch ein Zeichen dafür sein, dass der/die PatientIn aufstehen möchte. Gewisse Positionierungen können aber auch notwendig sein. Eine Positionierung mit erhöhtem Oberkörper ist z. B. bei Atemnot notwendig. Angehörige können in die Positionierung und Mobilisierung miteinbezogen werden. Es muss aber darauf geachtet werden, dass die Angehörigen die PatientInnen nicht überfordern.

Auch bei der Mobilisation geht es wiederum weniger um die Erhaltung der verschiedenen Körperfunktionen als um die Steigerung des Wohlbefindens. Manche Sterbenden haben das Bedürfnis noch einmal aufzustehen oder sogar ein paar Schritte zu gehen. Es bedarf aber auch hier vonseiten des Pflegepersonals viel Einfühlungsvermögen. Die Mobilisierung benötigt Zeit und Geduld. Es darf auf keinen Fall ein Druck auf die PatientInnen ausgeübt werden. Außerdem muss auf belastende Symptome wie Atemnot geachtet werden. Angehörige bedürfen auch hier einer guten Anleitung, da sie sehr häufig dem/der PatientIn alle Handreichungen abnehmen wollen, die er/sie selber machen will. Außerdem muss ihnen die Angst und Unsicherheit genommen werden, bevor sie miteinbezogen werden können. Daher bedarf es im Vorfeld einer guten Vorbereitung der Angehörigen in Form eines Gespräches (vgl. Wüller et al. 2014, S. 44–50).

Aufgabe: Frau W. ist 65 Jahre alt und leidet an einem fortgeschrittenen Mammakarzinom mit metastatischer Aussaat in Lunge, Leber und Knochen. Sie wurde bis vor kurzem noch zu Hause von ihrer Tochter mit Unterstützung des mobilen Palliativ- und Hospizteams betreut. Vor zwei Wochen verschlechterte sich ihr Zustand. Sie litt zunehmend unter Ganzkörperschmerzen und wurde immer schwächer. Deshalb veranlasste das mobile Palliativteam eine Überstellung auf die Palliativstation, wo Frau W. schmerztherapeutisch behandelt wird. Aufgrund der hohen Opioidtherapie ist sie sehr müde und schläft häufig. Ihre Tochter ist jeden Tag von morgens bis abends bei ihr. Als Sie am Nachmittag zu Frau W. gehen, finden Sie eine unruhige Patientin in ihrem Bett und eine besorgte Tochter vor. Die Tochter erzählt Ihnen, dass ihre Mutter mehrmals den Wunsch geäußert hat, aufzustehen, um aus dem Fenster sehen zu können. Die Tochter teilt Ihnen auch ihre Ängste mit: „Wie soll denn das gehen? Meine Mutter ist doch viel zu schwach, um aufzustehen! Ich habe große Angst, dass sie stürzt!"

Wie gehen Sie in dieser Situation vor? Suchen Sie in Kleingruppen zu max. 4 Personen nach einem möglichen Lösungsweg. Vergleichen Sie im Anschluss die einzelnen Lösungsvorschläge.

Körperpflege

Die Körperpflege bei sterbenden Menschen ist auf deren Bedürfnisse abzustimmen. Das bedeutet, dass es in erster Linie um das Wohlbefinden der PatientInnen geht. Außerdem bedürfen sie intensiver Unterstützung, da sie nicht mehr in der Lage sind, Pflegemaßnahmen selber zu erledigen. Dadurch wird ihnen außerdem die fortgeschrittene Erkrankung und die zunehmende Schwäche vor Augen geführt. Die Betroffenen reagieren häufig mit Angst, Rückzug oder Ablehnung der Hilfe. Wichtig ist daher, dass der/die Betroffene nicht überfordert wird. Die Körperpflege in kleinen Etappen durchzuführen, wäre daher sinnvoll. Es kann aber auch vorkommen, dass der sterbende Mensch nur das Waschen von Gesicht und Händen zulässt. Die Intimpflege kann auch bei einem späteren Positionswechsel durchgeführt werden.

Die Berührung bei der Körperpflege ist ein wesentlicher Bestandteil in der palliativen Pflege. Der sterbende Mensch erfährt dadurch Zuwendung und die Pflegepersonen erhalten einen Zugang zu ihm. Auch Angehörige können in die Körperpflege miteinbezogen werden. Dieses Einbeziehen vermittelt ihnen Wertschätzung vonseiten des Pflegepersonals (vgl. Pribil, zit. nach Pleschberger et al. 2002, S. 191).

Merke: Pflegehandlungen werden von sterbenden Menschen oft als äußerst belastend erlebt. Daher sollten diese in Ruhe und mit viel Empathie erfolgen!

Veränderung des Bewusstseins

Bei sterbenden Menschen erfolgt ein Rückzug nach innen. Das heißt, sie verlieren das Interesse an ihrem Umfeld und die verbale Kommunikation reduziert sich auf das Notwendigste. Der sterbende Mensch macht den Eindruck, sich ganz auf sich selbst zu konzentrieren. Dies sollte von den Pflegenden unbedingt unterstützt werden, da diese sogenannte Innenschau einen wichtigen Aspekt im Sterbeprozess darstellt (vgl. Feichtner 2014, S. 51–52). Sterbende Menschen benötigen viel Ruhe und Zeiten des Alleinseins. Pflegepersonen sollten daher für geregelte Besuchszeiten sorgen und unerwünschte Besuche vermeiden. Ein Schild an der Zimmertür mit dem Verweis „Bitte vor dem Eintreten beim Pflegepersonal melden!“ kann für die Betroffenen eine Hilfe sein (vgl. Feichtner 2014, S. 59). Im Fortschreiten des Sterbeprozesses findet auch eine zunehmende Bewusstseinstrübung statt. Die Betroffenen lassen sich immer schwerer wecken und schlafen sehr viel. Sie können auf Berührungen oder Ansprechen sehr schreckhaft reagieren. Daher muss die Kontaktaufnahme sehr behutsam erfolgen, am besten mit einer Initialberührung.

Die Bewusstseinseintrübung ist aber schwankend. Auch wenn sich der/die PatientIn meist in einem wachkomaähnlichen Zustand befindet, kann es zwischenzeitlich vorkommen, dass er/sie wach und eine verbale Kommunikation möglich ist. Häufig reagieren Sterbende aber nur mehr auf die Stimmen von vertrauten Personen. Es kann jedoch auch vorkommen, dass sie selbst ihre Angehörigen nicht mehr erkennen. Trotz allem ist es hilfreich, wenn vertraute Menschen in ihrer Nähe sind.

Unruhe im Krankenzimmer sollte tunlichst vermieden werden. Pflegehandlungen sollten gut überlegt und koordiniert werden, damit ein ständiges Kommen und Gehen verhindert wird. Der sterbende Mensch sollte trotz Bewusstseinseintrübung über alle Pflegehandlungen aufgeklärt werden. Auch wenn eine verbale Kommunikation nicht mehr möglich ist, kann der sterbende Mensch noch hören, er benötigt aber für das Verstehen mehr Zeit. Deshalb sollte langsam und in kurzen Sätzen mit ihm gesprochen werden, damit er das Gesagte aufnehmen kann (vgl. Feichtner 2014, S. 53–54).

Es kann auch vorkommen, dass sterbende Menschen gelegentlich stöhnen. Dabei kann es sich um Schmerz- und Leidensäußerungen handeln, was eine dementsprechende Schmerzmittelgabe notwendig macht. Es kann aber auch sein, dass der/die PatientIn etwas sagen möchte oder es handelt sich um ein sogenanntes Entlastungsstöhnen. Hier bedarf es wiederum einer guten Beobachtung und Einschätzung der Betroffenen.

Bewusstseinseingetrübte Menschen verfügen nicht mehr über ein eine zeitliche, persönliche, räumliche und situative Orientiertheit. Durch die Immobilität beginnen sich auch die Körpergrenzen und das Körperbewusstsein aufzulösen. Auch hier ist wiederum eine einfühlsame Aufklärung vor Pflegehandlungen notwendig.

Manchmal kann es auch vorkommen, dass sterbende Menschen von unbekannten oder bereits verstorbenen Menschen sprechen, welche auf sie warten. Die Pflegepersonen sollten den sterbenden Menschen dann nicht als „verwirrt" einstufen, sondern sich auf dessen Welt einlassen. Die Betroffenen fühlen sich dadurch wahrgenommen und wertgeschätzt (vgl. Pribil, zit. nach Pleschberger et al. 2002, S. 189)

Merke: Auch Menschen mit eingeschränktem Bewusstsein verdienen es, mit Würde und Respekt behandelt zu werden!

Veränderung der Sinneswahrnehmungen

Durch den verstärkten Rückzug nach innen kommt es beim sterbenden Menschen zu einer intensiveren Sinneswahrnehmung. Dies sollte auch im Pflegealltag Beachtung finden.

Tastsinn: Berührungen spielen, wie bereits erwähnt, bei sterbenden Menschen eine wesentliche Rolle. Sie reagieren empfindsamer auf Berührungen und häufig besteht auch ein erhöhtes Bedürfnis nach Hautkontakt. Es sollte vonseiten des Pflegepersonals auf gezielte Berührungen geachtet werden (Massagen, Eincremen der Haut mit angewärmten Lotionen und Ölen, Atemstimulierende Einreibungen usw.). Dies fördert das Wohlbefinden der sterbenden Menschen und sie erfahren Entspannung. Wichtig ist, dass die Berührungen achtsam und behutsam erfolgen und dabei der sterbende Mensch gut beobachtet wird, da die Berührungen auch als unangenehm empfunden werden können.

Der **Geschmackssinn** ist bei sterbenden Menschen intensiviert. Dies sollte bei der Nahrungs- und Flüssigkeitszufuhr sowie bei der Mundpflege beachtet werden. Säurehaltige Obstsäfte können z. B. als zu intensiv wahrgenommen werden.

Wie beim Geschmackssinn ist auch der **Geruchssinn** sterbender Menschen stärker ausgeprägt. Duftstoffe jeglicher Art (Parfüms, Rasierwasser, Essensgerüche, Nikotingeruch usw.) können daher sehr intensiv wahrgenommen werden und Übelkeit hervorrufen. Auch Lieblingsdüfte können nun als unangenehm empfunden werden. Pflegepersonen sollten vor allem bei Zigarettenrauch sehr vorsichtig sein. Hier wäre ein Kleiderwechsel nach dem Rauchen angebracht, da dieser Geruch für die PatientInnen sehr belastend sein kann. Pflegepersonen müssen immer daran denken, dass das Wohlbefinden der PatientInnen oberste Priorität hat. Ätherische Öle werden in der Pflege sehr gerne eingesetzt. Bei sterbenden Menschen müssen diese jedoch wohlüberlegt angewendet werden, da auch hier nicht alle Düfte gerne wahrgenommen werden. Pflegepersonen sollten sich hier Rückmeldungen von den PatientInnen einholen. Zitrusdüfte werden meistens bevorzugt. Bei ätherischen Ölen gilt generell: Weniger ist oft mehr!

Abb. 135: **Zitronenduft**

Sehsinn: Farben werden von sterbenden Menschen generell sehr intensiv wahrgenommen. Dies ist bei der Zimmergestaltung zu berücksichtigen. Es sollten im Zimmer keine Bilder mit grellen Farben angebracht sein, außerdem sollte für gedämpftes Licht gesorgt werden. Auch direkte Sonneneinstrahlung ist zu vermeiden. Gerne angenommen werden persönliche Gegenstände und Bilder von Angehörigen, welche im Blickfeld der PatientInnen stehen sollten.

Der **Gehörsinn** sterbender Menschen ist voll funktionsfähig. Menschen, die vorher schlecht hörten, reagieren nun sogar auf leise Geräusche und leises Sprechen. Laute Geräusche sollten deshalb vermieden werden. Angehörige sollten darauf hingewiesen werden, dass der/die Sterbende noch sehr gut hört und sie ihm/ihr noch Dinge sagen können, die ihnen wichtig sind.

Das **Wärmeempfinden** ist bei sterbenden Menschen verändert, da die Wärmeproduktion aufgrund fehlender Kraft und mangelnder Blutzirkulation nachlässt. Man bemerkt dies an den kalten Händen und Füßen, was für die Betroffenen aber nicht als belastend empfunden wird. Jedoch empfinden sterbende Menschen eine Wärmezufuhr als sehr angenehm, da dies ein Gefühl von Geborgenheit und Sicherheit vermittelt. Dazu eignen sich Wollsocken, Wärmeflaschen, Schaffelle und Nestlagerungen sehr gut. Zusätzliche Decken werden oft als zu schwer empfunden (vgl. Feichtner 2014, S. 60–63).

Veränderung der Atmung

Wenige Stunden bis Minuten vor Eintreten des Todes verändert sich die Atmung des sterbenden Menschen. Folgende Atemmuster treten dabei auf:

Bei der **Cheyne-Stokes-Atmung** handelt sich um eine wechselnde Atmung mit zu- und abnehmender Atemfrequenz. Dazwischen entstehen Atempausen. Die Cheyne-Stokes-Atmung geht meist in eine **Schnappatmung** über. Diese tritt kurz vor dem Tod ein und äußert sich durch einzelne schnappende Atemzüge mit dazwischen liegenden langen Atempausen (vgl. Kap. „Atmung“ in Lernfeld 4). Die **terminale Rasselatmung** tritt sehr häufig im Sterbeprozess auf. Es handelt sich dabei um eine geräuschvolle, rasselnde Atmung, welche durch Sekretansammlungen im Rachen und den unteren Atemwegen hervorgerufen wird. Diese Sekretansammlungen entstehen, weil der sterbende Mensch aufgrund der Schwäche und der Bewusstseinseintrübung nicht mehr in der Lage ist, das Sekret zu schlucken oder abzuhusten. Wichtig ist, dass der sterbende Mensch zumeist dadurch nicht mehr belastet ist und eine entspannte Mimik aufweist. Angehörige müssen diesbezüglich aber begleitet und auf die Entspanntheit der Betroffenen hingewiesen werden, da das Atemgeräusch sehr belastend für sie ist (vgl. Feichtner 2014, S. 54).

Merke: Bei allen Atemmustern ist die Begleitung der Angehörigen eine wichtige Aufgabe des Pflegepersonals!

Pflege von verstorbenen Menschen

Bei lebenden PatientInnen spricht man von Pflege, bei Verstorbenen kommt es zu einer Ablösung des Begriffes „Pflege", man spricht von deren „Versorgung". Die Pflege hört aber nicht mit dem Sterben des Menschen auf. Eine pflegerische Zuwendung, ein achtsames und respektvolles Handeln sollte auch nach Eintritt des Todes erfolgen. Zudem stellt die Pflege des verstorbenen Menschen für viele Pflegepersonen und Angehörige bereits ein Abschiedsritual dar (vgl. Feichtner 2016, S. 133).

Definition des Todes

Der Tod bedeutet das Ende des Lebens. Es kommt zu einem endgültigen Verlust wesentlicher Lebensfunktionen (vgl. Hametner 2011, S. 98). Es gibt verschiedene Unterscheidungen bzgl. der Definition des Todes:

Klinischer Tod: Innerhalb von drei Minuten nach einem Herz- und Atemstillstand wird ein Mensch als klinisch tot bezeichnet. Unischere Todeszeichen begleiten den klinischen Tod.

Hirntod: Es kommt zu einem irreversiblen Ausfall aller Funktionen des Gesamthirns. Rechtlich bedeutet dies den Tod des/der PatientIn. Der Hirntod spielt in Bezug auf Organtransplantationen eine große Rolle.

Biologischer Tod: Es kommt zu einem Ausfall sämtlicher Organfunktionen, welche mit sicheren Todeszeichen einhergehen.

Sichere Todeszeichen

Nach dem Tod kommt es zu markanten Veränderungen am Körper des verstorbenen Menschen. Sichere Todeszeichen sind:

Totenflecke (Livor mortis): Dabei handelt es sich um rotviolette Flecken auf der Haut, die sich mit dem Finger wegdrücken lassen. Sie entstehen durch das Absinken des Blutes an die tiefste Stelle des Körpers, bei Rückenlage also die Körperrückseite. Die Totenflecke treten etwa eine halbe bis eine Stunde nach dem Tod auf.

Totenstarre (Rigor mortis): Es kommt innerhalb von vier bis zwölf Stunden nach Eintritt des Todes zu einer Kontraktion der Muskulatur. Diese beginnt kaudal bei den Augenlidern, geht über die Kaumuskulatur und breitet sich schließlich vom Schultergürtel und den Armen über den ganzen Körper aus. Nach zwei bis drei Tagen löst sich die Starre je nach Todesart und Temperatur wieder auf.

Fäulnis- und Auflösungsprozess: Dieser entsteht durch die Bildung von Gasen (Ammoniak, Kohlendioxid, Schwefelwasserstoff und Stickstoff) zumeist im Darmtrakt und verursacht den typischen Verwesungsgeruch.

Unsichere Todeszeichen

Zu den unsicheren Todeszeichen gehören:

- Bewusstlosigkeit
- Atemstillstand
- Herzstillstand (kein Puls, fehlender Blutdruck)
- fehlende Reflexe (Pupillenreflex)
- schlaffe Muskulatur

Sie werden als unsicher bezeichnet, weil durch eine Reanimation der Eintritt des Todes noch einmal verhindert werden kann (vgl. Feichtner 2014, S. 75–76).

Erste Maßnahmen nach Eintritt des Todes

Nach Eintritt des Todes sind folgende Aufgaben zu erledigen:

- Die Pflegeperson muss den Todeszeitpunkt dokumentieren und den Arzt/die Ärztin verständigen, da nur er/sie den Tod feststellen darf.
- Der Arzt/die Ärztin untersucht den/die Verstorbene/n und füllt die Todesanzeige aus. Darin müssen Angaben zu Person, Todeszeitpunkt, Todesart, Todesursache (natürlicher oder unnatürlicher Art) und übertragbaren Krankheiten festgehalten werden.
- Außerdem müssen die Angehörigen, die Krankenhausverwaltung, der zuständige Arzt/die zuständige Ärztin und eventuell die Stationsleitung informiert werden.
- Verstirbt ein Mensch zu Hause, dann wird der Tod durch den/die zuständige/n Hausarzt/-ärztin festgestellt und die Todesanzeige ausgestellt.

Jede Einrichtung verfügt über hausinterne Richtlinien, worüber das Pflegepersonal Bescheid wissen sollte. Im Vorfeld muss mit den Angehörigen geklärt werden, wer bei Verschlechterung des Gesundheitszustandes oder dem Eintreten des Todes benachrichtigt werden soll. Bei der Überbringung der Nachricht ist es wichtig, sich ausreichend Zeit zu lassen, um auf Fragen und notwendige Informationen (Verabschiedung, wie lange der/die Verstorbene in der Einrichtung bleiben kann usw.) eingehen zu können (vgl. Reiter et al. 2012, S. 336, Feichtner 2014, S. 76, Hametner 2011, S. 105–106).

Weitere Pflegemaßnahmen

Bei sämtlichen Pflegemaßnahmen sollten die Pflegepersonen ihre innere Haltung bedenken. Der Umgang mit Verstorbenen und deren Angehörigen setzt ein respekt- und würdevolles Handeln voraus und nicht ein Abarbeiten einer Tätigkeitsliste. Alle Maßnahmen sollten im Gedenken an den/die Verstorbene/n erfolgen (vgl. Feichtner 2014, S. 77).

Körperpflege

Die Körperpflege des/der Verstorbenen ist nicht zwingend notwendig, sondern dient eher als Ritual. Vielen Pflegepersonen oder auch Angehörigen ist es ein Bedürfnis die/den Verstorbene/n noch einmal zu waschen. Eine Intimpflege ist zumeist aber nötig, da es nach Eintritt des Todes zu einer Entleerung von Darm und Blase kommen kann. Zu einem gepflegten Erscheinungsbild des/der Verstorbenen gehören auch gekämmte Haare, eventuell eine Rasur und das Einsetzen der Zahnprothese. Wunden sollten außerdem frisch verbunden und bei Bedarf auch mit geruchsdichtem Verbandsmaterial (Folie) versorgt werden (v. a. bei übelriechenden Wunden). Bei einem vorhandenen Stoma sollte nochmals ein Wechsel des Stomabeutels vorgenommen werden. Die Augen des/der Verstorbenen werden geschlossen. Falls sie sich nicht schließen lassen, können feuchte Wattepads für kurze Zeit aufgelegt werden. Der/die Verstorbene kann ohne Handschuhe (außer bei Verschmutzungen und infektiösen Erkrankungen) gewaschen und berührt werden. Es gelten dieselben hygienischen Richtlinien wie bei einem lebenden Menschen auch (vgl. Feichtner 2014, S. 78). Angehörige wählen die Kleidung aus, welche dem/der Verstorbenen zur Bestattung angezogen werden soll.

Positionierung

Zu einem gepflegten Erscheinungsbild des/der Verstorbenen gehört auch eine ordentliche Positionierung. Der Oberkörper sollte nur leicht erhöht positioniert werden, damit ein späteres Einbetten nach beginnender Leichenstarre in den Sarg möglich ist. Unter das Kinn wird eine kleine Rolle, z. B. ein zusammengerolltes Handtuch, gelegt, um ein Herunterfallen des Unterkiefers zu vermeiden. Der/die Verstorbene wird zugedeckt, die Hände werden über die Decke gelegt. Sonden, Drainagen und Katheter dürfen erst nach der Totenbeschau durch den Arzt/die Ärztin entfernt werden. Ein Zettel mit Name, Geburts- und Sterbedatum wird am Fußende angebracht. Beim Positionswechsel kann es vorkommen, dass noch Luft aus der Lunge entweicht. Pflegepersonen und eventuell anwesende Angehörige sollten darauf vorbereitet sein, damit sie nicht erschrecken. Bei Verstorbenen christlichen Glaubens werden die Hände gefaltet und eventuell ein Rosenkranz daraufgelegt. Soll eine Obduktion erfolgen, dann müssen die Arme seitlich neben den Körper gelegt werden. Verstirbt ein Mensch in einem Alten- und Pflegeheim, erfolgt eine Obduktion nur nach Anordnung des Amtsarztes/der Amtsärztin (vgl. Reiter et al. 2012, S. 337, Feichtner 2014, S. 79, Tanzler, zit. nach Pleschberger et al. 2002, S. 201).

Raumgestaltung

Der Raum sollte ordentlich und aufgeräumt sein. Nicht mehr benötigtes Material wie Decken, Lagerungshilfsmittel, Absauggeräte usw. werden entfernt. Ein Fenster soll geöffnet und die Heizung abgedreht werden. Generell sollte der Raum eher kühl gehalten werden, damit es nicht so rasch zum Einsetzen des Fäulnisprozesses kommt. Angehörige können in die Gestaltung des Raumes miteinbezogen werden. Der Raum kann individuell mit Bildern, Blumen, Kerzen oder anderen religiösen Gegenständen geschmückt werden (vgl. Feichtner 2014, S. 79).

Begleitung der Angehörigen

Zu den Aufgaben des Pflegepersonals gehört es auch, die Angehörigen in dieser letzten Phase zu begleiten. Die Abschiedssituation kann Auswirkungen auf die Bewältigung der Trauer der Angehörigen haben. Nicht umsonst wird die Zeit zwischen dem Eintritt des Todes und der Bestattung als „Schleusenzeit" bezeichnet. Daher ist die Gestaltung des Abschiedes so wichtig. Auch der letzte Anblick des/der Verstorbenen ist prägend für die Angehörigen und daher von großer Bedeutung. Es kann aber vorkommen, dass Angehörige eine Scheu davor haben, den/die Verstorbenen noch einmal anzusehen oder zu berühren. Der letzte Anblick oder das Berühren ermöglicht den Angehörigen aber, den Tod zu realisieren. Oft hilft es, wenn die Pflegepersonen mit gutem Beispiel vorangehen und den/die Verstorbene/n vor den Augen der Angehörigen berühren.

Angehörigen sollte ausreichend Zeit für den Abschied gegeben werden. Außerdem brauchen sie Zeit und Raum, um allein mit dem/der Verstorbenen sein zu können. Pflegende sollten klären, ob es noch Personen gibt (Freunde, Bekannte usw.), die sich gerne verabschieden würden. In einem Alten- und Pflegeheim sind dies häufig auch die MitbewohnerInnen. Sehr oft wird jedoch auf Kinder vergessen. Für sie ist es ebenso wichtig, sich verabschieden zu dürfen und sie leiden darunter, wenn ihnen dies nicht gewährt wird. Kinder können sehr gut wahrnehmen, was sie möchten und was nicht. Deshalb entscheiden sie häufig selber, ob und wie lange sie bei dem/der Verstorbenen bleiben möchten. Kinder stellen oft Fragen, z. B. warum die Oma nun so bleich im Gesicht ist (vgl. Feichtner 2016, S. 133 ff).

Aufgabe: Stellen Sie Überlegungen an, wie die Abschiedssituation speziell für Kinder gestaltet werden könnte. Besprechen Sie im Anschluss Ihre Ideen in der Gruppe.

Hilfreich für Angehörige kann auch ein gemeinsam gesprochenes Gebet oder das Lesen eines Textes sein. Pflegepersonen sollten die Angehörigen auch darauf hinweisen, dass sie dem/der Verstorbenen Sargbeigaben mitgeben können. Häufig sind dies Fotos, Briefe, der Ehering, eine Zeichnung, Blumen, religiöse Symbole usw. Umgekehrt kann es aber auch vorkommen, dass Angehörige etwas vom/von der Verstorbenen behalten möchten (vgl. Feichtner 2014, S. 82–83).

Auch Pflegepersonen wollen Abschied nehmen

Im Laufe der Betreuung eines/einer PatientIn entsteht eine Pflegebeziehung. Daher ist es wichtig, dass auch Pflegepersonen eine Form des Abschiednehmens finden. Sie haben auch das Recht auf Trauer und dürfen ihren Gefühlen Ausdruck verleihen. Daher ist es kein Zeichen von Schwäche, wenn Pflegepersonen weinen und Trauer zeigen, sondern ein Zeichen von Menschlichkeit. Auch den Pflegepersonen können hierbei Abschiedsrituale helfen. Sie helfen uns dabei, uns bewusst von den Verstorbenen zu verabschieden (vgl. Feichnter 2014, S. 83–84).

Abschiedsrituale

„Ein **Ritual** (von lateinisch *ritualis* ‚den Ritus betreffend', rituell) ist eine nach vorgegebenen Regeln ablaufende, meist formelle und oft feierlich-festliche Handlung mit hohem Symbolgehalt." (Wikipedia: Ritual) Abschiedsrituale haben für Angehörige, Bezugspersonen, Pflegepersonen, MitbewohnerInnen, Freunde usw. einen hohen Stellenwert, da sie dabei unterstützen, sich bewusst von einem verstorbenen Menschen zu verabschieden. Außerdem vermitteln sie ein Gefühl von Sicherheit, da die Trauer gemeinsam getragen werden kann (vgl. Feichtner 2014, S. 84).

Mögliche Abschiedsrituale können sein (vgl. Feichtner 2014, S. 84–85, Hametner 2011, S. 102):

- gemeinsame Gebete, Lieder, Gedichte
- sich gemeinsam an die Zeit mit dem/der Verstorbenen erinnern
- ein Kerzenlicht, das bis zur Beisetzung des/der Verstorbenen brennt
- ein Foto des/der Verstorbenen, das an einem bestimmten Platz aufgestellt wird
- ein sogenanntes Kondolenz- oder Erinnerungsbuch, in dem alle Beteiligten sich eintragen können
- das Gestalten eines Erinnerungssteines
- das Auflegen einer Blume auf das frisch bezogene Bett

Aufgabe: Herr R., ein langjähriger Bewohner des Alten- und Pflegeheimes, ist heute Morgen plötzlich verstorben. Seine Angehörigen (Tochter, Schwiegersohn und Enkelkinder im Alter von 9 und 15 Jahren) sind bereits gekommen. Seine Tochter ist sehr traurig und macht einen sehr hilflosen Eindruck. Sie waren seit dem Einzug von Herrn R. seine Bezugspflegeperson. Wie begleiten Sie die Angehörigen von Herrn R.? Wie gestalten Sie die Abschiedssituation gemeinsam mit den Angehörigen? Wie gestalten Sie den Abschied der Pflegepersonen sowie der MitbewohnerInnen? Welche Abschiedsrituale wählen Sie?

Das kann ich!

Ich kann den Begriffs „Palliative Care“ definieren und kenne dessen Bedeutung für die Praxis.	
Ich kann den Begriff „Hospiz“ definieren.	
Ich kenne die Inhalte und Grundsätze der Hospiz- und Palliativbetreuung.	
Ich kann einen Überblick über die geschichtliche Entwicklung des Hospizes geben.	
Ich kann die verschiedenen Betrachtungsweisen bzgl. Beginn des Sterbeprozesses erläutern.	
Ich kann Merkmale des Sterbeprozesses und des herannahenden Todes aufzählen.	
Ich kann die Begriffe „Terminalphase“ und „Finalphase“ erklären.	
Ich kann das Sterbephasenmodell nach Elisabeth Kübler-Ross und dessen einzelne Stadien erklären.	
Ich weiß, welche Kriterien in den einzelnen Stadien vonseiten der Pflegepersonen zu beachten sind.	
Ich weiß, was man unter interprofessioneller/interdisziplinärer Zusammenarbeit versteht.	
Ich weiß, welche Voraussetzungen in der Kommunikation mit sterbenden Menschen und deren Angehörigen wichtig sind.	
Ich kenne die Bedeutung der nonverbalen Kommunikation im Sterbeprozess und deren Ausdrucksformen.	
Ich kenne die Bedeutung von Berührungen im Sterbeprozess und weiß, worauf dabei geachtet werden muss.	
Ich weiß, was man unter aktivem Zuhören versteht und welche Techniken es dabei gibt.	
Ich weiß, was „Symbolsprache“ bedeutet und kann Beispiele dafür anführen.	
Ich weiß, worauf bei der Nahrungs- und Flüssigkeitszufuhr bei sterbenden Menschen zu achten ist.	
Ich weiß, wie sich die Ausscheidung im Sterbeprozess verändert.	
Ich weiß, worauf bei der Positionierung und Mobilisation von sterbenden Menschen zu achten ist.	
Ich kenne beachtenswerte Aspekte bei der Körperpflege von sterbenden Menschen.	
Ich weiß, wie sich das Bewusstsein von sterbenden Menschen verändern kann und worauf Pflegepersonen diesbezüglich achten sollten.	
Ich kenne mögliche Veränderungen der Sinneswahrnehmungen von sterbenden Menschen und weiß, wie mit diesen Veränderungen in der Pflege umgegangen werden soll.	
Ich kenne die verschiedenen Atemmuster sterbender Menschen.	
Ich kenne die verschiedenen Definitionsformen des Todes.	
Ich kann sichere und unsichere Todeszeichen nennen und erklären.	
Ich weiß, welche Erstmaßnahmen nach Eintritt des Todes erfolgen sollen.	
Ich weiß, was bei der Körperpflege von verstorbenen Menschen zu beachten ist.	

Ich weiß, welche Maßnahmen bei der Positionierung von verstorbenen Menschen zu ergreifen sind.	
Ich weiß, was bei der Gestaltung des Raumes eines verstorbenen Menschen zu beachten ist.	
Ich kenne die Notwendigkeit der Begleitung von Angehörigen von verstorbenen Menschen und kann notwendige Aspekte dabei erklären.	
Ich weiß über die Notwendigkeit des Abschiednehmens des Pflegepersonals Bescheid.	

Lernfeld 12
Gut organisiert

Das österreichische Gesundheitssystem

Das österreichische Gesundheitssystem ist öffentlich organisiert. Das heißt, dass Bund, Länder, Gemeinden, Sozialversicherungen und gesetzliche Interessenvertretungen für verschiedene Teilbereiche des Gesundheitswesens verantwortlich sind. Die wesentlichen Teilbereiche des österreichischen Gesundheitssystems stellen die Gesetzgebung, die Verwaltung, die Finanzierung, die Leistungserbringung, die Qualitätskontrolle und die Ausbildung von Gesundheitsberufen dar.

Finanzierung von Gesundheitsleistungen

Die Finanzierung des österreichischen Gesundheitssystems beinhaltet mehrere Komponenten. Dazu gehören unter anderem die Finanzierung der Gesundheitsleistungen und die Finanzierung der Gesundheitseinrichtungen. Das österreichische Gesundheitswesen ist öffentlich organisiert und stellt sicher, dass kranke Menschen wieder gesund werden und die Gesundheit von Gesunden erhalten bleibt. Dazu gehören die Krankenversorgung, die Gesundheitsförderung und die Prävention. In Österreich wird ein Großteil der Mittel des Gesundheitswesens für die Krankenversorgung aufgewendet. Die Gesundheitsausgaben werden überwiegend aus öffentlichen Mitteln, aus den Sozialversicherungsbeiträgen und Steuergeldern, sowie aus privaten Beiträgen (Rezeptgebühr, Taggeld bei Spitalsaufenthalten, Selbstbehalte oder private Krankenversicherungen) finanziert.

Sozialversicherung

Die Sozialversicherung wird durch Beiträge der Versicherten und bei unselbstständig Erwerbstätigen zusätzlich durch die Dienstgeberbeiträge finanziert. Die Sozialversicherung ist nach dem Solidaritätsprinzip organisiert. Das heißt, dass sich der Leistungsanspruch nach dem Bedarf und der Bedürftigkeit richtet. Die Sozialversicherungsbeiträge werden einkommensabhängig berechnet. Die Solidarität der Besserverdienenden und Gesunden sichert die Finanzierung der medizinischen Leistungen und gewährleistet die Gleichbehandlung der finanziell schlechter gestellten Menschen. Ein weiteres Prinzip des österreichischen Gesundheitssystems ist der gleiche und einfache Zugang für alle zu allen Gesundheitsleistungen, unabhängig von Alter, Wohnort, Herkunft und sozialem Status. Der Versicherungsschutz besteht automatisch, wenn jemand eine versicherungspflichtige Erwerbstätigkeit beginnt oder eine Pension erhält. Jede/r Versicherte hat sofort Schutz, es besteht keine Wartezeit, keine Risikoprüfung und es sind keine Untersuchungen nötig.

Die österreichische Sozialversicherung beruht auf dem Prinzip der Umlagefinanzierung. In diesem Finanzierungsmodell werden die Beiträge der Versicherten und Beiträge aus Steuermitteln sofort zur Finanzierung von Leistungen weitergegeben. Die solidarische Finanzierung des österreichischen Gesundheitssystems ist im Sozialrecht, im Sozialversicherungsrecht und in zusätzlichen Vereinbarungen, wie der Vereinbarung gem. Art 15a B-VG über die Organisation und Finanzierung des Gesundheitswesens, geregelt. Bei Art 15a B-VG über die Organisation und Finanzierung des Gesundheitswesens handelt es sich um einen befristeten innerstaatlichen Vertrag zwischen dem Bund und den neun Bundesländern, in dem wesentliche Rahmenbedingungen festgelegt werden.

Laut BMGF (Bundesministerium für Gesundheit und Frauen) sind 98 Prozent der in Österreich lebenden Menschen durch eine Krankenversicherung geschützt. Zusätzlich zur sozialen Krankenversicherung ist rund ein Drittel der österreichischen Bevölkerung privat zusatzversichert. Die Pflichtversicherung ist, wie schon erwähnt, an eine Erwerbstätigkeit gebunden. Es können aber auch Familienangehörige oder LebenspartnerInnen mitversichert werden. PensionistInnen und Arbeitslose sind ebenfalls krankenversichert. Es ist auch möglich sich im österreichischen Sozialversicherungssystem selbst zu versichern. Personen ohne Krankenversicherung müssen die Kosten der Gesundheitsleistungen, mit Ausnahme von Erste-Hilfe-Leistungen, selbst finanzieren. Die unterschiedlichen Leistungen werden von der Unfall-, der Kranken- und der Pensionsversicherung abgedeckt.

Leistungen der **Krankenversicherung** umfassen beispielsweise ärztliche Hilfe (ambulante Versorgung), Spitalspflege (stationäre Versorgung), medizinische Rehabilitation, Medikamente, medizinische Hauskrankenpflege und Leistungen von Hebammen, Psychotherapie und klinisch-psychologische Diagnostik, Behandlungen durch medizinisch-technische Dienste, Mutter-Kind-Pass-Untersuchungen, Gesunden- und Vorsorgeuntersuchungen, Zuschüsse für Heilbehelfe und Hilfsmittel sowie Krankengeld.

Leistungen der **Unfallversicherung** umfassen beispielsweise Unfallheilbehandlung, Erste Hilfe bei Arbeitsunfällen, Rentenleistung (Entschädigung nach Arbeitsunfällen und Berufskrankheiten), Rehabilitation, Verhütung von Arbeitsunfällen und Berufskrankheiten sowie arbeitsmedizinische Betreuung.

Leistungen der **Pensionsversicherung** umfassen beispielsweise Alterspension, Hinterbliebenenpension, Pflegegeld, Maßnahmen der Rehabilitation, Gesundheitsvorsorge und medizinische Rehabilitation.

In Österreich gibt es zahlreiche Sozialversicherungsträger (siehe Abb. 136), die die Leistungen ihrer Versicherten finanzieren.

<table>
<tr><td colspan="3">Hauptverband der österreichischen Sozialversicherungen</td></tr>
<tr><td>Unfallversicherung</td><td>Krankenversicherung</td><td>Pensionsversicherung</td></tr>
<tr><td rowspan="3">Allgemeine Unfallversicherungsanstalt</td><td>9 Gebietskrankenkassen</td><td rowspan="2">Pensionsversicherungsanstalt</td></tr>
<tr><td>5 Betriebskrankenkassen</td></tr>
<tr><td colspan="2">SVA der gewerblichen Wirtschaft</td></tr>
<tr><td colspan="3">Versicherungsanstalt für Eisenbahn und Bergbau</td></tr>
<tr><td colspan="3">Sozialversicherungsanstalt der Bauern</td></tr>
<tr><td colspan="2">Versicherungsanstalt öffentlich Bediensteter</td><td></td></tr>
<tr><td colspan="2"></td><td>VA des österr. Notariats</td></tr>
</table>

Abb. 136: **Organisation österreichische Sozialversicherungsträger**
(Hauptverband der österreichischen Sozialversicherungsträger)

Ambulante/extramurale Gesundheitsversorgung

Im österreichischen Gesundheitssystem gilt der Grundsatz: ambulant vor stationär! Das bedeutet, dass die erste Anlaufstelle für PatientInnen die niedergelassenen Allgemein-, Fach- oder ZahnmedizinerInnen in den Praxen sein sollten. Laut BMGF hat circa die Hälfte der niedergelassenen Ärzte/Ärztinnen Verträge mit Krankenkassen. Zur ambulanten Versorgung der Bevölkerung zählen auch die Ambulanzen der Krankenhäuser sowie die Ambulatorien der Krankenkassen und private selbstständige Ambulatorien.

Stationäre/intramurale Gesundheitsversorgung

Die intramurale oder stationäre medizinische Versorgung wird von öffentlichen, privat-gemeinnützigen und rein privaten Krankenhäusern bereitgestellt. Zu den Trägern der Krankenhäuser zählen die Länder, Gemeinden, konfessionelle Träger (Ordenshäuser), Sozialversicherungsträger (z. B. AUVA) und private Träger.

Arten von Krankenanstalten

Es gibt drei Arten von Krankenhäusern:

Tab. 58: **Arten von Krankenhäusern**

Art der Krankenanstalt	Versorgung EinwohnerInnen
Standard-Krankenanstalten	medizinische Grundversorgung für 50.000–90.000 EinwohnerInnen Vorhandensein von internen und chirurgischen Stationen sowie Anästhesie, Röntgendiagnostik und Pathologie ist notwendig weitere medizinische Fächer werden durch Konsiliarärzte abgedeckt
Schwerpunkt-Krankenanstalten	Schwerpunktversorgung für 250.000–300.000 EinwohnerInnen mit medizinischen Fächern, Anstaltsapotheke und Institut für Labordiagnostik ausgestattet
Zentral-Krankenanstalten	für mehr als 1 Million EinwohnerInnen mit spezialisierten Einrichtungen nach dem aktuellen Stand der medizinischen Wissenschaft ausgestattet (Uni-Klinik)

Neben der Art der Krankenanstalten in Bezug auf das medizinische Angebot und die Anzahl der zu versorgenden EinwohnerInnen werden Krankenanstalten auch noch nach Versorgungssektor, Versorgungsbereich, Krankenanstaltentyp und Art der Finanzierung eingeteilt (siehe Abb. 138).

Versorgungssektor von Krankenanstalten

Grundsätzlich werden Krankenanstalten, die Akut-/Kurzzeitversorgung anbieten, und jene, die Nicht-Akut-/Kurzzeitversorgung anbieten, unterschieden.

Akut-/Kurzzeitversorgung: Dazu gehören Krankenanstalten, die über die Landesgesundheitsfonds finanziert werden (siehe Finanzierung (Fondszugehörigkeit) von Krankenanstalten) sowie alle weiteren Krankenanstalten, die eine durchschnittliche Aufenthaltsdauer von 18 Tagen oder weniger aufweisen (laut Definition von OECD und WHO).

Nicht-Akut-/Kurzzeitversorgung: Dazu gehören alle restlichen Krankenanstalten (krankenanstaltenrechtlich bewilligte Rehabilitationszentren, Langzeitversorgungseinrichtungen und stationäre Einrichtungen für Genesung und Prävention). Alten- und Pflegeheime bzw. geriatrische Zentren, die nicht dem Krankenanstaltenrecht unterliegen, gehören NICHT zu dieser Kategorie.

Versorgungsbereich von Krankenanstalten

In dieser Kategorie werden Krankenanstalten unterschieden, die Allgemein- bzw. Spezialversorgung anbieten.

Allgemeinversorgung: Dazu gehören alle Krankenanstalten, die ein breites Leistungsspektrum aufweisen, zumindest aber Leistungen im Bereich der inneren Medizin und der Allgemeinchirurgie erbringen (Standard-Krankenanstalten).

Spezialversorgung: Dazu gehören Krankenanstalten, die nur Personen mit bestimmten Krankheiten (z. B. psychiatrische Krankenhäuser, Rehabilitationszentren) oder Personen bestimmter Altersstufen (z. B. Kinderkrankenhäuser) versorgen oder für bestimmte Zwecke eingerichtet sind (z. B. Heeresspitäler). Diese Krankenanstalten sind in der Regel Sonderkrankenanstalten.

Krankenanstaltentypen

Je nach Zweckwidmung können folgende Typen von Krankenanstalten unterschieden werden:

Allgemeine Krankenanstalten versorgen Menschen ohne Unterschied des Geschlechts, des Alters oder der Art der ärztlichen Betreuung. Dazu gehören gemeinnützige Krankenanstalten, die Allgemeinversorgung leisten.

Sonderkrankenanstalten versorgen Menschen mit bestimmten Krankheiten oder Personen bestimmter Altersstufen oder sind für bestimmte Zwecke wie beispielsweise Rehabilitation bestimmt.

Sanatorien entsprechen durch ihre besondere Ausstattung höheren Ansprüchen hinsichtlich Verpflegung und Unterbringung. Sanatorien können entweder Allgemeinversorgung im Akutsektor oder Spezialversorgung leisten.

Pflegeanstalten für chronisch Kranke versorgen Menschen, die ärztlicher Betreuung und besonderer Pflege bedürfen. Sie gehören zu den Anbietern der nicht-akuten Spezialversorgung. Alten- und Pflegeheime bzw. geriatrische Zentren, die nicht dem Krankenanstaltenrecht unterliegen, gehören nicht in diese Kategorie.

In Österreich gibt es insgesamt 33 Sanatorien, 95 allgemeine Krankenhäuser, 128 Sonderkrankenanstalten und Genesungsheime sowie 22 Pflegeanstalten für chronisch Kranke (Stand 2015, vgl. Statistika GmbH 2015).

Finanzierung (Fondszugehörigkeit) von Krankenanstalten

Krankenanstalten können auch nach Art der Finanzierung unterschieden werden (vgl. BMGF 2017c, S. 1–2):

Landesgesundheitsfonds: Krankenanstalten des Akutversorgungssektors werden aus öffentlichen Mitteln (über die neun Landesgesundheitsfonds) nach dem System der leistungsorientierten Krankenanstaltenfinanzierung (LKF) finanziert. Die Landesgesundheitsfonds werden aus Mitteln des Bundes, der Länder, der Gemeinden und der Sozialversicherung gespeist.

PRIKRAF: In den Sanatorien werden jene Leistungen, für die eine Leistungspflicht der sozialen Krankenversicherung besteht, über den Privatkrankenanstalten-Finanzierungsfonds (PRIKRAF) nach dem LKF-System abgerechnet. Der PRIKRAF wird aus Mitteln der Sozialversicherung gespeist.

Sonstige: Die restlichen Spitäler (Rehabilitationszentren und Einrichtungen für chronisch Kranke) sind entweder in der Trägerschaft der Sozialversicherung oder sie verfügen über Einzelverträge mit Sozialversicherungsträgern.

<table>
<tr><td>Versorgungssektor</td><td colspan="2">Akut-/Kurzzeitversorgung</td><td>Nicht-Akut-/Kurzzeitversorgung</td></tr>
<tr><td>Versorgungsbereich</td><td>Allgemeinversorgung</td><td colspan="2">Spezialversorgung</td></tr>
<tr><td rowspan="3">Krankenanstaltentyp</td><td>Allgemeine Krankenanstalten</td><td colspan="2">Sonderkrankenanstalten</td></tr>
<tr><td colspan="3">Sanatorien</td></tr>
<tr><td colspan="2"></td><td>Pflegeanstalten für chronisch Kranke</td></tr>
<tr><td rowspan="3">Finanzierung</td><td colspan="2">Landesgesundheitsfonds</td><td></td></tr>
<tr><td colspan="2">PRIKRAF</td><td></td></tr>
<tr><td colspan="3">Sonstige</td></tr>
</table>

Abb. 137: **Klassifikation österreichische Krankenanstalten** (BMGF)

Finanzierung intra- und extramuraler Gesundheitsversorgung

Finanziert werden die öffentlichen Gesundheitsausgaben durch allgemeine Steuermittel und Sozialversicherungsbeiträge. Die Finanzierung der Gesundheitsausgaben (ohne Langzeitpflege und Investitionen) kostete in Österreich im Jahr 2015 in etwa 30 Milliarden Euro oder 8,8 Prozent des BIP (Bruttoinlandsprodukt). Die öffentlichen Ausgaben betrugen 22,5 Milliarden Euro, davon entfielen 15,7 Milliarden auf die Sozialversicherungsträger und 6,7 Milliarden auf die Gebietskörperschaften (Bund 1,9 Mrd., Länder 3,6 Mrd., Gemeinden 1,2 Mrd.). Die restlichen Kosten wurden durch Private (Privatversicherungen, SelbstzahlerInnen) abgedeckt (vgl. BMASK 2017).

Die laufenden Kosten für die Fondsspitäler werden von der Sozialversicherung sowie von Bund, Ländern und Gemeinden gemeinsam getragen, die Finanzierung erfolgt über die Landesgesundheitsfonds. In der Vereinbarung gemäß Art. 15a B-VG über die Organisation und Finanzierung des Gesundheitswesens werden die Beiträge der Bundesgesundheitsagentur und der Sozialversicherung an die Landesgesundheitsfonds geregelt, diese machen in etwa die Hälfte der Mittel der Spitalskosten aus. Der restliche Anteil wird von den Ländern über die sogenannte Abgangsdeckung beglichen und ebenfalls über die Landesgesundheitsfonds abgewickelt.

Leistungsorientierte Krankenanstaltenfinanzierung

Die Finanzierung der laufenden Kosten der Fondsspitäler erfolgt mit der leistungsorientierten Krankenanstaltenfinanzierung (LKF). Beim LKF-System erfolgt die Honorierung der für PatientInnen erbrachten Spitalsleistungen auf Basis von Fallpauschalen. Die Fallpauschalen setzen sich aus Leistungspunkten für bestimmte Diagnosen und Leistungen (= leistungsorientierte Diagnosefallgruppen, LDF) zusammen. Bei jedem stationären Aufenthalt fallen so „LKF-Punkte" an. Je nach Bundesland erhält das Krankenhaus für stationär aufgenommene PatientInnen einen bestimmten Euro-Betrag pro LKF-Punkt aus dem Landesgesundheitsfonds. Spitalsambulanzen werden über Pauschalen, also nicht über das LKF-System, finanziert. Die Abrechnung der LKF-Punkte deckt allerdings nicht alle Kosten der Krankenanstalten. Der restliche Betrag wird über die sogenannte Betriebsabgangsdeckung beglichen.

Auch die aus dem PRIKRAF finanzierten Spitalsleistungen werden nach dem LKF-System abgerechnet. Bei der LKF ist es wichtig, dass jede Leistung nach den LDF dokumentiert und an die zuständige Sozialversicherung weitergeleitet wird, nur dann erhält das Krankenhaus Geld von der zuständigen Sozialversicherungsanstalt.

Finanzierung ambulanter medizinischer Leistungen

Die Behandlungsleistungen der niedergelassenen Ärzte/Ärztinnen werden von der jeweiligen Sozialversicherung bezahlt. Die Finanzierung erfolgt dabei einerseits durch Tarife (Vergütung für spezifische Leistungen) und andererseits durch einen Fixbetrag für versorgte PatientInnen. Die Tarife und spezifischen Besonderheiten der Abrechnungen werden von der Sozialversicherung mit der Ärztekammer vereinbart. Beispielsweise werden Erstkontakt und Folgekontakt von PatientInnen bei einem Arzt/einer Ärztin unterschiedlich vergütet. In den Honorarordnungen sind die Beträge für die ärztlichen Leistungen festgelegt. Die Sozialversicherung hat auch Verträge mit anderen Leistungsanbietern wie Ambulatorien, Ergo-/Physio-/PsychotherapeutInnen etc.

Nehmen Sozialversicherte Leistungen von niedergelassenen Ärzten/Ärztinnen ohne Kassenvertrag (Wahlarzt) in Anspruch, wird ein Teil des Behandlungsentgelts von der Sozialversicherung rückerstattet, wenn der/die PatientIn darum ansucht. Es werden 80 Prozent des tarifierten Betrags rückerstattet.

Die Finanzierung ambulanter Leistungen in Spitalsambulanzen ist auf Länderebene geregelt.

Verschriebene Medikamente werden von der Krankenkasse finanziert. Es wird pro Medikamentenpackung eine Rezeptgebühr eingehoben. Eine Befreiung von der Rezeptgebühr kann bei Vorliegen der Voraussetzungen erfolgen.

Nähre Informationen zum Aufbau und den Leistungen des österreichischen Gesundheitssystems stellt der Spitalskompass zur Verfügung: https://www.gesundheit.gv.at/service/gesundheitssuche/inhalt.

Organisation der sozialen Dienste

Die Zuständigkeiten für die Gestaltung des Gesundheitssystems sind zwischen Bund, Ländern, Gemeinden und Sozialversicherung aufgeteilt. Der Bund ist für die Gesetzgebung (Grundlagengesetze wie Gesundheits- und Krankenpflegegesetz, Ärztegesetz, Arzneimittelgesetz usw.) und für sonstige überregional wahrzunehmende Angelegenheiten des Gesundheitssystems zuständig. Die Länder sind beispielsweise für die Ausführungsgesetzgebung, die Sicherstellung der Spitalsversorgung und die Gesundheitsverwaltung verantwortlich. Die Sozialversicherung regelt gemeinsam mit der Ärztekammer die Versorgung mit niedergelassenen Ärzten/ÄrztInnen.

Neben der beschriebenen Gesundheitsversorgung haben in Österreich lebende Menschen auch Zugang zu sogenannten „sozialen Diensten". Darunter werden Maßnahmen der Beratung, Versorgung und Betreuung verstanden. Dazu gehören Maßnahmen der Arbeitsmarktpolitik, außerschulische Kinderbetreuung, Senioren- und Pflegeheime, tagesstrukturierende Einrichtungen und ambulante Dienste, Wohn- und/oder Beschäftigungseinrichtungen für Menschen mit besonderen Bedürfnissen und die Beratung und Betreuung von Personen in besonderen Situationen (von Gewalt bedrohte Frauen und deren Kinder, drogenabhängige bzw. suchtkranke Personen, wohnungslose oder von Wohnungslosigkeit bedrohte Menschen, überschuldete Personen, Haftentlassene oder Asylsuchende). Die Zuständigkeit für die sozialen Betreuungseinrichtungen liegt bei den Ländern. Die Gebietskörperschaften (Bund, Länder, Gemeinden) betreiben die sozialen Dienste zum Teil selbst, es wird aber auch auf Leistungen von nicht gewinnorientierten Organisationen (Non-Profit-Organisationen/NPOs), Vereinen oder privaten Trägern zurückgegriffen. Im Gegensatz zu den meisten Geldleistungen und den Gesundheitsdiensten besteht für einen großen Teil der sozialen Dienstleistungen kein individueller Rechtsanspruch.

Sieht man sich an, wie die Sozialausgaben in Österreich verteilt sind (siehe Abb. 138), so entfallen knapp die Hälfte aller Sozialausgaben auf Pensionen, Pflegegelder und soziale Betreuungseinrichtungen für ältere Menschen, ein Viertel auf die Gesundheitsversorgung, neun Prozent auf Familienleistungen, sieben Prozent auf Leistungen bei Invalidität und fünf Prozent auf Leistungen im Zusammenhang mit Arbeitslosigkeit (vgl. BMASK 2016, S. 25–31).

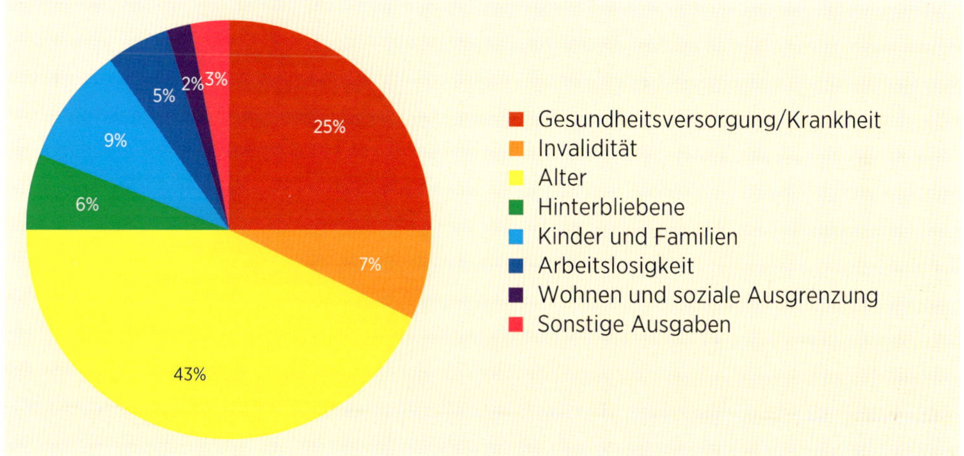

Abb. 138: **Sozialausgaben Österreich, Stand 2014** (BMASK 2016)

Alten- und Pflegeheime, betreutes Wohnen

In Österreich gibt es knapp 900 Alten- und Pflegeheime.

In **Altenheimen**, auch als Seniorenheime oder Pensionistenheime bezeichnet, wohnen ältere Menschen, die ein selbstbestimmtes Leben führen wollen und eine geringe Pflegebedürftigkeit haben. Im Altenheim werden die Zubereitung der Mahlzeiten und die Reinigung der Zimmer übernommen.

In **Pflegeheimen** werden pflegebedürftige Menschen, die in ihrer Selbstpflege eingeschränkt sind, von Fachpersonal rund um die Uhr betreut. Ausgebildetes Pflegepersonal kümmert sich um deren persönliche und medizinische Bedürfnisse.

Es ist auch möglich vorübergehend (zeitlich auf bis zu drei Monate befristet) **Kurzzeitpflege** in einem Alten- und Pflegeheim in Anspruch zu nehmen. Kurzzeitpflege kann beispielsweise zur Überbrückung zwischen einem Krankenhaus- und einem Reha-Aufenthalt erforderlich sein, oder wenn pflegende Angehörige auf Urlaub fahren möchten.

Betreutes Wohnen bietet eine barrierefreie Wohnung für ältere Menschen in einer betreuten Wohnanlage. Das Gebäude muss folgende baulichen Voraussetzungen erfüllen: 1. schwellenfreier Hauseingang und schwellenfreie Erreichbarkeit des Aufzugs; 2. Einbau eines Aufzugs; 3. Bad mit einem schwellenfrei ausgebildeten Duschbereich; 4. schwellenfreier Übergang von Wohn- zum Freibereich (Terrasse, Balkon oder Garten). Weiters sind folgende Grundleistungen sicherzustellen: 1. Vorhandensein eines Ansprechpartners vor

Ort, der die BewohnerInnen berät, informiert und Kontakte herstellt; 2. ein Notrufsystem muss zur Verfügung stehen. Weitere Wahlleistungen (wie Haushaltshilfe, Mahlzeitservice, Besuchs- und Begleitdienst und mobile/ambulante Pflegedienste) können individuell gegen Bezahlung in Anspruch genommen werden (vgl. Maurer-Kollenz 2017).

Geführt werden Alten- und Pflegeheime oder betreute Wohnanlagen von öffentlichen (Land, Gemeinde, Sozialhilfe- bzw. Gemeindeverband) oder privaten Profit- (gewinnorientierte Gesellschaft oder Privatperson) oder Non-Profit-Trägern (Stiftungen, Wohlfahrtsverbände, Religionsgemeinschaften oder Vereine).

Für die Aufnahme in ein Alten- oder Pflegeheim wird ein schriftlicher Antrag an den Sozialversicherungsträger gestellt. Die für den Hauptwohnsitz zuständige Bezirksverwaltungsbehörde ist für die Vergabe der Heimplätze zuständig. Die Aufnahme in Pflegeheime erfolgt nach Dringlichkeit der Pflegebedürftigkeit. Die meisten Einrichtungen erlauben neben den persönlichen Gegenständen (Fotos, Teppiche, ...) auch das Mitbringen eigener Möbelstücke, manche sogar das Mitnehmen von Haustieren.

Im Langzeitbereich muss die pflegerische und ärztliche Versorgung sichergestellt sein. Die medizinische Versorgung wird durch Haus-/Heimärzte/-ärztinnen gewährleistet. Die HeimbewohnerInnen haben freie Arztwahl. Weitere Vereinbarungen zum Aufenthalt in einem Alten- und Pflegeheim sind in jedem Bundesland auf Länderebene gesetzlich geregelt.

Die Pflege und Betreuung in einem Alten- oder Pflegeheim ist sehr kostenintensiv. Zwischen 1.500 und 3.500 Euro kostet ein Platz in Österreichs öffentlichen Alten- und Pflegeheimen monatlich. In privaten Einrichtungen können die Kosten noch höher sein. Zur Finanzierung der Pflege im stationären Langzeitbereich wird das Einkommen (Pension) inklusive Pflegegeld herangezogen. Reicht das nicht aus, um die Kosten zu decken, wird unter bestimmten Voraussetzungen ein Kostenzuschuss nach dem Sozialhilfe- bzw. Mindestsicherungsgesetz des jeweiligen Bundeslandes gewährt. Zusätzlich können die Bundesländer und Gemeinden auf Budgetmittel des Pflegfonds zurückgreifen, um die Versorgung von älteren, pflege- und betreuungsbedürftigen Menschen mit sozialen Dienstleistungen sicherzustellen. Jedem/jeder HeimbewohnerIn verbleiben monatlich 20 Prozent der Pension, die Sonderzahlungen sowie 45,20 Euro als Taschengeld vom Pflegegeld.

Mobile Pflege und Betreuung für zu Hause

In Österreich werden derzeit ca. 80 Prozent der pflegebedürftigen Menschen zu Hause durch pflegende Angehörige betreut. Zur Unterstützung und Sicherstellung einer adäquaten Pflege zu Hause sind die Bundesländer zur Erbringung der sozialen Dienste für pflegebedürftige Menschen verpflichtet. Die Länder haben dafür zu sorgen, dass die sozialen Dienste qualitäts- und bedarfsgerecht in ausreichendem Maß zur Verfügung gestellt werden. Diverse Trägerorganisationen wie Rotes Kreuz, Volkshilfe, Caritas, Diakonie, Arbeiter-Samariter-Bund, Hilfswerk, Lebenshilfe usw. bieten folgende soziale Dienstleistungen an:

- Hauskrankenpflege
- Pflegeassistenz
- Heimhilfe
- mobile Hospizbetreuung
- Familienhilfe und DorfhelferInnen
- organisierte Nachbarschaftshilfe
- Kurzzeitpflege (auch Ersatz- oder Urlaubspflege genannt) – siehe Alten- und Pflegeheime, betreutes Wohnen

Familienhilfe bietet halb- oder ganztägige Hilfestellung im Alltag für Familien an, die in schwierigen Situationen, beispielsweise durch Krankheit der haushaltsführenden Person, Trennung, Tod oder Überforderung, Unterstützung brauchen. Familienhilfe wird durch ausgebildete DiplomsozialbetreuerInnen mit dem Schwerpunkt Familienhilfe durchgeführt. Zu den Aufgaben der Familienhilfe gehören pflegerische, pädagogische und hauswirtschaftliche Tätigkeiten. Der/die **DorfhelferIn** vertritt die haushaltsführende Person in ländlichen Haushalten und im landwirtschaftlichen Betrieb, wenn diese durch Krankheit, Unfall oder ähnliche Notfälle nicht in der Lage ist, ihre Familie zu versorgen bzw. betriebliche Aufgaben zu erfüllen.

Die **Hauskrankenpflege** bietet fachliche pflegerische, medizinische und soziale Versorgung zu Hause durch Angehörige des gehobenen Dienstes in der Gesundheits- und Krankenpflege. Gepflegt werden Personen aller Altersstufen mit jeglichen Erkrankungen. Zu den weiteren Aufgaben der Hauskrankenpflege gehören beispielsweise Wundversorgung, Verabreichung von Injektionen, Vorbereitung und Verabreichung von Medikamenten, Sondenernährung nach ärztlicher Anordnung sowie Stoma- und Katheterpflege, Anleitung, Beratung und Begleitung von Angehörigen und anderen an der Pflege beteiligten Personen (24-Stunden-BetreuerInnen).

Ausgebildete **HeimhelferInnen** betreuen und unterstützen Menschen aller Altersstufen vor allem bei der Haushaltsführung, der Erhaltung und Förderung des körperlichen Wohlbefindens, z. B. durch Unterstützung bei der persönlichen Hygiene, bei der Zubereitung von Mahlzeiten, Begleitung bei Behörden- und Arztwegen.

PflegeassistentInnen unterstützen pflegebedürftige Menschen, die von HeimhelferInnen nicht mehr (allein) versorgt werden können. Zu den Aufgaben der Pflegeassistenz gehören Unterstützung bzw. Übernahme bei der Selbstpflege, Anlegen von einfachen Verbänden und Bandagen und Verabreichen von subkutanen Injektionen nach ärztlicher Anordnung.

Mobile Hospizbetreuung unterstützt Menschen in ihrer letzten Lebensphase sowie deren Angehörige. Das mobile Hospizteam setzt sich aus Ärzten/Ärztinnen, Pflegepersonen, SeelsorgerInnen sowie ehrenamtlich arbeitenden Personen zusammen. Angeboten wird kompetente und umfassende Pflege, Schmerzlinderung, intensive Gespräche, menschliche Anteilnahme und Sterbebegleitung.

Neben der professionellen mobilen Pflege und Betreuung können auch NachbarInnen, Freunde oder Angehörige wertvolle Unterstützung in der Personenbetreuung leisten. **Organisierte Nachbarschaftshilfe** erfolgt unter Aufsicht und in Zusammenarbeit mit professionellen Pflegekräften.

Die Finanzierung der extramuralen Dienste ist von den Ländern geregelt. Daher gibt es keine einheitliche Finanzierung für ganz Österreich. Meist müssen die KlientInnen für die in Anspruch genommenen Leistungen einen einkommensabhängigen Kostenbeitrag leisten. Auch hier wird zuerst auf das Pflegegeld zurückgegriffen. Die KlientInnen werden dahingehend unterstützt, dass nicht alle zu erbringenden Leistungen von einer Berufsgruppe, z. B. Diplompflegeperson, erbracht werden, sondern nach Kompetenzbereichen eingeteilt werden. So erfolgt beispielsweise der Verbandwechsel durch eine Diplompflegeperson, die Unterstützung bei der Körperpflege und anderen Aktivitäten durch eine/n PflegeassistentIn, die Erledigung des Haushaltes und der Einkäufe durch eine/n HeimhelferIn. So ist eine kostengünstige und qualitativ hochwertige Versorgung gewährleistet.

Die Betreuung von Personen in privaten Haushalten ist im Hausbetreuungsgesetz geregelt. Die **24-Stunden-Betreuung** ist berechtigt, einfache Betreuungstätigkeiten durchführen. Dazu gehören beispielsweise haushaltsnahe Dienstleistungen wie Zubereitung von Mahlzeiten, Übernahme von Besorgungen und Botengängen, Reinigungstätigkeiten, Durchführung von Hausarbeiten, Sorgetragung für ein gesundes Raumklima, Betreuung von Pflanzen und Tieren, Wäscheversorgung und Ähnliches; Unterstützung bei der Lebensführung (Gestaltung des Tagesablaufs, Hilfestellung bei alltäglichen Verrichtungen); Aufrechterhaltung sozialer Kontakte (Gesellschaft leisten, Führung von Gesprächen, Aufrechterhaltung gesellschaftlicher Kontakte, Begleitung bei diversen Aktivitäten). Bei der Selbstpflege darf nur unterstützt werden, wenn keine medizinischen Gründe (Schluckstörung oder andere körperliche oder psychische Einschränkungen) dagegen sprechen: Unterstützung beim Essen und Trinken, Unterstützung beim An- und Ausziehen und bei der Körperpflege sowie beim Verrichten der Notdurft, Unterstützung beim Aufstehen, Gehen, Niedersetzen, Niederlegen und einzelne pflegerische und/oder medizinische Tätigkeiten, die von diplomiertem Pflegepersonal und/oder Ärzten/Ärztinnen subdelegiert wurden (vgl. Bundeskanzleramt 2017).

Pflegegeld

Seit 1993 steht das Pflegegeld zur Verfügung, um pflegebedürftigen Personen die notwendige Betreuung und Hilfe zu sichern sowie deren Chancen zu verbessern, ein selbstbestimmtes, bedürfnisorientiertes Leben zu führen. Laut Statistik Austria bezogen 2017 durchschnittlich 456.650 Menschen in Österreich Pflegegeld (vgl. Statistik Austria 2018). Damit Pflegegeld bezogen werden kann, muss ein Antrag beim zuständigen Sozialversicherungsträger gestellt werden.

Anspruch auf Pflegegeld haben BezieherInnen einer Pension oder Unfallrente, unabhängig von der Ursache der Pflegebedürftigkeit. Pflegegeld wird bei Vorliegen eines ständigen Betreuungs- und Hilfebedarfs durch körperliche, geistige oder physische Behinderung bzw. Sinnesbehinderung gewährt.

Pflegegeld kann bezogen werden, wenn folgende **Voraussetzungen** gegeben sind:

- **ständiger Betreuungs- und Hilfsbedarf** wegen einer körperlichen, geistigen oder psychischen Behinderung bzw. einer Sinnesbehinderung, die voraussichtlich mindestens sechs Monate andauern wird
- ständiger **Pflegebedarf** von **mehr als 65 Stunden im Monat**
- **gewöhnlicher Aufenthalt in Österreich**, wobei auch die Gewährung von Pflegegeld im EWR-Raum oder in der Schweiz unter bestimmten Voraussetzungen möglich ist

Die Höhe des Pflegegeldes wird – je nach Ausmaß des erforderlichen Pflegebedarfs und unabhängig von der Ursache der Pflegebedürftigkeit – in sieben Stufen festgelegt und 12-mal jährlich ausgezahlt.

Pflegebedarf

Pflegebedarf im Sinne des Bundespflegegeldgesetzes liegt dann vor, wenn sowohl bei Betreuungsmaßnahmen als auch bei Hilfsverrichtungen Unterstützung benötigt wird.

Betreuungsmaßnahmen betreffen den persönlichen Bereich, z. B.:

- Kochen, Essen
- Medikamenteneinnahme
- An- und Auskleiden, Körperpflege
- Verrichtung der Notdurft
- Fortbewegung innerhalb der Wohnung

Für die Beurteilung des Pflegebedarfs werden ausschließlich folgende **fünf Hilfsverrichtungen** berücksichtigt:

- Herbeischaffen von Nahrungsmitteln, Medikamenten und Bedarfsgütern des täglichen Lebens
- Reinigung der Wohnung und der persönlichen Gebrauchsgegenstände
- Pflege der Leib- und Bettwäsche
- Beheizung des Wohnraumes einschließlich der Herbeischaffung des Heizmaterials
- Mobilitätshilfe im weiteren Sinn (z. B. Begleitung bei Amtswegen oder Arztbesuchen)

Zur Beurteilung des Pflegebedarfs werden Zeitwerte für die erforderlichen Betreuungsmaßnahmen und Hilfsverrichtungen berücksichtigt, die zur Gesamtbeurteilung führen.

Erschwerniszuschläge

Bei bestimmten Personengruppen wird bei der Feststellung des Pflegebedarfes zusätzlich ein Erschwerniszuschlag berücksichtigt, der den Mehraufwand der speziellen Pflegesituation pauschal abgilt.

Bei Menschen mit einer **schweren geistigen oder schweren psychischen Behinderung** – insbesondere einer demenziellen Erkrankung – wird ab dem 15. Geburtstag ein pauschaler Erschwerniszuschlag in der Höhe von **25 Stunden pro Monat** berücksichtigt. Pflegeerschwerende Faktoren liegen dann vor, wenn sich Defizite der Orientierung, des Antriebs, des Denkens, der planerischen und praktischen Umsetzung von Handlungen, der sozialen Funktion und der emotionalen Kontrolle in Summe als schwere Verhaltensstörung äußern.

Die besonders intensive Pflege von **schwerstbehinderten Kindern und Jugendlichen** wird durch einen Erschwerniszuschlag von **monatlich 50 Stunden** bis zum **siebenten Geburtstag** und von **75 Stunden pro Monat** bis zum **15. Geburtstag** abgegolten, wenn behinderungsbedingt zumindest **zwei** voneinander unabhängige **schwere Funktionsstörungen** vorliegen.

Diagnosebezogener Anspruch

Bestimmte Gruppen von beeinträchtigten Menschen, die einen weitgehend gleichartigen Pflegebedarf haben, erhalten Pflegegeld durch fixe Zuordnung zu einer der sieben Stufen. Zu diesen Personengruppen gehören:

- hochgradig Sehbehinderte
- Blinde
- Taubblinde
- Personen, die das 14. Lebensjahr vollendet haben und zur eigenständigen Lebensführung überwiegend auf den selbstständigen Gebrauch eines – auch technisch adaptierten – Rollstuhles angewiesen sind, und zwar wegen einer
  - Querschnittlähmung
  - beidseitigen Beinamputation
  - genetischen Muskeldystrophie
  - Encephalitis disseminata (Multiplen Sklerose)
  - infantilen Cerebralparese

Verfahren beim Entscheidungsträger

Die Gewährung und Erhöhung des Pflegegeldes muss beantragt werden. Ausnahme: Nach einem Arbeitsunfall oder bei einer Berufskrankheit kann die zuständige Unfallversicherungsanstalt von sich aus ein Verfahren einleiten. BezieherInnen einer Pension oder Rente bringen den Antrag auf Pflegegeld bei der zuständigen Pensionsversicherungsanstalt ein. Während eines Spitals- oder Kuraufenthalts ruht das Pflegegeld ab dem zweiten Tag, wenn die überwiegenden Kosten des Aufenthalts ein Sozialversicherungsträger, der Bund, ein Landesgesundheitsfonds oder eine Krankenanstalt trägt. In bestimmten Fällen kann das Pflegegeld auf Antrag weiter bezogen werden.

Antragstellung: Der Antrag auf Pflegegeld wird formlos eingebracht. Nach Antragsstellung ist ein Formular auszufüllen, in dem angeben wird, welche Tätigkeiten nicht mehr selbstständig durchgeführt werden können und ob bereits pflegebezogene Leistungen bezahlt werden (z. B. erhöhte Familienbeihilfe). Liegen ärztliche Atteste oder Befunde eines Krankenhauses über den aktuellen Gesundheitszustand vor, sollten diese dem Antrag beigelegt werden. Dieses Formblatt wird unterschrieben an den zuständigen Entscheidungsträger zurückgesandt.

Begutachtung durch Arzt/Ärztin oder Pflegefachkraft: Nach Beauftragung durch die zuständige Sozial- oder Pensionsversicherungsanstalt werden die Betroffenen zu Hause oder im Pflegeheim von einem Arzt/einer Ärztin oder von einer diplomierten Pflegefachkraft (bei Erhöhungsanträgen ab der Stufe 4 und dem Vorliegen eines zeitlichen Pflegebedarfs von mehr als 180 Stunden) aufgesucht. Mit der Beurteilung des Pflegebedarfs von Kindern und Jugendlichen werden bevorzugt Fachärzte/-ärztinnen für Kinder- und Jugendheilkunde bzw. auf Kinder- und Jugendlichenpflege spezialisierte diplomierte Gesundheits- und Krankenpflegefachkräfte betraut. Die/der Sachverständige erhebt den Hilfsbedarf des/der Pflegebedürftigen. Bei der Untersuchung ist auch die Anwesenheit und Anhörung einer Vertrauensperson (z. B. Pflegeperson, pflegende Angehörige oder Betreuungspersonen) zu ermöglichen, um Angaben zur konkreten Pflegesituation zu machen. Bei der Begutachtung in stationären Einrichtungen sind Informationen des Pflegepersonals einzuholen und die Pflegedokumentation zu berücksichtigen. Letzteres gilt auch bei der Betreuung durch ambulante Dienste. Die/der Sachverständige nimmt den Befund auf und stellt den Pflegebedarf fest.

Entscheidung: Auf Basis des Gutachtens beschließt der zuständige Entscheidungsträger, ob und in welcher Höhe das Pflegegeld zuerkannt wird. Dies wird in Form eines Bescheides mitgeteilt. Die Betroffenen bekommen das Pflegegeld rückwirkend ab dem der Antragstellung folgenden Monat. Sind die Betroffenen mit der Entscheidung nicht einverstanden, haben sie die Möglichkeit, gegen den Bescheid einen Pflegegeld-Einspruch bzw. eine Klage einzubringen.

Erhöhungsantrag: Wenn sich der Gesundheitszustand des Pflegegeldbeziehers/der -bezieherin seit der letzten Entscheidung verschlechtert hat, kann beim zuständigen Entscheidungsträger ein Erhöhungsantrag gestellt werden. Wenn der Erhöhungsantrag innerhalb eines Jahres nach der letzten Entscheidung gestellt wird, sollte die Verschlechterung des Gesundheitszustandes durch die Vorlage eines ärztlichen Attestes oder Befundes eines Krankenhauses bescheinigt werden.

Höhe des Pflegegeldes

Die Höhe des Pflegegeldes wird in sieben Stufen unterteilt und ist abhängig vom jeweils erforderlichen Pflegeaufwand.

Tab. 59: **Höhe Pflegegeld**

Stufe	Pflegeaufwand/Monat	Betrag in €
1	über 65 Stunden	157,30
2	über 95 Stunden	290,00
3	über 120 Stunden	451,80
4	über 160 Stunden	677,60
5	über 180 Stunden + dauernde Bereitschaft	920,30
6	über 180 Stunden + unkoordinierte Betreuung	1.285,20
7	über 180 Stunden + Bewegungsunfähigkeit	1.688,90

Das Pflegegeld wird **zwölfmal pro Jahr** monatlich im Nachhinein, ohne Abzug von Lohnsteuer und Krankenversicherungsbeitrag, ausbezahlt. Bei Bezug einer erhöhten Familienbeihilfe wird ein Betrag von € 60 abgezogen (vgl. Bundeskanzleramt, Abteilung I/13, Reiter 2017, S. 24–29).

Familienhospizkarenz, Pflegekarenz

Seit 1. Juli 2002 kann im Fall einer lebensbedrohlichen Erkrankung naher Angehöriger (EhegattInnen, Eltern, Groß-, Adoptiv-, Stief- und Pflegeeltern, LebensgefährtInnen, eingetragene PartnerInnen, Geschwister, Schwiegereltern) oder der Schwersterkrankung von Kindern (Enkel-, Adoptiv- und Pflegekinder) Familienhospizkarenz in Anspruch genommen werden. Seit 1. Jänner 2014 gibt es überdies die Möglichkeit der Vereinbarung einer Pflegekarenz oder einer Pflegeteilzeit zur Betreuung naher Angehöriger. Für die Dauer der Pflegekarenz/Pflegeteilzeit bzw. der Familienhospizkarenz/Familienhospizteilzeit besteht ein gesetzlicher Anspruch auf Pflegekarenzgeld und im Fall einer Familienhospizkarenz zusätzlich die Möglichkeit einer finanziellen Unterstützung aus dem Familienhospizkarenz-Härteausgleich. Die pflegenden Angehörigen sind auch sozialversichert.

Für die Inanspruchnahme von Pflegekarenz und Pflegeteilzeit bestehen folgende Voraussetzungen:

- Pflege und/oder Betreuung von nahen Angehörigen mit Pflegegeldbezug ab der Stufe 3, oder
- Pflege und/oder Betreuung von demenziell erkrankten oder minderjährigen nahen Angehörigen mit Pflegegeldbezug der Stufe 1
- Erklärung der überwiegenden Pflege und Betreuung für die Dauer der Pflegekarenz oder Pflegeteilzeit
- schriftliche Vereinbarung der Pflegekarenz oder Pflegeteilzeit mit dem Arbeitgeber oder der Arbeitgeberin – bei ununterbrochenem Arbeitsverhältnis von zumindest 3 Monaten unmittelbar vor Inanspruchnahme der Pflegekarenz oder Pflegeteilzeit, oder
- Abmeldung vom Bezug des Arbeitslosengeldes und der Notstandshilfe

Für die Inanspruchnahme von Pflegekarenzgeld bei Familienhospizkarenz bestehen folgende Voraussetzungen:

- Sterbebegleitung eines/einer nahen Angehörigen oder Begleitung von im gemeinsamen Haushalt lebenden schwersterkrankten Kindern
- Nachweis der Inanspruchnahme einer Familienhospizkarenz oder
- Abmeldung vom Bezug des Arbeitslosengeldes und der Notstandshilfe

Die oben genannten Leistungen können vorerst für einen Zeitraum von maximal drei Monaten, mit der Möglichkeit der Verlängerung auf insgesamt sechs Monate, in Anspruch genommen werden. Die Begleitung eines schwersterkrankten Kindes kann zunächst für längstens fünf Monate, mit der Möglichkeit auf Verlängerung auf insgesamt neun Monate, in Anspruch genommen werden (vgl. BMASK 2017b).

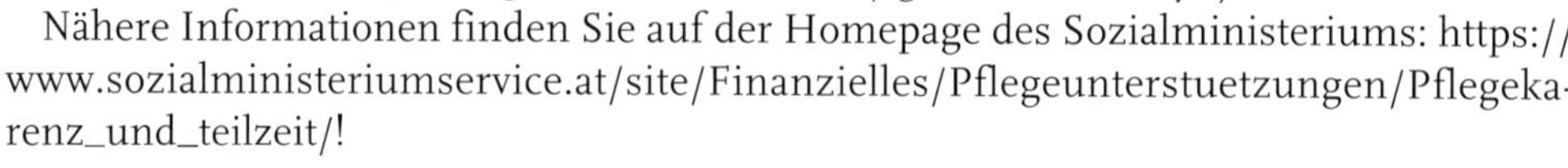

Nähere Informationen finden Sie auf der Homepage des Sozialministeriums: https://www.sozialministeriumservice.at/site/Finanzielles/Pflegeunterstuetzungen/Pflegekarenz_und_teilzeit/!

Organisation von Einrichtungen im Gesundheitswesen

„Organisation ist ein Mittel, die Kräfte des Einzelnen zu vervielfältigen."

Peter F. Drucker (1909–2005, amerikanischer Managementlehrer, -berater und -publizist österreichischer Herkunft)

Organisation ist eine Zusammenstellung von Menschen und Ressourcen, die auf geplante Art und Weise zusammenarbeiten, um bestimmte strategische Ziele zu erreichen. Eine Organisation kann stark strukturiert sein, wie ein Unternehmen oder eine Firma im privaten oder öffentlichen Sektor oder eine Vereinigung, die nicht auf Gewinnstreben ausgerichtet ist (vgl. Onpulson.de GbR). Damit die Ziele erreicht werden können, braucht es einen klar definierten Informations-/Kommunikationsweg (Aufbauorganisation) und klar definierte Prozessabläufe (Ablauforganisation). Diese werden auf den folgenden Seiten näher beschrieben.

Aufbauorganisation

Damit ein möglichst reibungsloser und effizienter Ablauf in einer Institution gegeben ist, ist es nötig, dass bestimmte Strukturen definiert werden. Die Aufbauorganisation gliedert die Aufgaben eines Unternehmens in Aufgabenbereiche und legt fest, welche Stellen bzw. Abteilungen diese bearbeiten. Diese Struktur kann als Organigramm dargestellt werden.

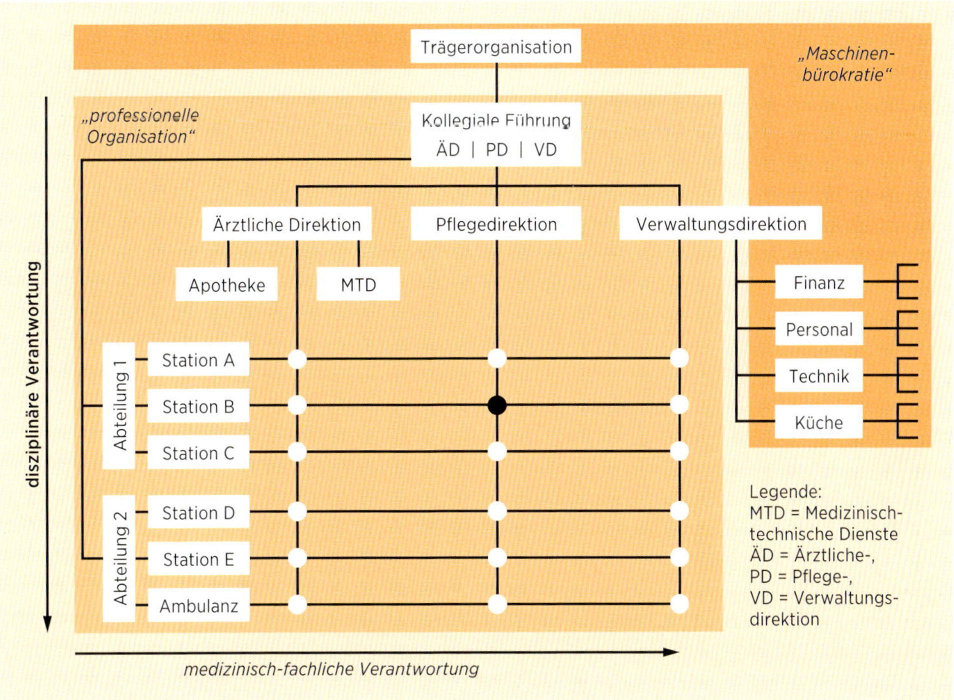

Abb. 139: **Professionelle Aufbauorganisation am Beispiel Krankenhaus** (www.imib.med.tu-dresden.de/)

Kollegiale Führung im Krankenhaus

(vgl. AUVA 2003, S. 2–6, Oö Gesundheits- und Spitals AG 2005, S. 4–51)

Der/die ärztliche, der/die kaufmännische und der/die PflegedirektorIn bilden zusammen die kollegiale Führung. Sie sind die operative Leitung einer Krankenanstalt, sind dem Rechtsträger direkt unterstellt und an dessen Weisungen gebunden. Kein Weisungsrecht besteht gegenüber dem/der ärztlichen DirektorIn in Belangen der Ausübung des ärztlichen Berufes und gegenüber dem/der PflegedirektorIn in Belangen der Ausübung des pflegerischen Berufes. Die Mitglieder der kollegialen Führung kommen regelmäßig zu gemeinsamen Besprechungen über Aktivitäten und Vorhaben der Krankenanstalt zusammen.

Zu den gemeinsamen Aufgaben der kollegialen Führung gehören:

- Überwachung der Einhaltung
  - der einschlägigen Rechtsvorschriften, insbesondere der Sicherstellung der Einhaltung der PatientInnenrechte
  - der Anstaltsordnung und
  - Umsetzung der behördlichen Anordnungen
- Erlassung von generellen Dienstanweisungen
- Koordinierung, Mitwirkung und Überwachung der Personal- und Organisationsentwicklung, insbesondere der Fort- und Weiterbildung
- Personaleinsatzplanung
- Personalbedarfsplanung
- Budgeterstellung
- Sicherstellung eines optimalen Ressourceneinsatzes
- Planung und Durchführung von Baumaßnahmen inkl. struktureller Veränderungen (räumliche und personelle)
- Bearbeiten von Beschwerden
- Entscheidungen betreffend Auskunftserteilung, Melde- und Anzeigepflichten nach den gesetzlichen Vorgaben
- Unterweisung des gesamten Personals in der Verschwiegenheitspflicht, Gewährleistung des Datenschutzes und der Datensicherheit im Sinne des Datenschutzgesetzes
- Qualitätssicherung
- Einhaltung der Bestimmungen des ArbeitnehmerInnenschutzgesetzes
- Krankenhaushygiene
- Festsetzung der Besuchszeiten
- Öffentlichkeitsarbeit

Schriftstücke sind von allen Mitgliedern der kollegialen Führung mit ihrer Funktionsbezeichnung zu unterfertigen. Erzielt die kollegiale Führung keine Einstimmigkeit in ihren Beschlüssen, entscheidet der Rechtsträger.

Für die Leitung des Pflegedienstes und die mit der PatientInnenpflege zusammenhängenden Aufgaben ist der/die **PflegedirektorIn** verantwortlich. Seiner/ihrer Fach- und Dienstaufsicht unterstehen alle MitarbeiterInnen des Pflegedienstes.

Aufgaben des Pflegedirektors/der Pflegedirektorin sind insbesondere:

- Koordination des Dienstes im pflegerischen Bereich unter Beachtung der Qualität, der Leistungsfähigkeit und der Wirtschaftlichkeit der pflegerischen Versorgung
- Sicherstellung einer kontinuierlichen fachlich qualifizierten Pflege der stationären, ambulanten und semistationären PatientInnen
- Koordination und Genehmigung von Fort-, Weiter- und Sonderausbildungen des Personals
- Abhaltung regelmäßiger Besprechungen mit dem leitenden Pflegepersonal
- Kontrolle über die Abhaltung von Dienstbesprechungen in den einzelnen Bereichen der Pflege
- Festlegung der Pflegesysteme, Pflegeziele, Pflegestandards, Pflegeplanung, Pflegeorganisation, Pflegekoordination, Kontrolle der Pflegedokumentation
- MitarbeiterInnenbeurteilung und Personalentwicklung
- Überprüfen von Protokollen, Pflegedokumentation, Einhaltung gesetzlicher Vorschriften, Beschwerden
- Festlegen von Personaleinsatz, Dienstzuteilung, Personalberechnung, wirtschaftlicher Personaleinsatz
- Mitwirkung und Unterstützung in Kommissionen

Der/die **ärztliche LeiterIn** ist der/die verantwortliche LeiterIn des medizinischen Bereiches der Krankenanstalt. Seiner/ihrer Fach- und Dienstaufsicht unterstehen Ärzte/Ärztinnen, PsychologInnen, AnstaltsapothekerInnen, SozialarbeiterInnen, HeilpädagogInnen, HeilbademeisterInnen und HeilmasseurInnen sowie medizinisch-technische MitarbeiterInnen.

Aufgaben des ärztlichen Direktors/der ärztlichen Direktorin sind insbesondere:

- Überwachung des Ausbildungs- sowie Fortbildungsstandes und der fachlich qualifizierten Aufgabenerfüllung des medizinischen Personals
- Sicherstellung der fachärztlichen Anwesenheit
- Sicherstellung der Aufrechterhaltung des Krankenhausbetriebs im medizinischen Bereich
- Anordnung der Führung der Krankengeschichte
- Kontrolle der Einhaltung der Melde- und Anzeigepflichten
- Überwachung des Medikamentenbedarfs gemeinsam mit dem Anstaltsapotheker/der Anstaltsapothekerin
- Wahrnehmung aller sonstigen medizinischen Angelegenheiten der Krankenanstalt

Der/die **kaufmännische DirektorIn** ist der/die verantwortliche LeiterIn des wirtschaftlichen, administrativen und technischen Bereichs der Krankenanstalt. Er/sie ist für die Wirtschaftsführung und Verwaltung nach den Grundsätzen der Zweckmäßigkeit, Wirtschaftlichkeit und Sparsamkeit und für die Beachtung und Einhaltung der einschlägigen Rechtsvorschriften letztverantwortlich. Dem/der kaufmännischen DirektorIn untersteht das Personal der wirtschaftlichen und administrativen Bereiche in innerbetrieblicher und fachlicher Hinsicht.

Aufgaben des kaufmännischen Direktors/der kaufmännischen Direktorin sind insbesondere:

- Letztverantwortung für die Budgeterstellung und -überwachung
- Festlegung der Zuständigkeit für die Anordnungsbefugnis sowie der rechnerischen und sachlichen Richtigkeit im Sinne der Kontozeichnung
- Zuweisung von Dienstunterkünften
- Vorsorge für die Einhaltung des Leichenbestattungsgesetzes

Führung in der stationären Langzeitpflege

Die Regelung der Führung von stationären Langzeiteinrichtungen obliegt den Ländern. Grundsätzlich muss die pflegerische und ärztliche Versorgung sichergestellt sein. Ähnlich wie bei der kollegialen Führung im Krankenhaus gibt es auch im Langzeitbereich die Verwaltungsleitung/Heimleitung und die Pflegedienstleitung/Leitung des Pflege- und Betreuungsdienstes. Die medizinische Versorgung wird durch Haus-/Heimärzte/-ärztinnen gewährleistet.

Der **Heimleitung** obliegt die Leitung und Organisation eines Alten- und Pflegeheimes. Sie ist für die wirtschaftlichen Belange des Heimes zuständig.

Der **Pflegedienstleitung/Leitung des Pflege- und Betreuungsdienstes** obliegt die fachliche und organisatorische Leitung der Pflegepersonen. Zu ihren Aufgaben gehören:

- Koordination des Dienstes im pflegerischen Bereich unter Beachtung der Qualität, der Leistungsfähigkeit und der Wirtschaftlichkeit der pflegerischen Versorgung
- Sicherstellung einer kontinuierlichen fachlich qualifizierten Pflege
- Abhaltung regelmäßiger Besprechungen mit dem leitenden Pflegepersonal
- Kontrolle über die Abhaltung von Dienstbesprechungen in den einzelnen Bereichen der Pflege
- Festlegung der Pflegesysteme, Pflegeziele, Pflegestandards, Pflegeplanung, Pflegeorganisation, Pflegekoordination, Kontrolle der Pflegedokumentation
- MitarbeiterInnenbeurteilung und Personalentwicklung
- Überprüfen von Protokollen, Pflegedokumentation, Einhaltung gesetzlicher Vorschriften, Beschwerden

Die Pflegedienstleitung/Leitung des Pflege- und Betreuungsdienstes ist dem/der HeimleiterIn direkt unterstellt. Im extramuralen Pflegebereich erfolgt die Führung des Pflegedienstes ebenfalls durch Pflegedienstleitungen. Auch sie haben oben genannte Aufgaben zu erfüllen.

Ablauforganisation (Prozessmanagement)

Die Ablauforganisation umfasst denjenigen Teil der Organisationsstruktur, der regelt, wer was macht, und weitere Einzelheiten festlegt. Anstatt des Begriffes Ablauforganisation wird heute meist vom Prozessmanagement gesprochen. Aufbau- und Ablauforganisation sind eng miteinander verbunden und beeinflussen sich wechselseitig. Die Aufbauorganisation beschäftigt sich mit der Bildung von organisatorischen Potenzialen, die Ablauforganisation mit dem Prozess der Nutzung dieser Potenziale.

Zur Ablauforganisation gehören unter anderem:

- Gliederung der Arbeit in einzelne Schritte
- zeitliche Reihenfolge der Arbeitsschritte
- Einsatz von Ressourcen wie Hilfsmitteln, Sachmitteln
- räumliche Gliederung des Arbeitsprozesses

Ziele der Ablauforganisation:

- optimale Nutzung vorhandener Ressourcen
- Minimierung der Bearbeitungszeiten und der Bearbeitungs- und Durchlaufkosten
- menschlich gestaltete Arbeitsplätze/-bedingungen

Zur optimalen Organisation eines Ablaufes (Prozesses) muss festgelegt sein, wer welche Aufgaben und Kompetenzen hat. In der Arbeitswelt wird das durch die Beschreibung und genaue Definition der Stellen, die MitarbeiterInnen innehaben, erreicht.

Stellenbildung

Eine Stellenbildung erfolgt durch das Zusammenstellen von Aufgaben für den Funktionsbereich (Stelle) einer Person (StelleninhaberIn). Eine Stelle ist die kleinste auf Dauer angelegte und vom Personenwechsel unabhängige Aktionseinheit einer Organisation. Eine auf Dauer angelegte Einheit bedeutet, dass die Aufgaben, die der Stelle zugeordnet werden, für längere Zeit bewältigt werden müssen (Unterschied zu Projekten). Der Begriff Stelle kann nicht mit dem Begriff Arbeitsplatz gleichgesetzt werden. Unter einem Arbeitsplatz versteht man im organisatorischen Sinne nicht den Aufgabenbereich, sondern den Ort, an dem die Aufgaben bewältigt werden. So kann eine Stelle mehrere Arbeitsplätze beinhalten (MitarbeiterInnen, die auf mehreren Stationen arbeiten), es können aber auch mehrere Stellen an einem Arbeitsplatz sein (Schichtbetrieb).

Eine Stelle besteht aus vier Komponenten:

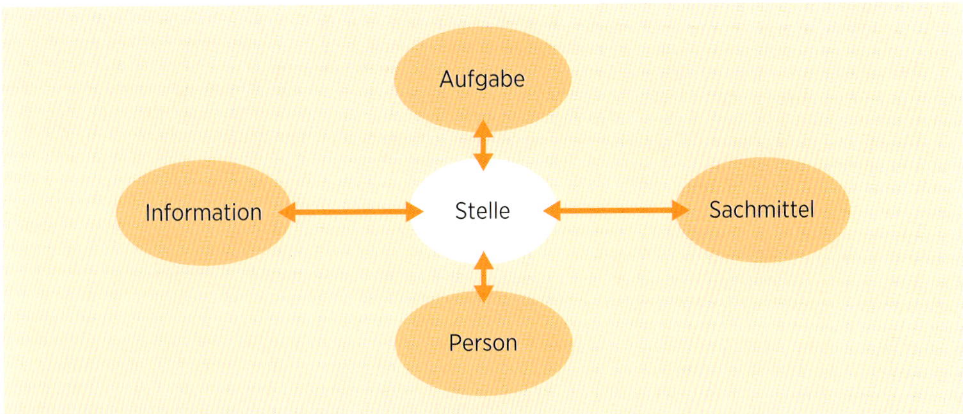

Abb. 140: **Komponenten einer Stelle**

Stellenbeschreibung

Eine Stellenbeschreibung ist die verbindliche und in einheitlicher Form abgefasste Festlegung der Eingliederung einer Stelle in den Organisationsaufbau, beinhaltet die Ziele,

Aufgaben und Kompetenzen des Stelleinhabers/der Stelleninhaberin sowie die wichtigsten Beziehungen zu anderen Stellen. Aus der Stellenbeschreibung können Kern-Aufgaben, Kern-Verantwortungsbereiche und Befugnisse für die einzelnen MitarbeiterInnen abgeleitet werden. Die Formulierung sollte knapp und eindeutig sein, die Stellenbeschreibung soll regelmäßig überprüft werden. Sie darf nicht handschriftlich verfasst sein und die Seiten müssen nummeriert sein. Durch die Unterschrift des Stelleninhabers/der Stelleninhaberin und des/der Vorgesetzten wird sie anerkannt. Den MitarbeiterInnen werden durch eine Stellenbeschreibung generelle Aufgabenbereiche übertragen, in denen sie im Rahmen ihrer Kompetenzen selbstständig handeln und entscheiden.

Bezeichnung der Funktion	
1. Position ▸ Organisationseinheit (Direktion, Abteilung ...) ▸ Voraussetzung/Anforderungen/ Mindestqualifikation ▸ Zielsetzung der Stellen (direkt-dienstrechtlich, fachlich) ▸ nachgeordnete Stellen ▸ vertreten durch/von ▸ informiert	Beschreibung der erwarteten allgemeinen Anforderungen (z. B. Ausbildung) und der Mindestqualifikation (fachliche, persönliche, soziale Kompetenz), die für diese Funktion zu erfüllen ist.
2. Kern-Aufgaben/ Verantwortungsbereiche	Beschreibung der Kernaufgaben, wobei die Aufgabe als Verantwortungsbereich definiert ist, der (bestimmte) Tätigkeiten einschließt. Je nachdem, welcher Ebene der Mitarbeiter angehört, liegt der Schwerpunkt der Funktion auf (ausführenden) Tätigkeiten, auf Entscheidungsbefugnissen oder auf Verantwortung für Zielsetzung und Konzeption. Bei Führungskräften sind auch die Führungsaufgaben anzuführen.
3. Berufspflichten	Beschreibung der Berufspflicht laut Gesetz
4. Kompetenzen (Befugnisse)	Beschreibung der zu einer Funktion gehörenden Rechte (Grenzen und Normen – was man „soll/darf" bzw. was man „nicht darf") Es muss jedem klar sein, bei welchen Angelegenheiten er informativ, beratend, entscheidend oder ausführend mitzuwirken hat. Hier sollten auch die ▸ Vollmachten ▸ Berechtigungen für Unterschriften und ▸ Budgetvollmachten (was, bis zu welcher Höhe) beschrieben werden
5. Fassung vom: Revidiert am: Datum der Ausgabe	
6. Unterschriften	Rechtsträger/Vorgesetzter/Mitarbeiter

Abb. 141: **Struktur einer Stellenbeschreibung** (ÖGKV 2002, S. 4)

Ziele:

- Transparenz
- Verbesserung der Organisationsstrukturen
- Erleichterung der Stellenbesetzung
- Erleichterung der Kontrolle und Beurteilung
- Steigerung der Arbeitszufriedenheit
- Steigerung der Motivation

Vorteile:

- Vorbeugen von Missverständnissen
- Verhinderung von Kompetenzschwierigkeiten
- Klarlegung der Rechte und Pflichten
- Bekanntmachung der Nachgeordneten und Vorgesetzten
- Ermöglichung konkreterer Stellenausschreibungen
- reibungsloseres Einarbeiten neuer MitarbeiterInnen

Nachteile:

- Fixierung auf beschriebene Tätigkeit
- zeit- und organisationsaufwendig
- Zeitaufwand für die regelmäßige Überarbeitung

Zur Unterscheidung: Die **Arbeitsplatzbeschreibung** ist die schriftliche Darstellung der Tätigkeiten, die an einem Arbeitsplatz durchzuführen sind.

Öffentlichkeitsarbeit

Öffentlichkeitsarbeit, oft auch als PR (Public Relations) bezeichnet, kann definiert werden als Aufbau und Pflege eines positiven Verhältnisses zu VerbraucherInnen, LieferantInnen und HändlerInnen sowie konstruktive Beeinflussung der Beziehung zu den Interessierten und KundInnen des Unternehmens. Öffentlichkeitsarbeit ist das Bemühen von Organisationen oder Institutionen, der Öffentlichkeit eine vorteilhafte Darstellung der erbrachten Leistungen zu geben.

Öffentlichkeitsarbeit ist ein finanziell und personell aufwendiges Instrument, es wird eingesetzt, um folgende Ziele zu erreichen:

- Vermittlung von Informationen über Ziele, Stand, Zwischenergebnisse, Aktivitäten, Leistungen
- Herstellen von Transparenz
- Aufbau und Pflege eines positiven Images
- Schaffen von Motivation zur Mitarbeit nach außen und nach innen
- Etablierung des kooperativen Zusammenhangs zu einer Marke
- Schaffung des Gefühls der Zugehörigkeit zu einem gemeinsamen Projekt bei den KooperationspartnerInnen und den MitarbeiterInnen der beteiligten Institutionen
- Stärkung der Identifikation mit dem Prozess und mit der Region
- Animation von Zielgruppen zu nachhaltigem Handeln
- Schaffen von Vertrauen bei Trägern, Förderern, Sponsoren und Partnern

Interne Öffentlichkeitsarbeit

Die interne Öffentlichkeitsarbeit richtet sich vor allem an folgende Zielgruppen:

- kollegiale Führung
- Führungskräfte auf allen Ebenen
- MitarbeiterInnen aller Berufsgruppen und Arbeitsbereiche
- Betriebsrat

Dazu geeignete Instrumente sind in Abb. 142 näher beschrieben.

Intranet	Nutzen Sie ggf. das haus- oder vereinsinterne Intranet, um Kollegen über Ihr Team und aktuelle Aktivitäten zu informieren.
Schwarzes Brett	Gestalten Sie mit Texten und Bildern Aushänge zu bestimmten Themen aus Ihrem Team und aktualisieren Sie diese Aushänge regelmäßig.
Mitarbeiterzeitung	Sofern es in Ihrer Einrichtung eine Mitarbeiterzeitung gibt, nutzen Sie diese, um hier Ihre Berichte über Personen, Tätigkeiten oder auch interessante aktuelle Informationen aus Ihrem Team vorzustellen.
Zeitung für Förderer und Freunde	Sofern Ihre Einrichtung Förderer, Sponsoren und Freunde mit schriftlichen Informationen versorgt, sollten Sie versuchen, Ihr Team hier positiv zur Geltung zu bringen.
Präsentation am Tag der offenen Tür o. Ä.	Nehmen Sie Eigenveranstaltungen Ihrer Einrichtung ernst. Bereiten Sie sich etwa auf einen Tag der offenen Tür oder eine Fortbildung gut vor und sorgen Sie für eine ansprechende Präsentation.
Einladung zu Informations-veranstaltungen	Bieten Sie hausinterne Fortbildungen oder Informationsveranstaltungen wie Dia- oder Fachvorträge aus Ihrem Arbeitsbereich an.

Abb. 142: **Instrumente interner Öffentlichkeitsarbeit** (www.bayerischer-hospizverband.de)

Externe Öffentlichkeitsarbeit

Externe Öffentlichkeitsarbeit hat als Zielgruppe:

- GeschäftspartnerInnen/LieferantInnen
- KundInnen
- AnwohnerInnen
- Politik/Behörden
- Medien

Abb. 143 verdeutlicht, welche Instrumente bei der externen Öffentlichkeitsarbeit zum Einsatz kommen und wie sie in der Praxis eingesetzt werden.

Pressemitteilung	Sie sollte in prägnanter Form auf maximal einer DIN-A4-Seite Journalisten aktuelle Informationen anbieten, die diese direkt übernehmen können. Das Wichtigste steht ganz oben. Vergessen Sie nicht, einen Ansprechpartner, eine Rückrufnummer und Ihre Spendenkontonummer anzugeben.
Hintergrund-gespräch	Im Hintergrundgespräch vermitteln Sie exklusive Informationen an ausgewählte Journalisten.
Pressekonferenz	Bei einem besonderen Anlass wie einem Jubiläum, der Verkündung wichtiger Daten oder Entscheidungen laden sie viele Medienvertreter zu einem gemeinsamen Informationstermin ein. Nachdem die Hauptbotschaft vermittelt wurde, besteht für die Journalisten die Möglichkeit, Fragen an die Verantwortlichen zu stellen.
Presse-Event	Hier bieten Sie einer begrenzten Zahl von Journalisten an, etwas aus Ihrem Arbeitsfeld auszuprobieren, aktiv mitzumachen, um später besser darüber schreiben zu können.
Homepage	Richten Sie auf der Homepage Ihrer Einrichtung einen Pressebereich ein, in dem alle Pressemitteilungen sowie aktuelle Informationen aus Ihrem Team jederzeit für Journalisten abrufbar sind. Außerdem sollten hier ein Kontaktformular und Ihre Telefondurchwahl zu finden sein, damit Journalisten leicht mit Ihnen in Kontakt treten können.

Abb. 143: **Instrumente externer Öffentlichkeitsarbeit** (www.bayerischer-hospizverband.de)

Leitbild

Auch in Organisationen des Gesundheits- und Sozialbereichs werden Leitbilder immer häufiger eingesetzt. Das Leitbild einer Organisation formuliert kurz und prägnant den Auftrag, die strategischen Ziele und Visionen und die wichtigsten Werte der Organisation. Es gibt damit allen Organisationsmitgliedern eine einheitliche Orientierung, unterstützt die Identifikation mit der Organisation und gibt ihnen Motivation, indem es die Mission des Unternehmens beschreibt und Visionen und die Werte der Organisation vorgibt. Eingesetzt wird ein Leitbild auch als Führungs- und Qualitätssicherungsinstrument.

Zur Verdeutlichung werden hier die Leitbilder der gespag (OÖ Gesundheits- und Spitals-AG) und Casa – Leben im Alter vorgestellt.

gespag – Gesundheit für Generationen.

DAS LEITBILD DER GESPAG

UNSERE MOTIVATION

Die Oö. Gesundheits- und Spitals-AG (gespag) ist mit einem Marktanteil von rund 29 % Oberösterreichs größter und führender Spitalsträger und betreibt sechs Spitäler an acht Standorten. Mit dem Salzkammergut-Klinikum und dem Steyrer Spital gibt es unter den Allgemeinen Spitälern zwei Schwerpunktspitäler. Die gespag hält Beteiligungen an drei Rehazentren.

Im Bereich der Ausbildung betreibt die gespag an jedem Spitalsstandort eine Schule für Gesundheits- und Krankenpflege mit unterschiedlichen Ausbildungsschwerpunkten. Die gespag ist zudem an der FH Gesundheitsberufe OÖ mit 52,5 % beteiligt.

Gelebte Partnerschaften sind für die gespag als die Regionalversorgerin in Oberösterreich von besonderer Bedeutung. Wir arbeiten aktiv mit anderen Gesundheits- und Sozialeinrichtungen zusammen. Eine enge Kooperation verbindet uns mit dem Kepler Universitätsklinikum Linz. Von der strategischen Allianz der gespag mit dem Ordensklinikum Linz und der AUVA als assoziierte Partnerin profitieren unsere Patientinnen und Patienten in den Regionen.

UNSERE MISSION

gespag – Gesundheit für Generationen.
Unser Handeln orientiert sich am Nutzen für die Gesundheit und Lebensqualität der oberösterreichischen Bevölkerung. Wir bekennen uns zu einer bedürfnis- und qualitätsorientierten, regional ausgewogenen Gesundheitsversorgung. Als Großunternehmen sind wir uns unserer sozialen, wirtschaftlichen und ökologischen Verantwortung bewusst und nehmen diese aktiv wahr.

UNSERE AUFGABE

Als Oö. Gesundheits- und Spitals-AG (gespag) führen und betreiben wir die oberösterreichischen Landes-Krankenhäuser und Ausbildungseinrichtungen und gewährleisten damit eine hochqualitative regionale Gesundheitsversorgung. Unser Eigentümer ist das Land Oberösterreich.

Wir arbeiten aktiv an der Gestaltung der Rahmenbedingungen des Gesundheitssystems bei den Entscheidungsträgern mit.

UNSERE PATIENTINNEN UND PATIENTEN

Wir achten die Würde des Menschen und stellen ihn in den Mittelpunkt unseres Handelns. Unsere Entscheidungen und unser Handeln werden von unseren Unternehmenswerten geprägt. Interkulturelle Bedürfnisse nehmen wir wahr. In unseren Spitälern legen wir Wert auf eine qualitätsgesicherte Betreuung aller Patientinnen und Patienten; die Kommunikation mit deren Angehörigen hat einen großen Stellenwert.

UNSERE MITARBEITERINNEN UND MITARBEITER

Unser hohes Qualitäts- und Leistungsniveau garantieren wir durch bestens qualifizierte und engagierte Mitarbeiterinnen und Mitarbeiter. Wir anerkennen den persönlichen Einsatz und die Leistungen unserer Mitarbeiterinnen und Mitarbeiter. Die gegenseitige Wertschätzung unserer Expertise stärkt unser Miteinander zum Wohle unserer Patientinnen und Patienten. Unsere Führungskultur basiert auf den im Unternehmen definierten Führungsgrundsätzen.

Wir begegnen den Herausforderungen der demografischen Veränderung und deren Auswirkungen auf die Personalstruktur der gespag durch aktive Lebensphasenorientierung.

Die Vereinbarkeit von Familie und Beruf hat dabei einen ebenso hohen Stellenwert wie die Anpassung des Arbeitsumfelds an altersspezifische Herausforderungen.

Die Gesundheit und das Wohl unserer Mitarbeiterinnen und Mitarbeiter ist uns ein Anliegen. Wir leisten daher mit unserem Gesundheitsförderungsprogramm einen aktiven Beitrag zum Erhalt der physischen und psychischen Gesundheit unserer Belegschaft.

Mit der gespag.akademie betreiben wir eine moderne Fort- und Weiterbildungseinrichtung.

UNSERE ORGANISATION

Wir sorgen für eine wirtschaftliche Betriebsführung unter den Aspekten der Nachhaltigkeit und Langfristigkeit und beachten dabei die Grundsätze eines aktiven Risikomanagements.

Wir gestalten die Behandlungsprozesse patientInnenorientiert, mit Zielen und regelmäßiger Evaluierung. Wir handeln nach wissenschaftlichen und anerkannten Methoden und Erkenntnissen.

Als lernende Organisation verbessern wir uns kontinuierlich. Veränderungen sehen wir als wichtige Herausforderung, Veränderungsprozesse werden sorgfältig geplant, begleitet und nachhaltig gestaltet.

UNSERE KOMMUNIKATION

Wir betreiben eine aktive Informationspolitik mit allen relevanten Zielgruppen des Unternehmens – nach innen wie nach außen.

V5_Oktober 2017

Abb. 144: **Leitbild gespag**
(www.gespag.at)

Abb. 145: **Leitbild Casa – Leben im Alter**
(www.casa.or.at)

Nahtstellenmanagement

Das Nahtstellenmanagement unterstützt die Sicherstellung der Qualität der pflegerischen Versorgung unter Berücksichtigung der Wirtschaftlichkeit, indem ein reibungsloser Übergang zwischen den verschiedenen Leistungserbringern erfolgt. Die Vernetzung der stationären und ambulanten Versorgung gewährleistet eine qualitätsvolle und kontinuierliche Pflege und Betreuung. Zu einem funktionierenden Nahtstellenmanagement gehören die soziale, ärztliche, pflegerische, therapeutische und pharmazeutische Versorgung in ambulanten, teilstationären und stationären Einrichtungen bzw. Bereichen des Gesundheits- und Sozialwesens. Gesundheitsförderung und Prävention sind ebenfalls Teil eines funktionierenden Nahtstellenmanagements. Die Aufgabe des Qualitätsmanagements im Nahtstellenmanagement liegt in der Erstellung und Implementierung tragfähiger Leitlinien für die Kooperation und Kommunikation der einzelnen Nahtstellen. Laut Artikel 5 der derzeit geltenden Vereinbarung gem. Art. 15a B-VG über die Organisation und Finanzierung des Gesundheitswesens soll durch die Erarbeitung von Rahmenbedingungen für patientInnenorientiertes Nahtstellenmanagement ein „rascher, reibungs-und lückenloser, effektiver, effizienter und sinnvoller Betreuungsverlauf" gewährleistet werden.

Folgende Versorgungsübergänge werden als Nahtstellen im Gesundheitsbereich bezeichnet:

- zwischen den LeistungserbringerInnen des extramuralen Bereiches
- zwischen den LeistungserbringerInnen des extramuralen und des intramuralen Bereiches
- innerhalb der LeistungserbringerInnen des intramuralen Bereiches

Wie Abb. 146 zeigt, sind für ein erfolgreiches Nahtstellenmanagement zahlreiche LeistungserbringerInnen zu koordinieren.

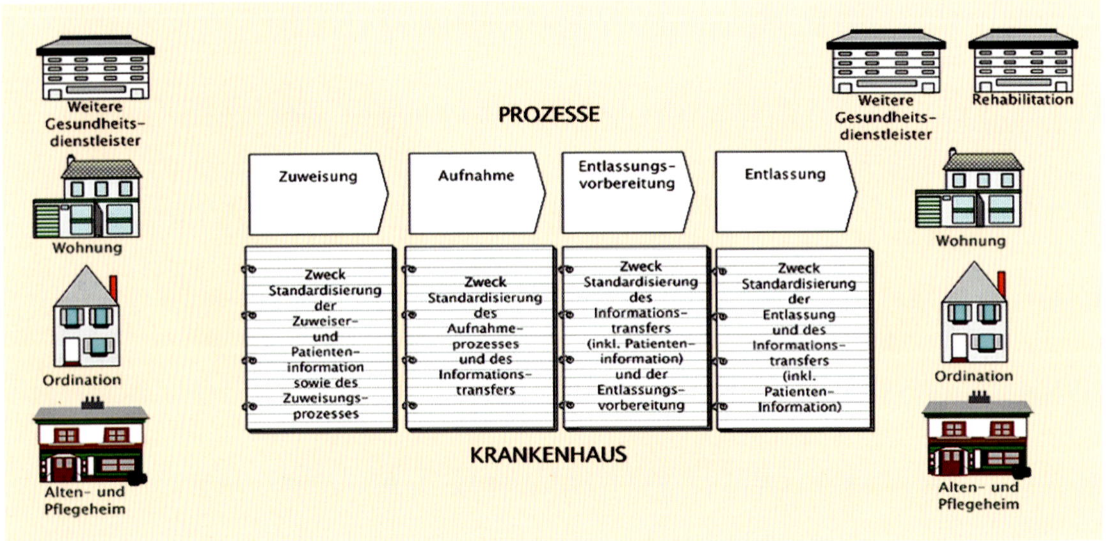

Abb. 146: **Prozesslandkarte Nahtstellenmanagement** (modifiziert nach GÖG 2012, S. 8)

Konkrete Auswirkungen eines funktionierenden Nahtstellenmanagements sind beispielsweise:

- Optimierung des pflegerischen Informationsflusses zwischen Gesundheits- und Sozialbereich (Vereinheitlichung Pflegebegleitschreiben)
- Verbesserung des Entlassungsmanagements (rechtzeitige organisatorische Vorbereitung)
- Optimierung der ärztlichen Versorgung in Alten- und Pflegeheimen (ausreichende konsiliar-/heimärztliche Versorgung zur Vermeidung von KH-Wiederaufnahmen)

Das setzt voraus, dass Daten und Informationen über den betreffenden Menschen zeitgerecht koordiniert werden müssen, um Betreuungslücken zu minimieren. Um das gewährleisten zu können, werden die jeweiligen Behandlungs- und Betreuungsprozesse sowie die erforderlichen Kommunikations- und Kooperationsprozesse erhoben und dargestellt. Diese Prozesse sind Grundlage für das professionelle Handeln aller beteiligten Personen. Ein strukturierter Aufnahmeprozess (Aufnahmemanagement) und eine geordnete Entlassungsplanung (Entlassungsmanagement) unterstützen das Funktionieren des Nahtstellenmanagements. Zum Entlassungsmanagement gehört die standardisierte Organisation im Sinne des Case Managements pflegerischer, medizinischer und sozialer Dienstleistungen institutionenübergreifend im Anschluss an die Krankenhausentlassung für PatientInnen mit multiplem Versorgungsbedarf.

Nähere Informationen zur Bundesqualitätsleitlinie zum Aufnahme- und Entlassungsmanagement (BQLL AUFEM) finden Sie auf der Homepage des BMGF unter https://www.bmgf.gv.at/home/Gesundheit/Gesundheitssystem_Qualitaetssicherung/Qualitaetsstandards/Bundesqualitaetsleitlinie_zum_Aufnahme_und_Entlassungsmanagement_BQLL_AUFEM.

Führung

„Führung ist eine zielbezogene, interpersonelle Verhaltensbeeinflussung.“ (Hiemetzberger et al. 2007, S. 174)

Führen heißt (vgl. Lotmar/Tondeur 1999, S. 11):

- gegebene Kräfte und Ressourcen auf klar beschriebene Ziele hin zu bündeln, zu organisieren und dadurch wirkungsvoll einzusetzen,
- die an einer Aufgabe beteiligten Menschen dafür zu gewinnen, ihre persönlichen Fähigkeiten in den Dienst der gemeinsamen Aufgabe zu stellen,
- dies alles auch sich selbst gegenüber zu befolgen.

Führungsprozess

Das Führen einer Gruppe von Menschen unterliegt einem dynamischen Prozess, der eine gezielte Beeinflussung des gemeinsamen Zieles ermöglicht.

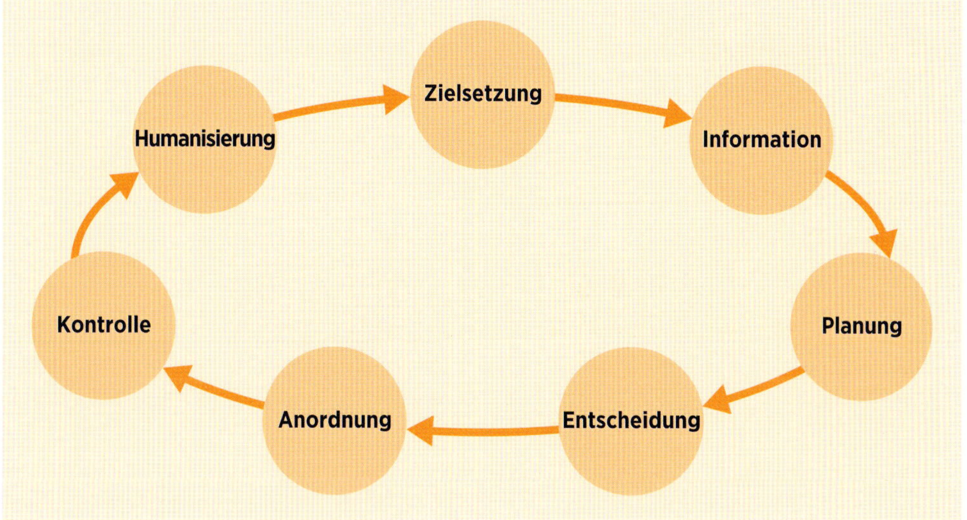

Abb. 147: **Führungsprozess** (www.knill.com)

Die einzelnen Schritte des Führungsprozesses gliedern sich in:

Tab. 60: **Schritte des Führungsprozesses**

Zielsetzung	▸ Ziel erkennen, aufgreifen oder übernehmen ▸ Teilziele setzen ▸ Ziel formulieren
Information	▸ Informationen beschaffen oder entgegennehmen ▸ sammeln und ordnen ▸ verarbeiten
Planung	▸ Prognosen machen ▸ Ideen finden – Alternativen suchen ▸ Entscheidung vorbereiten ▸ Probleme analysieren – Möglichkeiten durchdenken ▸ Termine planen ▸ Wesentliches herausheben
Entscheidung	▸ Entscheidung reifen lassen und Entschlüsse fassen ▸ Absichten formulieren ▸ Alternativen offen lassen
Anordnung	▸ informieren ▸ motivieren ▸ überzeugen ▸ mitreißen
Kontrolle	▸ beurteilen ▸ kritisieren – loben ▸ korrigieren ▸ auswerten
Humanisierung	▸ auf den Menschen Bezug nehmen ▸ Interesse und Anteilnahme zeigen

Führungsstile

Der gezielte Einsatz von bestimmten Führungsstilen hat sich in der Praxis bewährt. Die Frage, welcher Stil wann sinnvoll eingesetzt werden soll, ist nicht einfach zu beantworten. Im Folgenden werden die einzelnen Stile näher beschrieben und Einsatzmöglichkeiten der einzelnen Stile aufgezeigt.

Grundsätzlich werden in der Literatur hauptsächlich vier Führungsstile beschrieben:

- autoritäre Führung
- demokratische Führung
- Laisser(Laissez)-faire-Führung (aus dem Französischen: „gewähren lassen")
- situative Führung

Autoritärer (hierarchischer) Führungsstil: Der/die Vorgesetzte gibt Anweisungen, Aufgaben und Anordnungen weiter, ohne die MitarbeiterInnen nach ihrer Meinung zu fragen, und trifft alle Entscheidungen allein. Von den Untergebenen erwartet der/die Vorgesetzte nahezu bedingungslosen Gehorsam und duldet keinen Widerspruch oder Kritik. Bei Fehlern wird bestraft, statt zu helfen. Ein autoritärer bzw. hierarchischer Führungsstil ist zum Beispiel beim Bundesheer und in Armeen mit Befehlstaktik vorherrschend.

Der autoritäre Führungsstil hat folgende Vorteile:

- relativ hohe Entscheidungsgeschwindigkeit
- Übersichtlichkeit der Kompetenzen
- gute Kontrolle

Aber auch einige Nachteile:

- mangelnde Motivation der MitarbeiterInnen
- Einschränkung der persönlichen Freiheit
- Rivalitäten zwischen den einzelnen MitarbeiterInnen
- neue Talente werden nicht entdeckt
- Gefahr von Fehlentscheidungen durch überforderte Vorgesetzte

Weiters birgt ein streng hierarchischer Führungsstil das Risiko einer Kopflosigkeit, sobald ein wichtiger Entscheidungsträger ausfällt.

Demokratischer (kooperativer) Führungsstil: Der/die Vorgesetzte bezieht die MitarbeiterInnen in das Betriebsgeschehen mit ein, erlaubt Diskussionen und erwartet sachliche Unterstützung. Bei Fehlern wird in der Regel nicht bestraft, sondern geholfen.

Vorteile des kooperativen Führungsstils:

- hohe Motivation der MitarbeiterInnen durch Entfaltung der Kreativität
- Förderung der Leistungsfähigkeit und höhere Selbstständigkeit
- höhere Beständigkeit, Qualität, Originalität von Arbeit
- höhere Identifikation mit dem Unternehmen
- angenehmes Arbeitsklima, bedingt durch offene Kommunikationsstrukturen
- Entlastung des/der Vorgesetzten
- kann Ausfall der Führungskraft kompensieren
- Reduzierung des Risikos einer Fehlentscheidung für das Unternehmen

Nachteile des kooperativen Führungsstils:

- verlangsamte Entscheidungsgeschwindigkeit wegen verlängerter Informationswege
- zu mündige/qualifizierte MitarbeiterInnen

Der **Laisser-faire-Führungsstil** lässt den MitarbeiterInnen viele Freiheiten. Sie bestimmen ihre Arbeit, die Aufgaben und die Organisation selbst. Die Informationen fließen mehr oder weniger zufällig. Der/die Vorgesetzte greift nicht in das Geschehen ein, hilft oder bestraft auch nicht.

Vorteile des Laisser-faire-Führungsstils:

- Gewährung von Freiheiten und eigenständige Arbeitsweise der MitarbeiterInnen
- MitarbeiterInnen treffen ihre Entscheidungen eigenständig
- die Individualität der MitarbeiterInnen wird gewährt

Nachteile des Laisser-faire-Führungsstils:

- Gefahr von mangelnder Disziplin
- Kompetenzstreitigkeiten
- Rivalitäten
- Unordnung und Durcheinander

Die oben beschriebenen Führungsstile unterscheiden sich auch in der Wertschätzung den MitarbeiterInnen gegenüber und der Lenkungsmöglichkeit durch den/die Vorgesetze/n (siehe Abb. 148).

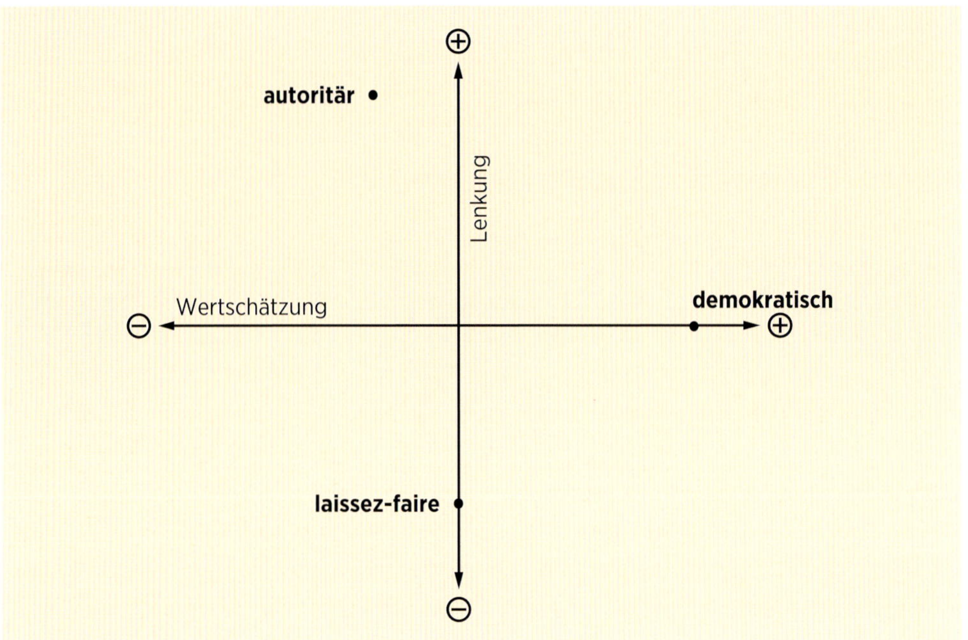

Abb. 148: **Wertschätzungs-, Lenkungsdiagramm der Führungsstile** (www.fh-joanneum.at)

Situativer Führungsstil: Die situative Führung wird heute als der optimale Führungsstil beschrieben, er hängt von der jeweiligen Situation ab. So wird ermöglicht, dass situationsabhängig der Stil angewandt wird, der der Situation am ehesten gerecht wird. Die situative Führung kann je nach Situation aufgaben- und mitarbeiterorientiert sein:

Aufgabenorientierung:

- Vorgesetzte richten Hauptaugenmerk auf technischen Arbeitsablauf und geforderte Leistung
- Untergebene als Einsatzfaktoren, die der Leistungserstellung dienen und unter Druck gesetzt werden müssen
- strafend und drohend

Mitarbeiterorientierung:

- Interesse am arbeitenden Menschen erzeugt Begeisterung für die Arbeit
- Eingehen auf Untergebene
- Berücksichtigung ihrer Bedürfnisse
- individuelle Entwicklung im Vordergrund
- freundlich und unterstützend

In der nachfolgenden Abbildung werden die einzelnen Führungsstile nochmals gegenübergestellt. Welcher Stil welche Voraussetzungen braucht, ist in Abb. 150 zu sehen.

Autoritärer Führungsstil
- Entscheidung wird vom Führer getroffen
- Strenge Kontrolle
- Filtern von Informationen
- Soziale Distanz
- An Mitarbeiter wird kaum Verantwortung übertragen

Kooperativer Führungsstil
- Entscheidung wird vom Führer getroffen, aber er informiert die Mitarbeiter
- Mitbestimmungs- und Mitwirkungsrecht
- Unternehmenübergreifende Zusammenarbeit

Partizipativer Führungsstil
- Entscheidung wird von der Gruppe getroffen
- Flache Hierarchie
- Selbstorganisation der Mitarbeiter
- Klima der Werschätzung

Laisser-faire Führungsstil
- Entscheidung treffen Mitarbeiter allein
- Zurückhaltung und Nichteinmischung des Führers
- Selbstkontrolle
- Ziellosigkeit

Visionärer Führungsstil
- Führer entwirft realistische und glaubwürdige Vision und kommuniziert sie
- Vision wird auch durch sein Verhalten kommuniziert

Abb. 149: **Führungsstile** (www.fh-joanneum.at)

Führungs-voraussetzungen	Autoritärer Führungsstil	Kooperativer Führungsstil	Partizipativer Führungsstil	Laisser-faire-Führungsstil
Bereitwilligkeit Verantwortung zu übernehmen	Nein	Bedingt	Ja	Ja
Einbeziehung der Mitarbeiter	Nein	Nicht im geforderten Ausmaß	Ja	Mitarbeiter sind völliger Selbst-verantwortung überlassen
Geeignete Mitarbeiterauswahl für Projektteam	Durch soziale Distanz nicht gewährleistet	Ja	Ja	Durch soziale Distanz nicht gewährleistet
Geeignete Unternehmenskultur	Nein	Ja	Ja	Nein
Ausreichende Unterstützung	Nein	Ja	Ja	Nein
Wahrscheinlichkeit für Widerstand gering	Durch Sanktions-androhung gering	Nein	Ja	Nein
Vision wird ausreichend kommuniziert	Nur bei charismatischer Führung	Von Führungs-person abhängig	Von Führungs-person abhängig	Nein
Zusammenfassung	Ungeeignet	Bedingt geeignet	Geeignet	Ungeeignet

Abb. 150: **Vergleich Führungsstile** (www.fh-joanneum.at)

Mitarbeitergespräch

Das Mitarbeitergespräch wird von Vorgesetzten mit einzelnen MitarbeiterInnen mindestens in jährlichen Intervallen geführt. Es dient dazu, die Fähigkeiten der MitarbeiterInnen kennenzulernen, zu reflektieren, zu lenken sowie Entwicklungspotenziale der MitarbeiterInnen zu erkennen und zu fördern. Es können fünf Arten von Mitarbeitergesprächen unterschieden werden:

Das Anerkennungsgespräch: Ein/e MitarbeiterIn verdient aufgrund von außerordentlichen Leistungen Anerkennung. Das Anerkennungsgespräch gibt durch eine positive Rückmeldung Motivation und Bestätigung.

Das Kritikgespräch: Verhält/verhielt sich ein/e MitarbeiterIn in verschiedenen Situationen nicht richtig, führt die Führungskraft ein Kritikgespräch. Es soll Einsicht für falsches Verhalten wecken, ggf. bei der Entwicklung von Lösungsstrategien für die Zukunft unterstützen und so zur Verbesserung der zukünftigen Leistungen beitragen.

Das Beurteilungsgespräch: Die Leistung eines Mitarbeiters/einer Mitarbeiterin wird beurteilt. Das erfolgt in der Regel vor der Übernahme in ein fixes Dienstverhältnis. Ziel des Beurteilungsgespräches ist es, Klarheit über Arbeitsziele und Leistung zu schaffen und Ziele für die zukünftige Arbeit festzulegen, die in regelmäßigen Abständen (beispielsweise jährlich) evaluiert werden.

Das Unterweisungsgespräch: Wird ein/e neue/r MitarbeiterIn eingearbeitet, hilft das Unterweisungsgespräch Klarheit und Motivation für die neuen Aufgabengebiete zu schaffen.

Das Delegationsgespräch wird geführt, wenn ein/e MitarbeiterIn eine ganz bestimmte Aufgabe übernehmen soll. Inhaltlich geht es dabei um die Einweisung in die delegierte Aufgabe.

Mitarbeitergespräche haben sowohl für die ArbeitgeberInnen als auch für die ArbeitnehmerInnen Vorteile:

Tab. 61: **Vorteile Mitarbeitergespräche**

Vorteile für ArbeitnehmerIn	Vorteile für ArbeitgeberIn
Möglichkeit Probleme anzusprechen und zu klären	Möglichkeit Leistungsziele zu vereinbaren
Möglichkeit Feedback zu äußern	Möglichkeit die Stärken der MitarbeiterInnen kennenzulernen und effektiv zu nutzen
Chance auf Anerkennung	Möglichkeit Missverständnisse zu klären
Sicherheit durch Klarheit	Möglichkeit die Wünsche (Fort-/Weiterbildung, Karriere, ...) der MitarbeiterInnen zu erfahren
Verbesserungsmöglichkeiten durch ehrliches Feedback	

Auf Mitarbeitergespräche bereiten sich die Führungskraft und der/die MitarbeiterIn vorher idealerweise mittels strukturierten Vorbereitungsbögen schriftlich vor. Zur Vorbereitung auf das Mitarbeitergespräch sollte der/die MitarbeiterIn sich überlegen, was seit dem letzten Mitarbeitergespräch passiert ist und was er/sie dem/der Vorgesetzten vermitteln möchte. Denn das Gespräch bietet die Möglichkeit, über den eigenen Standpunkt, Ziele und Perspektiven zu sprechen. Daher ist es sinnvoll, sich vor dem Gespräch Antworten auf folgende Fragen zu überlegen:

- Aus welchen Gründen findet das Gespräch statt? Um welche Art von Mitarbeitergespräch handelt es sich?
- Wurden Vereinbarungen beim letzten Gespräch getroffen? Wenn ja, wurden sie von mir eingehalten?
- Gibt es Punkte, die ich gerne ansprechen möchte?
- Möchte ich mich weiterbilden? Welche Weiterbildungsmaßnahmen würde ich für mich selbst vorschlagen?
- Wie zufrieden bin ich mit meiner Arbeit? Wann/wo bin ich über- oder unterfordert?
- Wo liegen meine Stärken und Schwächen?
- Wie stelle ich mir meine Zukunft innerhalb des Unternehmens vor? Welche Ziele habe ich?

Damit für die GesprächspartnerInnen ausreichend Vorbereitungszeit bleibt, sollte der Termin mindestens zwei Wochen vor dem geplanten Gespräch fixiert werden. Das Gespräch sollte an einem ungestörten Ort stattfinden. Je nach Art des Gespräches sollte ausreichend Zeit eingeplant werden.

Qualitätsmanagement

Unter Qualitätsmanagement im Gesundheits- und Sozialbereich versteht man die Summe aller Maßnahmen, die geeignet sind, um die Qualität einer Gesundheitsdienstleistung und damit die Zufriedenheit der PatientInnen und der MitarbeiterInnen zu verbessern. Qualitätsmanagement umfasst das Planen, Lenken, Sichern und Verbessern der Qualität. Qualitätssicherung hat die Sicherung der Ergebnisse (Ergebnisqualität) durch Beurteilung der tatsächlichen Qualität und daraus resultierend die kontinuierliche Verbesserung, Optimierung und Analyse der Arbeitsabläufe zum Ziel.

Pflegequalität

Pflegequalität ist der Grad der Übereinstimmung zwischen den Zielen des Gesundheitswesens und der wirklich geleisteten Pflege (vgl. Rossa 2006). Die Pflegequalität ist abhängig von Einflussfaktoren wie strukturellen, personellen, baulichen und technischen Gegebenheiten einer Einrichtung.

Fiechter und Meier beschrieben 1981 4 Stufen der Pflegequalität, die 1994 von Kämmer und Huhn überarbeitet wurden.

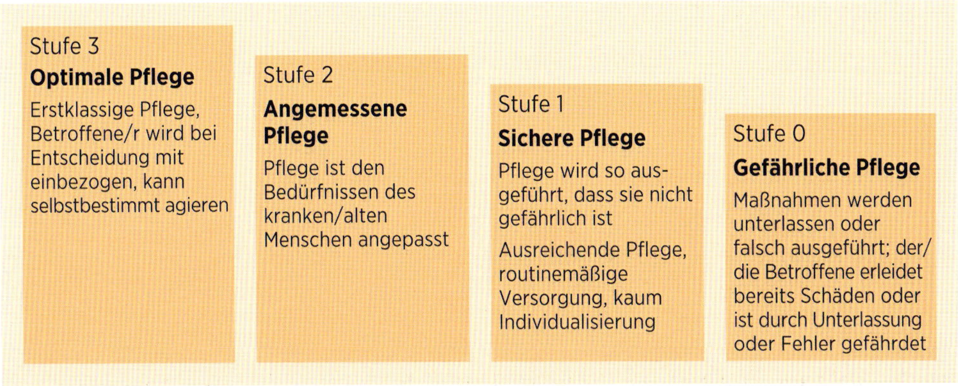

Stufe 3
Optimale Pflege
Erstklassige Pflege, Betroffene/r wird bei Entscheidung mit einbezogen, kann selbstbestimmt agieren

Stufe 2
Angemessene Pflege
Pflege ist den Bedürfnissen des kranken/alten Menschen angepasst

Stufe 1
Sichere Pflege
Pflege wird so ausgeführt, dass sie nicht gefährlich ist
Ausreichende Pflege, routinemäßige Versorgung, kaum Individualisierung

Stufe 0
Gefährliche Pflege
Maßnahmen werden unterlassen oder falsch ausgeführt; der/die Betroffene erleidet bereits Schäden oder ist durch Unterlassung oder Fehler gefährdet

Abb. 151: **Stufen der Pflegequalität**

Shaw definiert Pflegequalität folgendermaßen:

- Pflege soll **angemessen** sein: Dienstleistungen und Maßnahmen entsprechen den Bedürfnissen der Bevölkerung oder eines Individuums.
- Pflege soll **akzeptiert** werden: Dienstleistungen werden so ausgeführt, dass vernünftige Erwartungen von PatientInnen, Pflegenden und der Gesellschaft befriedigt werden. Die Pflegebedürftigen sind nicht passive EmpfängerInnen von Pflege, sondern entscheiden mit.
- Pflege soll **effektiv** sein: Der angestrebte Nutzen für die Einzelnen und für Bevölkerungsgruppen wird realisiert.
- Pflege soll effizient sein: Es werden nur Mittel verwendet, die geeignet sind und die nicht von anderen dringender gebraucht werden.
- Pflege soll **gerecht** sein: Jedes Individuum und jede Bevölkerung hat Anspruch auf die „gleiche" Pflege. Pflegebedürftige mit vergleichbarer Pflegeintensität erhalten also unabhängig vom sozialen Status, vom Einkommen, von der Hautfarbe oder der Religionszugehörigkeit die gleiche Pflege.
- Pflege soll **zugänglich** sein: Dienstleistungen werden nicht durch unzulässige Hürden eingeschränkt. Pflege wird genau dann und dort angeboten, wo sie benötigt wird.

Kategorien von Qualität

Donabedian Avedis veröffentlichte 1966 Kriterien zur Qualitätsbeurteilung im Gesundheitsbereich. Er war der Auffassung „Struktur bedingt Prozess bedingt Ergebnis." Es werden drei Qualitätskategorien unterschieden:

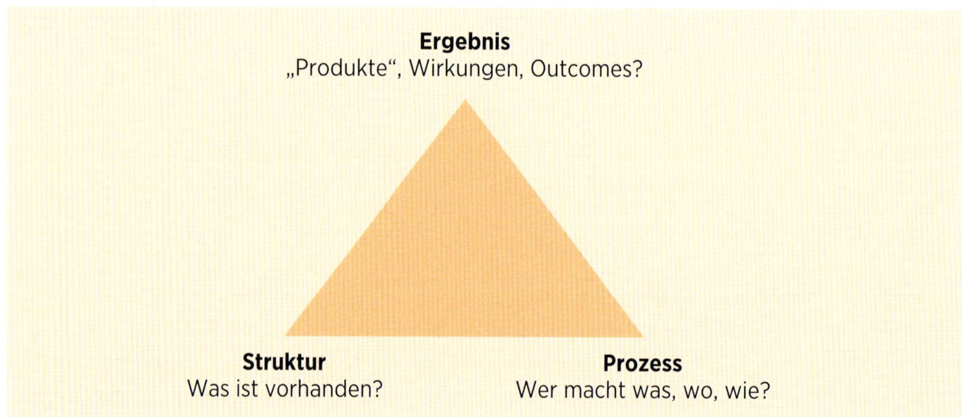

Abb. 152: **Kategorien der Qualität**

Strukturkategorie: Unter Struktur versteht man die gegebenen organisatorischen Voraussetzungen sowie Ressourcen, die für die Leistungserstellung vorhanden sind. Bestandteile der Struktur:

- persönliche Kompetenz des Personals sowie Anzahl, Ausbildung, fachliche Qualifikation
- Aufbauorganisation
- Art und Umfang der materiellen Ausstattung
- Merkmale des Gesundheitssystems (Finanzierung)

Außer der Finanzierung können alle Bestandteile von den Betroffenen selbst beeinflusst werden. Strukturierte Gegebenheiten schaffen die Voraussetzung, eine bestimmte Qualität zu erreichen, und beeinflussen so den Prozess der Leistungserstellung und das Ergebnis. Materielle Ausstattung kann relativ kurzfristige Änderungen ergeben. Beim Personal sollte man auf eine entsprechende Qualifikation achten und Fortbildungen anbieten.

Die **Prozesskategorie** umfasst alle Maßnahmen, die im Versorgungsablauf ergriffen oder nicht ergriffen werden. Die medizinische Leistung orientiert sich an der „Adäquanz, Relevanz und Zeitgerechtigkeit der medizinischen und pflegerischen Versorgung unter Berücksichtigung von Leistungszielen und Zielerreichungsgrad." Als Vergleich dienen Kriterien, Kennzahlen und Standards, mit denen personelle, technische und organisatorische Abläufe optimiert werden, um diese nachvollziehbar und überprüfbar zu machen.

Ergebniskategorie: Laut Bundesgesetz zur Qualität von Gesundheitsleistungen ist Ergebnisqualität die „messbare Veränderung des professionell eingeschätzten Gesundheitszustandes, der Lebensqualität und der Zufriedenheit einer Patientin / eines Patienten bzw. einer Bevölkerungsgruppe als Ergebnis bestimmter Rahmenbedingungen und Maßnahmen" (Bundesgesetz zur Qualität von Gesundheitsleistungen). Die flächendeckende Messung von Ergebnisqualität ist primär als Selbststeuerungsmethode für Organisationen gedacht. Ergebnisqualität kann erhoben werden durch:

- Vergleiche von Qualitätsindikatoren zwischen Einrichtungen oder Regionen (Benchmarking)
- Vergleich von Leistungs- und Krankheitsregistern
- Vergleich der Konzepte des internen Qualitäts- und Risikomanagements

Die Ergebnisse dienen als Grundlage für Prozessanalyse und Korrekturmaßnahmen. Die Messung der Ergebnisqualität erfolgt auch unter Berücksichtigung der PatientInnensicht: nicht nur medizinische Kennzahlen zählen, sondern auch Verbesserung der Lebensqualität und PatientInnenzufriedenheit.

Qualitätsmanagementsysteme

In Gesundheitseinrichtungen werden immer häufiger Qualitätssicherungs-/Qualitätsmanagementsysteme implementiert. Die Transparenz von Leistungen nach außen und die Positionierung am Markt können so unterstützt werden. Den zunehmend „mündigen" PatientInnen/KundInnen ist es so möglich, sich einen Überblick über die Qualität in der jeweiligen Einrichtung zu verschaffen.

Die Einführung von Qualitätssicherungssystemen ist mit einem strukturellen und finanziellen Aufwand verbunden. Daher muss klar definiert sein, was diese Systeme dem Unternehmen bringen. Der Nutzen muss messbar und damit überprüfbar sein. Folgende Punkte sprechen für die Einführung eines Qualitätssicherungssystems:

- Steigerung der KundInnenzufriedenheit
- Steigerung der MitarbeiterInnenzufriedenheit
- Steigerung der MitarbeiterInnenmotivation
- Identifikation und Darlegung relevanter Abläufe, effiziente Gestaltung von Arbeitsabläufen
- Erkennen von Risiken, Vermeidung von Fehlern und Fehlerkosten
- Erfüllung von normativen und gesetzlichen Anforderungen
- rechtzeitige Reaktion auf nötige Veränderungen wird erleichtert

- systematische PatientInnenorientierung
- Objektivierung, Messung von Versorgungsergebnissen
- Einbeziehen von Beteiligten: strukturierte Kooperation an den Nahtstellen der Versorgung

Abb. 153 macht anschaulich, welche Komponenten in einem Qualitätsmanagementsystem berücksichtigt werden.

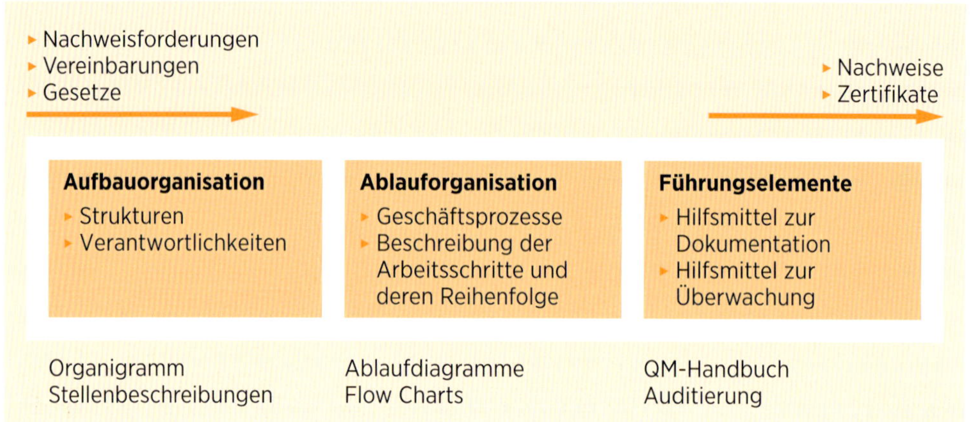

Abb. 153: **Grobmodell QM-System** (Töpler 2003)

Den Anbietern von Gesundheitsdiensten steht eine Vielzahl an bekannten und erprobten Qualitätsmanagementsystemen zur Verfügung. In Anlehnung an die Deutsche Industrie-Norm (DIN-Norm) und an die Europäische Norm wurde die DIN EN entwickelt. Weiters kommen im Gesundheitsbereich in Österreich Normen wie die Joint Commission on Accreditation of Healthcare Organizations (JCAHO), die European Foundation of Quality Management (EFQM), das E-Qalin QM-System (European quality-improving learning in residential care homes for the elderly), das European Practice Assessment (EPA) oder die Kooperation für Transparenz und Qualität im Gesundheitswesen (KTQ) zum Einsatz.

Risikomanagement (vgl. Gruber-Aigner 2010, S. 25–30)

Als Risikomanagement bezeichnet man eine Prozessanalyse im Behandlungsumfeld mit dem Ziel, Risikosituationen mit möglichen Konsequenzen aufzudecken. Es werden Methoden angewendet, die in einer systematischen Form Fehler und ihre Folgen erkennen, analysieren und damit unterstützen diese in Zukunft zu vermeiden.

„Klinisches Risikomanagement hat zum Ziel, das Risiko, das der Patient eingeht, indem er sich einer Gesundheitsorganisation anvertraut, zu minimieren, oder anders gesagt: die Patientensicherheit zu optimieren, indem die Ursachen vermeidbarer Behandlungsfehler eliminiert werden. Damit schützt die Organisation nicht nur ihre Kunden, sondern langfristig auch sich selbst.“ (Hochreutener/Conen 2005, S. 20)

Das Ziel des Risikomanagements ist die Identifizierung und Bewertung potenzieller Risiken und die Implementierung und Umsetzung präventiver Maßnahmen.

Weiteres fördert „gelebtes“ Risikomanagement das Risikobewusstsein der MitarbeiterInnen und sensibilisiert sie für eventuelle Gefahrenquellen. So kann aus begangenen Fehlern gelernt und eine Wiederholung zu vermieden werden. Risikomanagement unterliegt einem dynamischen Prozess, der sich aus Analyse, Bewertung, Steuerung und Überwachung generiert.

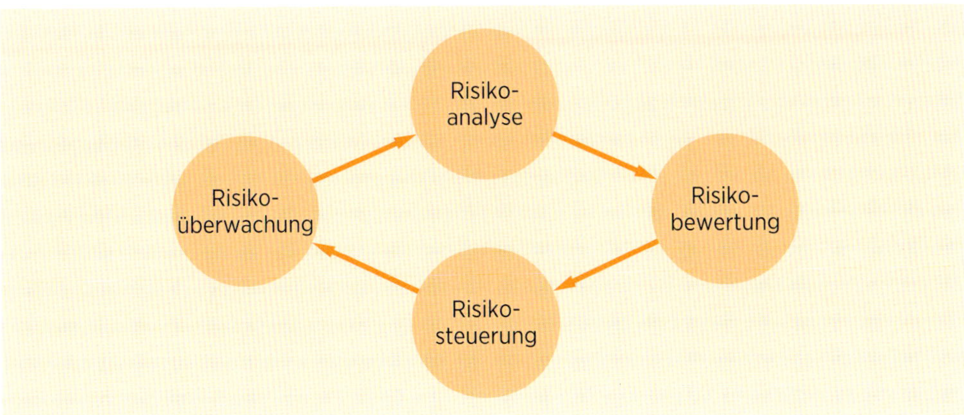

Abb. 154: **Risikomanagementprozess**

Die Schritte des Risikomanagementprozesses beinhalten:

Tab. 62: **Schritte Risikomanagementprozess**

Risikoanalyse und Risikoerkennung	▸ Aufdecken potentieller Risiken durch systematische Fehlerquellensuche
Risikobewertung	▸ basiert auf den Ergebnissen der Risikoerkennung ▸ beinhaltet kontinuierliche quantitative und qualitative Beurteilung identifizierter Risiken
Risikosteuerung	▸ eigentlicher Zweck des Risikomanagements ▸ erfolgt durch Eliminierung einzelner Gefahrenquellen
Risikoüberwachung	▸ laufende Kontrolle des Risikoprozesses ▸ laufende Überprüfung seiner Wirksamkeit

Fehlermanagement

> *„Fehler vermeidet man, indem man Erfahrung sammelt.*
> *Erfahrung sammelt man, indem man Fehler macht."*
> Laurence Johnston Peter (1919–1990, amerikanischer Managementberater)

In der Pflege können Fehler als „eine unbeabsichtigte Handlung, entweder als Unterlassung oder Durchführung, die nicht zum gewünschten Ergebnis führt" (Kahla-Witsch/Platzer 2007, S. 46), beschrieben werden. Das Erkennen der Ursachen unerwünschter Ereignisse sowie deren negativer Folgen wird auch als „negatives Wissen" bezeichnet. Negatives Wissen ermöglicht die Nutzung der Erkenntnisse aus Fehlern. Wird das betreffende Personal über Fehler/Beinahe-Zwischenfälle und Lösungen für zukünftiges fehlerärmeres Arbeiten informiert, kann es in ähnlichen Situationen richtig reagieren.

Merke: Fehler zeigen uns, dass noch etwas fehlt. Fehlermanagement meint: Es wird nicht das Falsche akzeptiert, sondern aus dem Falschen nachhaltig das Richtige generiert!

Fehler können unterschiedlich kategorisiert werden. Die Zuordnung der **Fehlerart** erleichtert die Einschätzung des mit dem Fehler verbundenen Risikos.

Fehlerarten nach dem American Society of Healthcare Risk Management (ASHRM)4 (vgl. Österreichische Plattform Patientensicherheit 2009, S. 12–13):

Unerwünschtes Ereignis: Eine Schädigung, die durch das medizinische Management verursacht wurde und nicht durch die zugrunde liegende Erkrankung des/der PatientIn. Ein unerwünschtes Ereignis kann, muss aber nicht das Ergebnis eines Fehlers sein.

Behandlungsfehler: Das Nicht-Erreichen eines beabsichtigten Ergebnisses mit der dafür vorgesehenen Vorgangsweise oder die Verwendung einer Vorgangsweise, die zur Erreichung eines Zieles nicht geeignet ist. Zu den Behandlungsfehlern zählen „schwerwiegende Fehler", „geringfügige Fehler" und „Beinahe-Zwischenfälle".

Ein Behandlungsfehler kann, muss aber nicht einen Schaden verursachen. Ein Behandlungsfehler, der keinen Schaden verursacht, führt nicht zu einem unerwünschten Ereignis.

Schwerwiegender Fehler: Ein Fehler, der das Potenzial hat, eine permanente Schädigung oder einen vorübergehenden, aber potenziell lebensbedrohlichen Schaden hervorzurufen.

Geringfügiger Fehler: Ein Fehler, der keinen Schaden verursacht oder hierzu nicht das Potenzial hat.

Beinahe-Zwischenfall: Ein Fehler, der einen Schaden hätte verursachen können, jedoch keine Auswirkung auf den/die PatientIn hatte, da er rechtzeitig erkannt und nicht umgesetzt wurde.

Vermeidbares unerwünschtes Ereignis: Eine Schädigung (oder Komplikation), die aus einem Fehler oder Systemversagen resultiert. Ein vermeidbares unerwünschtes Ereignis kann in drei Kategorien unterteilt werden:

- Typ 1: Fehler des verantwortlichen Arztes/der verantwortlichen Ärztin, z. B. technischer Fehler bei der Durchführung einer Maßnahme
- Typ 2: Fehler eines anderen Mitglieds des medizinischen Betreuungsteams, z. B. Verabreichung eines falschen Medikaments durch eine Pflegeperson oder einem Arzt/einer Ärztin in Ausbildung unterläuft ein technischer oder Entscheidungsfehler
- Typ 3: Systemversagen ohne Fehler einer Einzelperson, z. B. Versagen der Infusionspumpe führt zur Überdosierung eines Medikaments, dem zuweisenden Arzt/der zuweisenden Ärztin werden abnorme Laborwerte aufgrund eines Systemfehlers nicht übermittelt

Nicht vermeidbares unerwünschtes Ereignis: Eine Schädigung (oder Komplikation), die nicht auf einen Fehler oder ein Systemversagen zurückzuführen ist und die nach dem derzeitigen Stand der Wissenschaft nicht immer vermeidbar ist. Es werden zwei Kategorien unterschieden:

- Typ 1: Häufige, gut bekannte Gefahren von Hochrisiko-Therapien. Die PatientInnen verstehen die Risiken und akzeptieren sie im Hinblick auf den Nutzen der Behandlung, z. B. Komplikationen einer Chemotherapie
- Typ 2: Seltene, aber bekannte Risiken gewöhnlicher Behandlungen. Der/die PatientIn wurde nicht unbedingt im Voraus über die Risiken informiert, z. B. Nebenwirkungen von Medikamenten, seltene Wundinfektionen

Zwischenfall: Ein unerwünschtes Ereignis oder schwerwiegender Fehler. Manchmal auch als „Ereignis" bezeichnet.

Voraussetzung für ein erfolgreiches Fehlermanagement ist eine **positive Fehlerkultur**. Das heißt, mit Fehlern muss offen umgegangen werden. Drohen Sanktionen, wenn Fehler gemacht werden, werden diese nicht gemeldet. In der Pflege eigenen sich Teambesprechungen sehr gut, um offen über Fehler zu sprechen und gemeinsame Lösungen zu finden. Der Faktor Mensch ist auch eine zu beachtende Komponente. Dazu gehören neben den Fähigkeiten und Fertigkeiten der MitarbeiterInnen auch die Rahmenbedingungen, unter denen gearbeitet wird.

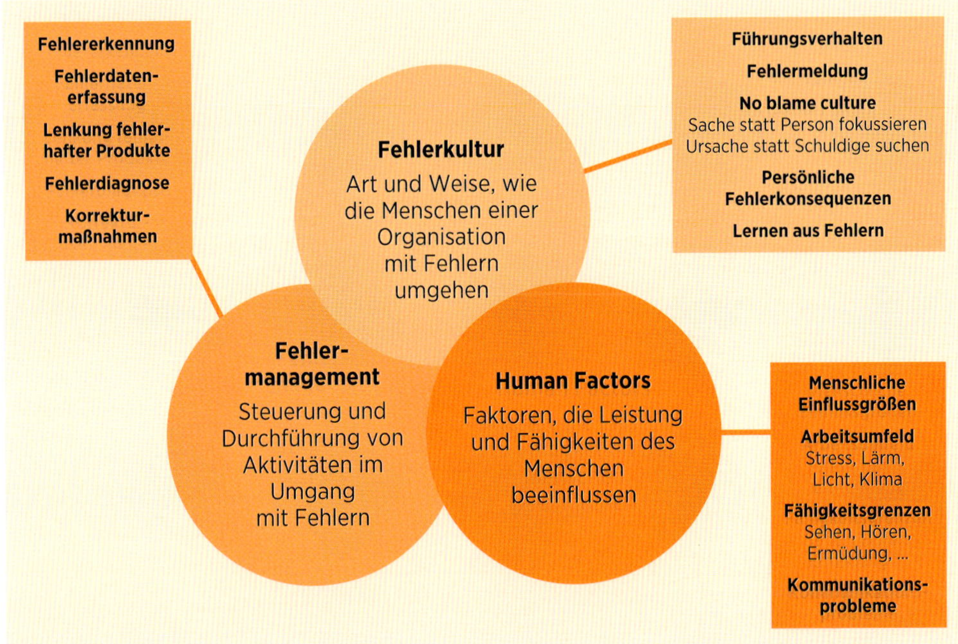

Abb. 155: **Umgang mit Fehlern** (Schmidt 2013, S. 8)

Zur Umsetzung eines funktionierenden Fehlermanagements werden Prozess- und Ablaufbeschreibungen sowie Checklisten nach Kriterien des Qualitätsmanagements (PDCA-Zyklus) verwendet. Anonyme Risiko- und Fehlermanagementmeldesysteme wie CIRS (Critical Incident Reporting System) ermöglichen einen anonymen Austausch negativen Wissens über Organisationsgrenzen hinaus. Eine wichtige Quelle für das Identifizieren von Fehlern sind neben den MitarbeiterInnen einer Organisation auch PatientInnenbefragungen und das Beschwerdemanagement.

Auf der Homepage der Plattform Patentensicherheit finden Sie vertiefende Informationen: https://www.plattformpatientensicherheit.at/.

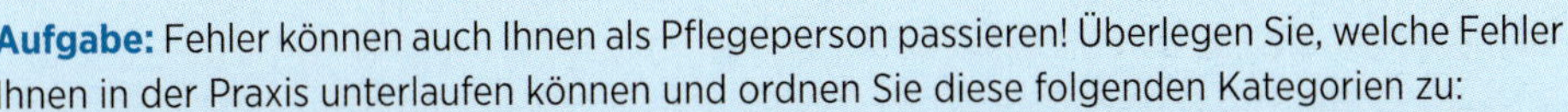

Aufgabe: Fehler können auch Ihnen als Pflegeperson passieren! Überlegen Sie, welche Fehler Ihnen in der Praxis unterlaufen können und ordnen Sie diese folgenden Kategorien zu:

- schwerwiegender Fehler
- geringfügiger Fehler
- Beinahe-Zwischenfall

Diskutieren Sie Ihre Ergebnisse in Kleingruppen von maximal 3 Personen. Finden Sie Lösungsansätze für folgende Fragestellungen und stellen Sie Ihre Ergebnisse im Plenum vor:

- Wie können Sie die diskutierten Fehler in der Praxis vermeiden?
- Welche Rahmenbedingungen sind dafür notwendig?
- Welche Fehlerkultur haben Sie bisher erlebt/gelebt?

Zeitrahmen Bearbeitung einzeln:	10 min
Zeitrahmen Bearbeitung Diskussion in der Kleingruppe:	20 min
Zeitrahmen Präsentation:	5 min
Diskussion im Plenum:	5 min

Beschwerdemanagement

Unter Beschwerdemanagement versteht man den systematischen unternehmerischen Umgang mit KundInnenbeschwerden. Eine Beschwerde ist eine Äußerung oder Mitteilung über eine unerwünschte Situation oder ein Fehlverhalten. Eine Beschwerde kann eine negative oder kritische Rückmeldung zur Dienstleistung, zur Leistungserbringung oder zum/zur LeistungserbringerIn sein. Sie kann mündlich oder schriftlich erfolgen. Die Person, die sich beschwert, kann direkt oder indirekt betroffen sein. Das Beschwerdemanagement ist dem Qualitätsmanagement der Organisation zugeordnet. Aufgabe des Beschwerdemanagements ist die Analyse und Auswertung der Beschwerden mit dem Ziel, die gewonnenen Erkenntnisse in den Kundenprozess einfließen zu lassen (Verbesserungsmanagement). Ein erfolgreiches Beschwerdemanagement kann Folgendes bewirken:

- Ursache von Unzufriedenheit ergründen und systematisch bearbeiten
- Erfassen von PatientInnen- bzw. BewohnerInnenbedürfnissen
- Verbessern der PatientInnen- bzw. BewohnerInnenzufriedenheit
- Erkennen von Schwachstellen und Risiken der Organisation

Zur Zielerreichung sind die Aufgaben des direkten (Kommunikation mit den KundInnen) und indirekten (Analyse und Überwachung von Beschwerden) Beschwerdemanagementprozesses zu erfüllen.

Umgang mit Medizinprodukten

Eine Reihe von Hilfsmitteln und Materialien, die in der Pflege verwendet werden, sind Medizinprodukte. Medizinprodukte unterliegen speziellen gesetzlichen Regelungen, die der Sicherheit der vom Umgang damit Betroffenen (Pflegebedürftige, AnwenderInnen und Dritte) dienen. Zu den Medizinprodukten gehören laut §2 österreichisches Medizinproduktegesetz (MPG):

- Instrumente, Apparate, Vorrichtungen, Stoffe, andere Gegenstände und Software, einzeln oder kombiniert verwendbar, sofern sie:
  - vom Hersteller zur Anwendung für Menschen bestimmt sind,
  - eine medizinische Zweckbestimmung haben und
  - die bestimmungsgemäße Hauptwirkung im oder am menschlichen Körper nicht durch pharmakologische oder immunologische Mittel bzw. durch Metabolismus erreicht wird (die Wirkungsweise kann aber dadurch unterstützt werden).

Eine medizinische Zweckbestimmung ist dann gegeben, wenn das Produkt der

- Erkennung, Verhütung, Überwachung, Behandlung oder Linderung von Krankheiten,
- Erkennung, Überwachung, Behandlung, Linderung oder Kompensierung von Verletzungen oder Behinderungen,
- Untersuchung, dem Ersatz oder der Veränderung des anatomischen Aufbaus oder eines physiologischen Vorgangs oder
- der Empfängnisregelung

dient.

Produktklassen

Bei den Medizinprodukten (MP) werden drei Klassen unterschieden:
Klasse I:

- nicht invasive Produkte
- invasive Produkte (nur vorübergehend)
- wiederverwendbare chirurgische Instrumente

Beispiele: Brillen, Rollstühle, Spitalsbetten, Stethoskope, Untersuchungshandschuhe, wiederverwendbare chirurgische Instrumente, Colostomie- und Harnbeutel, Stützstrümpfe, Zahnprothesen, einfache Pflaster.

Klasse II a:

- invasive Produkte (länger als vorübergehend)
- nicht invasive Produkte (für Körperflüssigkeiten und -gewebe)
- aktive therapeutische Produkte ohne potenzielles Risiko
- aktive diagnostische Produkte

Beispiele: aktive Diagnosegeräte (Magnetresonanz, EEG, Ultraschall, ...), Muskelstimulatoren, Kanülen, Hautklammern, Hörgeräte, chirurgische Handschuhe, Kronen, Brücken, Röntgenfilme, Kontaktlinsen, Harnkatheter, Trachealtuben, Sterilisatoren.

Klasse II b:

- Implantate (für mindestens 30 Tage)
- Empfängnisverhütungsmittel, Kondome
- aktive therapeutische Produkte mit potenziellem Risiko

Beispiele: Anästhesie-, Dialysegeräte, Intensivmonitoring, orthopädische Implantate, Röntgengeräte, Inkubatoren, chirurgische Laser, Knochenzement, periphere Gefäßprothesen.

Klasse III:

- Produkte für lebenserhaltende Funktionen
- Produkte mit Arzneimittelwirkung
- ionisierende Strahlen

Beispiele: MP mit inaktiviertem tierischem Gewebe: Catgut (chirurgisches Nahtmaterial), Kollagenimplantate, Knochenzement mit Antibiotikum, heparinisierte Katheter, Herzklappen, zentrale Gefäßprothesen, Herzkatheter.

Österreichisches Medizinproduktegesetz

Das österreichische Medizinproduktegesetz (MPG) trat 1997 in Kraft und basiert auf der im EG-Raum verbindlichen Direktive für Medizinprodukte 93/42/EWG aus dem Jahr 1993. Die geltende Fassung des MPG ist unter https://www.ris.bka.gv.at/ abrufbar!

Das MPG regelt das Errichten, Betreiben, Anwenden, Instandhalten sowie die Sicherheit, Funktionstüchtigkeit, Wirksamkeit und Qualität von Medizinprodukten über ihren gesamten medizinisch relevanten Lebenszyklus nach einem integrierten, umfassenden Schutzkonzept. Das MPG ist in allen Einrichtungen, Stellen und Institutionen, die durch Heilberufe oder befugte Gewerbeberechtigte betrieben werden, umzusetzen. Dazu gehören:

- Krankenanstalten
- Alten- und Pflegeheime
- medizinische Laboratorien
- Ärzteordinationen
- Zahnarztpraxen
- Rettungsdienste
- Stellen zur Mutter-Kind-Betreuung
- Sanitätsversorgungsstellen des Bundesheeres

Das MPG gliedert sich in sieben Abschnitte:

I. Anwendungsbereich, Begriffe, Abgrenzungen
II. grundlegende Anforderungen, Klassifizierung, Konformitätsbewertung, CE-Kennzeichnung, benannte Stellen
III. klinische Bewertung und Prüfung
IV. Medizinprodukteüberwachung und Schutz vor Risiken
V. Errichten, Betreiben, Anwenden, Instandhalten, Desinfektion, Sterilisation, Qualitätsmanagement
VI. Betriebsordnungen, Abgabe, Verschreibung, Werbung
VII. Verfahrensbestimmungen, Zuständigkeiten, Strafbestimmungen, Übergangsbestimmungen

Geregelt sind über das MPG:

- wiederkehrende Prüfungen (Art, Umfang, Durchführung und Intervalle gem. VO)
- Prüfung nach Instandsetzung
- Prüfung nach Zwischenfällen
- Funktionsprüfung

Medizinproduktebetreiberverordnung

In der Medizinproduktebetreiberverordnung (MPBV) werden Details zur Durchführung der im MPG vorgeschriebenen Vorgaben geregelt. Die MPBV definiert, wer HerstellerInnen, BetreiberInnen, befugte Personen (z. B. technische Sicherheitsbeauftragte, MedizinprodukteberaterInnen) und AnwenderInnen von Medizinprodukten sind und wie diese einzuweisen sind. Weiters regelt die MPBV folgende Punkte: Eingangsprüfung, Instandhaltung, wiederkehrende sicherheitstechnische Prüfung, messtechnische Kontrollen, Gerätedatei, Bestandsverzeichnis, Implantatregister. Die geltende Fassung des MPBV ist unter https://www.ris.bka.gv.at/ abrufbar!

Einweisung

Ein für alle AnwenderInnen von Medizinprodukten wesentlicher Punkt zur sachgemäßen Verwendung ist die in der MPBV geregelte Einweisung. Grundsätzlich ist bei der Einweisung Folgendes zu beachten:

1. Medizinprodukte dürfen nur ihrer Zweckbestimmung entsprechend und nach den Vorschriften dieser Verordnung, den allgemein anerkannten Regeln der Technik sowie den Arbeitsschutz- und Unfallverhütungsvorschriften errichtet, betrieben, angewendet und instand gehalten werden (vgl. §2 Abs. 1 MPBV).
2. Medizinprodukte dürfen nur von Personen errichtet, betrieben, angewendet und instand gehalten werden, die dafür die erforderliche Ausbildung oder Kenntnis und Erfahrung besitzen (vgl. §2 Abs. 2 MPBV).
3. Der/die BetreiberIn darf nur Personen mit dem Errichten und Anwenden von Medizinprodukten beauftragen, die die in Absatz 2 genannten Voraussetzungen erfüllen (vgl. §2 Abs. 4 MPBV).
4. Der/die AnwenderIn hat sich vor der Anwendung eines Medizinproduktes von der Funktionsfähigkeit und dem ordnungsgemäßen Zustand des Medizinproduktes zu überzeugen und die Gebrauchsanweisung sowie die sonstigen beigefügten sicherheitsbezogenen Informationen und Instandhaltungshinweise zu beachten (vgl. §2 Abs. 5 Satz 1 MPBV).

Laut §4 Abs. 3 MPBV hat die Einweisung Informationen zu enthalten über:

1. alle relevanten Aspekte für die sachgerechte Handhabung des Medizinproduktes,
2. die Anwendung gemäß der Gebrauchsanweisung sowie notwendige sicherheitsrelevante Kriterien,
3. die sachgemäße Aufbereitung, Auf- und Umrüstung und zulässige Gerätekombinationen,
4. die allfällig vor jeder Anwendung durchzuführenden Kontrollen, und
5. die allfällig vom Anwender/von der Anwenderin durchzuführende Wartung und deren Intervalle.

Einweisungsdokumentation (vgl. RIS 2017, Miorini 2016, S. 3–8)

Laut §4 Abs. 2 MPBV sind die Einweisungen für Medizinprodukte in der Gerätedatei oder in anderen inhaltsgleichen Aufzeichnungen wie dezentralen Dateien oder Karteien zu dokumentieren. Zu erfolgen hat eine sogenannte **Pflichteinweisung** nach §5 Abs. 1 MPBV. Dazu gehört:

- Nachweispflicht des Betreibers: „Die Durchführung der Funktionsprüfung nach Absatz 1 Nr. 1 und die Einweisung der vom Betreiber beauftragten Person nach Absatz 1 Nr. 2 sind zu belegen." (§5 Abs. 3 MPBV)
- die „Einweisungskette" muss belegt werden (von HerstellerIn bis EndanwenderIn)
- das Medizinproduktebuch dient u. a. als Nachweisdokument (§7 MPBV)
- Aufzeichnung auf Papier oder über eine qualifizierte Software möglich (aber Eintrag im MP-Handbuch erforderlich oder Verweis im MP-Handbuch auf anderen Aufzeichnungsort)

Das Führen eines „Gerätepasses" (siehe Abb. 156) ist in der Praxis üblich. Es ist gesetzlich nicht vorgeschrieben, aber haftungsrechtlich relevant (Beweisfunktion).

Gerätepass

gemäß § 83 Medizinproduktegesetzes (MPG) in der jeweils geltenden Fassung

Titel: ________ Funktion: ________

Name: ________ Personalnummer: ________

Vorname: ________ Ausgestellt am: ________

Hinweise für den/die GerätepassinhaberIn:

Dieser Gerätepass dokumentiert die Erstschulung bzw. Wiederholungsschulung zur sachgemäßen Anwendung von Medizingeräten/Medizinprodukten.

Dieses Dokument gilt als Nachweis für die nach dem Medizinproduktegesetz (MPG) vorgeschriebenen Einweisungen an Medizinprodukten/Medizingeräten, vorausgesetzt die Angaben sind vollständig und von den Verantwortlichen abgezeichnet.

Die Einweisung zur Bedienung und zum Einsatz von Medizinprodukten/Medizingeräten ist eine Holschuld der AnwenderInnen.

Der/die GerätepassinhaberIn verpflichtet sich, Medizinprodukte nur entsprechend ihrer Zweckbestimmung und unter Einhaltung der Vorschriften des Medizinproduktegesetzes anzuwenden.

Gerät	Type	Hersteller	Schulungsart		Durchgeführt von	Unterschrift des Einweisenden	Datum	Unterschrift des Geschulten
			Ein	Nach				

 Gerätepass Seite ____

Abb. 156: **Vorlage Gerätepass**

Die Dokumentation der Einweisung hat gemäß Abs. 2 zu enthalten:

1. Gerätebezeichnung, HerstellerIn, Typ,
2. Name und Geburtsdatum oder Personalnummer der/des Eingewiesenen,
3. Name der/des Einweisenden und Einweisungsdatum sowie
4. Unterschrift der/des Eingewiesenen als Bestätigung, dass er/sie in die sachgerechte Handhabung des jeweiligen Medizinproduktes eingewiesen wurde und den Inhalt der Einweisung verstanden hat.

Weiters sind dokumentierte Einweisungen eines Anwenders/einer Anwenderin von anderen Einrichtungen des Gesundheitswesens anzuerkennen.

BetreiberInnen haben erforderlichenfalls wiederkehrende Schulungen vorzusehen, vor allem bei:

1. Schulungsbedarf des Anwenders/der Anwenderin
2. wiederholten Fehlbedienungen
3. Funktions- oder Bedienungsänderungen nach Softwareupdates bzw. -upgrades
4. Änderung des Anwendungs- oder Einsatzbereiches eines Produktes

Heimaufenthaltsgesetz (HeimAufG)

„Die Freiheit des Menschen liegt nicht darin, dass er tun kann, was er will, sondern, dass er nicht tun muss, was er nicht will.“
Jean-Jacques Rousseau (1712–1778, Schriftsteller, Philosoph, Pädagoge, Naturforscher und Komponist)

Das Heimaufenthaltsgesetz kommt laut §2 HeimAufG in Alten- und Pflegeheimen, Behinderteneinrichtungen, Tageszentren und Krankenanstalten zur Anwendung. Es regelt, unter welchen Voraussetzungen bei BewohnerInnen Freiheitsbeschränkungen vorgenommen werden dürfen. Es muss 1. eine psychische oder intellektuelle Beeinträchtigung und 2. eine ernstliche und erhebliche Selbst- oder Fremdgefährdung vorliegen und es darf 3. keine andere pflegerische oder organisatorische Maßnahme (gelinderes Mittel) als Alternative in Betracht kommen. Alle drei Voraussetzungen müssen gleichzeitig vorliegen.

Je nach Art der Freiheitsbeschränkung ordnet die jeweils zuständige Berufsgruppe (Arzt/Ärztin, Pflegeperson oder pädagogische Leitung) die Freiheitsbeschränkung an. Die anordnende Person muss den/die Betroffene/n in geeigneter Weise über Grund, Art, Beginn und Dauer der Freiheitsbeschränkung informieren und aufklären. Das ist auch schriftlich zu dokumentieren. Die Leitung der Einrichtung muss die BewohnerInnenvertretung und etwaige gesetzliche VertreterInnen umgehend mit Webmeldung oder Faxformular verständigen. Liegen die Voraussetzungen gemäß HeimAufG nicht mehr vor oder erklärt eine Gerichtsentscheidung die Freiheitsbeschränkung für unzulässig, ist die Freiheitsbeschränkung aufzuheben.

Laut HeimAufG können mechanische, elektronische und medikamentöse Beschränkungen der Bewegungsfreiheit oder deren Androhung Freiheitsbeschränkungen darstellen. Das können beispielsweise sein: hochgestellte Bettseitenteile, Fixierung am Bett oder Rollstuhl, Versperren von Türen, Verwendung von Überwachungssystemen, Hindern am Verlassen der Einrichtung oder Wegnahme von Gehhilfen, aber auch sedierende Medikamente. Alle freiheitsbeschränkenden Maßnahmen müssen – unabhängig von ihrer Dauer – an die BewohnerInnenvertretung gemeldet werden.

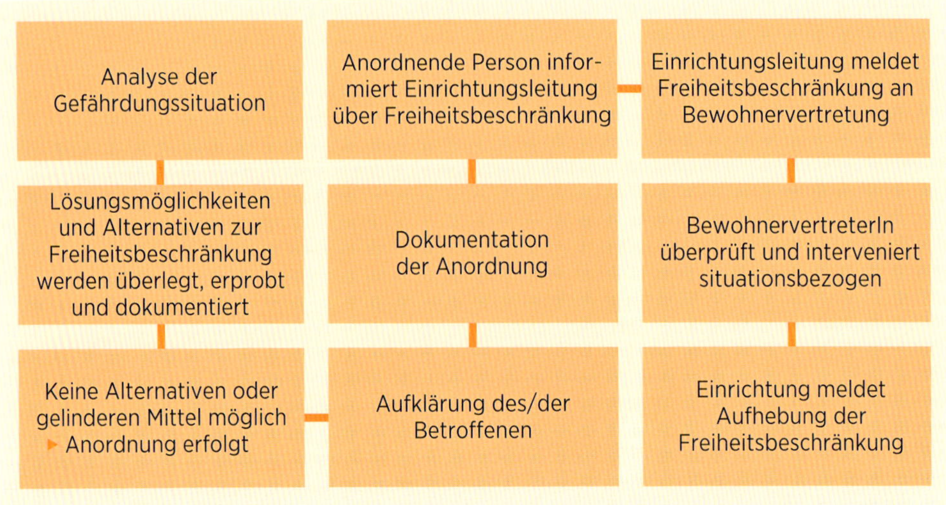

Abb. 157: **Erforderliche Schritte bei einer Freiheitsbeschränkung** (Bewohnervertretung)

Tipp: Nähere Informationen, kompakt zusammengefasst, hat die Bewohnervertretung in einer Broschüre veröffentlicht. Diese kann unter http://www.vertretungsnetz.at/bewohnervertretung/die-broschuere/ heruntergeladen werden. Das Heimaufenthaltsgesetz in geltender Fassung können Sie unter https://www.ris.bka.gv.at/GeltendeFassung.wxe?Abfrage=Bundes normen&Gesetzesnummer=20003231 einsehen.

ArbeitnehmerInnenschutz

Das angestrebte Ziel des ArbeitnehmerInnenschutzes ist der Schutz der Beschäftigten vor arbeitsbedingten Gesundheitsgefahren und daraus resultierenden arbeitsbedingten Erkrankungen oder Berufskrankheiten sowie die Unfallverhütung und die Vermeidung von Arbeitsunfällen. Dies wird erreicht durch die Beseitigung von Gefahrenquellen, den Einbau von Schutzmaßnahmen, die Auswahl der persönlichen Schutzausrüstung (PSA), den richtigen Umgang mit Gefahrstoffen sowie Evaluierungen psychischer und physischer Arbeitsbelastungen.

Der ArbeitnehmerInnenschutz ist im ArbeitnehmerInnenschutzgesetz gesetzlich geregelt. Im Betrieb sind die Sicherheitsfachkraft (SFK) und die Arbeitsmedizin für den Arbeitsschutz zuständig. Sie führen Evaluierungen (Arbeitsplatzbegehungen) durch und beraten die MitarbeiterInnen in Fragen zur Arbeitssicherheit und zum Gesundheitsschutz. Vor Ort in den Arbeitsbereichen stehen Sicherheitsvertrauenspersonen (SVP) zur Verfügung.

Ein wichtiges Instrument zur Vermeidung von Unfällen und Gefahren sind richtige und ausführliche Information und Unterweisungen von ArbeitnehmerInnen. Die Unterweisung muss nachweislich (Aufzeichnungen) und, falls erforderlich, in regelmäßigen Abständen erfolgen. Der/die ArbeitgeberIn muss sich vergewissern, dass Informationen und Unterweisungen von den ArbeitnehmerInnen richtig verstanden wurden.

Die ArbeitnehmerInnen sind verpflichtet, gemäß den Anweisungen ihrer ArbeitgeberInnen vorgeschriebene Schutzmaßnahmen anzuwenden (persönliche Schutzausrüstung ordnungsgemäß benutzen), die zur Verfügung gestellten Arbeitsmittel richtig einzusetzen und sich so zu verhalten, dass eine Gefährdung vermieden wird. Werden Mängel erkannt, geschieht ein Arbeitsunfall oder ein Ereignis, das beinahe zu einem Unfall geführt hätte, ist das unverzüglich den Verantwortlichen zu melden. Die Einnahme von Alkohol, anderen Suchtgiften oder Arzneien, die die Sicherheit anderer Personen gefährden können, ist am Arbeitsplatz verboten.

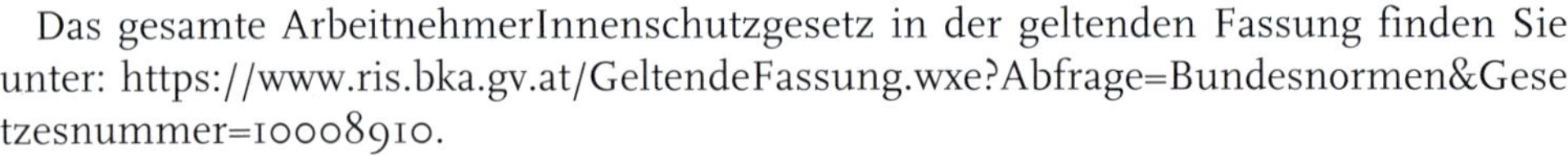

Das gesamte ArbeitnehmerInnenschutzgesetz in der geltenden Fassung finden Sie unter: https://www.ris.bka.gv.at/GeltendeFassung.wxe?Abfrage=Bundesnormen&Gesetzesnummer=10008910.

Brandschutz

ArbeitgeberInnen müssen geeignete Vorkehrungen treffen, um das Entstehen eines Brandes bzw. im Falle eines Brandes eine Gefährdung des Lebens und der Gesundheit der ArbeitnehmerInnen zu vermeiden. Es müssen ggf. geeignete Maßnahmen getroffen werden, die zur **Brandbekämpfung** und **Evakuierung** der anwesenden Personen erforderlich sind. Es müssen geeignete Löschhilfen wie Löschwasser, Löschdecken, Löschsand, Wandhydranten, Handfeuerlöscher oder fahrbare Feuerlöscher in ausreichender Anzahl bereitgestellt sein. Die Löschhilfen und deren Aufstellungsorte müssen gekennzeichnet sein. Weiters sind **Brandschutzeinrichtungen** wie eine Brandmeldeanlage, automatische Türschließeinrichtungen, Druckknopfmelder, Rauch- und Wärmeabzugsanlagen, Sprinkler- oder Gaslöschanlagen zu installieren.

In Gesundheits- und Sozialeinrichtungen sind aufgrund landesgesetzlicher Vorschriften Brandschutzbeauftragte zu bestellen und aufgrund der Arbeitsstättenverordnung eine **Brandschutzordnung** zu erstellen. In der Brandschutzordnung sind die zur Brandverhütung und zur Brandbekämpfung erforderlichen technischen und organisatorischen Vorkehrungen und durchzuführenden Maßnahmen festzuhalten. Die Brandschutzordnung ist jährlich auf Richtigkeit und Vollständigkeit zu überprüfen und gegebenenfalls zu ergänzen. Sie ist allen ArbeitnehmerInnen zur Kenntnis zu bringen. Die Brandschutzordnung ist Bestandteil des Sicherheits- und Gesundheitsschutzdokuments, in dem konkrete Abläufe anhand dokumentierter Prozesse im Brand- bzw. Katastrophenfall beschrieben sind.

Um sicherzustellen, dass die Alarmeinrichtungen von den ArbeitnehmerInnen korrekt bedient werden können, sind mindestens einmal jährlich während der Arbeitszeit Alarmübungen durchzuführen. Über die Durchführung sind Aufzeichnungen zu führen. Die Sicherheitsbeleuchtungsanlagen, Alarmeinrichtungen, Klima- oder Lüftungsanlagen und Brandmeldeanlagen sind mindestens einmal jährlich, längstens jedoch in Abständen von 15 Monaten auf ihren ordnungsgemäßen Zustand zu überprüfen. Löschgeräte und stationäre Löschanlagen sind mindestens jedes zweite Kalenderjahr, längstens jedoch in Abständen von 27 Monaten auf ihren ordnungsgemäßen Zustand zu überprüfen. Auch über diese Prüfungen sind Aufzeichnungen zu führen, außer Prüfdatum und Mängelfreiheit werden durch einen Aufkleber bestätigt.

Das Einhalten von allgemeinen Brandschutzmaßnahmen unterstützt die Sicherheit der MitarbeiterInnen und der zu Pflegenden:

- kein Parken in Feuerwehrzufahrten (auch nachts)
- allgemeine Ordnung und Sauberkeit
- Fluchtstiegen, Gänge und sonstige Verkehrswege sind freizuhalten – keine Betten, Hilfsmittel abstellen
- ins Freie führende Türen und Notausgänge müssen unbehindert benutzbar sein
- Brand- und Rauchschutztüren sind ständig geschlossen zu halten (ausgenommen Türen mit selbsttätiger Auslösung), Schließvorrichtungen dürfen nicht blockiert oder außer Funktion gesetzt werden – Störungen sofort dem Brandschutzbeauftragten melden
- Brandmelde- und Brandbekämpfungseinrichtungen, Schilder und sonstige Hinweistafeln müssen sichtbar und frei zugänglich bleiben
- Druckgasbehälter (Sauerstoffflaschen, …) sind vor Wärmeeinwirkung geschützt, standsicher und leicht zugänglich zu lagern
- Rauchen und Hantieren mit offenem Licht und Flamme ist in allen inneren Bereichen verboten (Ausnahme ausgewiesene Raucherräume)
- Anwendung von ausschließlich elektrischer Beleuchtung auf Gestecken, Adventkränzen und Christbäumen
- Heiz-, Koch- und Wärmegeräte dürfen nur mit Genehmigung aufgestellt und in Betrieb genommen werden
- kein unbefugtes Hantieren an elektrischen Anlagen – Reparaturen nur durch befugte Personen
- Schäden und Störungen an Elektroinstallationen sind zu melden

Strahlenschutz

Das Strahlenschutzgesetz (StrSchG), genauer das „Bundesgesetz über Maßnahmen zum Schutz des Lebens oder der Gesundheit von Menschen einschließlich ihrer Nachkommenschaft vor Schäden durch ionisierende Strahlen", bildet den gesetzlichen Rahmen für den sicheren Umgang bei Tätigkeiten mit radioaktiven Stoffen und sonstigen Strahlenquellen. Es beinhaltet Regelungen zu folgenden Bereichen:

- grundlegende Schutzbestimmungen
- Bewilligungserfordernisse und Meldepflichten
- radioaktive Abfälle
- Schutz vor natürlichen Strahlenquellen
- Schutz- und Sicherungsmaßnahmen bei radiologischen Notstandssituationen
- zentrale Strahlenschutzregister (Dosisregister und Strahlenquellenregister)
- behördliche Überwachung der Umwelt auf radioaktive Kontaminationen

Genaue Regelungen für verschiedene Teilgebiete zur Umsetzung des Strahlenschutzgesetzes sind in Verordnungen zusammengefasst. Dazu gehören (vgl. BMLFUW 2017):

- Allgemeine Strahlenschutzverordnung
- Medizinische Strahlenschutzverordnung
- Verordnung über Maßnahmen zum Schutz des fliegenden Personals vor kosmischer Strahlung
- Verordnung über Maßnahmen zum Schutz von Personen vor erhöhter Exposition durch terrestrische natürliche Strahlenquellen
- Verordnung über Interventionen bei radiologischen Notstandssituationen und bei dauerhaften Strahlenexpositionen

Die Allgemeine Strahlenschutzverordnung (AllgStrSchV) regelt auf Basis des Strahlenschutzgesetzes den Umgang mit Strahlenquellen und die Maßnahmen zum Schutz vor ionisierenden Strahlen. Grundsätzlich gilt:

- Möglichst großen Abstand halten – doppelter Abstand reduziert die Dosis auf ein Viertel!
- Abschirmung durch Schutzmaßnahmen
- möglichst geringe Aufenthaltsdauer im exponierten Bereich

Für MitarbeiterInnen von Gesundheitseinrichtungen kommen Schutzmaßnahmen laut Medizinischer Strahlenschutzverordnung zur Anwendung. Dazu gehören beispielsweise:

- Unterweisung von MitarbeiterInnen durch Strahlenschutzbeauftragte
- jährliche ärztliche Untersuchungen für beruflich strahlenexponierte Personen
- physikalische Strahlenschutzkontrolle und Grenzwerte der Strahlenexposition – Tragen von Schutzkleidung (Röntgenschürze) und Dosimeter
- Indikationsstellung – eine rechtfertigende Indikation besteht nur, wenn der gesundheitliche Nutzen einer Anwendung am Menschen gegenüber dem Strahlenrisiko überwiegt
- die Strahlenanwendung darf nur durch berechtigte Personen erfolgen (erforderliche Fachkunde im Strahlenschutz)

Das Strahlenschutzgesetz und die Allgemeine Strahlenschutzverordnung in geltender Fassung sind unter https://www.ris.bka.gv.at abrufbar.

Gesundheitsberuferegister-Gesetz (GBRG)

Das Gesundheitsberuferegister-Gesetz (GBRG) regelt die Einrichtung des Berufsregisters für die Gesundheits- und Krankenpflegeberufe und die gehobenen medizinisch-technischen Dienste. Die Eintragung der Berufsangehörigen in das Gesundheitsberuferegister beginnt mit 1. Juli 2018. Folgende Berufsgruppen werden registriert:

- diplomierte Gesundheits- und KrankenpflegerInnen
- PflegefachassistentInnen (PFA)
- PflegeassistentInnen (PA)
- PhysiotherapeutInnen
- biomedizinische AnalytikerInnen
- RadiologietechnologInnen
- DiätologInnen
- ErgotherapeutInnen
- LogopädInnen
- OrthoptistInnen

Die Registrierung ist Voraussetzung für die Berufsausübung im jeweiligen Gesundheitsberuf. Alle im Gesundheitsberuferegister eingetragenen Personen erhalten einen Berufsausweis, der jeweils fünf Jahre lang gültig ist. Der Lauf der Frist beginnt mit dem Tag der Eintragung in das Register. Jede/r Berufsangehörige hat vor Ablauf der Fünfjahresfrist seine/ihre Registrierung zu verlängern, sonst ruht die Berechtigung zur Berufsausübung. Vor Beginn der Berufsausübung ist die Eintragung in das Gesundheitsberuferegister mittels Standard-Formular zu beantragen und die im Gesetz angeführten Unterlagen vorzulegen. Ab 1. Juli 2018 ist die Eintragung ins Gesundheitsberuferegister für die Angehörigen der Gesundheits- und Krankenpflegeberufe und der gehobenen medizinisch-technischen Dienste verpflichtend.

Für die Führung des Gesundheitsberuferegisters ist die Gesundheit Österreich GmbH (GÖG) zuständig. Für AK-Mitglieder ist die Bundesarbeitskammer (AK) die zuständige Registrierungsbehörde, für alle anderen Berufsangehörigen (nicht AK-Mitglieder, Selbstständige) ist die GÖG als Registrierungsbehörde zuständig. Bei Berufsangehörigen, die sowohl freiberuflich als auch in einem Dienstverhältnis tätig sind, richtet sich die Zuständigkeit der Registrierungsbehörde nach der überwiegenden Art der Berufsausübung.

Im Gesundheitsberuferegister werden allgemeine personenbezogene Daten (Name, Geschlecht, akademische Grade, ...) und berufsspezifische Daten zu Berufssitz/Arbeitsort, Ausbildungsabschluss, Berufs- und Ausbildungsbezeichnungen, Berufsunterbrechungen erfasst. Weiters können Fremdsprachenkenntnisse, Arbeitsschwerpunkte und Spezialisierungen eingetragen werden. Diese Daten sind auf einer eigenen Webseite öffentlich einsehbar. Die Eintragung ins Gesundheitsberuferegister dient der Qualitätssicherung, der PatientInnensicherheit, aber auch der Transparenz und Nachvollziehbarkeit für die Berufsangehörigen, PatientInnen und DienstgeberInnen. Die Daten können auch für die regionale bzw. bundesweite Bedarfsplanung herangezogen werden (vgl. BMGF 2016).

Das gesamte Gesundheitsberuferegister-Gesetz ist unter https://www.ris.bka.gv.at einzusehen.

Berufspolitische Vertretung der Pflegeberufe

In Österreich gibt es eine gesetzlich verpflichtende berufspolitische Vertretung sowie Interessenvertretungen, denen man freiwillig beitreten kann.

Gesetzliche Interessenvertretung

In Österreich erfolgt die berufspolitische Vertretung der meisten ArbeitnehmerInnen in Pflegeberufen durch die gesetzliche Interessenvertretung der Kammer für Arbeiter und Angestellte, kurz **Arbeiterkammer (AK).** Für Angestellte besteht eine Pflichtmitgliedschaft in der Arbeiterkammer, die im Arbeiterkammergesetz 1992 (AKG) geregelt ist. Laut § 1 AKG sind die Kammern für Arbeiter und Angestellte und die Bundeskammer für Arbeiter und Angestellte berufen, die sozialen, wirtschaftlichen, beruflichen und kulturellen Interessen der ArbeitnehmerInnen zu vertreten und zu fördern.

Zu den Leistungen der AK gehören beispielsweise: Beratung zu allen zuständigen Themengebieten, speziell Arbeits- und Sozialrecht, Rechtsvertretung vor dem Arbeits- und Sozialgericht (in Kooperation mit dem Österreichischen Gewerkschaftsbund – ÖGB), Veröffentlichung von Publikationen, Broschüren, Studien, Ratgebern, Durchführung von Weiterbildungen und Schulungen, Vertretung der ArbeitnehmerInnen gegenüber Regierung und Wirtschaft und in den Medien sowie internationale Interessenvertretung in der EU.

Finanziert werden die Leistungen der AK durch den AK-Beitrag, den die Mitglieder monatlich zahlen. Jedem AK-Mitglied werden monatlich 0,5 % des Bruttoeinkommens (bis zur Höchstbemessungsgrundlage in der Sozialversicherung) automatisch vom Bruttogehalt abgezogen. Je nach Einkommen beträgt die AK-Kammerumlage zwischen 7 Euro netto und maximal 14,44 Euro netto monatlich.

Nähere Informationen zum Arbeiterkammergesetz finden Sie unter https://www.ris.bka.gv.at.

Freiwillige Interessenvertretung

In Österreich gibt es zahlreiche Interessenvertretungen, denen man freiwillig beitreten kann. Neben dem Österreichischen Gewerkschaftsbund (ÖGB) als Dachverband der österreichischen Fachgewerkschaften gibt es auch sogenannte Berufsverbände, die bestimmte Berufsgruppen vertreten.

Österreichischer Gewerkschaftsbund (ÖGB)

Der ÖGB ist ein Verein, der auf der freiwilligen Mitgliedschaft von ArbeitnehmerInnen beruht und wurde in seiner heutigen Form im Jahre 1945 gegründet. Die Grundsätze des ÖGB lauten:

- überparteilich, aber nicht unpolitisch
- demokratische Willensbildung und Kontrolle
- Freiwilligkeit der Mitgliedschaft
- branchenübergreifender Zusammenschluss nach Wirtschaftsbereichen

Der Österreichische Gewerkschaftsbund ist der Dachverband der sieben Gewerkschaften in Österreich. Diese sind:

1. Gewerkschaft öffentlicher Dienst (GÖD)
2. Gewerkschaft der Gemeindebediensteten/Kunst, Medien, Sport, freie Berufe (GdG-KMSfB)
3. Gewerkschaft der Privatangestellten, Druck, Journalismus, Papier (GPA-djp)
4. Gewerkschaft Bau – Holz (GBH)
5. Gewerkschaft vida (fusioniert aus der Gewerkschaft der Eisenbahner, der Gewerkschaft Handel, Transport und Verkehr und der Gewerkschaft Hotel- und Gastgewerbe, persönliche Dienste)
6. Gewerkschaft der Post- und Fernmeldebediensteten (GPF)
7. Produktionsgewerkschaft (PRO-GE, fusioniert aus der Gewerkschaft der Chemiearbeiter und der Gewerkschaft Metall-Textil-Nahrung)

Die Gewerkschaften der jeweiligen Branche vertreten ihre ArbeitnehmerInnen durch deren BetriebsrätInnen bzw. Personalvertretungen.

Zu den Aufgaben des ÖGB gehören beispielsweise die Wahrnehmung der Interessen aller ArbeitnehmerInnen durch Initiativen für Generalkollektivverträge und rechtliche Regelungen sowie Stellungnahmen zur Sozialpolitik und arbeitnehmerrelevanten Gesetzesentwürfen, Durchsetzung sozialer Verbesserungen, Absicherung und Ausweitung der sozialen Sicherheit, Bemühungen um Preisstabilität und Wirtschaftswachstum.

Der ÖGB und seine Fachgewerkschaften finanzieren sich über Mitgliedsbeiträge. Der Mitgliedsbeitrag beträgt 1% des Bruttolohns pro Monat (vgl. Demokratiezentrum Wien 2013).

ÖGB/ARGE-Fachgruppenvereinigung für Gesundheits- und Sozialberufe (ARGE-FGV)

Die ARGE-FGV nimmt die berufspolitischen, wirtschaftlichen, sozialen, kulturellen und gesundheitlichen Interessen von Angehörigen der Gesundheits- und Sozialberufe wahr. Da es öffentliche, private und gemeinnützige BetreiberInnen von Gesundheits- und Sozialeinrichtungen gibt, sind die Angehörigen der Berufsgruppen in verschiedenen Einzelgewerkschaften des ÖGB organisiert (siehe obenstehendes Kapitel). Diesen obliegt die primäre Wahrnehmung und Vertretung der Interessen in ihrem Wirkungsbereich, beispielsweise im Rahmen der Kollektivvertragsabschlüsse.

Die ARGE-FGV möchte ein gemeinsames Verständnis und gemeinsame, grundsätzliche Leitlinien der Vertretungsarbeit im Bereich der Gesundheits- und Sozialberufe weiterentwickeln. Die ARGE-FGV sieht sich als ein gewerkschaftsübergreifendes Kompetenzzentrum, das zuständig ist für die Bewertung und Weiterentwicklung der berufsrechtlichen Vorschriften und für die Erstellung eines zielgruppenspezifischen Weiterbildungs- und Informationsangebotes.

Die ÖGB/ARGE-Fachgruppenvereinigung für Gesundheits- und Sozialberufe ist ein Teil des Österreichischen Gewerkschaftsbundes und ist überfraktionell tätig. Die ARGE-FGV hat folgende Aufgaben:

- Teilnahme an Ausarbeitung, Begutachtungsverfahren, Besprechung und Verhandlung von Gesetzesentwürfen, welche die sozialen, wirtschaftlichen oder fachlichen Interessen der vertretenen Berufsgruppen betreffen

- Koordination und Abstimmung der gewerkschaftlichen Zielsetzungen und Maßnahmen zur effizienten Durchsetzung und Vertretung der Mitglieder der Gesundheits- und Sozialberufe
- vorbereitende und begleitende Arbeiten im Zusammenhang mit der Registrierung nichtärztlicher Gesundheitsberufe
- Verbesserung und Weiterentwicklung der Arbeitsbedingungen auf allen Ebenen und der arbeits- und berufsrechtlichen Vorschriften für Gesundheits- und Sozialberufe
- Erhebung, Sammlung und Verwertung von statistischem Material sowie Auftragserteilung für Studien und Forschungsmaßnahmen, wenn diese für die Tätigkeit der ARGE von Nutzen sind
- Ausarbeitung und Beteiligung an der Neu- bzw. Weiterentwicklung von Berufsbildern der Gesundheits- und Sozialberufe
- Teilnahme in Vertretung der gesetzlichen Interessenvertretung der DienstnehmerInnen, an den Aufnahme- und Prüfungskommissionen der verschiedenen Ausbildungseinrichtungen der Gesundheits- und Sozialberufe
- Zusammenarbeit mit Gewerkschaften, internationalen Gewerkschafts- und Berufsverbänden auf internationaler Ebene zum Erfahrungsaustausch und zur Durchsetzung gemeinsamer Interessen auf europäischer Ebene (vgl. ÖGB ARGE-FGV 2017).

Österreichische Pflegekonferenz (ÖPK)

Die Österreichische Pflegekonferenz ist die Plattform von Berufsverbänden in Österreich, die die Bedeutung und den Nutzen professioneller Pflege für ein effektives und effizientes Gesundheitssystem im Interesse der Bevölkerung darstellen und die Interessen der Pflegepersonen vertreten. Mitglieder der ÖPK sind beispielsweise der Österreichische Gesundheits- und Krankenpflegeverband (ÖGKV), der Berufsverband österreichischer Gesundheits- und Krankenpflegeberufe (BoeGK), der Berufsverband Kinderkrankenpflege (BKKÖ), die Arbeitsgemeinschaft hämato-onkologischer Pflegepersonen in Österreich (AHOP), der Österreichische Berufsverband für Anästhesie- und Intensivpflege (ÖBAI), die Österreichische Gesellschaft für vaskuläre Pflege (ÖGVP) und der Verein Wunddiagnostik und Wundmanagement Österreich (WDM-Verein).

Ziele der ÖPK sind unter anderem:

- Vertretung von berufspolitischen Interessen der Gesundheits- und Krankenpflege
- Darstellung der Bedeutung und des Nutzens professioneller Pflege für ein effektives und effizientes Gesundheitssystem im Interesse der Bevölkerung
- politische Durchsetzung von pflegeberuflichen Zielen auf Landes- und Bundesebene sowie innerhalb der Europäischen Union
- Mitgestaltung bei Strukturveränderungen und Anpassungsprozessen im Gesundheits-, Sozial- und Bildungswesen Österreichs und innerhalb Europas
- Förderung der Qualitätsentwicklung in allen Handlungsfeldern des Gesundheits- und Sozialwesens
- Förderung und Weiterentwicklung der Pflegewissenschaft zum Nutzen des Gesundheits- und Sozialwesens
- Positionierung zu Lohn- und Tariffragen sowie zur entgeltlichen Vergütung professioneller Pflegeleistungen
- Zusammenarbeit mit internationalen Vereinigungen und Vereinigungen anderer Staaten im Gesundheits- und Sozialwesen

Der Austausch mit internationalen Organisationen wie der WHO (Weltgesundheitsorganisation), dem ICN (International Council of Nurses), der EFN (European Federation of Nurses Associations) und der ENDA (European Nurses Directors Association) spielt eine wesentliche Rolle in der Arbeit der österreichischen Berufsverbände (vgl. Österreichische Pflegekonferenz).

Aufgabe: Beschäftigen Sie sich in Kleingruppen von maximal 3 Personen mit folgenden Themen und stellen Sie Ihre Ergebnisse im Plenum vor:

- Wie unterscheiden sich die einzelnen Berufsverbände?
- Welche Vorteile sehen Sie in der Vertretung durch einen Berufsverband?
- Welche Schwerpunkte haben die internationalen Organisationen ICN, EFN und ENDA?

Zeitrahmen Bearbeitung: 60 min
Zeitrahmen Präsentation: 5 min
Diskussion im Plenum: 5 min

Das kann ich!

Ich kenne und verstehe den Aufbau des österreichischen Gesundheitssystems.	
Ich weiß, wie das österreichische Gesundheitssystem finanziert wird.	
Ich kann die intra- und extramuralen Bereiche unterscheiden und zuordnen.	
Ich weiß über das Pflegegeld Bescheid.	
Ich kenne die Grundlagen des Nahtstellenmanagements.	
Ich kenne die Grundlagen der Öffentlichkeitsarbeit.	
Ich kann die Grundlagen der internen und externen Öffentlichkeitsarbeit nennen.	
Ich kenne die Grundlagen zur Aufbau- und Ablauforganisation.	
Ich weiß, was eine Stellenbeschreibung beinhaltet und wozu sie dient.	
Ich kenne die verschiedenen Führungsstile und deren wesentliche Unterschiede.	
Ich weiß, was ein Mitarbeitergespräch ist und wann bzw. wozu es geführt wird.	
Ich kenne Grundlagen des Qualitätsmanagements inklusive Beschwerde-, Risiko- und Fehlermanagement.	
Ich kenne die Grundlagen zum Umgang mit Medizinprodukten und deren Bedeutung für die Arbeit in der Praxis.	
Ich kenne die wesentlichen Inhalte des MPG bzw. der MPBV.	
Ich weiß, was Medizinprodukte sind und was vor bzw. bei ihrer Verwendung zu beachten ist.	
Ich kenne die Grundlagen des Heimaufenthaltsgesetzes und weiß, was ich diesbezüglich in meiner beruflichen Praxis zu beachten habe.	
Ich weiß über Ziele und Aufgaben im Zusammenhang mit Brand- und Strahlenschutz Bescheid.	
Ich kenne die Grundlagen des ArbeitnehmerInnenschutzes.	
Ich weiß, was das Gesundheitsberuferegister-Gesetz beinhaltet.	
Ich weiß über die berufspolitische Vertretung für Gesundheits- und Sozialberufe Bescheid.	

Quellen- und Literaturverzeichnis

Ábrahám H. et al. (2016): Neurologische Regulierung humaner Lebensprozesse – vom Neuron zum Verhalten. http://www.tankonyvtar.hu/en/tartalom/tamop412A/2011-0094_neurologia_de/ch07s13.htm (28.03.2018).

Aiglesberger M. (2017): Medizinische Terminologie. Unveröffentlichtes Vorlesungsmanuskript am Studienstandort der FH Campus Wien in Linz.

Al-Abtah J./Ammann A./Bensch S./Dörr B./Elbert-Maschke D. (2015): 51 Grundlagen der Basalen Stimulation. Stuttgart et al.: Thieme, https://www.thieme-connect.de/products/ebooks/pdf/10.1055/b-0037-143714.pdf# (06.11.2017).

Alfter B./Eble J./Hagmeier H./Hollstein W./Karcher I./Nestle-Oechlin B. (2016): In der Zahnarztpraxis: Behandlungsassistenz. Berlin: Cornelsen.

Antwerpes F. (2017a): Flüssigkeitsbilanz, DocCheck Medical Services GmbH. http://flexikon.doccheck.com/de/Fl%C3%BCssigkeitsbilanz (06.08.2017).

Antwerpes F. (2017b): Inhalationstherapie, DocCheck Medical Services GmbH. http://flexikon.doccheck.com/de/Inhalationstherapie (31.12.2017).

APUPA: Der Dekubitus. http://www.apupa.at/deutsch/dekubitus.html (28.03.2018).

Arakelyan K. (2006): Vortrag Adaptation und Stress. Jahrbuch, CD 1.

Arbeitsgemeinschaft der Wissenschaftlichen Medizinischen Fachgesellschaften (2009): Leitlinie Phlebologischer Kompressionsverband (PKV). Berlin.

Atemwegsliga e.V. (2014): Feuchtinhalation. https://www.atemwegsliga.de/vernebler.html (31.12.2017).

AUVA (2003): Anstaltsordnung für das Unfallkrankenhaus Linz der Allgemeinen Unfallversicherungsanstalt.

Averosa: 10-R-Regel zur qualitätssichernden Medikamentengabe. http://www.averosa.de/?page_id=685 (02. 11. 2017).

B. Braun Melsungen AG (2017): Chirurgische Händedesinfektion: https://www.bbraun.de/content/dam/catalog/bbraun/bbraunProductCatalog/S/AEM2015/de-de/b0/chirurgische-haendedesinfektion.pdf.bb-.03025781/chirurgische-haendedesinfektion.pdf (25.09.2017).

BGBl. 108 (1997): 108. Bundesgesetz: Gesundheits- und Krankenpflegegesetz – GuKG sowie Änderung des Krankenpflegegesetzes, des Ausbildungsvorbehaltsgesetzes und des Ärztegesetzes 1984. https://www.ris.bka.gv.at/Dokumente/BgblPdf/1997_108_1/1997_108_1.pdf (23.03.2017).

BGBl. 237 (2013): Entschließung des Bundespräsidenten betreffend die Festsetzung der Zahl der von den Ländern in den Bundesrat zu entsendenden Mitglieder. http://www.ris.bka.gv.at/Dokumente/BgblAuth/BGBLA_2013_II_237/BGBLA_2013_II_237.pdf (23.03.2017).

BGBl. 55 (2005): Vereinbarung gemäß Art. 15a B-VG zwischen dem Bund und den Ländern über Sozialbetreuungsberufe. https://www.ris.bka.gv.at/Dokumente/BgblAuth/BGBLA_2005_I_55/BGBLA_2005_I_55.pdf (03.04.2017).

Bleckwenn M./Rüdisser V./Mücke M. (2015): Behandlung einer stillen Sucht. In: mmW Fortschritte der Medizin 157 (7), S. 41–45.

Bley C.H./Centgraf M./Cieslik A./Hack J./Hell T./Horn H./Kleiner P./Mörl E./Saß U./Schmülling L./Schneider A./Schroth S./Schulte A. (2015): Krankheitslehre. I care. Stuttgart: Thieme.

BMASK – Bundesministerium für Arbeit, Soziales und Konsumetenschutz (2016a): Sozialstaat Österreich, Leistungen, Ausgaben und Finanzierung 2016. Wien.

BMASK – Bundesministerium für Arbeit, Soziales und Konsumetenschutz (2016b): Österreichischer Pflegevorsorgebericht 2015, https://broschuerenservice.sozialministerium.at/Home/Download?publicationId=366 (28.03.2018).

BMASK – Bundesministerium für Arbeit, Soziales, Gesundheit und Konsumentenschutz (2017a): Die Gesundheitsausgaben in Österreich. https://www.bmgf.gv.at/home/Gesundheit/Gesundheitssystem_Qualitaetssicherung/Gesundheitsausgaben/ (28.03.2018).

BMASK – Bundesministerium für Arbeit, Soziales, Gesundheit und Konsumetenschutz (2017b): Pflegekarenz/Pflegeteilzeit und Familienhospizkarenz/Familienhospizteilzeit. Ein Überblick. Wien.

BMASK – Bundesministerium für Arbeit, Soziales, Gesundheit und Konsumetenschutz (2017c): Österreichischer Pflegevorsorgebericht 2016, https://broschuerenservice.sozialministerium.at/Home/Download?publicationId=449 (28.03.2018).

BMASK – Bundesministerium für Arbeit, Soziales, Gesundheit und Konsumetenschutz (2017d): Pflegefachassistentin, Pflegefachassistent. https://www.bmgf.gv.at/home/Gesundheit/Berufe/Berufe_A-Z/Pflegefachassistentin_Pflegefachassistent (02.01.2018).

BMGF – Bundesministerium für Gesundheit und Frauen (2016): Informationen zum Gesundheitsberuferegister. https://www.bmgf.gv.at/home/Gesundheit/Berufe/Gesundheitsberuferegister/ (03.09.2017).

BMGF – Bundesministerium für Gesundheit und Frauen (2017a): Gesundheit und Gesundheitsförderung. http://www.bmgf.gv.at/home/Gesundheit_und_Gesundheitsfoerderung (15.05.2017).

BMGF – Bundesministerium für Gesundheit und Frauen (2017b): Das Gesundheitswesen im Überblick. https://www.gesundheit.gv.at/gesundheitssystem/gesundheitswesen/gesundheitssystem (14.08.2017).

BMGF – Bundesministerium für Gesundheit und Frauen (2017c): Klassifikation der österreichischen Krankenanstalten. http://www.kaz.bmg.gv.at/fileadmin/user_upload/Publikationen/klassifikation_krankenanstalten.pdf (28.03.2018).

BMGF – Bundesministerium für Gesundheit und Frauen (2017d): Notfall bei Kindern: Verletzungen und Wunden. https://www.gesundheit.gv.at/krankheiten/erste-hilfe/kindernotfaelle/verletzungen-wunden (25.07.2017).

BMGF – Bundesministerium für Gesundheit und Frauen (2017e): Notfall: Erfrierung. https://www.gesundheit.gv.at/krankheiten/erste-hilfe/notfall/erfrieren-unterkuehlung (28.03.2018).

BMGF – Bundesministerium für Gesundheit und Frauen (2017f): Wie viel Flüssigkeit braucht der Körper? https://www.gesundheit.gv.at/leben/ernaehrung/info/fluessigkeitsbedarf (06.08.2017).

BMLFUW – Bundesministerium für Land- und Forstwirtschaft, Umwelt und Wasserwirtschaft (2017): Strahlenschutz. https://www.bmlfuw.gv.at/umwelt/strahlen-atom/strahlenschutz/rechtsvorschriften/strahlenschutz.html (03.09.2017).

BMWFW (2017): Bundesministerium für Wissenschaft, Forschung und Wirtschaft, 2 Typen von Krisen. http://www.studentenberatung.at/persoenliche-probleme/krisenhafte-lebenssituationen/2-typen-von-krisen/ (28.10.2017).

Bode Science Center: Infektionsflora. http://www.bode-science-center.de/center/glossar/infektionsflora.html (25.09.2017).

Bode Science Center: Residente Hautflora. http://www.bode-science-center.de/center/glossar/residente-hautflora.html (25.09.2017).

Bode Science Center: Transiente Hautflora. http://www.bode-science-center.de/center/glossar/transiente-hautflora.html (25.09.2017).

Bölicke C. et al. (2015): Handlungsempfehlungen zur Thromboseprophylaxe. Berlin: Deutscher Berufsverband für Pflegeberufe (DBfK).

BPtK – Bundes Psychotherapeuten Kammer (2017): Depression. http://www.bptk.de/patienten/psychische-krankheiten/depression.html (01.07.2017).

Brobst R.A./Coughlin A.M./Cunningham D./Feldman J.M./Hess R.G./Mason J.E./McBride L.A./Perkins R./Romano C.A./Warren J.J./Wright W. (2007): Der Pflegeprozess in der Praxis. 2., vollständig überarbeitete und aktualisierte Auflage: Bern Huber.

Buchna M./Gossens I./Holtz G./Marschner P. (2014): Anleitung zur Tracheostoma-Pflege. Ein Leitfaden für Schulende Pflegende. Andreas Fahl Medizintechnikvertrieb GMBH, http://www.fahl-medizintechnik.de/fileadmin/user_upload/PDF/Flyer/1586_Anl._zur_Tracheo_E1026_LowRes.pdf (01.01.2018).

Bundesgesetz zur Qualität von Gesundheitsleistungen: https://www.ris.bka.gv.at/GeltendeFassung.wxe?Abfrage=Bundesnormen&Gesetzesnummer=20003883&ShowPrintPreview=True (26.03.2018).

Bundesgesetzblatt – Gesundheitsforschung – Gesundheitsschutz 9/2016: https://www.rki.de/DE/Content/Infekt/Krankenhaushygiene/Kommission/Downloads/Haende-hyg_Rili.pdf?__blob=publicationFile (23.09.2017).

Bundeskanzleramt (2017): Erwachsenenschutz-Gesetz https://www.help.gv.at/Portal.Node/hlpd/public/module?gentics.am=Content&p.contentid=10007.209903 (04.08.2017).

Bundeskanzleramt (2017): Soziale Dienstleistungen. https://www.help.gv.at/Portal.Node/hlpd/public/content/36/Seite.360530.html (28.03.2018).

Bundeskanzleramt, Abteilung I/13: https://www.help.gv.at (16.08.2017).

Bundesministerium für Gesundheit (2009): Supervisionsrichtlinie. https://www.bmgf.gv.at/cms/home/attachments/7/0/5/CH1002/CMS1415709133783/supervisionsrichtlinie.pdf (13.11.2014).

Burmeister M. (2014): Haare waschen im Bett. https://tin-abhh.de/2014/10/haare-waschen-im-bett/ (15.07.2017).

Büscher A. (2013): Expertenstandard Sturzprophylaxe in der Pflege, 1. Aktualisierung. Osnabrück: Deutsches Netzwerk für Qualitätsentwicklung in der Pflege (DQNP).

Büssers P. (2009): Das Konzept der Salutogenese nach Aaron Antonovsky. Eine Perspektive für die Gesundheitsbildung. http://www.peterbuessers.de/studium/salutogenese.pdf (16.05.2017).

Charlier S. (2012): Fachpflege Gerontopsychiatrie. München: Urban & Fischer.

Chinn R./Kramer M. (1996): Pflegetheorie, Konzepte – Kontext – Kritik. Ullstein Medical.

Coloplast GmbH (2017): Formen und Symptome der Stuhlinkontinenz. https://www.coloplast.at/details/details-kontinenz/formen-und-symptome-der-stuhlinkontinenz/ (15.10.2017).

Cullberg J. (2008): Krise als Entwicklungschance. 5. Auflage, überarb. und erw. Neuausgabe. Gießen: Psychosozial-Verlag.

Das Medizinprodukt (01/2012): Nadelstichverletzungen. Hohe Dunkelziffer, dringender Handlungsbedarf. https://www.medmedia.at/das-medizinprodukt/nadelstichverletzungen-hohe-dunkelziffer-dringender-handlungsbedarf/ (11.03.2018).

Demokratiezentrum Wien (2013): Der Österreichische Gewerkschaftsbund und seine Gewerkschaften. http://www.polipedia.at/tiki-index.php?page=Der+%C3%96sterreichische+Gewerkschaftsbund+und+seine+Gewerkschaften (03.09.2017).

Deutsche Apotheker Zeitung (2015): Gliflozine auf dem Prüfstand. https://www.deutsche-apotheker-zeitung.de/news/artikel/2015/06/12/Gliflozine-auf-dem-Prufstand (01.11.2017).

Diabetes-Ratgeber: Diabetes Typ 2. https://www.diabetes-ratgeber.net/Diabetes-Typ-2, Stand 28.2.2017 (30.10.2017).

Diepenhorst H.: Teamentwicklung Lab. https://teamentwicklung-lab.de/tuckman-phasenmodell (09.06.2018).

Dirks B. (2015): REANIMATION 2015, LEITLINIEN KOMPAKT. Ulm: Deutscher Rat für Wiederbelebung – German Resuscitation Council e. V.

Dross M. (2001): Krisenintervention. Göttingen: Hogrefe.

Dupont St. (2006): Holismus und Patientenorientierung in der Pflege. http://www.grin.com/de/e-book/172127/holismus-und-patientenorientierung-in-der-pflege (18.06.2017).

Eble J./Gorzawski-Eckert W./Hagmeier H./Hering H./Kapp J./Nestle-Oechslin B. (2012): Behandlungsassistenz in der Zahnarztpraxis. 2. Auflage. Berlin: Cornelsen.

Erlemeier N. (1998): Alternspsychologie. Grundlagen für Sozial-und Pflegeberufe. Münster: Waxmann.

European Pressure Ulcer Advisory Panel and National Pressure Ulcer Advisory Panel (2009): Prevention and Treatment of pressure ulcers: quick reference guide. Washington DC: National Pressure Ulcer Advisory Panel.

Feichtner A. (2014): Lehrbuch der Palliativpflege. 4. überarbeitete und erweiterte Auflage. Wien: Facultas.

Feichtner A. (2016): Palliativpflege in der Praxis. Wissen und Anwendungen. Wien: Facultas.

Felstehausen T. (2016): Gesundheitsvorsorge. http://www.ergo-online.de/html/gesundheitsvorsorge/vorsorge_stress/stressbewaeltigung_im_arbeits.htm (19.06.2017).

Fiechter V./Meier M. (1981): Pflegeplanung. Basel: Recom.

Fonds Gesundes Österreich (2013): Gesundheitsdeterminanten (Determinanten der Gesundheit, Einflussfaktoren auf Gesundheit). http://www.fgoe.org/gesundheitsfoerderung/glossar/gesundheitsdeterminanten (11.05.2017).

Fresenius Kabi AG (2010): Gebrauchsanweisung Klistier. Gebrauchsfertiges Einmal-Klistier, Bad Homburg.

Fröhlich A./Bienstein C. (2010): Basale Stimulation® in der Pflege. Die Grundlagen. 6. Auflage. Bern: Huber.

Fröhlich A./Bienstein C. (2012): Basale Stimulation® in der Pflege. Die Grundlagen. 7. Auflage. Bern: Huber.

Funk Ch. (2017): Klistier. https://www.gesundheit.de/lexika/medizin-lexikon/klistier (15.10.2017).

Georg Thieme Verlag (Hg.) (2015): I care Krankheitslehre. Stuttgart: Thieme.

Georg-August-Universität Göttingen: Hochschuldidaktik, Gutes Feedback – Regeln für eine wirksame Rückmeldung. www.uni -goettingen.de/hochschuldidaktik (04.11.2017).

Gerber H. (2014): Grundsatzstellungnahme Essen und Trinken im Alter, Ernährung und Flüssigkeitsversorgung älterer Menschen. Ulm: Medizinischer Dienst des Spitzenverbandes Bund der Krankenkassen e.V. (MDS).

Gereben C./Kopinitsch-Berger S. (1998): Auf den Spuren der Vergangenheit, Anleitung zur Biografiearbeit mit älteren Menschen. Wien: Maudrich.

Gitschel K. (2015): Rektale Entleerungshilfen – Zäpfchen bei neurogenen Darmfunktionsstörungen richtig verabreichen. https://www.der-querschnitt.de/archive/19769 (15.10.2017).

GÖG – Gesundheit Österreich GmbH (2012): Bundesqualitätsleitlinie zum Aufnahme- und Entlassungsmanagement in Österreich (BQLL AUFEM). Wien.

Göttl Ch. (2011): Krisenintervention. http://www.kinder-jugendpsychiatrie.at/wp-content/uploads/2012/07/Krisenintervention-Handout.pdf (30.11.2017).

Gruber-Aigner M. (2010): Risiko- und Fehlermanagement in der Gesundheits- und Krankenpflege. Diplomarbeit, Wien.

Gudemann W.-E. (1995): Führung. Lexikon der Psychologie. Bertelsmann.

GuKG (1997): Gesamte Rechtsvorschrift für Gesundheits- und Krankenpflegegesetz, Fassung vom 24.03.2017. https://www.ris.bka.gv.at/GeltendeFassung.wxe?Abfrage=Bundesnormen&Gesetzesnummer=10011026 (24.03.2017).

GuKG (2016): Gesamte Rechtsvorschrift für Gesundheits- und Krankenpflegegesetz, Fassung vom 30.09.2017, https://www.ris.bka.gv.at/GeltendeFassung.wxe?Abfrage=Bundesnormen&Gesetzesnummer=10011026 (30.09.2017).

Gumpert P. (2017): Abführmittel. https://www.dr-gumpert.de/html/abfuehrmittel.html (15.10.2017).

Hahnzog S.: Motivation. www.hahnzog.de/lexikon/motivation.htm (28.03.2018).

Hametner I. (2011): 100 Fragen zu Palliative Care. Hannover: Brigitte Kunz.

Handl G.: (2014): Angewandte Hygiene, Infektionslehre und Mikrobiologie. Ein Lehrbuch für Pflege- und Gesundheitsberufe. 2., überarbeitete und aktualisierte Auflage. Wien: Facultas.

Harrer M. (2013): Stress und Stressmodelle. http://burnoutundachtsamkeit.at/burnout/schluesselbegriffe/stress-und-stressmodelle/ (18.06.2017).

Hasselhorn M./Gold A. (2009): Pädagogische Psychologie: erfolgreiches Lernen und Lehren. Stuttgart: Kohlhammer.

Hauptverband der österreichischen Sozialversicherungsträger (2017): Die österreichische Sozialversicherung in Zahlen. Wien: Hauptverband der österreichischen Sozialversicherungsträger.

Hein B. (2015): Krankenpflegehilfe Altenpflegehilfe. Lehrbuch für Pflegeassistenz. 3. Auflage. München: Urban und Fischer.

Hiemetzberger M./Messner I./Dorfmeister M. (2007): Berufsethik und Berufskunde. Ein Lehrbuch für Pflegeberufe. Wien: Facultas.

Hochreutener M./Conen D. (2005): Was bedeuten Risiken im Gesundheitswesen? In: Holzer E./Thomeczek C./Hauke E./Conen D./Hochreutener M.-A. (Hrsg.): Patientensicherheit. Leitfaden für den Umgang mit Risiken im Gesundheitswesen. Wien: Facultas.

Hofer C. (2017): Kondomurinal. Manfred Sauer GmbH, Lobbach (11.08.2017).

Hofmann H. (2017): Allergie. https://allergie.hexal.de/allergie/symptome/ (28.03.2018).

Hojdelewicz B. (2012): Der Pflegeprozess. Prozesshafte Pflegebeziehung. Wien: Facultas.

Hoppe J. (2004): Definition des Gesundheitsbegriffs aus Sicht des Mediziners. http://www.kas.de/upload/Publikationen/2004/Herder_Grenzen_der_Gesundheit_hoppe.pdf (12.05.2017).

https://pflege-kurs.de

Hufnagl B. (2017): Besser fix als fertig. Hirngerecht arbeiten in der Welt des Multitasking. Molden.

Hurrelmann K. (1990): Sozialisation und Gesundheit. Gesundheitsverhalten und Gesundheitskognitionen. Gesundheitspsychologie. Universität Berlin.

Hüttenbrink K.-B./Hummel T./Berg D./Gasser T./Hähner A. (2013): Olfactory dysfunction: common in later life and early warning of neurodegenerative disease. In: Dtsch Arztebl Int. 110(1–2), S. 1–7. DOI: 10.3238/arztebl.2013.0001.

Immerschitt W. (2015): Aktive Krisenkommunikation. Erste Hilfe für Management und Krisenstab. essentials. Wiesbaden: Springer Gabler.

Institut für Innovationen im Gesundheitswesen und angewandte Pflegeforschung e.V. (2011): Wichtige Informationen zur Anwendung von Dekubitus-Risiko-Skalen. Pflege-Info 4. Bremervörde.

Institut für Krankenhaushygiene und Mikrobiologie (2013): Harnkatheterismus. Hygienerichtlinien zur Verhütung katheterassoziierter Harnwegsinfektionen; Fachrichtlinie Nr.14; http://www.krankenhaushygiene.at/cms/dokumente/10310808_9236981/66fa2187/14_Harnkatheterismus_2013-01-31.pdf (30.04.2017).

Kahla-Witsch A./Platzer O. (2007): Risikomanagement für die Pflege. Ein praktischer Leitfaden. Kohlhammer.

Keller C./Menche N. (Hrsg.) (2017): Pflegen. Grundlagen und Interventionen. 2. Auflage. Urban & Fischer.

Kellner C./Menche N. (Hrsg.) (2017): Pflegen. Gesundheits- und Krankheitslehre E-Book. München: Urban und Fischer.

Kellnhauser E., Schewior-Popp S./Sitzmann F./Geissner U./Gümmer M./Ullrich L./Juchli J. (2004): Thiemes Pflege – Professionalität erleben. Stuttgart: Thieme.

Kliniken Südostbayern: Händehygiene. wie? wann? und warum? Informationsbroschüre der Krankenhaushygiene nach den Empfehlungen der WHO im Rahmen des Projektes „Clean care is safer care". http://www.kliniken-suedostbayern.de/files/PDF-Dokumente/Haendehygiene_wiewannwarum_web.pdf (29.09.2017).

Kogler M. (2009): Lehrbuch der Pharmakologie für Pflegehelfer und Altenfachbetreuer. 4. überarbeitete Auflage. Wien: Maudrich.

Kogler M. (2016): Pharmakologie. Ein Lehrbuch für Pflegeassistenz und Sozialbetreuungsberufe. 7. überarbeitete Auflage. Wien: Maudrich.

König E./Volmer G. (2005): Systemisch denken und handeln. Personale Systemtheorie in Erwachsenenbildung und Organisationsberatung. Beltz.

Koordination Palliativbetreuung Steiermark: Abgestufte Hospiz- und Palliativversorgung. http://www.palliativbetreuung.at/cms/beitrag/10089962/2885653 (28.03.2018).

Kopacek A./Göbel S. (2017): Zäpfchen richtig anwenden. Wie Sie Anwendungsfehler meiden, DAN Netzwerk Deutscher Apotheker GmbH. http://www.apotheken.de/news/article/zaepfchen-richtig-anwenden/ (15.10.2017).

Kränzle S./Schmid U./Seeger C. (2011): Palliative Care. Handbuch für Pflege und Begleitung. Berlin/Heidelberg: Springer.

Krauß-Adelsried M./Ruf-Adelsried K. (2017): Hygienefibel für das Gesundheitswesen. Bonn et al.: Verlag für Deutsche Wirtschaft AG.

Krenn A.: ASE – Atemstimulierende Einreibung. http://www.passail.eu/krankenpflege/ase.htm (09.11.2017).

Kristoffersen E./Lundqvist C. (2014): Medication-overuse-headache: epidemiology, diagnosis and treatment. In: Therapeutic Advances in Drug Safety 5(2), S. 87–99.

Kulbe A. (2017): Grundwissen Psychologie, Soziologie und Pädagogik. Lehrbuch für Pflegeberufe. 3., überarbeitete und erweiterte Auflage. Stattgart: Kohlhammer.

LAGA Bund/Länder-Arbeitsgemeinschaft Abfall (2015): https://www.rki.de/DE/Content/Infekt/Krankenhaushygiene/Kommission/Downloads/ AGA_2015_Vollzugshilfe.pdf;jsessionid=0450B655FE26505F858AA2ACE92E2CD9.2_cid363?__blob=publicationFile (13.10.2017).

Lampert T./Kroll L.E./von der Lippe E./Müters S./Stolzenberg H. (2013): Sozioökonomischer Status und Gesundheit. Ergebnisse der Studie zur Gesundheit Erwachsener in Deutschland (DEGS1). In: Bundesgesundheitsblatt – Gesundheitsforschung – Gesundheitsschutz 5–6, S. 814–821, http://edoc.rki.de/oa/articles/reLuDm5PVIZY/PDF/26HkqtdFJnIbw.pdf (01.07.2017).

Lauster M./Drescher A./Wiederhold D./Menche N. (2014): Pflege heute. Lehrbuch für Pflegeberufe. 6. vollständig überarbeitete Auflage. München: Urban und Fischer.

Legewie H./Ehlers W. (1992): Knaurs Moderne Psychologie. Droemer Knaur.

LGBl. 63 (2008): 63. Landesgesetz, mit dem die Ausbildung, das Berufsbild und die Tätigkeit der Angehörigen der Sozialberufe geregelt wird (Oö. Sozialberufegesetz). https://www.ris.bka.gv.at/Dokumente/Lgbl/LGBL_OB_20080731_63/LGBL_OB_20080731_63.pdf (28.03.2018).

Lob-Hüdepohl A./Lesch W. (2004): Einführung in die Ethik Sozialer Arbeit. Ein Lehr- und Arbeitsbuch. UTB.

Lotmar P./Tondeur E. (1999): Führen in sozialen Organisationen: Ein Buch zum Nachdenken und Handeln. 6. Auflage. Berlin: Haupt.

Malteser Trägergesellschaft GmbH (2002): Wohnen und Leben können mit Demenz. Köln.

Martin M./Kliegel M. (2005): Psychologische Grundlagen der Gerontologie. Stuttgart: Kohlhammer.

Martin-Soelch C. (2010): Modelle der Substanzabhängigkeit. Neurobiologische und neuropsychologische Modelle der Substanzabhängigkeit. In: Zeitschrift für Neuropsychologie 21, S. 153–166.

Matolycz E. (2016): Pflege von alten Menschen. 2. Auflage. Berlin/Heidelberg: Springer.

Maurer-Kollenz M. (2017): Rest am Bau.at, Betreutes und betreubares Wohnen – Welche Wohnräume brauchen ältere Menschen? http://www.rechtambau.at/Artikel/Betreutes-und-betreubares-Wohnen-Welche-Wohnr%C3%A4ume-brauchen-%C3%A4ltere-Menschen (16.08.2017).

Menche N. (2011): Pflege Heute. 5. Auflage. München: Urban und Fischer.

Miorini T. (2016): Das Medizinproduktegesetz im Zusammenhang mit der Aufbereitung von Medizinprodukten. ÖGSV Fachkunde 2. Wien.

Mohr L.: Was ist Basale Stimulation®? Ein Vorschlag zur Begriffserklärung. http://www.basale-stimulation.de/wp-content/uploads/IFBS-Was-ist-Basale-Stimulation_.pdf 05.11.2017).

Muckenhuber R. (2015): VA Lenkung von internen Dokumenten, gespag.

Mutschler E./Geisslinger G./Krömer H./Ruth P./Schäfer-Korting M. (2008): Mutschler Arzneimittelwirkungen: Lehrbuch der Pharmakologie und Toxikologie. 9. Auflage. Stuttgart: Wissenschaftliche Verlagsgesellschaft.

Nemeth C. (2004) im Auftrag des Österreichischen Bundesinstitutes für Gesundheit: Abgestufte Hospiz- und Palliativversorgung in Österreich. http://www.bmgf.gv.at/cms/home/attachments/3/6/7/CH1071/CMS1103710970340/bericht_abgestufte_hospiz-_und_palliativversorgung.pdf (28.03.2018).

Neumann-Ponesch S. (2017): Modelle und Theorien in der Pflege. 4., aktualisierte und ergänzte Auflage. Wien: Facultas.

Neuner R. (2016): Psychische Gesundheit bei der Arbeit: Betriebliches Gesundheitsmanagement und Gefährdungsbeurteilung psychischer Belastung. 2. Auflage. Wiesbaden: Springer.

Nonnenmacher A. (2017): Hyperhydratation. Gesundpedia GbR, http://gesundpedia.de/Hyperhydratation (28.07.2017).

Nöstlinger W. (2009): Neuerungen in den Gesundheitsberufen in Verbindung mit dem Oö. Sozialbetreuungsberufegesetz und Diskussion – Sozialberuf als Lehrberuf? Linz: Institut für Sozial- und Wirtschaftswissenschaften.

Novak S. (2013): Die zehn häufigsten psychischen Erkrankungen in Österreich. In: Nachrichten.at, vom 06.03.2013, http://www.nachrichten.at/nachrichten/gesundheit/Die-zehn-haeufigsten-psychischen-Erkrankungen-in-OEsterreich;art114,1074372 (01.07.2017).

Nydahl P. (2013): Ganzkörperwaschung in der Basalen Stimulation. http://www.nydahl.de/Nydahl/Skripte_files/GKW.pdf (06.11. 2017).

Nydahl P./Bartoszek G. (2008): Basale Stimulation. Neue Wege in der Pflege Schwerstkranker. München: Urban & Fischer.

ÖBIG (2010): Arbeitshilfe für die Pflegedokumentation 2010. http://www.goeg.at/cxdata/media/download/berichte/Arbeitshilfe_2010.pdf (27.03.2017).

oegkv (2014): ICN-Ethikkodex für Pflegende. https://www.oegkv.at/fileadmin/user_upload/International/DBfK-ICN-Ethikkodex_fuer_Pflegende-print-final2014__2_.pdf (28.03.2018).

ÖGB/ARGE-FGV für Gesundheits- und Sozialberufe (2017): Wer wir sind. http://www.fgv.at/ueber-uns.html (03.09.2017).

ÖGKV (2011): Kompetenzmodell für Pflegeberufe in Österreich. Gesundheits- und Krankenpflegeverband, Landesverband Steiermark.

ÖGKV (Österreichischer Gesundheits- und Krankenpflegeverband), ARGE PD Österreich (2002): Stellenbeschreibungen für den Pflegedienst. Wien.

Oö Gesundheits- und Spitals AG (2005): Anstaltsordnung für die Landes-Frauen- und Kinderklinik Linz.

Opitz H. (1998): Biographie-Arbeit im Alter, Baden-Baden: Ergon-Verlag.

Österreichische Gesellschaft für Dekubitusprävention (2014): Prävention und Behandlung von Dekubitus: Kurzfassung der Leitlinie. Wien.

Österreichische Gesellschaft für Ernährung (2017): Empfehlungen Richtlinien für eine ausgewogene Ernährung. http://www.oege.at/index.php/wissenschaft-forschung/empfehlungen/2-uncategorised/1127-empfehlungen-richtlinien-ernaehrung (06.08.2017).

Österreichische Plattform Patientensicherheit (2009): Wenn etwas schief geht. Kommunizieren und Handeln nach einem Zwischenfall. Wien: Austrian Network for Patient Safety.

Pantel J./Schröder J./Bollheimer C./Sieber C./Kruse A. (Hrsg.) (2014): Praxishandbuch Altersmedizin. Geriatrie – Geronopsychiatrie – Gerontologie. Stuttgart: Kohlhammer.

Parlament (2014): Wie Gesetze entstehen. https://www.parlament.gv.at/PERK/GES/ (22.03.2017).

Parlament (2016a): Die Aufgaben des Nationalrates https://www.parlament.gv.at/PERK/NRBRBV/NR/AUFGNR/index.shtml (23.03.2017).

Parlament (2016b): Die Aufgaben des Bundesrates. https://www.parlament.gv.at/PERK/NRBRBV/BR/ (23.03.2017).

Parlament (2017): Nationalrat, Bundesrat, Bundesversammlung, Fest- und Gedenksitzungen. https://www.parlament.gv.at/PERK/NRBRBV/ (23.03.2017).

Peghini W. (2015): Pflege bei Erkrankungen des Hormonsystems, Stoffwechselstörungen und ernährungsbedingten Erkrankungen Kapitel 58.4. In: I care Pflege. Stuttgart: Thieme.

Pleschberger S./Heimerl K./Wild M. (2002): Palliativpflege. Grundlagen für Praxis und Unterricht. Wien: Facultas.

Produnis (2013): Nancy Roper, Winifred Logan-Gordon, Alison J. Tierney. http://www.pflegewiki.de/wiki/Konzeptionelle_Pflegemodelle (05.10.2017)

Promeus AG (2017): Stuhlinkontinenz. http://www.medhost.de/pflege/stuhlinkontinenz.html (15.10.2017).

Pschyrembel W. (2004): Klinisches Wörterbuch. 260. Auflage. Berlin: de Gruyter.

Rannegger J. (2017): Basale Stimulation in der Pflege. http://www.basale.at/system/anypage/index.php?opnparams=BToCMlIzUTM (27.11.2017).

Rappold et al. (2017): Arbeitshilfe Pflegedokumentation 2017. Wien: GÖG, BMGF.

Refreshpolitics (2017): Wie entsteht ein Gesetz. http://www.refreshpolitics.at/politik-die-basics/oesterreich/wie-entsteht-ein-gesetz/ (23.03.2017).

Reiter L. (1975): Krisenintervention. In: Strotzka H. (Hrsg.): Psychotherapie. Grundlagen, Verfahren, Indikationen. München: Urban & Schwarzenberg.

Reiter M. (2017): Strukturen und Einrichtungen im Gesundheitswesen. Brunn am Gebirge: ikon.

Reiter M./Aigelsberger M./Hochleitner P./Kleiss D. (2012): Gesundheits- und Krankenpflege. Ein Lehrbuch für Pflegehilfe und Sozialbetreuungsberufe. Wien: Facultas.

Reiter M./Aiglesberger M./Hochleitner P./Kleiss D. (2014): Gesundheits- und Krankenpflege. Ein Lehrbuch für Pflegehilfe und Sozialbetreuungsberufe. 2., aktualisierte Auflage. Wien: Facultas.

Reuschenbach B./Mahler C. (2011): Pflegebezogene Assessmentinstrumente. Internationales Handbuch für Pflegeforschung und -praxis. Bern: Huber.

Richter M./Hurrelmann K. (2016): Soziologie von Gesundheit und Krankheit. Wiesbaden: Springer.

RMA Gesundheit GmbH „gesund.at“: Altenheime und Pflegeheime in Österreich. http://www.gesund.at/a/altenheime-und-pflegeheime-in-oesterreich (16.08.2017).

Robert-Koch-Institut (2015): Isolierung und Behandlung. http://www.rki.de/DE/Content/Infekt/Biosicherheit/Schutzmassnahmen/Isolierung/Isolierung_node.html (18.10.2017).

Robert-Koch-Institut: Hepatitis C. https://www.rki.de/DE/Content/Infekt/EpidBull/Merkblaetter/Ratgeber_HepatitisC.html;jsessionid=C3CE5281A6A982F788E08F7586F62D9F.2_cid298#doc2389942bodyText11 (09.10.2017).

Robert-Koch-Institut: Prävention von nosokomialen Infektionen und Krankenhaushygiene im Infektionsschutzgesetz (IfSG). http://www.rki.de/DE/Content/Infekt/Krankenhaushygiene/Praevention_nosokomial/Noso_infekt_01.pdf?__blob=publicationFile (29.09.2017).

Roper N./Logan W.W./Tierney A.J. (2009): Das Roper-Logan-Tierney-Modell Basierend auf Lebensaktivitäten. 2., korrigierte und ergänzte Auflage. Bern: Huber.

Rossa St. (2006): http://www.vision-altenpflege.de/info.html (16.08.2017).

Rust P./Hasenegger V./König J. (2017): Österreichischer Ernährungsbericht 2017. Department für Ernährungswissenschaften der Universität Wien im Auftrag des BMGF.

Rüther Ch. (2008): Skript zum Einführungsseminar „Gewaltfreie Kommunikation" (GFK) nach Marshall Rosenberg. www.gfk-training.com (19.10.2017).

Saft D. (2013): Grundhaltungen nach C. Rogers. https://www.heilpaedagogik-info.de/spieltherapie/18-grundhaltung-rogers-empathie.html (19.10.2017).

Scharfenberger St. (2017): https://www.postgraduate.ch/MAS_Supervision__Coaching_und_Mediation_3451.htm (28.10.2017).

Schewior-Popp S./Sitzmann F./Ullrich L. (2010): Thiemes Pflege – Das Lehruch für Pflegende in der Ausbildung. Stuttgart: Thieme.

Schlaffer P.: VertretungsNetz – Sachwalterschaft, Patientenanwaltschaft, Bewohnervertretung (VSP), http://www.vertretungsnetz.at/bewohnervertretung/heimaufenthaltsgesetz/ (08.09.2017).

Schmid J.: Intime & öffentliche Berührungszonen. https://naeheudistanz.jimdo.com/intime-%C3%B6ffentliche-ber%C3%BChrungszonen/ (15.07.2017).

Schmidt Th. (2013): Fehlermanagement System, Fehlerkultur – Fehlermanagement – Human Factors. Hannover: MTU Maintainance.

Scholz Ch. (2016): Hochleistungsteam? http://www.orga.uni-sb.de/w/?s=team (03.07.2017).

Schulze A. (2017): Körpersprache. http://www.onpulson.de/lexikon/koerpersprache/ (11.07.2017).

Schweiger St. (2017): Wundheilung. http://www.onmeda.de/erste_hilfe/wundheilung-wundarten-4226-2.html (25.07.2017).

Sedlmayr M. (2015): Hygiene. In: I care Pflege. Stuttgart: Thieme.

Seidl E. (2012): Der Pflegeprozess vor 25 Jahren und heute. In: Pflege 5, 384–385.

softgarden e-recruiting GmbH (2015): Teamentwicklung. https://www.softgarden.de/ressourcen/glossar/teamentwicklung/ (01.11.2017).

Sonneck G. (2000): Krisenintervention und Suizidverhütung. Wien: Facultas.

Städtler T. (1998): Lexikon der Psychologie, Stuttgart: Kröner.

Stangl W. (2017): Selbstbild, Fremdbild. Online Lexikon für Psychologie und Pädagogik, http://lexikon.stangl.eu/8083/selbstbild/ (01.11.2017).

Stangl W.: Arbeitsblätter. Motive und Motivation. arbeitsblaetter.stangl-taller.at/MOTIVATION (28.03.2018).

Statista GmbH (2015): Anzahl der Krankenhäuser in Österreich nach Krankenhausart im Jahr 2015. https://de.statista.com/statistik/daten/studie/298608/umfrage/anzahl-der-krankenhaeuser-in-oesterreich-nach-krankenhausart/ (15.08.2017).

Statistik Austria (2015): Österreichische Gesundheitsbefragung 2014. Hauptergebnisse des Austrian Health Interview Survey (ATHIS) und methodische Dokumentation. Wien: Bundesministerium für Gesundheit.

Statistik Austria (2018): Pflegegeldbezieherinnen und -bezieher sowie Ausgaben für das Bundespflegegeld 2017. https://www.statistik.at/web_de/statistiken/menschen_und_gesellschaft/soziales/sozialleistungen_auf_bundesebene/bundespflegegeld/052519.html (26.03.2018).

Stegger M. (2010): Dekubitusprophylaxe in der Pflege. Bonn: Bundesinteressenvertretung für alte und pflegebetroffene Menschen (BIVA) e.V.

Stegger M. (2013): Sturzprophylaxe in der Pflege. Bonn: Bundesinteressenvertretung für alte und pflegebetroffene Menschen (BIVA) e.V.

Steidl S./Nigg B. (2014): Gerontologie, Geriatrie und Gerontopsychiatrie. Ein Lehrbuch für Pflege- und Gesundheitsberufe. 4., überarbeitete Auflage. Wien: Facultas.

Steiermärkische Krankenanstaltengesellschaft mbH (2012): Evidence-based Leitlinie Sturzprophylaxe für ältere und alte Menschen in Krankenhäusern und Langzeitpflegeeinrichtungen. 2. Auflage. Graz.

Stückler A./Ruppe G. (2015): Österreichische Interdisziplinäre Hochaltrigenstudie. Zusammenwirken von Gesundheit, Lebensgestaltung und Betreuung. Wien: ÖPIA.

Thormann H. (2010): Kreatives Denken, 16 Regeln für Moderation und gute Kommunikation. http://www.kreativesdenken.com/artikel/regeln-fuer-moderation-und-gute-kommunikation.html (04.11.2017).

tobiashug (2011): Aktives Zuhören. https://www.tobiashug.ch/2011/06/23/aktives-zuhoren/ (28.03.2018).

Töpler E. (2003): Internes QM im Krankenhaus und in der stationären Rehabilitation. Stuttgart: Sozial- und Arbeitsmedizinische Akademie Baden-Württemberg.

Universität Witten/Herdecke (2017): Dorothea E. Orem: Das Modell der Selbstpflege. http://dzd.blog.uni-wh.de/dorothea-e-orem-das-modell-der-selbstpflege/ (05.10.2017).

Universitätsklinikum des Saarlandes: www.uniklinikum-saarland.de (13.11.2014).

Vereinte Nationen (1948): Resolution der Generalversammlung 217 A (III). Allgemeine Erklärung der Menschenrechte. http://www.un.org/depts/german/menschenrechte/aemr.pdf (11.05.2017).

Vogt A. (1996): Lernen in lebensgeschichtlichen Bezügen – Biographisches Lernen und Lehren in der Hochschule. In: Schulz, W. (Hrsg.): Lebensgeschichten und Lernwege. Anregungen und Reflexionen zu biographischen Lernprozessen. Hohengehren.

Vogt Ph. (2012): Was ist bei Strahlenunfällen zu tun? haufe.de/arbeitsschutz. https://www.haufe.de/arbeitsschutz/sicherheit/erste-hilfe-bei-strahlenunfaellen_96_135244.html (27.07.2017).

von Bose A./Terpstra J. (2012): Muslimische Patienten pflegen. Praxisbuch für Betreuung und Kommunikation. Berlin/Heidelberg: Springer.

Wagner A. (2001): Empowerment. http://www.a-wagner-online.de/empowerment/emp3.htm (28.03.2018).

Wällisch T. (2005): Verhalten in Organisationen. Skript. Augsburg.

Wallner E./Hofer K. (2012): Psychische Erkrankungen in Österreich: Neue Volkskrankheit oder angebotsinduzierte Nachfrage? In: Fachzeitschrift Soziale Sicherheit online, April 2012, http://www.hauptverband.at/portal27/hvbportal/content?contentid=10007.696202&viewmode=conte nt (01.07.2017).

Weckert A. (2013): Gewaltfreie Kommunikation für Dummies. Weinheim: Wiley-VCH.

Wehner J. (2017): Kolonmassage. http://www.medizinfo.de/ (13.08.2017).

Weissenberger G.: ProDeMa(R): Institut für Professionelles Deeskalationsmanagement, Kuchen. https://prodema-online.de/professionelles-deeskalationsmanagement/unser-konzept/stufenmodell/ (29.10.2017).

Welk I. (2015): Grundlagen der Kommunikation und Gesprächsführung. In: Dies. (2015): Mitarbeitergespräche in der Pflege. Berlin/Heidelberg: Springer. S. 2–26.

Wesuls R. et al. (2011): Präventive Deeskalationsstrategien und Handlungsempfehlungen, Unfallkasse Baden-Württemberg, www.uk-bw.de, Institut für Professionelles Deeskalationsmanagement, www.prodema-online.de.

WHO (2002): WHO Definition of Palliative Care 2002. http://www.dgpalliativmedizin.de/images/stories/WHO_Definition_2002_Palliative_Care_englisch-deutsch.pdf (28.03.2018).

WHO (2003): Weltbericht Gewalt und Gesundheit. http://www.who.int/violence_injury_prevention/violence/world_report/en/summary_ge.pdf (14.08.2017).

WHO (2017): „Depression: let's talk" says WHO, as depression tops list of causes of ill health. www.who.int/mediacentre/news/releases/2017/world-health-day/en/ (20.03.2018).

Wild J. (2014): Ein Weg aus der Krise – Resilienz & Coping. http://www.gesund.at/a/resilienz-coping (18.06.2017).

Wirtz M.A. (Hrsg.) (2017): Coping-Modell. Dorsch – Lexikon der Psychologie. https://portal.hogrefe.com/dorsch/coping-modell/ (18.06.2017).

Wittke G. (2012): Emotionale und problembezogene Stressbewältigung – 2 Strategien. https://www.experto.de/organisation/stressabbau/emotionale-und-problembezogene-stressbewaeltigung-2-strategien.html (19.06.2017).

Wolter (2011): Sucht im Alter – Altern und Sucht. Grundlagen, Klinik, Verlauf und Therapie. Stuttgart: Kohlhammer.

WPGS (2017): McClellands Theorie. www.wpgs.de/content/view/576/368/ (03.04.2017).

Wüller J./Krumm N./Hack K./Reineke-Bracke H. (2014): Palliativpflege. München: Urban & Fischer.

Zeyfang A./Hagg-Grün U./Nikolaus T. (2013): Basiswissen Medizin des Alterns und des alten Menschen. 2. Auflage. Berlin/Heidelberg: Springer.

de.thefreedictionary.com/animieren (28.03.2018)

help.gv.at: Vorsorgevollmacht

http://de.wikipedia.org/wiki/Autonomie (03.04.2017)

http://de.wikipedia.org/wiki/Heteronomie (18.06.2017)

http://futurenurse.npage.de/ausscheiden/urin-beobachtung.html (06.08.2017)

http://www.artikel-online.de/Artikel/Sonstiges/selbstbestimmung.aspx (28.03.2018)

http://www.gbe-bund.de/glossar/Hygiene.html (19.10.2017)

http://www.krankheiten.de/Infektionskrankheit/dauerausscheider.phpam (03.10.2017)

http://www.pflegekonferenz.at/mitglieder.html (03.09.2017)

http://www.pflegewiki.de/wiki/Konzeptionelle_Pflegemodelle (05.10.2017)

http://www.stefan-ertl.de/pflegekoenige/fh-vordiplom/neu/Pflegetheorie_Lernfassung-beate.doc

https://card2brain.ch/box/20170720_lernfragen_ap_3_4 (28.03.2018)

https://commons.wikimedia.org/wiki/File:Hoergeraet_analog_050609.jpg

https://commons.wikimedia.org/wiki/File:IPK.JPG

https://commons.wikimedia.org/wiki/File:Stuetzstrumpf_03_(fcm).jpg

https://de.wikipedia.org/wiki/Ritual (28.03.2018)

https://karrierebibel.de/distanzzonen-intimsphaere/ (28.03.2018)

https://pflege-kurs.de

https://pqsg.de/seiten/openpqsg/hintergrund-standard-herzlagerung.htm

https://upload.wikimedia.org/wikipedia/commons/8/8f/Sage_Instruments_sphygmomanometer.JPG

https://www.bmgf.gv.at/

https://www.flickr.com/photos/134783624@N07/22795693391/in/dateposted/

https://www.help.gv.at/Portal.Node/hlpd/public/content/290/Seite.2900207.html (04.08.2017)

https://www.help.gv.at/Portal.Node/hlpd/public/content/36/Seite.360200.html (13.08.2017)

https://www.rki.de/DE/Content/Infekt/EpidBull/Merkblaetter/Ratgeber_HepatitisC.html;jsessionid=C3CE5281A6A982F788E08F7586F62D9F.2_cid298#doc2389942bodyText11 (09.10.2017)

Humanistischer Verband Deutschlands – Bundesverband: www.humanisten.de (18.06.2017)

Medicoconsult (2017): Antikoagulanzien. http://www.medicoconsult.de/antikoagulanzien/ (22.07.2017)

Ministerium Frauen Gesundheit (2016): https://www.vorarlberg.at/pdf/barrierefrei_liste_anzeig.pdf (18.10.2017)

p7 Praxisgemeinschaft im Siebten: www.lustamleben.com (13.11.2014)

RIS – Rechtsinformationssystem: https://www.ris.bka.gv.at/ (27.07.2017)

www.a-w-a.at/leitlinien.html (28.03.2018)

www.coachingdachverband.at (13.11.2014)

www.gespag.at%2Ffileadmin%2Fmedia%2Fgespag%2FDateien_PDFs_Worddokumente_%2FLeitbild.pdf&usg=AOvVaw3RuSLXC37ne04cuhzJc8PI

www.g-zier.at (13.11.2014)

www.kinder-jugendpsychiatrie.at (13.11.2014)

www.little-idiot.de/his/reiss.htm

www.mediation.at (13.11.2014)

www.supervisor-berlin.de (13.11.2014)

www.uniklinikum-saarland.de (13.11.2014)

www.wpgs.de/content/view/576/368/ (03.04.2017)

www.zhaw.ch (13.11.2014)

Abbildungsverzeichnis

Tabellenverzeichnis

Zur Vertiefung und Erweiterung: Pflegeprozess, Pflegemodell, Fallbeispiele

Bettina Maria Hojdelewicz

Der Pflegeprozess

Prozesshafte Pflegebeziehung

facultas 2018, 2., überarbeitete Auflage
168 Seiten, br.
EUR 23,90 (A) / EUR 23,10 (D) / sFr 29,10 UVP
ISBN 978-3-7089-1591-3

Der Pflegeprozess ist die umfassende und systematische Planung, Durchführung und Dokumentation pflegerischer Maßnahmen. Dieses Lehrbuch greift die Hauptaspekte dieses besonderen Beziehungs- und Problemlösungsprozesses auf. Als Ausdruck der professionellen Pflege dient ein sinngefüllter Pflegeprozess dem zu begleitenden Menschen sowie auch den agierenden Pflegepersonen.

Silvia Neumann-Ponesch

Modelle und Theorien in der Pflege

facultas 2017, 4., akt. u. erg. Auflage
324 Seiten, br.
EUR 23,50 (A) / EUR 22,90 (D) / sFr 29,10 UVP
ISBN 978-3-7089-1501-2

Das vorliegende Buch führt in einem ersten Teil in die Terminologie und theoretische Denkweise der Pflegewissenschaft ein und gibt einen Überblick über die Geschichte, zentrale Vorstellungen sowie über die wichtigsten Pflegemodelle und ihre Klassifikation. In einem zweiten Teil wird auf der Basis ausgewählter Beispiele die Umsetzung des theoretischen Denkens in der Pflege illustriert und in unterschiedlichen Kontexten dargestellt.

Monika Kogler, Monika Reiter

Fallbeispiele für Pflege- und Sozialbetreuungsberufe

Ein Arbeitsbuch

facultas 2017, 3., akt. und erw. Auflage,
146 Seiten, Manual, br.
EUR 19,90 (A) / EUR 19,40 (D) / sFr 24,90 UVP
ISBN 978-3-7089-1599-9

Dieses Buch greift in 65 Fallbeispielen die Aktivitäten des täglichen Lebens einzeln und kombiniert auf und bietet so eine differenzierte Auseinandersetzung mit täglichen Situationen der Gesundheits- und Krankenpflege sowie der Mitwirkung bei Diagnostik und Therapie. Mit Lern-App!

Zur Vertiefung und Erweiterung: **Palliativpflege**

Angelika Feichtner
Palliativpflege

für Pflege- und andere Gesundheitsberufe

facultas 2018, 5., überarb. Auflage
312 Seiten, br.
EUR 28,90 (A) / EUR 28,10 (D) / sFr 35,90 UVP
ISBN 978-3-7089-1554-8

Dieses Buch liefert die Grundlagen für die Pflege und Betreuung von PatientInnen in palliativen Situationen und bietet Anleitung und Unterstützung für Gesundheitsberufe. Für Auszubildende und Lehrende der Gesundheits- und Krankenpflege, aller Gesundheitsberufe sowie all jene, die Menschen im letzten Abschnitt ihres Lebens professionell begleiten möchten. Mit umfangreicher Lern-App!

Angelika Feichtner
Palliativpflege in der Praxis

Wissen und Anwendungen

facultas 2018, 2., überarb. und erw. Auflage
176 Seiten, br.
EUR 18,90 (A) / EUR 18,40 (D) / sFr 23,90 UVP
ISBN 978-3-7089-1595-1
e-ISBN 978-3-99030-765-6

Dieses Buch stellt vielfältige pflegerische Strategien zur Linderung dieser Symptome praxisnah dar. Es zeigt aber auch auf, wie Pflegende existenziell leidenden Menschen zugewandt und unterstützend begegnen können. Themenschwerpunkte sind Symptom-Assessment, vorausschauende Krisen- und Notfallplanung, Fragen der Ernährung sowie die Unterstützung Angehöriger und Anregungen zur Pflege in der unmittelbaren Sterbephase. In komprimierter Form und übersichtlich gestaltet, bietet das Buch aktuelles Palliativpflege-Wissen und wertvolle Impulse für die patientenorientierte Pflege.

Angelika Feichtner, Bettina Pußwald
Palliative Care

Unterstützung der Angehörigen

facultas 2017, 176 Seiten, br.
EUR 18,90 (A) / EUR 18,40 (D) / sFr 23,90 UVP
ISBN 978-3-7089-1489-3
e-ISBN 978-3-99030-633-8

Anregungen für Pflegende, wie die Zusammenarbeit mit Angehörigen in der palliativen Betreuungssituation gelingen kann, und hilfreicher Leitfaden für Angehörige in dieser schwierigen Zeit. Mit vielen Tipps und Hinweisen zu Pflege- und Krankengeld, Pflegekarenz, Unterstützungsfonds u.a.

Andreas P. Lausch

Organisation und Betriebsführung im Gesundheitswesen

für Pflege-, Gesundheits- und Sozialberufe

facultas 2018, 7., überarb. Auflage
216 Seiten, br.
EUR 24,90 (A) / EUR 24,20 (D) / sFr 31,– UVP
ISBN 978-3-7089-1586-9

Das Wissen um die Strukturen und Einrichtungen des Gesundheitswesens und Kenntnisse im Bereich der Themenfelder Organisationslehre, Betriebsführung, Qualitätssicherheit, Koordination u.a. sind für die professionelle Ausübung eines Gesundheits- und Sozialberufes unerlässlich. Eine bewährte Lerngrundlage für Studium und Ausbildung in den Gesundheits- und Krankenpflegeberufen.

Martina Hiemetzberger, Irene Messner, Michaela Dorfmeister

Berufsethik und Berufskunde

Ein Lehrbuch für Pflegeberufe

facultas 2016, 4., überarbeitete Auflage
216 Seiten, br.
EUR 23,90 (A) / EUR 23,10 (D) / sFr 29,10 UVP
ISBN 978-3-7089-1392-6

Der Abschnitt Berufsethik baut auf ethischen Grundbegriffen ein Verständnis ethischer Urteilsbildung und Entscheidungsfindung auf. Der historische Überblick im zweiten Teil erstreckt sich von der Antike über die Pflege im Mittelalter bis in die zweite Hälfte des 20. Jahrhunderts. Der Abschnitt Berufskunde schließlich klärt Fragen zur beruflichen Sozialisation und zum Rollenverständnis, zu Organisationen und Einrichtungen und führt in elementare Begriffe des Pflegemanagements ein.

Felix Andreaus, Claudia Eichinger

Rechtsgrundlagen für Gesundheitsberufe

facultas 2018, 3., überarb. und erw. Auflage
272 Seiten, br.
EUR 28,90 (A) / EUR 28,10 (D) / sFr 35,60 UVP
ISBN 978-3-7089-1555-5
e-ISBN 978-3-99030635-2

Das Buch bietet den LeserInnen eine Hilfestellung zur raschen Lösungsfindung für rechtliche Fragestellungen bei der täglichen Arbeit und soll den Umgang mit der Materie Recht erleichtern. Damit ist es auch ein nützliches Nachschlagewerk für selbstständig und unselbstständig Tätige im Sozial- und Gesundheitswesen.